光盘导航

光盘界面

视频欣赏

案例欣赏

素材下载

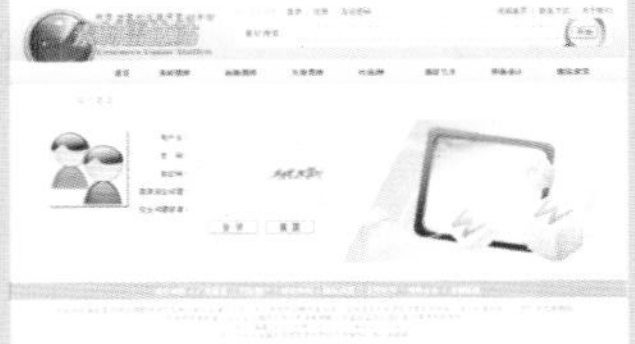

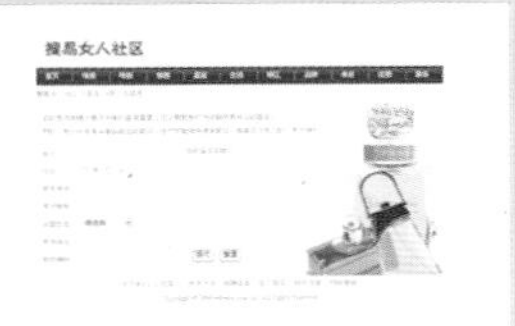

视频文件

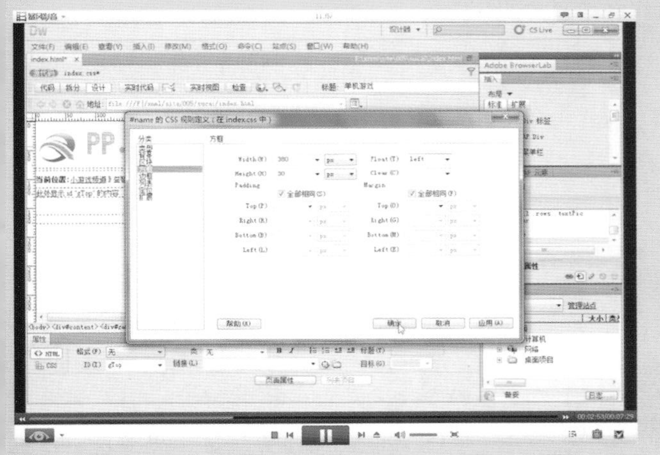

1.avi 2.avi 3.avi 4.avi 5.avi 6.avi 7.avi 8.avi 9.avi

10.avi 11.avi 12.avi

案例欣赏

制作化妆品广告网页

制作多彩时尚网页

制作古诗鉴赏网页

制作网站进入网页

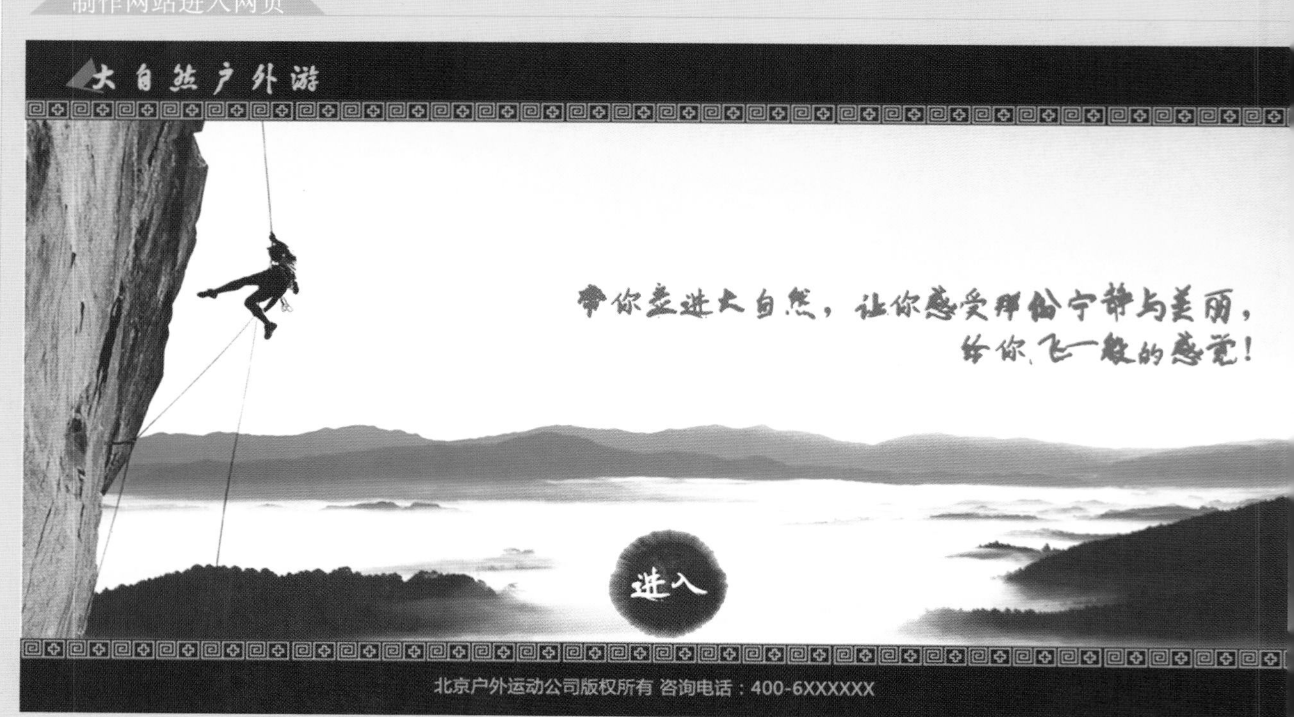

制作个人博客网页

瞬间让人清醒的话语

制作动画导航网页

制作动画Banner网页

制作新闻网页

数字维海

案例欣赏

制作拼图游戏

制作家居网页

制作会员注册页面

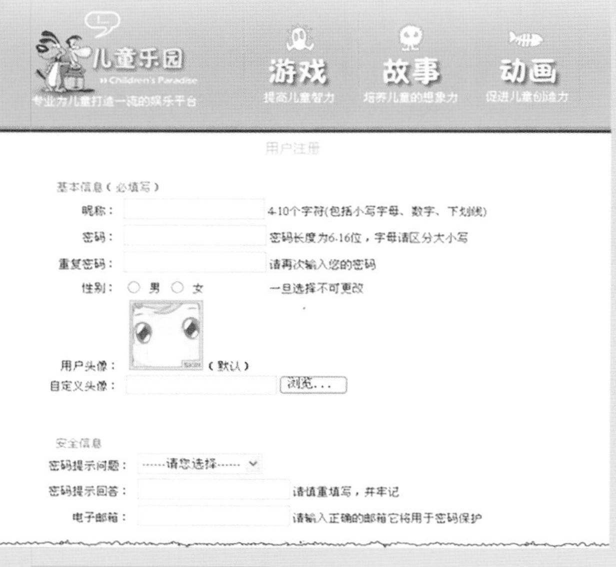

制作企业介绍网页

制作购物车网页

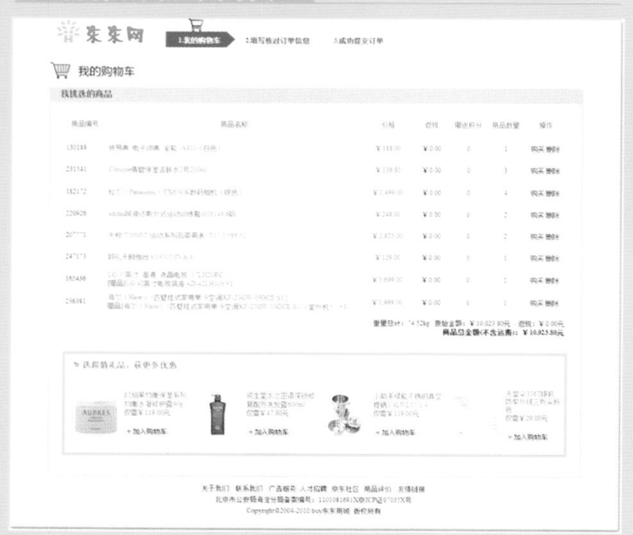

制作相册展示网页

从新手到高手

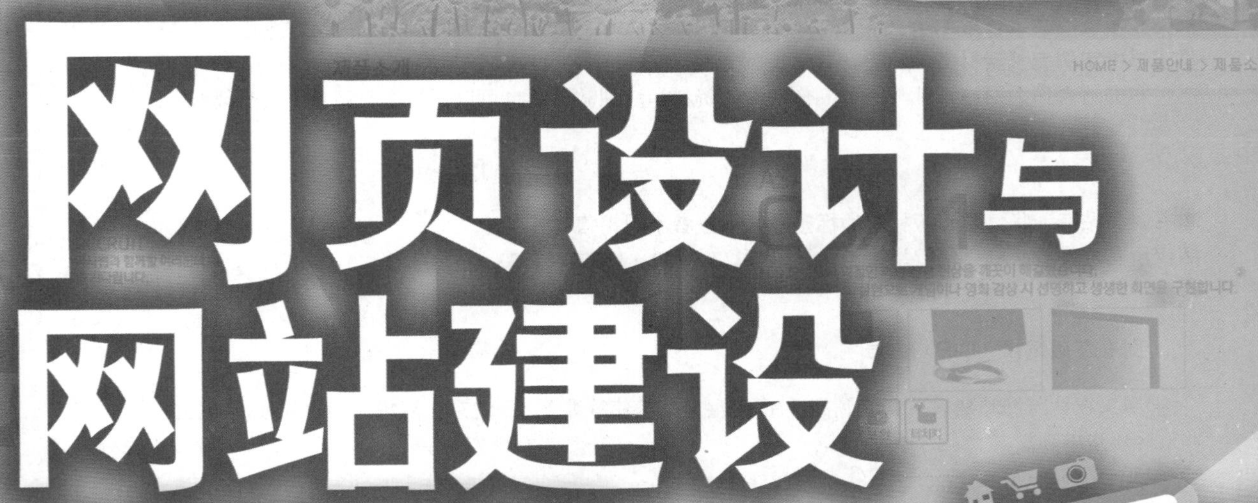

网页设计与网站建设

从新手到高手

■ 倪宝童 吴东伟 等编著

清华大学出版社
北 京

内 容 简 介

本书由浅入深地介绍了使用 Dreamweaver CS5、Flash CS5 以及 Photoshop CS5 等软件进行网站设计和网页制作的方法。全书内容共分 20 章，前 16 章详细介绍网页制作的基础知识，如网站规划和网页设计、Photoshop 处理网页图像、设计网页界面以及 Flash 制作网页动画、Dreamweaver 设计网页文本、图像、链接和多媒体等元素的方法；使用 XHTML、CSS 以及 JavaScript 等 Web 标准化技术制作网页，以及应用网页行为、表单、框架和模板的技术。第 17～20 章综合应用了以上这些知识，设计并制作了 4 个完整的实例。本书配书光盘提供了书中实例完整素材文件和配音教学视频文件。

本书适合作为网站设计与网页制作的参考资料和培训教材，也可以作为高职高专院校的教材等。

图书在版编目（CIP）数据

网页设计与网站建设从新手到高手/倪宝童，吴东伟等编著. —北京：清华大学出版社，2013.1
（从新手到高手）
ISBN 978-7-302-30089-2

Ⅰ. ①网… Ⅱ. ①倪… ②吴… Ⅲ. ①网页制作工具②网站－建设 Ⅳ. ①TP393.092

中国版本图书馆 CIP 数据核字（2012）第 214622 号

责任编辑：冯志强
封面设计：柳晓春
责任校对：徐俊伟
责任印制：王静怡

出版发行：清华大学出版社
网 址：http://www.tup.com.cn，http://www.wqbook.com
地 址：北京清华大学学研大厦 A 座 邮 编：100084
社 总 机：010-62770175 邮 购：010-62786544
投稿与读者服务：010-62776969，c-service@tup.tsinghua.edu.cn
质 量 反 馈：010-62772015，zhiliang@tup.tsinghua.edu.cn
印 刷 者：清华大学印刷厂
装 订 者：北京市密云县京文制本装订厂
经 销：全国新华书店
开 本：190mm×260mm 印 张：22.5 插 页：2 字 数：623 千字
附光盘 1 张
版 次：2013 年 1 月第 1 版 印 次：2013 年 1 月第1 次印刷
印 数：1～5000
定 价：59.00 元

产品编号：044779-01

前　言

网站作为面向世界的窗口，其设计和制作包含多种技术，例如平面设计技术、动画制作技术、CSS技术、XHTML 技术和 JavaScript 技术等。本书以 Dreamweaver CS5、Photoshop CS5 和 Flash CS5 等为基本工具，详细介绍如何通过 Photoshop 设计网站的界面和图形，通过 Flash 制作网站的动画，以及通过 Dreamweaver 编写网页代码。除此之外，本书还介绍 Web 标准化规范的相关知识，包括 XHTML 标记语言、CSS 样式表等。

本书是一本典型的案例实例教程，由多位经验丰富的网页设计人员编写而成。本书立足于网络行业，详细介绍娱乐网站、门户网站和企业网站等类型的网站，以及各种网站栏目的设计方法。

本书主要内容

全书共分为 20 章，通过大量的实例全面介绍了网页设计与制作过程中使用的各种专业技术，以及用户可能遇到的各种问题。各章的主要内容简介如下。

第 1 章介绍网页设计的一些基础知识和理论知识，简要阐述网页设计的理念。第 2 章介绍使用 Photoshop 设计网页中的各种栏目和板块，以及制作切片网页的技术。第 3 章介绍使用 Photoshop 的蒙版、滤镜、切片等进阶技术，处理网页中各种图像的方法。

第 4 章介绍使用 Flash 设计各种网页元素的技巧和方法，以及 Flash 的绘制等基础知识。第 5 章介绍 Flash 补间动画、引导动画、遮罩动画、逐帧动画、补间形状动画、传统补间动画和 Flash 滤镜在网页中的应用。第 6 章着重介绍网页中的各种文本元素，以及设计网页文本元素的技巧和方法，包括段落、列表等对象。

第 7 章着重介绍网页中的各种图像元素，例如图像、背景图像、光标经过图像、图像导航条、FireworksHTML 以及 Photoshop 智能对象等图像类型在网页中的应用。第 8 章通过着重介绍超链接元素的类型，以及插入文本链接、图像链接、邮件链接和锚记链接的方法，帮助用户了解网页的链接元素。第 9 章详细介绍网页中的多媒体元素，包括 Flash 动画、FLV 视频、FlashPaper 文档、Shockwave 视频、JavaApplet 程序、ActiveX 控件以及其他各种插件。

第 10 章介绍使用表格的传统网页布局方式，以及编辑表格的方法。除此之外，还介绍 Spry 框架的使用。第 11 章主要讲解了 XHTML 语言的概述、基本语法、元素分类，以及常用的一些 XHTML 元素等。第 12 章主要讲解了 CSS 技术的概述，以及基本语法、选择器、样式表、规则等。同时介绍了 CSS 样式的分类以及为网页添加 CSS 的方法。第 13 章介绍了 CSS 的盒模型概念，同时介绍了流动定位、绝对定位、浮动定位 3 种 Web 2.0 时代的布局方式。

第 14 章介绍网页行为的基础知识，以及交换图像、弹出信息、打开浏览器窗口、拖动 AP 元素、改变属性、显示-隐藏元素等一系列样式，帮助用户实现各种网页的交互。第 15 章介绍表单、文本字段、按钮、列表/菜单、单选按钮、复选框等表单内容，以及使用 Spry 验证各种表单内容的方法。第 16 章介绍框架、框架集等网页元素的使用方法和属性设置。

第 17 章～20 章则使用 Web 标准化的方式，设计和制作了 4 个完整的综合实例，帮助用户了解网站前台技术的魅力。

本书特色

本书是一本专门介绍网页设计与制作基础知识的教程，在编写过程中精心设计了丰富的体例，以帮助读者顺利学习本书的内容。

- ❑ **系数统全面，超值实用** 本书针对各个章节不同的知识内容，提供了多个不同内容的实例，除了详细介绍实例应用知识之外，还在侧栏中同步介绍相关知识要点。每章穿插大量的提示、注意和技巧，构筑了面向实际的知识体系。另外，本书采用了紧凑的体例和版式，相同内容下，篇幅缩减了30%以上，实例数量增加了50%。
- ❑ **串珠逻辑，收放自如** 统一采用了二级标题灵活安排全书内容，摆脱了普通培训教程按部就班讲解的窠臼。同时，每章最后都对本章重点、难点知识进行分析总结，从而达到内容安排收放自如，方便读者学习本书内容的目的。
- ❑ **全程图解，快速上手** 各章内容分为基础知识、实例演示和高手答疑3个部分，全部采用图解方式，图像均做了大量的裁切、拼合、加工，信息丰富、效果精美，使读者翻开图书的第一感觉就获得强烈的视觉冲击。
- ❑ **书盘结合，相得益彰** 多媒体光盘中提供了本书实例完整的素材文件和全程配音教学视频文件，便于读者自学和跟踪联系本书内容。

本书读者对象

本书内容详尽、讲解清晰，全书包含众多知识点，采用与实际范例相结合的方式进行讲解，并配以清晰、简洁的图文排版方式，使学习过程变得更加轻松和易于上手。

本书适合作为高等院校和高职高专院校学生学习使用，也可以作为网页设计与制作初学者，网站开发人员，大中专院校相关专业师生，网页制作培训班学员等的参考资料。

参与本书编写的除了封面署名人员之外，还有王海峰、王晓波、常征、马玉仲、席宏伟、祁凯、徐恺、王泽波、王磊、张仕禹、夏小军、赵振江、李振山、李文才、李海庆、王树兴、何永国、李海峰、王蕾、王曙光、牛小平、贾栓稳、王立新、苏静、赵元庆、郭磊、何方、徐铭、李大庆等。由于时间仓促，作者水平有限，疏漏之处在所难免，敬请读者朋友给予批评指正。

目　　录

网页设计基础

随着国内互联网开发理论的发展，越来越多的网站开始更加注重网页的界面设计，通过优化和美化的界面取得竞争的主动权，吸引更多的用户。网页界面设计的作用在于，为网页提供一个美观且易于与用户交互的图形化接口，帮助用户更方便地浏览网页内容，使用网页的各种功能。同时，优秀的界面设计可以为用户提供一种美的视觉享受。

本章主要介绍在设计网页之前的一些基础知识，以及设计网页需要进行的各种准备工作。包括网站内容的策划、网站板块的设计、网页配色的理论，以及设计网页所使用的一些基本技术和软件。

1.1 网页界面构成

网页是由浏览器打开的文档，因此可以将其看作是浏览器的一个组成部分。网页的界面只包含内置元素，而不包含窗体元素。以内容来划分，一般的网页界面包括 Logo、导航条、Banner、内容板块、版尾和版权等。

1．Logo

网站 Logo 是整个网站对外唯一的标识和标志，是网站商标和品牌的图形表现。Logo 的内容通常包括特定的图形和文本，其中图形往往与网站的具体内容或开发网站的企业文化紧密结合，以体现网站的特色；文本主要起到加深用户印象的作用，用户可以通过这些文本介绍网站的名称、服务，也可以体现网站的价值观、宣传口号。

一些简单的 Logo 也可以只包含文本，通过对文本进行各种变化来体现网站的特色。

在图像中，包含了 20 个大型知名企业的商标，这些商标往往也与其官方网站的 Logo 一致。

2．导航条

导航条是索引网站内容，帮助用户快速访问网站功能的辅助工具。根据网站内容，一个网页可以设置多个导航条，还可以设置多级的导航条以显示更多的导航内容。

3．Banner

Banner 的中文直译为旗帜、网幅或横幅，意译则为网页中的广告。多数 Banner 都以 JavaScript 技术或 Flash

技术制作，通过一些动画效果，展示更多的内容，并吸引用户观看。

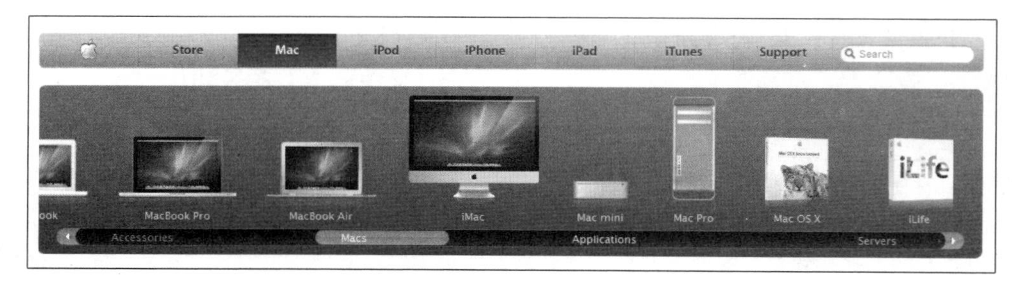

4．内容版块

内容栏是网页内容的主体。通常可以由一个或多个子栏组成，包含网页提供的所有信息和服务项目。

内容栏的内容既可以是图像，也可以是文本，或图像和文本结合的各种内容。

在设计内容栏时，用户可以先独立地设计多个子栏，然后再将这些子栏拼接在一起，形成整体的效果。同时，还可以对子栏进行优化排列，提高用户的体验。如网页的内容较少，则可以使用单独的内容栏，通过大量的图像使网页更加美观。

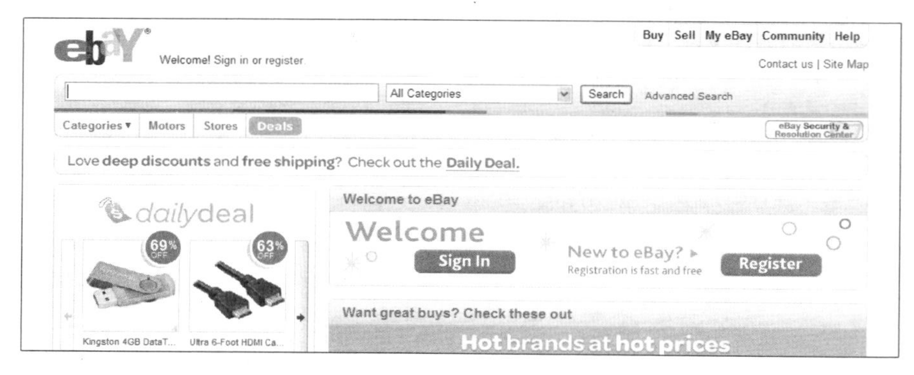

5．版尾版块

版尾是整个网页的收尾部分。在这部分内容中，可以声明网页的版权、法律依据以及为用户提供的各种提示信息等。

除此之外，在版尾部分还可以提供独立的导航条，以为将页面滚动到底部的用户提供一个导航的替代方式等。

版权的书写应该符合网站所在国家的法律规范，同时遵循一般的习惯。正确的版权书写格式如下所示。

```
Copyright (©) [Dates] (by) [Author/Owner] (All rights reserved.)
```

在上面的文本中，小括号“()”中的内容是可省略的内容，中括号“[]”中的内容是根据用户具体信息而可更改的内容。

注意

“All rights reserved.”文本中，最后的英文句号是不可省略的。只要使用“All rights reserved.”，就必须在其后添加英文句号。

版权符号“©”有时可以替代“Copyright”的文本，但是用户不能以带有括号的大写字母C替代版权符号“©”。

提示

在一些国家的法律中，“All rights reserved.”是不可省略的。但在我国法律中并没有对此进行严格规范，因此在实际操作中可以省略。

1.2 网页版块结构

在网页的界面设计工作中，界面元素的设计固然重要，但这些界面元素在网页中分布的位置同样也直接影响到用户的体验。网页的版块布局主要包括 5 种，即“国”字框架、拐角框架、左右框架、上下框架和封面框架等 5 种。

1．“国”字框架

“国”字框架网页布局又称“同”字型框架网页布局，其最上方为网站的 Logo、Banner 或导航条和内容版块。

在内容版块左右两侧通常会分列两小条内容，可以是广告、友情链接等，也可以是网站的子导航条。最下面则是网站的版尾或版权版块。

2. 拐角框架

拐角框架型布局也是一种常见的网页结构布局。其与“国”字框架型布局只是在形式上有所区别，实际差异不大。其区别在于其内容版块只有一侧有侧栏，也就是导航条和侧栏组成一个90°的直角。

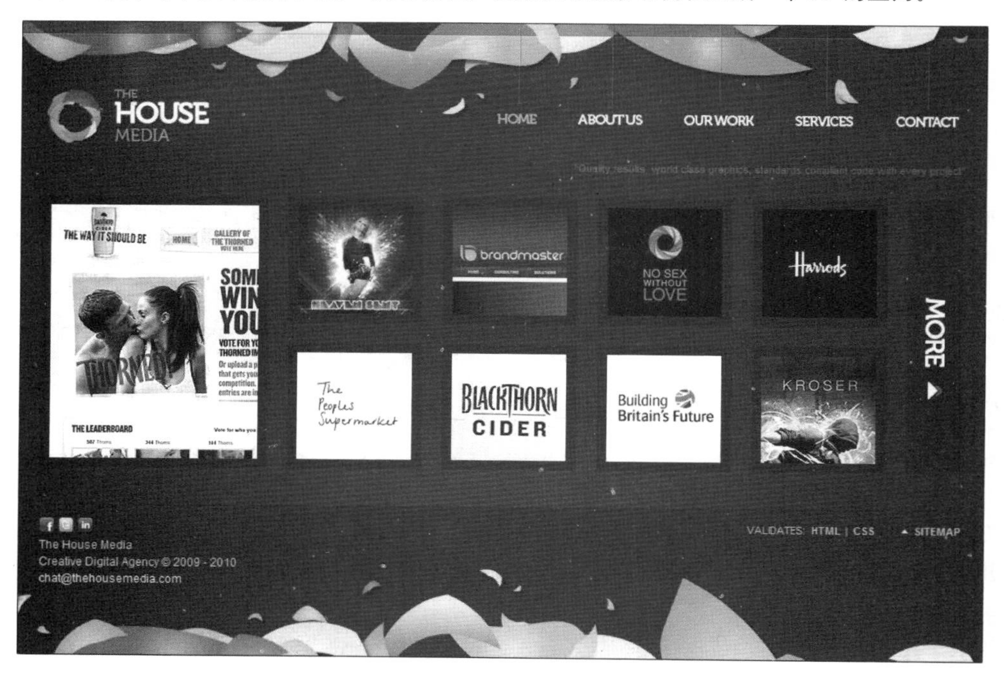

在拐角框架型布局的网页中，侧栏同样可以放置立式的 Banner 广告（例如“摩天大楼”型），也可以放置辅助的侧导航栏，为用户访问网页提供帮助。

拐角框架型布局的网页比“国”字型布局的网页更加个性化一些，也更具备实用性。在具体的网页设计中，拐角框架布局通常与大幅的网页留白相结合。一些娱乐型网页比较喜欢使用拐角型框架布局。

3．左右框架

左右框架型网页是一种被垂直划分为两个或多个框架的网页布局结构，其样式仿照了传统的杂志风格，可以在各框架中插入文本、图像与动画等媒体。左右框架型网页布局通常会被应用到一些个性化的网页或大型论坛网页等，具有结构清晰、一目了然的优点。

4．上下框架

上下框架型网页与左右框架类似，是一种被水平划分为两个或多个框架的网页布局结构。在上下框架布局网页中，主题部分并非如“国”字框架型或拐角框架型一样由主栏和侧栏组成，而是一个整体或复杂的组合结构。

5．封面框架

这种类型的网页，通常作为一些个性化网站的首页，以精美的动画，加上几个链接或“进入”按钮，甚至只在图片或动画上做超链接。

1.3 网站整体策划

网站的整体策划是一个系统工程，是在建设网站之前进行的必要工作。

1．市场调查

市场调查提供了网站策划的依据。在市场分析过程中，需要先进行3个方面的调查，即用户需求调查、竞争对手情况调查以及企业自身情况的调查。

2．市场分析

市场分析是将市场调查的结果转换为数据，并根据数据对网站的功能进行定位的过程。

3．制订网站技术方案

在建设网站时，会有多种技术供用户选择，包括服务器的相关技术（NT Server/Linux）、数据库技术（Access/My SQL/SQL Server）、前台技术（XHTML+CSS/Flash/AIR）以及后台技术（ASP/ASP.NET/PHP/JSP）等。

> **注意**
>
> 在制订网站技术方案时，切忌一切求新，盲目采用最先进的技术。符合网站资金实力和技术水平的技术才是合适的技术。

4．规划网站内容

在制订网站技术方案之后，即可整理收集的网站资源，并对资源进行分类整理，划分栏目等。

网站的栏目划分，标准应尽量符合大多数人理解的习惯。例如，一个典型的企业网站栏目，通常包括企业的简介、新闻、产品，用户的反馈，以及联系方式等。产品栏目还可以再划分子栏目。

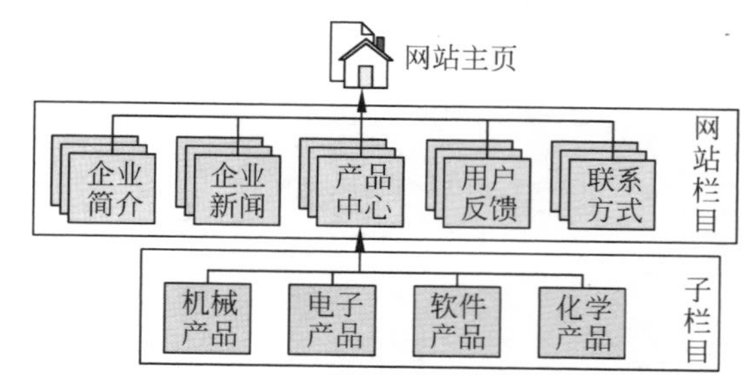

5．前台设计

前台设计包括所有面向用户的平面设计工作，例如，网站的整体布局设计、风格设计、色彩搭配以及UI设计等。

6．后台开发

后台开发包括设计数据库和数据表，以及规划后台程序所需要的功能范围等。

7. 网站测试

在发布网站之前需要对网站进行的各种严密测试，包括前台页面的有效性、后台程序的稳定性、数据库的可靠性以及整体网站各链接的有效性等。

8. 网站发布

在制订网站的测试计划后，即可制订网站发布的计划，包括选择域名、网站数据存储的方式等。

9. 网站推广

除了网站的规划和制作外，推广网站也是一项重要的工作，例如，登记各种搜索引擎、发布各种广告、公关活动等。

10. 网站维护

维护是一项长期的工作，包括对服务器的软件、硬件维护、数据库的维护、网站内容的更新等。多数网站还会定期的改版，保持用户的新鲜感。

1.4 网页色彩基础

网页设计是平面设计的一个分支，和其他平面设计类似，对色彩都有较大的依赖性。色彩可以决定网站的整体风格，也可以决定网站所表现的情绪。

1. RGB 色彩体系

人类的眼睛是根据所看见的光的波长来识别颜色的。肉眼可识别的白色太阳光，事实上是由多种波长的光复合而成的全色光。

根据全色光各复合部分的波长（长波，中波和短波），可以将全色光解析为 3 种基本颜色，即红（Red）、绿（Green）和蓝（Blue）三原色光。

可见光中，绝大多数的颜色可以由三原色光按不同的比例混合而成。例如，当 3 种颜色以相同的比例混合，则形成白色。而当 3 种颜色强度均为 0 时，则形成黑色。

计算机的显示器系统就是利用三原色的原理，采用加法混色法，以描述三原色在各种可见光颜色中占据的比例来分析和描述色彩，从而确立了 RGB 色彩体系。

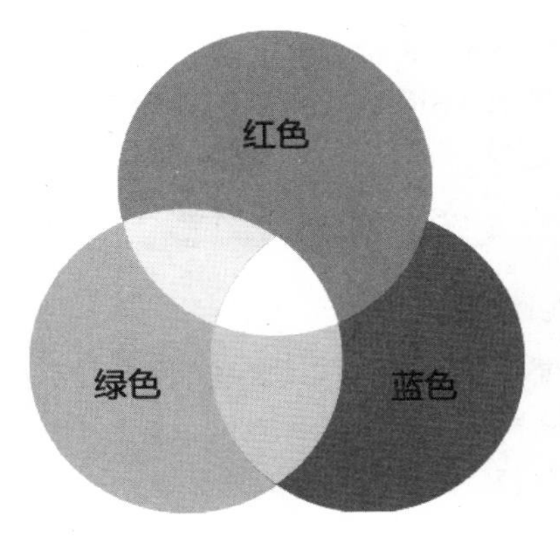

> **提示**
>
> 所有网页设计领域中的色彩，都是以 RGB 色彩体系表现的。例如，常见的#RRGGBB 以及数字表示法，就是根据 RGB 三原色的强度实现的。

2. 色彩的属性

任何一种色彩都会具备色相、饱和度和明度 3 种基本属性。这 3 种基本属性又被称作色彩的三要素。修改这 3 种属性中任意一种，都会影响原色彩其他要素的变化。

● **色相**

色相是由色彩的波长产生的属性，根据波长的长短，可以将可见光划分为 6 种基本色相，即红、橙、黄、绿、蓝和紫。根据这 6 种色相可以绘制一个色相环，表示 6 种颜色的变化规律。

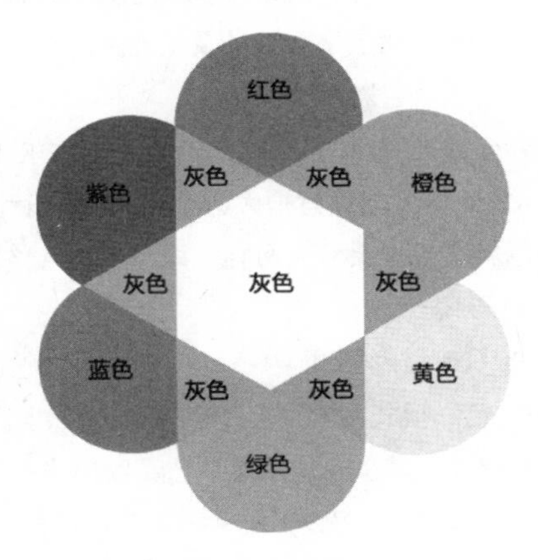

在 Photoshop 等图像处理软件中，通常用一种渐

网页设计与网站建设从新手到高手

变色条来表示色彩的色相。

● 饱和度

饱和度是指色彩的鲜艳程度，又称彩度、纯度。色彩的饱和度越高，则色相越明确，反之则越弱。饱和度取决于可见光波波长的单纯程度。

在色彩中，六色色相环中的 6 种基础色饱和度最高，黑、白、灰没有饱和度。

● 明度

明度是指色彩的明暗程度，也称光度、深浅度。色彩的明度来自于光波中振幅的大小。色彩的明度越高，则颜色越明亮，反之则越阴暗。

在无彩色系中，明度最高的是白色，而最低的是黑色。在有彩色系中，明度最高的是黄色，最低的是紫色。

3．色彩模式

自然界中的颜色种类繁多，单纯以颜色的名称来表示颜色是无法适应平面设计及工业生产需要的。因此，人们引入了色彩模式的概念。

色彩模式是表示色彩的方法。在不同的应用领域里，表示色彩的方式也有很大区别。在平面设计领域，常用的色彩模式主要分为两种，即 RGB 色彩模式和 CMYK 色彩模式。

● **RGB 色彩模式**

RGB 色彩模式主要是应用于输出 CRT 显示器的一种色彩模式，其采用加法混色法，以描述各种可见光在颜色中占据的比例来分析色彩。RGB 色彩的基准是光学三原色（红、绿和蓝）。

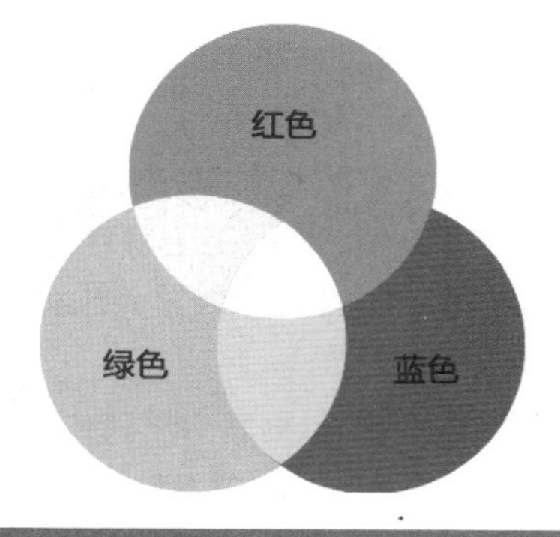

提示

所有网页设计领域中的色彩，都是以 RGB 色彩模式表现的。例如，常见的#RRGGBB 以及数字表示法，都是根据 RGB 三原色的强度实现的。

● **CMYK 色彩模式**

CMYK 色彩模式是主要应用于印刷品的一种色彩模式。其原理是根据印刷时使用的四色油墨混合的比例实现各种色彩，因此属于减法混色法。

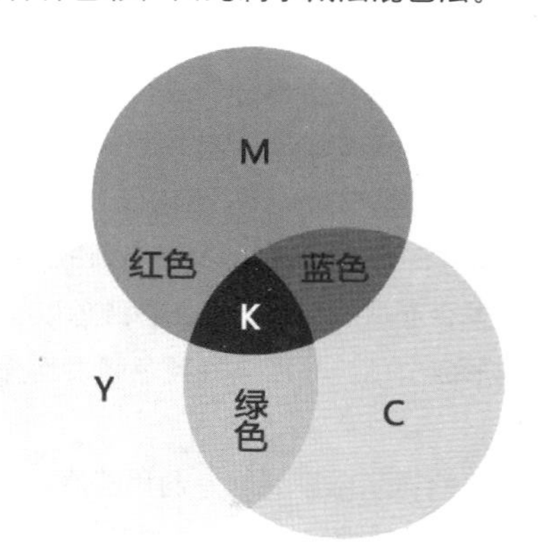

提示

油墨 4 种颜色分别为青色（Cyan）■、洋红色（Magenta，又称品红色）■、黄色（Yellow）□、黑色（Black，为与 RGB 的蓝色区分而使用最后一个字母 K）■。表示 CMYK 常用每种颜色深度的百分比来表示。

4．Web216 安全色

在早期各种浏览器中，图像的颜色显示方式并不统一，同样一种颜色在不同的网页浏览器中可能会显示不同的颜色。

为了保证网页基本的色彩显示，人们规定了 216 种颜色的显示方法，这 216 种颜色以同样的效果在任意的浏览器中，不会造成色彩的错乱，被称作“安全的”颜色，即 Web216 安全色。

1.5 Dreamweaver CS5 简介

Dreamweaver 是由 Macromedia 公司（已被 Adobe 公司收购）开发的一种基于可视化界面的、带有强大代码编写功能的网页设计与开发软件。

1．Dreamweaver 概述

在互联网发展的早期，网页设计者往往只能依据一些文本编辑软件，例如 Emac、VI 或 Windows 记事本等工具来编写网页。编写网页的过程中，每一行代码都需要手工输入，效率十分低下。

随着 Dreamweaver 的发布，人们可以使用可视化的方式编辑网页中的元素，由软件直接生成网页的代码。Dreamweaver 的出现，提高了人们设计网页的效率，降低了代码编写的工作量。

除此之外，Dreamweaver 还是一款优秀的网页代码编辑器，其提供了强大的代码提示、代码优化以及代码纠错功能，并内置了多种网页浏览器的内核，允许用户即时地查看编写的网页，纠正在多浏览器下的兼容性问题。

目前 Dreamweaver 已经成为网页设计行业必备的工具。

2．Dreamweaver CS5 新增功能

2010 年 4 月，Adobe System 发布了 Dreamweaver 的最新版本 Dreamweaver CS5，其集成了更多的新功能，并提高了软件制作网页的效率。

- **集成 CMS 支持**

在 Dreamweaver CS5 中，Adobe 第一次融入了与各种网上流行的网站内容管理系统的集成，允许用户对 WordPress、Joomla!和 Drupal 等内容管理系统框架进行二次开发和编辑支持，并允许用户在 Dreamweaver 内部进行浏览和测试。

- **检查 CSS 兼容性**

Dreamweaver 内置了多种浏览器内核，允许用户以可视化的方式查看当前网页中各种标签的实际位置，无需任何第三方软件即可调试网页在多浏览器下的兼容性。

- **检查动态网页**

Dreamweaver 提供了对各种常用动态网页技术的支持，允许用户通过新增的 Adobe BrowserLab 功能预览动态网页内容，和本地内容，并对其进行校对和诊断。

- **团队协作支持**

Dreamweaver 内置的 Subversion 功能，允许多个用户进行协作，共同编辑同一个网页文档，并对网页文档的版本进行控制。

- **PHP 自定义代码支持**

早期的 Dreamweaver 只支持 PHP 的基本代码提示，在 Dreamweaver CS5 中，对 PHP 程序中的自定义函数也提供了代码提示支持，帮助用户更快地编写 PHP 文档，提高用户的工作效率。

- **改进的站点配置**

Dreamweaver CS5 改进了本地站点的配置界面，使用户通过简单的设置，即可建立功能完善的本地站点，对各种动态网页程序进行调试。

- **第三方 Widget 插件**

Dreamweaver 用户可以通过安装 Widget 插件，将互联网中的第三方组件添加到网页中，免于编写各种脚本代码。

- **HTML 5 支持**

Dreamweaver CS5 内置了对 HTML 5 的支持，允许用户创建和编写 HTML 5 文档，建立更丰富的网页应用。

3．Dreamweaver CS5 窗口界面

与 Photoshop CS5、Flash CS5 类似，Dreamweaver CS5 也提供了有别于之前版本的全新界面，供用户以更加高效地方式创建网页。在打开 Dreamweaver CS5 之后，即可进入 Dreamweaver 窗口主界面。Dreamweaver CS5 主要包括两种模式，即可视化模式和代码模式。

在默认情况下，Dreamweaver 将以可视化的方式显示打开或创建的文档。

在使用 Dreamweaver CS5 编写网页文档时，有可能会使用到 Dreamweaver CS5 的代码模式。

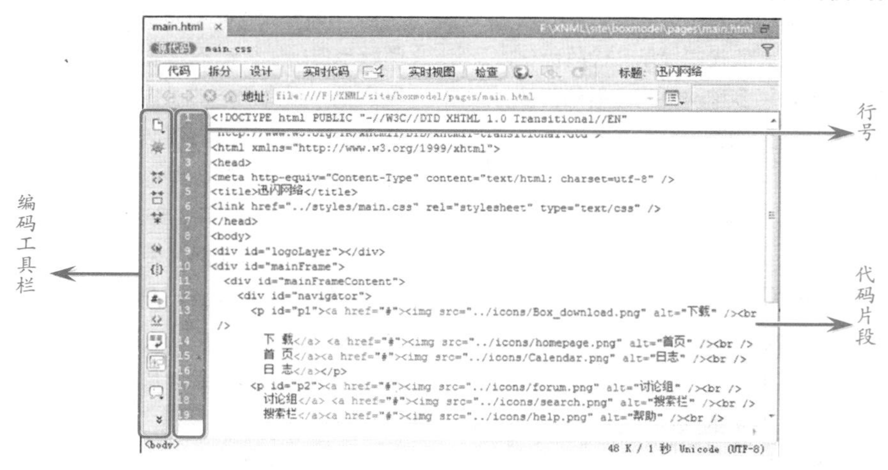

Dreamweaver 的代码模式与可视化模式在文档窗口方面有很大的不同，在代码模式下，提供了多种工具以帮助用户编写代码。

1.6 Photoshop CS5 简介

Photoshop 是由 Adobe System 公司开发的一款功能强大的二维图形图像处理与三维图像设计软件。

1．Photoshop 概述

Photoshop 是目前专业领域最流行的图像处理软件，其主要处理以像素（Pixel）构成的数字图像，利用各种编修与绘图工具，对图像进行后期的编辑。

除了编辑修改图像外，Photoshop 还支持导入由 CorelDRAW 或 Illustrator 等软件绘制的矢量图形，对这些矢量图形进行简单的处理。

在网页设计领域，Photoshop 主要被用来进行网页制作前期的工作，包括处理网页所使用的各种图像、绘制各种按钮、图标、导航条和内容栏等界面元素。除此之外，其还可以制作网页模板，并通过切片工具将设计好的网页模板切割成网页。

2．Photoshop CS5 新增功能

2010 年 4 月，Adobe System 发布了 Photoshop 的最新版本 Photoshop CS5 和 Photoshop Extended CS5，增加了多种全新的设计功能。

- **3D 突出**

在 Photoshop CS5 中，用户可以借助 Adobe Repoussé 工具对文本图层、矢量图形、选区、路径或图层蒙版等对象进行 3D 化处理，实现 3D 扭转、旋转、凸出、倾斜和膨胀等效果。

- **混色器画笔**

Adobe 改进了 Photoshop 的画笔绘制功能，新增了混色器画笔工具绘制画笔混色，同时提供了毛刷笔尖工具，可以帮助用户创建逼真的、带有纹理的笔触。

- **智能区域选择**

Photoshop CS5 改进了快速选择工具和魔棒工具，方便用户轻松选择毛发等细微的图像元素，进行细化、合成或置入布局中。消除选区边缘周围的背景色；使用新的细化工具自动改变选区边缘并改进蒙版。

- **操控变形**

Photoshop CS5 新增了操控变形工具，可以为各种位图和矢量图建立均匀的节点，允许用户通过调整节点的位置对图形或图像进行扭曲处理。

- **调整蒙版**

Photoshop CS5 新增了调整蒙版功能，并允许用户调节各种蒙版对象的边缘半径、平滑、羽化、对比度、移动边缘等，通过多样化的蒙版实现丰富的图像应用。

- **3D 功能**

Photoshop CS5 强化了 CS4 新增的 3D 图形处理功能，允许用户为 3D 图层中的凸纹建立蒙版，同时增加了地面阴影捕捉器、对象贴紧地面、连续渲染等强大的 3D 工具，进一步增强了 3D 图形处理功能，使其趋向于专业化。

除了新增多种 3D 图形制作工具外，Photoshop CS5 还增加了 3D 地面、3D 选区和 3D 光源等 3D 对象的视图查看工具，帮助用户快速查看 3D 内容。

- **视图查看**

如用户选择了显示额外内容选项，则可以通过显示额外选项的工具，定义显示的这些内容，帮助用户优化 Photoshop 界面，提高用户的工作效率。

3．Photoshop CS5 窗口界面

在 Photoshop CS5 中，提供了全新的软件界面，以使之与 Adobe CS5 套装保持整体一致的风格。在打开 Photoshop CS5 后，即可进入其窗口主界面。

1.7 Flash CS5 简介

Flash 是由 Macromedia 公司（现被 Adobe 公司收购）开发的一种基于可视化界面且带有强大编程功能的动画设计与制作软件。

1．Flash 概述

Flash 是一种被广泛应用在多个领域的动画设计与开发软件。

在动画制作领域，Flash 是一种易于上手且功能强大的平面或立体矢量动画软件，被广泛应用在各出版发行、广告、商业设计企业中。

在网页设计领域，由于 Adobe Flash Player 占据了目前个人计算机 95%以上的市场，因此越来越多的网页设计者依据 Flash 开发网页中各种富媒体元素。

由于 Flash 具有制作出的动画体积小、特效丰富等优势，因此很多用户将 Flash 与各种网页应用相结合，构成完整的富互联网程序。

除了设计动画外，Flash 还具有很强的代码编辑能力。用户使用 Flash，可以方便地开发出各种小型应用，将其发布到手机等数码设备中进行播放。

2．Flash CS5 新增功能

2010 年 4 月，Adobe System 发布了 Flash 的最新版本 Flash CS5，对软件的代码进一步优化，提高了用户开发动画的效率。

● **新文本引擎**

Flash CS5 改进了全新的文本引擎，允许用户快速嵌入各种样式的文本。在对第三方字体的支持方面，Flash 第一次引入了 font 类，允许用户将整个字体库嵌入到 Flash 影片中，或在字体库中选择部分字符嵌入，帮助用户应用更多类型的字体而不受终端用户本地计算机字体的限制。

● **保存代码片段**

Flash CS5 允许用户将已编写的代码存储为代码片段，通过统一的代码片段面板快速调用，提高编写代码的效率。

● **自定义代码提示**

在代码编辑器方面，Flash CS5 新增了自定义类的代码提示功能，帮助用户快速编辑各种 ActionScript 3.0 的自定义代码。

● **更新的 FLA 源文件**

相比之前的版本，Flash CS5 改写了 FLA 源文件的格式，引入了 XML 结构，帮助用户方便地管理 FLA 文件的版本，以及编辑的历史记录等。

● **与 Flash Builder 集成**

Flash CS5 正式与 Flash Builder（原 Flex Builder）结合起来，以 Flash Builder 的强大代码编辑功能辅助设计。

● **改进的骨骼工具**

Flash CS5 大为增强了从 Flash CS4 中继承的骨骼工具，改进了动画属性的设计，允许用户创建更加逼真的反向运动动画。

● **增强的喷涂刷工具**

Flash CS5 增强了 Deco 工具，为用户提供了更多的预置喷涂刷对象，允许用户快速绘制各种动态火焰、建筑物、植物等一系列的图案，帮助用户快速创建矢量图形。

● **输出格式**

Flash CS5 除了允许用户创建并发布 Flash 动画外，还允许用户直接将动画发布为 iPhone 等数码设备可执行的应用程序，方便用户进行二次开发。

3．Flash CS5 窗口界面

在 Flash CS5 中，提供了全新的软件界面，重新设计了软件中各种功能的位置，以提高用户的工作效率。打开 Flash CS5 之后，即可进入其窗口主界面。

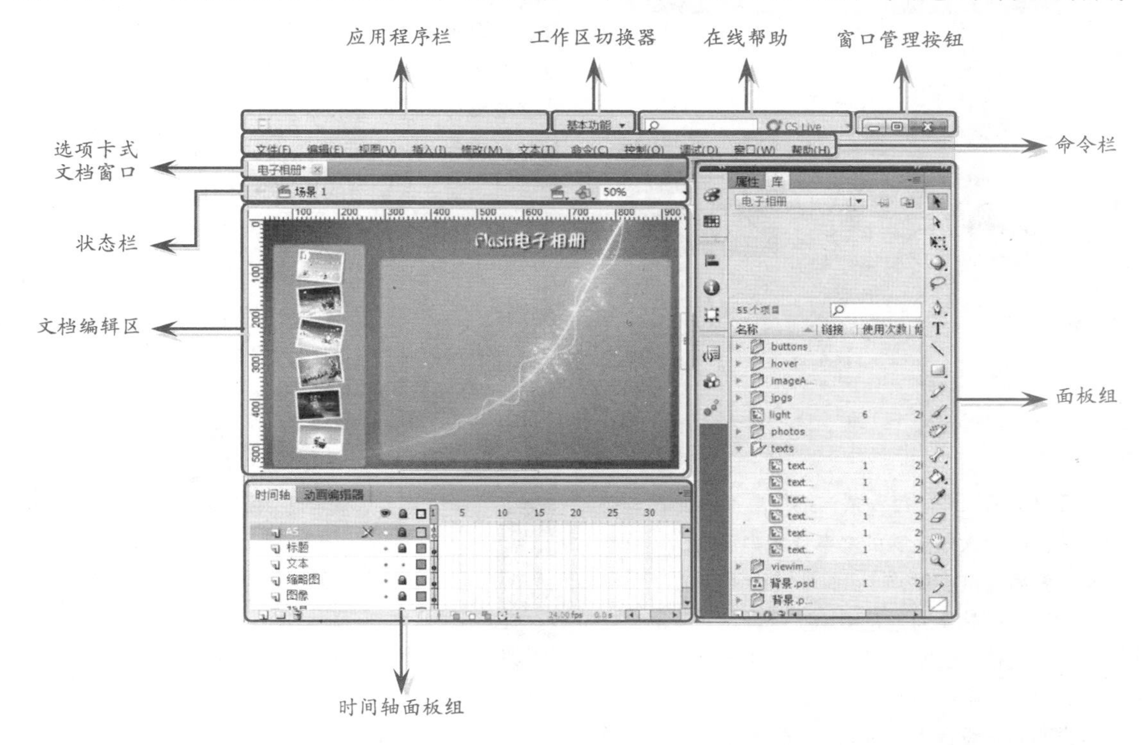

1.8 网页设计理念

网页设计不仅是一门实用技术，更是一门创造性的艺术。其是一个感性思考与理性分析相结合的过程。

网页设计不仅依赖于各种平面设计软件和网页制作软件，更依赖于网页设计者的独立思考。

1．网页设计的任务

在设计网页时，需要首先了解网页设计的任务以及网页设计的最终目的。

网页设计是艺术创造与技术开发的结合体。其任务是吸引用户，为用户创造良好的体验，在此基础上为网页的所有者提供收益。任何网页设计的行为，都是围绕这一最终目的进行的。

在设计网页时，可将网页根据网页的内容，即网页为用户提供的服务类型分为 3 类。并根据网页的类型设计网页的风格。

● 资讯类站点

资讯类站点通常是比较大型的门户网站。这类网站需要为用户提供海量的信息，在用户阅读这些信息时寻找商机。

在设计这类站点时，需要在信息显示与版面简洁等方面找到平衡点，做到既以用户阅读信息的便捷性为核心，又要保持页面的整齐和美观，防止大量的信息造成用户视觉疲劳。

在设计文本时，可着力对文本进行分色处理，将各种标题、导航、内容按照不同的颜色区分。同时要对信息合理地分类，帮助用户以最快的速度找到需要的信息。

以美国最大的在线购物网站亚马逊的首页为例。其在设计中，使用了较为传统的国字型布局。

其网站的 3 类导航使用了 3 种字体颜色，在同一板块内的导航标题使用橙色粗体，而导航内容则使用普通的蓝色字体。在刺激用户感官的同时避免视觉疲劳。

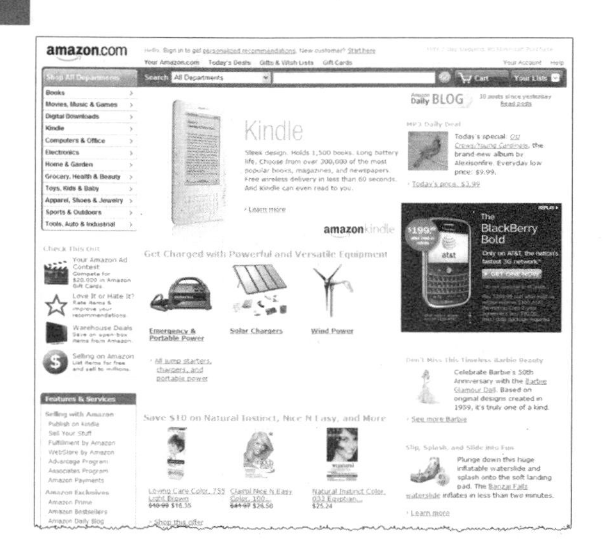

在亚马逊首页中，每一条详细信息都保证有一张预览图片，防止大段乏味的文字使用户厌烦。

● 艺术资讯类站点

艺术资讯类站点通常是中小型的网站，例如一些大型公司、高校、企业的网站等。互联网中的大多数网站都属于这一类型。

这类网站在设计上要求较高，既需要展示大量的信息，又需要突出公司、高校和企业的形象，还需要注重用户的体验。

设计这类网站时，尤其需要注意图像与文字的平衡，背景图像的选用以及整体网站色调的搭配等。

在这类网站的首页不应放置过多的信息。清晰有效的分类远比铺满屏幕的产品资料更容易吸引用户的注意力。

以著名的软件和硬件生产商苹果为例，其首页设计上一追求简洁为主，以简明的导航条和大片的留白给用户较大的想象空间。

苹果公司在网站设计上非常有心得，其擅长使用简单的圆角矩形栏目和渐变的背景色使网站显得非常大气，对一些细节的把握非常到位。

● 艺术类站点

艺术类站点通常体现在一些小型的企业或工作室设计中。这类网站向用户提供的信息内容较少，因此设计者可以将较多的精力放在网站的界面设计中。

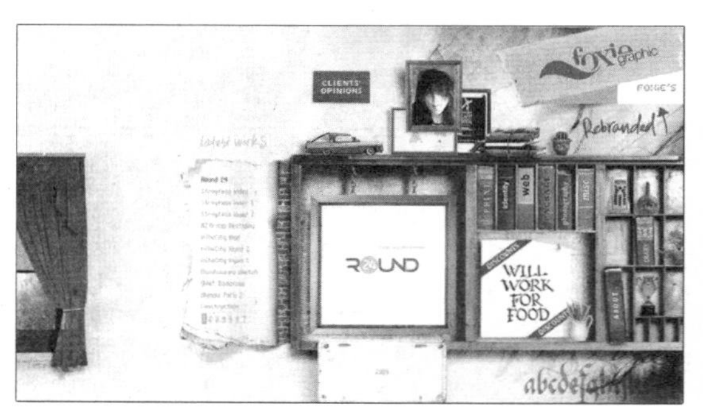

上图为俄罗斯设计师 Foxie 的个人主页，通过大幅的留白以及简明的色彩，模拟了一个书架。并以书架上的书本和相框作为导航条。

其在设计中发布的信息并不多，因此整站以 Flash 制作而成，大量使用动画技术，通过绚丽的色彩展示个性。

2. 网页设计的实现

在了解了设计的目的后，即可着手进行设计。网页设计是平面设计的一个分支，因此在设计网页时，有一定的平面设计基础可以帮助设计者更好更快地把握设计的精髓。

● 设计结构图

首先，应规划网站中栏目的数量及内容，策划网站需要发布哪些东西。

然后，应根据规划的内容绘制网页的结构草图，这一部分既可以在纸上进行，也可以在计算机上通过画图板、inDesign、或者其他更专业的软件进行。

结构草图不需要太精美，只需要表现出网站的布局即可。（关于布局，请参考本章之前的内容。）

● 设计界面

在纸上绘制好网页的结构图之后，即可根据网站的基本风格，在计算机上使用 Illustrator 或 CorelDRAW 等矢量图形软件或 Photoshop、Fireworks 等位图处理软件绘制网页的 Logo、按钮和图标。

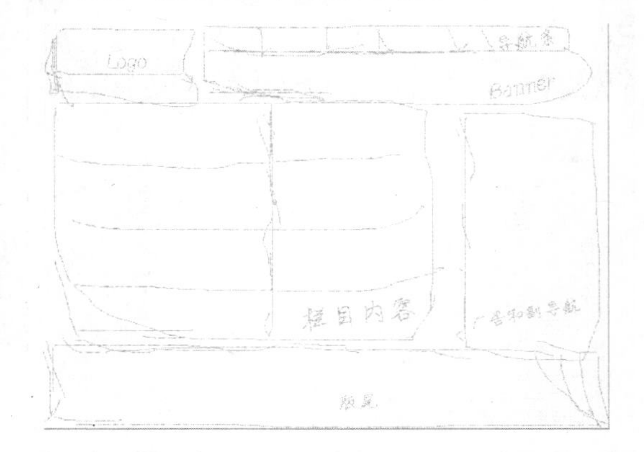

Logo、按钮、图标等都是网页界面设计的重要组成部分。设计这些内容时需要注意整体界面的风格一致性。包括从色调到图形的应用、圆角矩形与普通矩形的分布等。

其中，设计 Logo 时，可使用一些抽象的几何图形进行旋转、拼接，或将各种字母和文字进行抽象变化。例如，倾斜，切去直角、用线条切割、连接笔画、反色等。

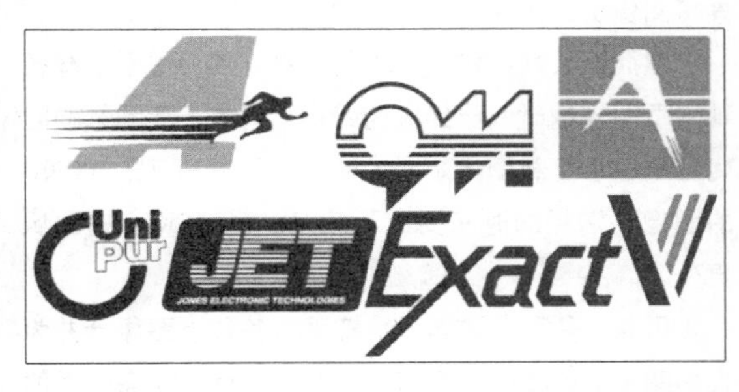

按钮的设计较为复杂。常见的按钮主要可分为圆角矩形、普通矩形、梯形、圆形以及不规则图形等。

在网页中，水平方向导航菜单的按钮设计比较随意，可以使用各种形状。而垂直方向的导航菜单则多使用矩形或圆角矩形，以使各按钮贴得更加紧密，给用户以协调的感觉。

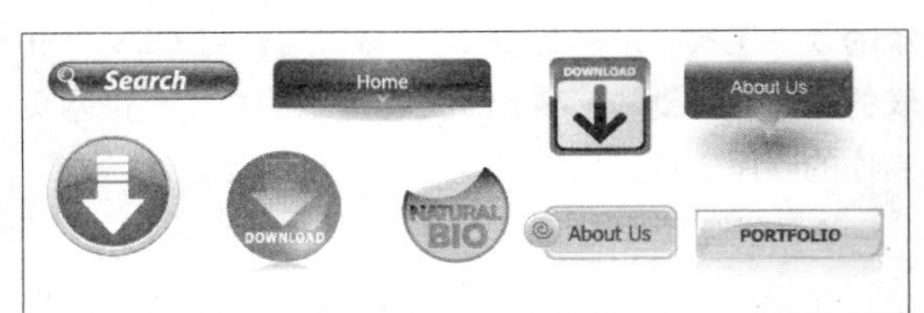

图标是界面中非常重要的组成部分，可以起到画龙点睛的作用。在绘制图标时，需要注意图标必须和其代表的内容有明显的联系。

例如，多数网站的首页图标，都会绘制一栋房子，而多数网站的联系方式图标，都是电话、信纸等通信的方式，这样的图标会使用户一眼看出其作用。

而如果使用过于抽象的图标，则容易被用户误解，或影响用户使用网站的功能。

● **设计字体**

字体是组成网页的最主要元素之一。合理分配的字体，可以使网站更加美观，也更便于用户阅读。

在设计网页的字体时，应先对网页进行分类处理。

对于多数浏览器和操作系统而言，汉字是非常复杂的文字，多数中文字体都是无法在所有字号下正常清晰显示的。

以宋体字为例，10px 以下的宋体通常会被显示为一个黑点（在手持设备上这点尤为突出）。而 20px 大小的宋体，则会出现明显的锯齿，笔画粗细不匀。

即使是微软设计的号称最清晰的中文字体微软雅黑，也无法在所有的分辨率及字号下清晰的显示。

经过详细的测试，中文字体在 12px、14px、16px（最多不超过 18px）的字号下，显示得最为清晰美观。

因此，多数网站都应使用 12px 大小的字体作为标准字体，而将 14px 的字体作为标题字体。在设计网页时，尽量少用 18px 以上的字体（输出为图像的文本除外）。

在字体的选择上，网站的文本是给用户阅读的。越是大量的文本，越不应该使用过于花巧的字体。

如针对的用户主要以使用 Windows XP 系统和纯平显示器为主，则应使用宋体或新宋体等作为主要字体。如果用户是以使用 Vista 系统和液晶显示器为主，则应使用微软雅黑字体，以获得更佳的体验。

注意

在中文文本的设计中，应尽量避免使用斜体。虽然作为拉丁字母中常见的一种表现形式，斜体的使用频率非常高，但是在中文中，几乎所有中文字体都无法以斜体的方式正常显示。使用斜体的结果就是降低用户阅读的舒适性。

● **制作网页概念图**

在设计完成网页的各种界面元素后，即可根据这些界面元素，使用 Photoshop 或 Fireworks 等图像处理软件制作网页的概念图。

网页概念图的分辨率应照顾到用户的显示器分辨率。针对国内的用户的显示器设置，大多数用户使用的都是 17 英寸甚至更大的显示器，分辨率大多为 1024×768 以上。去除浏览器的垂直滚动条后，页面的宽度应为 1003px。高度则尽量不应超过屏幕高度的 5 倍到 10 倍（即 620×5=3100px 到 6200px 之间）。

提示

如果有条件的话，还应该针对多种分辨率的人群（例如，宽屏显示器的 1440×960、上网本的 1280×720，老旧的台式机或笔记本的 800×600，以及各种手持设备的 720×480）设计多种概念图。针对各种用户群体进行界面设计。

概念图的作用主要包括两个方面。

一方面，设计者可以为用户或网站的投资者在网页制作之前先提供一份网页的预览，然后根据用户或投资者的意见，对网页的结构进行调整和改良。

另一方面，设计者可以根据概念图制作切片网页，然后再根据切片快速为网站布局，提高网页制作的效率。

提示

切片是Photoshop和Fireworks共同拥有的一种图像切割工具。其可以将 Photoshop 或 Fireworks 制作的各种图像根据用户绘制的切片线或参考线切割成小块，然后将这些小块以表格或 Div 容器的方式输出为网页。

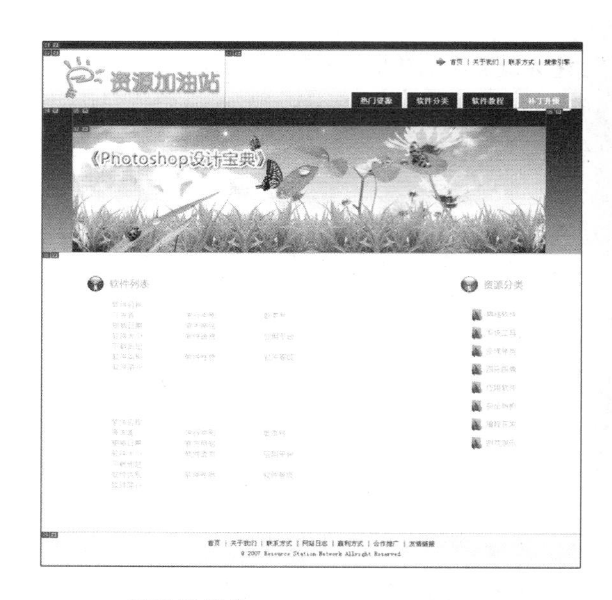

● **切片的优化**

切片的优化是十分必要的。优化后的切片，可以减小用户在访问网页时消耗的时间，同时提高网页制作时的效率。

对于早期以调制解调器用户为主的国内网络而言，需要尽量避免大面积的图像，防止这些图像在未下载完成时网页出现空白。通常的做法是通过切片工具将图像切为多块，实现分块下载。

然而随着网络传输速度的发展，用户用于下载各种网页图像的时间已经大为缩短，请求下载图像的时间已超过了下载图像本身的时间。下载 1 张 100KB 的图像，消耗的时间要比下载 10 张 10KB 的图像更少。

因此，多数网站都开始着手将各种小图像合并为大的图像，以减少用户请求下载的时间，提高网页的访问速度。

● **编写网页页面代码**

在 Photoshop 或 Fireworks 中设计完成网页的概念图，并制作切片网页后，最终还是需要输出为 XHTML+CSS 的代码。

网页技术的发展，使网页的制作越来越像一个系统的软件工程。从基础的 XHTML 结构到 CSS 样式表的编写，再到 JavaScript 交互脚本的开发，是网页制作的收尾工程。

● **优化页面**

在设计完成网页后，还需要对网页进行优化，提高页面访问速度，以及页面的适应性。

设计者应按照 Web 标准编写各种网页的代码，并对代码进行规范化测试。通过 W3C 的官方网站验证代码的准确性。

同时，还应根据当前主流的各种浏览器（IE6、IE7、IE8，以及 FireFox、Safari、Opera、Chrome 等）和各种分辨率的显示设备测试兼容性，编写 CSS Hack 和 JavaScript 检测脚本，以保证网页在各种浏览器中都可正常显示。

1.9 高手答疑

Q&A

问题 1：什么是像素？什么是分辨率？

解答：像素，又称图元或画素，是英文 Pixel 的中文翻译。在计算机显示器中，显示和处理图形图像经常需要确定一个基本的图像采样单位。将大量的图像采样拼合起来，就可以构成图像。

这样的图像采样就被称作像素。通常 1 个像素就是一个微小的点或方块，每个像素都有独立的颜色值。计算机显示器上面的图像都是由大量像素构成的。

分辨率是测量显示系统对细节分辨能力的比率，包括图像分辨率、光学分辨率、显示分辨率等 3 类。在计算机显示领域，分辨率特指显示分辨率，即单位面积中包含的像素数量。

显示分辨率的单位有两种，即像素/英寸和像素/厘米。其中，常用的分辨率单位为像素每英寸，代表在显示器中，每平方英寸的面积内包含的像素数量。

在形容计算机的图像时，分辨率越大，则图像越清晰，但占用的磁盘空间也就越大。反之，分辨率越小，则图像越粗糙，占用的磁盘空间也就越小。

在网页设计领域，由于多数浏览器支持的分辨率仅为 72px/英寸，因此，设计网页图像时，使用 72px/英寸的分辨率就已足够。如果设计用于印刷，则需要设置分辨率为“300px/英寸”。

Q&A

问题 2：如何复制已有的 Flash 元件？

解答：在【库】面板中，右击所要复制的元件，在弹出的菜单中执行【直接复制】命令。然后，在打开的【直接复制元件】对话框中输入元件名称，以及选择元件的【类型】，单击【确定】按钮后即可复制该元件。

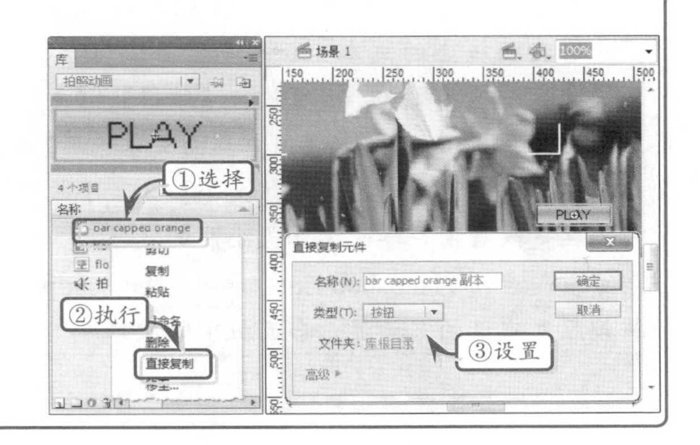

Q&A

问题 3：什么是位图？什么是矢量图？

解答：位图是由像素阵列组成的计算机图像，每个像素的色彩信息由红色、绿色、蓝色组成的 RGB 颜色或灰度值、Alpha 通道值（透明度）标识。

根据颜色信息所需的数据位数，位图可以

分为1、4、8、16、24及32位等级别。其中，1位的位图只包含黑色和白色两种颜色，4位位图则可以包含2的4次方种颜色，依此类推。

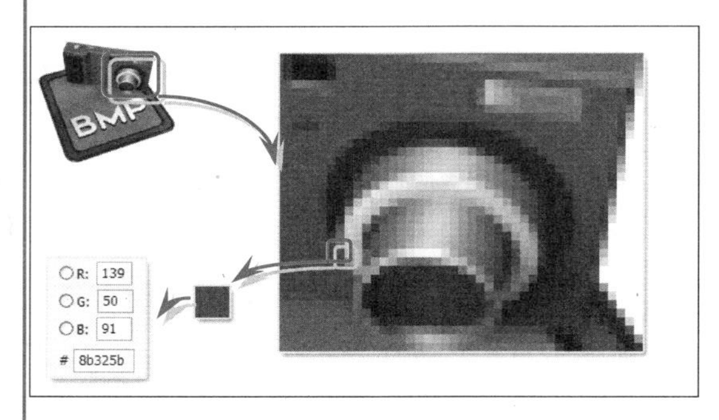

位数越高，则代表图像的色彩越丰富。相应地，图像所占用的磁盘空间也就越大。通常称24位色的位图为真彩色位图。在网页中使用的多数图像都属于位图。而Photoshop处理的各种图像也基本都属于位图。

矢量图也是一种计算机图像。其与位图有着本质的不同，矢量图并非由像素点阵构成，而是由点、直线、多边形等基于数学方程的几何图形表示的图像。

由于矢量图是纯粹由数学方程构成的图形，因此，将矢量图放大或缩小任意倍数，均不会发生图像失真的情况。

矢量图并非由像素构成，因此没有分辨率的概念。在多数情况下，保存矢量图需要较少的空间。

常见的矢量图形编辑软件包括Adobe公司的Illustrator和Corel公司的CorelDRAW等。在网页中，Flash动画也是基于矢量图形的。

Q&A

问题4：如何更改Photoshop中显示的窗口字体？

解答：Photoshop提供了两种字体基准大小，用于显示其界面中各种面板上的文本。

在默认状态下，Photoshop以12px的尺寸显示各种面板上的文本。如用户需要以10px的尺寸显示这些文本，则可执行【编辑】|【首选项】|【界面】命令，在【用户界面文本选项】的项目下设置【用户界面字体大小】为“小”。

在更改【用户界面字体大小】的属性后，即可重新启动Photoshop CS5，此时，Photoshop将按照新定义的尺寸显示各面板中的文本。

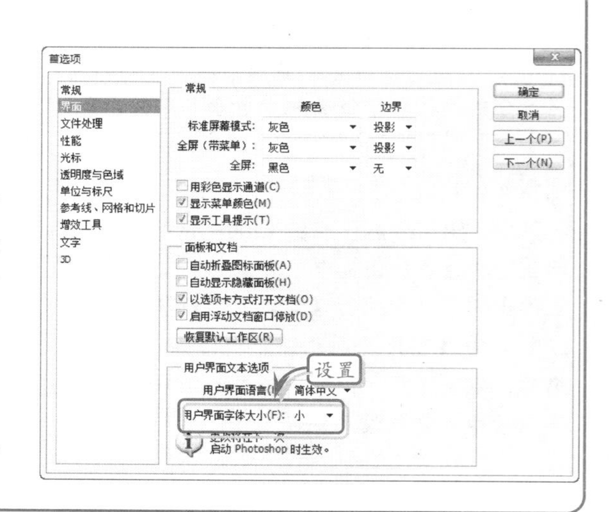

网页图像设计

在设计网页时，如果只是单纯地由线条和文字组成，则整个页面会显得过于单调。为了解决这个问题使网页看起来丰富多彩，通常会在网页中插入图像。因为适当地使用图像可以让网站充满活力和说服力，也可以加深浏览者对网站的印象。

在本章节中，主要介绍网页可用的图像类型、选区的使用方法，以及添加设置图层、编辑文字、格式化文字，使读者能够在 Photoshop 中为网页设计所需的图像。

2.1 网页图像类型

在网页中使用不同格式的图像，其对浏览网页的速度也有影响。目前，虽然存在着多种图像文件类型，但网页中通常使用的只有以下 3 种。

图像格式	描　述
GIF	Graphic Interchange Format（图像交换格式）的缩写，是 Internet 上应用最广泛的图像文件格式之一。GIF 文件最多使用 256 种颜色，最适合显示色调不连续或具有大面积单一颜色的图像，如导航条、按钮、图标、徽标或其他具有统一色彩和色调的图像
JPEG	Joint Photographic Experts Group（联合图像专家组）的缩写，文件后缀名为“.jpg”或“.jpeg”，是最常用的图像文件格式；它是一种全彩的影像压缩格式，对于照片质量和连续色调的图像具有较好的显示效果
PNG	Portable Network Graphic Format（流式网络图像格式）的缩写，它是一种替代 GIF 格式的无专利权限制的格式，它包括对索引色、灰度、真彩色图像以及 alpha 通道透明度的支持；PNG 文件可保留所有原始层、矢量、颜色和效果信息（例如阴影），并且在任何时候所有元素都是可以完全编辑的；文件必须具有 png 文件扩展名才能被 Dreamweaver 识别为 PNG 文件

2.2 选择区域

在 Photoshop 中，如果想要对网页图像中的部分区域进行处理，通过选取确定要处理的范围，然后再对其进行操作。为了满足不同的要求，Photoshop 提供了不同的选取工具和命令。

1．矩形选框工具

【矩形选框工具】是 Photoshop 中最常用的选择工具。使用该工具在画布上单击并拖动鼠标，绘制一个矩形区域，释放鼠标后会看到一个四周带有流动虚线的区域。

在工具选项栏中包括 3 种样式，即正常、固定比例和固定大小。在【正常】样式下，可以创建任何尺寸的矩形选区，该样式也是【矩形选框工具】的默认样式。

选择【矩形选框工具】，在工具选项栏中选择【样式】为“固定比例”，然后可以设置选区高度与宽度的比例，其默认值为 1:1，即宽度与高度相同。

如果选择【样式】为“固定大小”，则可以在【宽度】和【高度】文本框输入所要创建选区的尺寸。在画布中单击即可创建固定尺寸的矩形选区，这对选取网页图像中指定大小的区域非常方便。

提示

【固定比例】和【固定大小】样式中宽度与高度之间的双向箭头的作用是交换两个数值。

2. 椭圆选框工具

如果想要选择图像中的圆形区域，可以使用【椭圆选框工具】。其创建选区的方法与【矩形选框工具】相同，不同的是在工具选项栏中还可以设置【消除锯齿】选项，该选项用于消除曲线边缘的马赛克效果。

3. 单行/单列选框工具

使用【工具】面板中的【单行选框工具】和【单列选框工具】，可以选择一行像素或一列像素。如果为这两个选区填充颜色，则可以在图像中制作一像素的细线。

4. 套索工具组

Photoshop 的套索工具组包括【套索工具】、【多边形套索工具】和【磁性套索工具】。其中，【套索工具】也称为曲线套索，使用该工具可以在图像中创建不规则的选区。

提示

使用【套索工具】创建曲线区域时，如果鼠标指针没有与起点重合，那么在释放鼠标后，会自动与起点之间生成一条直线，封闭未完成的选择区域。

【多边形套索工具】通过鼠标的连续单击来创建多边形选区。在图像中的不同位置单击形成多边形，当指针带有小圆圈形状时单击即可。

当背景与主题在颜色上具有较大的反差时，并且主题的边缘复杂，使用【磁性套索工具】可以方便、准确、快速地选择主体图像，只要在主体边缘单击即可沿其边缘自动添加节点。

技巧

在选择过程中按 Shift 键可以保持水平、垂直或 45°角的轨迹方向绘制选区。如果想在相同的选区中创建曲线与直线，那么在使用【套索工具】和【多边形套索工具】时，按 Alt 键可以在两者之间快速切换。

选择【磁性套索工具】后，工具选项栏中显示其选项，选项名称及功能如下所示。

选项名称	功　　能
宽度	用于设置该工具在选择时，指定检测的边缘宽度，其取值范围是 1～40px 之间，值越小检测越精确
对比度	用于设置该工具对颜色反差的敏感程度，其取值范围是 1%～100%之间，数值越高，敏感度越低
频率	用于设置该工具在选择时的节点数，其取值范围是 0～100 之间，数值越高选取的节点越多，得到的选区范围也越精确
钢笔压力	用于设置绘图板的钢笔压力；该选项只有安装了绘图板及驱动程序时才有效

5. 魔棒工具

【魔棒工具】是根据图像单击处的颜色范围来创建选区的。也就是说，某一颜色区域为何种形状，就会创建该形状的选区。

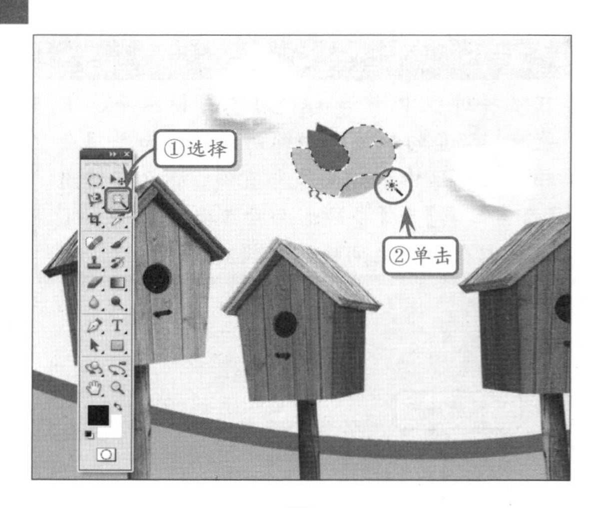

选择【魔棒工具】后，在工具选项栏中包含如下选项。

选项	描　述
容差	设置选取颜色范围的误差值，取值范围在0～255之间，默认的容差数值为32；输入的数值越大，选取的颜色范围越广，创建的选区也就越大；反之选区范围越小
连续	默认情况下启用该选项，表示只能选择与单击处相连区域中的相同像素；如果取消该选项，则能够选择整幅图像中符合该像素要求的所有区域
对所有图层取样	当图像中包含有多个图层时，启用该选项后，可以选择所有图层中符合像素要求的区域；取消该选项后，只对当前作用图层有效

6．快速选择工具

【快速选择工具】通过可调整的画笔笔尖快速建立选区。在拖动鼠标时，选区会向外扩展并自动查找和跟踪图像中定义的边缘。

选择【快速选择工具】后，工具选项栏中显示【新选区】、【添加到选区】和【从选区中减去】。当启用【新选区】并且在图像中单击建立选区后，此选项将自动更改为【添加到选区】。

技巧

选择【快速选择工具】后，按] 键可增大画笔笔尖的大小；按 [键可减小画笔笔尖的大小。

选择【快速选择工具】后，在工具选项栏中包含如下选项。

选项	描　述
笔尖大小	单击该选项，可以在弹出的界面中设置画笔的直径、硬度、间距、角度和圆度等
自动增强	用来减少选区边界的粗糙度和块效应。启用该选项会自动将选区向图像边缘进一步流动并应用一些边缘调整

7．色彩范围命令

在 Photoshop 中，通过【色彩范围】命令也可以创建选区，该命令与【魔棒工具】类似，都是根据颜色范围来创建选区。执行【选择】|【色彩范围】命令，打开【色彩范围】对话框。

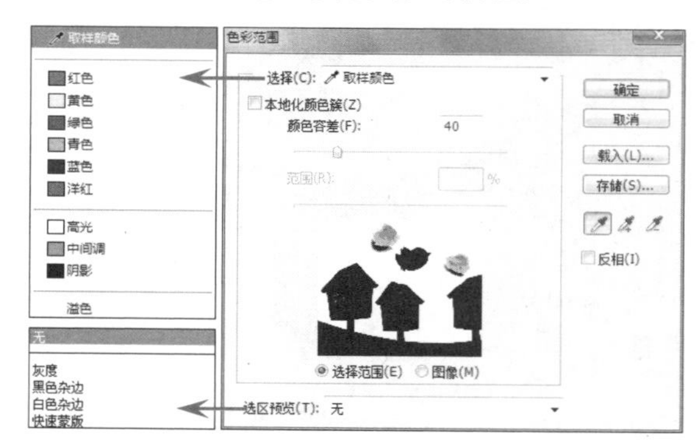

在【色彩范围】对话框中，使用【取样颜色】选项可以选取图像中的任何颜色。在默认情况下，使用【吸管工具】在图像窗口中单击选取一种颜色范围，单击【确定】按钮后即创建该颜色范围的选区。

2.3 图层编辑

在设计网页图像时，通常会将每一个的图像放置在单独的图层中，这样可以方便后期的修改和编辑。为了以快速更改图像的外貌，Photoshop 还提供了多种内置的图层样式效果。

1．创建与设置图层

新建图层可以方便用户对图像进行修改。在【图层】面板中，单击底部的【创建新图层】按钮 ，（或者按 Ctrl+Shift+N 键）可以创建一个空白的普通图层。

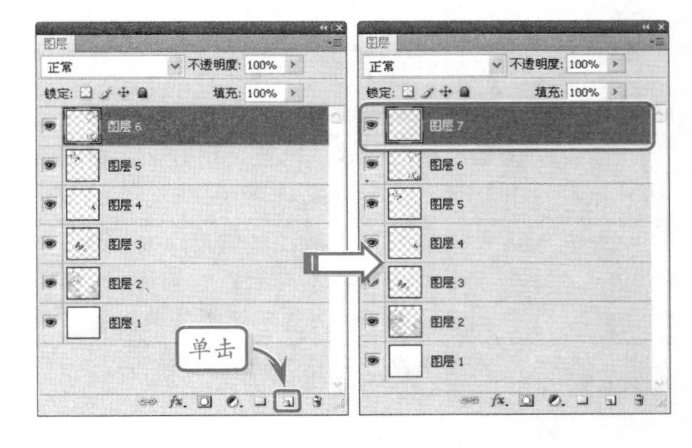

技巧

在文件中复制并粘贴图像时可创建一个图层，在不同文档间复制图像时也可以新建图层。

通过执行【图层】|【新建】|【图层】命令（或按 Ctrl+Shift+N 键）新建图层时，在弹出的【新建图层】对话框中可以设置图层的名称，以及图层的显示颜色。

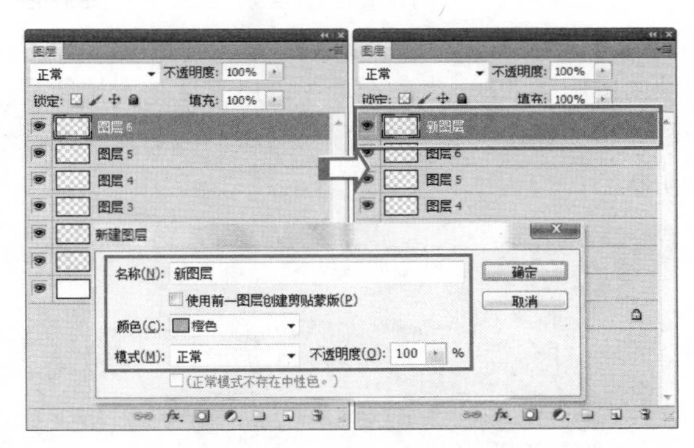

对于已经存在的图层，可以右击该图层执行【图层属性】命令，在弹出的【图层属性】对话框中可以设置当前图层的名称和显示颜色。

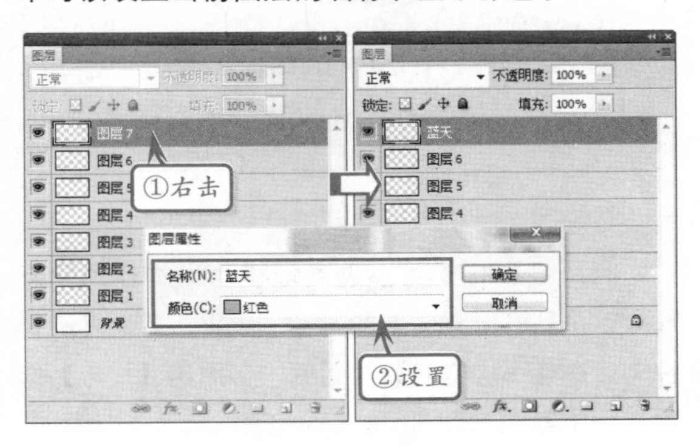

2．混合选项

混合选项用来控制图层的不透明度以及当前图层与其他图层的像素混合效果。执行【图层】|【图层样式】|【混合选项】命令，在弹出的对话框中包含两组混合滑块，即“本图层”和“下一图层”滑块。

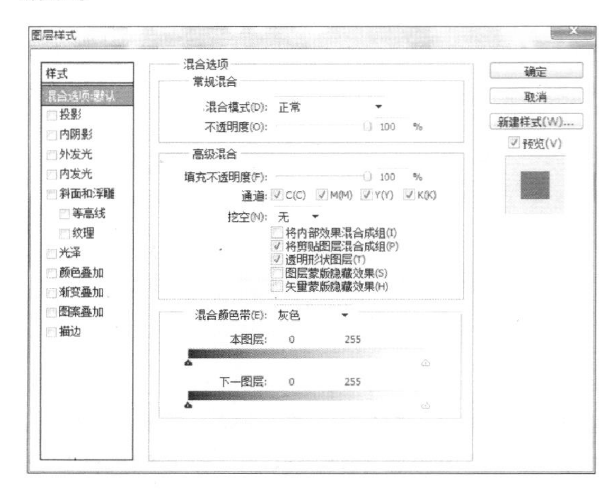

【本图层】滑块用来控制当前图层上将要混合并出现在最终图像中的像素范围。将左侧的黑色滑块向中间移动时，当前图层中的所有比该滑块所在位置暗的像素都将被隐藏，被隐藏的区域显示为透明状态。

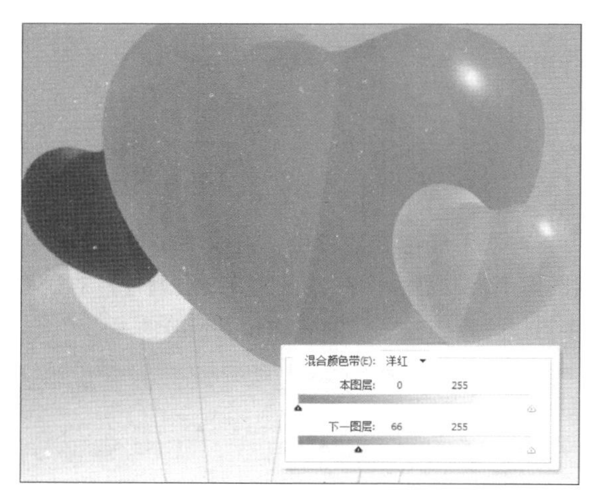

3．投影和内阴影

利用投影样式可以逼真地模仿出物体的阴影效果，并且可以对阴影的颜色、大小、清晰度进行控制。在【图层样式】对话框中，启用【投影】选项，调整其参数即可。

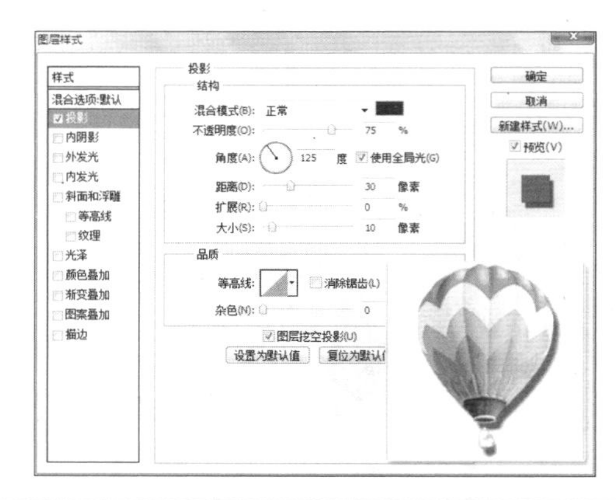

提示

如果想要将图像的投影颜色更改为其他颜色，而不是默认的黑色，可以单击该对话框中的颜色框，并选择相应颜色。

【投影】对话框中各个选项的名称及含义如下表所示。

名　称	功　能
混合模式	选定投影的混合模式，在其右侧有一个颜色框，单击它可以打开对话框的选择阴影颜色
不透明度	设置投影的不透明度，参数越大投影颜色越深
角度	用于设置光线照明角度，即阴影的方向会随角度的变化而发生变化
使用全局光	可以为同一图像中的所有图层样式设置相同的光线照明角度
距离	设置阴影的距离，取值范围 0～30000，参数越大距离越远
扩展	设置光线的强度，取值范围 0%～100%，参数越大投影效果越强烈
大小	设置投影柔化效果，取值范围 0～250，参数越大柔化程度越大。当参数设置为 0 时，该选项的调整不产生任何效果
等高线	在该选项中可以选择一个已有的等高线效果应用于阴影，也可以单击后面的选框，进行编辑
消除锯齿	启用该复选框后可以消除投影边缘锯齿
杂色	设置投影中随机混合元素的数量，取值范围 0%～100%，参数越大随机元素越多
图层挖空投影	启用该复选框后，可控制半透明图层中投影的可视性

内阴影作用于物体内部，在图像内部创建出阴影效果，使图像出现类似内陷的效果。启用【内阴影】选项，在其右侧的选项组中可设置【内阴影】的各项参数。

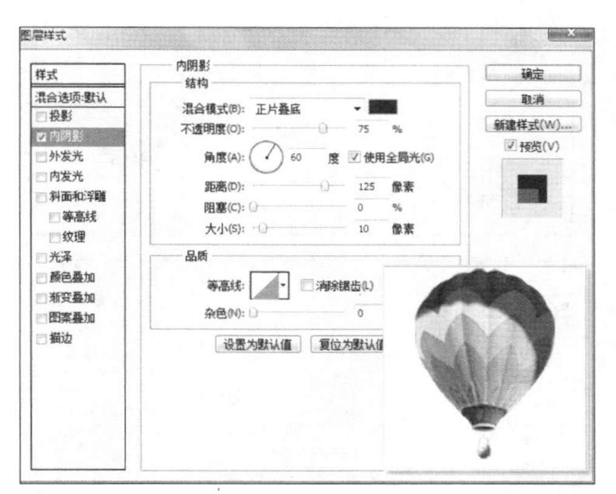

提示

设置【阻塞】选项，可以在模糊之前收缩内阴影的杂边边界。

4．外发光和内发光

通过【外发光】选项可以制作物体光晕，使物体产生光源效果。当启用【外发光】选项后，用户可以在其右侧相对应的选项中进行各参数的设置。在设置外发光时，背景的颜色尽量选择深色图像，以便于显示出设置的发光效果。

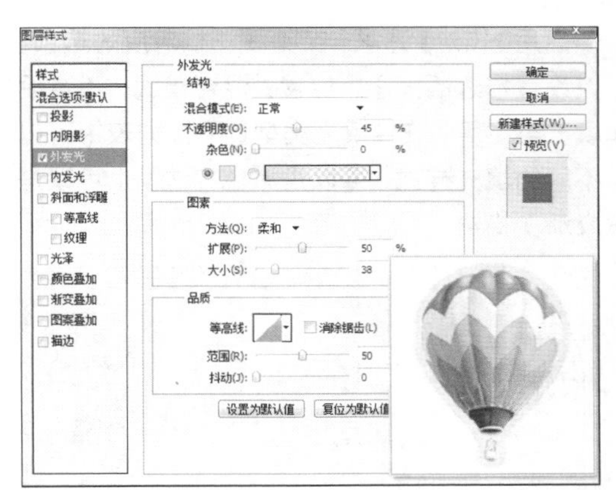

提示

使用纯色发光时，等高线允许用户创建透明光环。使用渐变填充发光时，等高线允许用户创建渐变颜色和不透明度的重复变化。

内发光与外发光效果刚好相反，内发光效果作用于物体的内部。启用【内发光】效果，在其右侧设置相对应的选项。

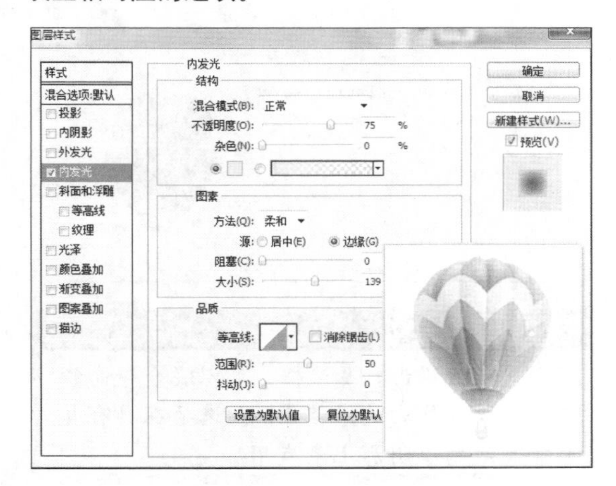

5．斜面和浮雕

启用【斜面和浮雕】选项可以为图像和文字制作出立体效果。通过更改众多的选项，可以控制浮雕样式的强弱、大小和明暗变化等效果。

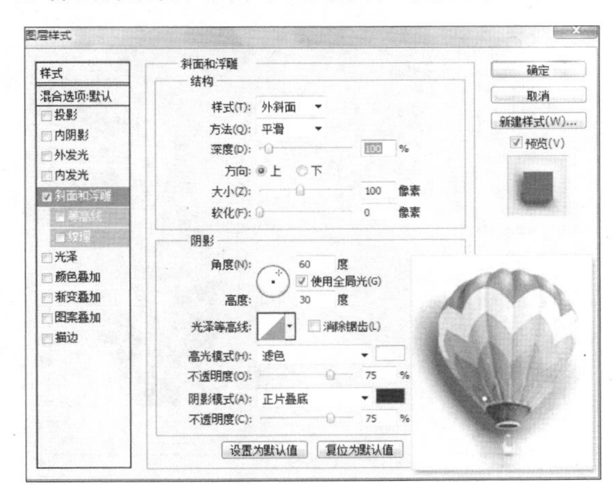

提示

对斜面和浮雕样式，在设置光源的高度时，值为 0 表示底边；值为 90 表示图层的正上方。

6．光泽

光泽效果可以使物体表面产生明暗分离的效果，它在图层内部根据图像的形状来应用阴影效果，通过【距离】的设置，可以控制光泽的范围。

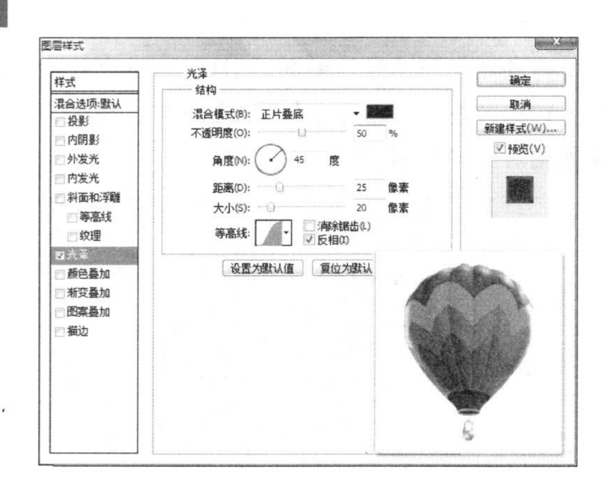

提示

启用【清除锯齿】复选框，可以混合等高线或光泽等高线的边缘像素。此选项在具有复杂等高线的小阴影上最有用。

7. 颜色叠加

在【颜色叠加】选项中，用户可以设置【颜色】、【混合模式】以及【不透明度】，从而改变叠加色彩的效果。

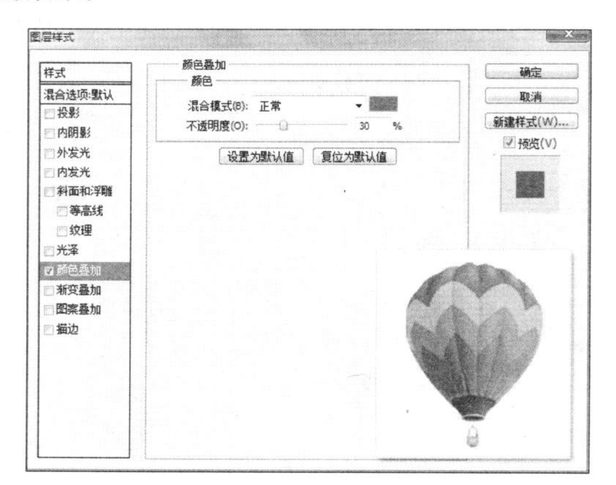

8. 渐变叠加

在【渐变叠加】选项中可以改变渐变样式以及角度。单击选项组中间的渐变条，打开【渐变编辑器】对话框，在该对话框中可以设置出不同颜色混合的渐变色，为图像添加更为丰富的渐变叠加效果。

9. 图案叠加

【图案叠加】选项可以为图像或文字添加各种预设图案，使它们的视觉效果更加丰富。单击【图案】右端的下三角按钮，可以从弹出的对话框中选择所需的图案。

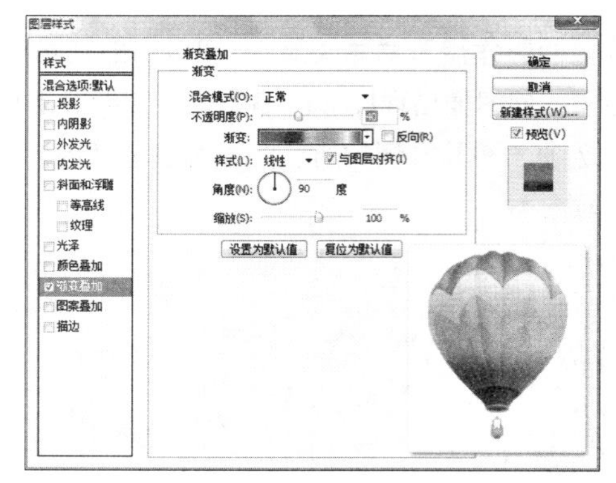

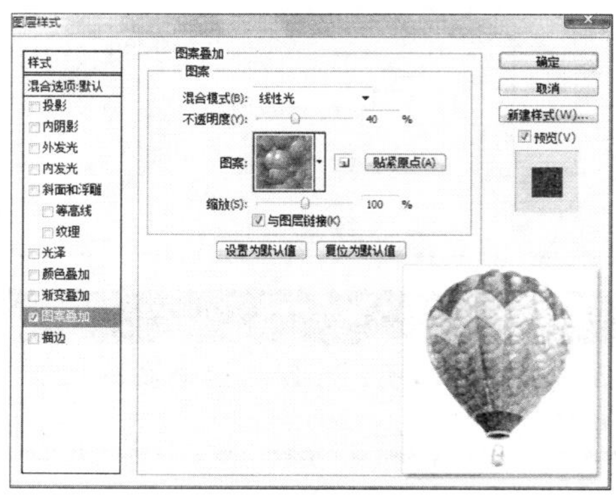

【图案】选项指定图层效果的图案。单击弹出式面板并选取一种图案。单击【新建预设】按钮，可以根据当前设置创建新的预设图案。

单击【贴紧原点】按钮，可以使图案的原点与文档的原点相同，或将原点放在图层的左上角。

10. 描边

启用【描边】选项，在其右侧相对应的选项中，可以设置描边的大小、位置、混合模式、不透明度和填充类型等。在【填充类型】下拉列表中可以选择不同的填充样式，可以是单色描边，也可以是图案或渐变描边。

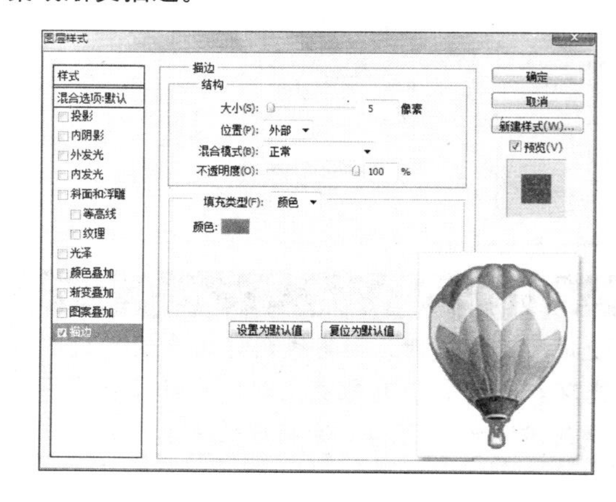

2.4 编辑文本

输入文字之后，可以对文字进行移动、复制、更改文字方向，以及在文字之间与段落之间进行转换等，同时还可以对文字进行变形，使其产生不同的效果。

1．创建普通文字

在 Photoshop 中包含有两种文字工具，它们分别是【横排文字工具】与【直排文字工具】。

运用文字工具在图像中输入文字后，Photoshop 将自动创建一个新的图层，此时的新图层缩略图标为大写 T 字显示。用鼠标双击该图层，或者单击画布中的文字，即可重新编辑图层中的文字。

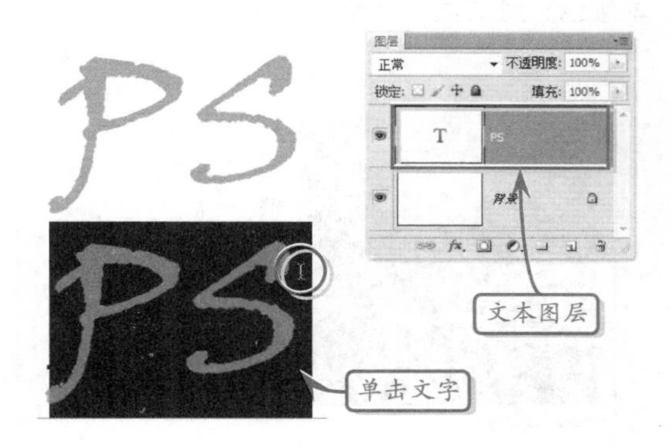

● **输入直排文字**

选择【工具】面板中的【横排文字工具】，在画布中的任意位置单击鼠标，当光标显示为 ，文档中会出现闪烁的光标，此时就可以输入文字。

> **提示**
>
> 若要结束文字输入可以按 Ctrl+Enter 键，或单击工具选项栏中的【提交所有当前编辑】按钮✓。

● **输入直排文字**

【直排文字工具】是用来向图像中添加竖排模式的文字，其使用方法与【横排文字工具】相同。选择【工具】面板中的【直排文字工具】，在画布中的任意位置单击，并输入文字。

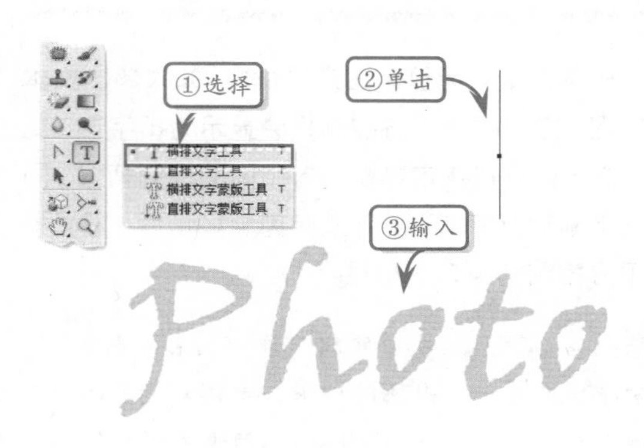

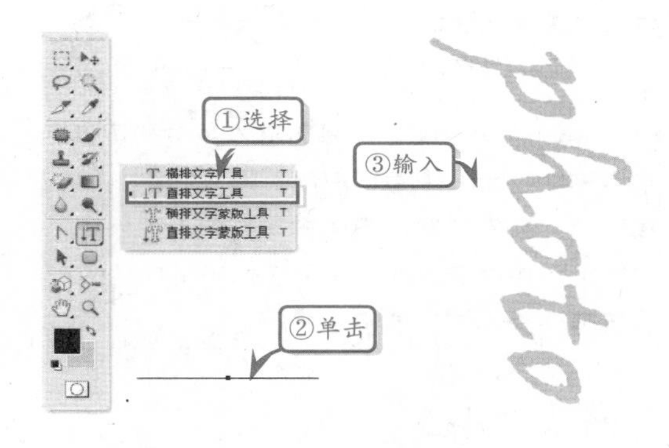

2．创建段落文本

选择【横排文字工具】后，在画布中单击并且同时拖动鼠标，当文档出现流动蚂蚁线时释放鼠标。在流动的蚂蚁线选框中输入文字即可创建段落文本。

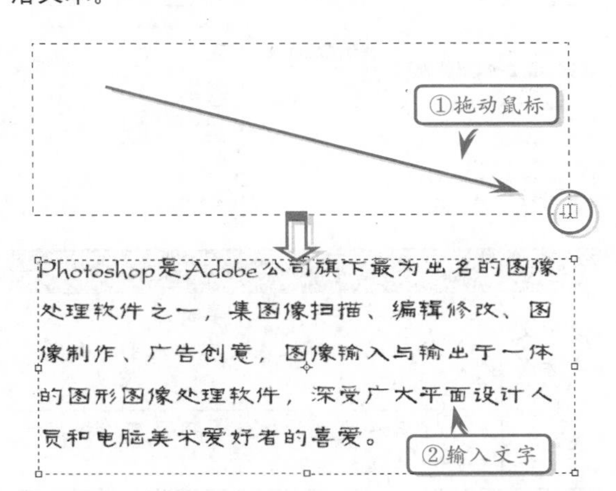

提示

将鼠标移动至蚂蚁线选框的节点上面，移动鼠标可以控制选框的大小。如果将鼠标移动到选框的外侧，单击移动，可以旋转段落文本。

段落文本只能显示在定界框内，如果超出文本的范围，定界框右下方控制柄会显示为田字形。此时，将光标放置在定界框下方中间的控制柄上，同时向下拖动鼠标即可。等文字完全显示后，定界框右下方控制柄呈口字型显示。

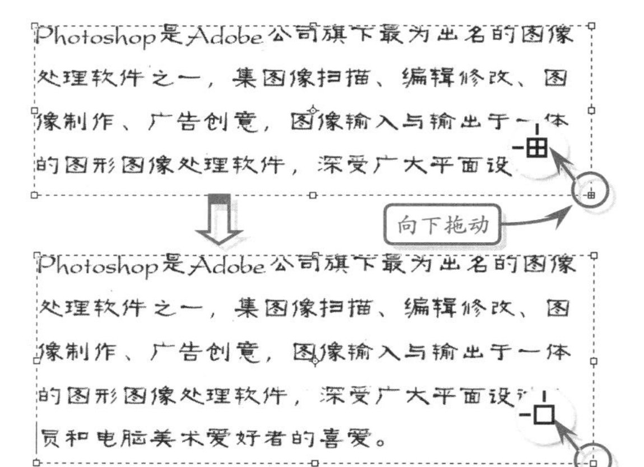

3. 设置文字特征

选择工具箱中的【文字工具】T后，可以在工具选项栏中设置文字的特征，如更改文字方向、字体、字号等，各个选项的名称及说明介绍如下所示。

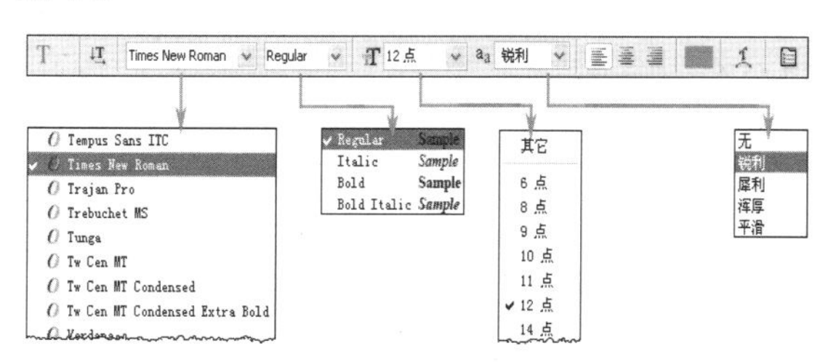

名称	功　　能
更改文字方向	在文字工具选项栏中，单击【更改文本方向】按钮，可以在文字的水平与垂直方向之间切换
字体	列举了各种类型的字体，用户可以根据实际情况选择字体和字形

续表

名称	功　　能
字号	从该列表中可以选择一种以点为单位的字号，或者输入一个数值
消除锯齿	从该列表中可以选择一种将文字混合到其背景中方法
对齐方式	可以左对齐、居中对齐或右对齐，使文字对齐到插入点
颜色	单击选项栏中的颜色块，并在拾色器中为文本选择一种填充颜色
创建文字变形	可以把文本放到一条路径上，扭曲文本或者弯曲文本
字符/段落	单击按钮可以隐藏或显示【字符】和【段落】面板

使用【文字工具】T，选择要更改的段落文本，单击工具选项栏中的色块，在弹出的【选择文本颜色】对话框中选择所需的文本颜色。

技巧

在选择文本的情况下，执行【窗口】|【色板】命令，打开【色板】面板。然后，单击该面板中的颜色也可为文字设置颜色。

4. 更改文字的外观

文字的方向决定对于文档或者定界框的方向。当文字图层垂直时，文字行上下排列；当文字图层水平时，文字行左右排列。更改文字的方向只需单击工具选项栏中的【更改文本方向】按钮即可。

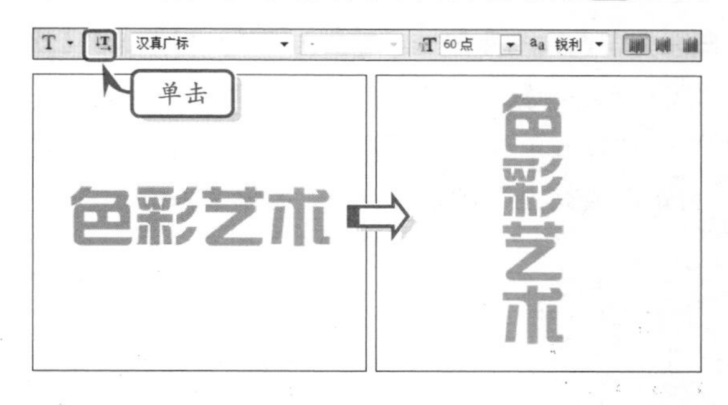

在【消除锯齿】列表中，可以选择不同的文字效果。选择【无】选项可以产生一种锯齿状字符；【锐利】和【犀利】选项可以产生清晰的字符；【深厚】选项可以产生厚重的字符；【平滑】选项可以产生一种较柔和的字符。

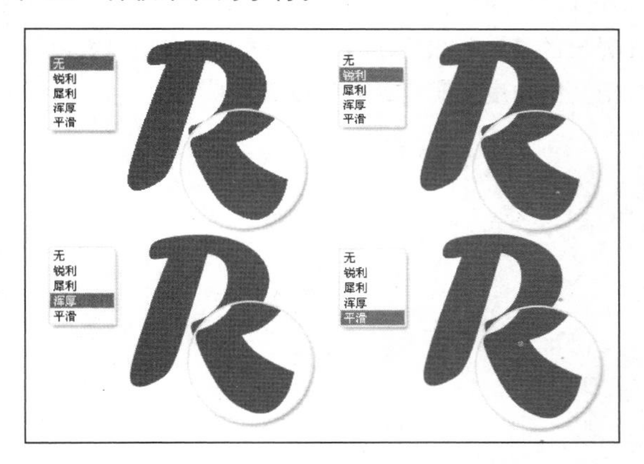

在排版过程中，为了方便对文字进行编辑，可以将点文本转换为段落文本，执行【图层】|【文字】|【转换为段落文本】命令即可。反之，可以将段落文本转换为点文本。

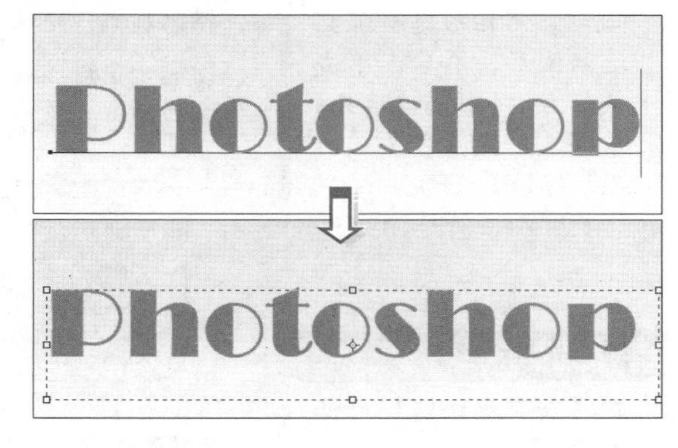

使用【创建文字变形】可以对文字进行各种各样的变形。选择【文字工具】后，单击工具选项框中的【创建文字变形】按钮，在弹出的对话框中即可为文字选择适当的变形样式。

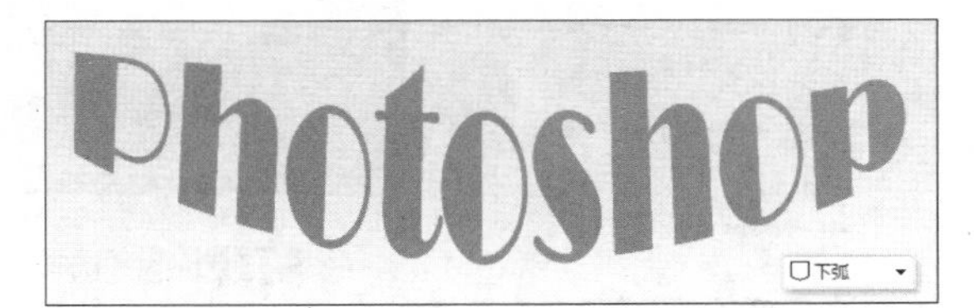

2.5 练习：设计化妆品广告网幅

随着互联网的普及，网络广告正处于蓬勃发展之中，网幅广告（Banner）是目前最常见的广告形式之一。一个好的 Banner 往往会吸引更多的访问者，以及增加网站的知名度。本练习主要运用【矩形工具】、【渐变工具】、【横排文字工具】及图层样式制作一个化妆品广告。

练习要点

- 【矩形工具】
- 【横排文字工具】
- 【渐变工具】
- 添加图层
- 文字变形工具的应用
- 执行自由变换命令

操作步骤

STEP|01 新建空白文档，设置画布的【尺寸】为 950px×120px；【分辨率】为“72 像素/英寸”等参数。选择【矩形工具】，在画布中绘制一个矩形。然后，选择【渐变工具】并在工具选项栏中设置渐变颜色的参数，为矩形填充由下到上的粉红灰色渐变。

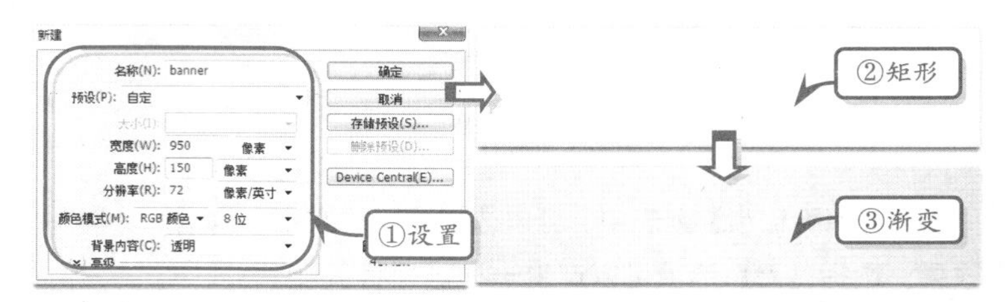

STEP|02 分别将素材“pz.psd”、“river.psd”、“soup.psd”拖动至 Banner 文档中。使用【移动工具】移动图像至指定位置。然后，分别选择“river.psd”、“soup.psd”的图层，执行【图像】|【调整】|【色相/饱和度】命令，在弹出的【色相/饱和度】对话框中，启用【着色】复选框，并进行色相、饱和度、明度参数的设置。

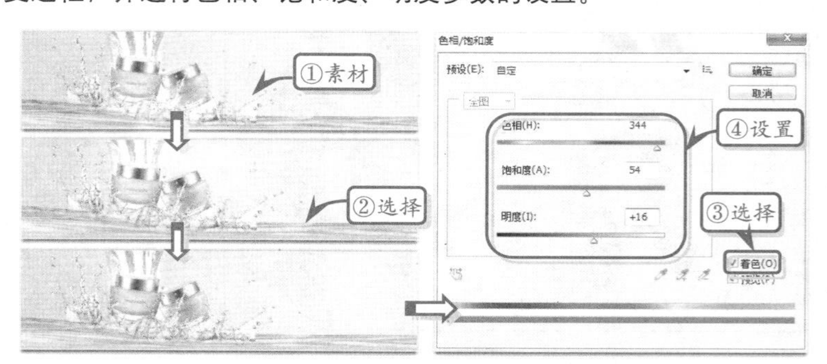

STEP|03 选择“river.psd”图层，执行【编辑】|【自由变换】命令，选择右下方的控制点并开始拖动，直至与图层一样大小。然后按照相同的方法，选择“soup.psd”图层，执行【编辑】|【自由变换】命令，右击执行【旋转】命令，对图像进行旋转操作。

STEP|04 选择“pz.psd”和“soup.psd”图层，单击【图层】面板【连接图层】按钮，将图像移动到中间。单击【横排文字工具】，在图像左侧输入文本“M”和“美迪凯”。然后执行【窗口】|【字符】命令，打开【字符】面板，设置【字体大小】和【字体间距】等参数。

STEP|05 在【图层】面板中，双击 M 文字图层，打开【图层样式】对话框。然后，启用投影、外发光、内发光、渐变叠加、描边选项，为文字图层添加浮雕和描边投影、外发光、内发光、渐变叠加、描边

提示

选择【矩形选框工具】后，用矩形选框工具选取图层，然后，单击鼠标右键，执行【填充】命令，填充颜色为“白色”（#FFFFFF）

提示

在【渐变编译器】对话框中设置渐变颜色。

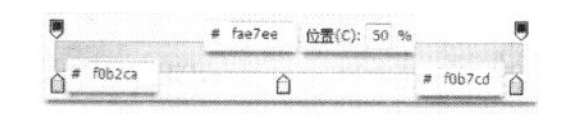

提示

选择“soup.psd”图层，设置【色相/饱和度】的参数值。

色相(H): 340
饱和度(A): 51
明度(I): +5

技巧

执行【自由变换】、【缩放】、【旋转】、【扭曲】、【倾斜】、【透视】等变换命令时，按 Ctrl+T 键打开，然后右击选择执行的命令。如果是等比变换按 Shift 键。

效果。

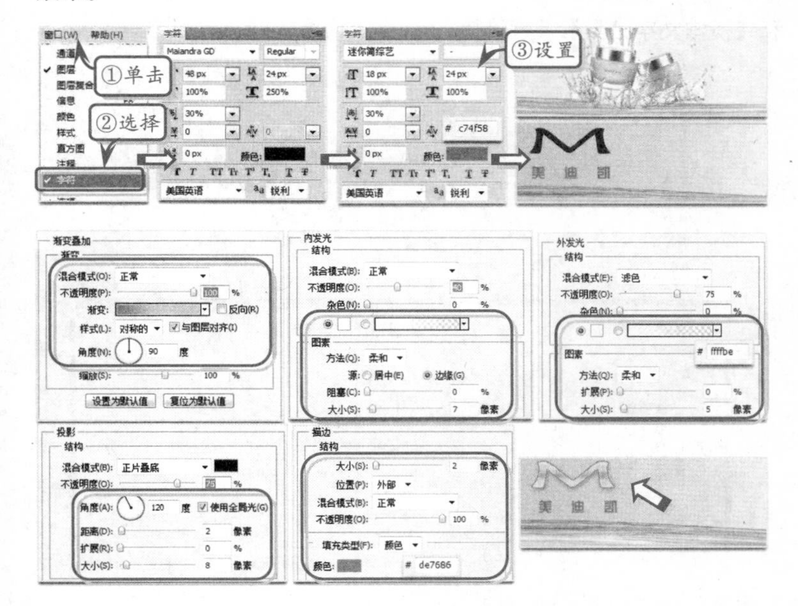

STEP|06 按照相同的方法选择文本“美迪凯”，双击该图层打开【样式属性】对话框。然后，启用投影、外发光、描边选项，其参数设置与文本 M 相同。

STEP|07 在图像右侧输入文本“水润娇颜，水漾盈润”，打开【字符】面板，分别设置文本大小、颜色、消除锯齿。其中，文本“水润”和“水漾”字符设置相同；文本“娇颜”和“水漾”字符设置相同。

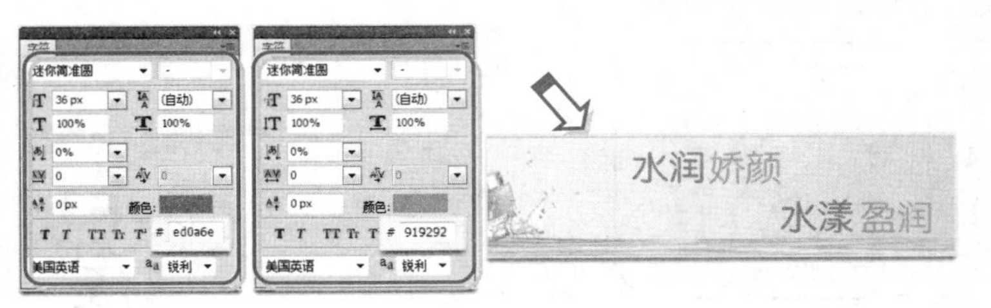

提示

在【图层】面板中，双击指定文字图层，使画布中的文本处于被选中状态。然后，在工具选项栏中单击【切换字符和段落面板】按钮，也可打开【字符面板】。

提示

当图层样式属性相同的时候，可以先选择该图层，单击鼠标右键执行【拷贝图层样式】命令，然后在另一个图层中单击鼠标右键执行【粘贴图层样式】命令。

提示

渐变叠加中的渐变色设置参数。

提示

为了方便图层拖动，一般将图层进行图层链接。方法是：选择要连接的图层，至少两个图层，然后单击【添加链接】按钮即可。

2.6 练习：设计个人博客网页界面

现如今博客（Blog）是一个典型的网络新事物，是一种特别的网络个人出版形式，内容按照时间顺序排列，并且不断更新。

博客是个人媒体、个人网络导航和个人搜索引擎。以个人为视角，以整个互联网为视野，精选和记录自己看到的精彩内容，为他人提供帮助，使其具有更高的共享价值。本练习将运用【矩形选框】和【横排文字工具】等制作一个个人博客的网页界面。

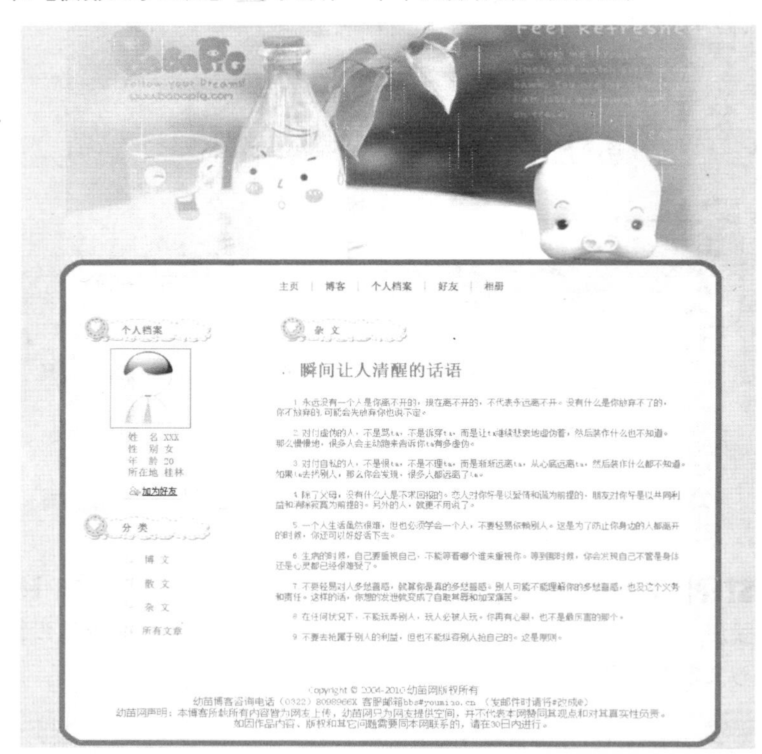

练习要点

- 添加图层
- 运用【矩形工具】、【渐变工具】、【移动工具】、
- 添加矢量蒙版

提示

在 Photoshop 中，颜色模式有 5 种，分别为“位图”、“灰度”、“RGB 颜色”、“CMYK 颜色”、“Lab 颜色”。

提示

背景内容分为 3 种：一是白色；二是背景色；三是透明。

提示

在选择【颜色】选项后，将会弹出【选取一种颜色】对话框，将光标置于左侧的颜色区域中，将显示出颜色的值；也可以直接输入用户所想要的颜色值输入到“#”右侧的文本框中。

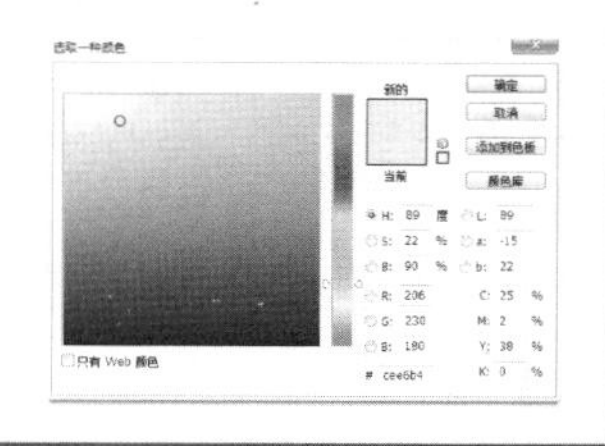

操作步骤

STEP|01 在 Photoshop 中执行【文件】|【新建】命令，新建一个 1003px×1024px、白色背景的文档。在【图层】面板中单击【新建图层】按钮，创建名称为“图层 1”的图层。

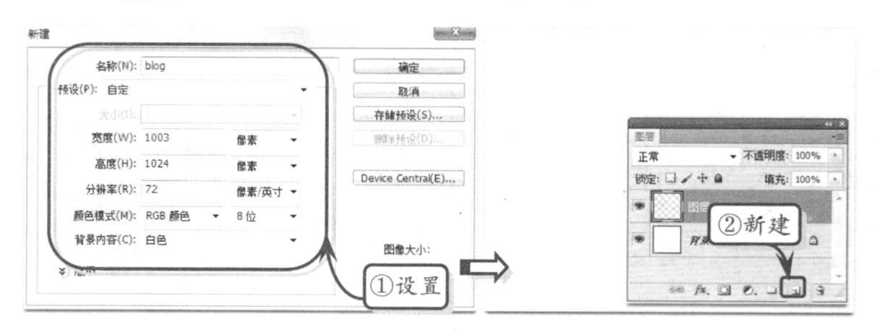

STEP|02 单击工具栏中的【矩形选框工具】按钮，绘制一个与画面大小相同的矩形选框。右击执行【填充】命令，在弹出的【填充】对话框中，选择【使用】列表菜单中的【颜色】选项，设置【颜色】为“绿色”（#CEE6B4）。

STEP|03 将图像素材“top.jpg”拖入到 Blog 文档中。然后选择“图层 2”，单击【图层】面板底部【添加矢量蒙版】按钮，添加矢量蒙版。

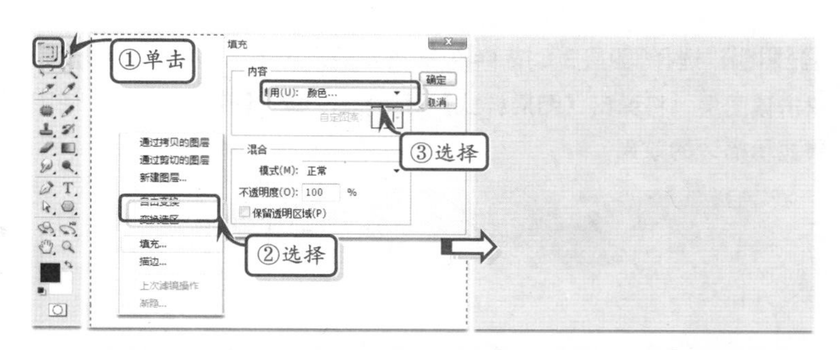

提示

拖入一个图像就创建了一个图层，一个图像对应一个层。

STEP|04 选择【工具】面板中的【渐变工具】，单击工具栏中的【渐变色块】区域，在弹出的【渐变编辑器】对话框中，设置黑白黑 3 个色标，并选择【线性渐变】样式。然后，在图像上从左到右拖动鼠标。

提示

调整图像大小，将多余部分剪切，或隐藏多余部分图像。

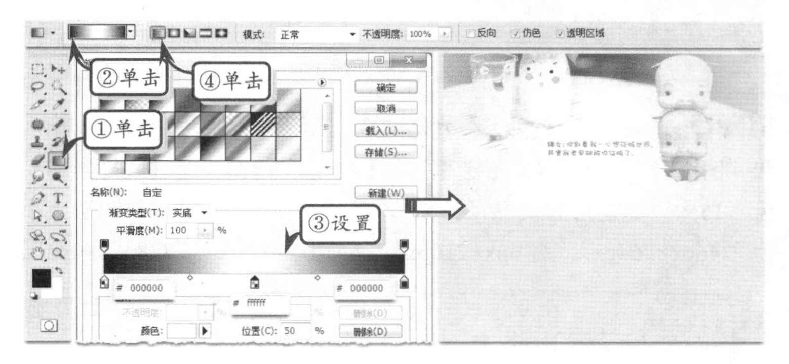

提示

绘制圆角矩形有多种方法，其中执行【修改】|【平滑】命令是一种；还可以直接单击工具栏【圆角矩形工具】按钮。

STEP|05 新建图层 3，单击【矩形选框工具】按钮，绘制一个矩形，执行【选择】|【修改】|【平滑】命令，在弹出的【平滑选区】对话框中，输入【取样半径】为“25 像素”。然后填充“灰色”（#EEEEEE）背景。

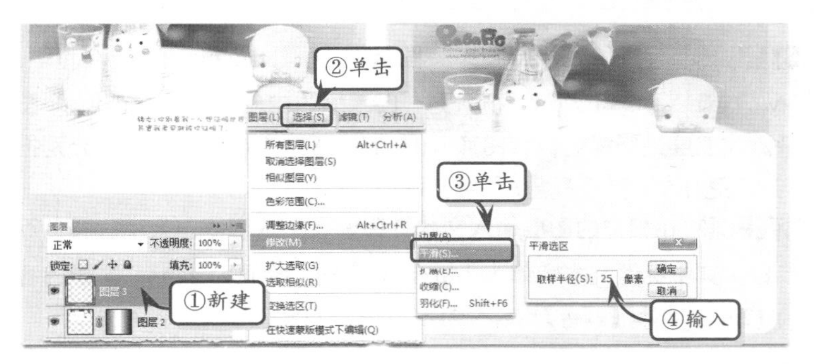

提示

先输入文本在设置文本样式时，文本应处于选中状态，才能修改。

STEP|06 选择"图层 3"，按 Ctrl+T 键调整矩形大小为"905px×690px"。双击该图层，将弹出【图层样式】对话框，执行【描边】样式，使图层显示描边的效果。

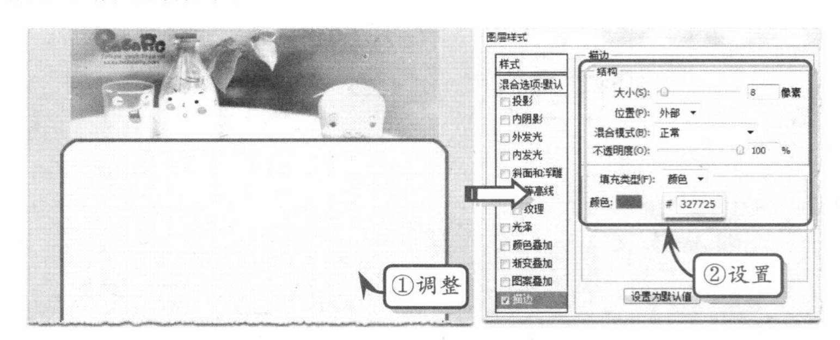

提示

相同的步骤，一是单击【矩形工具】按钮，绘制矩形；二是执行【选项】工具栏中【修改】列中的【平滑】命令，设置【取样半径】为"15 像素"；三是单击鼠标右键，执行【填充】命令，填充样色为白色；四是按 Ctrl+T 键，调整图层大小。

STEP|07 单击【文本横排工具】按钮，在画布中输入文本。打开【字符】面板，设置【字体】为"宋体"；【大小】为 14px；【颜色】为"绿色"（#327725）和"红色"（#D70873）。

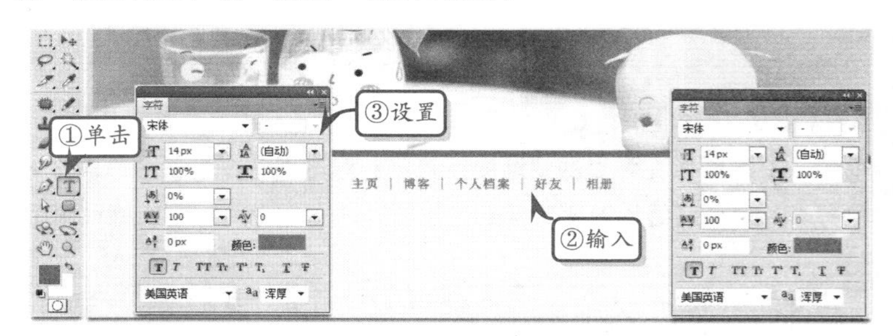

STEP|08 按照相同的方法，分别新建"图层 4"、"图层 5"、"图层 6"和"图层 7"，单击【矩形选框工具】按钮，绘制一个【取样半径】为"15px"的矩形并填充"白色"。然后，按 Ctrl+T 键调整图层大小为"246px×264px"、"246px×210px"、"571px×488px"、"828px×90px"。

提示

当打开素材图像时，图像可能显示"索引"、"灰度"等模式，无法进行编辑，应转换成 RGB 模式后才可以。

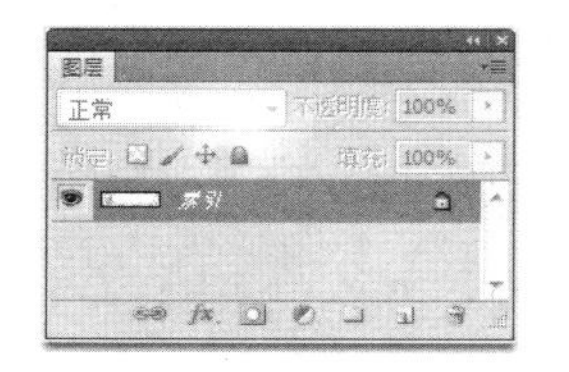

通过执行【图像】|【模式】|【RGB 颜色】命令完成。

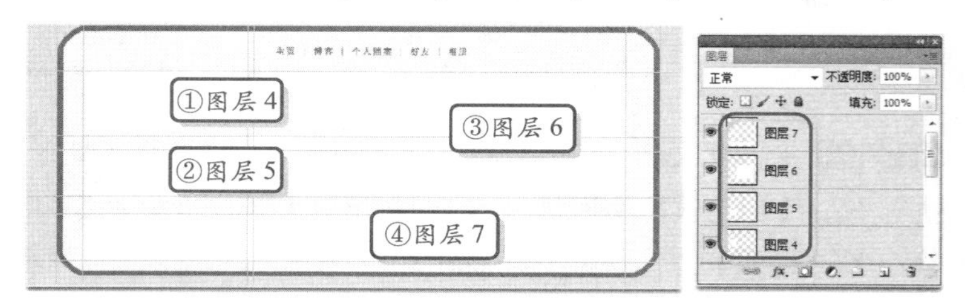

STEP|09 选择"图层 4"，将图像素材"head.jpg"、"title.gif"、"jwhy.jpg"和"list.gif"拖入到"图层 4"中，并给"head.jpg"图像添加图层进行描边；将图像"title.gif"和"list.gif"复制，分别拖到"图层 5"和"图层 6"中。

STEP|10 在相应的图层输入文本，并设置文本字体、大小、颜色等参数。其中标题文本字体为 14px；文章的大标题为 24px；文章内容为 12px；字体【颜色】为"绿色"（#327725）。

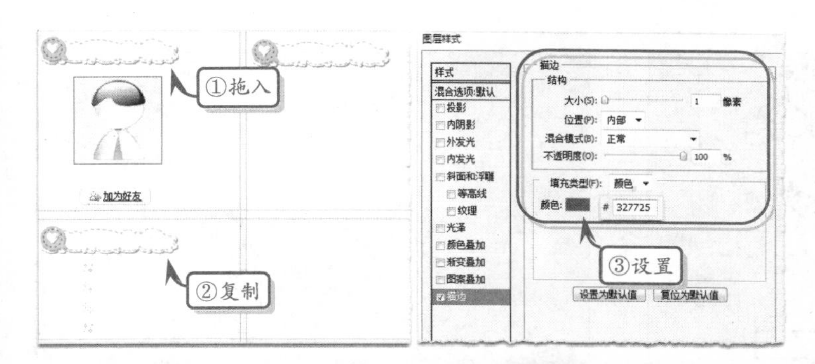

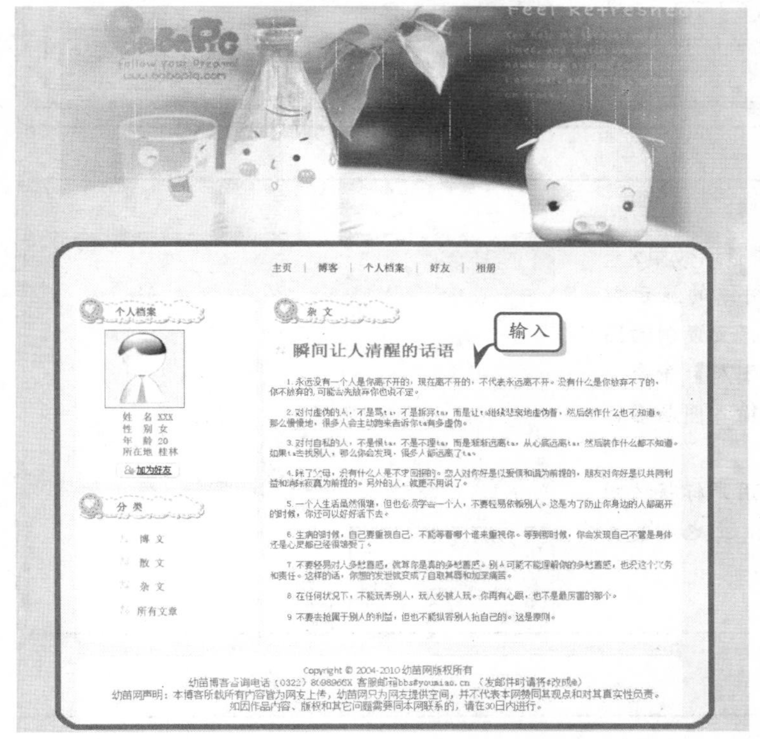

提示

为了页面布局美观，需要在每个版块之间留有一定的距离，可以通过执行【视图】|【标尺】命令，打开标尺，然后用鼠标拖动线条。

提示

图像"head.jpg"的背景是通过新建一个图层，并用【矩形工具】绘制然后填充颜色为灰色(#EEEEEE)；

2.7 高手答疑

Q&A

问题 1：创建一个较为精确的选区往往需要花费很长时间才能完成，那么是否可以存储该选区，以方便下一次载入并重新使用？

解答： 使用选区工具或者命令创建选区后，执行【选择】|【存储选区】命令，在弹出的对话框中输入名称即可。

在该对话框中，以新通道的形式保存选区后，在【通道】面板中将会出现以对话框中命名的新通道。

提示

保存过的选区，可以在不同文档中互相载入使用，但是文档尺寸和分辨率必须相同，以及必须是在Photoshop中同时打开的文档。

Q&A

问题 2：如何通过图层加强图像的显示效果？

解答： 复制图层可以用来加强图像的显示效果，同时也可以保护源图像。选择要复制的图层，然后执行【图层】|【复制图层】命令，在弹出的【复制图层】对话框中输入图层名称即可。

另外，选择要复制的图层，用光标将该图层拖动到【创建新图层】按钮上也可复制图层。

Q&A

问题 3：如何为文字添加滤镜效果？

解答： 在为文字添加滤镜效果之前，首先要将文字删格化。其实，在为文字添加滤镜效果时，Photoshop 会自动弹出一个对话框，要求将文字删格化，以便继续操作。栅格化的文字在【图层】面板中以普通图层的方式显示。

此外，用户还可以对栅格化后的文字进行再编辑。比如剪切、删除等命令，从而使文字呈现出更多神奇的效果。

Q&A

问题 4：对于在 Photoshop 中输入的英文，是否可以对其进行拼写检查？

解答： Photoshop 与文字字处理软件 Word 一样具有拼写检查的功能。该功能有助于在编辑大量文本时，对文本进行拼写检查。

首先选择文本，然后执行【编辑】|【拼写检查】命令，在弹出的对话框中进行设置。

Photoshop 一旦检查到文档中有错误的单词，就会在【不在词典中】选项显示出来，并在【更改为】选项显示建议替换的正确单词。

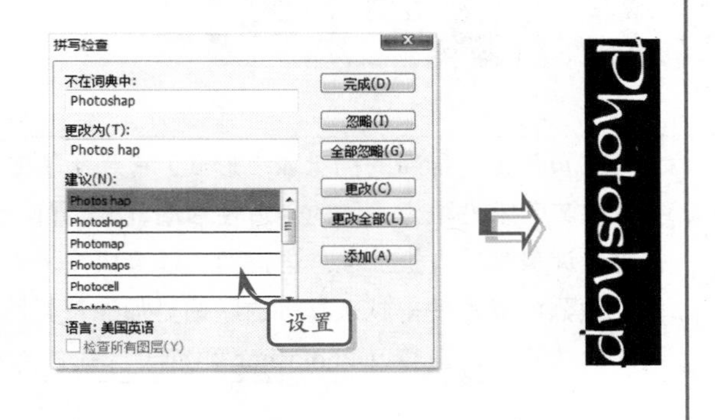

网页界面设计

网页作为一种新的视觉表现形式，它兼容了传统平面设计的特征，又具备其所没有的优势，是将技术性与艺术性融为一体的创造性活动。网页界面设计所涉及的范围非常的广泛，包括消费者心理学、视觉设计美学、人机工程、语言学、计算机技术等诸多方面。

激烈的竞争使得越来越多的网站更加注重界面的设计，希望以此作为竞争的突破点，提高用户对网站的认同。本章将以 Photoshop 平面设计软件为基础，介绍网站界面设计所应用的各种技术。

3.1 网页界面概述

网页界面是用户与网站进行交互的媒介，是用户最直观的体验。网页界面设计是集计算机心理学、设计艺术学、认知科学和人机工程学于一体的交叉研究领域，是国际计算机界和设计界最活跃的研究方向。

1. 网页界面设计分类

在进行网页界面设计时，需要考察界面设计需求的多种因素，并有所侧重。常见的网页界面设计主要可分为 3 类，包括功能性设计、情感性设计和环境性设计。

● 功能性设计

界面效果和网页功能并非对立的事物，而是一个整体。功能始终是网页的核心，而界面则是用户使用功能的桥梁。

过于追求界面效果，而空洞的网站是无法吸引用户的。而单纯追求功能，不注重用户体验的网站也无法留住用户。对于实用性的网站而言，必须找寻功能和界面美观的平衡点。

例如，一个非常成功的在线共享图像网站 Flickr，其网站界面设计的就非常有特色。

在 Flickr 网站的首页，突出了所有网站的功能，将最重要的网站搜索、共享、上传、编辑和浏览 5 大功能放在显著的位置。

整个页面没有多余的部分，所有重要的功能按钮均提供了字体加粗或对比强烈的颜色，非常简洁且实用。

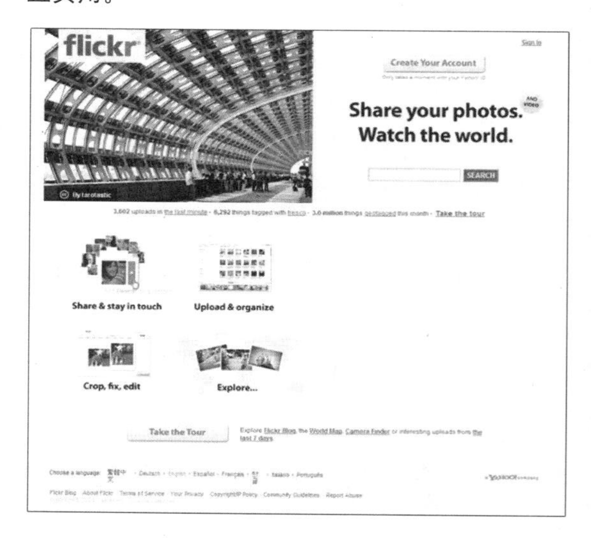

● 情感性设计

在营销学中，讲究“欲取还与，欲退还进”，间接地使用户接受观点往往比直接强加于用户效果更好。

同理，在界面设计中，使界面与用户产生情感的共鸣，远比使用各种怪异的字体、花巧的色彩和图片更有作用。表现一个网站的情感，手法有多种，包括网站的布局方式、色彩的搭配、字体的选择和图形的处理等。

例如，游戏暗黑破坏神 3 的官方网站，整体采用了暗色调，配合大量哥特式的装饰，体现出游戏主题的阴暗，传递了强烈的颓废和负面情感。

● 环境性设计

任何的设计都要与环境因素相联系，处于外界环境之中，设计应以社会群体而不是以个体为基础。

环境性界面设计所涵盖的因素是极为广泛的，它包括有政治、历史、经济、文化、科技、民族等，这方面的界面设计正体现了设计艺术的社会性。

例如，故宫博物院的官方网站，其使用红色为网站主色调，导航条使用竖排的隶书字体，配色与图形设计非常具有中国古典特色。

2. 网页界面设计的原则

界面设计是一种独特的艺术。在进行网页界面设计时，需要遵循 7 条基本原则。

● 用户导向原则

设计网页时必须以用户导向为核心，了解网页面向用户群体的年龄、性格特征、思维方式等。例如，面向儿童用户的网站，应大量使用各种卡通图形，而面向青年的网站，则可突出时尚、科技的特色。

● **KISS 原则**

KISS 是 Keep It Simple and Stupid，保持页面的简洁化和傻瓜化，易于操作。页面尽量少使用各种琐碎的图片，因为请求下载这些图片所花费的时间要比下载一整张大图片慢得多。

操作设计应尽量简单，所有内容和服务都在显著的地方予以说明等。

● **Miller 原则**

理学家 George A.Miller 的研究表明，一个人一次所接受的信息量为（7±2）b。这一原理被广泛应用于网页设计与软件开发中。

在网页中，同级别的栏目数量最好在 5 到 9 个之间。如果链接超过这个区间，用户心理上就会烦躁、压抑。

如果网页的栏目内容确实很多，则可以分组处理。例如，每隔 7 个栏目，加一个分隔线或换行，再或者用两种颜色分开。

● 视觉平衡原则

在网页界面中，任何页面元素都会有视觉效果，影响页面的视觉平衡。例如，使用一张大的图片，往往需要更多的文字进行平衡，使页面看起来不至于偏左或偏右。

信息密集的网页，需要注重留白，通过留白给用户创建视觉上的休息区，防止用户视觉疲劳。

● 阅读性原则

为方便用户阅读页面的文字，可参考报纸的分栏方式，使页面可阅读性提高。

另一种提高阅读性的方式是选择字体。网页的内容文本应少用花巧的字体，尽量选择雅黑、宋体、隶书等便于识别的字体。

● 和谐一致原则

整个网站的各种元素（颜色、字体、图形、标记）应使用统一的规格，看起来像一个整体。同一级别的栏目，文字样式与图标应做到风格一致，略有区别。

● 个性化原则

互联网的文化是一种休闲的平民文化。为网页创造一种休闲、轻松愉快的氛围，可以使网页更加吸引用户。例如，使用明快的颜色和卡通化的字体等。

3.2 应用蒙版

在 Photoshop 中，蒙版可以控制图像的局部显示和隐藏，是合成网页图像的重要途径。Photoshop 的蒙版包括快速蒙版、剪贴蒙版、图层蒙版和矢量蒙版等。

1. 快速蒙版

快速蒙版主要用来创建、编辑和修改选区。单击【工具】面板中的【以快速蒙版模式编辑】按钮，进入快速蒙版，然后使用【画笔工具】在想要创建选区的区域外面涂抹。

技巧

在快速蒙版中使用【画笔工具】绘制时，可以结合【橡皮擦工具】擦除多余的像素。

再次单击【工具】面板中的【以标准模式编辑】按钮，返回正常模式，这时画笔没有绘制到的区域形成选区。

在快速蒙版中如果使用设置了柔角的画笔或者对其应用了【高斯模糊】滤镜，都可以创建羽化效果。

在羽化效果基础上执行【色阶】命令，向左拖动输入高光滑块，可以扩大选区的范围。

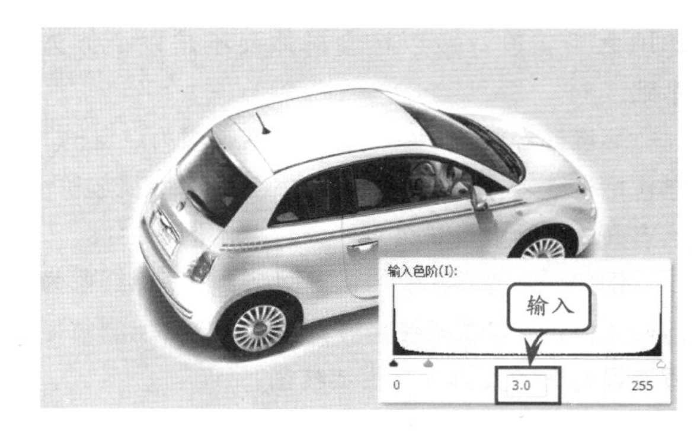

2. 剪贴蒙版

剪贴蒙版通过下面图层中图像的形状，来控制其上面图层图像的显示区域。在下面的图层中需要的是边缘轮廓，而不是图像内容。

在【图层】面板中选择一个图层，执行【图层】|【创建剪贴蒙版】命令，该图层会与其下方图层创建剪贴蒙版。

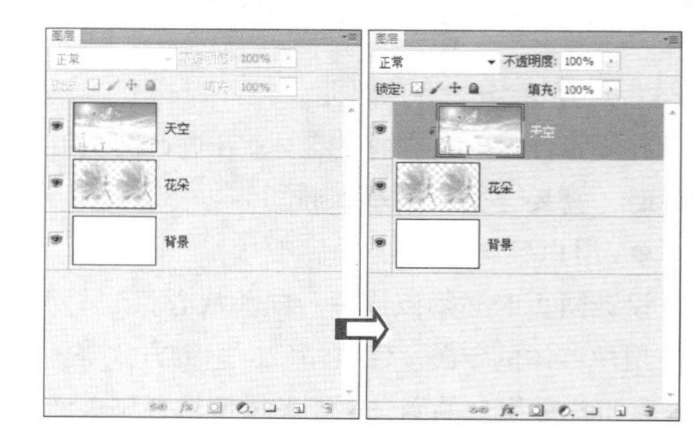

技巧

按住 Alt 键，在选中图层与其下方图层之间单击，也可以创建剪贴蒙版。

创建剪贴蒙版后，发现蒙版下方图层的名称带有下划线，内容图层的缩览图是缩进的，并且显示一个剪贴蒙版图标 ，画布中的图像也会随之发生变化。

技巧

剪贴蒙版下方图层中的形状边缘既可以是实边，也可以是虚边。如果是虚边，那么在使用剪贴蒙版后，图像边缘呈现羽化效果。

创建剪贴蒙版后，蒙版中两个图层的图像均可以随意移动。如果是移动下方图层中的图像，那么会在不同位置显示上方图层中的不同区域图像；如果是移动上方图层中的图像，那么会在同一位置显示该图层中的不同区域图像，并且可能会显示出下方图层中的图像。

剪贴蒙版的优势就是形状图层可以应用于多个图层，只要将其他图层拖至蒙版中即可。

3. 图层蒙版

图层蒙版是与分辨率相关的位图图像，它用来显示或者隐藏图层的部分内容，也可以保护图像的区域以免被编辑。

提示

要想释放某一个图像图层，只要将其拖至普通图层之上即可；如果是释放所有剪贴蒙版组，那么执行【图层】|【释放剪贴蒙版】命令即可。

图层蒙版是一张 256 级色阶的灰度图像，蒙版中的纯黑色区域可以遮罩当前图层中的图像，从而显示出下方图层中的内容；蒙版中的纯白色区域可以显示当前图层中的图像；蒙版中的灰色区域会根据其灰度值呈现出不同层次的半透明效果。

在【图层】面板底部有一个【添加图层蒙版】按钮 ，直接单击该按钮可以创建一个白色的图层蒙版，相当于执行【图层】|【图层蒙版】|【显示全部】命令；结合 Alt 键单击该按钮可以创建一个黑色的图层蒙版，相当于执行【图层】|【图层蒙版】|【隐藏全部】命令。

创建图层蒙版后，既可以在图像中操作，也可以在蒙版中操作。以白色蒙版为例，蒙版缩览图显示一个矩形框，说明该蒙版处于编辑状态，这时在画布中绘制黑色图像后，绘制的区域将图像隐藏。

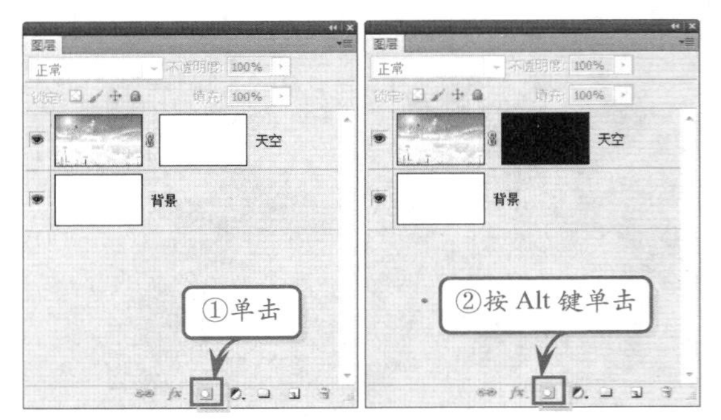

当画布中存在选区时，单击【图层】底部的【添加图层蒙版】按钮，会直接在选区中填充白色显示，在选区外填充黑色被遮罩，使选区外的图像隐藏。

4．矢量蒙版

矢量蒙版与图层蒙版在形式上比较类似，然而矢量蒙版并非以图像控制蒙版区域，而是以 Photoshop 中的矢量路径来控制的，因此与分辨率无关。

创建矢量蒙版与创建图层蒙版的方式类似，都可以通过单击【图层面板】的【添加图层蒙版】按钮来实现。但如果通过【蒙版】面板创建矢量蒙版，则需要单击【选择矢量蒙版】按钮。

技巧

创建显示的矢量蒙版还有另外一种方式，就是结合 Ctrl 键单击【图层】底部的【添加图层蒙版】按钮。

除了可以创建空矢量蒙版后，还可以在有路径的前提下创建矢量蒙版。

再选中路径所在图层，结合 Ctrl 键单击【图层】底部的【添加图层蒙版】按钮来实现，或者执行【图层】|【矢量蒙版】|【当前路径】命令，创建带有路径的矢量蒙版。

3.3 应用滤镜

滤镜命令可以自动对一幅图像添加各种效果。在网页设计领域，常用的滤镜主要有以下几种。

1．模糊滤镜

模糊滤镜的作用是使选区或图像更加柔和，淡化图像中不同色彩的边界，以掩盖图像的缺陷，例如，抠取图像造成的锯齿边缘等。

模糊滤镜的效果非常轻微，而且没有任何选项，适用于对图像进行简单处理。对于某个网页图像而言，可以多次使用模糊滤镜，以进一步增强模糊度。

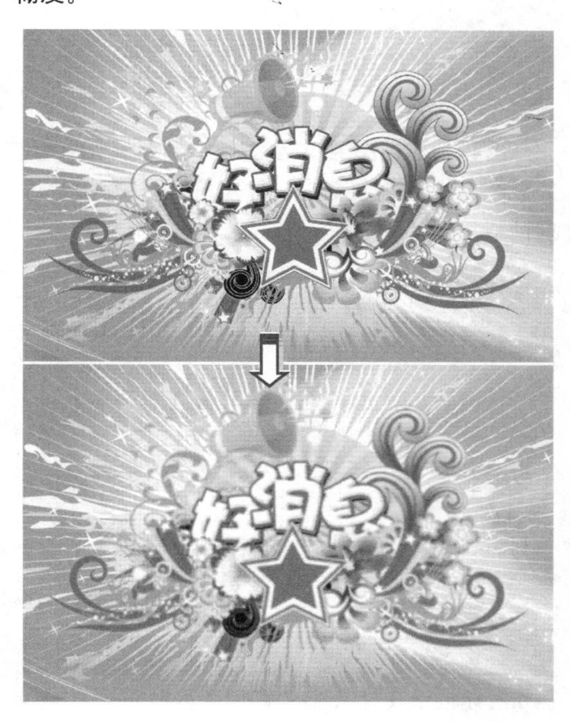

与模糊滤镜类似的是进一步模糊滤镜。该滤镜的使用方法与【模糊】滤镜相同，但强度更大一些。

2．高斯模糊滤镜

高斯模糊滤镜是可以进行不同程度的模糊调节，主要应用于精度要求较高的图像。

选择选区或图层后，执行【滤镜】|【模糊】|【高斯模糊】命令后，即可打开【高斯模糊】对话框。

通过【半径】下方的滑块或右侧的输入文本域都可以调节高斯模糊的精度，其范围为 0.1～250px。

> **提示**
>
> 应用模糊滤镜时就好像程序为图像生成许多副本，使每个副本向四周以 1 像素的距离移动，离原图像越远的副本其【不透明度】越低，这样就形成了模糊的效果。

3．USM 锐化滤镜

锐化滤镜通过增加相邻像素的对比度来使模糊图像变清晰，主要用于修复一些模糊不清的图像。

USM 锐化滤镜所提供的锐化功能，不管它是否发现了图像边缘，都可以使图像边缘清晰，或者根据指令使图像的任意一部分清晰。

选中相应的选区或图层，然后执行【滤镜】|【锐化】|【USM 锐化】命令，即可打开【USM 锐化】对话框。

在 USM 锐化对话框中，包含 3 种锐化强度设置。

- **数量** 该属性控制总体锐化的强度，数值越大，则图像边缘锐化的强度越大。
- **半径** 该属性设置图像轮廓被锐化的范围，数值越大，在锐化时图像边缘的细节被忽略得越多。
- **阈值** 该属性控制相邻的像素间达到的色阶差值限度，超过该限度则视为图像的边缘。该数值越高，则锐化过程中忽略的像素也越多。

4．镜头光晕滤镜

在制作网页中各种图像时，经常会需要创造各种相机或摄影机镜头产生的光晕，此时可使用 Photoshop 的镜头光晕滤镜。

选择相应的图层或选区，执行【滤镜】|【渲染】|【镜头光晕】命令，即可打开【镜头光晕】对话框。

提示

用鼠标拖动【镜头光晕】对话框的预览区域中十字刻度，可方便地调整光晕中心的位置。

5．添加杂色滤镜

杂色是随机分布的彩色像素点。使用添加杂色滤镜可以在图像中增加一些随机的像素点。

执行【滤镜】|【杂色】|【添加杂色】命令，打开【添加杂色】对话框。在默认情况下，在【平均分布】中添加【数量】为“12.5%”。

技巧

当【数量】选项不变时，启用【高斯分布】选项，或者分别在不同分布中启用【单色】选项，都会得到不同的效果。

3.4 切片工具

在 Photoshop 中，提供了两种工具制作网页切片，即【切片工具】和【切片选择工具】。

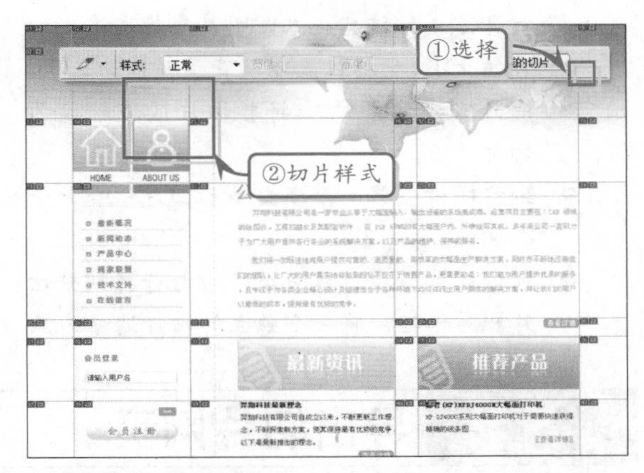

1．切片工具

【切片工具】是最基本的绘制切片的工具，其提供了 4 种绘制切片的方式。在工具箱中选中【切片工具】后，即可在工具选项栏中选择绘制切片的 3 种样式。

- **正常**　该样式允许用户使用光标绘制任意大小的切片。
- **固定长宽比**　该样式允许用户在右侧的【宽度】和【高度】等输入文本域中输入指定的大小比例，然后再通过【切片工具】根据该比例绘制切片。
- **固定大小**　该样式允许用户在右侧的【宽度】和【高度】等输入文本域中输入指定的大小，然后再通过【切片工具】根据该大小绘制切片。

除了以上 3 种样式外，【切片工具】的工具选项栏还有【基于参考线的切片】按钮。如图像包含参考线，则单击该按钮后，Photoshop 会根据参考线绘制切片。

2．切片选择工具

除了【切片工具】外，Photoshop 还提供了切片选择工具，允许用户选中切片，然后对切片进行编辑。

在工具箱中，选择【切片选择工具】后，即可单击图像中已存在的切片，通过右键快捷菜单进行编辑。编辑切片的命令共有以下 9 条。

- **删除切片**　执行该命令可将选中的切片删除。

- **编辑切片选项** 执行该命令，将打开【切片选项】对话框。该对话框允许用户设置切片类型、切片名称、链接的URL、目标打开方式、信息文本、图片置换文本、切片的大小、坐标位置以及背景颜色等选项。
- **提升到用户切片** 将非切片区域转换为切片。
- **组合切片** 将两个或更多的切片组合为一个切片。
- **划分切片** 执行该命令，将打开【划分切片】对话框，将一个独立的切片划分为多个切片。划分切片时，既可以水平方式划分，又可以垂直方式划分。
- **置为顶层** 当多个切片重叠时，将某个切片设置在切片最上方
- **前移一层** 当多个切片重叠时，将某个切片的层叠顺序提高1层。
- **后移一层** 当多个切片重叠时，将某个切片的层叠顺序降低1层。
- **置为底层** 当多个切片重叠时，设置某个切片在最底层。

3.5 导出切片网页

制作切片最终的目的是将图像切片导出为网页。在 Photoshop 中，按照指定的步骤，即可导出切片网页。

1. 存储为 Web 和设备所用格式

执行【文件】|【存储为 Web 和设备所用格式】命令，打开【存储为 Web 和设备所用格式】对话框，可以选择优化选项以及预览优化的图稿。

该对话框的左侧是预览图像窗口，其共包含有 4 个选项卡，它们的功能如下表所示，而位于右侧的是用于设置切片图像仿色的选项。

名 称	功 能
原稿	单击该选项卡，可以显示没有优化的图像
优化	单击该选项卡，可以显示应用了当前优化设置的图像
双联	单击该选项卡，可以并排显示图像的两个版本
四联	单击该选项卡，可以半掩显示图像的四个版本

2. 输出设置

在设置图像的优化属性后，单击对话框右上角的【优化菜单】按钮，在弹出的菜单中执行【编辑输出设置】命令，即可打开【输出设置】对话框。在该对话框的【设置】下拉列表中，可进行以下 4

项设置。

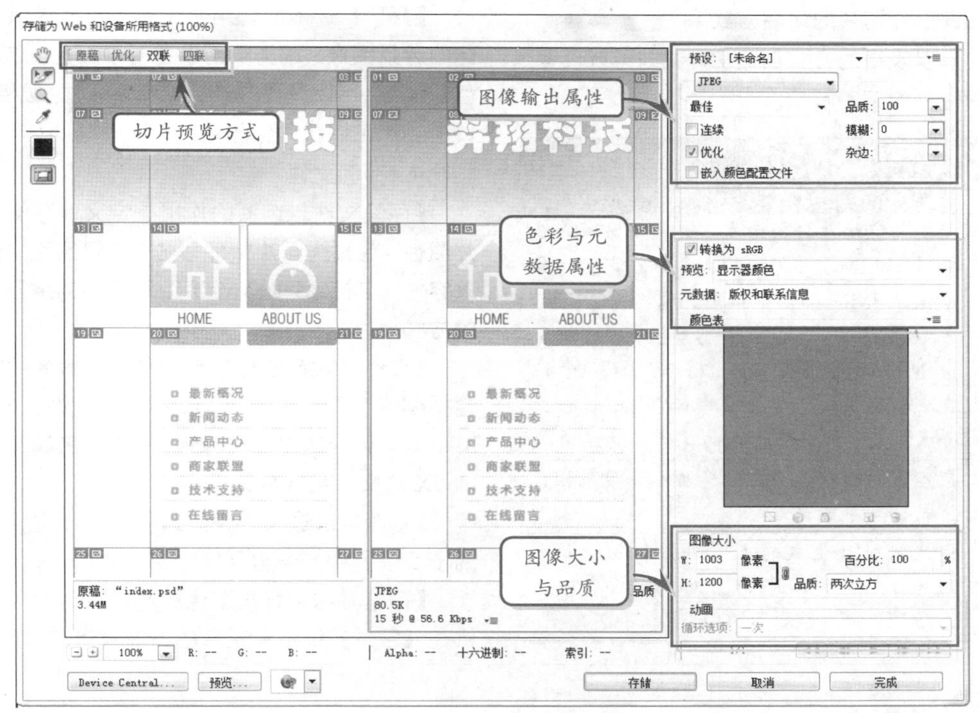

● **HTML**

HTML 选项用于创建满足 XHTML 导出标准的 Web 页。如果启用【输出 XHTML】复选框，则会禁用可以与此标准冲突的其他输出选项，并自动设置【标签大小写】和【属性大小写】选项。

● 切片

【切片】选项的作用是设置输出切片的属性，包括设置切片代码以表格的形式存在还是以层的

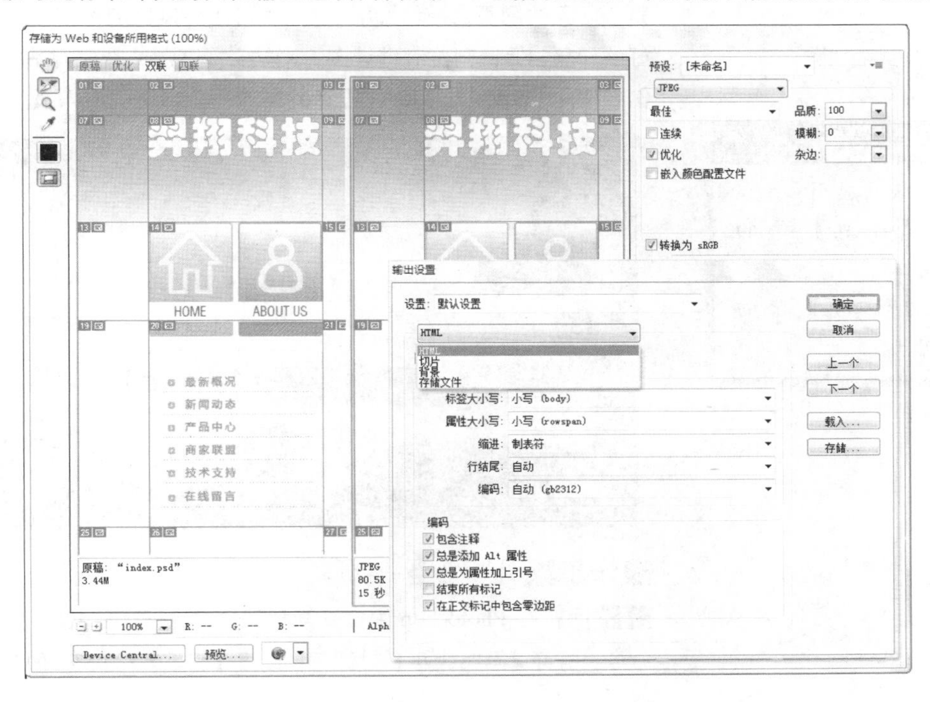

形式存在。另外，该对话框还提供了为切片命名的选项，允许设置切片的命名方式。

如选择以表格的方式创建切片，则可以设置3种表格属性，如下表所示。

属性名	作　用
空单元格	指定将空切片转换为表单元格的方式。选择【GIF,IMG W&H】选项，其宽度和高度值在IMG标记中指定。选择【GIF,TD W&H】选项，其宽度和高度值在TD标记中指定。选择【NoWrap,TD W&H】选项，在表数据上放置非标准的NoWrap属性，并放置TD标记上指定的宽度和高度值
TD W&H	指定何时包括表数据的宽度和高度属性：总是、从不或自动
分隔符单元格	指定何时在生成的表周围添加一行和一列空白分隔符单元格：自动、自动（底部）、总是、总是（底部）或从不

● 背景

【背景】选项的作用是为整个页面提供一张整体的背景图像，或为页面设置背景颜色。选择【颜色】列表，可以设置背景为无色、杂边、吸管颜色、白色、黑色以及其他颜色。

● 存储文件

【存储文件】选项的作用是定义保存的切片图片属性，包括为图片文件命名、设置图片文件名的兼容性（字符集）以及设置图片保存的路径和存储的方式等。

【文件名兼容性】的作用是规定命名的文件名包括哪些字符。其中，Windows 为允许长文件名。Mac OS 9 则使用 utf-8-mac 的文件名编码方式。UNIX 的文件名区分大小写。

【将图像放进文件夹】选项可以设定保存图像的子目录名称。通常网站会使用 images。

【存储时拷贝背景图像】选项可为切片图像保留在【背景】设置中定义的图像背景。

3.6 练习：设计网站进入页界面

网站的进入页是进入网站之前过渡的页面，是给网站访问者留下第一印象的网页。设计成功的进入页可以为浏览者留下一个深刻而美好的印象，促使浏览者继续浏览网站，提高浏览者对网站的兴趣。本例将使用 Photoshop CS5，设计并制作一个网站的进入页。

练习要点

- 参考线的应用
- 【切片工具】的应用
- 【多边形工具】的应用

操作步骤

STEP|01 在 Photoshop 中打开素材图像。执行【图像】|【画布大小】命令，打开【画布大小】对话框，设置【高度】"为550像素"和【画

布扩展颜色】为“黑色”。

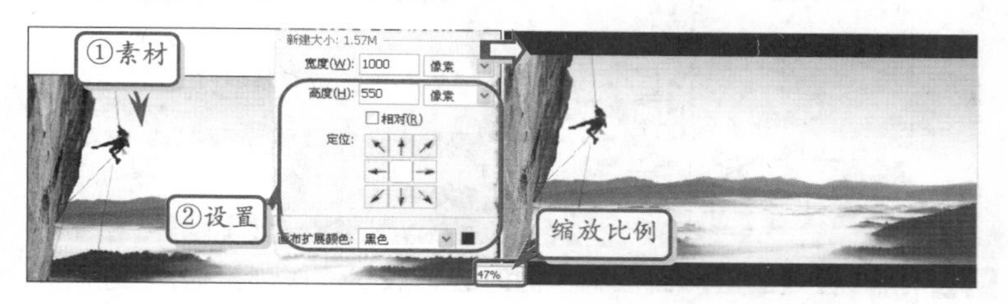

STEP|02 在【图层】面板中，单击【创建新图层】按钮，创建“图层 1”。选择【多边形工具】按钮，并在工具选项栏中单击【填充像素】按钮，设置【边】为 3。在画布中绘制一个三角形。然后，复制“图层 1”图层，自动命名图层为“图层 1 副本”图层。

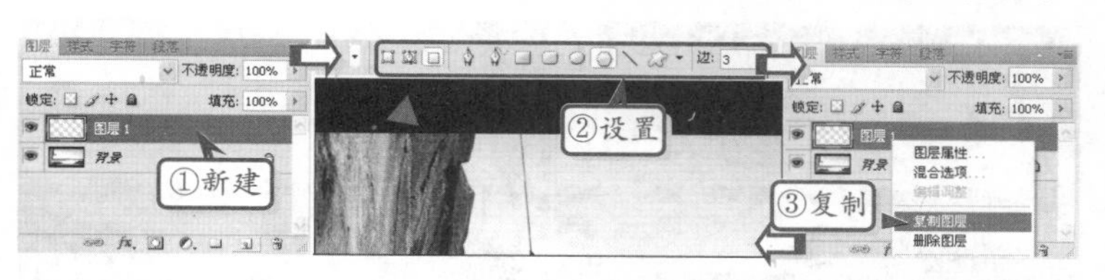

STEP|03 选择【移动工具】，移动“图层 1 副本”图层的位置。按 Ctrl 键并单击“图层 1 副本”图层，创建该图层的选区。然后，使用【油漆桶工具】填充颜色为黑色（#000000）。并按 Ctrl+D 键，取消选区。

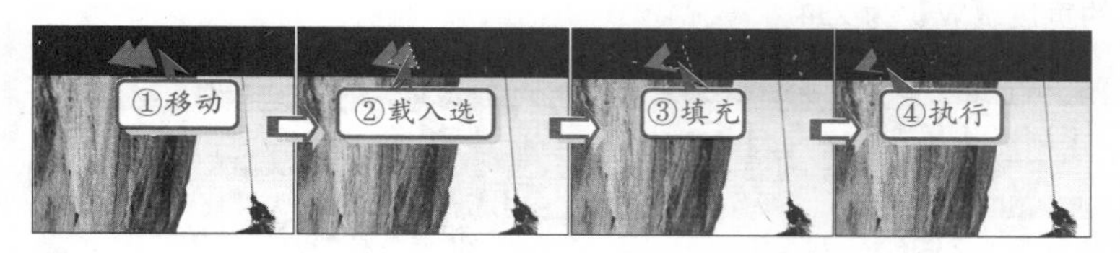

STEP|04 使用【横排文字工具】在画布左上角输入“大自然户外游”并执行【窗口】|【字符】命令，在弹出的【字符】面板中设置参数。然后，使用相同的方法，分别在画布中间和下方输入广告和版权等文本。

STEP|05 分别将素材“边框.png”和“墨迹按钮.png”拖动至该文档。选择【横排文字工具】，在墨迹按钮上输入“进入”并在工具选项栏中选择合适的【字体】、【字体大小】和【颜色】。然后，在【图层】面板中复制边框，使用【移动工具】，移动 2 个边框的位置。

提示

执行【图像】|【画布大小】命令，具体操作如下图所示。

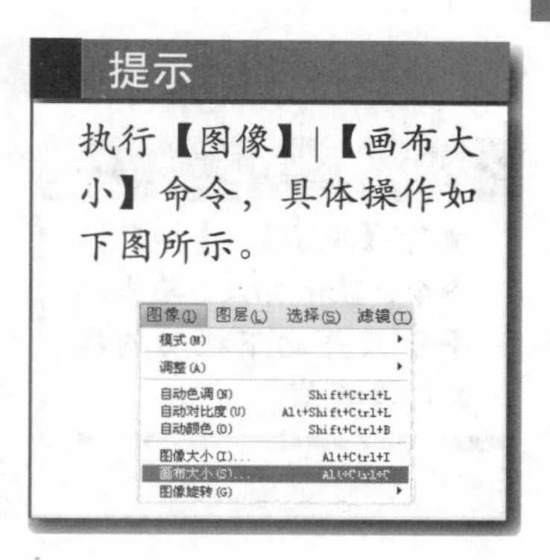

提示

使用【多边形工具】绘制的三角形前在【工具栏】中设置前景色为棕色（#884606）。

提示

执行【选择】|【取消选择】命令，也可取消当前选区。

提示

在【图层】面板中，右击“图层 1 副本”的图层缩览图，执行【选择像素】命令，也可为该图层中三角形创建选区。

提示

在【图层】面板中，按 Shift 键同时单击版权、墨迹按钮、“进入”和背景图层，使它们处于被选中状态。

STEP|06 在【图层】面板中，同时选择版权、墨迹按钮、"进入"和背景图层，并在工具选项栏中单击【水平居中对齐】按钮，相对居中对齐。按Ctrl+R键，显示标尺。拖动参考线，然后，选择【切片工具】，单击【基于参考线的切片】按钮基于参考线的切片，基于参考线创建5个切片。

提示

执行【视图】|【标尺】命令，显示标尺。单击水平标尺并向下拖动创建新的参考线。

技巧

为了精确地定位切片的位置，可以选择【缩放工具】放大图像，移动参考线至准确的位置。

STEP|07 右击第1个切片，执行【划分切片】命令，在弹出的【划分切片】的对话框中，设置【垂直划分为】2个横向切片均匀分割。然后双击第1个切片，在弹出的【切片选项】对话框中设置指定切片的宽度【W】为234。

提示

在弹出的【划分切片】的对话框中设置参数。

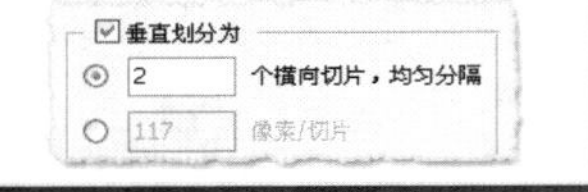

STEP|08 执行【文件】|【储存为Web和设备所用格式】命令，在【储存为Web和设备所用格式（100%）】对话框中，分别设置各个切片【优化的文件格式】为"gif"。单击【储存】按钮存储。在【将优化结果存储为】对话框中设置【保存类型】为"HTML和图像（*.html）"。

提示

保存格式为gif

优点：体积小、浏览速度快。

缺点：色彩种类少、对于复杂的颜色如渐变色显示质量差。

保存格式为jpg

优点：质量高。许多色彩的缓和变化。

缺点：体积大。

3.7 练习：制作网页切片

在制作网页切片时，可先根据文档中各个图层的内容设计参考线，然后选择【切片工具】，单击工具选项栏中的【基于参考线的切片】按钮，根据参考线生成自动切片。最后，根据网页内容将自动生成的切片合并，即可完成切片制作。

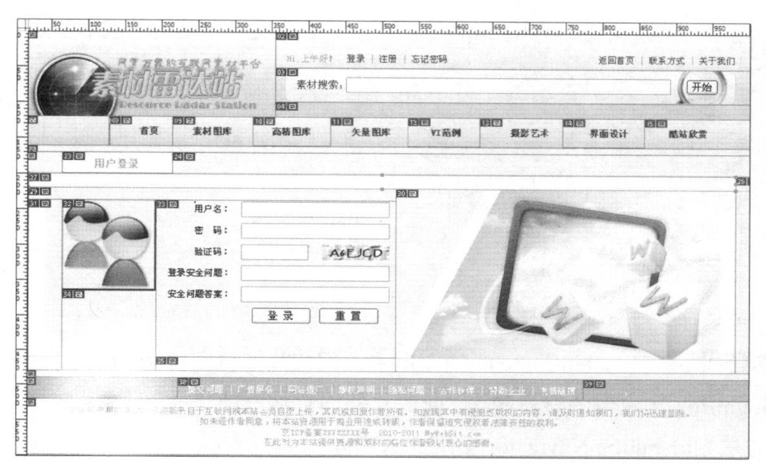

练习要点

- 打开素材
- 使用参考线
- 切片工具
- 切片选择工具

提示

常用的切片工具有三种：一是【裁剪工具】；二是【切片工具】；三是【切片选择工具】。

操作步骤

STEP|01 打开素材文档"login.psd"，按 Ctrl+R 键，执行【标尺】命令，单击【移动工具】按钮，从上标尺向下拖动，将看到红色的标尺线。

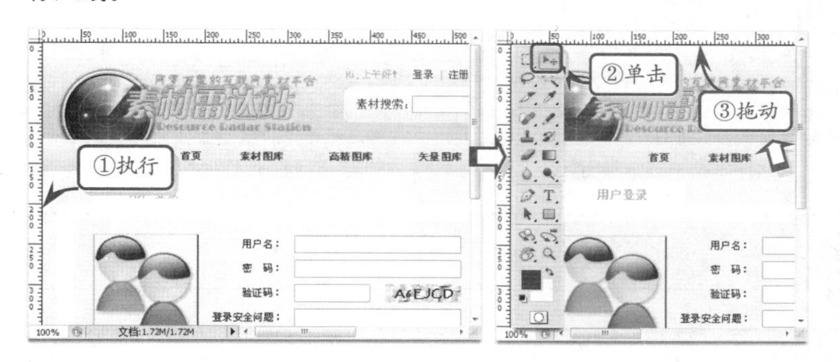

提示

执行标尺命令有两种方法：一是在工具栏执行【窗口】|【标尺】命令；二是按 Ctrl+R 键快速执行。

STEP|02 用鼠标在上标尺从上向下拖动，分别用标尺线将文档的topBar、navigator、mainContent、buttomNavigator、copyright 分隔开。然后，单击工具栏【切片工具】按钮，在菜单栏单击【基于参考线的切片】按钮 基于参考线的切片 。

STEP|03 单击工具栏【切片工具】按钮，在 topBar 的图层中在用切片绘制划分各个矩形区域。然后，按照相同的方法在 navigator 图层中一一划分。

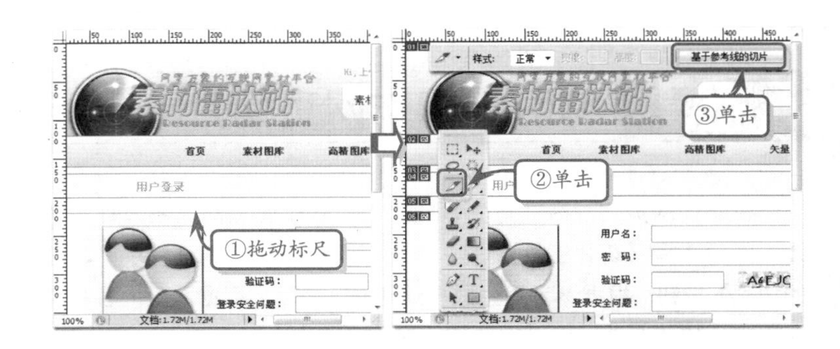

提示

在界面中可以看到标尺只有上标尺和坐标尺，上下拉动标尺时使用上标尺；左右拉动时使用坐标尺。

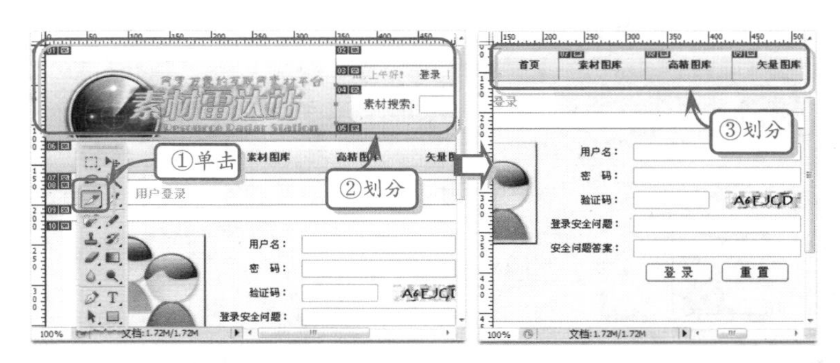

提示

使用切片工具划分图像时，如果误切了图像，可以选择切片左上角的蓝色切片序号，右击执行【删除切片】命令。蓝色切片号将变成灰色的切片序号。

如果切图不规则需要调整，选择切片周围褐色的点将光标变为水平或垂直双向箭头时，可以调整。

STEP|04 在 mainContent 的图层中，用切片划分图像 userImage、loginBox 和右侧的背景图像，此时其他切片将自动生成。按照相同的方法划分 buttomNavigator 图层文本部分。

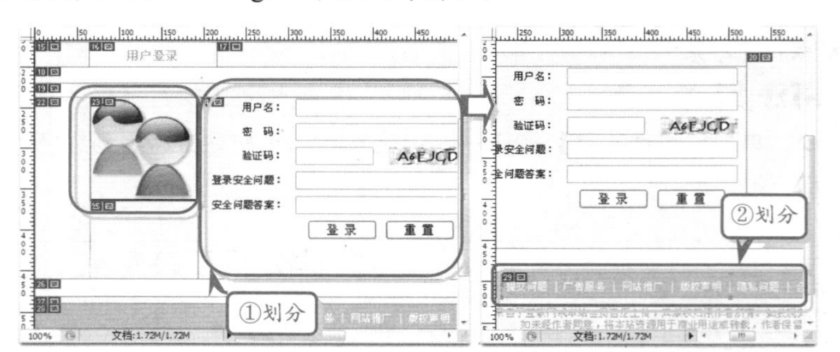

3.8 高手答疑

Q&A

问题 1：蒙版在网页设计中有什么作用？

解答： 蒙版是 Photoshop 中一种非常强大的工具，其在网页中的用途主要包括 4 个方面。

● **抠图**

在制作网页时，并非总是使用整张的素材图像。有时可能需要使用素材图像的局部。例如照片中的人像等。这时，就需要进行抠图。而在进行抠图时，蒙版是非常重要的工具。

● **图像边缘淡化效果**

在使用【钢笔工具】或魔棒工具抠图之后，总会出现一些锯齿。这时，可通过蒙版制作一个渐变的淡化图层，在不改变原图像的情况下淡化图像和背景之间的差异。

● **图层间的融合**

在制作网页图像时，经常会需要将多张素材图像拼合到一起，实现整体的效果。这时，就可以使用蒙版，将各图层中不需要的部分隐藏，并以半透明的方式制作图像的渐隐，使多张图像无缝接合在一起。

● **保护原图**

使用蒙版处理网页中的图像，不会对原图造成损伤。防止发生之后还想再对原图进行修改时发现原图已丢失而造成的遗憾。

Q&A

问题 2：是否可以将切片组合？

解答：可以将两个或多个切片组合为一个单独的切片。Photoshop 利用通过连接组合切片的外边缘创建的矩形来确定所生成切片的尺寸和位置。如果组合切片不相邻，或者比例或对齐方式不同，则新组合的切片可能会与其他切片重叠。

组合切片将采用选择切片工具，再选择要组合的切片。组合切片始终为用户切片，而与原始切片是否包括自动切片无关。

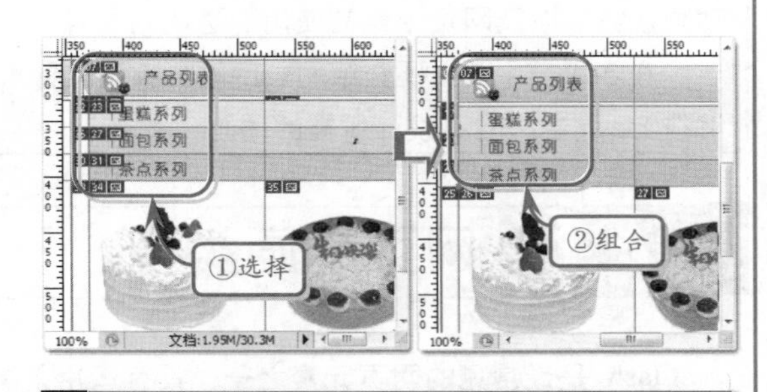

提示

(1) 选择两个或更多的切片。
(2) 按 Shift 键并用鼠标单击要组合的切片，然后右击执行【组合切片】命令。
(3) 法组合基于图层的切片。

Q&A

问题 3：如何载入滤镜的纹理和图像？

解答：为了生成滤镜效果，有些滤镜会载入和使用其他图像，如纹理和置换图。这些滤镜包括炭精笔、置换、玻璃、光照效果、粗糙蜡笔、纹理化、底纹效果和自定滤镜，它们并非都以相同的方式载入图像或纹理。

提示

所有纹理必须是 Photoshop 格式。大多数滤镜只使用颜色文件的灰度信息。

执行【滤镜】|【纹理】|【纹理化】命令，在打开的对话框中，单击【纹理】下拉列表框右面的选项按钮，执行【载入纹理】命令。然后选择纹理文档即可。

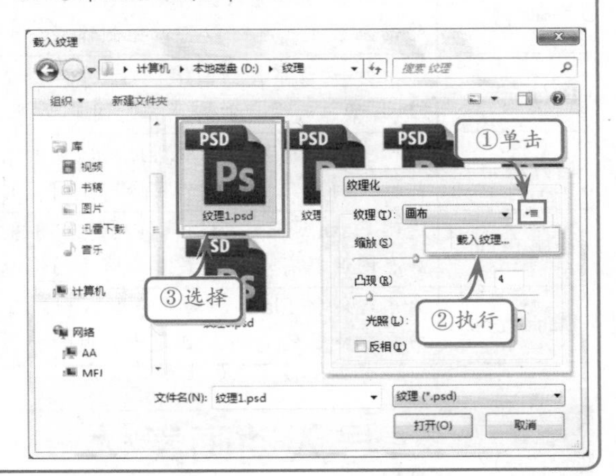

Flash 动画设计

目前，在动画视频方面以 Flash 为主流，由于其卓越的视觉表现和互动效果，已经被众多网站所运用。其实，网站的很多元素都可以由 Flash 来完成，如网站进入动画、导航菜单、图片展示动画、动画按钮，以及网页中经常使用的透明动画等。

在本章节中，主要介绍网页的动画类型、导入素材、绘制矢量图形、编辑动画文本等，使读者能够在 Flash 中为网页设计所需的动画。

4.1 网页动画类型

Flash 是最常见的网页元素之一，具有适用范围广、占用空间小、支持跨平台播放以及强大的交互性等优点。正因为这些优点，Flash 不仅是网页动画的制作软件，也是网页多媒体的承载者。网页中常见的动画形式如下表所示。

动画形式	描　述
进入动画	访问者进入网站前播放的动画。进入动画设计的好坏直接影响到网站给访问者的第一印象，所以越来越多的网站开始重视进入动画的设计
Logo 图标	通常所见的 Logo 图标为静态的图片；其实也可以制作成动画。但是，目前采用这种形式 Logo 的网站较少
导航菜单	导航菜单可以引导访问者浏览网站内的信息。与传统的导航条相比，Flash 导航菜单在表现效果更加丰富，从而给访问者一种新颖的感觉
按钮	按钮为跳转网页或执行某些任务（如提交表单）起到了不可替代的作用。为了能够表现更强的动画效果，也可以将按钮制作成 Flash 动画
Banner	Banner 是最常见的网络广告形式之一，通常是静态图像、GIF 动态图像或 Flash 动画。其中 Flash 动画的表现能力最强，因此也受到大部分网站的青睐
图片展示	在很多网站中都可以看到自动切换的图片展示 Flash，它在指定的区域内可以循环展示多个图片，正因为此通常用于宣传广告图片的展示
透明 Flash	透明 Flash 通常添加到网页的静态图像上面，由于其背景可以设置为透明，所以能够快速地让静态图像具有动画效果，为网页图像起到了很好的点缀效果
Flash 整站	除了可以将 Flash 作为元素融入到网页中，还可以将整个网站制作成 Flash。虽然在加载过程中需要更长的时间，但是所表现的整体效果却是传统网站无法比拟的

4.2 导入动画素材

在 Flash 中，除了可以使用绘图工具创建各种图形和文本，还可以将其他软件创建的矢量图形和位图图像等素材导入到文档中。

1．导入到舞台

导入到舞台是指将其他软件中创建或者编辑的文件导入到当前场景舞台中。执行【文件】|【导

入】|【导入到舞台】命令（或按 Ctrl+R 键），然后在弹出的【导入】对话框中选择所要导入的图像即可。

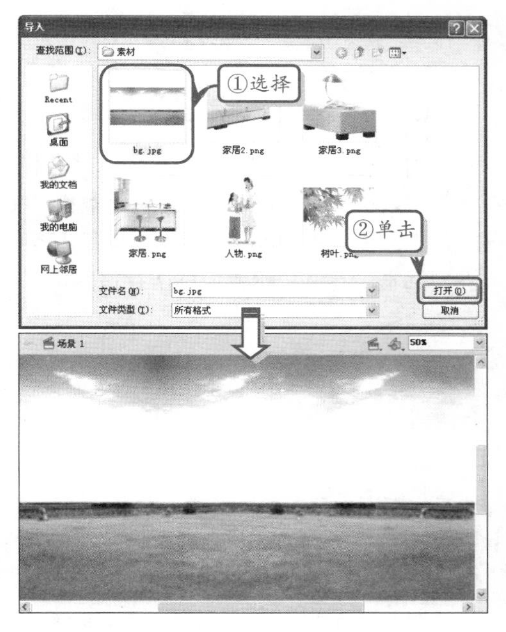

2．导入到库

可以将素材文件导入到【库】面板以便重复使用。另外，当导入多个文件时，如果将其导入到舞台中，那么这些文件将重叠在一起，不利于修改。因此可以将其导入到【库】中，再分别进行编辑。

执行【文件】|【导入】|【导入到库】命令，在弹出的【导入到库】对话框中选择所要导入的图像即可。

3．打开外部库

如果想要使用其他 Flash 源文件素材，可以执行【文件】|【导入】|【打开外部库】命令（或按 Ctrl+Shift+O 键），将该文件的【库】面板单独打开，以供当前文档提供素材。

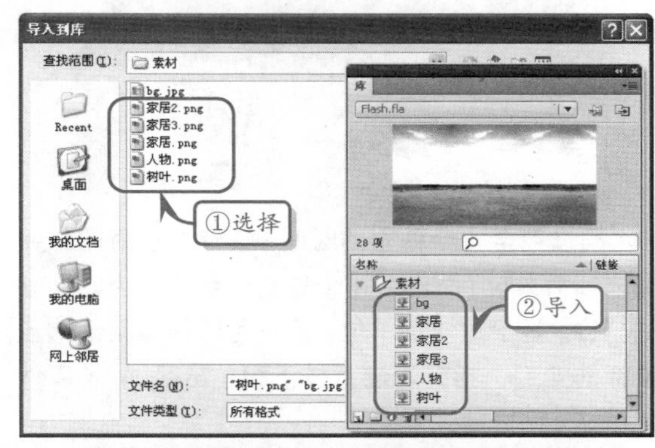

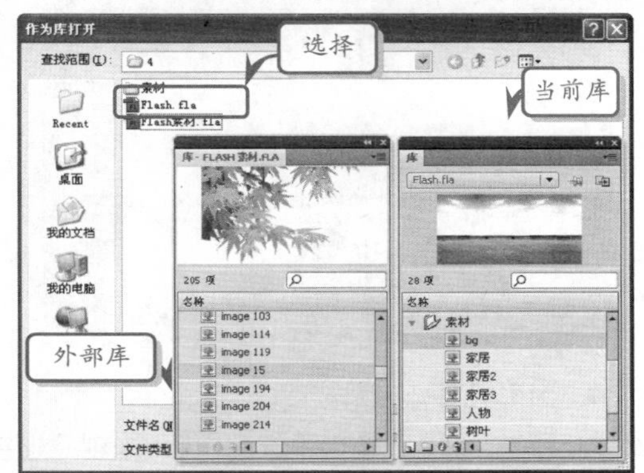

提示

可以将外部 Flash 文件【库】中的素材拖入并复制到当前文档的【库】中，也可以直接拖入到当前文档的舞台中进行编辑。

4.3 管理库资源

元件是 Flash 中一种特殊的对象。使用元件，其可以将 Flash 中的各种素材文档有效地管理和整合，提高 Flash 中资源的重用性。

元件是 Flash 中一种特殊的对象。使用元件，其可以将 Flash 中的各种素材文档有效地管理和整合，提高 Flash 中资源的重用性。

1．Flash 元件概述

元件是 Flash 中最基本的对象单位。Flash 中的元件包括 3 种，即影片剪辑、按钮以及图形。

- **影片剪辑元件**

影片剪辑元件是 Flash 动画中最常用的元件类型。在影片剪辑元件中，包含了一个独立的时间轴，允许用户在其中创建动画片段、交互式组件、视频、声音甚至其他的影片剪辑元件。

- **按钮元件**

按钮元件是一种基于组件的元件。在按钮元件

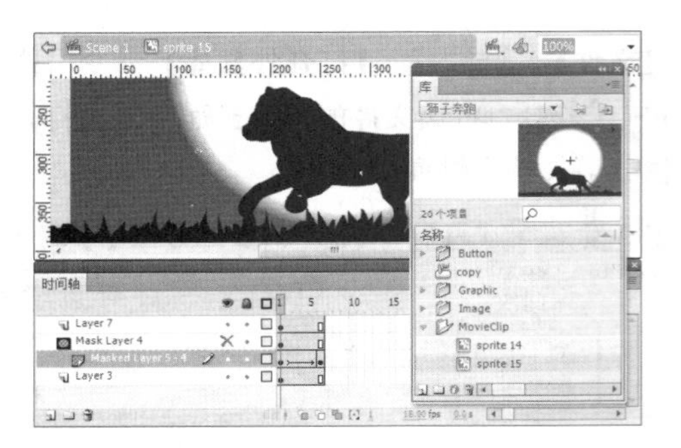

中，同样包含一个独立的时间轴。但是该时间轴并非以帧为单位，而是以4个独立的状态作为时间轴的单位。基于这4种单位，用户可以创建用于响应鼠标的弹起、指针滑过、按下和单击等 4 种事件的帧。

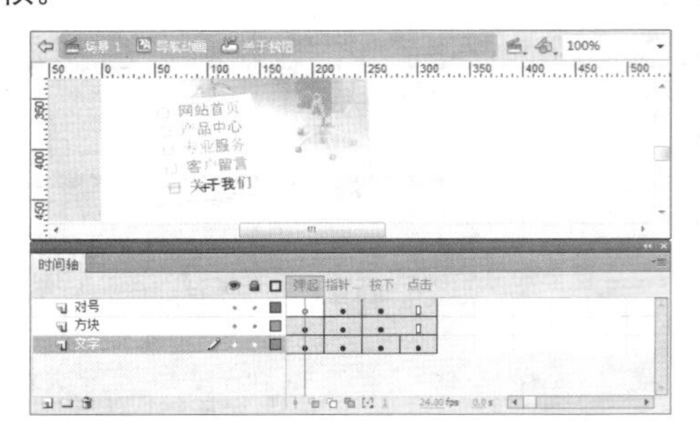

● 图形元件

图形元件可用于静态图像，并可用来创建连接到主时间轴的可重用动画片段。交互式控件和声音在图形元件的动画序列中不起作用。

2．创建元件

在 Flash 中新建空白文档，然后即可打开【库】面板，单击其下方的【新建元件】按钮，打开【创建新元件】对话框。

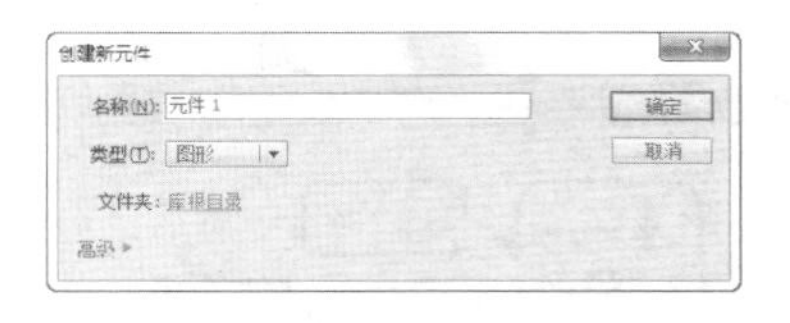

在该对话框中，用户可设置元件的【名称】，并在【类型】的下拉列表中选择元件的类型。在单击【文件夹】右侧的链接文本后，可打开【移至文件夹】对话框，在其中设置元件所存储的位置。

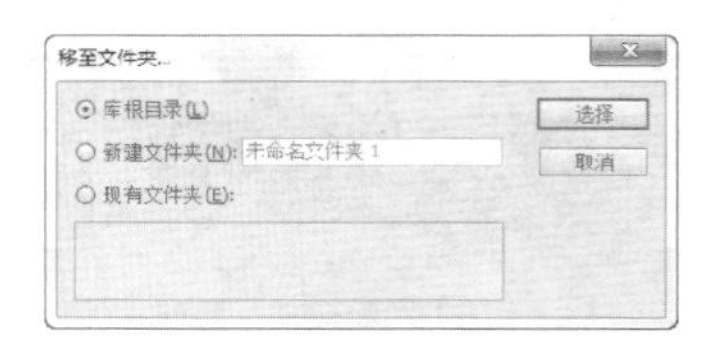

最后，即可在元件中制作内容，单击【场景 1】按钮，完成元件的创建并返回舞台。

3．编辑元件

在 Flash 中，用户不仅可以创建元件，还可以对已创建的元件进行编辑。对于已添加到舞台的元件，用户可以直接在舞台选中该元件，双击进入编辑模式，对元件内部进行修改。修改后，Flash 将自动把修改的结果应用到元件中。

对于尚未使用过的元件，则用户需要在【库】面板中，双击所要编辑的元件名称，进入该元件的编辑模式，对元件内容进行添加、修改等操作。

4.4 绘制动画图形

在 Flash 中，用户既可以绘制普通的矢量线段，也可以绘制复杂的矢量图形。这些图形都由笔触构成。

1．线条工具

使用【线条工具】可以用来绘制各种角度

的直线，它没有辅助选项，其笔触格式的调整可以在【属性】面板中完成。

单击工具箱中的【线条工具】按钮，在【属性】面板中根据所需设置线条的【笔触颜色】、【笔触高度】和【笔触样式】等。然后，在舞台中拖动鼠标绘制线条即可。

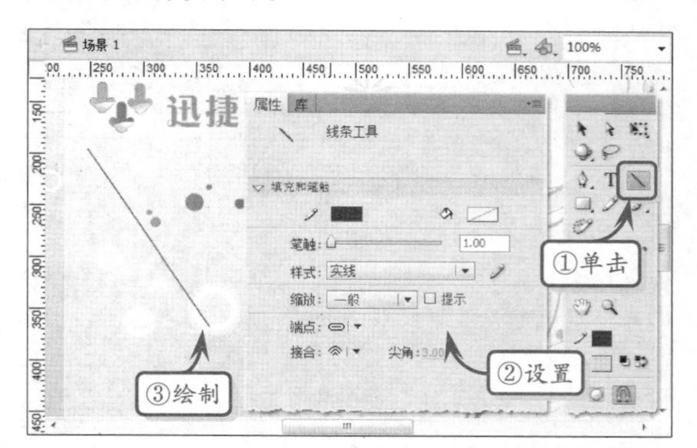

技巧

在绘制直线时，同时按住 Shift 键，可以绘制水平线、45°斜线和竖直线；同时按住 Alt 键，可以绘制任意角度的直线。当直线达到所需的长度和角度时，释放鼠标即可。

2．钢笔工具

【钢笔工具】是利用贝塞尔曲线绘制矢量图形的重要工具，是 Flash 矢量图形的基础。其主要用于绘制精确的路径。通过该工具，可以建立直线或者平滑流畅的曲线。

其主要用于绘制比较精细且复杂的动画对象。除此之外，还常常用于抠图和描绘位图图像。

提示

贝塞尔曲线是一种以数学函数描述的、位于坐标系中的曲线形式。多数矢量图形绘制软件都以该曲线为基础。

单击工具箱中的【钢笔工具】按钮，在舞台中单击可以在直线段上创建点，拖动可以在曲线段上创建点。用户可以通过调整线条上的点来调整直线段和曲线段。

【线条工具】与【钢笔工具】的区别在于，【钢笔工具】通过锚点绘制线条，而【线条工具】则是以拉出直线的方式绘制线条；【钢笔工具】可以绘制单条直线，也可以绘制多个锚点构成的折线，但【线条工具】只能绘制简单的直线。

3．椭圆工具和基本椭圆工具

使用【椭圆工具】和【基本椭圆工具】可以用来绘制正圆和椭圆，这些圆形可以用来修饰图像、制作按钮、组合图形等。

● **椭圆工具**

按住工具箱中的【矩形工具】按钮，在弹出的菜单中选择【椭圆工具】。然后，在【属性】检查器中设置图形的【填充颜色】、【笔触颜色】、【笔触高度】和【样式】等。设置完成后，在舞台中单击并拖动鼠标，即可绘制圆形。

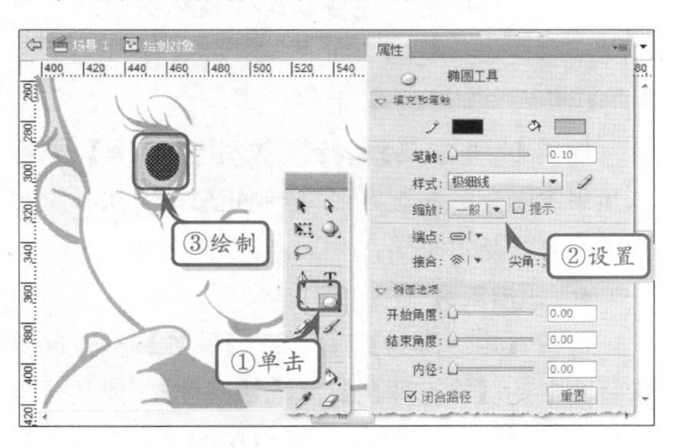

● **基本椭圆工具**

在工具箱中按住【椭圆工具】，选择【基本椭圆工具】，该工具与【椭圆工具】类似，只是通过该工具绘制出的图形上包含有图元节点。

用户可以在【属性】检查器中设置圆形的【开始角度】和【结束角度】，也可以在启用【选择工具】后，直接使用鼠标指针拖动节点来调整。

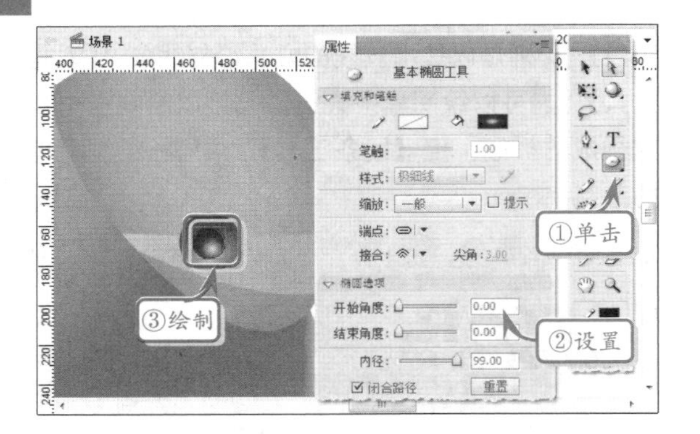

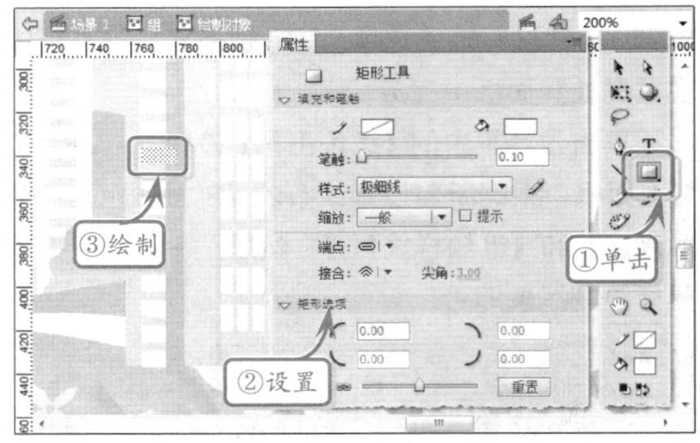

技巧

在使用【椭圆工具】和【基本椭圆工具】绘制图形时，按住 Shift 键可以绘制正圆形；按住 Alt 键可以以单击点为圆心绘制椭圆；同时按住 Shift+Alt 键可以绘制以单击点为中心的正圆。

提示

基本椭圆具有更强的可编辑性。在【属性】检查器中，用户可以设置基本椭圆的【开始角度】和【结束角度】，将其转换为扇形。也可以调整其【内径】属性，制作圆环。如果将【开始角度】、【结束角度】以及【内径】等属性结合使用，还可以制作扇环图形。

4．矩形工具和基本矩形工具

使用【矩形工具】和【基本矩形工具】可以用来绘制矩形和正方形，绘制矩形的方法与绘制椭圆的方法基本相同。

● 矩形工具

选择【矩形工具】，在【属性】检查器中设置图形的【填充颜色】、【笔触颜色】，以及【矩形边角半径】等。然后，当舞台中的光标变成十字形时，单击并拖动鼠标即可绘制所需的矩形。

● 基本矩形工具

使用【基本矩形工具】的方法与【矩形工具】相同。不同的是，在绘制矩形后【矩形工具】无法修改其边角半径，【基本矩形工具】则可以进行手工调整。

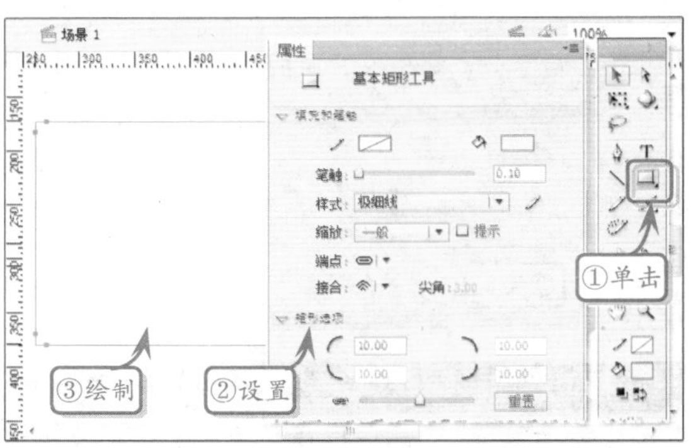

提示

基本矩形同样比普通矩形具有更强的可编辑型。修改【矩形选项】选项卡中的【矩形边角半径】属性，可以方便地将矩形转换为圆角矩形、椭圆形等图形。

5．多角星形工具

使用【多角星形工具】可以方便地在舞台中绘制多边形和星形。

选择【多角星形工具】，单击【属性】检查器中的【选项】按钮 选项... ，在弹出的【工具设置】对话框中设置图形的【样式】、【边数】和【星形顶点大小】。然后，在舞台中拖动鼠标绘制所需的图形。

在【工具设置】对话框中，包含两种【样式】属性，即多边形和星形。

注意

对于多边形而言，边数往往与角数相同。因此绘制一个正五边形，应设置【边数】为5。而对于星形而言，边数往往与角数并不一致。因此，在绘制星形时，这个【边数】的设置其实是角数的设置。例如，五角星形事实上是10边形，但绘制五角星形时应设置边数为5。

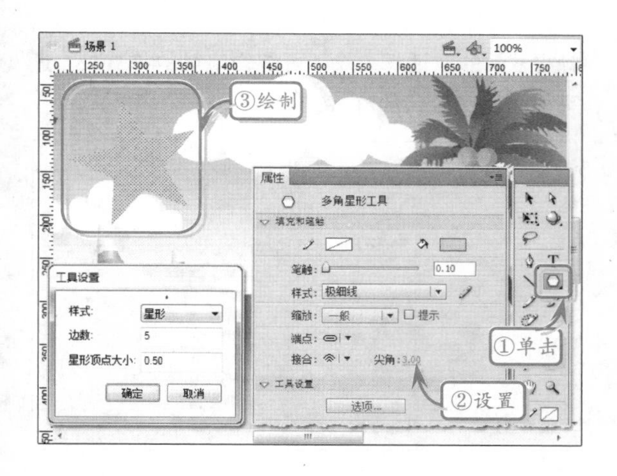

【星形顶点大小】属性的作用是定义星形角尖与角尖和凹角差之间的比例。例如通常所见的正五角星，其角尖为36°，凹角为108°，那么角尖与角尖和凹角差的比例如下。

```
36/ (108-36) =0.5
```

因此，在绘制正五角星时，应设置【星形顶点大小】属性为0.5。该属性最小值为0，最大值为1。

4.5 填充颜色

网页中各种矢量图形是由矢量笔触与填充构成的。在绘制 Flash 矢量图形时，应了解 Flash 矢量图形笔触与填充的使用方法。

笔触是矢量图形中线条的总称。在之前的小节中已经介绍了使用【线条工具】、【钢笔工具】、【椭圆工具】、【多角星形工具】等一系列工具绘制各种矢量笔触的方法。

填充是填入到闭合矢量笔触内的色块。Flash 允许用户创建单色、渐变色的填充色彩，或将位图分离为矢量图，填入到矢量图形中。

在绘制各种矢量图形时，用户往往首先需要设置笔触和填充的各种属性。这些属性是所有矢量图形工具共有的属性，因此放在这一小节进行整体介绍。

在选中任意一种矢量工具后，用户即可在【属性】检查器的【填充与笔触】选项卡中设置矢量工具所使用的笔触与填充属性，从而将这些属性应用到绘制的矢量图形上。

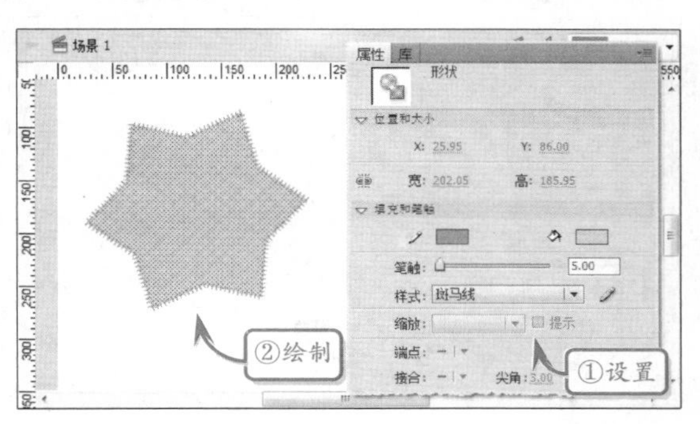

顾名思义，在【填充和笔触】的选项卡中包含了填充和笔触等两类属性设置，如下所示。

属性	作用
笔触颜色	单击其右侧的颜色拾取器，可在弹出的颜色框中选择笔触的颜色
填充颜色	单击其右侧的颜色拾取器，可在弹出的颜色框中选择填充的颜色
笔触大小	拖动滑块可以调节笔触的高度
笔触高度	输入笔触高度像素值以调节笔触的高度
样式	选择笔触的线条类型，包括极细线、实线、虚线等7种
编辑笔触样式	单击此按钮，可编辑自定义的线条样式
缩放	设置 Flash 动画播放时笔触缩放的效果
提示	选中该选项，将笔触锚记点保持为全像素以防止出现模糊线
端点	用于定义矢量线条的端点处样式
接合	用于定义两个矢量线条之间接合处的样式
尖角	在设置【接合】为尖角后，可设置尖角的像素大小

在单击【笔触颜色】或【填充颜色】的颜色拾取器后，将打开 Flash 颜色拾取框。

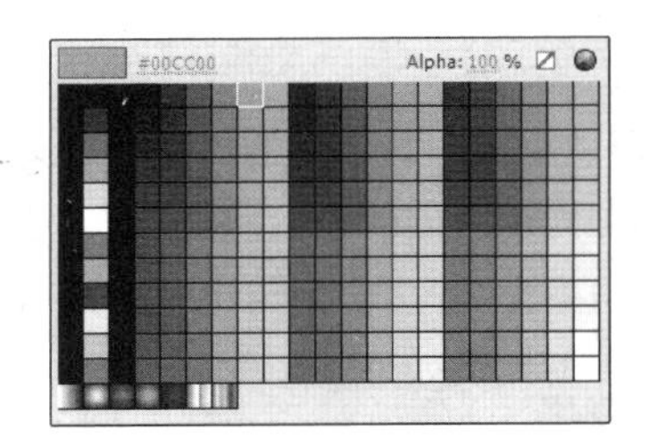

在该框中，用户可选择纯色或渐变色，将其应用到矢量图形上，也可以在颜色预览右侧单击颜色的代码，设置自定义颜色。右侧的 Alpha 属性作用是设置颜色的透明度。

在单击【编辑笔触样式】按钮后，将打开【笔触样式】的对话框，除了可编辑笔触的样式外，还可以浏览已设置的样式。

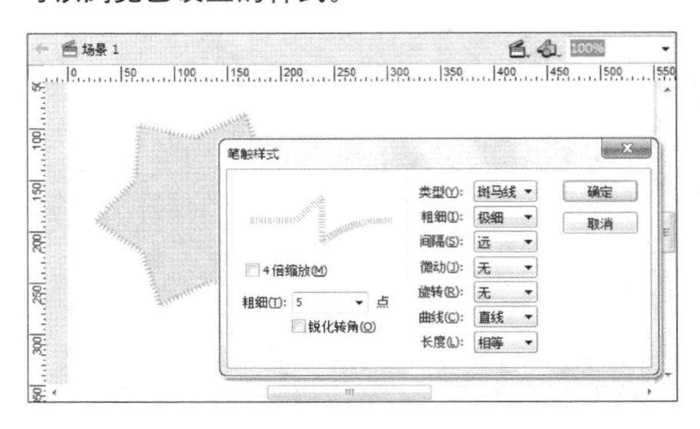

4.6 处理动画文本

文本是 Flash 动画中不可缺少的重要组成部分。在一些成功的网页上，经常会看到利用文字制作的特效动画。

1. 创建静态文本

静态文本用于显示最普通的内容文本。这些文本内容在 Flash 中是固定的，不允许在动画播放时更改。

选择工具箱中的【文本工具】，在【属性】检查器中设置【文本引擎】为“传统文本”，并设置【文本类型】为“静态文本”。

然后，即可单击舞台中要插入文本的位置，即可创建一个矩形文本框，并在该文本框中输入文本内容。

2. 创建动态文本

动态文本是可以显示动态更新的文本。单击工具箱中的【文本工具】，在【属性】检查器中设置【文本引擎】为“传统文本”，并设置【文本类型】为“动态文本”。

技巧

单击舞台所创建的静态文本为可扩展文本框，即文本框的宽度无限，在输入的文字达到文本框的宽度后，将会延伸文本框的宽度；单击并拖动鼠标创建的静态文本为固定文本框，即输入的文字达到文本的宽度后，将自动进行换行。

然后，在舞台中单击直接创建标准大小的动态文本框，或拖动鼠标，绘制一个矩形区域，作为自定义大小的动态文本框。为动态文本框输入文本内容的方法与输入静态文本类似。

提示

动态文本与静态文本在操作上有所区别。静态文本的宽度是不固定的。用户在创建静态文本后，可输入文本内容决定文本框的宽度。动态文本的宽度是固定的。如输入文本内容过的，则 Flash 会为文本自动换行。

提示

动态文本最大的作用是可设置【实例名称】，供各种脚本代码动态调用以及改变内容。

3．输入文本

输入文本也是一种特殊的文本。为文档插入输入文本后，用户在浏览动画时，可以直接单击输入文本的区域，在其中输入文本信息。

输入文本通常和 ActionScript 脚本结合，被添加到各种集成动态技术的网页动画中。

单击工具箱中的【文本工具】 T，在【属性】检查器中设置【文本引擎】为“传统文本”，并设置【文本类型】为“动态文本”。然后，在舞台中单击或拖动鼠标即可创建动态文本框。

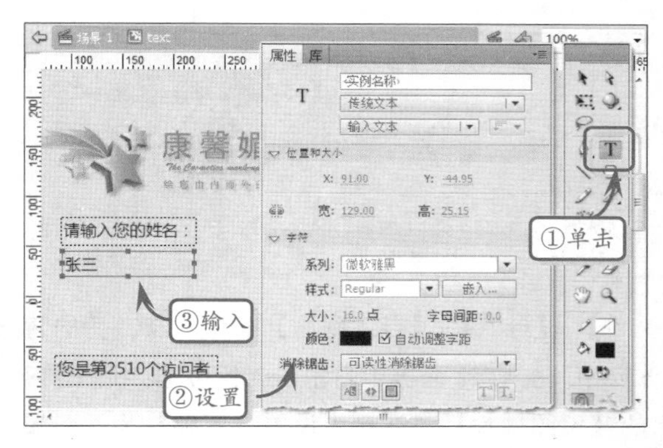

与动态文本类似，输入文本也可以设置实例名称并供各种脚本程序调用。同时，输入文本最大的优势在于还允许用户自行编辑内容，从而完善 Flash 的交互性。

4．TLF 文本

TLF 是 Flash CS5 新增的一种文本排版引擎。相比传统文本，TLF 文本拥有更多、更丰富的文本布局功能以及文本的精确属性。

单击工具箱中的【文本工具】 T，在【属性】检查器中“传统文本”的下拉列表中选择“TLF 文本”选项，然后即可为网页添加 TLF 文本。

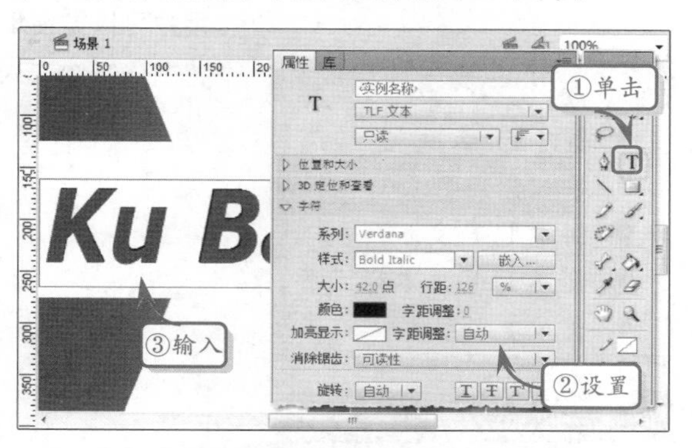

提示

与动态文本类似，输入文本的宽度也是固定的。但与动态文本不同的是，如用户在浏览动画时，向输入文本中输入了过多的内容，则输入文本框会自动隐藏溢出的文本内容。用户可通过移动文本光标的方式查看输入文本的各个部分。

在选择“TLF 文本”后，即可在下方选择具体的 TLF 文本类型。

TLF 文本有 3 种主要的基本类型，即只读、可选以及可编辑。只读文本与普通的文本类似，用户只能查看，而不能通过鼠标选择或编辑。可选文本同样不能编辑，但允许用户通过鼠标选择文本内容，复制到其他位置。可编辑文本与传统的输入文本类似，允许用户编辑文本容器中的内容。

提示

相比传统文本，TLF 文本更注重与 ActionScript 脚本结合，实现用户的交互控制。

在文本类型右侧，用户可单击【改变文本方向】按钮，设置文本以水平方向流动或以垂直方向流动。

4.7 练习：制作古诗鉴赏界面

练习要点

- 新建 Flash 文档
- 导入背景图像
- 创建 TLF 文本
- 设置 TLF 文本样式
- 嵌入中文字体

提示

在制作古诗鉴赏界面时，使用了“方正隶变简体”的书法字体，以体现出古诗的中国古典风格。

注意

在设置 Flash 文档的尺寸时，应注意其尺寸大小应与准备的古诗背景图像一致。

提示

在通常情况下，导入 Flash 源文件的各种位图使用压缩方式使用“照片（JPEG）”模式，并设置品质为 80 已足够满足大多数情况了。尤其面对有限的网络带宽，对图像进行压缩处理是必然的选择。

本例由于不需要考虑网络传输速率，因此使用的“无损（PNG/GIF）”模式以追求图像的最大效果。

古典诗歌是中华古代文化的瑰宝。使用 Flash 的 TLF 文本功能，用户可以方便地设计和制作古诗鉴赏的界面，使用一些书法字体，并将书法字体嵌入到 Flash 中。

操作步骤

STEP|01 在 Flash 中新建空白文档。然后，在文档空白处右击鼠标，执行【文档属性】命令，在弹出的【文档设置】对话框中设置【尺寸】为 550px×550px。

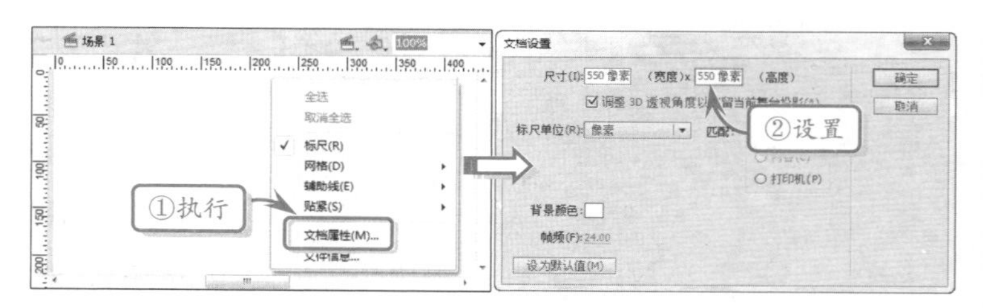

STEP|02 执行【文件】|【导入】|【导入到库】命令，将古诗的背景图像导入到 Flash 库中。在【库】面板中右击导入的位图，执行【属性】命令，在弹出的【位图属性】对话框中设置【压缩】为“无损（PNG/GIF）”，并单击【确定】按钮。

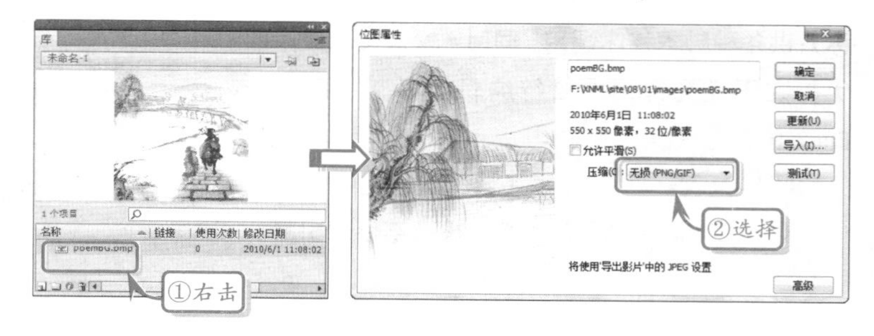

STEP|03 将“图层 1”图层修改为“背景”，然后即可将【库】面板中的素材图像拖曳到舞台中，设置其坐标为（0.00，0.00），平铺到整个画布上。

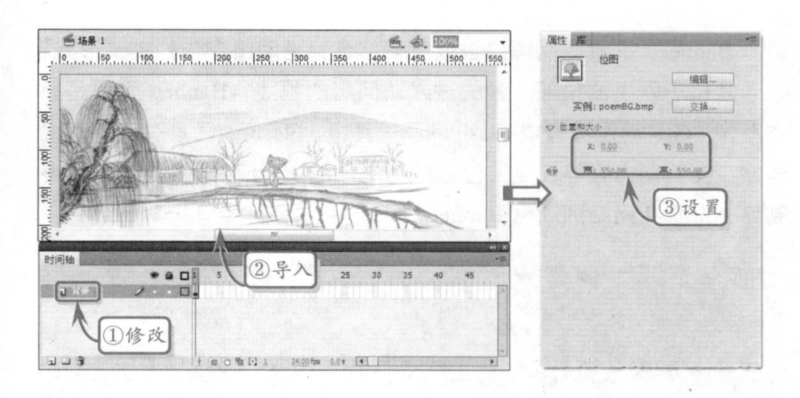

STEP|04 新建“图层 2”图层，将其名称修改为“诗歌”。然后即可在工具箱中单击【文本工具】按钮T，在舞台中输入诗歌的标题。选中输入的标题文本，在【属性】检查器中设置其属性。

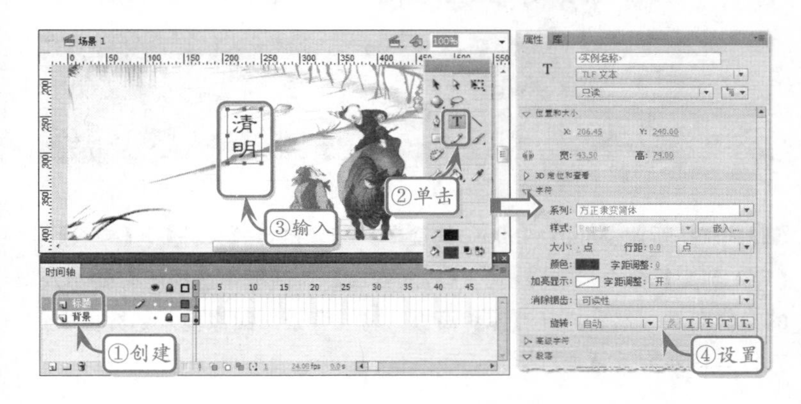

STEP|05 单击【属性】检查器中的【嵌入】按钮，在弹出的【字体嵌入】对话框中设置字体的【名称】、【系列】等属性。然后即可在【还包含这些字符】下方输入古诗的文本，单击确定嵌入文本。用同样的方法，输入诗歌内容和作者等文本，即可完成整个界面设计。

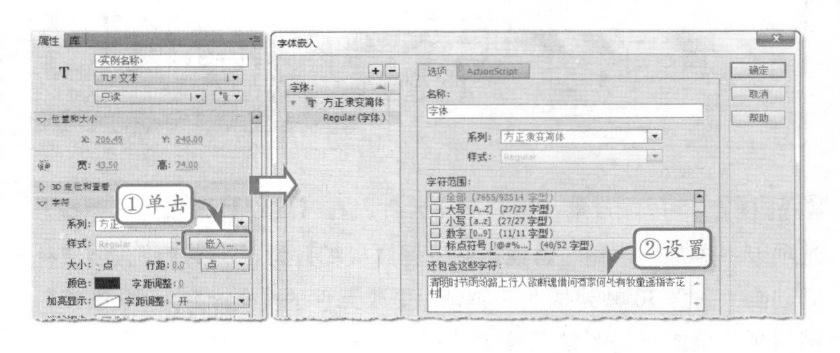

提示

手动设置坐标值的作用是使图像在 Flash 中的位置更加准确。对于熟练用户，往往可直接使用鼠标对图像进行拖动操作。

提示

在导入背景图像后，用户也可以执行【修改】|【分离】命令，将导入的位图图像打散为矢量图，使图像更加精确地显示。

注意

单击【改变文本方向】按钮后，可在弹出的菜单中选择文本流动的方向为“垂直”方向。

提示

在传统的 Flash 动画中，设计者只能使用用户计算机中已安装的字体显示文本。对于一些非常见字体，必须将其分离为矢量图形才能使用。

Flash CS5 的【字体嵌入】功能，可以方便地将一些非常见字体嵌入到 Flash 源文件中，从而提高 Flash 源文件的可移动性。即使到其他用户的计算机中，都可以正常显示这些字体供用户编辑。

4.8 练习：制作动画 Banner

练习要点

- 新建元件
- 设置元件 Alpha
- 输入文本
- 设置文本属性
- 创建补间动画

Banner，又称为网幅广告或旗帜广告，是网络广告的主要形式，它通常位于网页的顶部，最先进入访问者的视线。Banner 可以是静态图像、GIF 动态图像或 Flash 动画。其中，Flash 动画具有表现形式丰富、交互能力强等优点，已经成为主流的 Banner 形式。本练习将制作一个企业网站的动画 Banner。

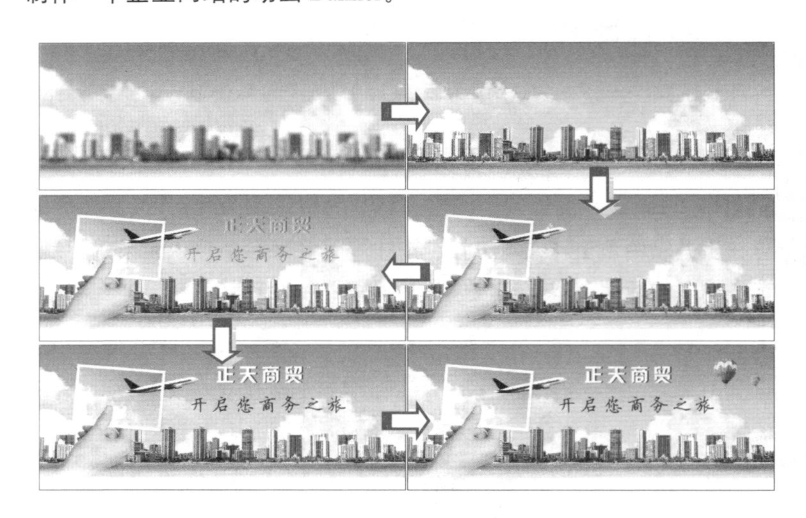

提示

单击【库】面板下面的【新建文件夹】按钮创建一个文件夹，将所有的素材图像拖入到该文件夹中，这样可以方便日后对素材的管理，并且与文件夹外相同名称的元件互不影响。

STEP|01 新建 880px×450px 的空白文档。执行【文件】|【导入】|【导入到库】命令，在弹出的【导入到库】对话框中选择所有要导入的素材图像。然后打开【库】面板，将"背景"图像拖入到舞台中，并将其转换为"背景"影片剪辑元件。

提示

有关"滤镜"的使用方法、类型等内容将在下一章节中详细介绍。

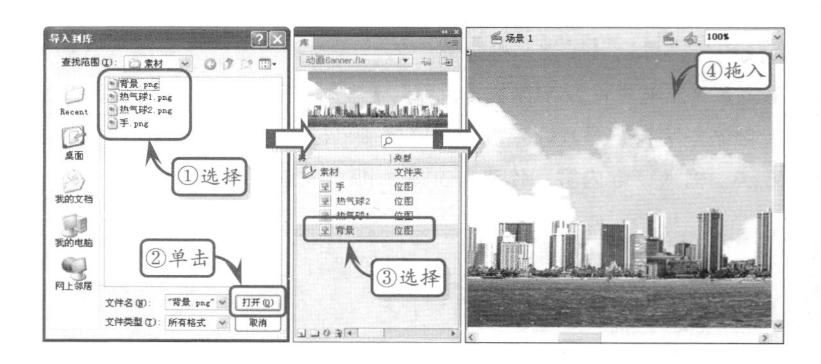

提示

将"模糊"滤镜的【模糊 X】和【模糊 Y】设置为"0 像素"，与不应用"模糊"滤镜的效果相同。在补间动画中，如果结束关键帧处元件的滤镜被删除，则起始关键键处元件的滤镜也随之删除。

STEP|02 选择"背景"影片剪辑元件，在【属性】面板的【滤镜】选项卡中添加"模糊"滤镜，并设置【模糊】为"20 像素"。创建补间动画，在第 30 帧处插入关键帧，更改元件的【模糊】为"0 像素"，然后延长该图层的帧数至第 65 帧。

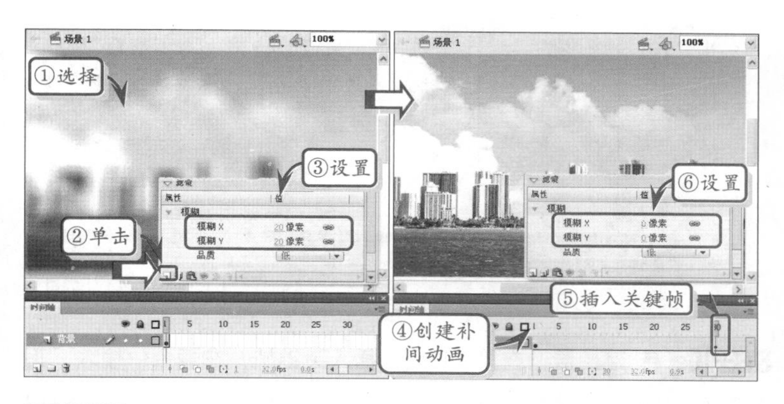

STEP|03 新建“手”图层，在第 30 帧处插入关键帧，将“手”影片剪辑元件拖入到舞台的左侧，并在【属性】面板中设置该元件的【亮度】为“100%”。创建补间动画，在第 40 帧处插入关键帧，向右平移该元件，并更改【亮度】为“0%”。

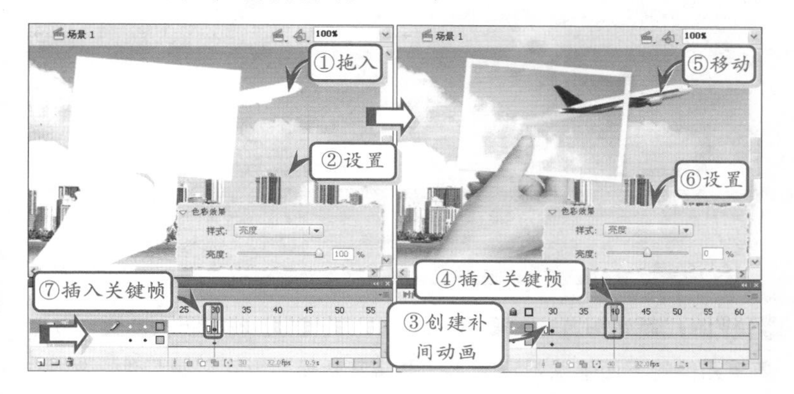

STEP|04 新建“热气球飘动 1”影片剪辑元件，将“热气球 1”影片剪辑元件拖入到舞台中。创建补间动画，在第 50 帧处插入帧，将该元件向上移动 20px。在第 100 帧处插入帧，将该元件向下移动 20px。

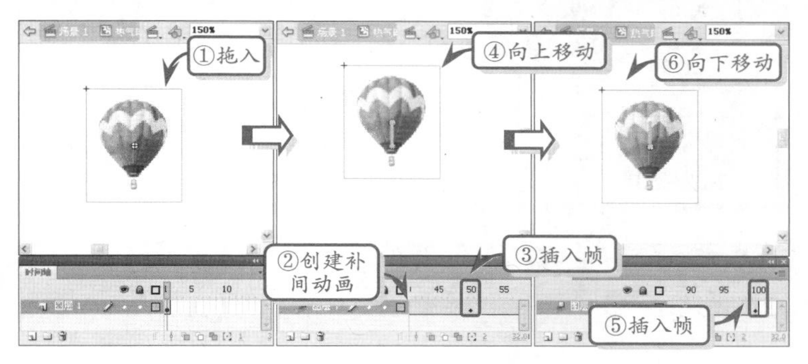

STEP|05 新建“热气球飘动 2”影片剪辑元件，将“热气球 2”影片剪辑元件拖入到舞台中，使用相同的方法制作上下飘动的动画。制作完成后返回场景，新建 2 个图层，分别在第 65 帧处插入关键帧，将“热气球飘动 1”和“热气球飘动 2”影片剪辑元件拖入到舞台的右上角。

提示

在本动画中，所有导入的素材图像均已转换为同名的影片剪辑元件。

提示

在【属性】面板的【色彩效果】选项卡中，选择【样式】为“亮度”，然后拖动下面的滑块或输入数值，即可改变指定元件的亮度。

提示

起始关键帧和结束关键帧处元件的位置相同，这样在重复播放该元件动画时，将会使衔接更加自然。

技巧

单击【时间轴】面板右上角的选项按钮，在弹出菜单中可以选择【时间轴】上帧可显示的样式，如很小、小、标准、中和大。

提示

"热气球2"元件和"热气球 1"元件所制作的补间动画相同，只是飘动的方向正好相反。

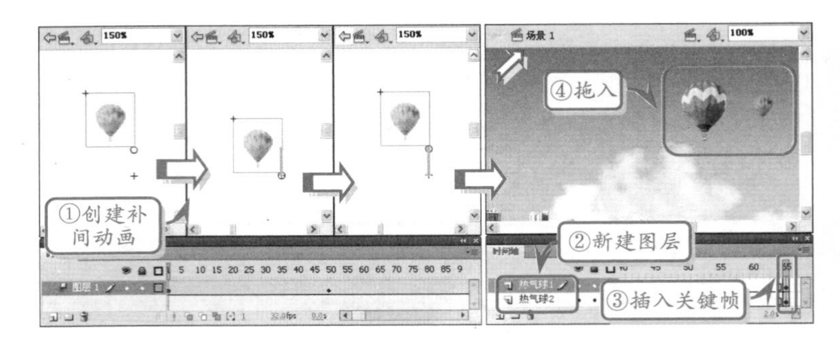

STEP|06 新建图层，在第 51 帧处插入关键帧，在舞台中输入"正天商贸"文本，将其转换为"正天商贸"影片剪辑元件，并在【属性】面板中设置其 Alpha 为"0%"。创建补间动画，选择第 65 帧，更改元件的 Alpha 为"100%"，并向左移动该元件。

提示

由于文本无法设置 Alpha 值，所以必须将其转换为元件再进行设置。

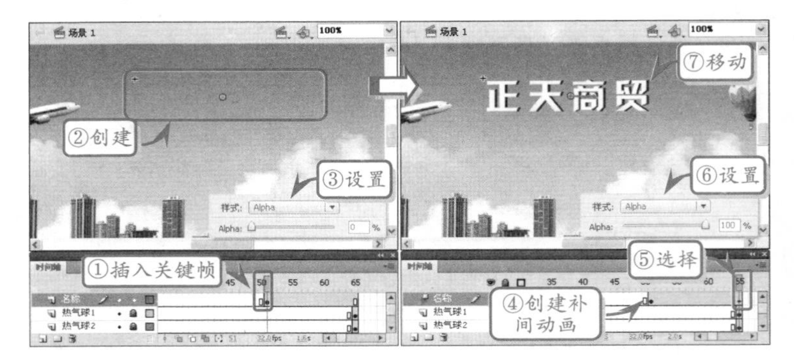

技巧

复制"正天商贸"文本，并设置该文本的【颜色】为深色。然后，将其放置在源文本的下面，并向右下方移动 2px，可以制作文字的阴影效果。

STEP|07 新建图层，在第 50 帧处插入关键帧，在"正天商贸"影片剪辑元件的下面输入标语文本，并将其转换为影片剪辑元件。然后，使用相同的方法在第 50 帧至第 65 帧之间制作文字向右移动且渐显的补间动画。

提示

新建"AS"图层，在第 65 帧处插入关键帧，并输入"stop();"命令，使该动画仅播放一次。

4.9 练习：制作圣诞贺卡

在本圣诞贺卡中，通过逐帧的形式将祝福语英文字母依次显示出来，并更改其颜色，使其有一种闪烁的动画效果。在制作贺卡时，将每一帧都定义为关键帧，然后给每个帧创建不同的内容。每个新关键帧最初包含的内容和它前面的关键帧是一样的，因此可以递增地修改动画中的帧内容。

练习要点

- 设置帧频
- 导入素材
- 插入关键帧
- 设置文字属性
- 添加滤镜

操作步骤

STEP|01 新建文档，在【文档设置】对话框设置舞台的【尺寸】为550px×415px；【帧频】为4。然后，执行【文件】|【导入】|【导入到舞台】命令，将“bg.jpg”素材图像导入到舞台。

提示

舞台的尺寸与导入的图像大小相同。

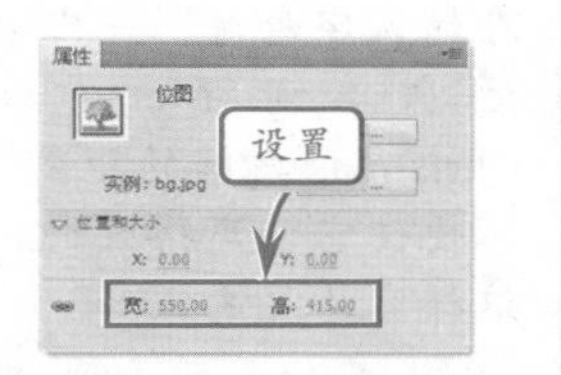

提示

在【文档设置】对话框中设置【帧频】为4，则表示该动画每秒钟可以播放4帧。

STEP|02 选择“图层 1”的第30帧，插入普通帧。新建图层，在第5帧处插入关键帧。然后，使用【文本工具】在舞台中输入M字母，并在【属性】检查器中设置字母的系列、大小和颜色。

提示

在【属性】检查器中中设置字母的【系列】为Chiller；【大小】为“100点”；【颜色】为“白色”(#FFFFFF)。

STEP|03 在第 6 帧处插入关键帧，使用【文本工具】在 M 字母后面继续输入 e 字母。然后使用相同的方法，在第 7、8、9 帧插入关键帧，并输入 r、r、y 字母。

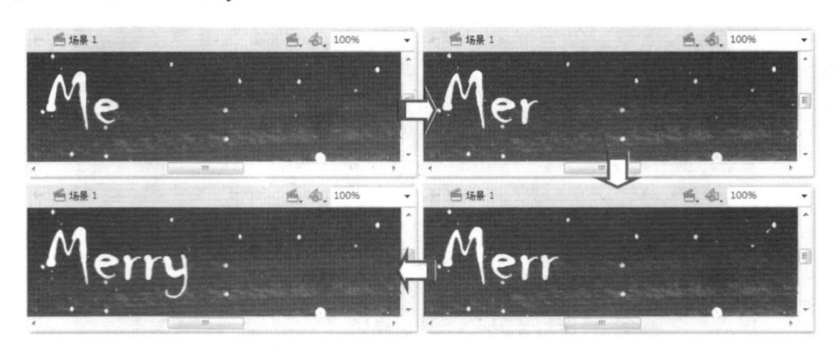

提示

在插入关键帧后，该帧中的内容与前一帧的内容相同，然后在此基础上再输入字母，这样就可以形成简单的逐帧动画。

STEP|04 新建图层，在第 10 帧处插入关键帧，在舞台中输入 C 字母。然后，在第 11～19 帧处分别插入关键帧，在其后面继续输入 h、r、i、s、t、m、a、s 和“!”文本。

提示

在输入字母时，一定要注意单词 Merry 和 Christmas 之间的距离，不要使它们离得太近，这样容易混淆。

Merry Christmas!

STEP|05 分别选择“图层 2”和“图层 3”，在第 21 帧处插入关键帧，更改舞台中字母的颜色为“橘红色”（#F98E00）。然后，在第 22 帧处插入关键帧，更改字母的颜色为“紫色”（##EAB7F0）。

提示

选择舞台中的文字，在【属性】检查器中打开【颜色拾取器】面板，然后重新选择颜色即可更改文字的颜色。

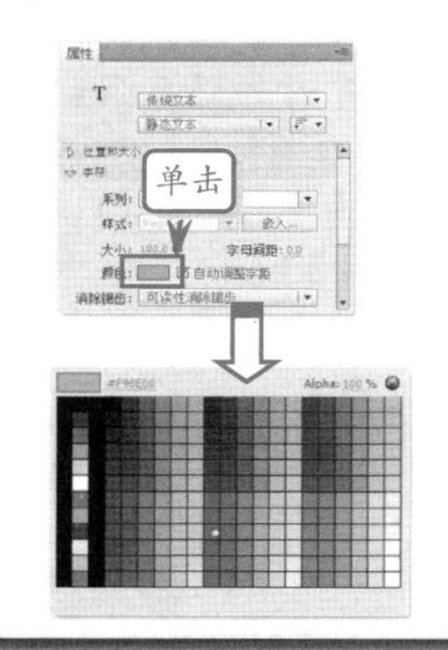

STEP|06 根据上述步骤，在图层 2 和图层 3 的第 23～26 帧处插入关键帧，并在【属性】检查器中更改文字的颜色依次为“棕色”（##DFAE47）、“绿色”（#A4CB58）、“红色”（#FF436B）和“白色”（#FFFFFF）。

提示

文字依次更改的颜色，与背景图像中“雪人”帽子的颜色相近。

STEP|07 在图层 2 和图层 3 的第 27 帧处分别插入关键帧。然后，在【属性】检查器中分别为文本添加“投影”滤镜，并设置【颜色】为“灰色”(#CCCCCC)。

提示

添加“投影”滤镜后，单击【颜色】选项右侧的颜色按钮，在弹出的窗口中选择“灰色”(#CCCCCC)。

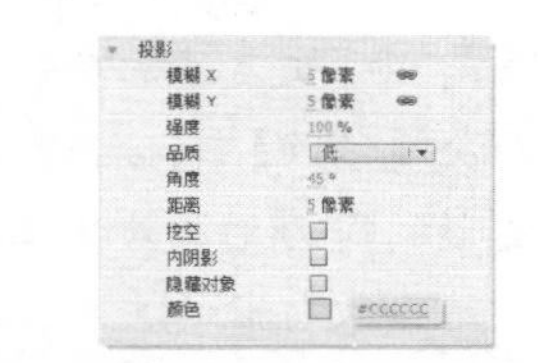

4.10 高手答疑

Q&A

问题 1：如何为 Flash 中已存在的矢量图形添加边线？

解答：【墨水瓶工具】可以为指定的矢量图形添加边线，还可以修改线条或形状轮廓的笔触颜色、高度和样式。

选择工具箱中的【墨水瓶工具】，在【属性】面板中设置【笔触颜色】、【笔触高度】和【样式】等属性，然后单击所要添加边线的矢量图形即可。

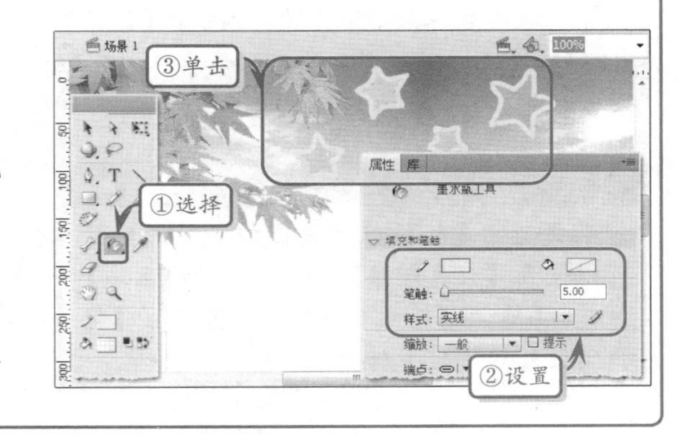

Q&A

问题 2：如何复制已有的 Flash 元件？

解答：在【库】面板中，右击所要复制的元件，在弹出的快捷菜单中执行【直接复制】命令。然后，在打开的【直接复制元件】对话框中输入元件名称，以及选择元件的【类型】，单击【确定】按钮后即可复制该元件。

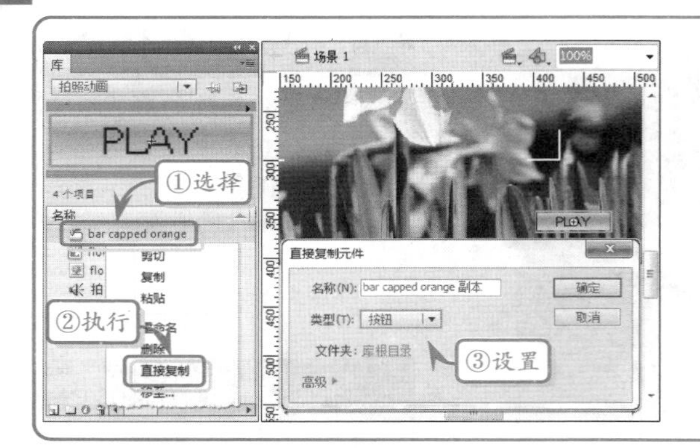

Q&A

问题 3：在制作 Flash Banner 时，如何让其中的文字具有多彩效果？

解答： 在为文本添加多彩效果之前，首先应执行两次【修改】|【分离】命令，将其打散为矢量图形，因为无法为文本填充颜色。

选择被打散的文本，执行【窗口】|【颜色】命令打开【颜色】面板。在该面板中选择【类型】为“线性”，然后设置所需的渐变颜色即可。

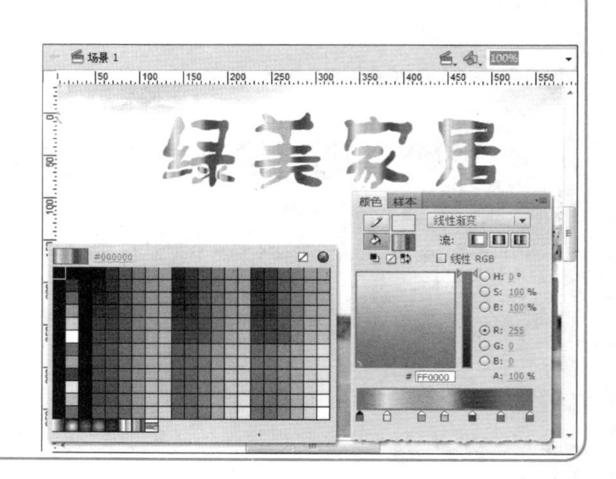

Q&A

问题 4：如何将位图转换为矢量图形以编辑？

解答： 选择导入的位图图像，执行【修改】|【位图】|【转换位图为矢量图】命令，打开【转换位图为矢量图】对话框。

> **技巧**
>
> 如果要创建最接近原始位图的矢量图形，可以设置【颜色阀值】为 10；【最小区域】为“1 像素”；【曲线拟合】为“像素”；【转角阀值】为“较多转角”。

在该对话框中可以设置【颜色阀值】、【最大区域】、【曲线拟合】等属性，设置完成后单击【确定】按钮即可将位图转换为可编辑的矢量图形。

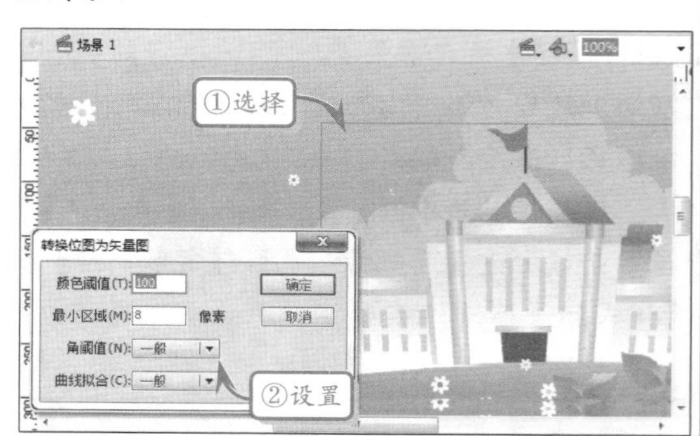

05 补间动画设计

Flash 动画在网页中的用途十分广泛，不仅可用于制作一般的网页动画元素，还可实现网页与用户的交互。在实现交互的过程中，Flash 可以为动画元素添加各种特效。

除了补间动画，Flash 还有其他多种类型的动画。例如，引导动画、遮罩动画、逐帧动画等。本章将以补间动画为基础，介绍 Flash 的各种动画类型和滤镜等知识点。

5.1 创建补间动画

在 Flash CS5 中，用户可以用简便的方式创建和编辑丰富的动画。同时，还允许用户以可视化的方式编辑动画。

补间动画以元件对象为核心，一切补间的动作都是基于元件的。因此，在创建补间动画之前，首先要在舞台中创建元件，作为起始关键帧中的内容。

例如，新建"瓢虫"图层，将"瓢虫"素材图像拖入到舞台中，并将其转换为影片剪辑元件。

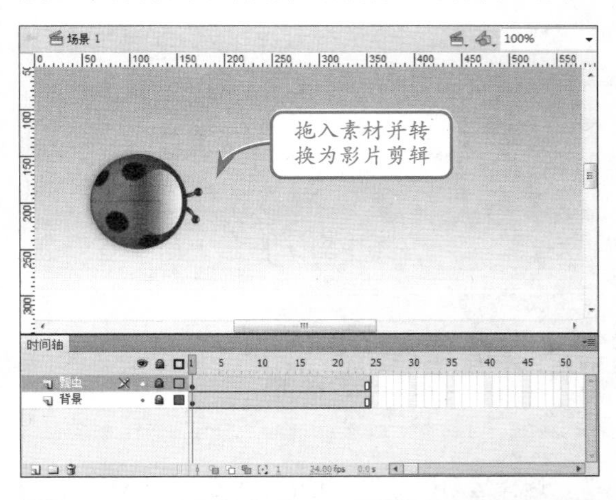

提示

在创建补间动作动画之前，必须将对象转换为元件。

右击第 1 帧，在弹出的快捷菜单中执行【创建补间动画】命令。此时，Flash 将包含补间对象的图层转换为补间图层，并在该图层中创建补间范围。

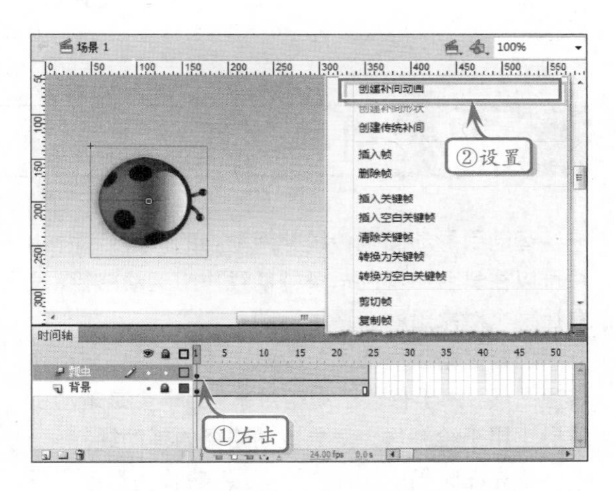

右击补间范围内的最后一帧，执行【插入关键帧】|【位置】命令，在补间范围内插入一个菱形的属性关键帧。然后，将对象拖动至舞台的右侧，并显示补间动画的运动路径。

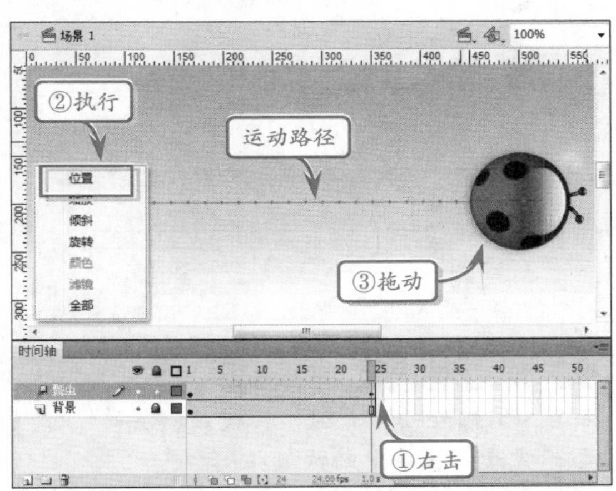

最后按 Ctrl+Enter 键，即可预览“瓢虫”从左边爬到右边的补间动画。

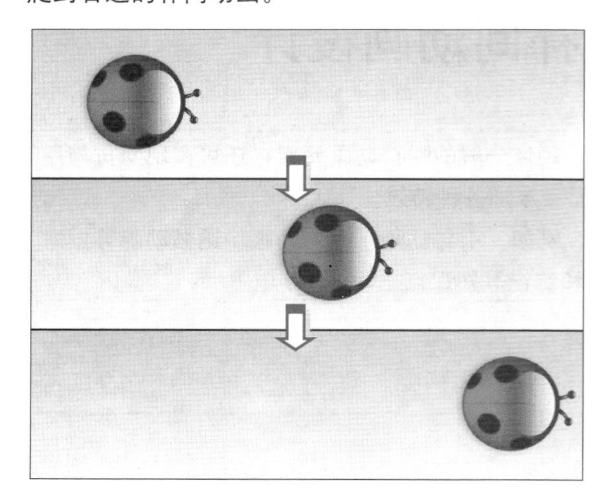

当然，也可以在单个帧中定义多个属性，而每个属性都会驻留在该帧中。其中，属性关键帧包含的各个属性说明如下所示。

- **位置** 对象的 x 坐标或 y 坐标。
- **缩放** 对象的宽度或高度。
- **倾斜** 倾斜对象的 x 轴或 y 轴。
- **旋转** 以 x、y 和 z 轴为中心旋转。
- **颜色** 颜色效果，包括亮度、色调、Alpha 透明度和高级颜色设置等。
- **滤镜** 所有滤镜属性，包括阴影、发光、斜角等。
- **全部** 应用以上所有属性。

5.2 引导动画

运动引导动画是传统补间动画的一种延伸，用户可以在舞台中绘制一条辅助线作为运动路径，设置让某个对象沿着该路径运动。

创建运动引导动画至少需要两个图层：一个是普通图层，用于存放运动的对象；另一个是运动引导层，用于绘制作为对象运动路径的辅助线。

首先在文档中新建一个图层，将作为运动引导的对象拖入到舞台中，并将其转换为影片剪辑。

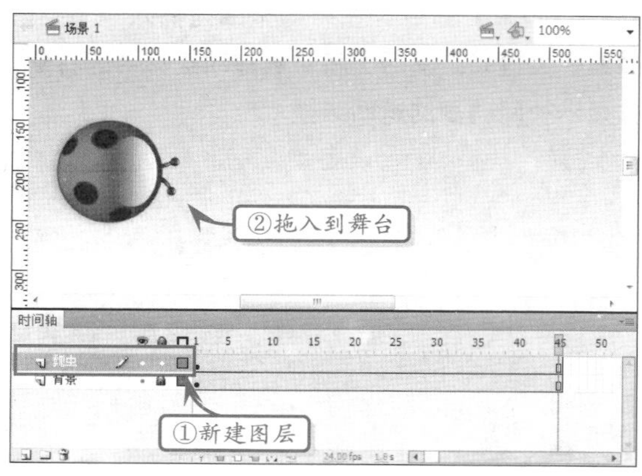

提示

在第 45 帧处插入普通帧，使该图层的帧数与“背景”图层中的帧数相同。

右击该图层，在弹出的快捷菜单中执行【添加传统运动引导层】命令，即会在该图层的上面创建一个运动引导层。

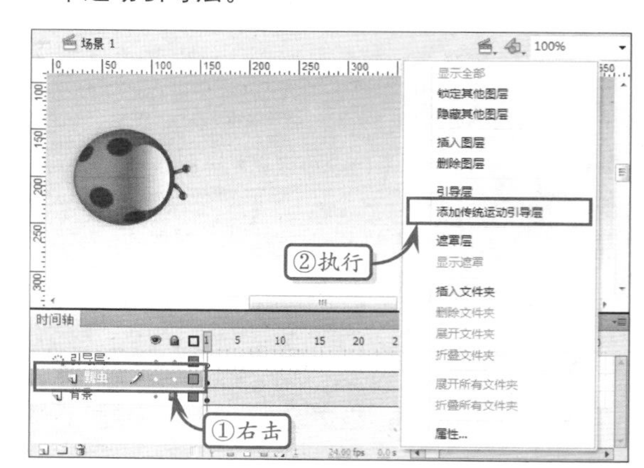

选择运动引导层，单击工具箱中的【铅笔工具】，在舞台中绘制一条曲线，作为“瓢虫”运动的路径。

选择“瓢虫”图层的第 1 帧，将“瓢虫”影片剪辑拖入到曲线的开始处，使中心点吸附到开始端点。

选择图层的最后 1 帧，插入关键帧。然后，将“瓢虫”影片剪辑拖动到曲线的结尾处，同样将中心点吸附到结尾端点。

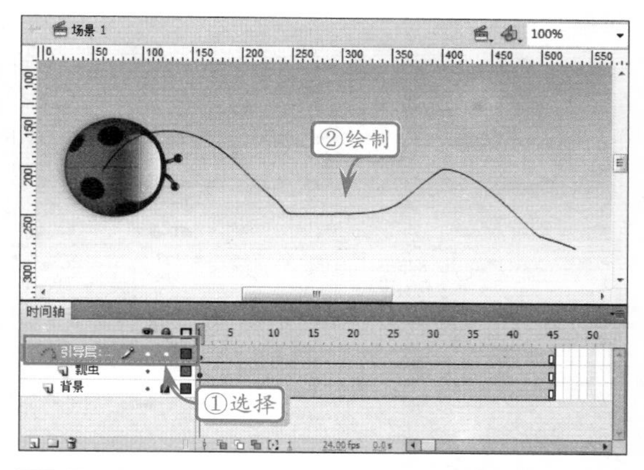

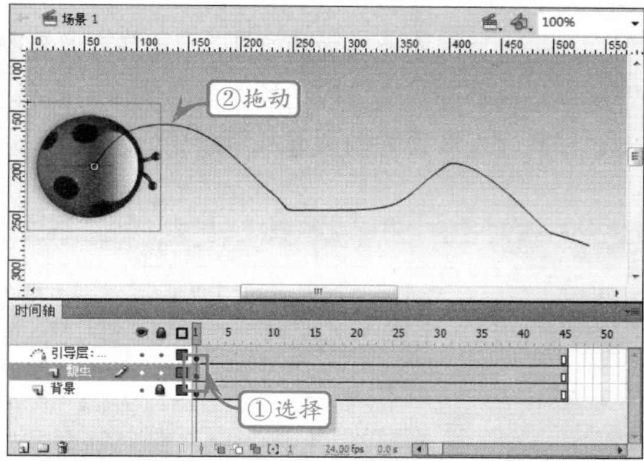

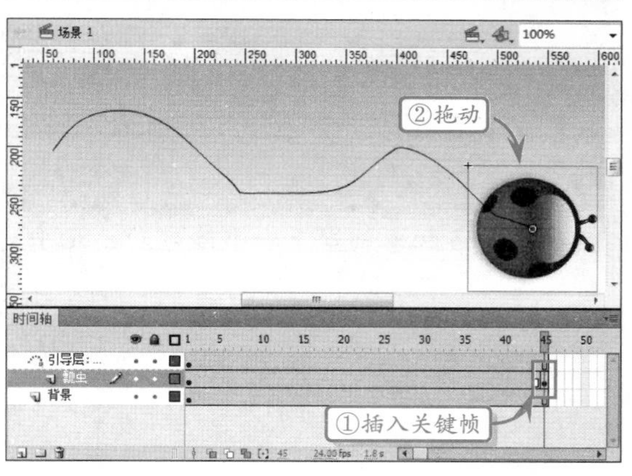

右击图层中的任意一帧，在弹出的快捷菜单中执行【创建传统补间】命令，创建“瓢虫”沿路径运动的补间动画。

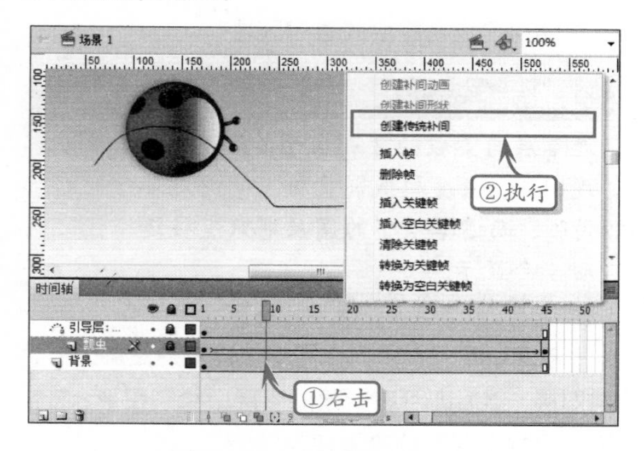

最后按 Ctrl+Enter 键，即可预览“瓢虫”沿指定路径移动的补间动画。

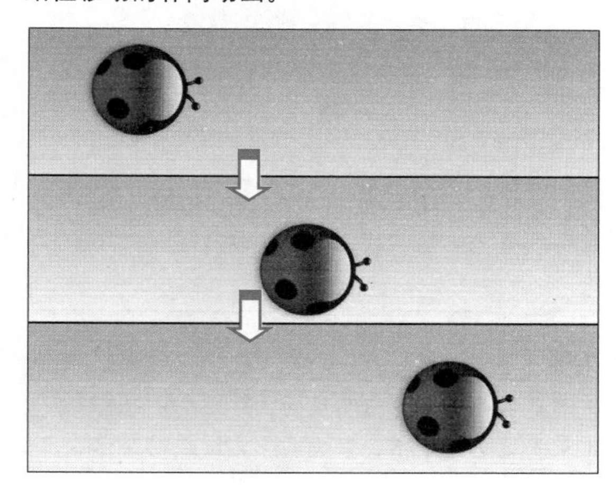

5.3 遮罩动画

遮罩动画也是传统补间动画的一种扩展和延伸。在制作遮罩动画时，需要在动画图层上创建一个遮罩层，然后在遮罩层上绘制图形，并将图层打散。

在播放动画时，只有被遮罩层遮住的内容才会显示，而其他部分将被隐藏起来。遮罩层本身在影片中是不可见的。

Flash 中的遮罩可分为静态遮罩和动画遮罩等

两种。

1. 静态遮罩

静态遮罩的作用类似 Photoshop 中的蒙版，可以帮助用户控制图层的显示区域。

> **提示**
>
> 遮罩层与蒙版的区别在于，蒙版的图层是灰度图层，灰度越低则蒙版下的图层暴露的越清晰。而遮罩层下的图层则只有被遮罩住之后才会显示。

在 Flash CS5 中，在需要被遮罩的图层上方创建图层，然后即可在新建的图层中绘制图形，将需要显示的图层部分遮罩住。

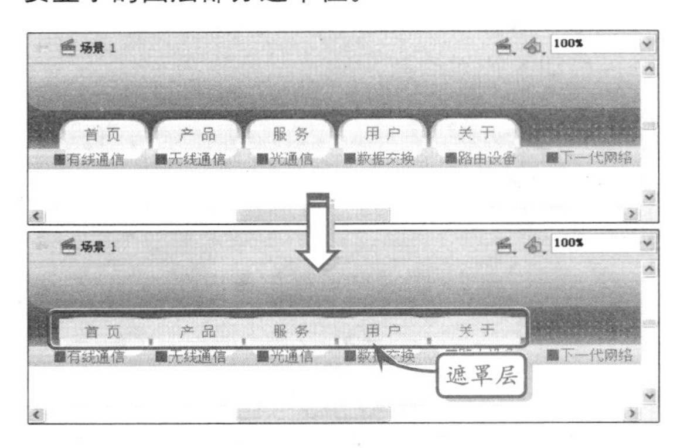

> **注意**
>
> 遮罩层是不支持透明度的，因此，即使遮罩层是半透明，也不会影响其下方图层的显示。

在绘制完成遮罩层中的内容之后，用户即可右击该图层，执行【遮罩层】命令，将图层转换为遮罩层。

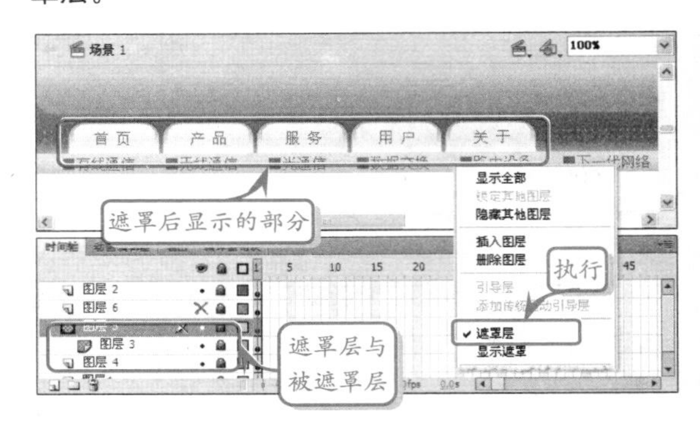

2. 动画遮罩

动画遮罩即在动画中的遮罩层。其既可以是遮罩层制作的动画，又可以是被遮罩层制作的动画。例如，通过遮罩层控制被遮罩层逐渐显示等。

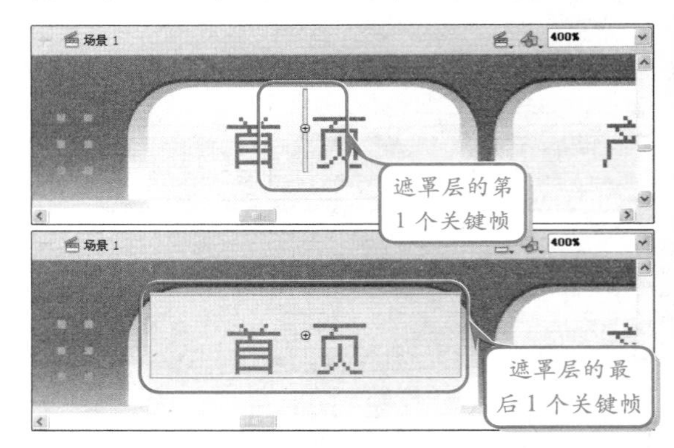

> **提示**
>
> 网络中的各种卷轴动画和书法字动画几乎都是用遮罩动画制作而成的。

5.4 逐帧动画

用户可以在时间轴中通过更改连续帧中的内容来创建逐帧动画，还可以在舞台中创建移动、缩放、旋转、更改颜色和形状等效果。创建逐帧动画的方法有两种：一种是通过在时间轴中更改连续帧的内容；另一种是通过导入图像序列来完成，该方法需要导入不同内容的连贯性图像。

下面将通过更改连贯帧中的内容创建逐帧动画。新建空白文档，将素材矢量图像导入到舞台中。在图层的第 2 帧处插入关键帧，修改人物腿部的姿势。使用相同的方法，在第 3 帧和第 4 帧处分别插入关键帧，并继续修改腿部的姿势，使呈现跑步的连续动作。修改完成后，执行【控制】|【测试影片】命令即可预览动画效果。

5.5 补间形状动画

补间形状动画的作用是对矢量图形的各关键节点位置进行操作而制作成的动画。在补间形状动画中，用户需要提供补间的初始形状和结束形状，从而为 Flash 的补间提供依据。

选择图层的第 1 帧作为开始关键帧，输入“湛蓝天空”文本，执行【修改】|【分离】命令两次，将其转换为图形。然后，在第 30 帧处插入空白关键帧，输入 Blue Sky 文本，用同样的方式将其转换为图形。然后，即可右击两个关键帧之间任意一个普通帧，执行【创建补间形状】命令，制作补间形状动画。

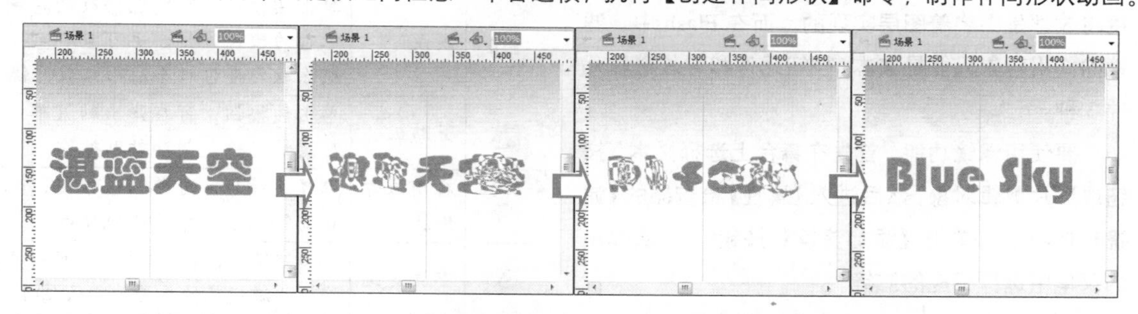

> **提示**
> Flash 只能为矢量图形制作补间形状动画，因此需要先将这些文本分离。

5.6 传统补间动画

与补间形状动画类似，传统补间动画的作用是根据用户提供的一个元件在两个关键帧中的位置差异，生成该元件移动的动画。在补间动作动画中，用户需要提供元件的初始位置和结束位置以为 Flash 提供补间的依据。

选择图层的第 1 帧作为开始关键帧，导入太阳的图像素材。然后，在第 30 帧处插入关键帧。右击两个关键帧之间任意一个普通帧，执行【创建传统补间】命令，即可拖动第 2 个关键帧，制作补间动作动画。

> **提示**
> Flash 只允许用户将元件作为动画的基本单位。因此，其会自动将素材图像转换为元件。

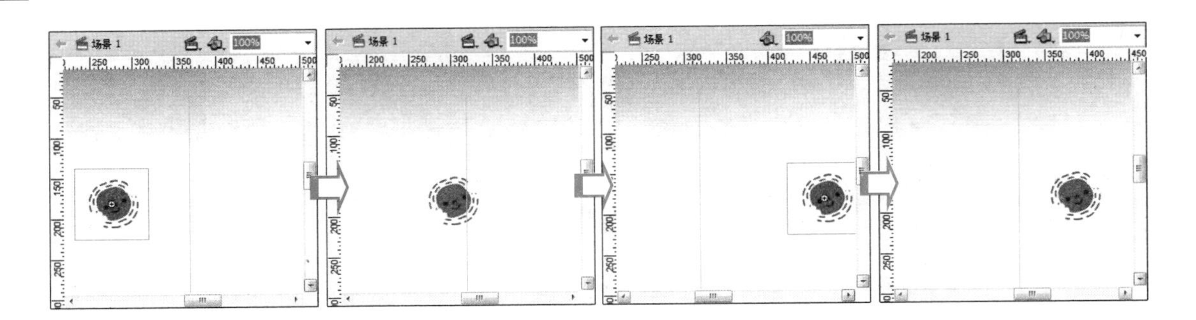

5.7 Flash 滤镜效果

滤镜是 Flash 动画中一个重要的组成部分，其作用是为动画添加简单的特效。

Flash 的滤镜与 Photoshop 在本质上有所不同。在 Photoshop 中，滤镜的作用对象是图层，一切滤镜特效都是围绕着图层实现的。而在 Flash 中，滤镜的作用对象只能是文本、按钮元件和影片剪辑元件 3 种。

要使用滤镜功能，首先在舞台上选择文本、按钮或影片剪辑对象，然后进入【属性】检查器的【滤镜】选项卡，单击【添加滤镜】按钮，从弹出的菜单中选择相应的滤镜。

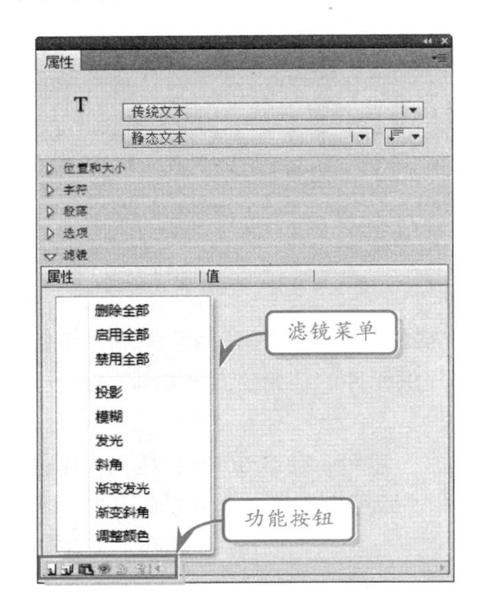

在【滤镜】选项卡的下方包括 6 个按钮，其作用如下表所示。

按钮图标	按钮名称	作　用
	添加滤镜	单击该按钮，可在弹出的滤镜菜单中为选中的舞台对象添加滤镜
	预设	单击该按钮，可将已修改的滤镜保存为预设滤镜，也可重命名、删除或为舞台对象应用预设滤镜
	剪贴板	单击该按钮，可在弹出的菜单中对滤镜进行复制和粘贴操作
	启用或禁用滤镜	选择滤镜后，可单击该按钮，禁止滤镜显示或允许滤镜显示
	重置滤镜	选择滤镜后，单击该按钮，可将已修改的滤镜属性重置为默认属性
	删除滤镜	选择滤镜后，单击该按钮，可将滤镜删除

Flash 允许用户为同一个文本、按钮元件或影片剪辑元件应用多个相同或不同的滤镜，以实现复杂的效果。同时允许对某个舞台对象的所有滤镜进行复制或粘贴、删除等操作。

在滤镜菜单中，共包含 7 种效果。根据这些效果可以分为两类：一类是在原对象的基础上直接添加样式，其中有投影、模糊、发光、渐变发光、斜角、渐变斜角滤镜；另一类是通过调整颜色滤镜改变原对象的色调。

1．投影

投影给人一种目标对象上方有独立光源的印象，它能够模拟对象投影到一个表面的效果。在投影滤镜选项中，用户可以设置【距离】、【角度】和

【强度】等参数，使其产生不同的投影效果。

在添加投影滤镜后，可以在选项卡中设置以下参数。

- **模糊** 该选项用于控制投影的宽度和高度。
- **强度** 该选项用于设置阴影的明暗度，数值越大，阴影就越暗。
- **品质** 该选项用于控制投影的质量级别，设置为“高”则近似于高斯模糊；设置为“低”可以实现最佳的回放性能。
- **颜色** 单击此处的色块，可以打开【颜色拾取器】，可以设置阴影的颜色。
- **角度** 该选项用于控制阴影的角度，在其中输入一个值或单击角度选取器并拖动角度盘。
- **距离** 该选项用于控制阴影与对象之间的距离。
- **挖空** 选择此复选框，可以从视觉上隐藏源对象，并在挖空图像上只显示投影。
- **内侧阴影** 启用此复选框，可以在对象边界内应用阴影。
- **隐藏对象** 启用此复选框，可以隐藏对象并只显示其阴影，从而可以更轻松地创建逼真的阴影。

2．模糊

模糊滤镜可以柔化对象的边缘和细节，消除图像的锯齿。将模糊应用于对象，可以让它看起来好像位于其他对象的后面，或者使对象看起来好像是运动的。

模糊滤镜的选项只有 3 种，包括【模糊 X】、【模糊 Y】以及【品质】，其作用与投影滤镜中同名选项相同。

3．发光

发光滤镜的作用是为对象应用颜色，模拟光晕效果。

发光滤镜包括【模糊 X】、【模糊 Y】、【强度】、【品质】、【颜色】、【挖空】以及【内发光】等 7 种选项，其选项作用与投影滤镜中各选项作用类似。

4．斜角

斜角滤镜可以向对象应用局部加亮效果，使其看起来凸出于背景表面。在 Flash 中，此滤镜功能多用于按钮元件。

斜角滤镜的选项大部分与投影滤镜重复，然而有些选项属于斜角滤镜独有，如下所示。

- **加亮显示** 单击右侧的色块，即可打开颜色拾取器，选择为斜角加亮的颜色
- **类型** 设置斜角滤镜出现的位置，包括内侧、外侧和全部等 3 种。

5. 渐变发光

渐变发光滤镜是发光滤镜的扩展，其可以把渐变色作为发光的颜色，实现多彩的光晕。

渐变发光滤镜的选项比发光滤镜多了两个，包括【类型】和【渐变】。【类型】选项可设置渐变发光的位置，而【渐变】选项则用于设置渐变发光的颜色。

提示

渐变发光颜色的设置，与【颜色】面板中渐变颜色的设置方法相同。但是渐变发光要求渐变开始处颜色的 Alpha 值为 0，并且不能移动此颜色的位置，但可以改变该颜色。

6. 渐变斜角

应用渐变斜角可以产生一种凸起效果，使得对象看起来好像从背景上凸起，且斜角表面有渐变颜色。渐变斜角要求渐变中间有一种颜色的 Alpha 值为 0。

渐变斜角滤镜中的参数，只是将斜角滤镜中的【阴影】和【加亮显示】颜色控件，替换为【渐变颜色】控件。所以渐变斜角立体效果，是通过渐变颜色来实现的。

7. 调整颜色

调整颜色滤镜的作用是设置对象的各种色彩属性，在不破坏对象本身填充色的情况下，转换对象的颜色，以满足动画的需求。

在调整颜色滤镜中，包含有以下 4 个选项，其详细介绍如下所示。

- **亮度** 调整对象的明亮程度，其值范围是–100～100，默认值为 0。当亮度为–100 时，对象被显示为全黑色。而当亮度为 100 时，对象被显示为白色。
- **对比度** 调整对象颜色中黑到白的渐变层次，其值范围是–100～100，默认值为 0。对比度越大，则从黑到白的渐变层次就越多，色彩越丰富。反之，则会使对象给人一种灰蒙蒙的感觉。
- **饱和度** 调整对象颜色的纯度，其值范围是–100～100，默认值为 0。饱和度越大，则色彩越丰富，如饱和度为–100，则图像将转换为灰度图。
- **色相** 色彩的相貌，用于调整色彩的光谱，使对象产生不同的色彩，其值范围是–180～180，默认值为 0。例如，原对象为红色，将对象的色相增加 60，即可转换为黄色。

5.8 动画预设

使用动画预设，用户可以通过简单的鼠标单击，为元件应用各种补间动画，快速创建动画内容，提高动画设计的效率。

动画预设可应用于各种文本字段、影片剪辑元件和按钮元件。在为元件应用动画预设之前，用户需要先执行【窗口】|【动画预设】命令，打开【动画预设】面板。

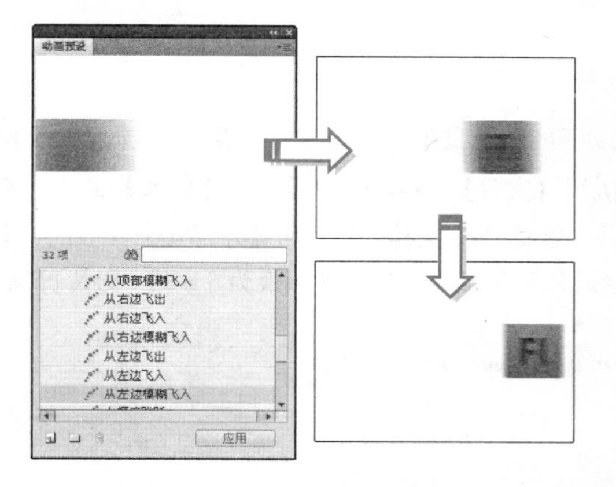

在动画预设面板中，包括【预设浏览】、【预设列表】等区域以及下方的一些按钮等。

在工作区中选择要添加动画预设的元件或文本后，即可在【动画预设】面板中选择相应的预设项目，查看【预设浏览】。

Flash 提供了 32 种自带的动画预设，可供用户调用。几乎所有自带的预设都是又缓动和缩放以及模糊等滤镜制作而成。例如，名为"脉搏"的动画预设，可使元件按照一定的规律缩放，模仿心脏跳动的效果。

用户可自定义动画预设。例如，制作一段动画，然后用鼠标选择时间轴中的帧，单击【动画预设】面板下方的【将选区另存为预设】按钮，即可创建新的动画预设。

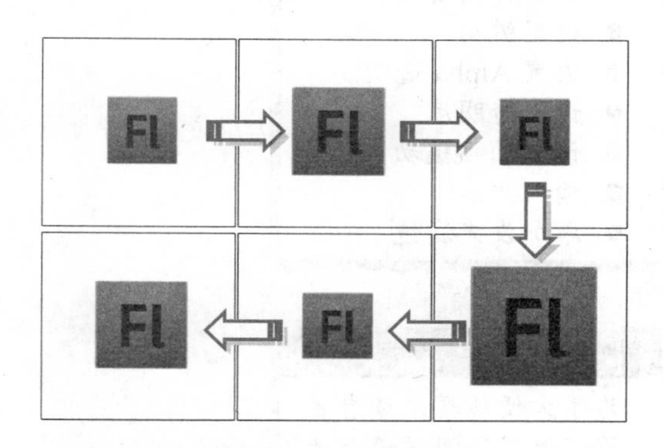

除此之外，用户还可选中补间动画的元件，然后右击，执行【另存为动画预设】命令，同样可以将补间动画保存为新的动画预设。

在保存动画预设时，Flash 将打开【将预设另存为】对话框，用户可在对话框中设置这些自定义动画预设的名称。

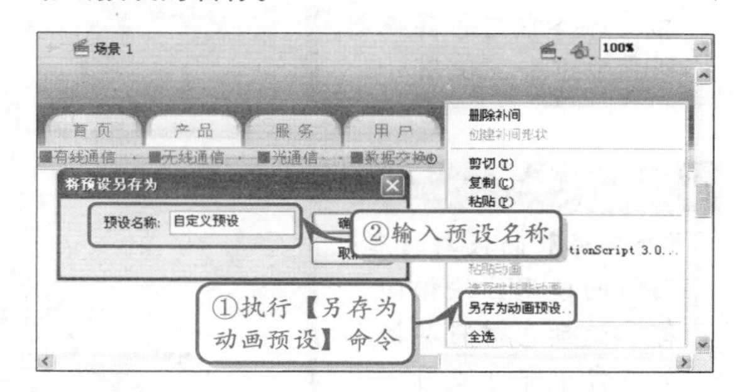

用户自定义的预设是没有预设预览的。在【动画预设】面板中单击【删除项目】按钮，可将已添加的动画预设从列表中删除。

提示

同时，用户还可在【动画预设】面板中单击【新建文件夹】按钮，创建预设文件夹。然后，对预设进行分组管理，将各种同类的动画预设放在相应的文件夹中，便于调用。

5.9 练习：制作网站进入动画

首先通过渐显的方式在指定的圆形区域展示室内背景图像，然后再利用缓动补间动画逐步显示室内家居图像以及动画文字，使整个动画具有较强的连贯性。

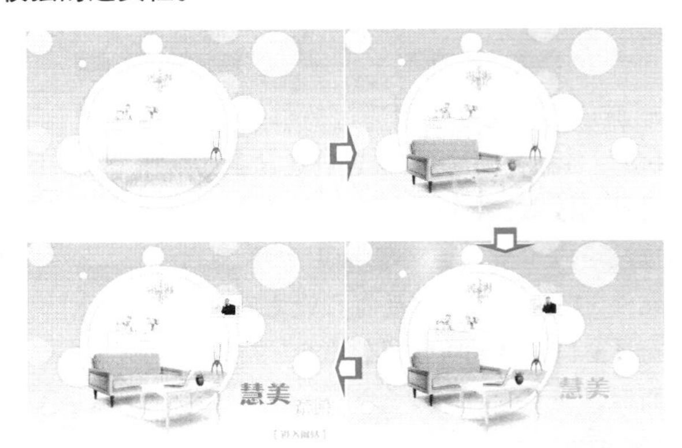

练习要点

- 创建补间动画
- 设置缓动
- 设置 Alpha 透明度
- 设置透明度
- 设置动画缓动
- 输入文本
- 添加发光滤镜

操作步骤

STEP|01 在“图形动画 2”图层的上面新建“家居”图层，在第 60 帧处插入关键帧。执行【文件】|【导入】|【打开外部库】命令，在弹出的对话框中打开“素材.fla”文档，然后将【外部库】面板的“家居”图像拖入到舞台的圆形区域中，并将其转换为“家居”影片剪辑。

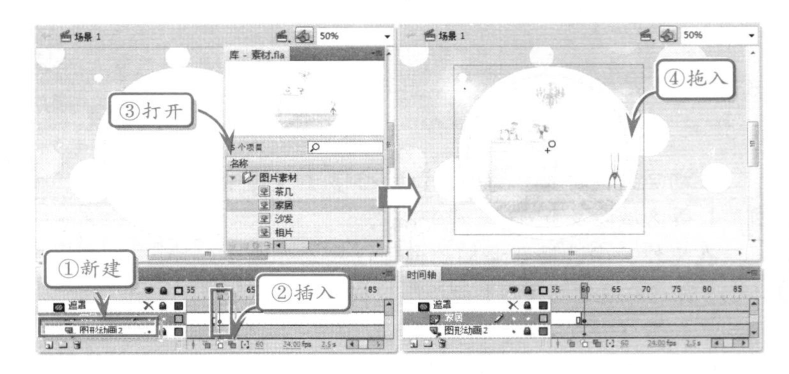

提示

为了方便观察，读者可将“遮罩”图层设置为不可见。

提示

【外部库】面板与【库】面板的使用方法相同，都是选择素材将其拖入到舞台中即可使用。

提示

【外部库】面板与【库】面板的使用方法相同，都是选择素材将其拖入到舞台中即可使用。

提示

【外部库】面板与【库】面板的使用方法相同，都是选择素材将其拖入到舞台中即可使用。

STEP|02 右击第 60 帧，在弹出的快捷菜单中创建补间动画，在【属性】检查器中设置“家居”影片剪辑的 Alpha 值为“10%”。然后，在第 70 帧处插入关键帧，设置影片剪辑的 Alpha 值为“100%”。

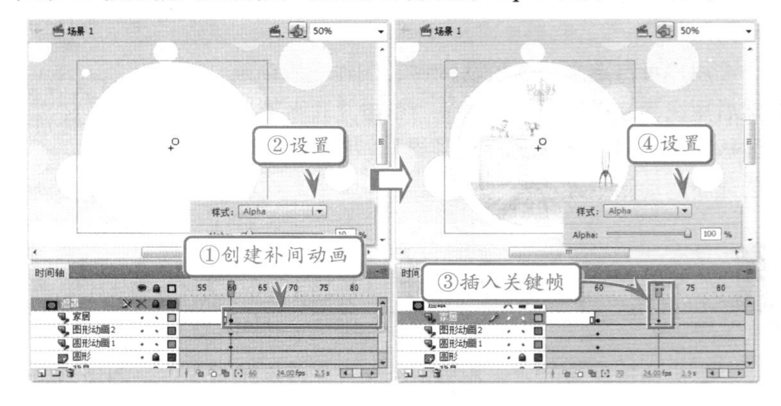

提示

选择第 70 帧，在【属性】检查器中更改 Alpha 值，即可自动插入相应属性的关键帧。

STEP|03 新建“沙发”图层，在第 70 帧处插入关键帧，将“沙发”图像拖入到舞台中，并将其转换为影片剪辑，设置其 Alpha 值为“25%”。然后创建补间动画，选择第 80 帧，将“沙发”影片剪辑向左移动，并设置 Alpha 值为“100%”。

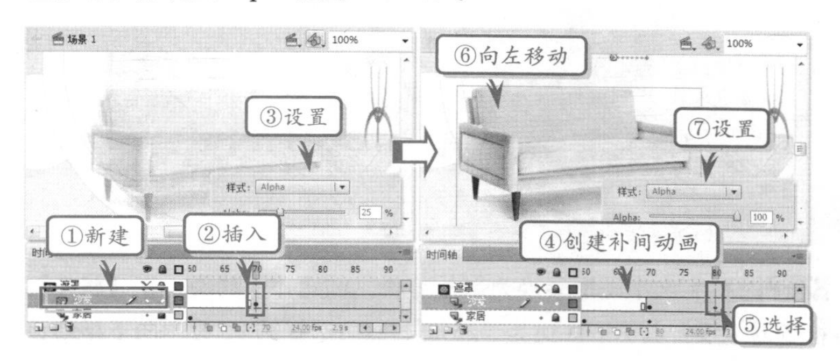

提示

在第 80 帧处，选择舞台中的“沙发”影片剪辑，按住 Shift 键使用鼠标向左拖动，或者按 ← 键向左移动。

STEP|04 选择补间范围中的任意一帧，在【属性】检查器中设置补间动画的【缓动】为“50 输出”。然后新建“茶几”图层，使用相同的方法制作“茶几”向右渐显的补间动画，并在【属性】检查器中设置【缓动】同样为“50 输出”。

提示

当选择补间范围中的任意一帧，在【属性】检查器中将会显示补间动画的属性。

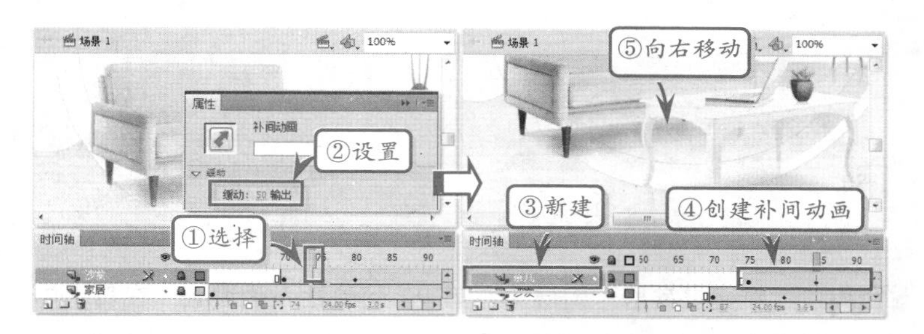

提示

适当调整影片剪辑的位置，使它们更加合理、协调。

STEP|05 新建“相片”图层，在第 80 帧处插入关键帧，将“相片”图像拖入到舞台中，并转换为影片剪辑，设置其 Alpha 值为“25%”。然后创建补间动画，选择第 90 帧，向左移动该影片剪辑，并更改 Alpha 值为“100%”。

提示

在为文字填充渐变色之前，一定要将其分离为图形。

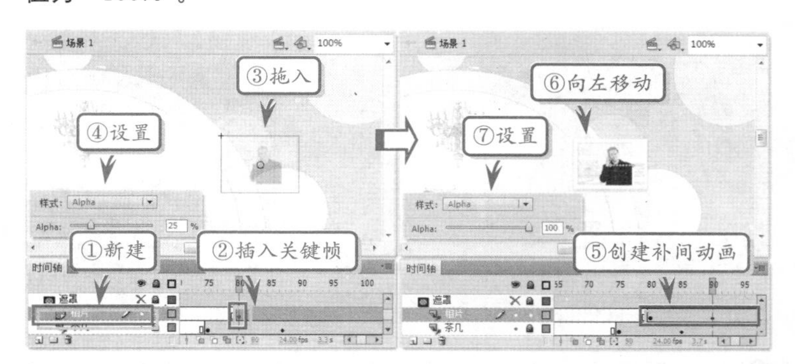

提示

在【属性】检查器中设置文字的【系列】为“方正粗活意简体”；【大小】为“80 点”；【字母间距】为 3。

STEP|06 新建“慧美”图层，在第 85 帧处插入关键帧，在舞台中输入“慧美”文字，并执行【修改】|【分离】命令将其分离成图形。然后，选择【颜料桶工具】，在【颜色】面板中设置桔红渐变色，并

填充文字。

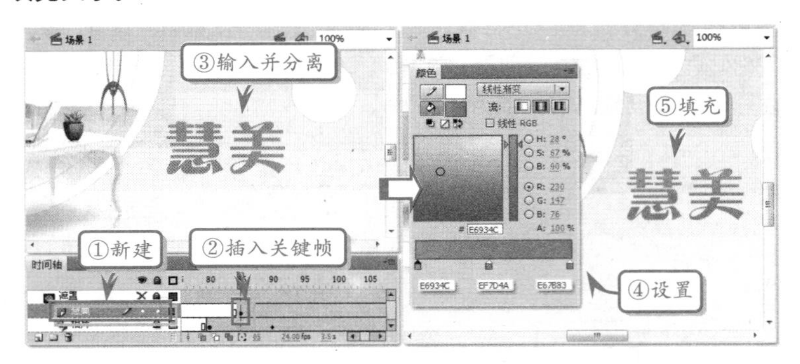

提示

在【颜色】面板的【颜色类型】下拉列表中选择"线性渐变",然后在下面的色块中添加色标,并设置颜色。

STEP|07 将文字图形转换为影片剪辑,创建补间动画,在【属性】检查器中设置其 Alpha 值为"25%"。然后选择第 95 帧,向下移动该影片剪辑,并更改 Alpha 值为"100%"。

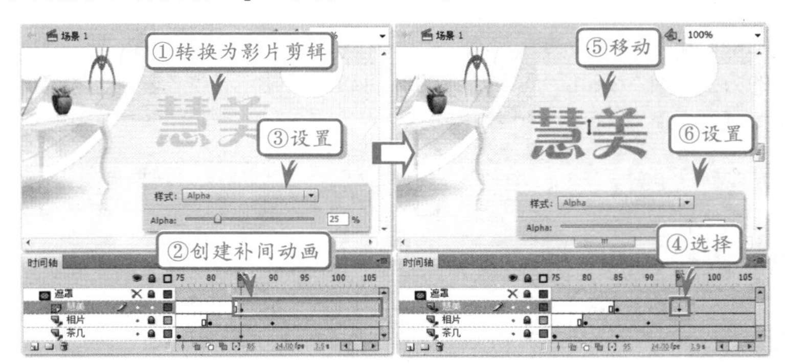

提示

在【属性】检查器中设置"家居"文字的【系列】为"方正粗活意简体";【大小】为"60 点";【颜色】为"白色"(#FFFFFF)。

STEP|08 新建"家居"图层,在第 90 帧处插入关键帧,在舞台中输入"家居"文字,并在【属性】检查器中为其添加"发光"滤镜,设置其【颜色】为"灰色(#999999)"。然后创建补间动画,选择第 100 帧,向上移动该文字。

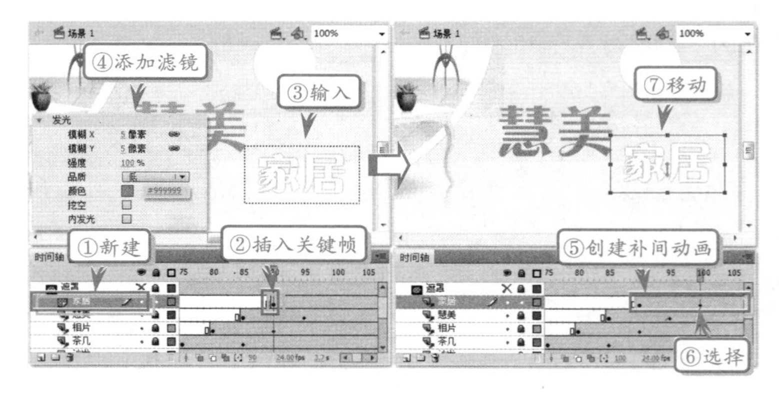

提示

在【属性】检查器中单击底部的【添加滤镜】按钮,在弹出的列表中选择【发光】选项,即可为所选对象添加发光滤镜。

STEP|09 新建"进入网站"图层,在第 105 帧处插入关键帧,在舞台中输入"【进入网站】"文本,将其转换为按钮元件,并设置 Alpha 值为"15%"。然后创建补间动画,选择第 110 帧,向上移动该按钮元件,并更改 Alpha 值为"100%"。

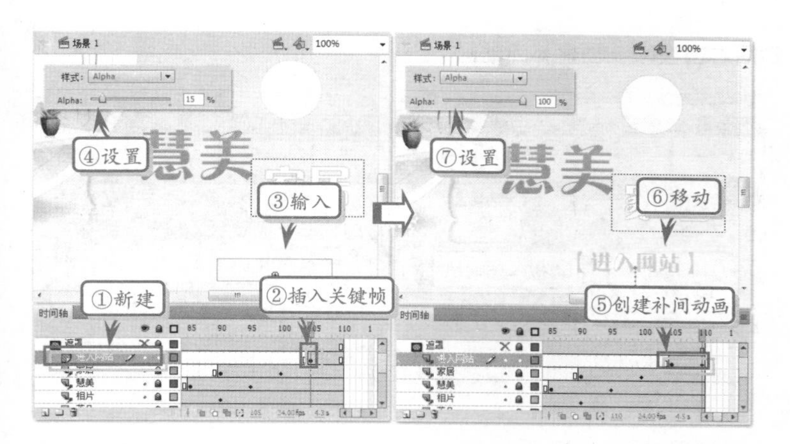

> **提示**
>
> 将文字转换为按钮元件，可以使光标经过该文字时，光标的指针转换为手形。

STEP|10 在“遮罩”层上面新建 ActionScript 图层，在最后 1 帧处插入关键帧，打开【动作】面板，并输入停止动画命令“stop();”。

5.10 练习：制作动画导航条

在本练习中将制作快速链接文字和 Banner 文字的显示动画，它们的效果各有特色。

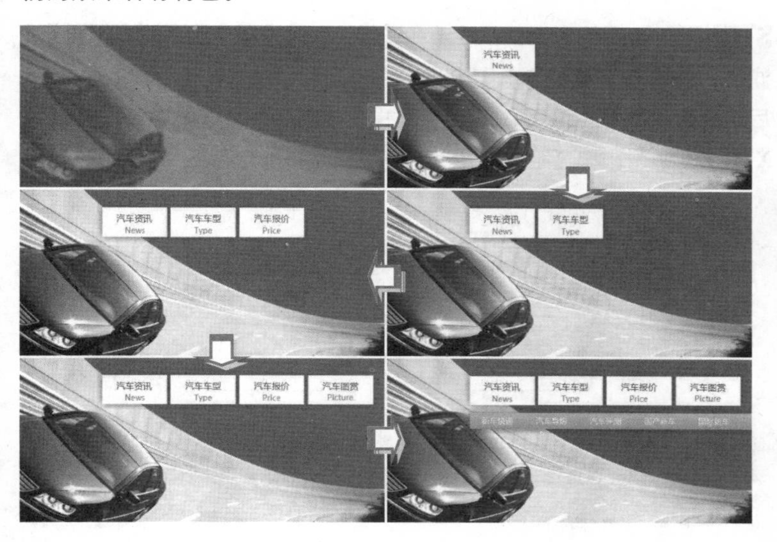

> **练习要点**
>
> - 绘制矩形
> - 创建补间形状
> - 创建补间动画
> - 创建遮罩动画
> - 输入文本
> - 设置文本属性

操作步骤

STEP|01 新建“线条”图层，在第 100 帧处插入关键帧，使用【矩形工具】在舞台的右侧绘制一个深蓝色（#003366）的矩形。然后，在第 115 帧处插入关键帧，使用【任意变形工具】向左拉伸该矩形，与导航条的左边线相对齐，并在这两关键帧之间创建补间形状动画。

> **提示**
>
> 绘制矩形后，在【属性】检查器中设置其【宽】为 55；【高】为 5。

STEP|02 新建“快速链接”图层，在第 120 帧处插入关键帧，使用【文本工具】在舞台的右上角输入文字，并在【属性】检查器中设置其【系列】为“宋体”；【大小】为 12；【颜色】为“白色”（#FFFFFF）。

然后右击该帧，创建补间动画。

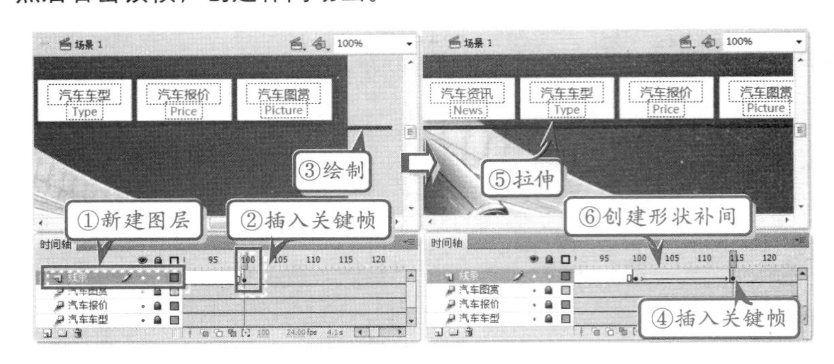

提示

右击第 100 帧至第 115 帧之间的任意一帧，在弹出的菜单中执行【创建补间形状】命令，创建补间形状动画。

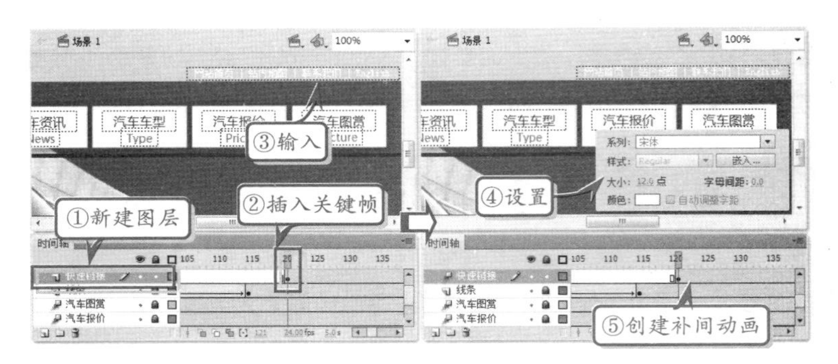

提示

选择文字后，沿垂直方向向下移动，可以按 Shift 键的同时按 ↓ 键。

STEP|03 选择舞台上的文字，在【属性】检查器中为其添加“投影”滤镜，并设置【模糊 X】、【模糊 Y】和【距离】均为“0 像素”。然后选择第 125 帧，向下移动文字，并在【属性】检查器中更改【模糊 X】、【模糊 Y】和【距离】均为“5 像素”。

提示

在“投影”滤镜中，距离表示投影与对象之间的距离，数值越大，距离越远。

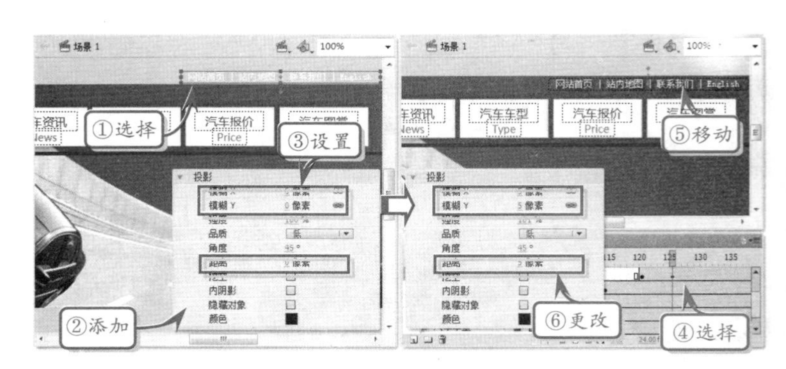

提示

在【属性】检查器中，设置文本的【系列】为“汉仪粗宋简”；【大小】为“40 点”；【颜色】为“白色”(#FFFFFF)。

STEP|04 新建“文字”图层，在第 140 帧插入关键帧，在导航条的下面输入“安全·稳定·快速”文本，并在【属性】检查器中设置文本样式。然后，为文本添加“投影”滤镜。

STEP|05 新建“遮罩”图层，在第 140 帧插入关键帧，使用【矩形工具】在文本的左侧绘制一个矩形，并使用【选择工具】调整矩形的右下角，使其向左偏移。然后，在第 160 帧处插入关键帧，使用【任意变形工具】更改图形的形状，使其完全遮挡住文字。

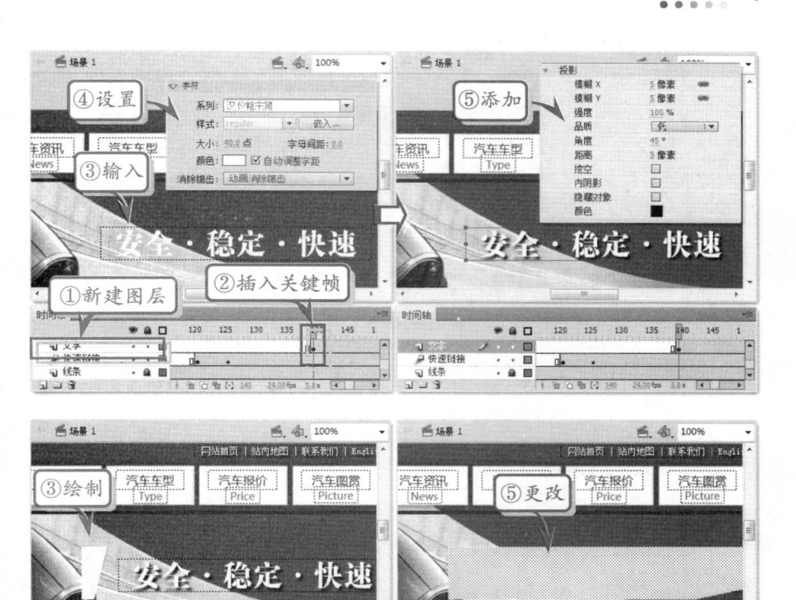

STEP|06 右击第 140 帧至第 160 帧之间的任意一帧，在弹出的快捷菜单中执行【创建形状补间】命令，创建补间形状动画。右击该图层，在弹出的快捷菜单中执行【遮罩图】命令，将其转换为遮罩图层。然后新建 ActionScript 图层，在第 200 帧处插入关键帧，打开【动作】面板，并输入停止播放动画代码“stop();”。

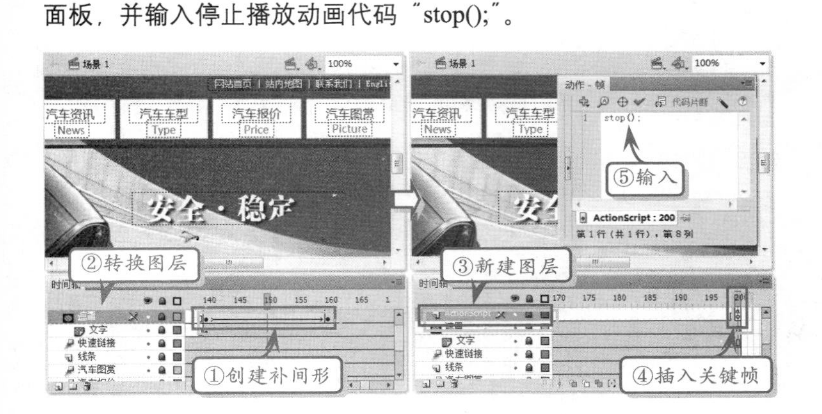

> **提示**
>
> 在矩形处于未被选中的状态时，移动【选择工具】到其右下角，当指针边上出现一个直角图标时，拖动鼠标即可更改图形的形状。

> **提示**
>
> 当对矩形使用【任意变形工具】后，右击图形，在弹出的快捷菜单中执行【封套】或【扭曲】命令，可以进一步更改图形。

5.11 高手答疑

Q&A

问题 1：如何制作补间旋转动画？

解答： 首先创建补间动画，然后选择任意一个补间帧，在【属性】检查器【旋转】下拉列表框中选择旋转的方向，并在其右面输入旋转的次数。

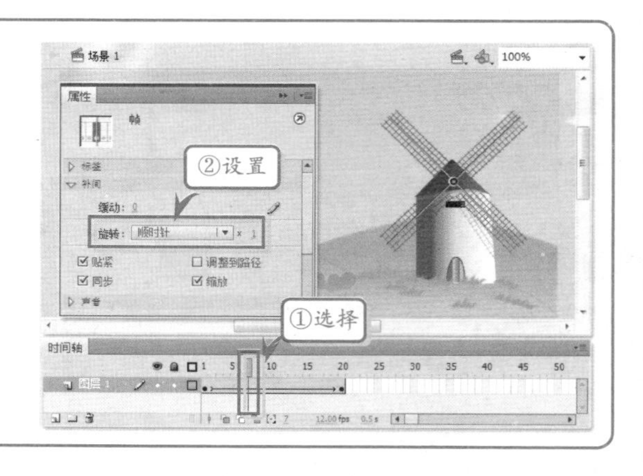

Q&A

问题 2：默认情况下，Flash 的舞台只显示 1 帧的内容，那么如何在 1 帧中同时显示多帧内容？

解答：通常情况下，在某个时间舞台上仅显示动画序列的一个帧。为便于定位和编辑逐帧动画，可以在舞台上一次查看两个或更多的帧，单击时间轴底部的【绘图纸外观】按钮即可。

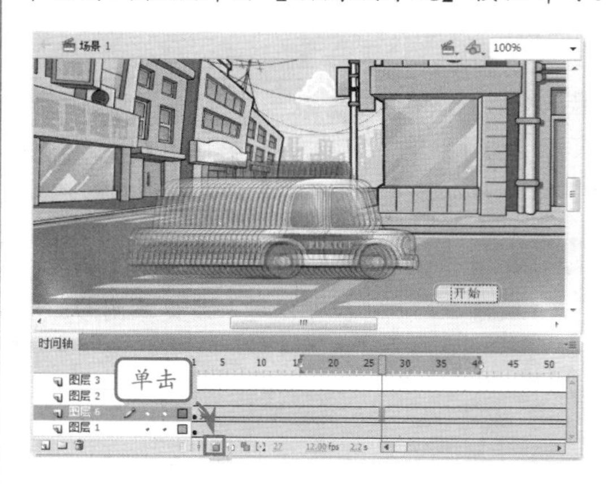

在“起始绘图纸外观”和“结束绘图纸外观”标记（在时间轴标题中）之间的所有帧被重叠为窗口中的一个帧。

提示

播放头下面的帧用全彩色显示，但是其余的帧是暗淡的，看起来就好像每个帧是画在一张半透明的绘图纸上，而且这些绘图纸相互层叠在一起。

如果想要将具有绘图纸外观的帧显示为轮廓，可以单击【绘图纸外观轮廓】按钮。

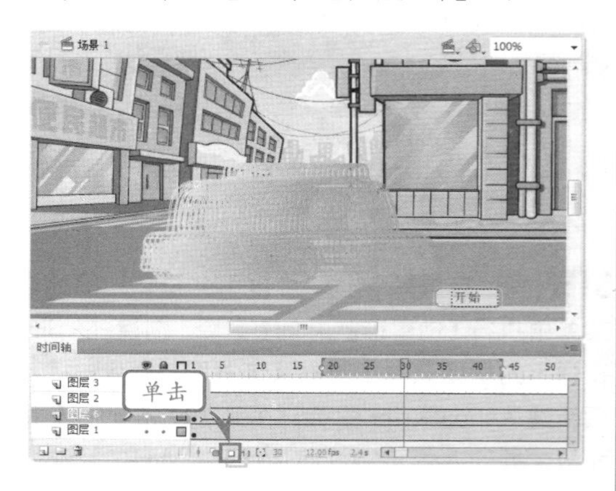

如果要编辑绘图纸外观标记之间的所有帧，可以单击【编辑多个帧】按钮 。绘图纸外观通常只允许编辑当前帧。但是，可以显示绘图纸外观标记之间每个帧的内容，并且无论哪一个帧为当前帧，都可以让每个帧可供编辑。

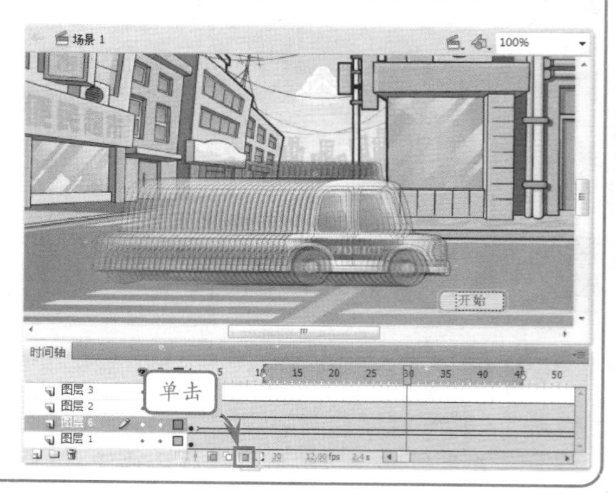

Q&A

问题 3：在补间动画中，如何复制补间范围？

解答：如果要直接复制某个补间范围，可以在按住 Alt 键的同时将该范围拖到时间轴中的新位置，或复制并粘贴该范围。

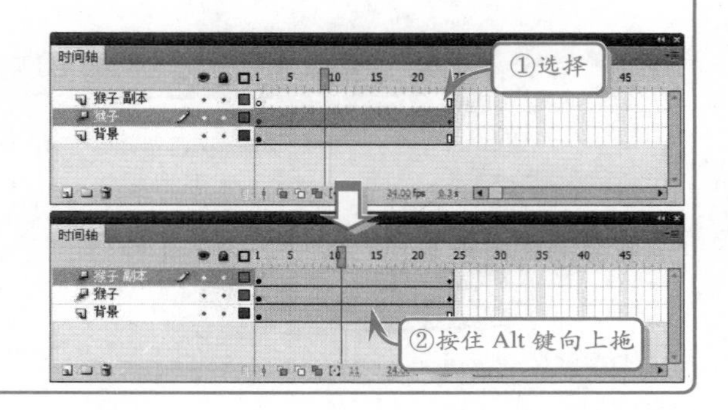

Q&A

问题 4：关键帧和属性关键帧之间有什么区别？

解答：关键帧和属性关键帧的概念有所不同。关键帧是指时间轴中其元件实例首次出现在舞台上的帧；而属性关键帧是指在补间动画的特定时间或帧中定义的属性值。

属性关键帧在补间范围中为补间目标对象显式定义一个或多个属性值的帧。定义的每个属性都有它自己的属性关键帧。如果在单个帧中设置了多个属性，则其中每个属性的属性关键帧会驻留在该帧中。

Q&A

问题 5：在编辑动画的运动路径时，可以使用哪些方法？

解答：可使用下列方法编辑补间的运动路径。

- 在补间范围的任何帧中更改对象的位置。
- 将整个运动路径移到舞台上的其他位置。
- 使用选取、部分选取或任意变形工具更改路径的形状或大小。
- 使用【变形】面板或【属性】检查器更改路径的形状或大小。
- 执行【修改】|【变形】命令。
- 使用时间轴和动画
- 将自定义笔触作为运动路径进行应用。
- 使用动画编辑器。

Q&A

问题 6：为了使投影的效果表现得更加真实，是否可以倾斜对象的投影？如果可以，那么将如何操作？

解答：可以对对象的投影进行倾斜操作。首先复制舞台中的对象，选择对象副本，使用【任意变形工具】使其倾斜。

选择对象的副本，在【滤镜】选项中为中添加“投影”滤镜。

在【滤镜】面板中，启用“投影”滤镜中的【隐藏对象】启选框，将对象的副本隐藏，但是其投影依然可见。

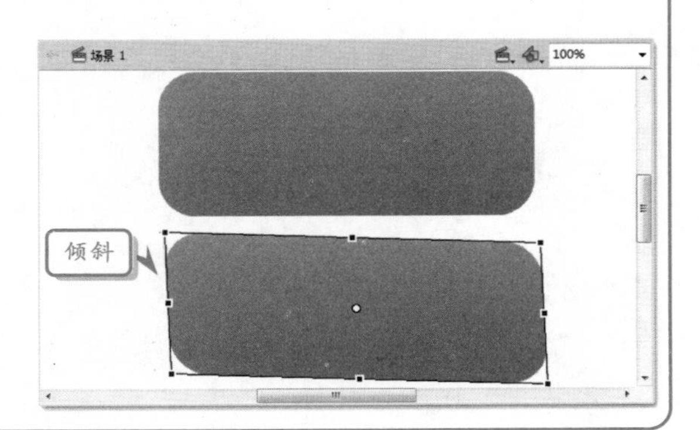

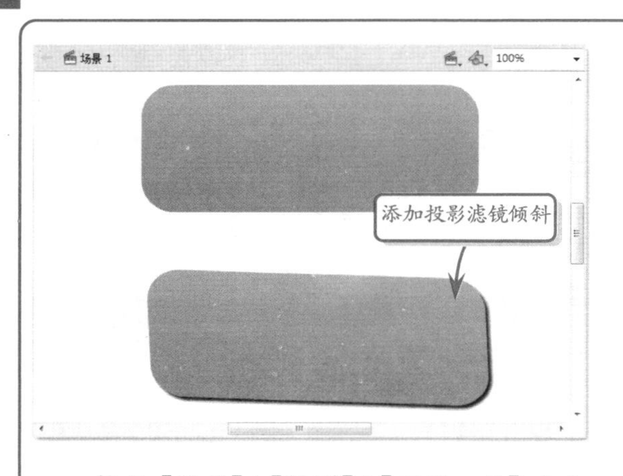

执行【修改】|【排列】|【下移一层】命令，可将对象副本及其投影放置在原始对象的下面。继续调整“投影”滤镜的设置和倾斜的角度，直到获得所需效果为止。

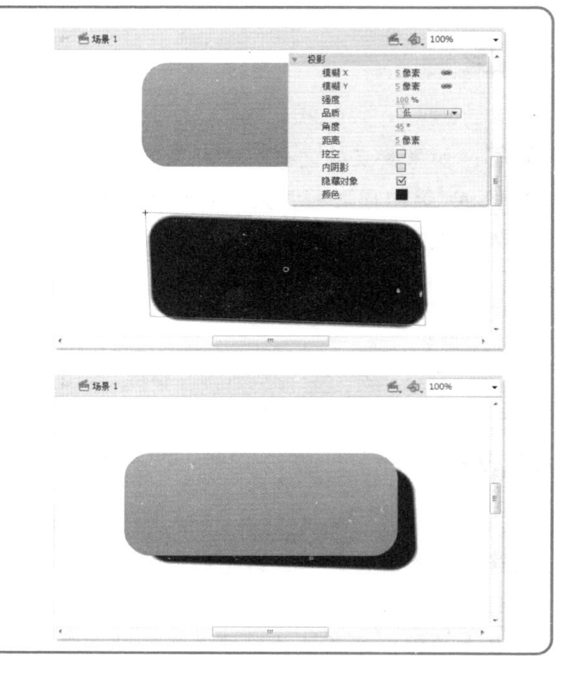

添加网页中的文本

在目前多种网页设计软件中，Dreamweaver 是目前最流行的一种。使用 Dreamweaver，可以方便地创建站点，并在站点中建立网页。

文本是网页中的重要内容，是表述内容的最简单而最基本的载体。使用 Dreamweaver CS5，用户可以方便地为网页插入各种文本内容，并对文本进行排版设置。

本章主要讲解 Dreamweaver CS4 在创建站点方面的操作，以及处理网页中的文本元素等功能。另外，还将介绍如何在网页中插入水平线以及特殊符号等。

6.1 建立站点

站点是一种虚拟文件夹，是 Dreamweaver 管理本地网页及各种素材的一种工具。使用 Dreamweaver 制作网页，首先应建立站点。

站点的目录可以是本地计算机中的某个目录，也可以是远端服务器中的虚拟文件夹。

1. 新建站点向导

建立 Dreamweaver 站点，可以通过 Dreamweaver 自带的新建站点向导来进行。

● **设置站点名称和地址**

在 Dreamweaver 中执行【站点】|【新建站点】命令，即可打开【XNML 的站点定义为】对话框，进行向导的第一步，将站点名改为 XNML，并设置站点的 HTTP 地址为“http://localhost/xnml/site”。

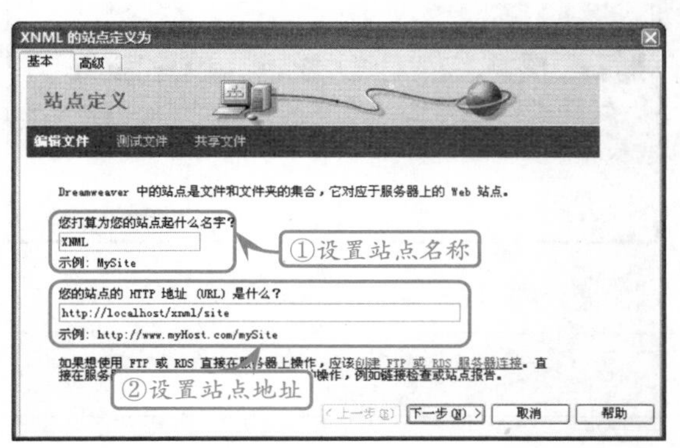

● **设置站点使用的技术**

单击【下一步】按钮，即可选择站点使用的服务器技术，例如，选择 ASP VBScript 技术。

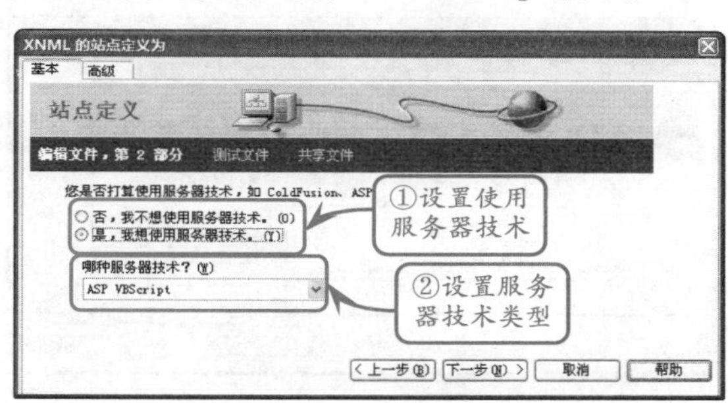

Dreamweaver 站点共支持 6 种常见的服务器技术，如下表所示。

技术名称	说明
ASP JavaScript	由 JavaScript 编写的 ASP 程序
ASP VBScript	由 VBScript 编写的 ASP 程序
ASP.net C#	由 C#编写的 ASP.NET 程序
ASP.net VB	由 VB 编写的 ASP.NET 程序
ColdFusion	由 CFML 或 Java 编写的 ColdFusion 程序
PHP MySQL	以 MySQL 为数据库的 PHP 程序

● **设置站点及文件位置**

单击【下一步】按钮，即可设置站点文件的位置。Dreamweaver 会自动检测本地计算机是否安装有 IIS（Internet Information Server，微软开发的用于 Windows 系统发布网页的系统）。

如本地计算机安装有 IIS，则 Dreamweaver 将允许用户以本地计算机作为测试服务器。

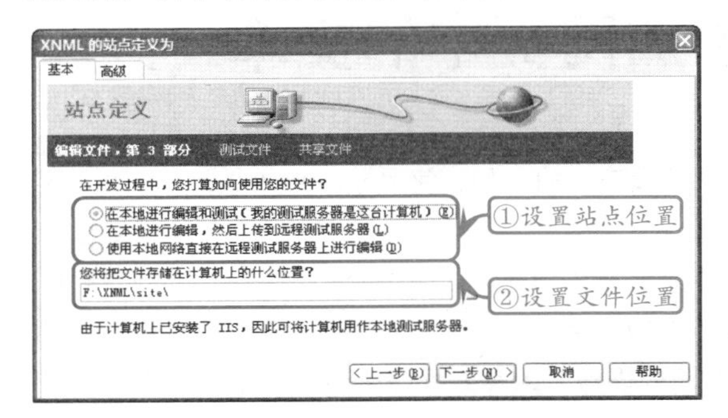

● 设置并测试本地站点

在设置完成站点文件的目录后，即可单击【下一步】按钮，设置浏览本地站点所使用的 URL，并单击【测试 URL】按钮，测试本地站点的连接是否有效。

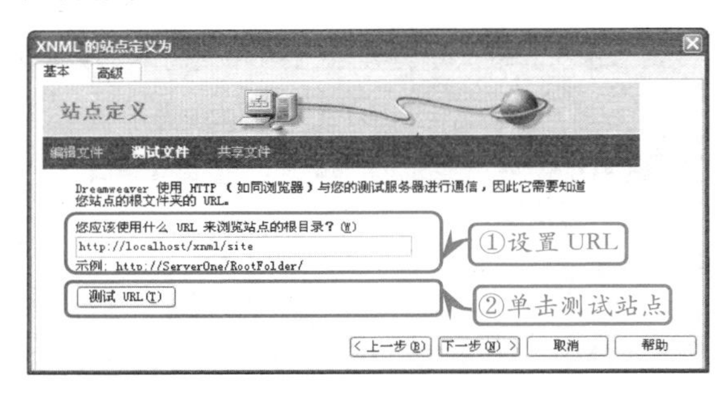

● 远程服务器设置

Dreamweaver 允许设置远程服务器的种类。单击【下一步】按钮后，即可选择【是的，我要使用远程服务器】，并进入下一步设置，在下拉列表中选择远程服务器种类。

● 存回和取出设置

存回和取出设置的作用是防止多人同时编辑一个网页文档，因而造成重复覆盖的问题。用户可根据实际情况选择是否启用存回和取出，完成站点定义。

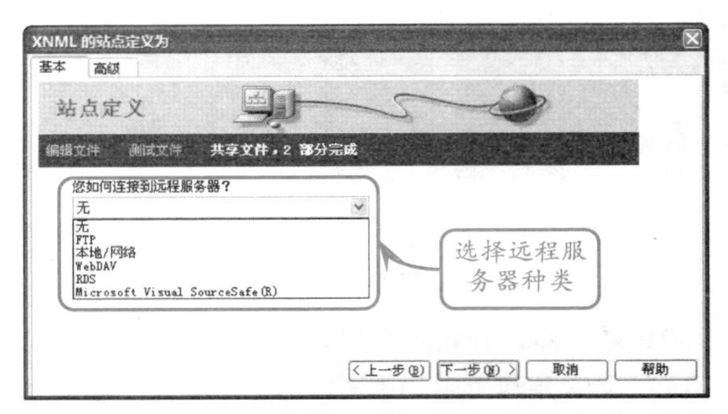

Dreamweaver 支持 5 种远程服务器方式，用户可根据实际情况进行选择。

远程服务器方式	说　明
FTP	文件传输协议，互联网中最常见的传输协议
本地/网络	本地计算机或本地局域网内计算机作为远端服务器的方式
WebDAV	Web-based Distributed Authoring and Versioning，Web 分布式创作与版本管理，是一种基于 HTTP 1.1 的通信协议，支持以 HTTP 方式发布数据
RDS	Remote Data Services，远程数据服务，Windows 使用的远程通信方式
Microsoft Visual SourceSafe(R)	SourceSafe 是微软公司的 Visual Studio 系列编程工具中的一种，主要用于软件或 Web 程序在开发过程中的版本管理

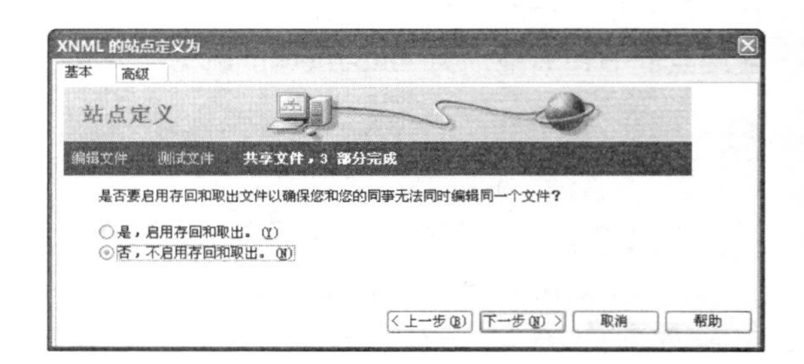

6.2 网页文本概述

页面属性是网页文档的基本属性。Dreamweaver CS5 秉承了之前版本的特色，提供可视化的界面，帮助用户设置网页的基本属性，包括网页的整体外观、统一的超链接样式、标题样式等。

1．页面属性对话框

在 Dreamweaver 中打开已创建的网页或新建空白网页，然后即可在空白处右击，执行【页面属性】命令，打开【页面属性】对话框。

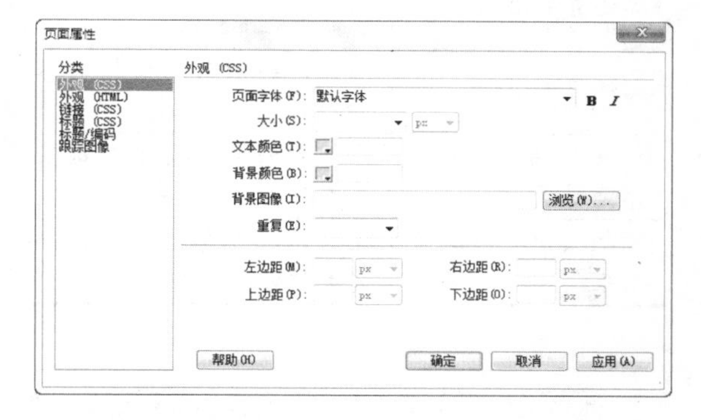

在该对话框中，主要包含了 3 个部分，即【分类】的列表菜单、设置区域，以及下方的按钮组等。

用户可在【分类】的列表中选择相应的项目，然后根据右侧更新的设置区域，设置网页的全局属性。然后，即可单击下方的【应用】按钮，将更改的设置应用到网页中。用户也可单击【确定】按钮，在应用更改的同时关闭【页面属性】对话框。

提示

如用户不希望将更改的设置应用到网页中，则可单击【取消】按钮，取消所有对页面属性的更改，恢复之前的状态。

2．设置外观（CSS）属性

【外观（CSS）】属性的作用是通过可视化界面为网页创建 CSS 样式规则，定义网页中的文本、背景以及边距等基本属性。

在打开【页面属性】对话框后，默认显示的就是外观（CSS）属性的设置项目。其主要包括 12 种设置。

属性名	作　用
页面字体	在其右侧的下拉列表菜单中，用户可为网页中的基本文本选择字体类型
B	单击该按钮可设置网页中的基本文本为粗体
I	单击该按钮可设置网页中的基本文本为斜体
大小	在其右侧输入数值并选择单位，可设置网页中的基本文本字体的尺寸
文本颜色	通过颜色拾取器或输入颜色数值设置网页基本文本的前景色
背景颜色	通过颜色拾取器或输入颜色数值设置网页背景颜色
背景图像	单击【浏览】按钮，即可选择背景图像文件。直接输入图像文件的 URL 地址也可以设置背景图像文件
重复	如用户为网页设置了背景图像，则可在此设置背景图像小于网页时产生的重复显示
左边距	定义网页内容与左侧浏览器边框的距离
右边距	定义网页内容与右侧浏览器边框的距离
上边距	定义网页内容与顶部浏览器边框的距离
下边距	定义网页内容与底部浏览器边框的距离

在设置网页背景图像的重复显示时，用户可选择 4 种属性，如下表所示。

属性名	作　用
no-repeat	禁止背景图像重复显示
repeat	允许背景图像重复显示
repeat-x	只允许背景图像在水平方向重复显示
repeat-y	只允许背景图像在垂直方向重复显示

3．设置外观（HTML）属性

【外观（HTML）】属性的作用是以 HTML 语言的属性来设置页面的外观。其中的一些项目功能与【外观（CSS）】属性相同，但实现的方法不同。

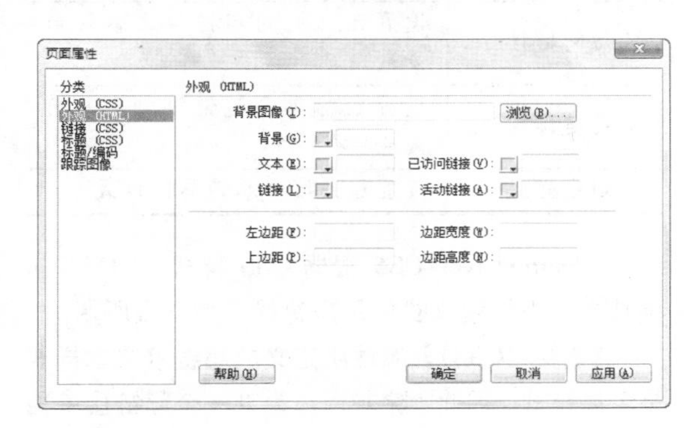

在【外观（HTML）】属性中，主要包括以下一些设置。

属性名	作用
背景图像	定义网页背景图像的 URL 地址
背景	定义网页背景颜色
文本	定义普通网页文本的前景色
已访问链接	定义已访问的超链接文本的前景色
链接	定义普通链接文本的前景色
活动链接	定义鼠标单击链接文本时的前景色
左边距	定义网页内容与左侧浏览器边框的距离
上边距	定义网页内容与上方浏览器边框的距离
边距宽度	翻译错误，应为右边距。定义网页内容与右侧浏览器边框的距离
边距高度	翻译错误，应为下边距。定义网页内容与底部浏览器边框的距离

4．设置链接（CSS）属性

【链接（CSS）】属性的作用是用可视化的方式定义网页文档中超链接的样式。其属性设置如下表所示。

属性名	作用
链接字体	设置超链接文本的字体
B	选中该按钮，可为超链接文本应用粗体
I	选中该按钮，可为超链接文本应用斜体
大小	设置超链接文本的尺寸
链接颜色	设置普通超链接文本的前景色
变换图像链接	设置鼠标滑过超链接文本的前景色
已访问链接	设置已访问的超链接文本的前景色
活动链接	设置鼠标单击超链接文本的前景色
下划线样式	设置超链接文本的其他样式

Dreamweaver CS5 根据 CSS 样式，定义了 4 种基本的下划线样式供用户选择，如下表所示。

【链接（CSS）】属性所定义的超链接文本样式是全局样式。因此，除非用户为某一个超链接单独设置样式，否则所有超链接文本的样式都将遵从这一属性。

下划线样式	作用
始终有下划线	为所有超链接文本添加始终显示的下划线
始终无下划线	始终隐藏所有超链接文本的下划线
仅在变换图像时显示下划线	定义只在光标滑过超链接文本时显示下划线
变换图像时隐藏下划线	定义只在光标滑过超链接文本时隐藏下划线

5．设置标题（CSS）属性

标题是标明文章、作品等内容的简短语句。在网页的各种文章中，标题是不可缺少的内容，是用于标识文章主要内容的重要文本。

在 XHTML 语言中，用户可定义 6 种级别的标题文本。【标题（CSS）】属性的作用就是设置这 6 级标题的样式，包括使用的字体、加粗、倾斜等样式，以及分级的标题尺寸、颜色等。

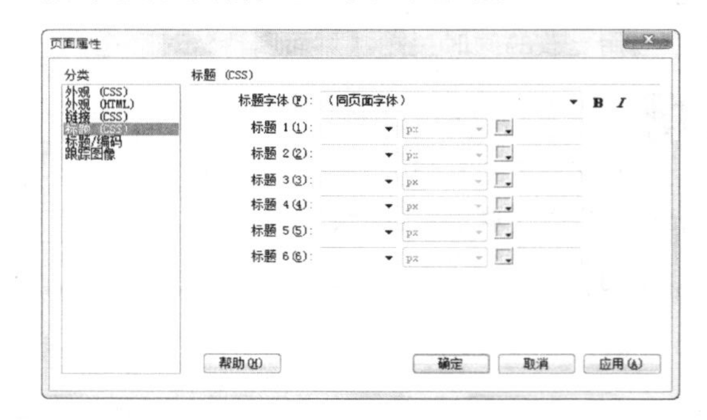

6．设置标题/编码属性

在使用浏览器打开网页文档时，浏览器的标题栏会显示网页文档的名称，这一名称就是网页的标题。【标题/编码】属性可以方便地设置这一标题内容。

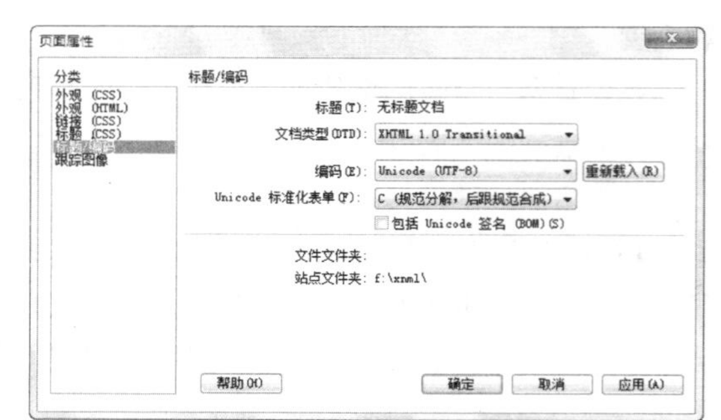

除此之外，【标题/编码】属性还可以设置网页文档所使用的语言规范、字符编码等多种属性。

属　性	作　用
标题	定义浏览器标题栏中显示的文本内容
文档类型	定义网页文档所使用的结构语言
编码	定义文档中字符使用的编码
Unicode 标准化表单	当选择 UTF-8 编码时，可选择编码的字符模型
包括 Unicode 签名	在文档中包含一个字节顺序标记
文件文件夹	显示文档所在的目录
站点文件夹	显示本地站点所在的目录

提示

【文档类型】属性定义的结构语言有许多种。关于这些结构语言，将在之后的章节中详细地介绍。

编码是网页所使用的语言编码。目前国内使用较广泛的编码主要包括以下几种。

编　码	说　明
Unicode（UTF-8）	使用最广泛的万国码，可以显示包括中文在内的多种语言
简体中文（GB2312）	1981 年发布的汉字计算机编码
简体中文（GB18030）	2000 年发布的汉字计算机编码

7. 设置跟踪图像属性

在设计网页时，往往需要先使用 Photoshop 或 Fireworks 等图像设计软件制作一个网页的界面图。然后再使用 Dreamweaver 对网页进行制作。

【跟踪图像】属性的作用是将网页的界面图作为网页的半透明背景，插入到网页中。然后，用户在制作网页时即可根据界面图，决定网页对象的位置等。

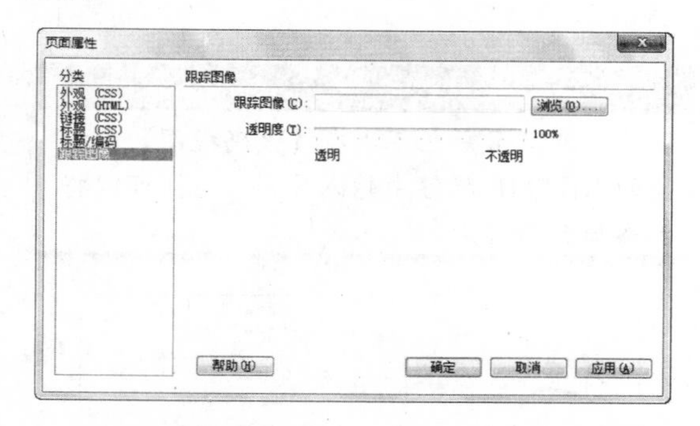

在【跟踪图像】属性中，主要包括两种属性设置，如下表所示。

属　性	作　用
跟踪图像	单击【浏览】按钮，即可在弹出的对话框中选择跟踪图像的路径和文件名。除此之外，用户还可直接在其后的输入文本域中输入跟踪图像的 URL 地址
透明度	定义跟踪图像在网页中的透明度，取值范围包括 0%~100%。当选中 0%时，跟踪图像完全透明，而当选中 100%时，跟踪图像完全不透明

6.3 插入文本

使用 Dreamweaver CS5，用户可以方便地为网页插入文本。Dreamweaver 提供了 3 种插入文本的方式，包括直接输入、从外部文件中粘贴，以及从外部文件中导入等。

1. 直接输入文本

直接输入是最常用的插入文本的方式。在 Dreamweaver 中创建一个网页文档，即可直接在【设计视图】中输入英文字母，或切换到中文输入法，输入中文字符。

2. 从外部文件中粘贴

除直接输入外，用户还可以从其他软件或文档中将文本复制到剪贴板中，然后在切换至

Dreamweaver，右击执行【粘贴】命令或按 Ctrl+V 键，将文本粘贴到网页文档中。

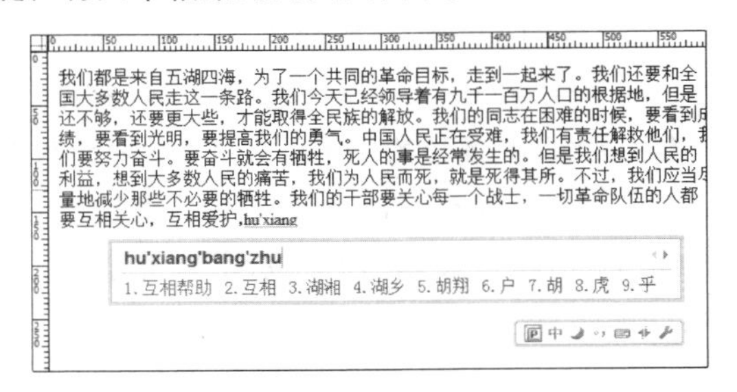

提示

除此之外，用户也可以在【代码视图】中相关的 XHTML 标签中输入字符，同样可以将其添加到网页中。

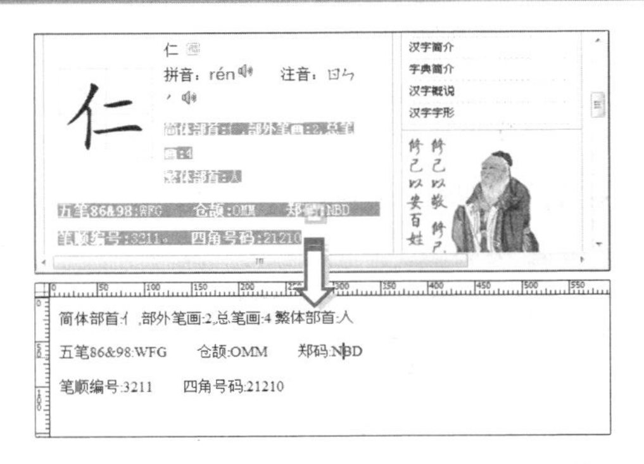

除了直接粘贴外，Dreamweaver CS5 还提供了选择性粘贴功能，允许用户在复制了富文本的情况下，选择性地粘贴文本中某一个部分。

在复制内容后，用户可在 Dreamweaver 打开的网页文档中右击，执行【选择性粘贴】命令，打开【选择性粘贴】对话框。

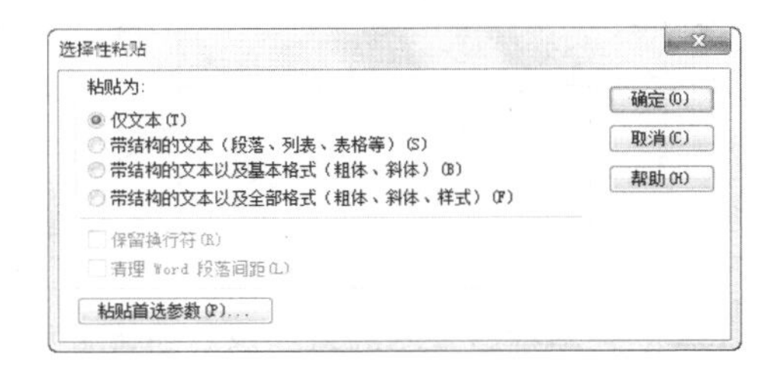

在弹出的【选择性粘贴】对话框中，用户可对多种属性进行设置，如下表所示。

属　性	作　用
仅文本	仅粘贴文本字符，不保留任何格式
带结构的文本	包含段落、列表和表格等结构的文本
带结构的文本以及基本格式	包含段落、列表、表格以及粗体和斜体的文本
带结构的文本以及全部格式	包含段落、列表、表格以及粗体、斜体和色彩等所有样式的文本
保留换行符	选中该选项后，在粘贴文本时将自动添加换行符号
清理 Word 段落间距	选中该选项后，在复制 Word 文本后将自动清除段落间距
粘贴首选参数	更改选择性粘贴的默认设置

3．从外部文件中导入

Dreamweaver CS5 还允许用户从 Word 文档或 Excel 文档中导入文本内容。

在 Dreamweaver 中，将光标定位到导入文本的位置，然后执行【文件】|【导入】|【Word 文档】命令（或【文件】|【导入】|【Excel 文档】命令），选择要导入的 Word 文档或 Excel 文档，即可将文档中的内容导入到网页文档中。

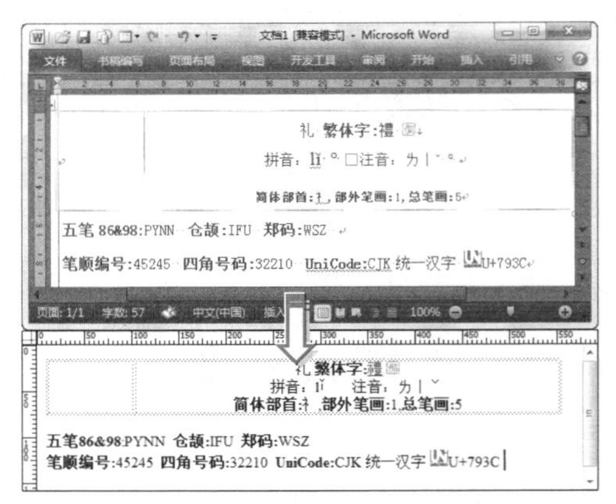

6.4 插入特殊符号

符号也是文本的一个重要组成部分。使用 Dreamweaver CS5，用户除了可以插入键盘允许输入的符号外，还可以插入一些特殊的符号。

在 Dreamweaver 中，执行【插入】|【特殊字符】命令，即可在弹出的菜单中选择各种特殊符号。

或者在【插入】面板中，在列表菜单中选择【文本】，然后单击面板最下方的按钮右侧箭头，也可在弹出的菜单中选择各种特殊符号。

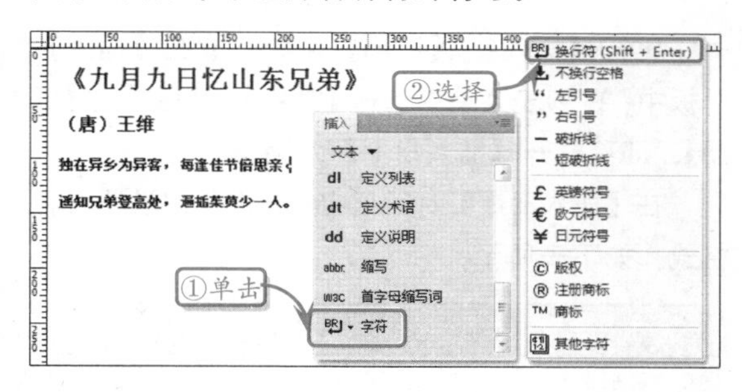

Dreamweaver 允许为网页文档插入 12 种基本的特殊符号，如下表所示。

图　标	显　示
字符：换行符 (Shift + Enter)	两段间距较小的空格
字符：不换行空格	非间断性的空格
字符：左引号	左引号“
字符：右引号	右引号”
字符：破折线	破折线——
字符：短破折线	短破折线—

续表

图　标	显　示
£ 字符：英镑符号	英镑符号£
€ 字符：欧元符号	欧元符号€
¥ 字符：日元符号	日元符号¥
© 字符：版权	版权符号©
® 字符：注册商标	注册商标符号®
TM 字符：商标	商标符号™

除了以上 12 种符号以外，用户还可单击【其他字符】 字符：其他字符 按钮，在弹出的【插入其他字符】对话框中选择更多的字符。

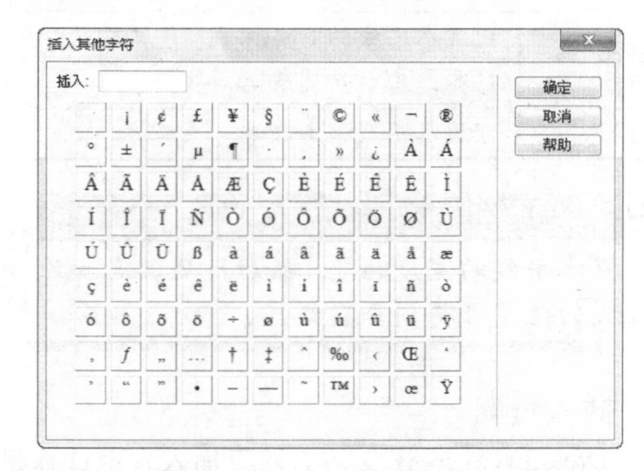

提示

在选中相关的特殊符号后，即可单击【确定】按钮，将这些特殊符号插入到网页中。

6.5 插入水平线和日期

水平线和日期是较为特殊的文本对象。Dreamweaver 允许用户方便地为网页文档插入这两种对象。

1．插入水平线

很多网页都使用水平线以将不同类的内容隔开。在 Dreamweaver 中，用户也可方便地插入水平线。

执行【插入】|【HTML】|【水平线】命令，Dreamweaver 就会在光标所在的位置插入水平线。

在选中水平线后，即可在【属性】检查器中设置水平线的各种属性。

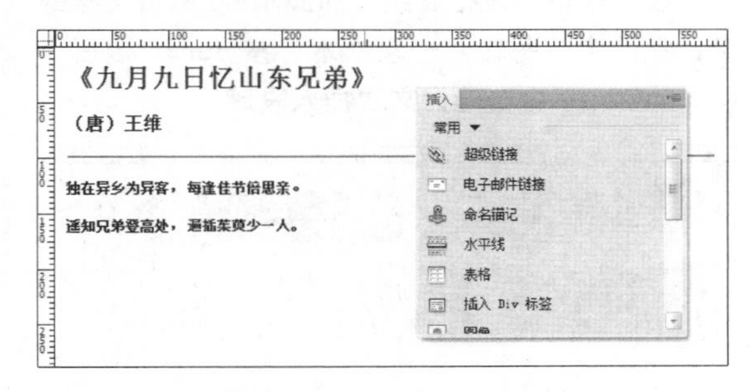

水平线的属性并不复杂，主要包括以下一些种类。

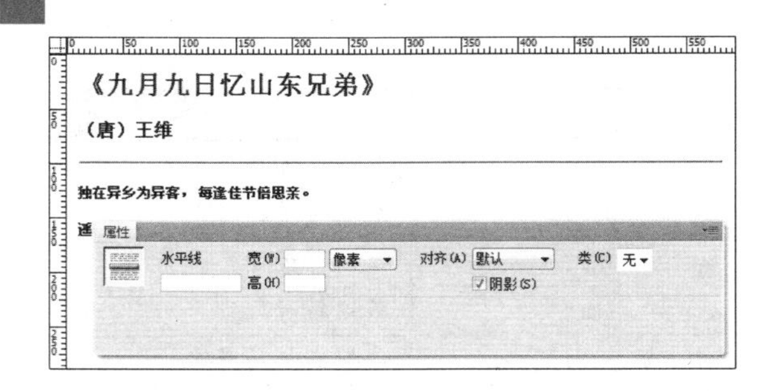

属性名	作　　用
水平线	设置水平线的 ID
宽和高	设置水平线的宽度和高度，单位可以是像素或百分比
对齐	指定水平线的对齐方式，包括默认、左对齐、居中对齐和右对齐
阴影	可为水平线添加投影

技巧

设置水平线的宽度为 1，然后设置其高度为较大的值，可得到垂直线。

2．插入日期

Dreamweaver 还支持为网页插入本地计算机当前的时间和日期。

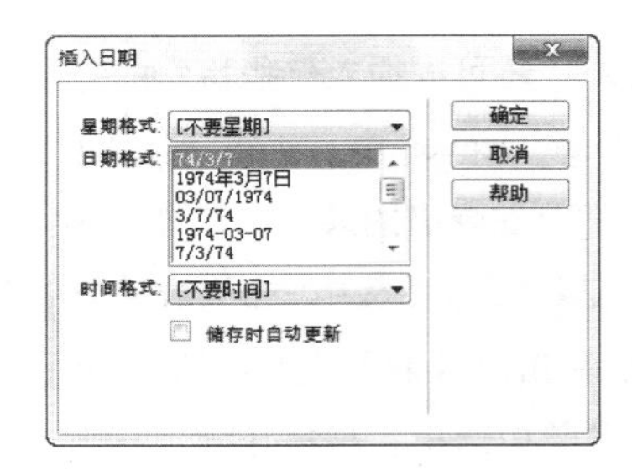

执行【插入】|【日期】命令，或在【插入】面板中，在列表菜单中选择【常用】，然后单击【日期】，即可打开【插入日期】对话框。

在【插入日期】对话框中，允许用户设置各种格式，如下表所示。

选项名称	作　　用
星期格式	在选项的下拉列表中可选择中文或英文的星期格式，也可选择不要星期
日期格式	在选项框中可选择要插入的日期格式
时间格式	在该项的下拉列表中可选择时间格式或者不要时间
储存时自动更新	如选中该复选框，则每次保存网页文档时都会自动更新插入的日期时间

6.6 网页中的段落

对于文字信息较多的网页，可创建段落，使文本以段落的形式显示，更加美观，也更易于阅读。

1．创建段落

段落是指一段格式统一的文本。在网页文档的设计视图中，每输入一段文本，按 Enter 键后，Dreamweaver 会自动为文本插入段落。

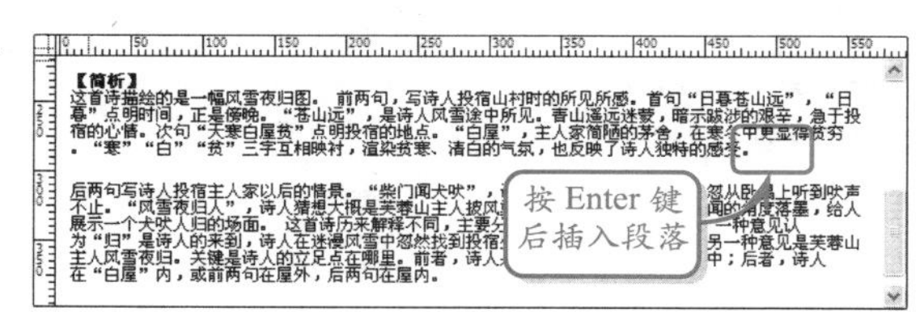

2．设置段落格式

在 Dreamweaver 中，允许用户使用【属性】面板设置段落的格式。

注意

在 Dreamweaver 中，缩进和凸出某个段落时，整个段落都会相应的缩进或凸出，而并非只有段落的首行缩进和凸出。设置段落的缩进和凸出可通过 CSS 样式表或手动输入全角空格来实现。关于 CSS 样式表，请参考“设计网页元素样式”的相关章节。

在【属性】面板中，用户可在【格式】的下拉列表中将段落转换为普通文本、预先格式化的文本（不换行的普通文本）以及 6 种标题文本。

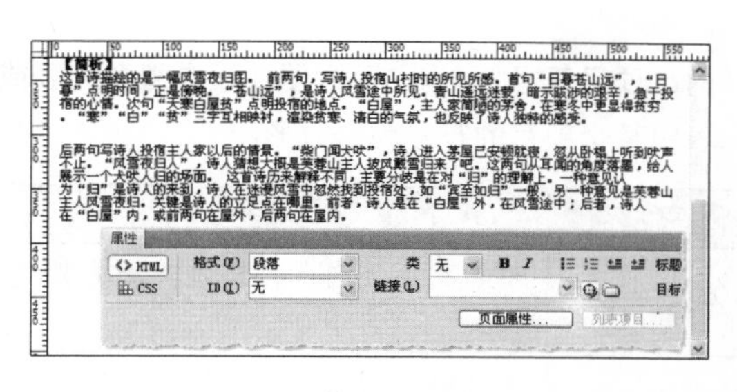

单击【文本凸出】按钮，可将整个段落向左平移一个制表位。而单击【文本缩进】按钮，可将整个段落向右平移一个制表位。

> **提示**
>
> 自 Dreamweaver CS4 开始，将原【属性】面板中的各种设置选项分为了 HTML 和 CSS 两个选项卡。【属性】面板中大部分功能都以 CSS 样式的形式实现。关于 CSS 样式，请参考“设计网页元素样式”的相关章节。

6.7 项目列表

项目列表，又被称作无序列表，是网页文档中最基本的列表形式。

1．创建项目列表

在 Dreamweaver CS5 中，用户可以通过可视化的操作插入项目列表。执行【插入】|HTML|【文本对象】|【项目列表】命令，即可插入一个空的项目列表。

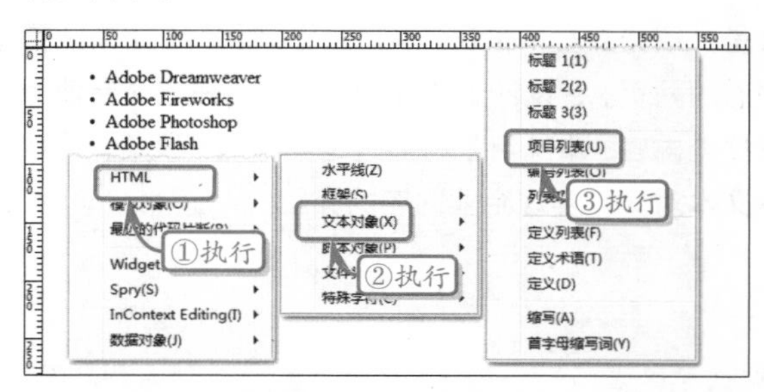

在默认情况下，项目列表的每个列表项目之前都会带有一个圆点“·”作为项目符号。在输入第一个列表项目后，用户可直接按 Enter 键，创建下一个列表项目，并依次输入列表项目的内容。

2．嵌套项目列表

项目列表是可嵌套的。用户可以方便地将一个新的项目列表作为已有项目列表的列表项目，插入到网页文档中。

在已有项目列表中创建一个空列表项目，然后即可选中该列表项目，右击执行【列表】|【缩进】命令，创建子项目列表。

为子项目列表添加列表项目的方法与直接添加列表项目类似，用户只需要按 Enter 键即可。

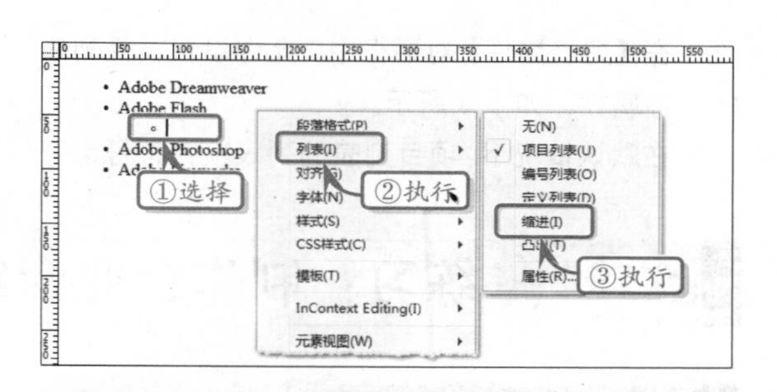

> **提示**
>
> 在默认状态下，插入的项目列表中每一个列表项目的符号均为实心圆形“·”。而项目列表的子项目符号则采用的是空心圆形“○”项目符号以示区别。

根据实际需要，用户也可将子项目列表提升级别，将其转换为父级的项目列表。

选中子项目列表的列表项目，然后即可右击鼠标，执行【列表】|【凸出】命令，实现列表项目级别的转换。

3．设置项目列表的样式

项目列表中的文本内容，其格式设置与普通的段落文本类似。用户可直接选中项目列表内的文本，在【属性】检查器中设置这些文本的粗体或斜体等功能。

除了设置项目列表中文本的样式，Dreamweaver 还允许用户设置项目列表中列表项目本身的样式。

在选中项目列表的某一个列表项目后，用户即可在【属性】检查器中单击【列表项目】按钮，在弹出的【列表属性】对话框中设置整个列表或某个列表项目的样式。

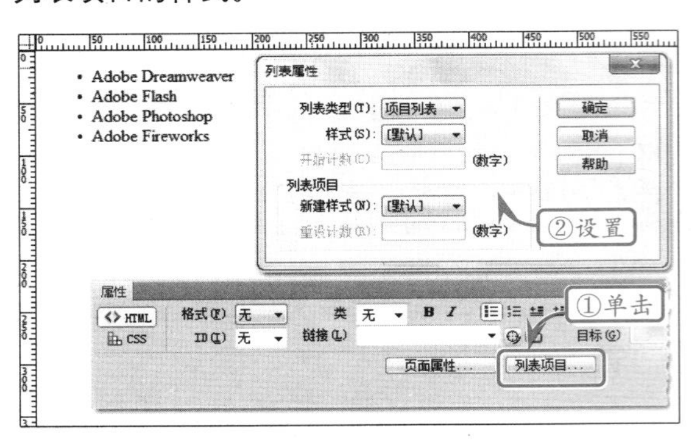

在【列表属性】对话框中，允许设置项目列表的 3 种属性，如下表所示。

在默认情况下，项目列表的列表项目符号为圆形的“项目符号”。用户可方便地设置整个列表或列表中某个项目的符号为“方形”。

属性名	作　用
列表类型	用于将项目列表转换为其他类型的列表
样式	定义项目列表中所有的列表项目符号样式
新建样式	定义当前选择的列表项目符号样式

提示

如需要设置进阶的项目列表的样式，可为项目列表符号编写 CSS 样式表代码，以实现更复杂的样式定义。关于 CSS 样式表，请参考之后的相关章节。

6.8 练习：制作企业介绍网页

练习要点

- 输入文本
- 设置标题
- 设置段落
- 设置链接
- 插入特殊字符

提示

页面布局代码如下所示。

```
<div id="header">
</div>
<div id="content">
    <div id="topHome">
    </div>
    <div id="butto-
    mHome"></div>
</div>
<div id="footer">
</div>
```

企业介绍网页是介绍企业基本情况、展示企业文化、企业团队精神以及企业最新动态的网页。在设计企业介绍网页时，往往需要使用大量的文本来描述这些内容。本练习就将通过运用标题、段落、特殊字符等文本元素等文本对象，实现企业内容的介绍。

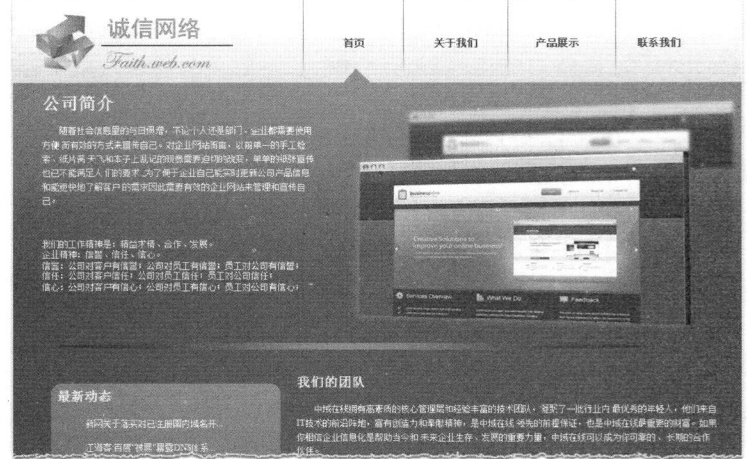

操作步骤

STEP|01 新建文档，在标题栏输入“诚信网络”的文本。单击【属性】检查器中【页面属性】按钮，在弹出的【页面属性】对话框中设

置其参数。然后单击【插入】面板【常用】选项中的【插入 Div 标签】按钮，创建 ID 为 header 的 Div 层，并设置其 CSS 样式。

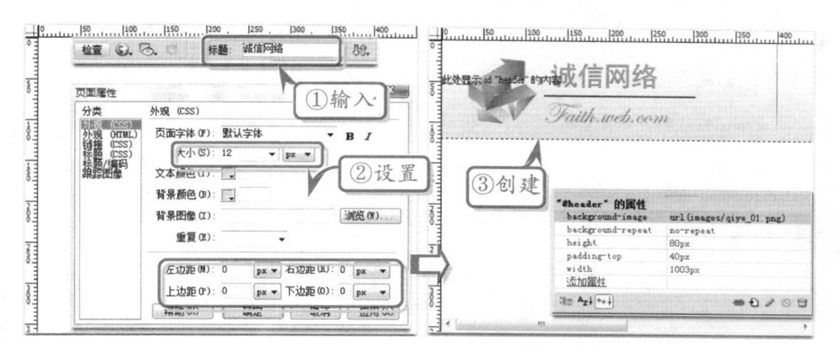

STEP|02 单击【插入 Div 标签】按钮，创建 ID 为 content 的 Div 层，并设置其 CSS 样式属性。按照相同的方法创建 ID 为 footer 的 Div 层，并设置其 CSS 样式属性。

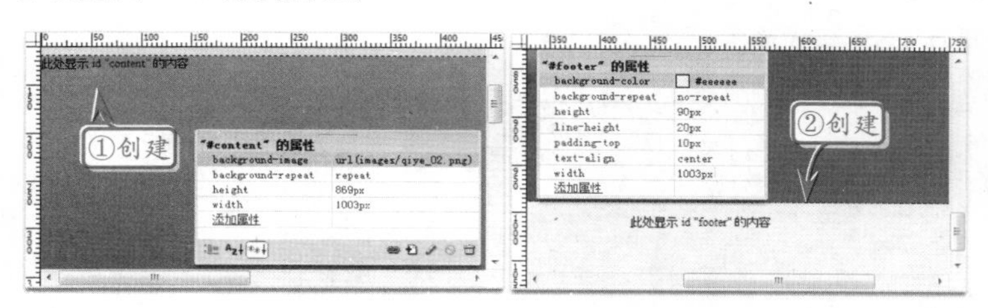

STEP|03 将光标置于 ID 为 header 的 Div 层中，输入文本“首页”，单击【属性】检查器中的【项目列表】按钮，出现项目列表符号，然后按 Enter 键，出现下一个项目列表符号，然后再输入文本，依次类推。

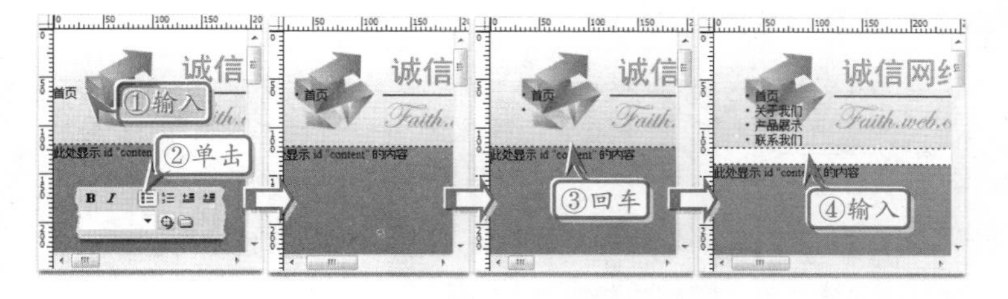

STEP|04 在标签栏选择 ul 标签，文本被选中，然后定义其列表类型、宽、左边距、填充、块元素的 CSS 样式属性。按照相同的方法，在标签栏选择 li 标签，定义其宽、高、浮动、边距、填充、块元素、文本居中的 CSS 样式属性。

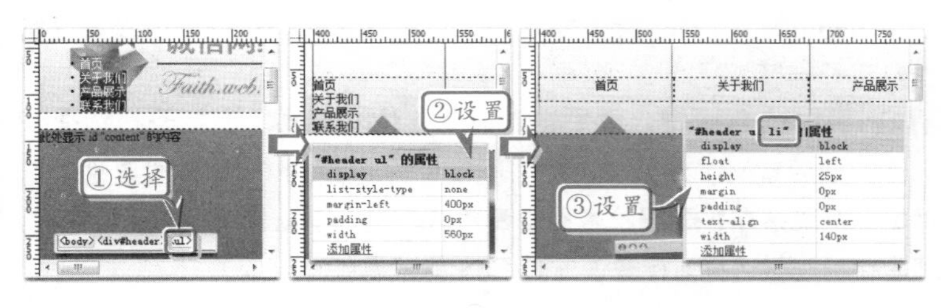

提示

Logo 在背景图像上，所以在创建导航栏时，应在CSS样式属性中设置填充距离。

提示

在 ID 为 header、content 的 Div 层中，设置背景图像时，为了防止层变形设置背景不重复。代码如下所示。

```
background-repeat:repeat;
```

提示

项目列表符号默认情况下是有间距的，所在 CSS 样式属性中通常设置【margin】、【padding】为 0。

提示

在标签栏选择 ul 标签，文本将全部选中；而在标签栏选择 li 标签只选中其中一项。

提示

在 CSS 样式属性中设置 ul 标签样式时，其中，“list-style-type: none;”表示列表样式为空，在界面中项目列表符号消失。

STEP|05 选择文本“首页”，在【属性】检查器中设置【链接】为“javascript:void(null); ”；【标题】中输入“首页”。然后在标签栏选择 a 标签，在 CSS 样式属性中设置其 CSS 样式属性。按照相同的方法依次在【属性】检查器中设置文本【链接】和【标题】。

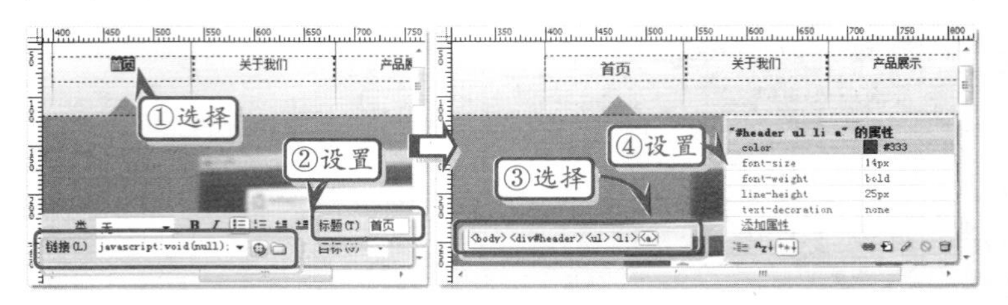

> **提示**
>
> 在 CSS 样式属性中，在“#header ul li a”的样式后添加一个光标滑过时的链接效果，代码如下所示。
>
> ```
> #header ul li a:
> hover {
>   color: #F60;
>   text-decoration:
>   underline;
> }
> ```

STEP|06 将光标置于 ID 为 content 的 Div 层中，分别创建 ID 为 topHome、buttomHome 的 Div 层，并设置其 CSS 样式属性。然后将光标置于 ID 为 topHome 的 Div 层中，创建 ID 为 gsjj 的 Div 层并设置其 CSS 样式属性。

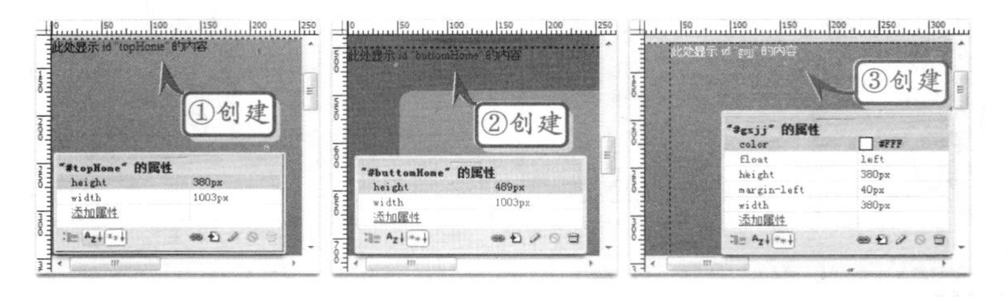

> **提示**
>
> 段落 P 标签，会自动空行，在“我们的工作精神是：……工对公司有信心;”这段文本中不需要使用段落，可以将标签删除。每一句话使用换行
标签。

STEP|07 将光标置于 ID 为 gsjj 的 Div 层中，输入文本“公司简介”，在【属性】检查器中设置【格式】为“标题 1”。按 Enter 键，将自动编辑段落，然后输入文本。在标签栏选择 P 标签，并定义其行高、文本缩进的 CSS 样式属性。

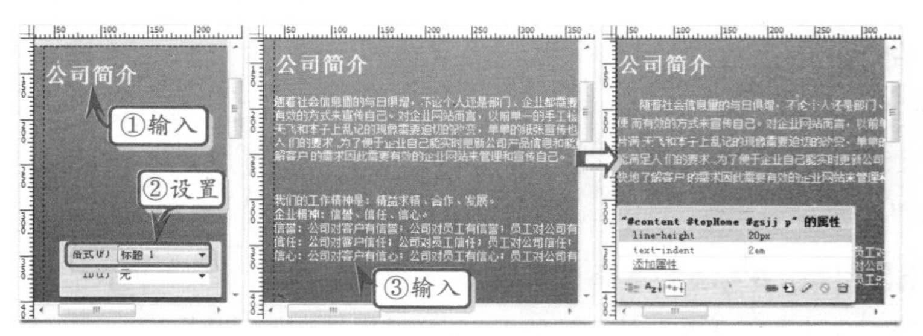

> **提示**
>
> 在【属性】检查器中【格式】中的每一个标题都是有间距的，并且套用格式后，文本显示粗体。

STEP|08 将光标置于 ID 为 buttomHome 的 Div 层中，分别创建 ID 为 leftmian、rightmain 的 Div 层，并设置其 CSS 样式属性。然后在 ID 为 leftmain 的 Div 层中输入文本，在【属性】检查器中设置【格式】为“标题 2”。

STEP|09 按 Enter 键，然后输入文本，依次类推。在标签栏选择 P 标签，然后定义其块元素、高、行高、左边距的 CSS 样式属性。选择每一个段落在【属性】检查器中设置【链接】为“javascript:void(null); ”；然后在标签栏选择 a 标签设置其 CSS 样式属性。

> **提示**
>
> 按 Enter 键后，输入文本，文本自动创建段落，在【属性】检查器中，【格式】为“段落”。

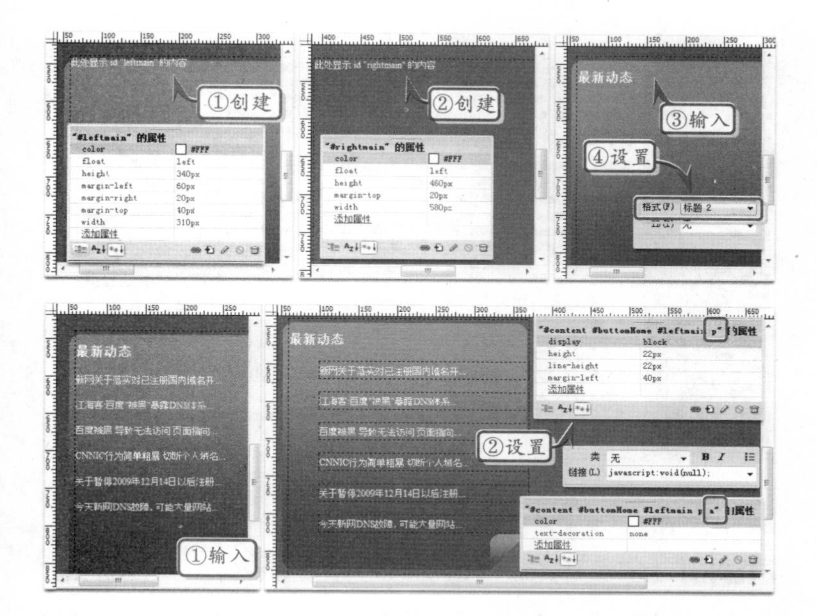

STEP|10 将光标置于 ID 为 rightmain 的 Div 层中，输入文本，设置文本“我们的团队”、“精英团队”的【格式】为“标题 2”。在标签栏选择 P 标签，设置其行高、文本缩进的 CSS 样式属性。

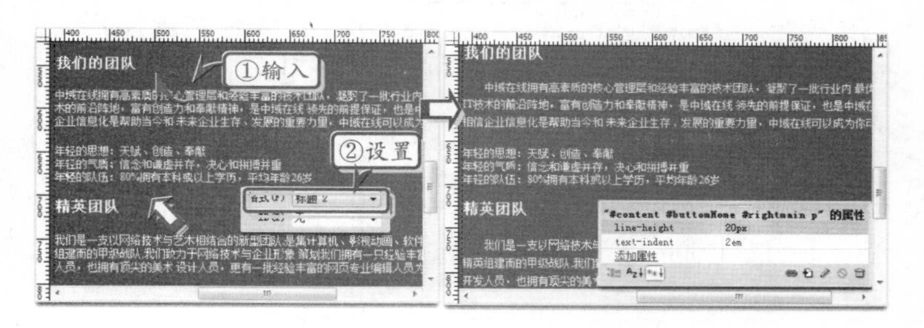

提示

执行删除 P 标签的方法：一是将光标置于文本段落中，在【属性】检查器中，设置【格式】为“无”；二是在标签栏选择 P 标签，右击，在弹出的快捷菜单中执行【删除标签】命令。

STEP|11 将光标置于 ID 为 footer 的 Div 层中输入文本并对文本进行换行。然后，将光标置于文本 Copyright 之后，执行【插入】|HTML|【特殊字符】|【版权】命令。

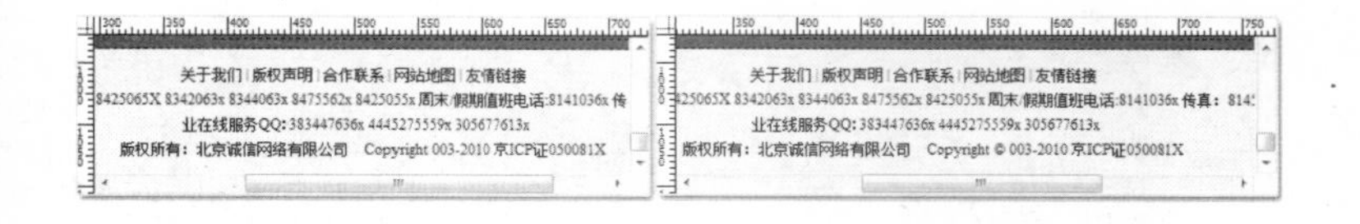

6.9 练习：设计人物介绍网页

项目列表在网页中有广泛的应用。例如，列举大量同级别内容等。本练习就将使用项目列表技术，设计和制作一个著名诗人杜甫的个人简介网页，并列举杜甫的各种作品。

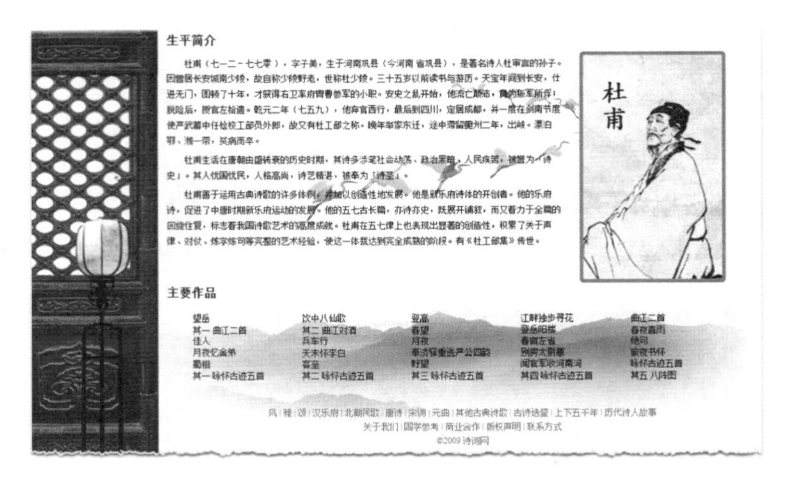

练习要点

- 设置外观属性
- 插入标题
- 插入项目列表
- 特殊字符

操作步骤

STEP|01 打开素材页面“sucai.html”，在标题栏输入“诗人介绍”。然后单击【属性】检查器中【页面属性】按钮 页面属性... ，在弹出的【页面属性】对话框中，设置文字【大小】为12px。

提示

在设置文本元素时，有时需要与CSS样式一块使用。打开【CSS样式】面板，单击【新建CSS规则】按钮依次设置。CSS样式将在第12章具体介绍。

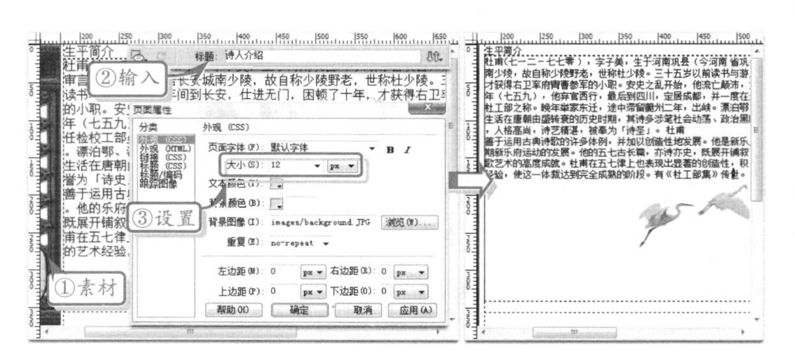

STEP|02 分别选择文本“生平简介”和“主要作品”，设置【属性】检查器中的【格式】为“标题3”。在“生平简介”栏目中，然后，在标签栏选择h3标签，通过CSS样式定义字体浮动、大小、加粗、宽、高等样式。

提示

设置【标题3】后，由于没有行高、间距的显示，所以添加CSS样式来美化h3标签。

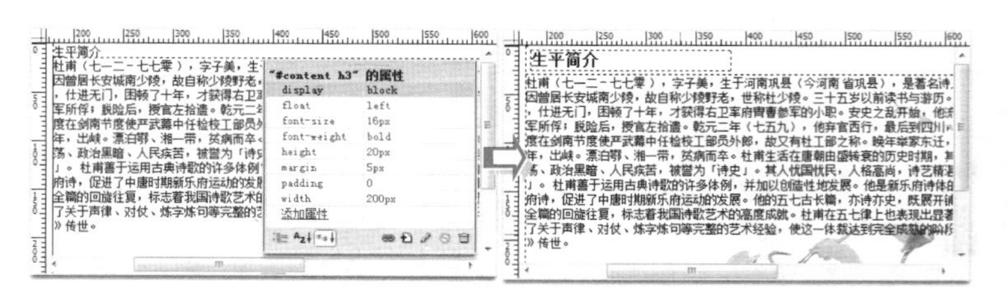

提示

标题分为6种，显示效果如下所示。

标题1
标题2
标题3
标题4
标题5
标题6

STEP|03 分别在“……贫病而卒”，“……被奉为「诗圣」”文本后按 Enter 键，将自动编辑段落。然后，在标签栏选择P标签，通过

CSS 样式定义文本缩进、边距、行高等样式。

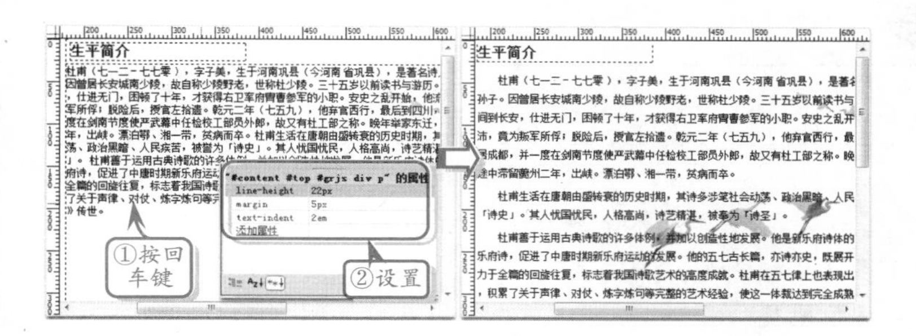

提示

在设置 P 标签的 CSS 样式中，“text-indent:2em”表示段落首行缩进两个字符。

STEP|04 在“主要作品”栏目下方的 Div 层中，输入文本“望岳”，然后单击【属性】检查器中【项目列表】按钮，然后，按 Enter 键依次输入文本。

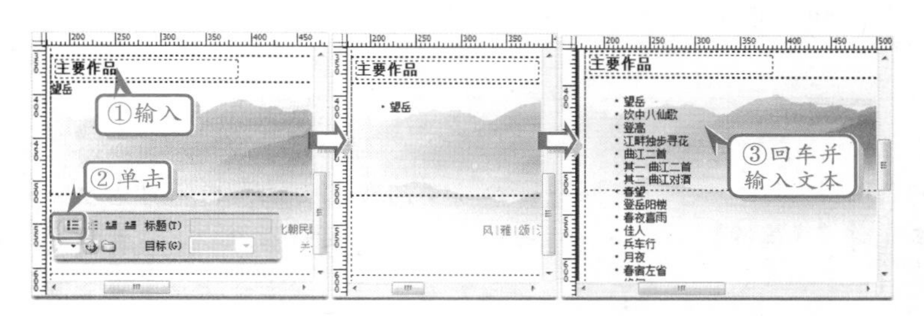

提示

当设置【项目列表】浮动时，项目列表前的项目符号将不显示。

STEP|05 在标签栏中选择 ul 标签，通过 CSS 样式定义该层呈现块状，然后选择标签栏 li 标签，通过 CSS 样式定义向左浮动、【行高】为 16px、文本【对齐】方式为“居中对齐”、【宽度】为 120px 等样式。

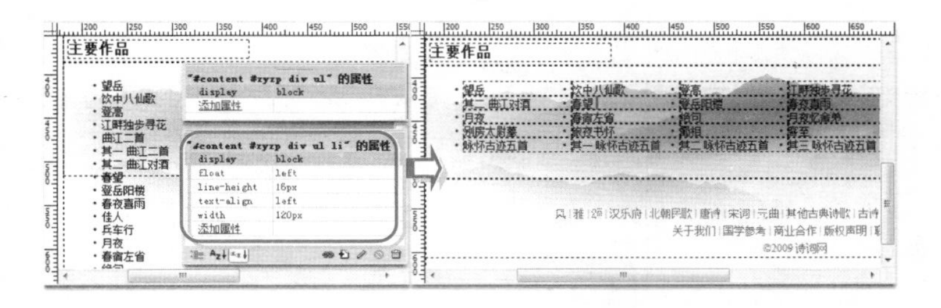

STEP|06 在 ID 为 footer 的 Div 层中，将光标置于数字 2009 前面，然后执行【插入】|HTML|【特殊字符】|【版权】命令，插入一个版权符号。

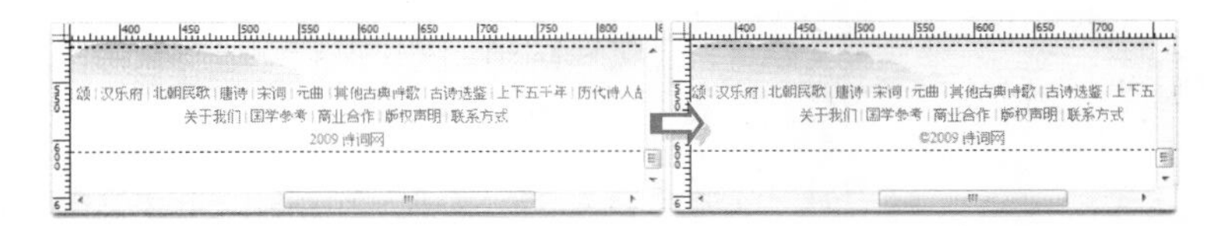

6.10 高手答疑

Q&A

问题 1：如何设置网页的关键字？

解答： 随着搜索引擎的普及，很多网站都会设置一些关键字，使搜索引擎能够方便地获取网站中各页面的信息。

Dreamweaver 允许用户以可视化的方式设置网页的关键字。执行【插入】|HTML|【文件头标签】|【关键字】命令，即可在弹出的【关键字】对话框中设置网页的关键字。如果有多个关键字，则可以用英文的分号“;”将其隔开。

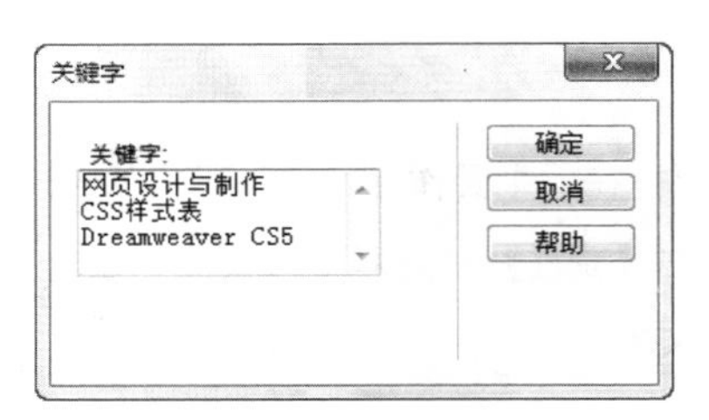

Q&A

问题 2：如何使段落居中对齐或右对齐？

解答： 早期的 Dreamweaver 版本允许在【属性】面板中设置文本的对齐方式。在 Dreamweaver CS4 及之后的 Dreamweaver CS5 中，需要创建 CSS 样式才能继续使用这一功能。

对于一些简单的段落文本，用户可右击，执行【对齐】|【居中对齐】命令，或执行【对齐】|【右对齐】命令，实现段落的居中对齐或右对齐。

Q&A

问题 3：如何为文本添加工具提示？

解答： 在网页中，可以为一些特定的文本添加工具提示，这样，当光标滑过这些文本时，会显示黄色的工具提示信息。

在 Dreamweaver 的设计视图中，选中要添加工具提示的文本，执行【插入】|HTML|【文本对象】|【缩写】命令，即可打开【缩写】对话框。

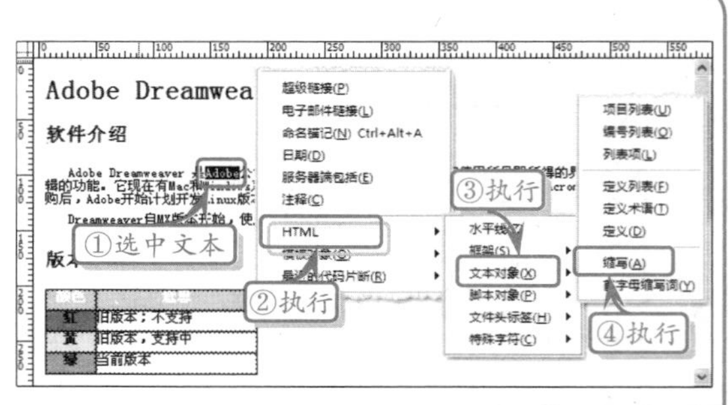

在弹出的【缩写】对话框中，即可设置文本的工具提示信息。在设置完成工具提示信息后，还可以设置提示的文本所属语言，例如，英文是 en，法文是 fr 等。

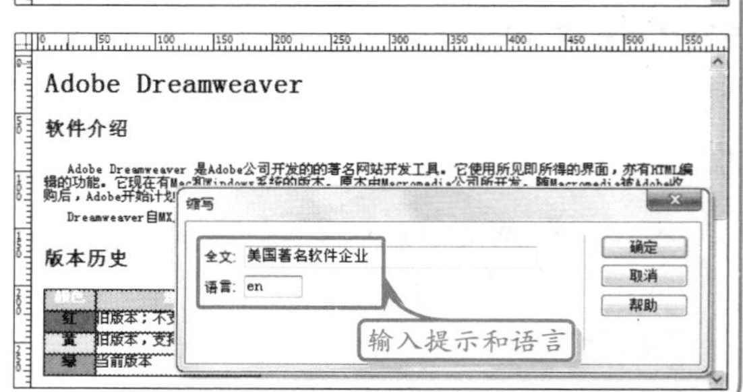

Q&A

问题 4：如何在代码视图中定义列表的项目样式？

解答：在默认的情况下，列表项目的项目符号是从属于项目列表和编号列表的。用户除了可以在 Dreamweaver CS5 的可视化界面中对列表项目的个性化样式进行设置外，还可以使用 XHTML 代码实现类似的功能。

使用 XHTML 代码设置项目符号的样式，同样可使用 type 属性。对于项目列表而言，type 属性可使用 disc、circle 和 square 等属性值；而对于编号列表而言，type 属性则可使用 a、A、i、I 和 1 等 5 种属性值。

如果列表项目属于编号列表，则用户可使用 value 属性设置列表项目的编号值，其属性值为大于 0 的整数。

例如，设置一个编号列表中某个列表项目符号为大写 E，如下所示。

```
<ol type="I">
  <li>苹果</li>
  <li>香蕉</li>
  <li>柠檬</li>
  <li type="A" value="5">桔子</li>
</ol>
```

在设计视图中，用户可方便地查看编号列表中第四个列表项目的样式，如下图所示。

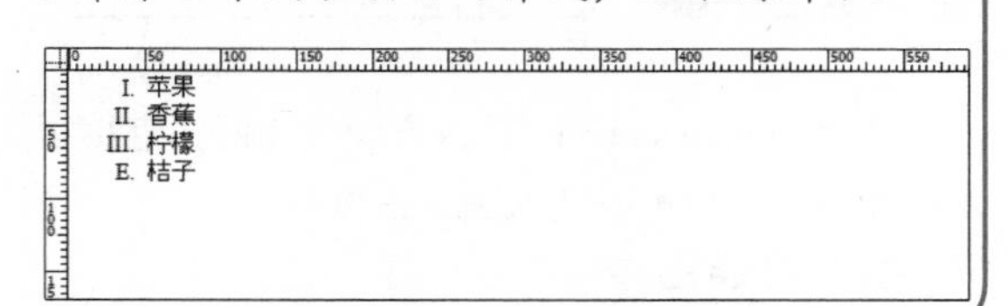

添加网页图像元素

在网页中插入图像，可以使网页更加生动、直观、丰富多彩。在之前的章节中，已介绍了如何使用 Photoshop 处理各种网页图像，以及制作切片网页等知识。本章将详细介绍如何使用 Dreamweaver 为网页插入普通图像、背景图像、鼠标经过图像、导航条图像、分层图像、智能对象，以及如何设置这些图像的属性等知识。

7.1 插入图像

使用 Dreamweaver，可以方便地为网页直接插入各种图像，也可以插入图像占位符。

1．插入普通图像

在 Dreamweaver 中，将光标放置到文档的空白位置，即插入图像。插入图像有两种方式。

一种是通过命令插入图像。执行【插入】|【图像】命令，或按 Ctrl+Alt+I 键，然后，即可在弹出的【选择图像源文件】对话框中，选择图像，单击【确定】插入到网页文档中。

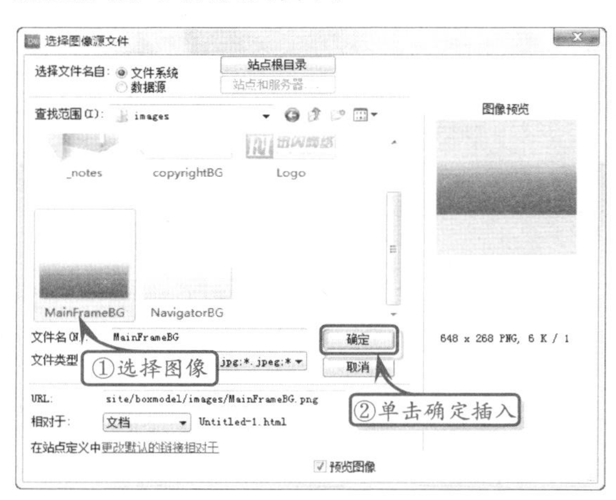

另一种则是通过【插入】面板插入图像。在【插入】面板中选择【常用】项目，然后即可单击【图像】按钮（图像：图像），在弹出的【选择图像源文件】对话框中选择图像，将其插入到网页中。

2．插入图像占位符

在设计网页过程中，并非总能找到合适的图像素材。因此，Dreamweaver 允许用户先插入一个空的图像，等找到合适的图像素材后再将其改为真正的图像。这样的空图像叫做图像占位符。

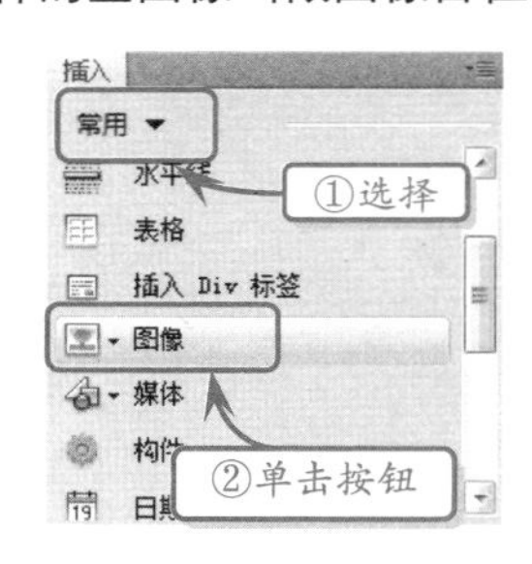

提示

如果在插入图像之前未将文档保存到站点中，则 Dreamweaver 会生成一个对图像文件的“file:// ”绝对路径引用，而非相对路径。只有将文档保存到站点中，Dreamweaver 才会将该绝对路径转换为相对路径。

使用图像占位符，可以帮助用户在没有图像素材之前先为网页布局。

插入图像占位符的方式与插入普通图像类似，用户可执行【插入】|【图像对象】|【图像占位符】命令，在弹出的【图像占位符】对话框中设置各种属性，然后单击【确定】按钮。

在【图像占位符】对话框中有多种选项，如下表所示。

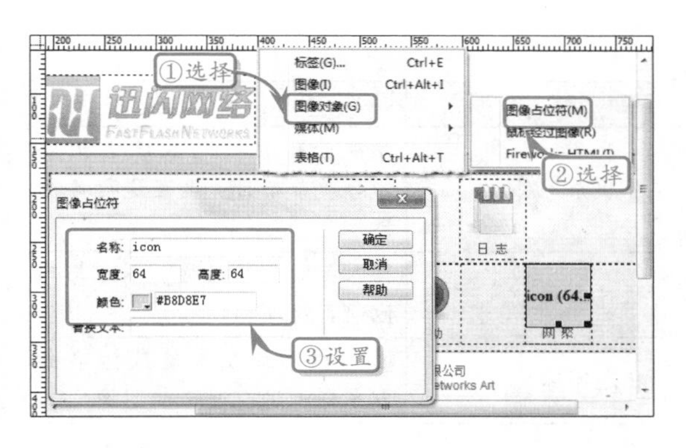

在插入图像占位符后，用户随时可在Dreamweaver中单击图像占位符，在弹出的【选择图像源文件】对话框中选择图像，将其替换。

选项名称	作　用
名称	设置图像占位符的名称
宽度	设置图像占位符的宽度，单位为像素
高度	设置图像占位符的高度，单位为像素
颜色	设置图像占位符的颜色，默认为灰色(#D6D6D6)
替换文本	设置图像占位符在网页浏览器中显示的文本

虽然插入的图像占位符可以在网页中显示，但为保持网页美观，在发布网页之前，应将所有图像占位符替换为图像。

7.2 插入鼠标经过图像

鼠标经过图像是一种在浏览器中查看并可在鼠标经过时发生变化的图像。Dreamweaver 可以通过可视化的方式插入鼠标经过图像。

在 Dreamweaver 中，执行【插入】|【图像对象】|【鼠标经过图像】命令，即可打开【插入鼠标经过图像】对话框。

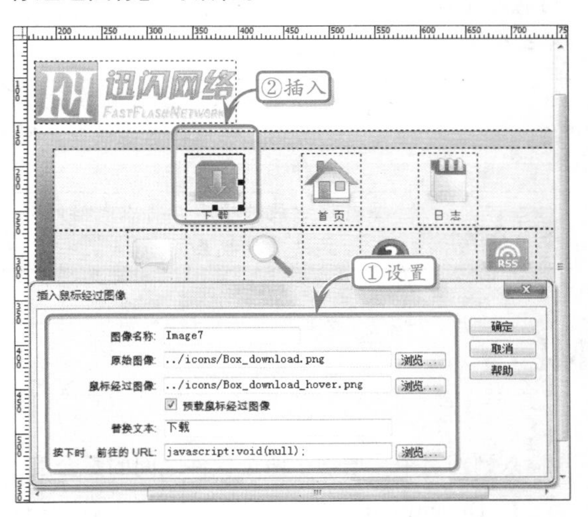

在该对话框中，包含多种选项，可设置鼠标经过图像的各种属性。

选项名称	作　用
图像名称	鼠标经过图像的名称，可由用户自定义，但不能与同页面其他网页对象的名称相同
原始图像	页面加载时显示的图像
鼠标经过图像	鼠标经过时显示的图像
预载鼠标经过图像	选中该选项后，浏览网页时原始图像和鼠标经过图像都将被显示出来
替换文本	当图像无法正常显示或鼠标经过图像时出现的文本注释
按下时，前往的URL	单击该图像后转向的目标

提示

虽然在 Dreamweaver 中，并未将【按下时，前往的 URL】选项设置为必须的选项，但如用户不设置该选项，Dreamweaver 将自动将该选项设置为井号“#”。

7.3 插入导航条

导航条是为站点上的页面和文件提供一条便捷途径的网页元素。

虽然 Dreamweaver 允许用户插入多个鼠标经过图像以实现导航条的功能，但仍提供了一种可视化且非常简便的方法制作导航条，并且允许导航条中的按钮包含 4 种状态。

在 Dreamweaver 中，执行【插入】|【图像对象】|【导航条】命令，即可打开【插入导航条】对话框。

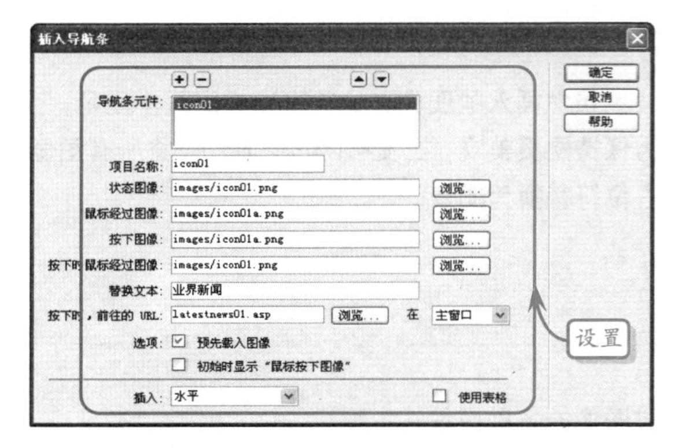

在【插入导航条】对话框中，用户可方便地添加导航条项目，并设置其各种选项。

选 项 名	作 用
添加项 +	单击该按钮，可为导航条添加新的项目
删除项 −	选中导航条项目并单击该按钮，可将导航条项目删除
在列表中上移项 ▲	选中导航条项目，并单击该按钮，可将导航条项目上移一位
在列表中下移项 ▼	选中导航条项目，并单击该按钮，可将导航条项目下移一位
导航条元件	导航条项目的列表选中相应的导航条项目，即可进行各种操作
项目名称	插入导航条的名称，不可与其他网页对象相同
状态图像	选中的项目在未被鼠标单击或光标滑过时显示的图像
鼠标经过图像	选中的项目在被光标滑过时显示的图像
按下图像	选中的项目在被鼠标单击时显示的图像
单击时鼠标经过图像	选中的项目在被鼠标单击并且光标经过时显示的图像
替换文本	当项目未正常显示时显示的文本
单击时，前往的URL	当项目被鼠标单击后转到的新页面
预先载入图像	选中该选项后，当页面载入时会自动加载所有导航条中的图像，无论该图像是否应显示
初始时显示“鼠标单击图像”	选中该选项后，当页面载入时，会显示鼠标单击项目时的图像
插入	该下拉列表用于设置导航条的方向，可选择水平或垂直等两种
使用表格	选中该选项后，将以表格的形式设置导航条

7.4 插入 Fireworks HTML

Fireworks 是除 Photoshop 之外另一种图像处理软件，主要用于处理各种 Web、RIA 应用程序中的图像，以及生成各种简单的网页脚本。

在 Fireworks 中，可执行【导出】命令，将生成的网页脚本及优化后的图像保存为网页。

Dreamweaver 提供了简单的功能，允许用户直接将 Fireworks 生成的 HTML 代码和 JavaScript 脚本插入到网页中，增强了两个软件之间的契合度。

在 Dreamweaver 中，执行【插入】|【图像对象】|Fireworks HTML 命令，即可在弹出的【插入 Fireworks HTML】对话框中单击【浏览】按钮，在弹出的对话框中选择 Fireworks 导出的文件。

单击【确定】按钮之后，即可将在 Fireworks 中制作的各种网页图像插入到网页中，同时应用一些 Fireworks 生成的脚本。

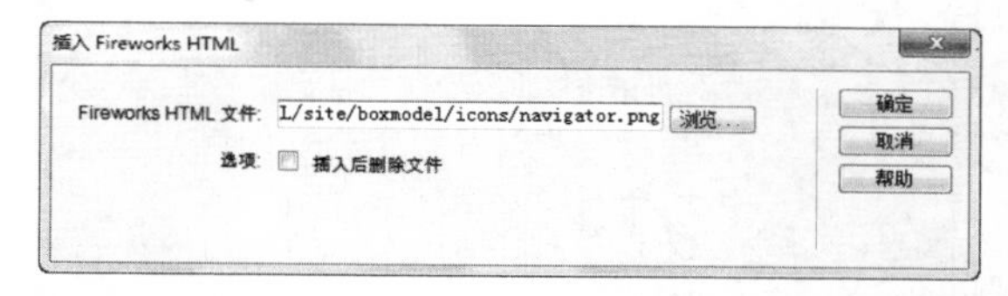

提示

如用户不需要再使用这些 Fireworks Html 文件，可在【Fireworks HTML 文件】下方选择【插入后删除文件】选项，则在插入 Fireworks HTML 文件后，Dreamweaver 将自动删除这些文件。

提示

除此之外，Dreamweaver 还允许用户直接复制 Fireworks 生成的各种脚本代码以及 CSS 样式，将其粘贴到网页文档中。

7.5 插入 Photoshop 图像

除了 Fireworks 外，Dreamweaver 还可以跟 Photoshop 进行紧密的结合，直接为网页插入 PSD 格式的文档。同时，还能动态监控 PSD 文档的更新状态。

插入智能对象是 Dreamweaver CS4 新增的一个功能。

在以往的 Dreamweaver 版本中，也可插入 Photoshop CS4 的图像，但是需要将其转换为可用于网页的各种图像，例如，JPEG、JPG、GIF 和 PNG 等。

已插入网页的各种图像将与源 PSD 图像完全断开联系。修改源 PSD 图像后，用户还需要将 PSD 图像转换为 JPEG、JPG、GIF 或 PNG 图像，并重新替换网页中的图像。

在 Dreamweaver 中，借鉴了 Photoshop 中的智能对象概念，即允许用户插入智能的 PSD 图像，并维护网页图像与其源PSD图像之间的实时连接。

在 Dreamweaver 中，执行【插入】|【图像】命令，在弹出的【选择图像源文件】对话框中选择 PSD 源文件，即可单击【确定】按钮，打开【图像预览】对话框。

在【图像预览】对话框的【选项】选项卡中，可设置图像的压缩处理设置，包括设置压缩图像的格式、品质等属性。

在【图像预览】对话框的【文件】选项卡中，可设置图像的缩放比例、宽度、高度，和选择导出图像的区域等属性。

在完成各项设置后，即可单击【确定】按钮，将临时产生的镜像图像保存，并插入到网页中。此时，网页中的图像将显示出智能对象的标志。

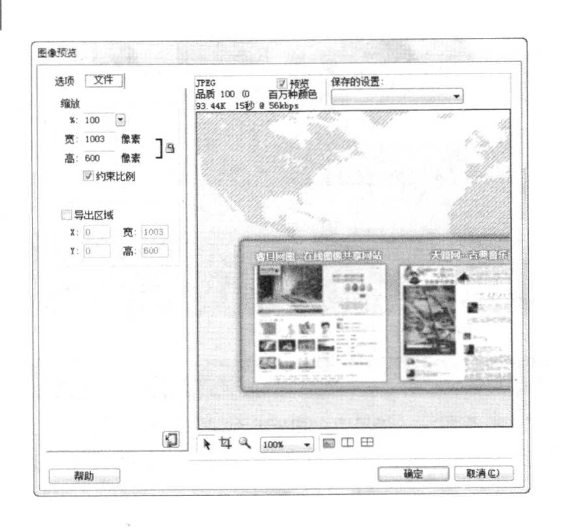

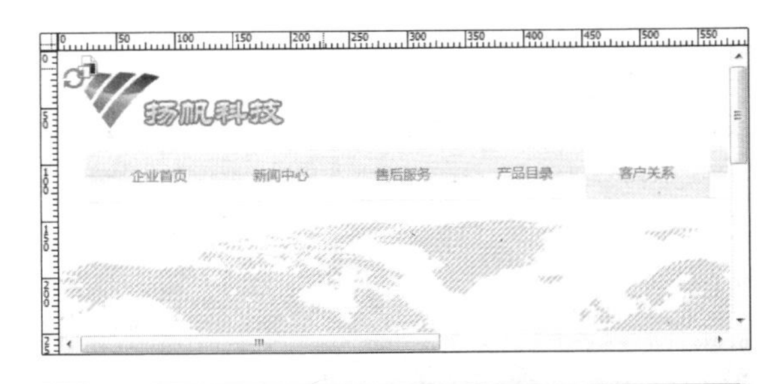

提示

在 Photoshop CS5 和 Dreamweaver CS5 中，已禁止用户复制选区或切片等 Photoshop 对象。

7.6 设置网页图像属性

插入网页中的图像，在默认状态下通常会使用原图像的大小、颜色等属性。Dreamweaver 允许用户根据不同网页的要求，对这些图像的属性进行简单的修改。

1．图像基本属性

在 Dreamweaver 中，【属性】面板是最重要的面板之一。选中不同的网页对象，【属性】面板会自动改换为该网页对象的参数。例如，选中普通的网页图像，【属性】面板就将改换为图像的各属性参数。

关于【属性】面板中的各种图像属性，如下表所示。

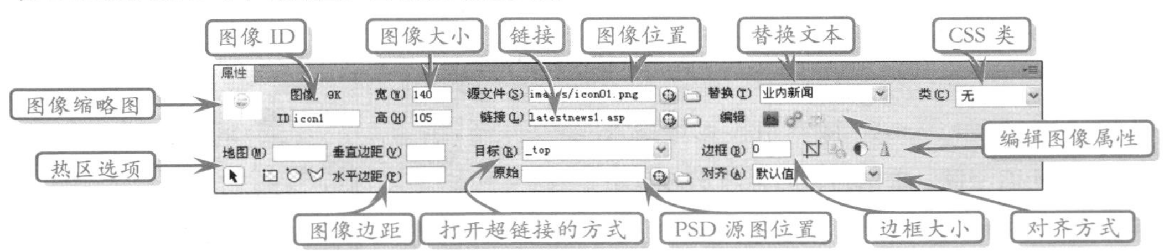

属性名	作　用
ID	图像的名称，用于 Dreamweaver 行为或 JavaScript 脚本的引用
宽和高	图像在网页中的宽度和高度
源文件	图像的 URL 位置
对齐	图像在其所属网页容器中的对齐方式
链接	图像上超链接的 URL 地址
替换	当光标滑过图像时显示的文本
类	图像所使用的 CSS 类
地图	图像上的热点区域绘制工具
垂直边距	图像距离其所属容器顶部的距离
水平边距	图像距离其所属容器左侧的距离
目标	图像超链接的打开方式
原始	图像的源 PSD 图像 URL 地址
边框	图像的边框大小

2．设置图像大小

在图像插入网页后，显示的尺寸默认为图像的原始尺寸。Dreamweaver 允许用户自定义图像的尺寸。

定义图像的尺寸有两种方式，一种是单击选择图像，然后通过拖曳图像右侧、下方以及右下方的 3 个控制点调节图像的大小。

在拖动控制点时，用户不仅可以拖动某一个控制点，只以垂直或水平方向缩放图像，还可按住 Shift 键锁定图像宽和高的比例关系，成比例的缩放图像。

另一种方法是在【属性】面板中直接设置图像的【宽】和【高】，通过输入数值精确地改变图像的大小。

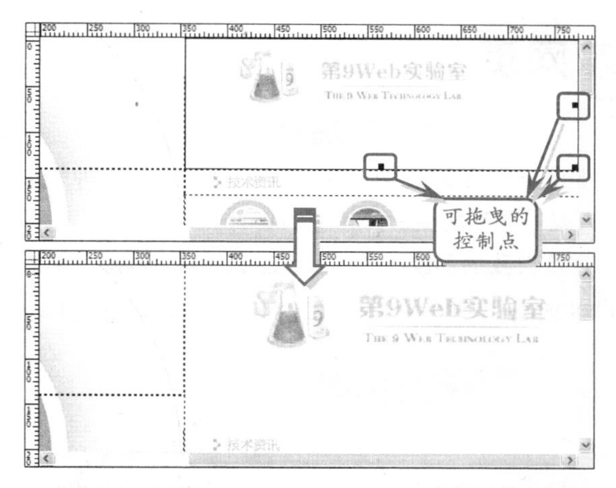

提示

通过拖曳改变图像的大小并不能改变图像占用磁盘空间的大小，只能改变其在网页中显示的大小，因此，也不会改变其在网页中下载的时间长短。

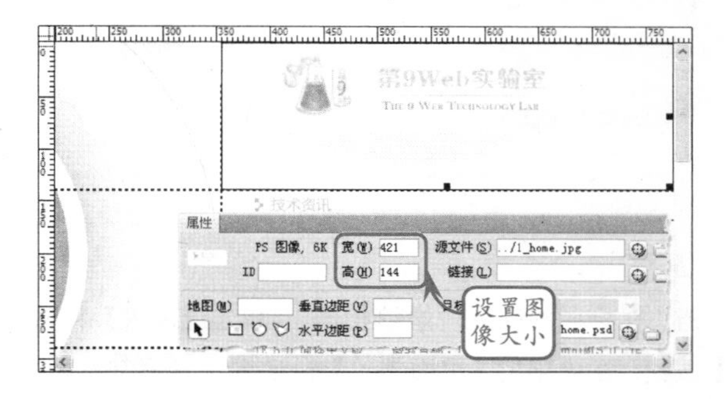

用任何一种方式修改图像的大小，在【属性】面板的【宽】和【高】右侧都会出现【重设大小】的按钮。单击该按钮，可以方便地将图像恢复到原始的大小。

3．设置图像对齐方式

在网页中，经常需要将图像和文本混排，以节省网页空间。

Dreamweaver 可以帮助用户设置网页图像在容器中的对齐方式，共 10 种设置，如下表所示。

为图像应用对齐方式，可以使图像与文本更加紧密结合，实现文本与图像的环绕效果。例如，将文本左对齐等。

设置类型	作　用
默认值	将图像放置于容器基线和底部
基线	将文本或同一段落的其他内容基线与选定的图像底部对齐
顶端	将图像的顶端与当前容器最高项的顶端对齐
居中	将图像的中部与当前容器中文本的中部对齐
底部	将图像的底部与当前行的底部对齐
文本上方	将图像的顶端与文本的最高字符顶端对齐
绝对居中	将图像的中部与当前容器的中部对齐
绝对底部	将图像的底部与当前容器的底部对齐
左对齐	将图像的左侧与容器的左侧对齐
右对齐	将图像的右侧与容器的右侧对齐

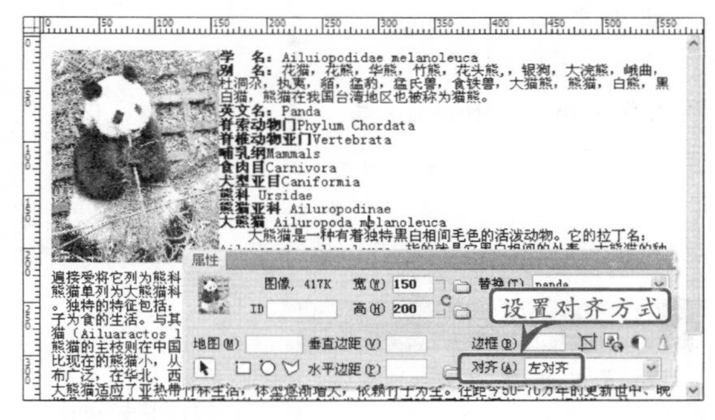

4．设置图像位置

当图像与文本混合排列时，图像与文本之间是没有空隙的，这将使页面显得十分拥挤。

Dreamweaver 可以帮助用户设置图像与文本之间的距离。在【属性】面板中，设置【垂直边距】与【水平边距】，可以方便地增加图像与文本之间的距离。

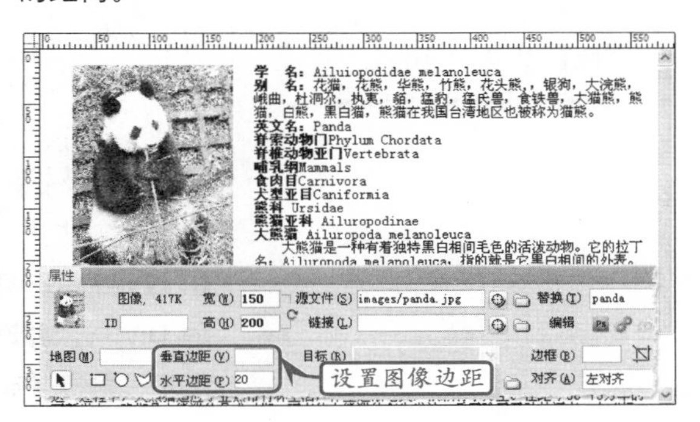

7.7 练习：制作相册展示网页

练习要点

- 插入图像
- 插入背景图像
- 插入 Photoshop 图像

相册展示网页也是一种互联网中常见的网页类型。在这种网页中，往往展示了个人或一些专业摄影师拍摄的各种照片，很多摄影师头使用这种网页来宣传自我的形象。本练习通过运用插入图像、插入背景图像、插入 Photoshop 图像等功能，制作一个婚纱摄影师的相册网页。

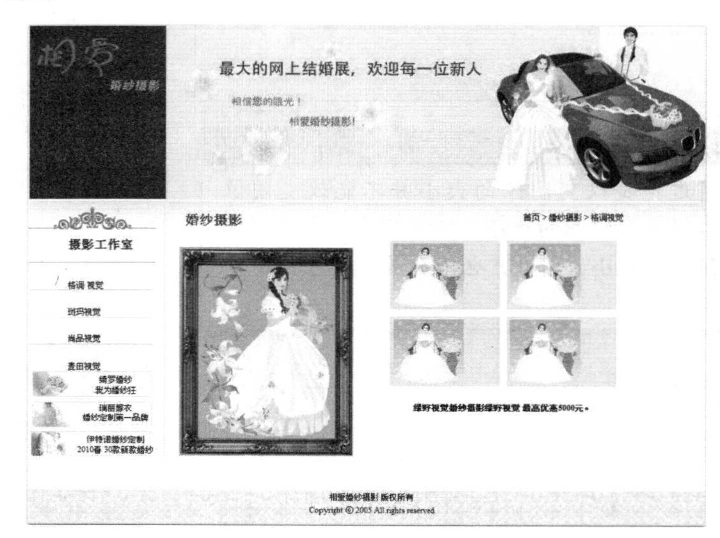

提示

在布局页面时，主要分为 header、content、footer 层，在 header 层中嵌套 logo、banner 层；在 content 层中嵌套 leftmain、rightmain 层。

提示

在【页面属性】对话框中，最常用的是【外观(CSS)】分类。其中【页面字体】默认字体为“宋体”；【大小】默认为 14px；【文本颜色】默认为“黑色”；【背景颜色】默认为“白色”；【背景图像】默认为“无”；【上边距】默认为 15px；【左边距】默认为 10px。

操作步骤

STEP|01 新建文档，在标题栏输入“婚纱相册”。单击【属性】检查器中【页面属性】按钮，在弹出的【页面属性】对话框中设置其参数。然后单击【插入】面板【布局】选项中的【插入 Div 标签】按钮，创建 ID 为 header 的 Div 层，并设置其 CSS 样式。

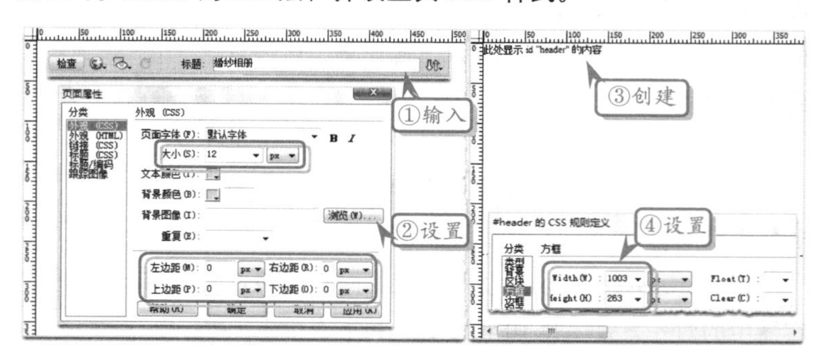

STEP|02 在 ID 为 header 的 Div 层中，分别潜逃 ID 为 logo、banner 的 Div 层，并设置其 CSS 样式。然后将光标置于 ID 为 logo 的 Div 层中，单击【插入】面板中的【图像】按钮。

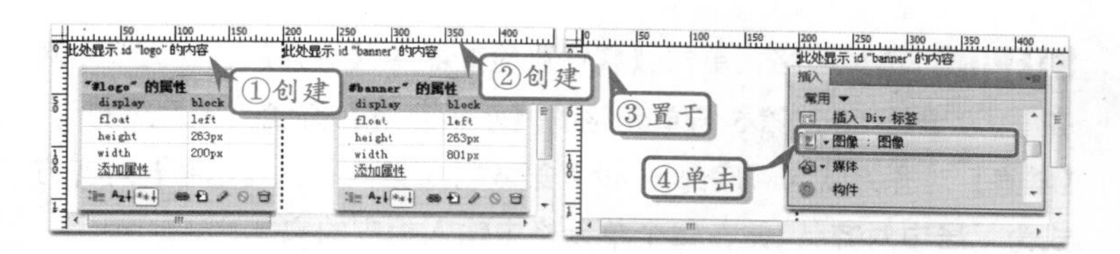

STEP|03 在弹出的【选择图像源文件】对话框中，选择图像"logo.psd"，单击【确定】按钮后，弹出【图像预览】对话框，图像格式转换为".jpg"，单击【确定】按钮，弹出【保存 Web 图像】对话框，进行保存。按照相同的方法，在 ID 为 banner 的 Div 层中，插入图像"banner.psd"。

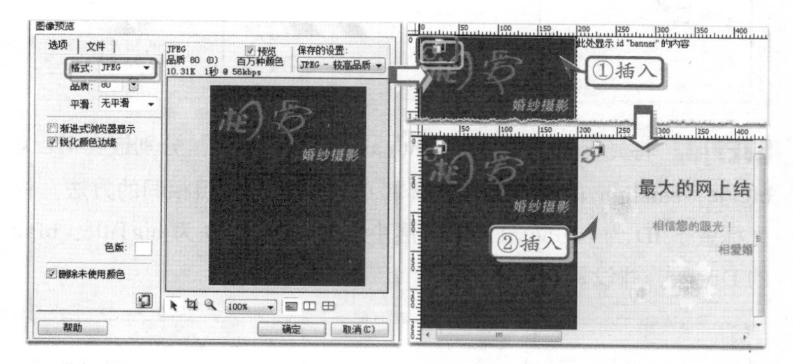

STEP|04 单击【插入 Div 标签】按钮，创建 ID 为 content 的 Div 层，并设置其 CSS 样式。然后在该 Div 层中分别嵌套 ID 为 leftmain、rightmaim 的 Div 层，并设置其 CSS 样式。

STEP|05 将光标置于 ID 为 leftmain 的 Div 层中，单击【插入】面板【表格】按钮 表格，在弹出的【表格】对话框中设置行数为 8；列数为 1；【表格宽度】为"190 像素"；【边框粗细】为"0 像素"；【边距】和【间距】为 0 的表格。

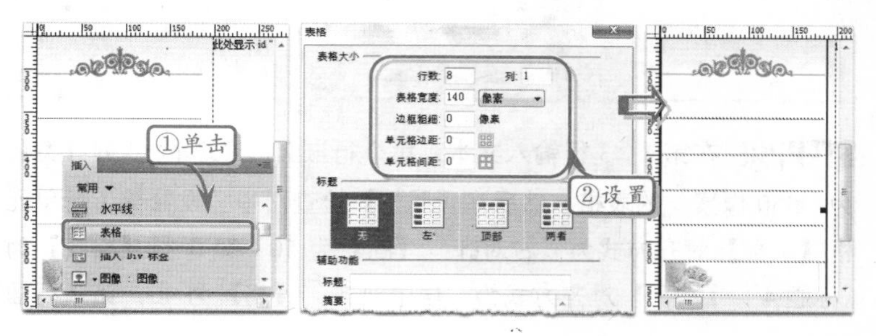

提示

通过CSS代码来控制图层样式。如 display：block 表示该层显示块状；float:left 表示该层向左浮动；height:263px 表示高为 263px；width:200px 表示宽为 200px。

提示

插入的后缀名是".psd"的图像，会自动在文件夹中创建后缀名为".jpg"的图像。

提示

在【图像预览】对话框中，也可以对图像进行编辑，如移动、裁剪、放大缩小等；设置图像保存格式、品质、平滑等。

提示

在 ID 为 leftmain 和 rightmain 的 Div 层中，通过设置 CSS 样式，插入【背景图像】。

提示

执行插入【表格】命令有两种方法。一是在工具栏，执行【插入】|【表格】命令；二是单击【插入】面板常用选项中的【表格】按钮。

STEP|06 选择表格，单击【属性】检查器中【对齐】方式为“右对齐”，设置第1行~第5行单元格的【水平】对齐方式为“左对齐”；【垂直】对齐方式为“底部”；设置第6行～第8行的【水平】对齐方式为“居中对齐”，并在每个单元格中输入相应的文本。

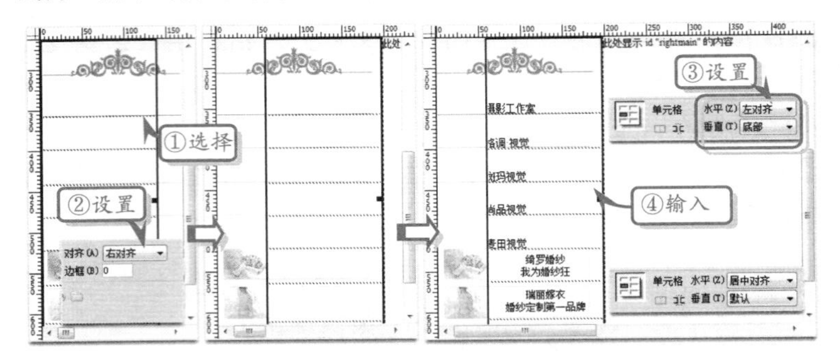

提示

表格【对齐】方式分为左对齐、居中对齐、右对齐；单元格中【水平】对齐方式分为：左对齐、居中对齐、右对齐；【垂直】对齐方式分为：顶部、居中、底部、基线。

STEP|07 将光标置于ID为rightmain的Div层中，分别嵌套ID为bigPic、smallpic的Div层，设置其CSS样式。按照相同的方法，将光标置于ID为bigPic放入Div层中，分别嵌套ID为bigTitle、bPic的Div层，并设置其CSS样式。

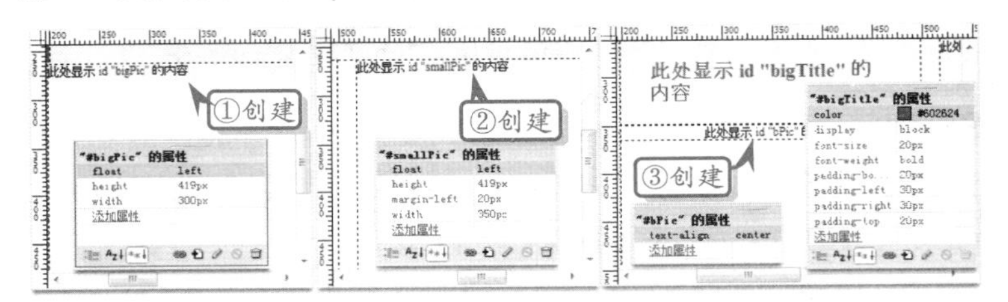

提示

ID为bigTitle的Div层，是一个输入文本的层，该层主要设置的文本属性，font-size：20px表示字体大小为20px；font-weight:blod表示字体加粗；padding表示填充；text-align:center表示文字水平居中。

STEP|08 将光标置于ID为bigTitle的Div层中，输入文本。在ID为bPic的Div层中，插入图像“person1.psd”。在ID为smallPic的Div层中，插入一个3行×1列【宽】为“350像素”的表格，并在【属性】检查器中进行设置。

提示

在CSS代码中，Cellspacing表示间距；cellpadding表示填充；border表示边框；对齐方式默认为“左对齐”。

STEP|09 在第1、3行输入文本，第2行嵌套一个2行×2列【宽】为“350像素”的表格。然后在【属性】检查器中，设置第1行单元格【水平】对齐方式为“右对齐”；【高】为50；第3行【格式】为“标题4”；【水平】对齐方式为“居中对齐”；【高】为40；第2行插

入的表格【填充】为 4；【间距】为 10；【边距】为 0。

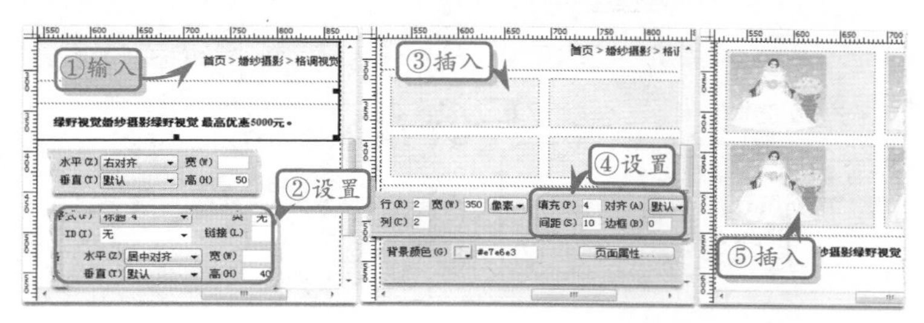

> **提示**
>
> 选择单元格，在【属性】检查器中设置单元格【背景颜色】为“灰色”（#E7E6E3）。

STEP|10 在文档最底部，创建 ID 为 footer 的 Div 标签，并设置其 CSS 样式。然后，将光标置于 footer 的 Div 标签中，输入版权信息内容的文本，完成版尾部分内容的制作过程。

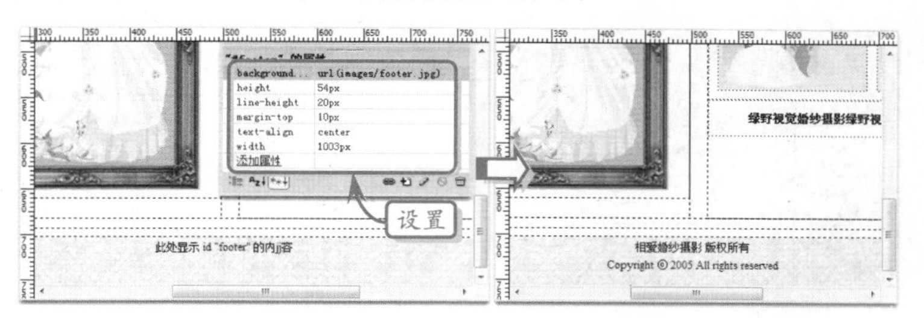

> **提示**
>
> 在 CSS 代码中设置的 line-heigh:20px 表示行距为 20px；background：url(images/footer.jpg) 表示背景图像。

STEP|11 在制作完成版尾部分的内容后，即可完成整个相册展示网页的制作。保存网页，然后即可使用网页浏览器查看最终的页面效果。

7.8 练习：制作图像导航条

使用 Dreamweaver CS5，用户可方便地制作出精美的网页图像导航条。在制作图像导航条时，需要使用到 Dreamweaver CS5 的【插入鼠标经过图像】功能，依次将导航条各按钮的各种状态图像插入到相应的位置。

> **练习要点**
>
> - 插入背景图像
> - 插入图像
> - 插入光标经过图像

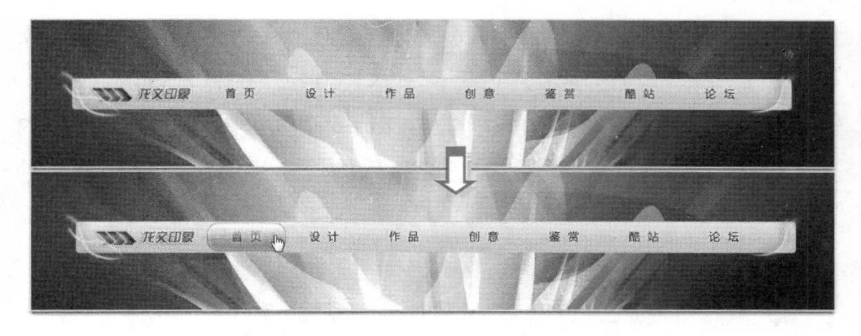

> **提示**
>
> 在【重复】的下拉列表中，no-repeapt 表示图像不重复；repeapt 表示图像重复（系统默认）；repeapt-x 表示图像沿 X 轴横向重复；repeat-y 表示图像沿 Y 轴纵向重复。

操作步骤

STEP|01 新建文档，在标题栏输入“龙文印象”的文本，然后在【属性】检查器中单击【页面属性】按钮，在弹出的【页面属性】对话框中设置背景图像、重复、4 个边距。

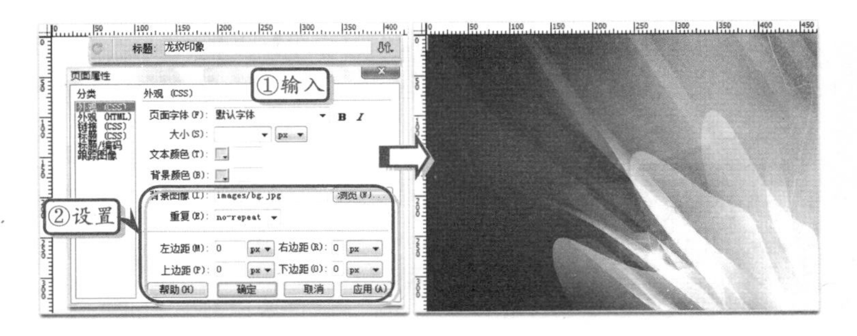

提示

在 Margin 设置中，有一个复选框，如果启用 ☑全部相同(F)，其设置只用设置 Top 的值一个即可；如果取消启用，则一一设置值。如 Margin-Top:125px 表示上边距为 125px；Margin-Right: auto 表示右边距随着窗口左右自由变换，具体像素值不确定。

STEP|02 单击【插入】面板【布局】选项中的【插入 Div 标签】按钮，创建 ID 为 nav 的 Div 层，并在弹出的【#nav 的 CSS 规则定义】对话框中设置其 CSS 样式。

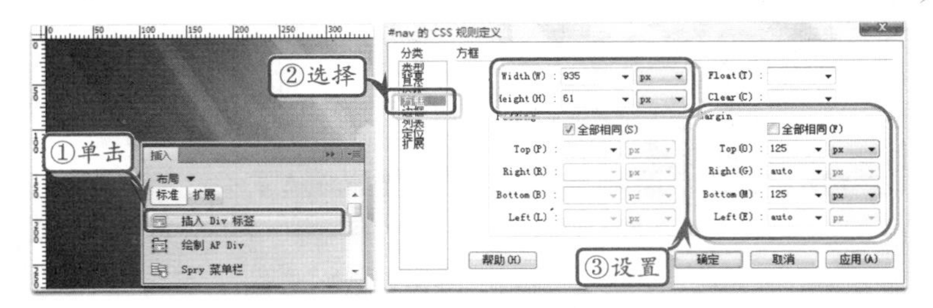

提示

执行【插入】|【图像】命令，有两种方法，一是在工具栏执行【插入】|【图像】命令；二是在【插入】面板【常用】选项中，单击【图像】按钮。

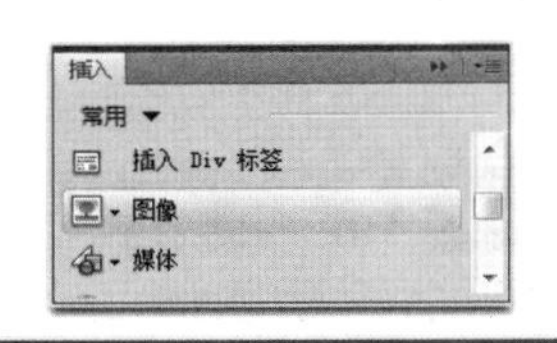

STEP|03 将光标置于 ID 为 nav 的 Div 层中，执行【插入】|【图像】命令，在弹出的【选择图像源文件】对话框中，选择图像 nav_22，单击【确定】按钮。

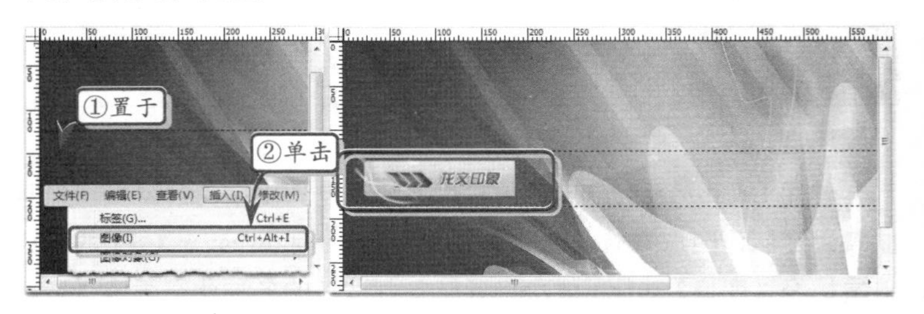

STEP|04 将光标置于图像后，然后单击【插入】面板【图像：鼠标经过图像】按钮，在弹出的【插入鼠标经过图像】对话框中，设置【原始图像】、【鼠标经过图像】、【替换文本】、【按下时，前往的 URL】等属性。用同样的方式，为导航条中其他 6 个同类的按钮添加按钮的基本图像，并添加鼠标经过按钮时显示的【鼠标经过图像】等几种属性。

提示

插入鼠标经过图像时，在弹出的【插入鼠标经过图像】对话框中，【原始图像】是指当前页面显示的图像，【鼠标经过图像】，则是显示的效果图像。

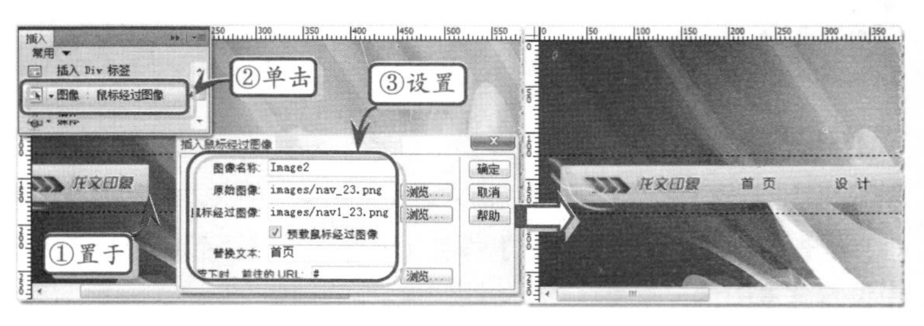

STEP|05 在为所有导航条按钮添加原始图像、鼠标经过图像，并设置替换文本之后，即可完成整个图像导航条的制作。使用网页浏览器浏览图像导航条所在的页面，用户可以使用鼠标滑过导航条中各个按钮，查看光标滑过的效果。

7.9 练习：制作新闻图片网页

现在的门户网站上大多都有新闻板块，出现的新闻类别也是多种多样，除了传统的文字新闻外，图片新闻，音频，视频新闻也很常见。本例将通过插入图片来制作一个新闻图片网页。

练习要点

- 插入普通图像
- 插入图像占位符

操作步骤

STEP|01 新建空白文档，插入一个【表格宽度】为“910 像素”的 1 行×1 列的表格。然后，单击【插入】面板中的【图像】按钮，在打开的【选择图像源文件】对话框中选择“title.jpg”图像文件，单击【确定】按钮，即可完成图像的插入。

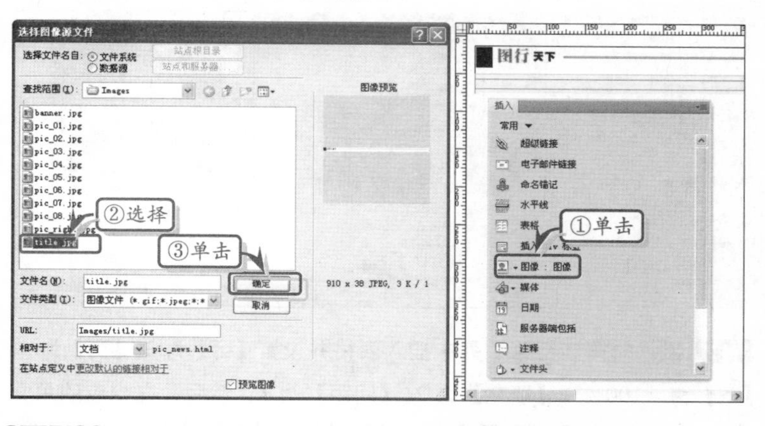

提示

插入的表格需要设置其【填充】为 0；【间距】为 0；【对齐】为居中对齐；【边框】为 0。

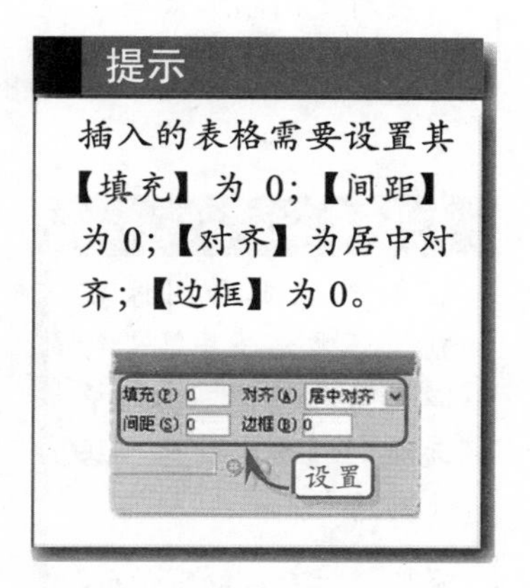

STEP|02 在页面中插入一个 2 行 2 列的表格并设置 ID 为“tb02”；【宽】为“910 像素”；【填充】为 0；【间距】为 0；【对齐】为居中对

齐；【边框】为 0 的表格。在第 1 行第 1 列的单元格中插入一个 1 行 2 列的表格。

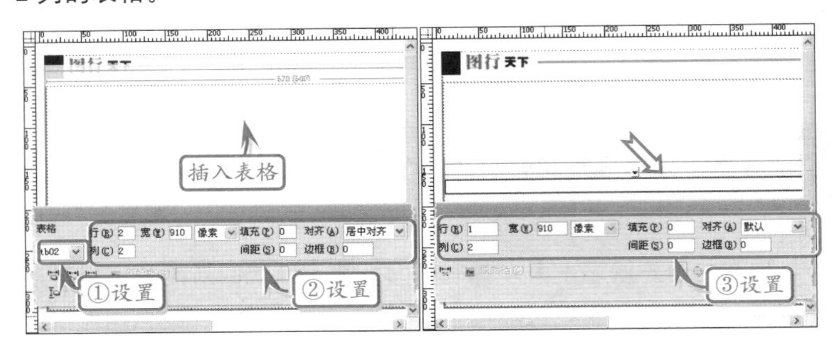

> **提示**
>
> 在代码视图中添加 <style type="text/css"></style>标签对并在其之间为 ID 为 tb02 的表格添加样式代码：
>
> ```
> #tb02{
>     border-left:
>     #666 solid 2px;
>     border-right:
>     #666 solid 2px;
>     border-bottom:
>     #666 solid 2px;
> }
> ```

STEP|03 将光标定位于第 1 行第 1 列单元格中，单击【插入】类别面板中的【图像】按钮，在打开的【选择图像源文件】对话框中，选择“banner.jpg”，单击【确定】按钮，即可完成图像的插入。

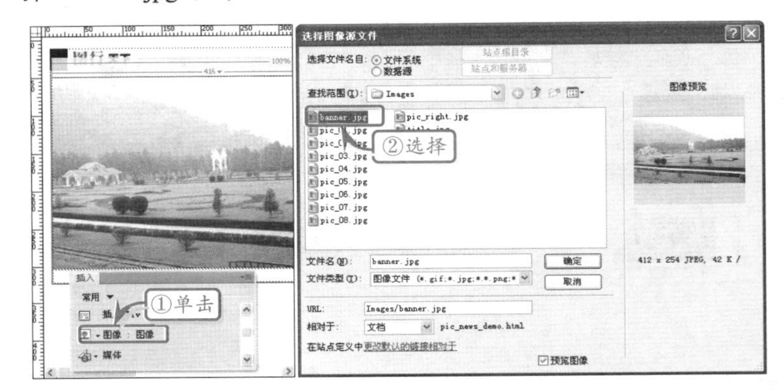

> **提示**
>
> 需要为插入的表格定义 ID 为“tb03”并切换到到代码视图在<style type="text/css"></style>标签对之间添加代码

STEP|04 将光标定位于第 1 行第 2 列单元格中，单击【插入】类别面板中的【表格】按钮，在打开的【表格】对话框中设置表格的【行数】为 5；【列】为 2；【表格宽度】为 0；【单元格边距】为 2；【单元格间距】为 0。然后，在插入表格的单元格中输入相应的文本和图像。

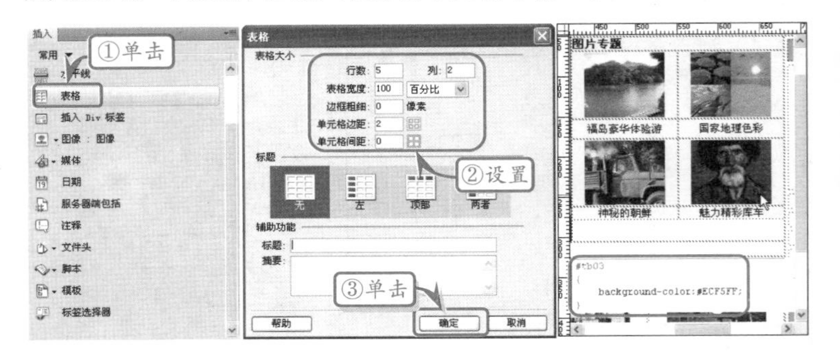

> **提示**
>
> 在输入文本和图像之前，还需要合并第 1 行单元格，并设置其他单元格的【水平】为“居中对齐”。
>
> 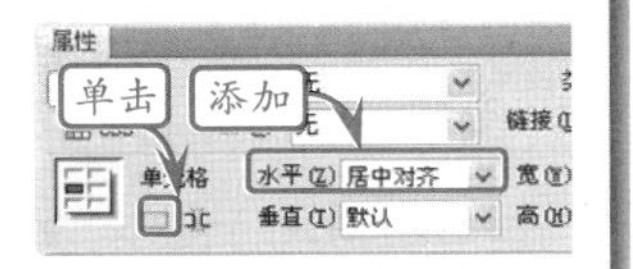
>

STEP|05 向第 2 行第 1 列中插入表格并设置【行】为 3；【列】为 4；【宽】为“100%”；【填充】为 2；【间距】为 1。然后，在相应的单元格中输入相应的文本和图像；切换到【代码视图】创建类名为 tdtitle 的 CSS 样式并使其应用于第 1 行单元格中。

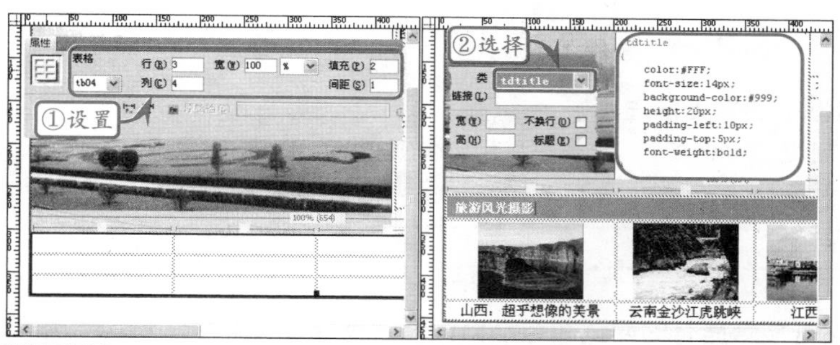

STEP|06 在 ID 为"tb02"的单元格中插入表格并设置其 ID 为"tb05"；【行】为 12；【列】为 1；【宽】为"100%"；【填充】为 3；【间距】为 4。然后，在各个单元格中输入相应的文字和图像并设置第 1 行和第 9 行单元格的【类】为 tdtitle。

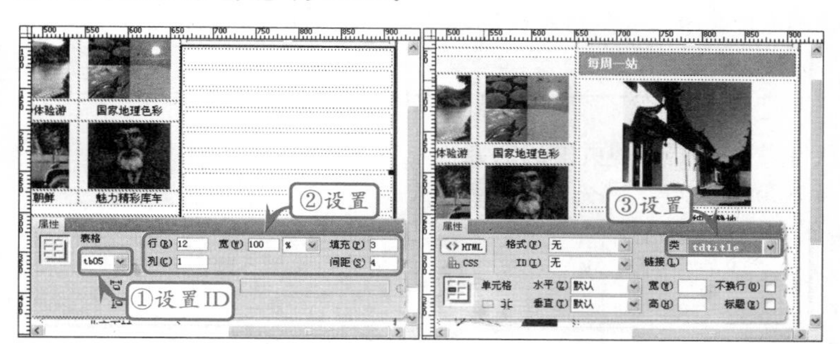

提示

需要设置 ID 为"tb05"的表格所有单元格的【水平】为"居中对齐"。

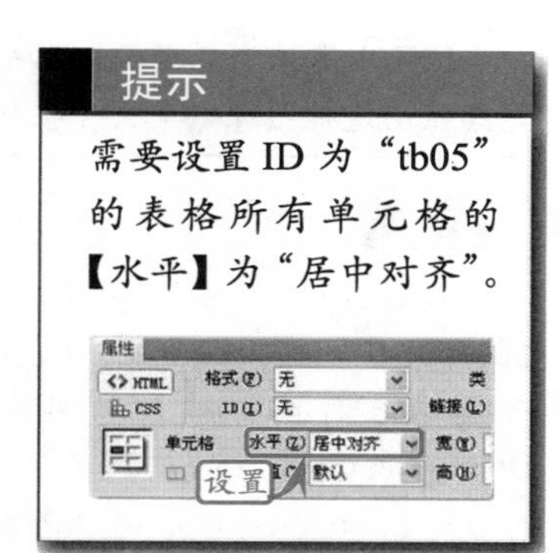

7.10 高手答疑

Q&A

问题 1：如何使用 Dreamweaver 实现网页图像模糊？

解答： Dreamweaver 本身并没有提供使图像模糊化的处理方法。不过通过【图像预览】对话框的简单设置，可以实现类似的效果。

首先选中图像，在【属性】面板中单击【编辑图像设置】按钮，打开【图像预览】对话框。

在【图像预览】对话框中，用户可直接设置图像的【平滑】属性，通过该属性控制图像的模糊程度。

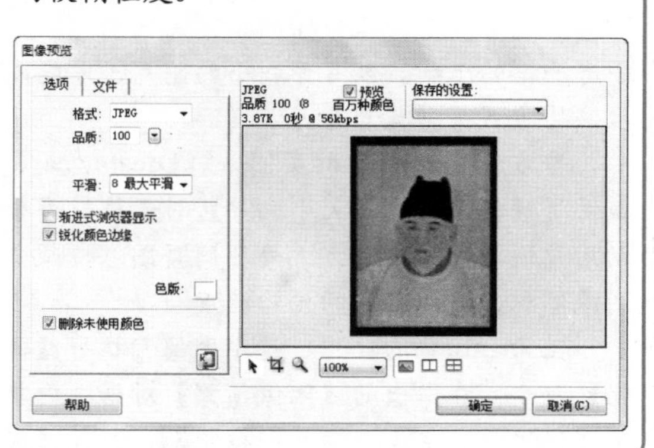

Q&A

问题 2：为何插入到网页的透明 PNG 图像无法透明？

解答： 在微软的 Internet Explorer 浏览器 6.0 版本之前，并不支持 PNG 图像的 Alpha 通道，因此，在用该浏览器显示 PNG 图像时，通常会自动为图像添加一个灰色的背景。

Q&A

问题 3：为什么有的网页图像是逐行显示而有的网页图像是由模糊到清晰的方式显示？

解答： 网页中最常见的图像就是 GIF 图像和 JPG 图像。这两种图像都是压缩图像，其压缩方式完全不同。

JPG 图像采用的是逐行压缩，因此在网页浏览器显示这种图像（解压）时，会将其逐行显示。

而 GIF 图像则可采用两种压缩方式。一种是普通压缩方式，与 JPG 图像一样是逐行显示的，另一种是整体压缩，因此在网页浏览器显示这种图像（解压）时，是先显示模糊的轮廓，然后再逐渐解压，将其清晰化的。

Q&A

问题 4：如何调用外部图像处理软件，直接编辑网页中的图像？

解答： Adobe Dreamweaver CS5 与 Adobe 公司开发的各种图像处理软件完美的结合。在 Dreamweaver CS5 中，用户可以方便地调用 Adobe Photoshop CS5 或 Adobe Fireworks CS5 等图像处理软件对网页中的图像进行编辑。

如本地计算机已安装 Adobe Photoshop CS5 软件，则在 Dreamweaver 中选中图像，即可在【属性】检查器中单击【编辑】按钮，打开 Photoshop，对图像进行编辑。

Q&A

问题 5：如何将图像优化至指定的大小？

解答： 对于网页图像传输而言，每张图片的大小有严格的限制。只有体积小的图片，才能以最快的方式被浏览器打开。

为方便用户处理网页图片，Dreamweaver 提供了【优化到指定大小向导】对话框，可帮助用户通过可视化的方式处理网页图像，减小图像体积，提高图像的传输速度。

在 Dreamweaver 中，选中图像，执行【优化】命令，在弹出的【图像预览】对话框中单击【优化到指定大小向导】按钮，打开【优化到指定大小】的对话框。

在该对话框中，用户可设置优化的目标大小，通常目标大小要小于图像源文件本身的大小。

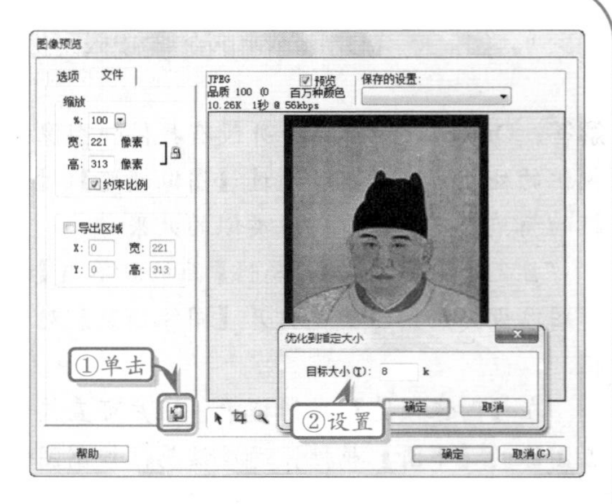

在设置完【目标大小】后，Dreamweaver 会自动设置 JPEG 格式的品质，从而控制图像所占用的存储空间。

Q&A

问题 6：如何在调整图像大小后消除图像的锯齿？

解答： 位图的分辨率是固定的，放大或缩小位图，通常会给位图造成锯齿，影响图像的美观。Dreamweaver 提供了图像优化工具，可帮助用户在调整图像大小后进行简单优化，降低锯齿的出现机率。

在 Dreamweaver 中，选中插入的图像，即可右击，执行【优化】命令。

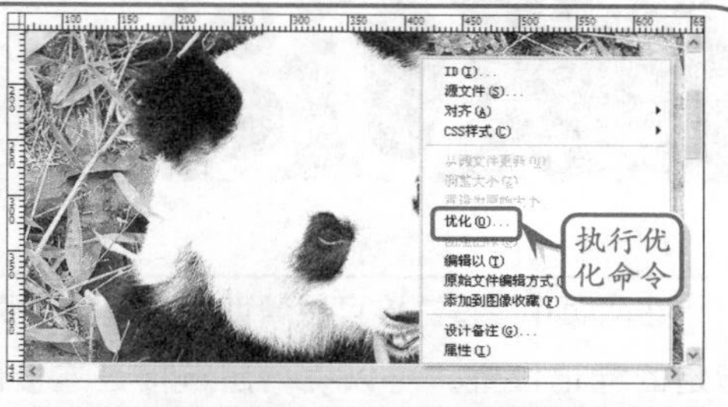

在弹出的【图像预览】对话框中，选择【文件】选项卡，设置优化后图像的【宽】和【高】。

Q&A

问题 7：如何设置图像的默认外部编辑器？

解答： 如果用户安装了 Fireworks，则 Dreamweaver 会默认以 Fireworks 作为 PNG、GIF 以及 JPE、JPEG、JPG 等图像的默认外部编辑器。而 Photoshop 则只作为 PSD 图像的默认外部编辑器。

事实上，Dreamweaver 允许用户自行定义任意一款图像处理软件作为外部图像的编辑器，例如，ACDSee、GIMP、APerture 等。

在 Dreamweaver 中，执行【编辑】|【首选参数】命令，即可打开【首选参数】对话框，选择【文件类型/编辑器】列表项，在该对话框中对各种文件的默认外部编辑器进行设置。

在【文件类型/编辑器】中，包含两部分内容。

1. 代码编辑器设置

这一部分内容包括以 Dreamweaver 的代码视图可打开的文件类型列表、第三方的外部代码编辑器设置，以及重新加载修改过的文件和运行时先保存文件等设置项目。

2. 图像和其他编辑器设置

这一部分中，可设置 Fireworks 软件的安装路径(Dreamweaver 默认以 Fireworks 软件作为外部图像编辑器)，同时可根据左侧的文件类型列表分别设置其默认的外部编辑器。

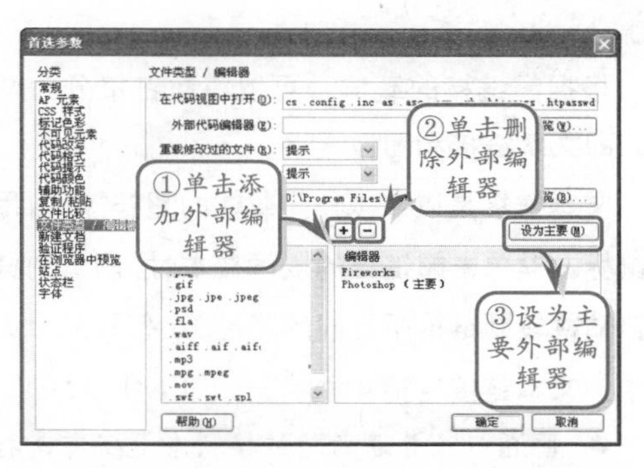

用户可选中左侧的文件类型，然后根据类型设置右侧的外部编辑器。如用户安装过 Photoshop，则 PNG 图像的编辑器会包含两种，即 Fireworks 和 Photoshop。其中，Fireworks 为主要的编辑器。

用户如果需要将 Photoshop 设置为主要的 PNG 图像外部编辑器，则可选中 Photoshop，然后单击【设为主要】按钮 设为主要(M) 。

如果用户希望以其他类型的程序编辑这类的文件，则可单击【添加外部编辑器】按钮+，然后在弹出的【选择外部编辑器】对话框中选择可执行程序，将其添加到外部编辑器的列表中。

同理，如用户希望删除已添加的外部编辑器，则可单击【删除外部编辑器】按钮−，将选定的外部编辑器从列表中删除。

网页中的链接

在网页中，超链接可以帮助用户从一个页面跳转到另一个页面，也可以帮助用户跳转到当前页面指定的标记位置。可以说，超链接是连接网站中所有内容的桥梁，是网页最重要的组成部分。Dreamweaver CS5 提供了多种创建和编辑超链接的方法，设计者可以通过可视化界面为网页添加各种类型的超链接。

8.1 超级链接类型

在互联网中，几乎所有的资源都是通过超链接连接在一起的。合理使用的超链接可以使网页更有条理和灵活性，也可以使用户更方便地找到所需的资源。

根据超链接的载体，可以将超链接分为两大类，即文本链接和图像链接。

文本链接是以文本作为载体的超链接。当用户用鼠标左键单击超链接的载体文本时，网页浏览器将自动跳转到链接所指向的路径。在各种网页浏览器中，文本链接包括 4 种状态，如下所示。

- **普通** 最普通的超链接状态。所有新打开的网页中，超链接最基本的状态。在 IE 浏览器中，默认显示为蓝色带下划线。
- **光标滑过** 当光标滑过该超链接文本时的状态。虽然多数浏览器不会为光标滑过的超链接添加样式，但用户可以对其进行修改，使之变为新的样式。
- **鼠标单击** 当鼠标在超链接文本上按下时，超链接文本的状态。在 IE 浏览器中，默认为无下划线的橙色。
- **已访问** 当鼠标已单击访问过该超链接，且在浏览器的历史记录中可找到访问记录时的状态。在 IE 浏览器中，默认为紫红色带下划线。

以图像为载体的超链接，叫做图像链接。在 IE 浏览器中，默认会为所有带超链接的图像增加一个 2px 宽度的边框。

如该超链接已被访问过，且可在浏览器的历史记录中查到访问记录，则 IE 浏览器默认会为该图像链接添加一个紫红色的 2px 边框。

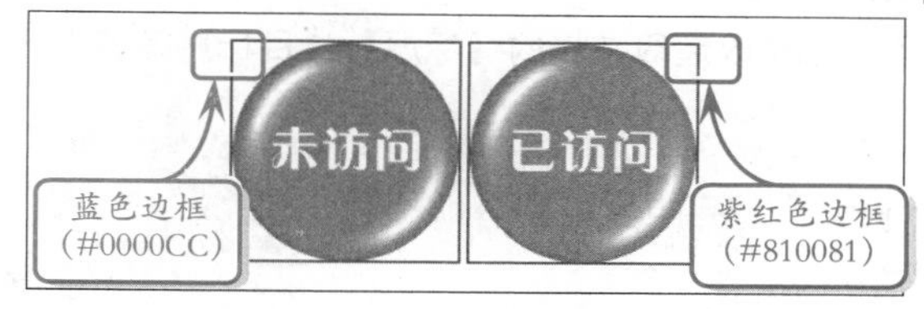

8.2 插入文本链接

创建文本链接时，首先应选择文本，然后在【插入】面板的【常用】选项卡中，单击【超级链接】按钮，打开【超级链接】对话框。

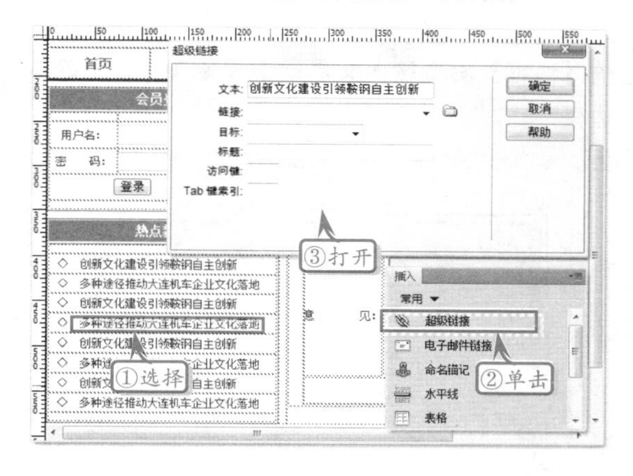

在【超级链接】对话框中，包含 6 种参数设置，如下表所示。

参数名	作　用
文本	显示在设置超链接时选择的文本，是要设置的超链接文本内容
链接	显示链接的文件路径，单击后面的【文件】图标按钮，可以从打开的对话框中选择要链接的文件
目标	单击其后面的下三角按钮，在弹出的下拉列表中可以选择链接到的目标框架
_blank	将链接文件载入到新的未命名浏览器中
_parent	将链接文件载入到父框架集或包含该链接的框架窗口中。如果包含该链接的框架不是嵌套的，则链接文件将载入到整个浏览器窗口中

续表

参数名	作　用
_self	将链接文件作为链接载入同一框架或窗口中。本目标是默认的，所以通常无须指定
_top	将链接文件载入到整个浏览器窗口并删除所有框架
标题	显示光标经过链接文本所显示的文字信息
访问键	在其中设置键盘快捷键以便在浏览器中选择该超级链接
Tab 键索引	设置 Tab 键顺序的编号

在【超级链接】对话框中，根据需求进行相关的参数设置，然后单击右侧的【确定】按钮即可。此时，被选中的文本将变成带下划线的蓝色文字。

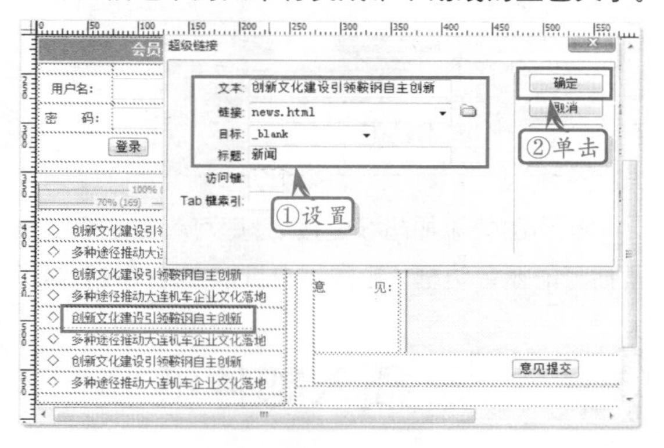

除此之外，用户在 Dreamweaver 中执行【插入】|【超级链接】命令，也可以打开【超级链接】对话框，对文本进行设置，添加超级链接。

在为文本添加超级链接后，用户还可在【属性】面板中选择 HTML 选项卡，然后修改【链接】右侧的输入文本框，对超级链接的地址进行修改，或修改超级链接的【标题】、【目标】等属性。

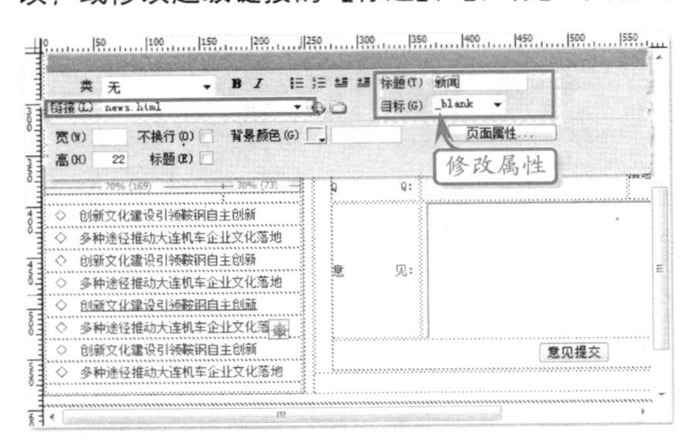

提示

在 Dreamweaver 中，只允许用户对文本对象使用【超级链接】按钮 超级链接 或【超级链接】命令。对于图像等其他对象使用该按钮或命令是无效的。

单击【属性】检查器的【页面属性】按钮，在弹出的对话框中可以修改网页中超级链接的样式。

8.3 插入图像链接

在 Dreamweaver 中，除了允许用户为文本添加超级链接外，还允许用户为图像添加超级链接。

为图像添加链接，可先选中图像，然后在【属性】面板中【链接】右侧的输入文本框中输入超链接的地址。

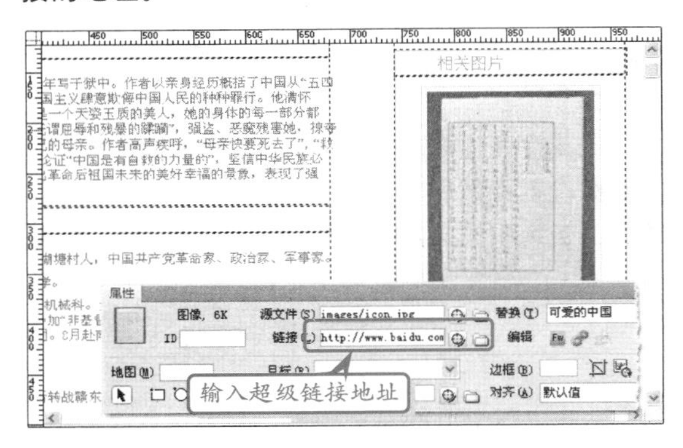

在为图像添加超级链接后，即可看到超级链接所拥有的蓝色边框。通常用户可以在【属性】面板的【边框】右侧输入文本框中设置 0，以消除该边框。

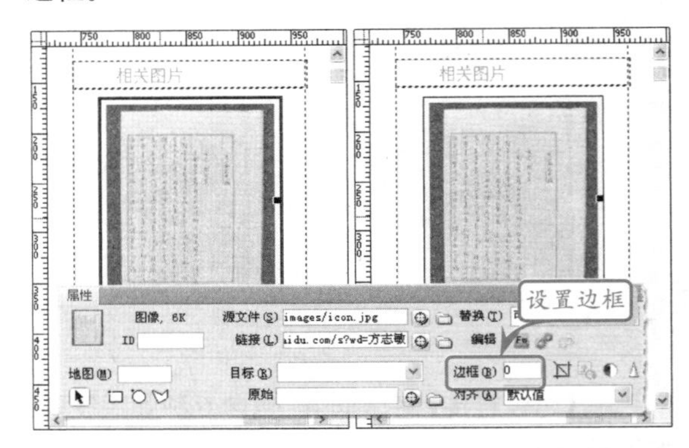

提示

在为图像添加超级链接时，同样可以为其设置链接文件的打开方式，这里设置【目标】为_blank，是在新窗口中打开链接文件。

8.4 插入邮件链接

电子邮件链接也是超链接的一种形式。与普通的超链接相比，当用户单击电子邮件链接后，打开链接的并非网页浏览器，而是本地计算机的邮件收发软件。

选中需要插入电子邮件地址的文本，然后，在【插入】面板中单击【电子邮件链接】按钮 电子邮件链接，打开【电子邮件链接】对话框。然后，在 E-mail 文本框中输入电子邮件地址。

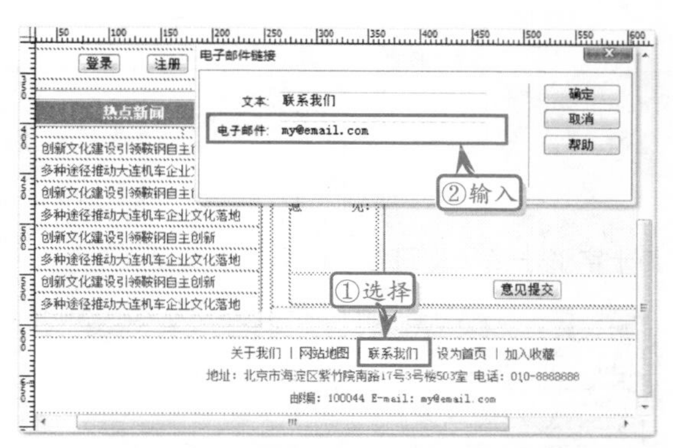

与插入其他类型的链接类似，用户也可以执行【插入】|【电子邮件链接】命令，打开【电子邮件链接】对话框，进行相关的设置。

技巧

用户也可用插入普通链接的方式，插入电子邮件链接。其区别在于，插入普通超级链接需要为文本设置超级链接的 URL 地址，而插入电子邮件链接，则需要设置以电子邮件协议头“mailto:”加电子邮件地址的内容。例如，需要为某个文本添加电子邮件连接，将其链接到“abc@abc.com”，可以直接在【属性】检查器中设置其超链接地址为“mailto:abc@abc.com”

8.5 插入锚记链接

锚记链接是网页中一种特殊的超链接形式。普通的超链接只能链接到互联网或本地计算机中的某一个文件。而锚记链接则常常被用来实现到特定的主题或者文档顶部的跳转链接。

创建锚记链接时，首先需要在文档中创建一个命名锚记，作为超链接的目标。将光标放置在网页文档的选定位置，单击【插入】面板的【命名锚记】按钮，在打开的【命名锚记】对话框输入锚记的名称。

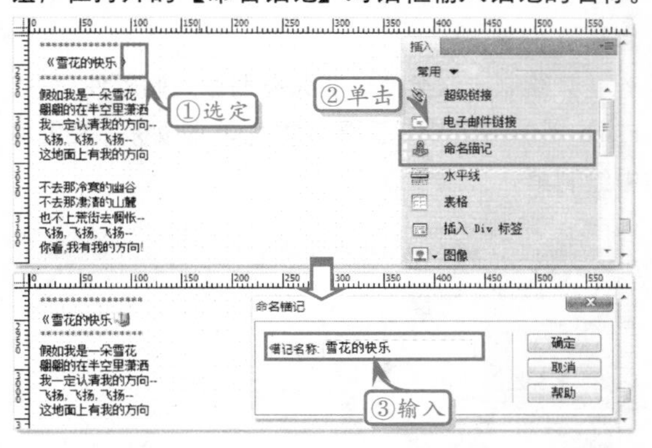

注意

在为文本或者图像设置锚记名称时，注意锚记名称不能含有空格，而且不应置于层内。设置完成后，如果命名锚记没有出现在插入点，可以执行【查看】|【可视化助理】|【不可见元素】命令。

在创建命名锚记之后，即可为网页文档添加锚记链接。添加锚记链接的方式与插入文本链接相同，执行【插入】|【超级链接】命令，在打开的【超级链接】对话框中输入以井号“#”开头的锚记名称。

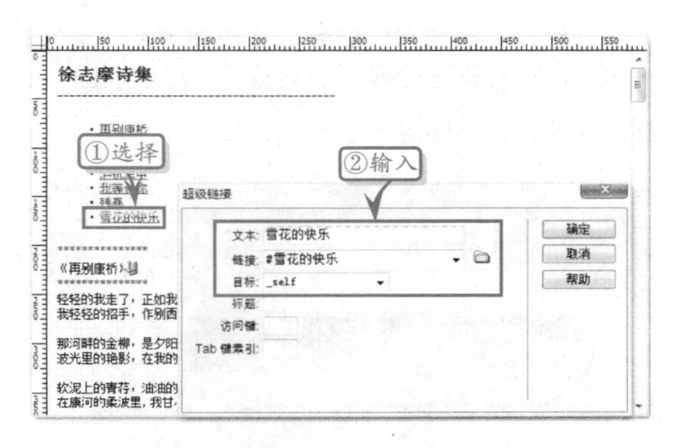

由于创建的锚记链接属于当前文档内部，因此可以将链接的目标设置为“_self”。

提示

锚记链接不仅可以链接当前文档中的内容，还可以链接外部文档的内容。其方法是文档的 URL 加文档名加井号“#”加锚记名称。如果创建的锚记链接属于一个外部的网页文档，用户可将其链接的目标设置为_blank。

网页设计与网站建设从新手到高手

8.6 绘制热点区域

热点链接是一种特殊的超链接形式，又被称作热区链接、图像地图，其作用是为图像的某一部分添加超链接，实现一个图像多个链接的效果。

1．矩形热点链接

矩形热点链接是最常见的热点链接。在文档中选择图像，单击【属性】检查器中的【矩形热点工具】按钮，当鼠标光标变为十字形十之后，即可在图像上绘制热点区域。

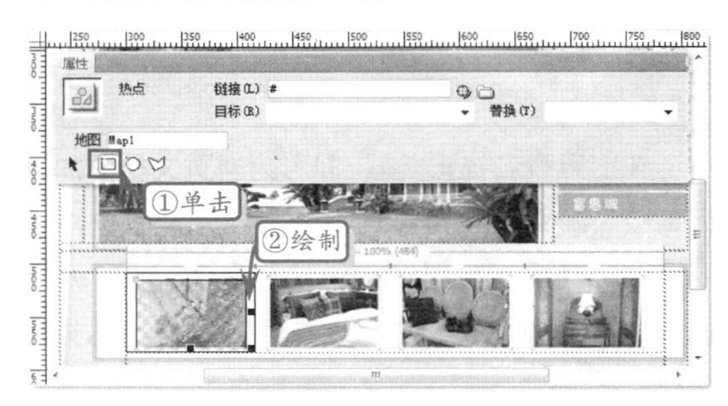

在绘制完成热点区域后，用户即可在【属性】检查器中设置热点区域的各种属性，包括链接、目标、替换以及地图等。

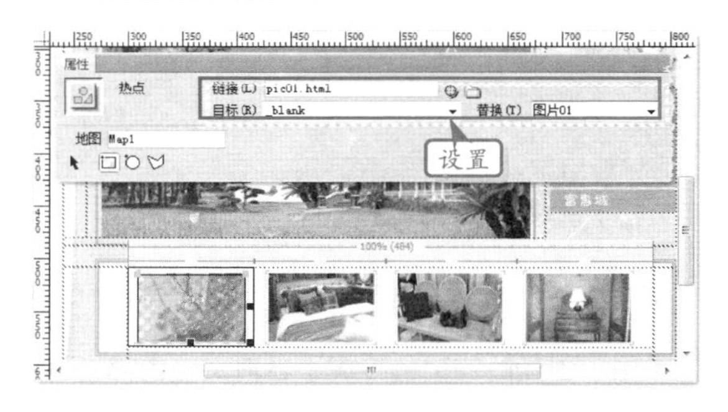

其中，【地图】参数的作用是为热区设置一个唯一的 ID，以供脚本调用。

2．圆形热点链接

Dreamweaver 允许用户为网页中的图像绘制椭圆形热点链接。

在文档中选择图像，然后在【属性】检查器中单击【圆形热点工具】按钮，当鼠标光标转变为十字形十后，即可绘制圆形热点链接。

与矩形热点链接类似，用户也可在【属性】检查器中对圆形热点链接进行编辑。

3．多边形热点链接

对于一些复杂的图形，Dreamweaver 提供了多边形热点链接，帮助用户绘制不规则的热点链接区域。

在文档中选择图像，然后在【属性】检查器中单击【多边形热点工具】按钮，当鼠标光标变为十字形十后，即可在图像上绘制不规则形状的热点链接。

其绘制方法类似一些矢量图像绘制软件（例如 Flash 等）中的钢笔工具。首先单击鼠标，在图像中绘制第一个调节点。

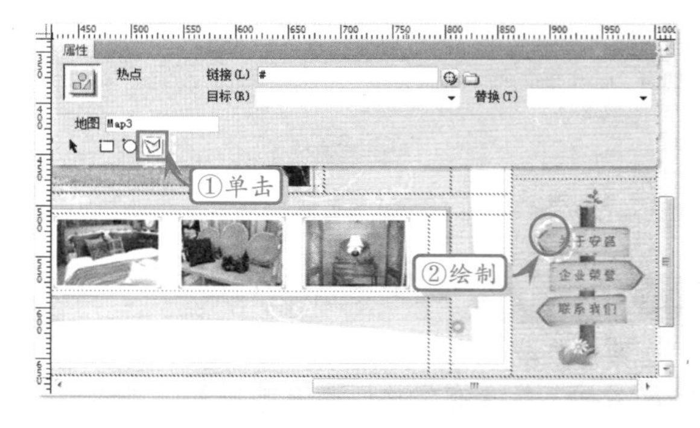

然后，继续在图像上绘制第 2 个、第 3 个调节点，Dreamweaver 会自动将这些调节点连接成一个闭合的图形。

当不再需要绘制调节点时，右击鼠标，退出多边形热点绘制状态。此时，鼠标光标将变回普通的样式。

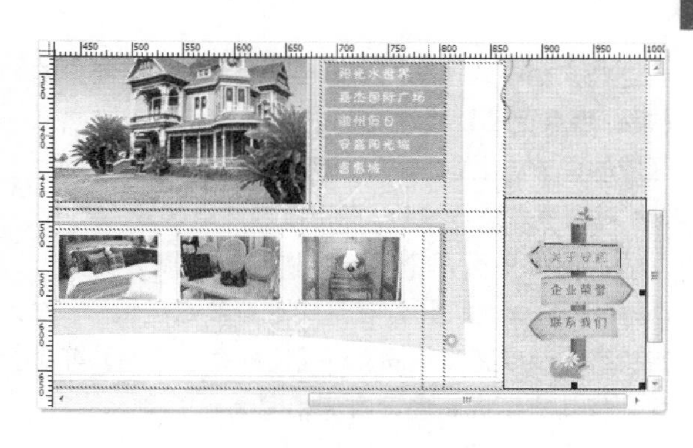

用户也可以在【属性】检查器中单击【指针热点工具】按钮，同样可以退出多边形热点区域的绘制。

8.7 编辑热点区域

在绘制热点区域之后，用户可以对其进行编辑，Dreamweaver 提供了多种编辑热点区域的方式。

1．移动热点区域位置

图像中的热点区域，其位置并非固定不可变的，用户可以对其进行更改。

在文档中选择图像后，单击【属性】检查器中的【指针热点工具】按钮，使用鼠标拖动热点区域即可。

或者在选中热点区域后，使用键盘上的方向键←、↑、↓、→，同样可以改变其位置。

注意

热点区域是图像的一种标签，因此，其只能存在于网页图像之上。无论如何拖动热点区域的位置，都不能将其拖到图像范围之外。

2．对齐热点区域

Dreamweaver 提供了一些简单的命令，可以对齐图像中两个或更多的热点区域。

在文档中选择图像，单击【属性】检查器中的【指针热点工具】按钮，按住 Shift 键后连续选择图像中的多个热点区域。然后右击图像，在弹出的快捷菜单中可执行 4 种对齐命令。

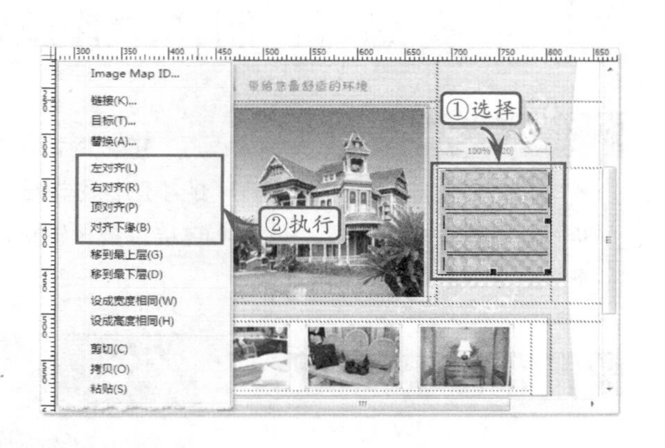

这 4 种对齐命令的作用如下表所示。

命　　令	作　　用
左对齐	将两个或更多的热区以最左侧的调节点为准，进行对齐
右对齐	将两个或更多的热区以最右侧的调节点为准，进行对齐
顶对齐	将两个或更多的热区以最顶部的调节点为准，进行对齐
对齐下缘	将两个或更多的热区以最底部的调节点为准，进行对齐

3．调节热点区域大小

Dreamweaver 提供了便捷的工具，允许用户调节热点区域的大小。

在文档中选择图像，单击【属性】检查器中的【指针热点工具】按钮，将鼠标光标放置在热点区域的调节点上方，当转换为黑色时，按住鼠标左键，对调节点进行拖动，即可改变热点区域的大小。

当图像中有两个或两个以上的热点区域时，Dreamweaver 允许用户在选中这些热点区域后，右击执行【设成宽度相同】或【设成高度相同】等命令，将其宽度或高度设置为相同大小。

4．设置重叠热点区域层次

在同一个图像中，经常会遇到重叠的热点区域，Dreamweaver 允许用户为重叠的热点区域设置简单的层次。

选择文档中的图像，单击【属性】检查器中的【指针热点工具】按钮，然后右击热点区域，执行【移到最上层】和【移到最下层】等命令，即可修改热点区域的层次。

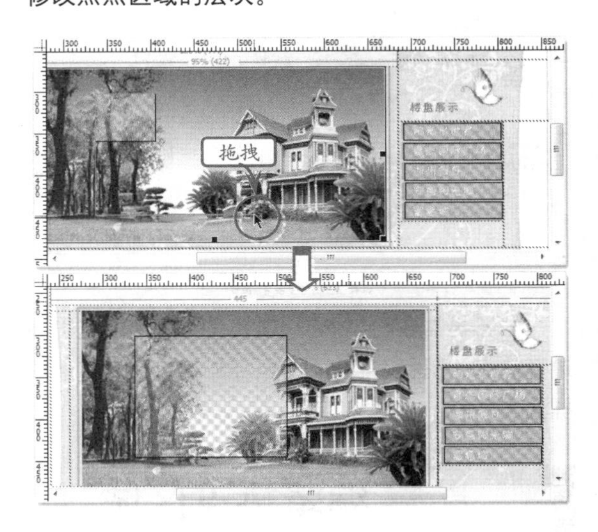

8.8 练习：制作木森壁纸酷网站

练习要点

- 插入文本链接
- 插入图像
- 插入图像链接

提示

打开【插入 Div 标签】对话框后，在 ID 文本框中输入 header，然后单击【新建 CSS 规则】按钮，设置 CSS 样式。

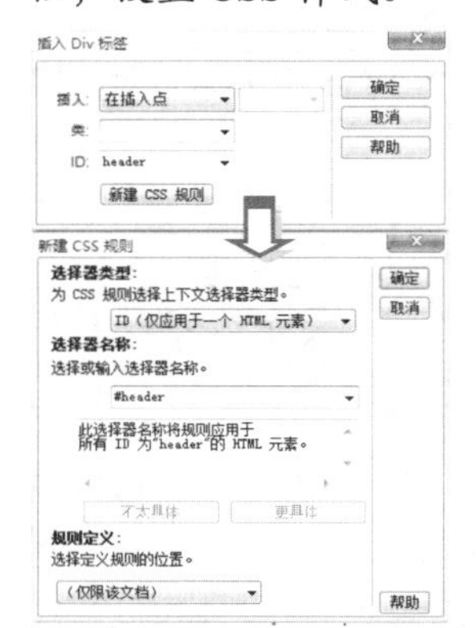

壁纸网站中包含有大量的图片和文字信息。用户通过单击其中的小图像可以链接到新的网页，以查看大图像。本练习运用插入文本链接、图像链接制作木森壁纸酷网站。

操作步骤

STEP|01 新建文档，在标题栏输入“木森壁纸酷”。单击【属性】检查器中的【页面属性】按钮，在弹出的【页面属性】对话框中设置其参数。然后单击【插入】面板【布局】选项中的【插入 Div 标签】按钮，创建 ID 为 header 的 Div 层，并设置其 CSS 样式。

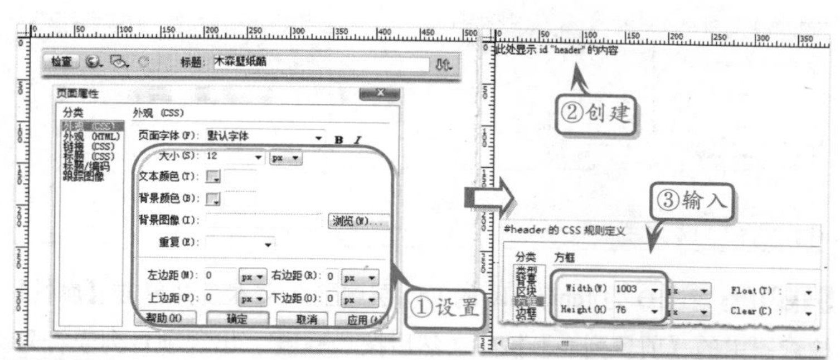

STEP|02 将光标置于 ID 为 header 的 Div 层中，单击【插入】面板中的【图像】按钮 ，在弹出的【选择图像源文件】对话框中，选择图像“one_01.png”。

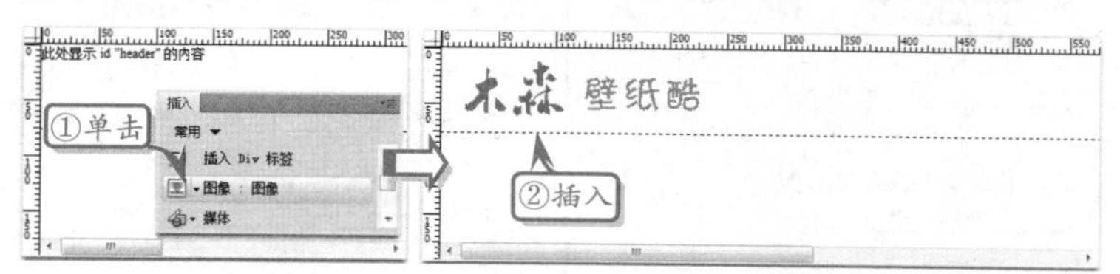

STEP|03 按照相同的方法，单击【插入 Div 标签】按钮，创建 ID 为 banner 的 Div 层并设置 CSS 样式。然后，单击【插入】面板中的【图像】按钮，在 Div 层中插入“one_02.png”素材图像。

STEP|04 单击【插入 Div 标签】按钮，创建 ID 为 content 的 Div 层，并设置 CSS 样式属性。然后，分别嵌套 ID 为 leftmain、rightmain 的 div 层，并设置其 CSS 样式属性。

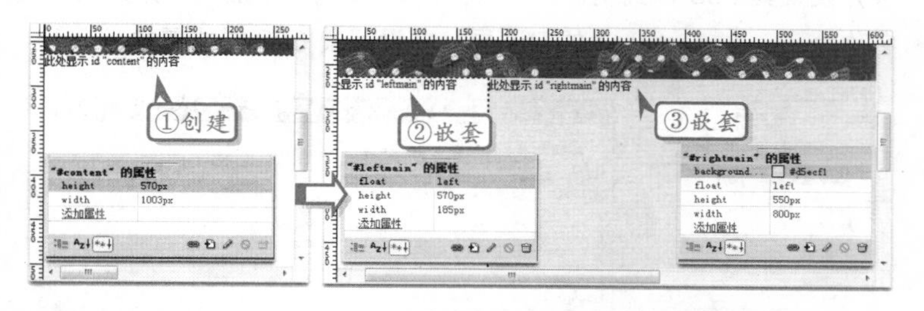

STEP|05 在 ID 为 leftmain 的 Div 层中，嵌套类名称为 title 的 Div 层，并设置其 CSS 样式属性。然后，创建 ID 为 fenbianlv 的 Div 层，并设置其 CSS 样式属性。将光标置于类名称为 title 的 Div 层中，重新输入文本。

提示

图像也可以通过 CSS 样式将其设置为背景图像。

提示

通过 CSS 样式定义 ID 为 banner 的 Div 层的宽度为 1003px；高度为 188px。

提示

创建类的方法与创建 ID 的方法是一样的。

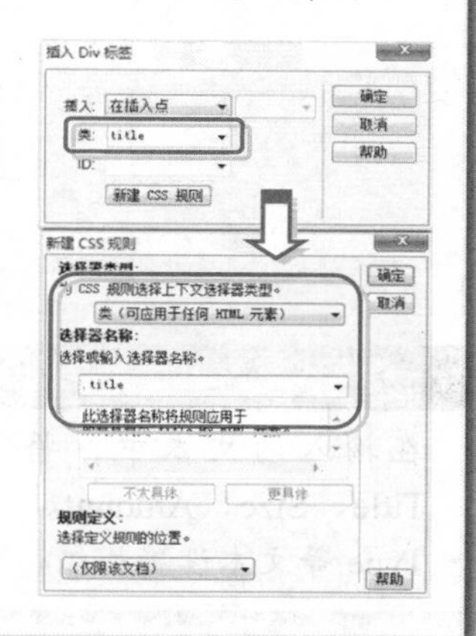

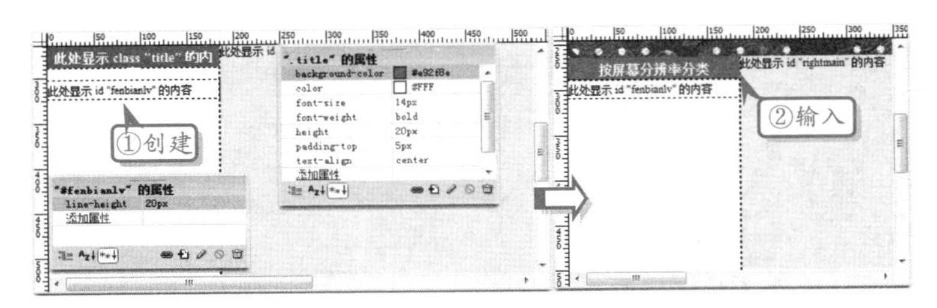

STEP|06 在 ID 为 fenbianlv 的 Div 层中输入文本，并单击【属性】检查器中的【项目列表】按钮，然后按 Enter 键，出现项目列表符号。继续输入文本，依此类推。选择文本，在【属性】检查器中的【链接】文本框中输入链接地址。

> **提示**
>
> 这两版块的内容结构设置是一样的，可以将 ID 为 fenbianlv 的 Div 层和 ID 为 neirong 的 Div 层用同一个类名称替换。

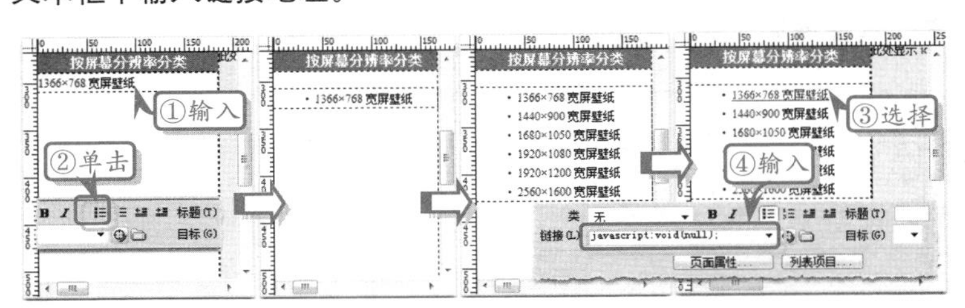

STEP|07 单击【插入 Div 标签】按钮，在弹出的【插入 div 标签】对话框中，选择【类】名称为 title，单击【确定】按钮。然后，创建 ID 为 neirong 的 Div 层，并设置其 CSS 样式。分别在层中输入文本，并设置文本链接。

> **提示**
>
> 使用相同的方法，将输入的文字定义为项目列表。

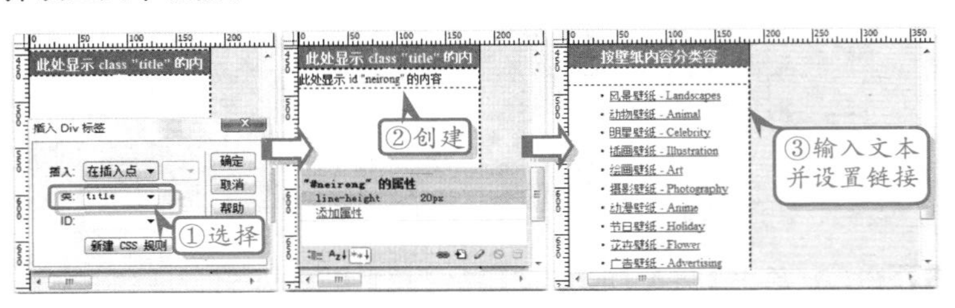

STEP|08 在 ID 为 rightmain 的 Div 层中，嵌套类名称为 rows 的 Div 层并设置其 CSS 样式属性。然后，在 rows 的 Div 层中，分别嵌套类名称为 pic、recommend 的 Div 层，并设置其 CSS 样式属性。

> **提示**
>
> 在输入的文本中，将 Title、Size、Amount、Type 等文本设置加粗。

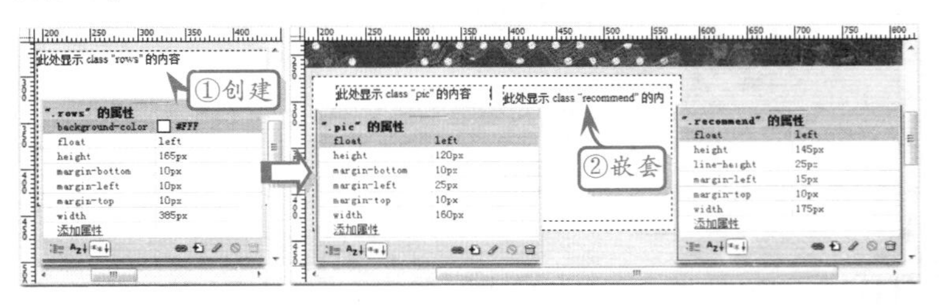

STEP|09 将光标置于类名称为 pic 的 Div 层中，插入图像 "small1.jpg"；在 ID 为 recommend 的 Div 层中输入文本。然后选择图像，在【属性】检查器中设置【链接】为 "1.jpg"；【边框】为 0；设

置文本【链接】为“javascript:void(null);”。

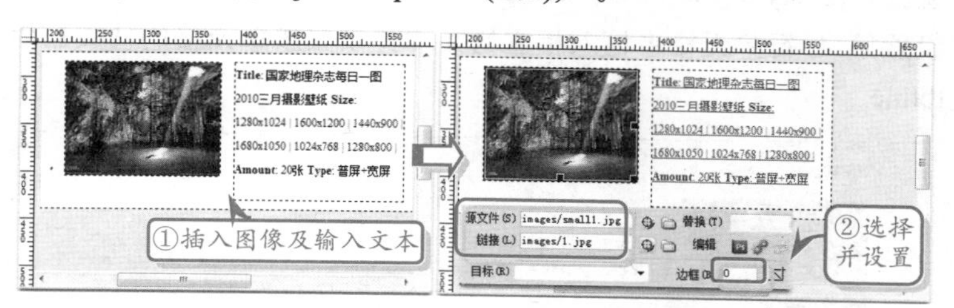

提示

设置完链接后，一般在浏览的时候，会有光标经过的效果，如文本颜色变化。添加一个 CSS 复合属性，代码如下所示。

```
a:hover {
   color: #e92f8e;
   /*桃红色*/
}
```

STEP|10 按照相同的方法，创建类名称为 rows 的 Div 层，并在 rows 类中嵌套类名称为 pic、recommend 的 Div 层，在其中分别插入图像及输入文本，并进行图像链接和文本链接。

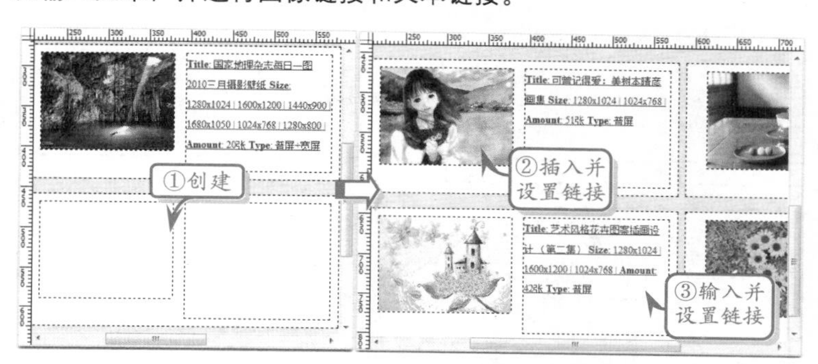

STEP|11 将光标置于文档底部，单击【插入 Div 标签】按钮，创建 ID 为 footer 的 Div 层，并设置其 CSS 样式属性，然后输入文本。

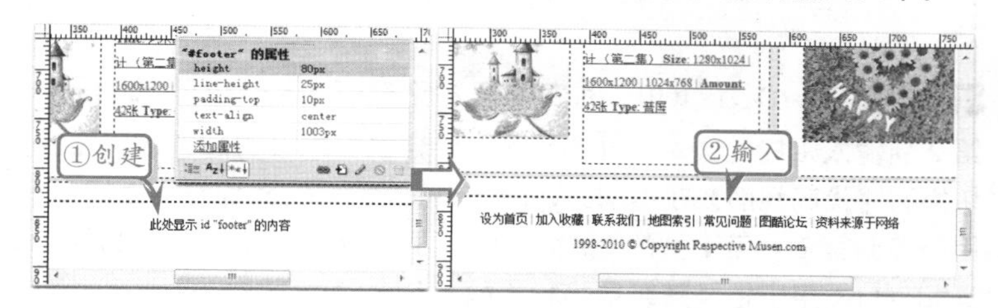

提示

在每个页面的底部都会有一个版权信息，执行【插入】|HTML|【特殊字符】|【版权】命令，添加版权符号“©”。

8.9 练习：制作百科网页

现实社会，千姿百态好比一本百科全书。互联网走进日常生活势不可挡，越来越多现实社会中的信息都可以在相关的网站中看到缩影；越来越多的人正在使用网站百科功能来解答自己生活中遇到的各种问题。本例将通过文本链接和图像链接等技术，制作一个生活百科网页。

练习要点

- 文本链接的使用
- 图像链接的使用

操作步骤

STEP|01 新建空白文档，在页面中插入一个【宽度】为“800 像素”的 2 行×2 列的表格，然后，添加 ID 为“tb01”；设置其【填充】为 0；【间距】为 0；【边框】为 0；【对齐】为居中对齐。然后切换到【代码

视图】在<style type="css/javasript"></style>标签对之间添加代码，并设置第 1 行单元格中输入相应的文本并设置该单元格的【类】为 tbtitle。

提示

插入表格之后，需要对表格第 1 行单元格进行合并，输入相应的文本并设置该单元格的【类】为 tdtitle。

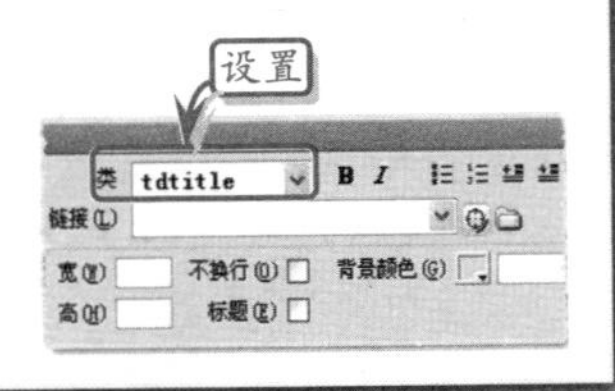

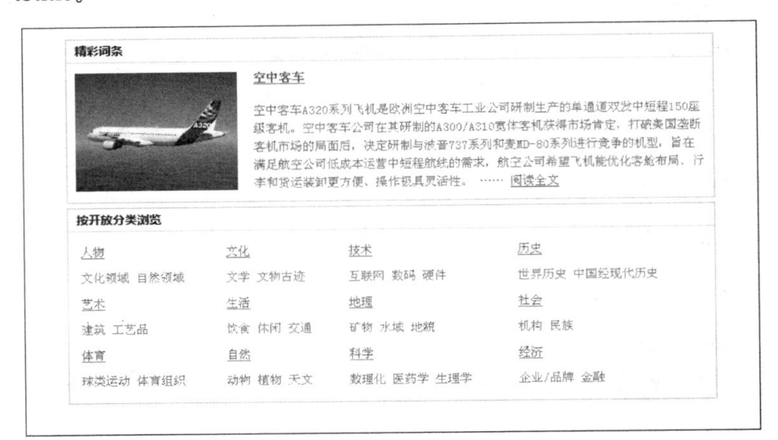

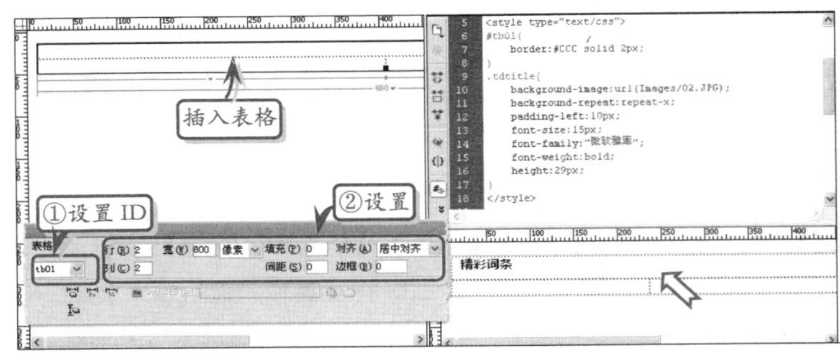

提示

选择表格第 2 行第 1 列单元格，设置其【类】为 tdleft;

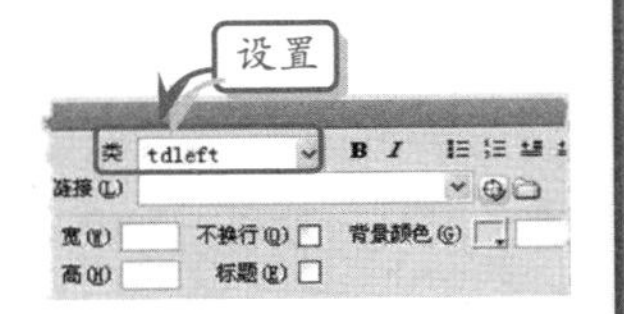

选择表格第 2 行第 2 列单元格，设置其【类】为 tdright。

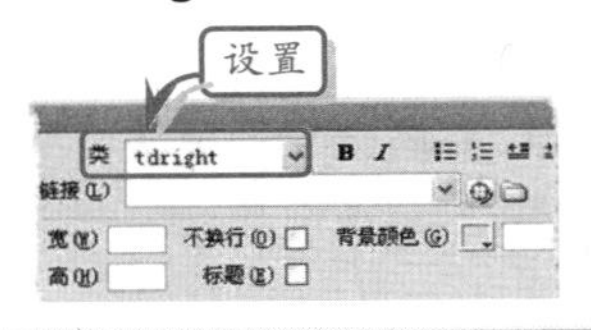

STEP|02 在 ID 为“tb01”的表格第 2 行第 1 列插入图像“feiji.jpg”，第 2 列输入相应的文本，并为图像和特定的文本设置超链接。然后，切换到【代码视图】在<style type="text/css"></style>标签对之间添加用于控制第 2 行第 1 列的 css 类 tdleft；用于控制第 2 行第 2 列的 css 类 tdright；用于控制超级链接样式的 a 和 a：hover。

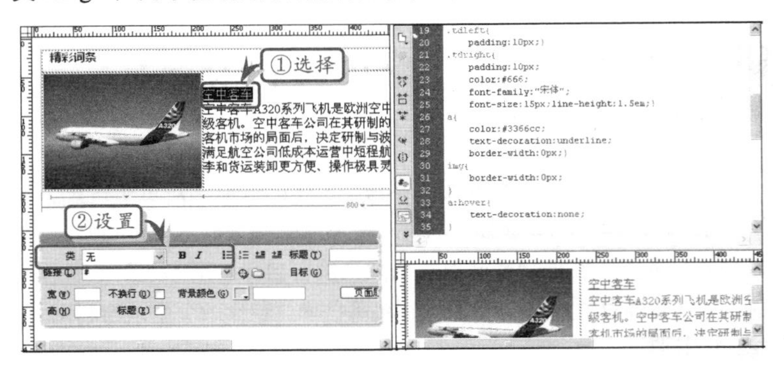

STEP|03 在页面中插入一个【宽度】为“800 像素”的 2 行×1 列的表格，然后，添加 ID 为“tb02”；设置其【填充】为 0；【间距】为 0；【边框】为 0。在第 1 行单元格中输入相应的文本，在第 2 行单元格中一个【宽度】为“100%”的 6 行×4 列表格，并设置其【填充】为

5；【间距】为 0。

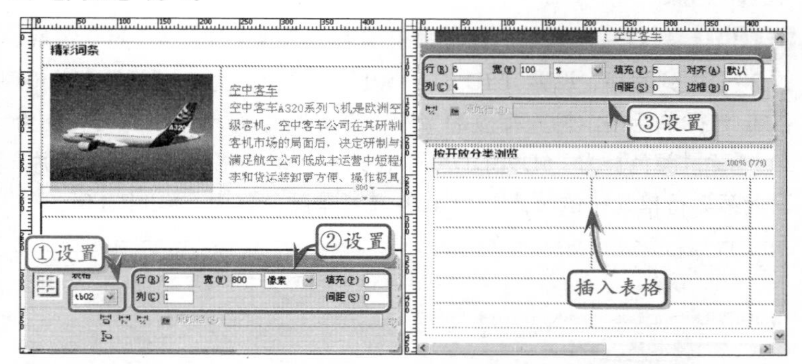

提示

需要设置 ID 为 tb02 的表格的【对齐】为“居中对齐”。

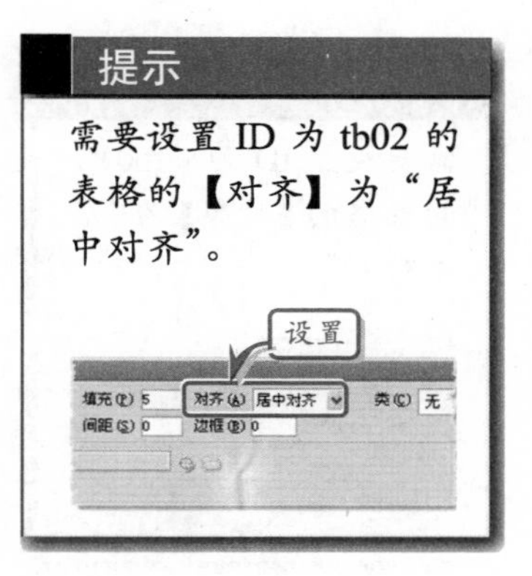

STEP|04 在表格各单元格中输入相应的文字，并选择表格第 1 行、第 3 行和第 5 行单元格中的文字，为其设置【链接】为“#”。

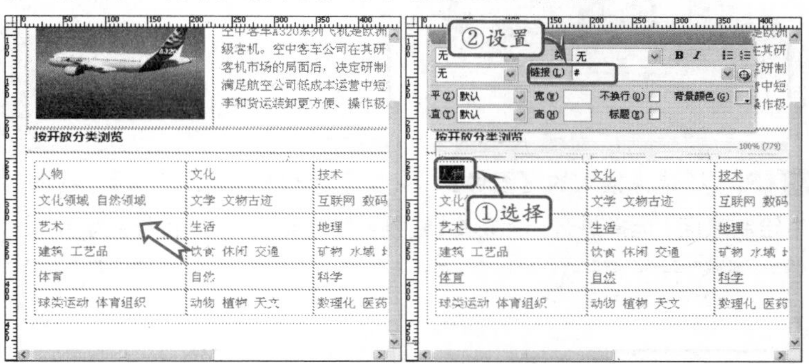

8.10 练习：制作销售网络页

与许多新兴学科一样，“销售网络”同样也没有一个公认的、完善的定义。广义地说，凡是以互联网为主要手段进行的、为达到一定营销目标而存在的销售渠道，都可以称之为销售网络。随着互联网的逐步普及，销售网络在日常生活中发挥的作用也越来越大。下面将讲解如何制作一个销售网络网页。

练习要点

- 插入锚记链接
- 绘制热点区域

操作步骤

提示

需要设置ID为“tb01”的表格的【对齐】为“居中对齐”。

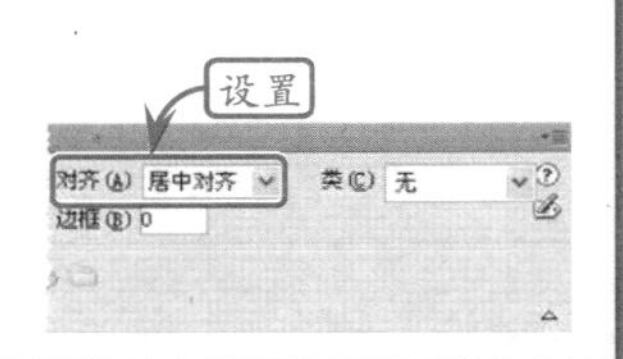

STEP|01 新建空白文档，在页面中插入一个【宽度】为“800像素”的2行×1列表格，设置其ID为“tb01”；【填充】为0；【间距】为0。在第1行单元格中输入相应的文本，设置第1行单元格的【高】为30；【背景颜色】为“#D9EDDA”；在第2行单元格中插入一个图片，设置第2行单元格的【高】为420；【背景颜色】为“#EFF7F0”。

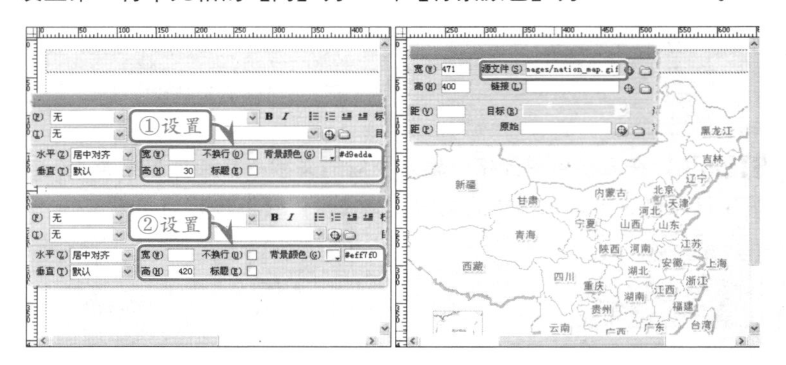

提示

切换到【代码视图】在 <style type="text/css"></style> 标签对之间添加如下的样式代码。

```
<style
type="text/css">
#tb01{border:#84b
b84 solid 1px;
font-weight:bold;
}
</style>
```

STEP|02 选择插入的【图像】，单击【矩形热点绘制工具】，在图片中绘制热区。选择热区，设置其【链接】为“#beijing”；【目标】为_blank。

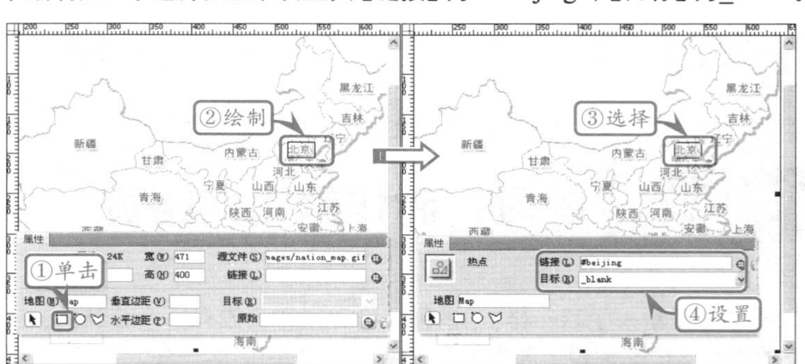

提示

使用相同的方法，在图像上绘制其他省份的热区，并为其添加链接。

STEP|03 选择插入的图像，单击【多边形绘图工具】按钮，在图片中绘制热区。选择热区，设置其【链接】为“#henan”；【目标】为_blank。

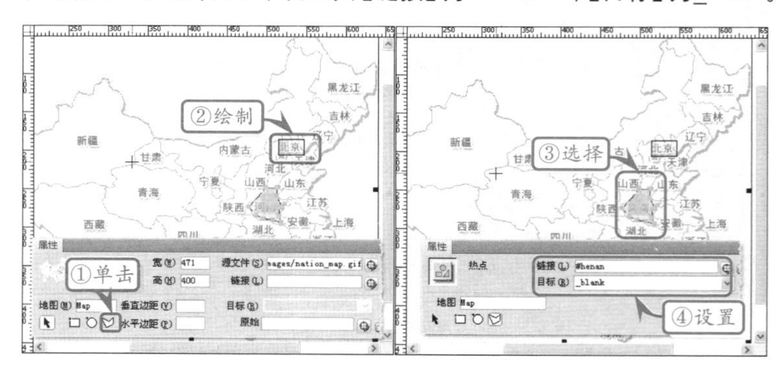

提示

需要设置ID为“tb02”中的所有单元格的【水平】为“居中对齐”。

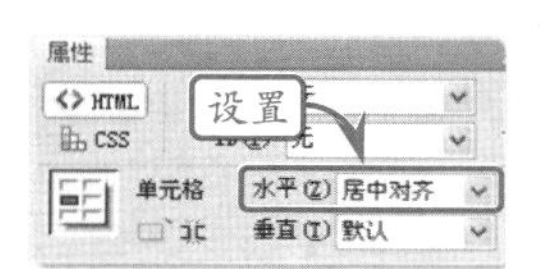

STEP|04 在页面中插入一个【宽度】为“800像素”的5行×1列表格，设置其ID为“tb02”。在第3行和第4行单元格中输入相应的文本。设置第1行单元格的【背景颜色】为“#D9EDDA”；其余单元格

的【背景颜色】为“#EFF7F0”。选择“haohaizi_2010@126.com”，并为其设置链接为“mailto: haohaizi_2010@126.com”。

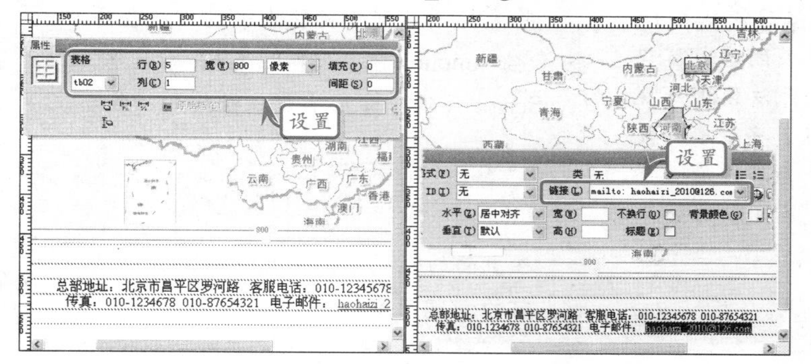

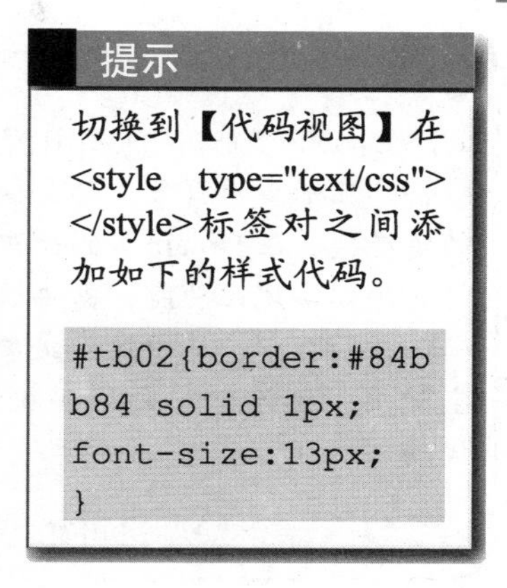

提示

切换到【代码视图】在 <style type="text/css"> </style>标签对之间添加如下的样式代码。

```
#tb02{border:#84b
b84 solid 1px;
font-size:13px;
}
```

8.11 高手答疑

Q&A

问题 1：当单击网页中的空链接后，页面会自动跳转到顶端，那么如何可以避免这类事件的发生？

解答：在创建空锚记链接之后，如果页面高度未超过一屏的高度（即显示器中可显示的网页高度），则用户单击空锚记链接后不会起任何作用。而如果页面高度较大，出现了垂直滚动条，且空锚记链接又在页面较下方的位置，则用户单击该空锚记链接后，页面会返回顶端，这样大大影响用户阅读。

此时，可以使用另一种方法创建空锚记链接，无论该超链接的位置在哪里，都不会再跳回页面顶端了。

在 Dreamweaver 中选择锚记链接，在【属性】检查器的【链接】文本框中添加如下代码即可。

```
javascript:void(null)
```

Q&A

问题 2：为什么单击某些超链接会打开新窗口，而单击另外一些超链接则需要下载？

解答：在 Windows 系统中，包含许多种文件类型。每一个类型的文件都需要有专门的软件打开。其中，网页浏览器可以打开相当多类型的文件，例如网页文档（扩展名为 html、htm、asp、php、jsp 等）、图像（扩展名为 jpeg、jpe、gif、jpg、bmp、png 等）。

在网页中，超链接可以链接任何类型的文件，包括网页浏览器无法直接打开的文件。当用户单击超链接时，网页浏览器将现对文件的类型进行简单的判断。

如果网页浏览器可以打开这种类型的文件，那么将直接打开该文件，例如，打开各种网页文档和图像等。

否则，网页浏览器将弹出一个【文件下载】对话框，允许用户选择运行、下载还是取消。

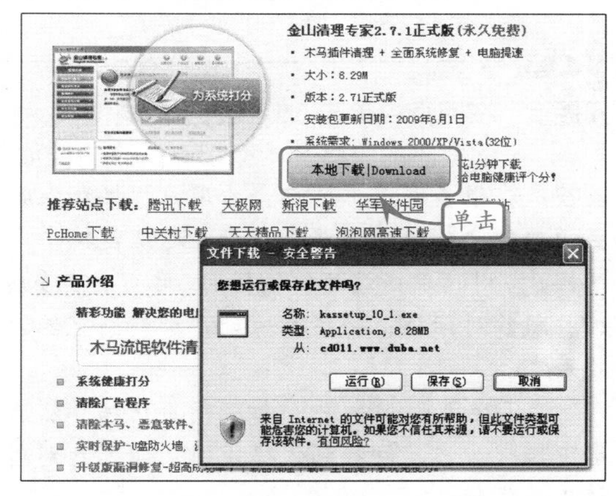

无论网页浏览器是否可以直接打开某类文件，在 Dreamweaver 中，其添加超链接的方式都是一样的，区别只是超链接的链接文件类型有所不同。

Q&A

问题 3：如何制作关闭当前窗口的超链接？

解答：在很多网页中，都会提供关闭当前窗口的超链接。在 Dreamweaver 中，无法使用可视化的操作实现此功能，需要编写一些简单的代码。在网页中，选中链接文本，为其添加一个空链接，然后切换到代码视图，将看到如下代码。

```
<a href="#">关闭窗口</a>
```

将光标插入到 a 标签中，为 a 标签添加一个属性 onclick，并输入关闭当前窗口的 JavaScript 代码，即可实现超链接的功能。

```
<a href="#" onclick="javascript:window.close();">关闭窗口</a>
```

在上面的代码中，“window.close();”表示关闭当前的浏览器窗口。

Q&A

问题 4：在网页中经常可以看到“设为首页”的超链接，当单击该链接即会弹出一个对话框，询问是否将该网页设置为浏览器的默认首页，那么该功能如何实现？

解答：在互联网中，并非每个用户都会修改网页浏览器的首页。因此，在制作网页时可以提供一个超链接，帮助用户将当前网页设置为首页。

在 Dreamweaver 中选择文本，并为其创建一个空链接。然后，切换到代码视图，即可查看空链接的代码。

```
<a href="#">设为首页</a>
```

将光标移到 a 标签中，为标签添加 onclick 属性，响应鼠标单击事件，并编写 JavaScript 代码的属性值。

```
<a href="#" onClick="this.setHomePage('http://www.123.com/');return(false);" style="behavior: url(#default#homepage)">设为首页</a>
```

其中，“http://www.123.com”就是要设置首页的 URL 地址。将该段代码添加到网页中后，当用户单击超链接时，即可弹出设为首页的对话框。

Q&A

问题 5：在网页中单击“加入收藏”的超链接，将会弹出一个对话框，询问是否将当前页面添加到浏览器的收藏夹中，那么这个功能如何实现？

解答：在很多网页中，都会为用户提供加入收藏的功能，将该功能集成到一个超级链接中。这样，当用户单击该超级链接时，即可打开【添加收藏】对话框，将某个地址添加到浏览器的收藏夹。

在 Dreamweaver 中，打开网页文档，然后选中链接文本，切换到代码视图，即可看到超链接的代码。

```
<a href="#">加入收藏</a>
```

在 a 标签中添加 onclick 属性，然后即可在属性值中编写 JavaScript 代码，实现添加收藏的功能。

```
<a href="#" onclick="javascript:window.external.addFavorite('http://123.com','abc');">加入收藏</a>
```

其中，“123.com”是要收藏的超链接地址，abc 则是该地址所属网站的名称。

Q&A

问题 6：如何去掉整个网页中超链接的下划线？

解答：在默认状态下，所有的超链接都会被浏览器添加一条下划线。在多数情况下，下划线可以为网页浏览者提供提示，表示这里是超链接。然而在某些情况下，下划线会影响到网页的美观，这时，就需要去除这些下划线。

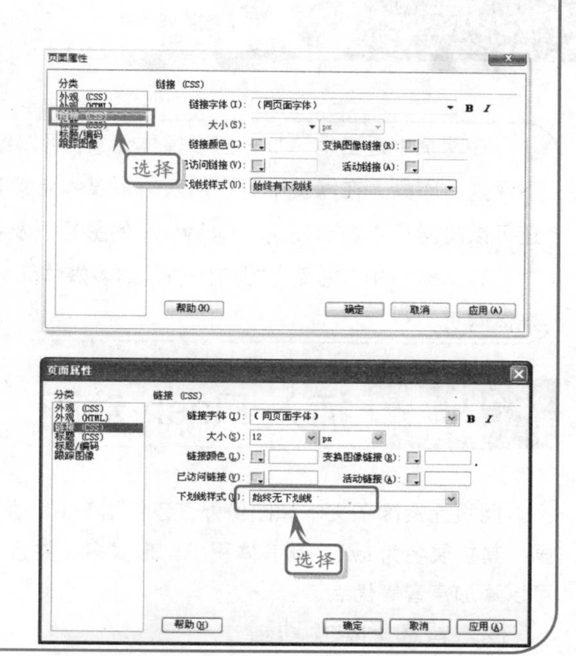

首先，用 Dreamweaver 打开网页文档，单击【属性】面板中的【页面属性】按钮，在弹出的【页面属性】对话框【分类】列表菜单中，选择【链接】选项。

然后，在【下划线样式】下拉列表中选择“始终无下划线”选项，即可去除网页中所有的下划线。

Q&A

问题 7：如何为网页插入空链接？

解答：在制作网页时，有时需要创建一些空的超链接。这时，可以使用 Dreamweaver 插入空的锚记链接。

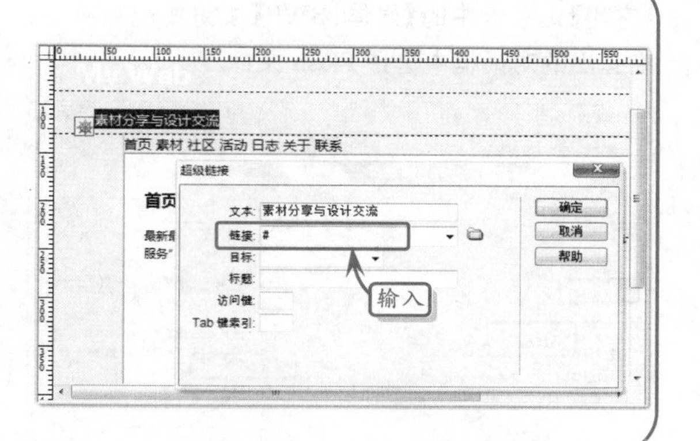

例如，为文本插入超链接，可在 Dreamweaver 中选中文本，然后执行【插入】|【超级链接】命令，在弹出的【超级链接】对话框中设置【链接】的文本框为井号“#”，并保持【目标】为空，单击【确定】按钮。

设计多媒体网页

在网页中适当地添加一些多媒体元素，可以给浏览者的听觉或视觉带来强烈的震撼，从而能够留下深刻的印象。在网页中可以插入的多媒体元素有很多种，如网页中的背景音乐或 MTV 等。另外，还可以向网页中添加使用 Shockwave 的影片以及各种插件，通过使用这些元素来增强页面的可视性。

在本章节中，主要介绍如何插入如多媒体元素以及各种多媒体的应用，使读者能够创建自己的多媒体网页。

9.1 插入 Flash 动画

网页元素除了文本和图像外，还包括 Flash 动画，其扩展名为 swf，具有体积小、形式多，并且可以添加声音等优点。

1．插入普通 Flash 动画

普通 Flash 动画的插入方法非常简单，将光标置于在插入 Flash 动画的位置，单击【插入】面板【常用】选项卡中的【媒体：SWF】按钮，在弹出的对话框中选择 Flash 文件。

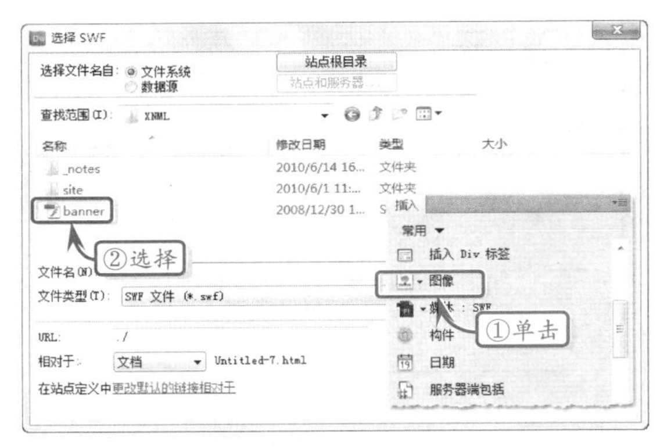

单击【确定】按钮后，即可在弹出的【对象标签辅助功能属性】对话框中设置 Flash 动画的【标题】等属性，单击【确定】按钮为文档插入 Flash。此时，文档中将显示一个灰色的方框，其中包含有 Flash 标志。

在文档中选择该 Flash 文件，【属性】面板中将显示该文件的各个参数，如大小、路径、品质等。

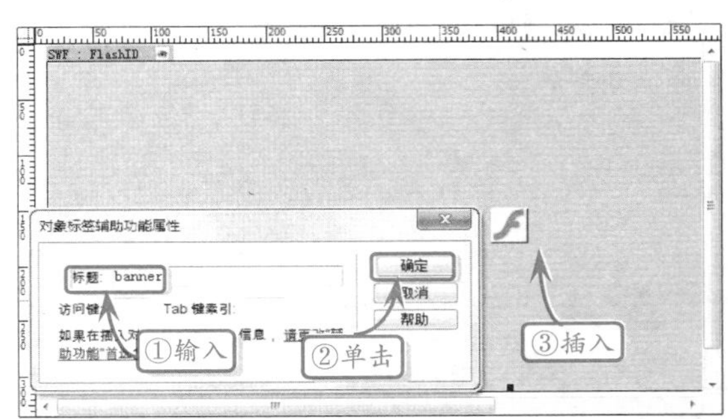

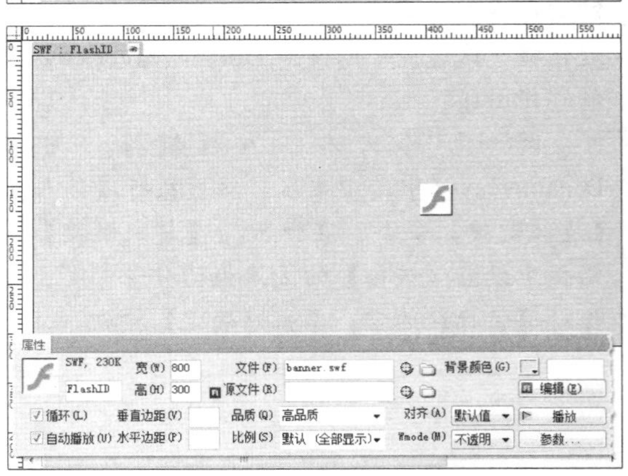

SWF【属性】面板中各个选项及作用的详细介绍如下所示。

名　称	功能描述
ID	为 SWF 文件指定唯一 ID
宽和高	以像素为单位指定影片的高度和宽度
文件	指定 SWF 或 Shockwave 文件的路径

续表

名　称	功能描述
背景	指定影片区域的背景颜色
编辑	启动 Flash 以及更新 FLA 文件
循环	使影片连续播放
自动播放	在加载页面时自动播放影片
垂直边距	指定影片上、下空白的像素数
水平边距	指定影片左、右空白的像素数
品质	在影片播放期间控制抗失真，分为低品质、自动低品质、自动高品质和高品质
比例	确定影片如何适合在宽度和高度文本框中设置的尺寸。默认为显示整个影片
对齐	确定影片在页面中的对齐方式
Wmode	为 SWF 文件设置 Wmode 参数以避免与 DHTML 元素（例如 Spry 构件）相冲突。默认值为不透明
播放	在【文档】窗口中播放影片
参数	打开一个对话框，可在其中输入传递给影片的附加参数

2. 透明 Flash 动画

当插入的 Flash 动画没有背景图像时，就可以通过【属性】面板中的 Wmode 选项将其设置为透明 Flash 动画。

在文档中插入一个没有背景的 Flash 动画，方法与插入普通 Flash 动画相同。然后，单击【属性】面板中的【播放】按钮 播放 预览效果，可以发现该 Flash 动画并未显示为透明动画。

提示

为了使透明动画效果更加明显，在插入 Flash 动画之前，首先为文档插入了背景图像。

停止动画预览后，在【属性】面板中选择 Wmode 选项为"透明"。然后保存文档后预览网页，可以发现该 Flash 动画中的黑色背景被隐藏，网页的背景图像完全显示。

提示

选择 Wmode 选项为"窗口"，可以从代码中删除 Wmode 参数，并允许 SWF 文件显示在其他 DHTML 元素的上面。

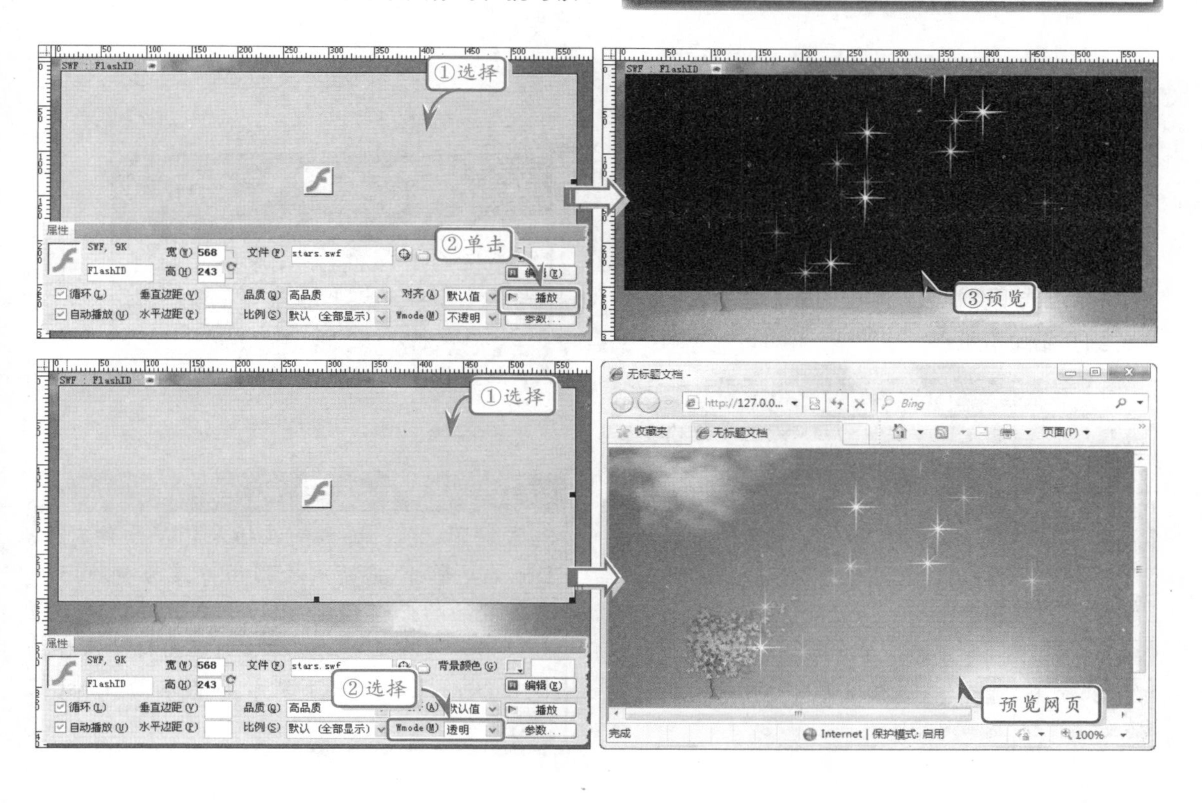

9.2 插入 FLV 视频

FLV 是一种新的视频格式，全称为 Flash Video。用户可以向网页中轻松添加 FLV 视频，而无需使用 Flash 创作工具。

1．累进式下载视频

累进式下载视频即允许用户下载到本地计算机中播放的视频。相比传统的视频，Flash 允许用户在下载的过程中播放视频已下载的部分。

在 Dreamweaver 中创建空白网页，然后即可单击【插入】面板中的【媒体：FLV】按钮 媒体：FLV，在弹出的【插入 FLV】对话框中选择 FLV 视频文件，并设置播放器的外观、视频显示的尺寸等参数。

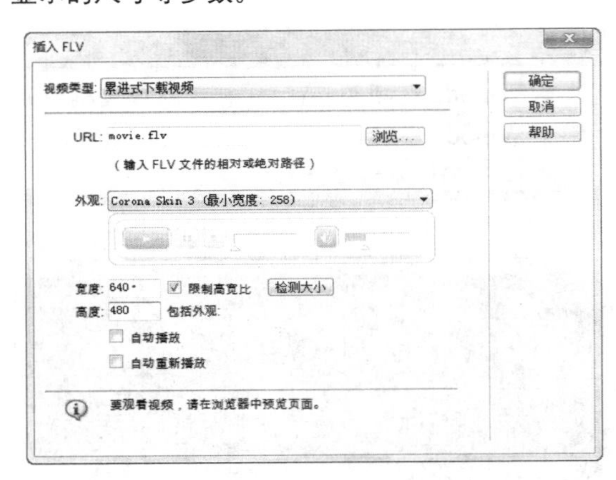

“累进式下载视频”类型的各个选项名称及作用详细介绍如下所示。

选项名称	作　用
URL	指定FLV文件的相对路径或绝对路径
外观	指定视频组件的外观
宽度	以像素为单位指定 FLV 文件的宽度
高度	以像素为单位指定 FLV 文件的高度
限制高宽比	保持视频组件的宽度和高度之间的比例不变
自动播放	指定在Web页面打开时是否播放视频
自动重新播放	指定播放控件在视频播放完之后是否返回起始位置

设置完成后，文档中将会出现一个带有 Flash Video 图标的灰色方框，此时还可以在【属性】面板中重新设置 FLV 视频的尺寸、文件 URL 地址、外观等参数。

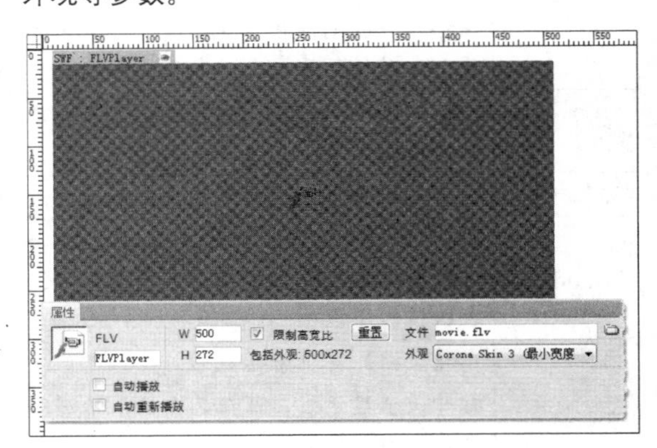

保存该文档并预览效果，可以发现一个生动的多媒体视频显示在网页中。当光标经过该视频时，将显示播放控制条；反之离开该视频，则隐藏播放控制条。

提示

与常规 Flash 文件一样，在插入 FLV 文件时，Dreamweaver 将插入检测用户是否拥有可查看视频的正确 Flash Player 版本的代码。如果用户没有正确的版本，则页面将显示替代内容，提示用户下载最新版本的 Flash Player。

2．流视频

流视频是比累进式下载视频安全性更好，更适合版权管理的一种视频发布方式。相比累进式下载的视频，流视频的用户无法通过完成下载，将视频保存到本地计算机中。然而使用流视频需要建立相应的流视频服务器，通过特殊的协议提供视频来源。

使用 Dreamweaver CS5，用户也可以方便地插入流视频。单击【插入】面板【常用】选项卡中的【媒体：FLV】按钮，在弹出的【插入FLV】对话框中选择【视频类型】为“流视频”，然后在该对话框的下面将显示相应的选项。

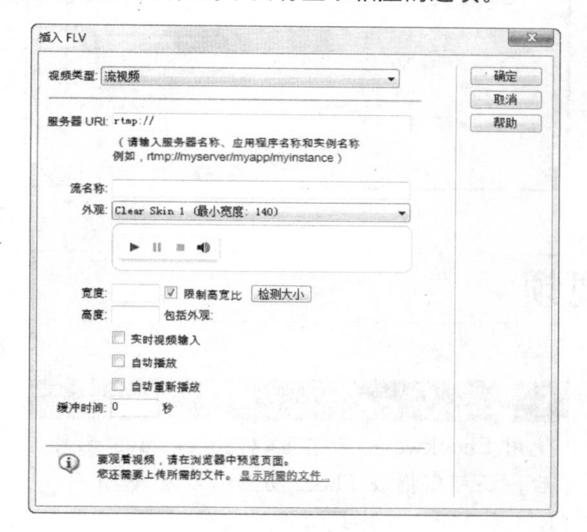

“流视频”类型的各个选项名称及作用详细介绍如下表所示。

选项名称	作　用
服务器 URI	指定服务器名称、应用程序名称和实例名称
流名称	指定想要播放的 FLV 文件的名称。扩展名 flv 是可选的

续表

选项名称	作　用
外观	指定视频组件的外观。所选外观的预览会显示在【外观】弹出菜单的下方
宽度	以像素为单位指定 FLV 文件的宽度
高度	以像素为单位指定 FLV 文件的高度
限制高宽比	保持视频组件的宽度和高度之间的比例不变，默认情况下会选择此选项
实时视频输入	指定视频内容是否是实时的
自动播放	指定在 Web 页面打开时是否播放视频
自动重新播放	指定播放控件在视频播放完之后是否返回起始位置
缓冲时间	指定在视频开始播放之前进行缓冲处理所需的时间（以秒为单位）

提示

如果选择了【实时视频输入】选择，组件的外观上只会显示音量控件，因此用户无法操纵实时视频。此外，【自动播放】和【自动重新播放】选项也不起作用。

设置完成后，文档中同样会出现一个带有 Flash Video 图标的灰色方框，此时还可以在【属性】面板中重新设置 FLV 视频的尺寸、服务器 URI、外观等参数。

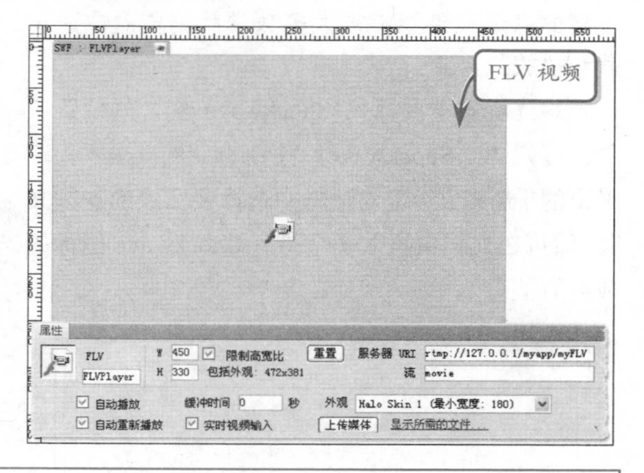

9.3 插入 FlashPaper

如果想要将 Word 文档、PowerPoint 文档或者 Excel 文档发布到网页中，并且希望禁止其他用户编辑修改，以保护自己的知识产权，可以将其制作成 FlashPaper。

FlashPaper 与普通的 Flash 动画有所不同，普通的 Flash 动画只能够观看，或者添加超级链接，而 FlashPaper 不仅能够观看，还可以在其中翻页、缩放、搜索，以及打印该文档。

在 Dreamweaver CS5 中可以直接插入 FlashPaper。单击【插入】面板【常用】选项卡中的【媒体：FlashPaper】按钮，在弹出的【插入 FlashPaper】对话框中选择文件源，并设置动画显示的尺寸。

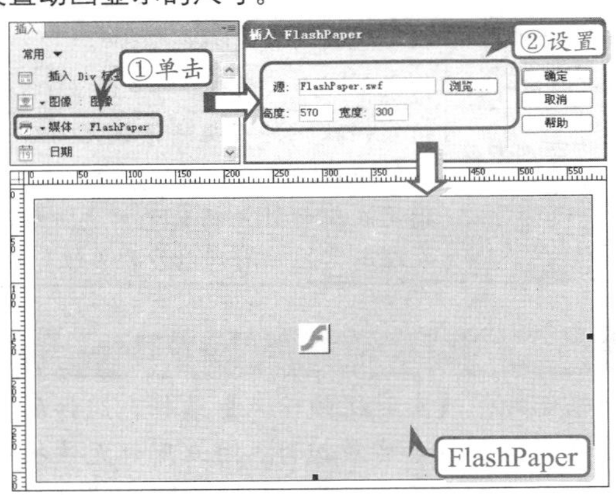

提示

因为 FlashPaper 是 Flash 文件，所以文档中将出现一个带有 Flash 标志的灰色方框。

保存文档后预览效果。在网页的 Flash 中可以使用右边的滚动条滚动页面。当放大 FlashPaper 中的内容时，其底部会自动出现水平滚动条，让用户能够左右拖动查看内容。

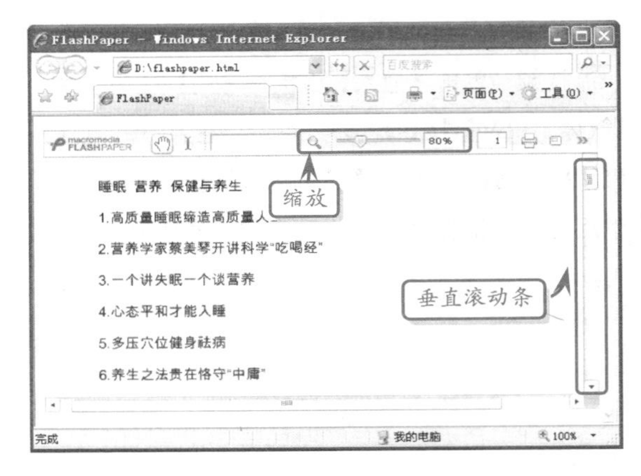

9.4 插入 Shockwave 视频

Shockwave 是 Web 上用于交互式多媒体的一种标准，并且是一种压缩格式，可使在 Director 中创建的媒体文件能够被大多数常用浏览器快速下载和播放。

将光标置于要插入 Shockwave 影片的位置，单击【媒体：Shockwave】按钮，在弹出的【选择文件】对话框中选择要播放的视频文件，即可在文档中插入一个带有 Shockwave 图标的灰色方框。

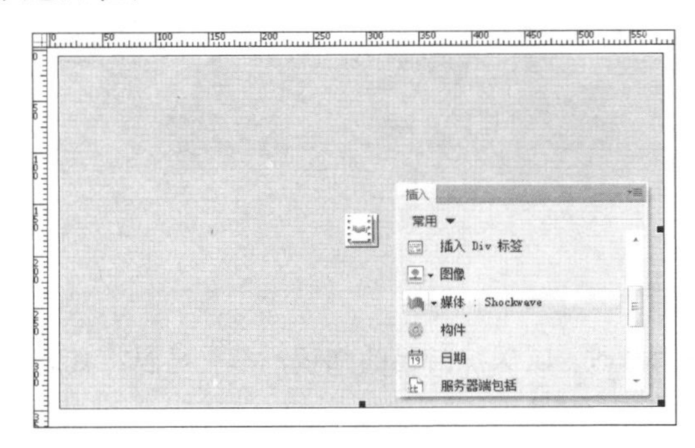

提示

使用 Shockwave 除了可以 Shockwave 影片后，还可以播放 Flash 动画，以及 WMV、RM 和 MPG 等格式的视频文件。

选择文档中的 Shockwave 文件，在【属性】面板中可以设置视频文件的尺寸、垂直边距、水平边距和对齐方式等参数。

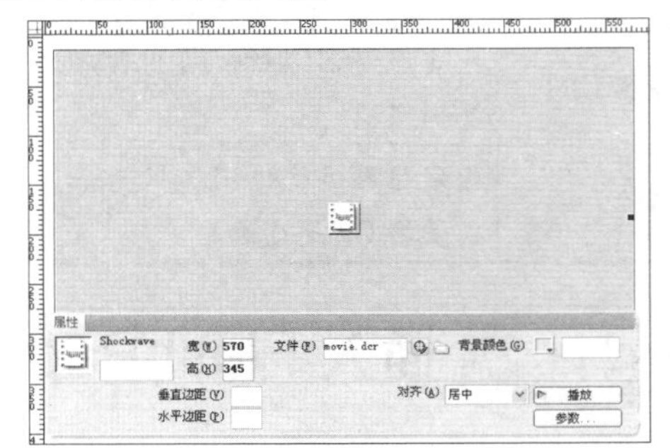

Shockwave 格式文件的各种属性设置与 Flash 动画十分类似，在此将不再赘述。

9.5 插入 Java applet 程序

Java applet 是一种镶嵌在 HTML 网页中，然后由支持 Java 的浏览器，比如 Netscape Navigator、IE 以及现在流行的 FireFox 等下载并且启动运行的 Java 程序。

将光标置于要插入 Java applet 程序的位置，单击【媒体：APPLET】按钮，在弹出的【选择文件】对话框中选择包含有 Java applet 程序的文件，此时文档中将插入一个带有 APPLET 图标的灰色方框。

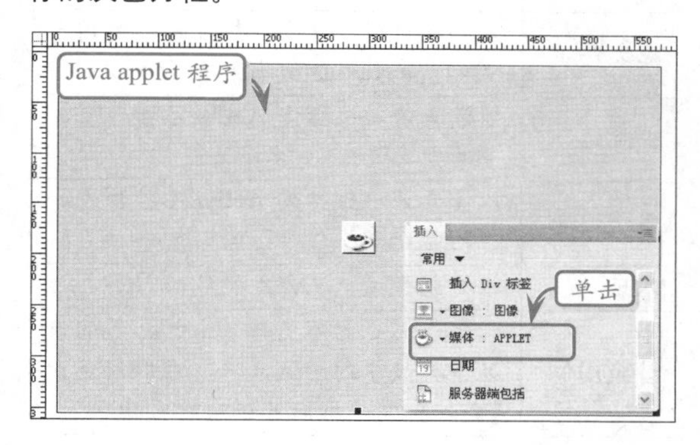

在文档中选择该方框，可以在【属性】面板中设置其显示的区域尺寸、垂直边距以及水平边距等参数。

applet【属性】面板中各个选项及作用详细介绍如下表所示。

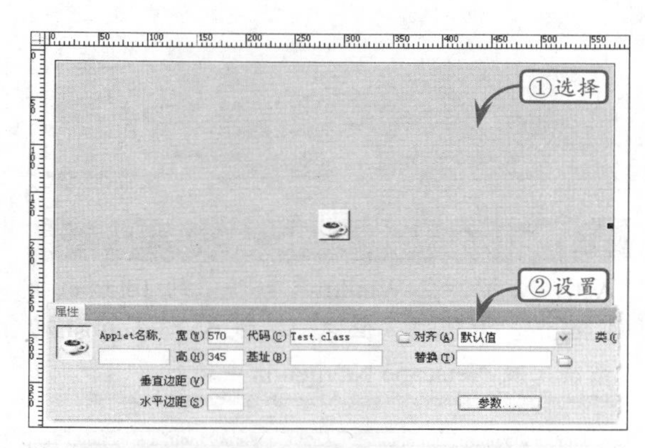

选项名称	作　用
名称	指定用来标识 applet 以撰写脚本的名称
宽和高	以像素为单位指定 applet 的宽度和高度
代码	指定包含该 applet 的 Java 代码的文件
基址	标识包含选定 applet 的文件夹。在用户选择了一个 applet 后，此文本框将自动填充
对齐	确定对象在页面上的对齐方式
替换	指定在用户的浏览器不支持 Java applet 或者已禁用 Java 的情况下要显示的替代内容
垂直边距	以像素为单位指定 applet 上、下的空白量
水平边距	以像素为单位指定 applet 左、右的空白量
参数	打开一个用于输入要传递给 applet 的其他参数的对话框

9.6 插入 ActiveX 控件

ActiveX 控件（以前称作 OLE 控件）是功能类似于浏览器插件的可复用组件。Dreamweaver 中的 ActiveX 对象允许用户在网页访问者的浏览器中为 ActiveX 控件设置属性和参数。

将光标置于要插入 ActiveX 控件的位置，单击【媒体：ActiveX】按钮，即可在文档中插入一个带有 ActiveX 图标的灰色方框。

在文档中选择该方框，可以在【属性】面板中设置 ActiveX 控件的尺寸、ClassID、源文件等参数。在选择源文件之前，首先要启用【嵌入】复选框。

ActiveX【属性】面板中各个选项及作用详细介绍如下表所示。

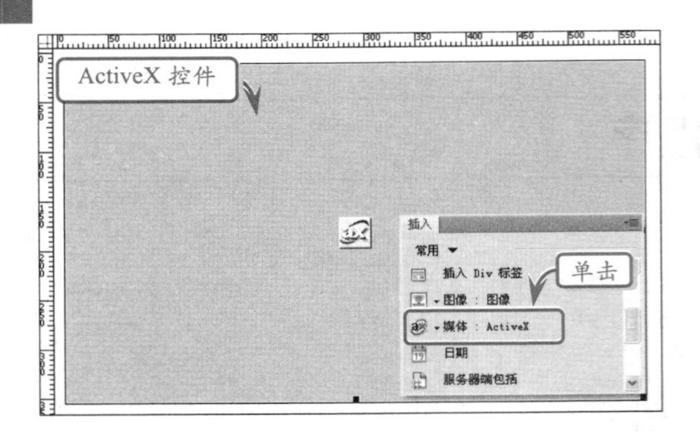

提示

ActiveX 控件在 Windows 系统上的 Internet Explorer 中运行，但它们不能在 Macintosh 系统上或 Netscape Navigator 中运行。

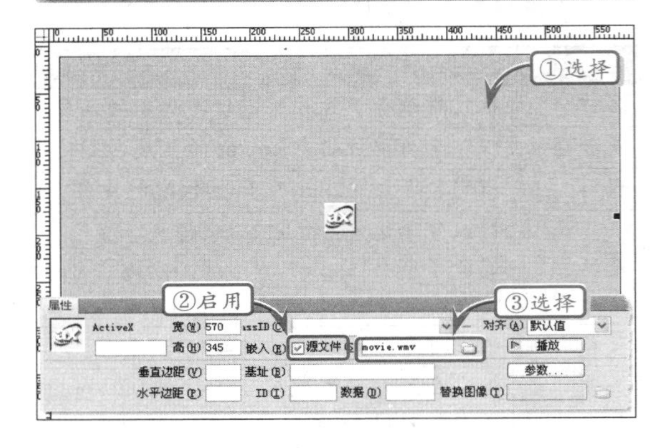

设置完成后保存文档，预览页面即可查看 ActiveX 控件中添加的内容。在这里添加一个 WMV 格式的视频文件。

选项名称	作　用
名称	指定用来标识 ActiveX 对象以撰写脚本的名称
宽和高	以像素为单位指定对象的宽度和高度
ClassID	为浏览器标识 ActiveX 控件。输入一个值或从下拉列表中选择一个值
嵌入	为该 ActiveX 控件在 object 标签内添加 embed 标签
对齐	确定对象在页面上的对齐方式
参数	打开一个用于输入要传递给 ActiveX 对象的其他参数的对话框
源文件	定义在启用了【嵌入】复选框时用于 Netscape Navigator 插件的数据文件
垂直边距	以像素为单位指定 ActiveX 控件上、下的空白量
水平边距	以像素为单位指定 ActiveX 控件左、右的空白量
基址	指定包含该 ActiveX 控件的 URL
替换图像	指定在浏览器不支持 object 标签的情况下要显示的图像。只有在取消选中【嵌入】复选框后此选项才可用
数据	为要加载的 ActiveX 控件指定数据文件

9.7 插入插件

网页浏览器作为一种综合的多媒体播放平台，可以播放多种类型的多媒体文档，包括音频、视频、动画等。使用 Dreamweaver CS5，用户可以方便地将这些媒体类型插入到网页文档中。

将光标置于要插入影片的位置，单击【媒体：插件】按钮，在弹出的对话框中选择 WMV 视频文件，此时文档中将插入一个带有插件图标的灰色方框。选择该方框，可以在【属性】面板中设置其尺寸、源文件和插件的 URL 等参数。

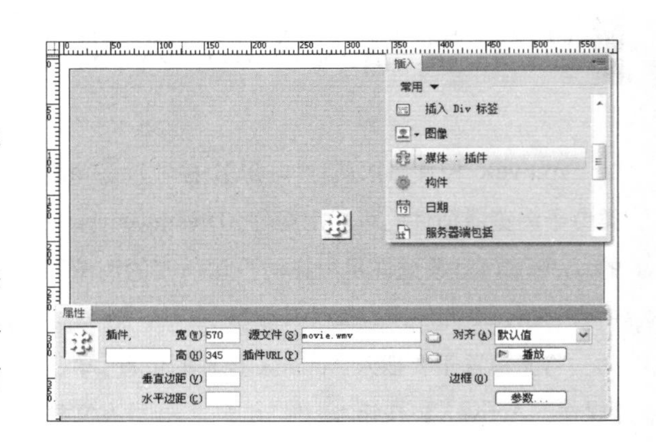

插件【属性】面板中各个选项及作用详细介绍如下表所示。

选项名称	作　用
名称	指定用来标识插件以撰写脚本的名称
宽和高	以像素为单位指定在页面上分配给对象的宽度和高度
源文件	指定源数据文件。单击文件夹图标以浏览到某一文件，或者输入文件名
插件 URL	指定 pluginspace 属性的 URL
对齐	确定对象在页面上的对齐方式
垂直边距	以像素为单位指定插件上、下的空白量
水平边距	以像素为单位指定插件左、右的空白量
边框	指定环绕插件四周的边框的宽度
参数	打开一个用于输入要传递给 Netscape Navigator 插件的其他参数的对话框

9.8 练习：制作导航条版块

在许多博客、个人空间和网站的页面中都喜欢插入透明 Flash 动画，这样可以使原本静止的图片产生 Flash 动感效果。本练习将制作一个具有水滴效果的导航条版块。

练习要点

- 插入 Div 标签
- 定义 CSS 样式
- 插入 Flash 动画
- 设置 Flash 动画的透明度

操作步骤

STEP|01 在 Dreamweaver 中新建空白网页文档，设置其【标题】为“蒲公英十字绣”，并将其保存。单击【页面属性】按钮 页面属性... ，在弹出的对话框中设置页面【背景图像】、【大小】和【文本颜色】等属性。

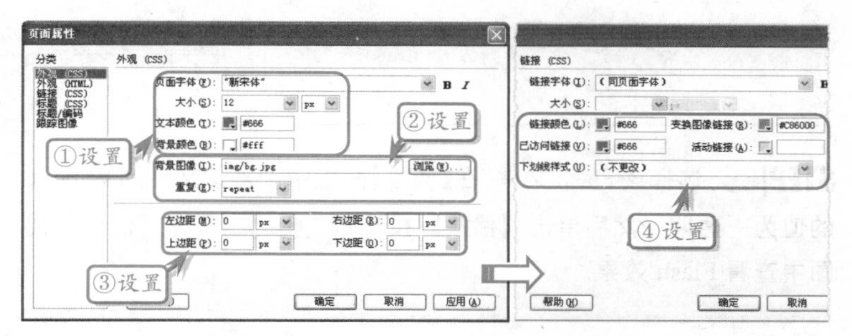

STEP|02 单击【布局】选项卡中的【插入 Div 标签】按钮，插入一个 ID 为 container 的层。然后，在【CSS 样式】面板中选择

提示

在【插入 Div 标签】的对话框中，单击【新建 CSS 规则】按钮 新建 CSS 规则 ，也可为 ID 为 container 的层添加样式。

"#container"，并单击【编辑样式】按钮，在弹出的【#container 的 CSS 规则】对话框中设置参数。

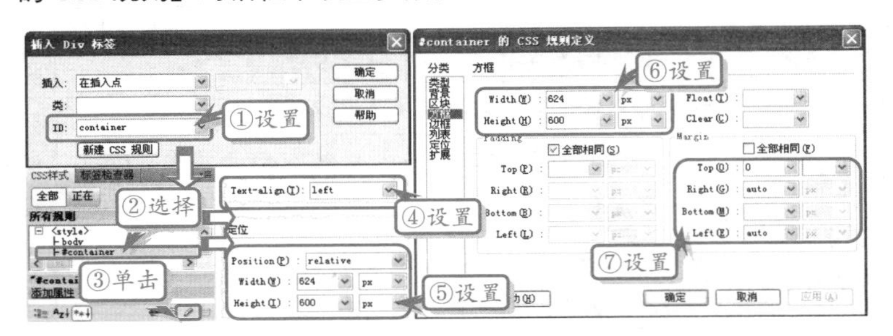

STEP|03 使用相同的方法，在 ID 为 container 的层中，分别插入 2 个 ID 为 title 和 banner 的层，以及 1 个 class 为 container 的层，并定义它们的样式。在 ID 为 title 的层中输入文本，在 ID 为 banner 的层中设置背景图像。

提示

在【CSS 样式】面板中定义 background-image 的值，即可设置背景图像。

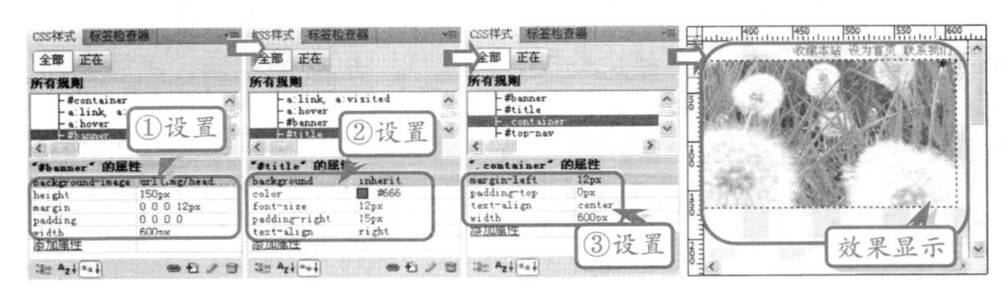

STEP|04 单击【常用】选项卡中的【媒体：FlashPaper】按钮，在 ID 为 banner 的层中插入准备好的 Flash 文件。然后，在【属性】面板中单击【项目列表】按钮，在 class 为 container 的层中插入列表并定义该列表的样式。

提示

在弹出【对象标签辅助功能属性】对话框中，可以设置对象的标签属性。

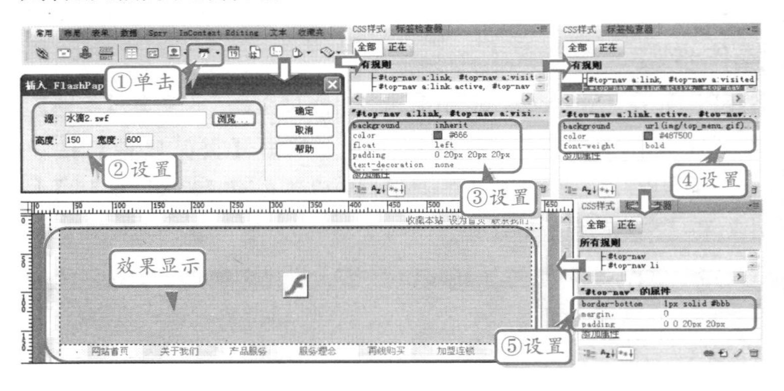

STEP|05 选择该 Flash 文件，在【属性】面板中设置该文件的 Wmode 的值为"透明"然后单击【播放】按钮，在【设计】视图中查看 Flash 效果。

9.9 练习：制作音乐播放网页

在很多休闲和娱乐的网站中都添加有 Flash 音乐，可以实现播放、暂停、快进和后退等功能，使网站给访问者一种轻松舒适的感觉。本练习将制作一个带有音乐播放的个人空间。

练习要点

- 插入表格
- 设置单元格的背景图像
- 使用【绘制 AP Div】
- 创建热点区域
- 插入 Flash 插件

操作步骤

STEP|01 在 Dreamweaver 中新建空白网页文档，单击【页面属性】按钮 页面属性...，在弹出的对话框中设置页面【大小】、【文本颜色】、【左边距】、【右边距】和【标题】等属性。

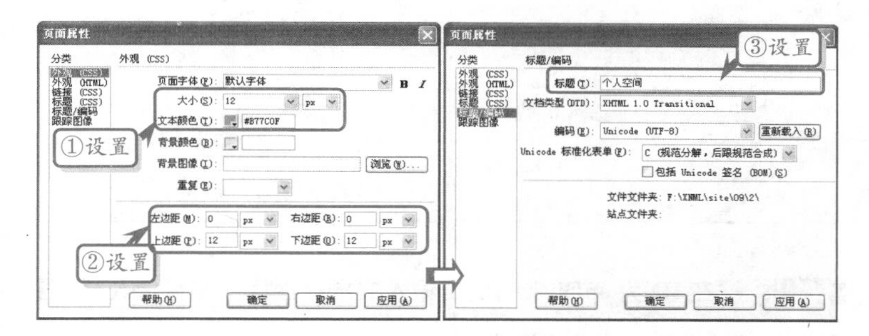

STEP|02 执行【插入】|【表格】命令，在弹出的【表格】对话框中，创建 3 行×3 列的表格，分别合并第 1 行和第 3 行单元格。将光标放置在第 1 行单元格中，执行【窗口】|【标签检查器】命令，在【常规】选项卡中设置 height；在【浏览器特定】选项卡中设置 background 参数。

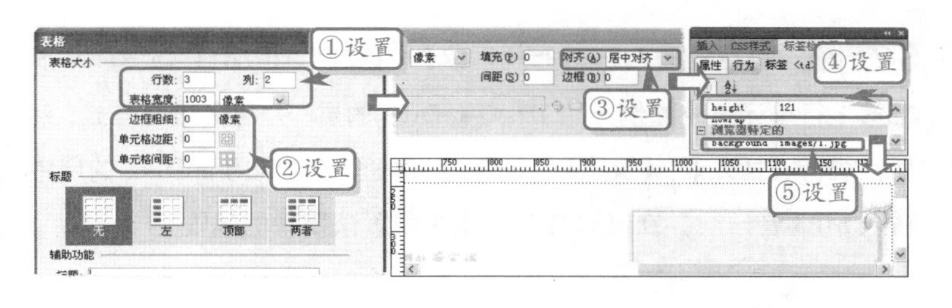

提示

选择第 1 行第 1 列至第 3 列，然后单击【属性】面板中【合并所选单元格，使用跨度】按钮合并第 1 行单元格。用相同的方式合并第 3 行单元格。

STEP|03 以相同的方法，设置第 2 行第 2 列、第 2 行第 3 列和第 3 行单元格的背景图像。然后将光标放置在第 2 行第 1 列单元格中，执行【插入】|【图像】命令，在第 2 行第 1 列中插入图像。

> **提示**
>
> 在【常用】选项卡中单击【图像】按钮，也可在单元格中插入图像。

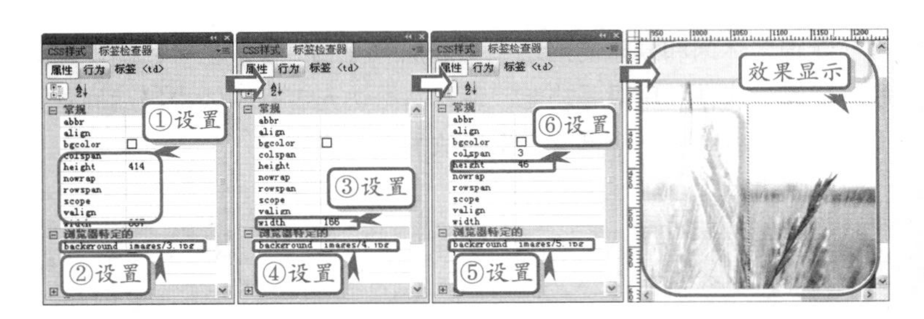

STEP|04 选择第 2 行第 1 列单元格的图像，在【属性】面板中单击【圆形热点工具】按钮，分别在“主页”和“博客”等文本创建 5 个热点区域。然后，在【布局】选项卡中单击【绘制 AP Div】按钮 绘制 AP Div，在第 2 列单元格中插入一个 ID 为 apDiv1 的层并定义其样式。

> **提示**
>
> “关于我”使用第二标题标签<h2>，文本换行使用<p>标签。

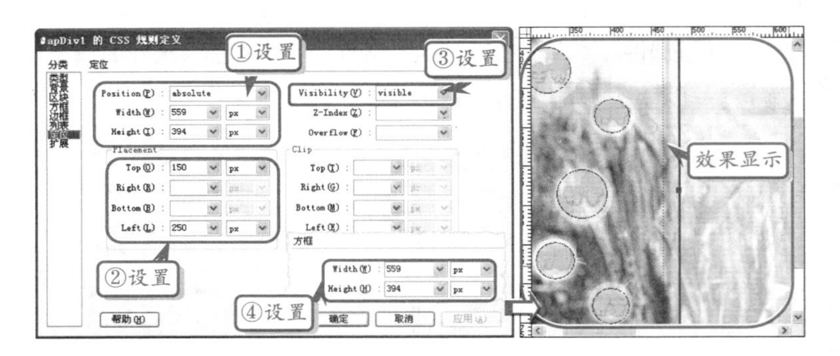

STEP|05 在 ID 为 apDiv1 的层中输入文本。然后，在【CSS 样式】面板中定义标题和段落的样式。

> **提示**
>
> 在“h2”CSS 样式中，border-bottom 是定义标题下边框的样式。

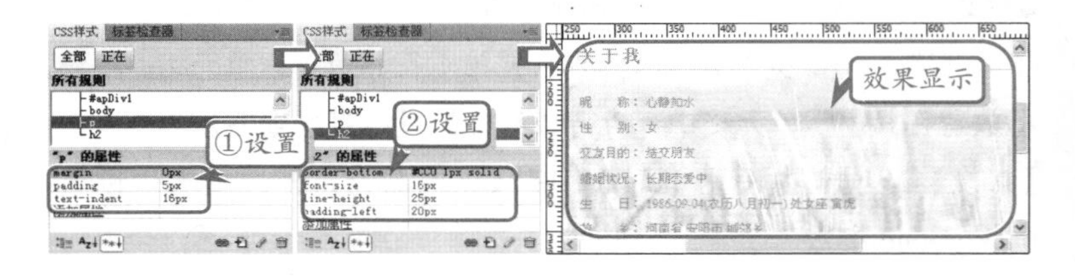

STEP|06 执行【插入】|【布局对象】|【绘制 AP Div】命令，在表格第 1 行单元格中绘制一个 ID 为 apDiv2 的层，并定义该层样式。然后，执行【插入】|【媒体】|【插件】命令，在 ID 为 apDiv2 的层中插入 MP3 音乐，并在【属性】面板中设置该插件的属性。

> **提示**
>
> 单击【常用】选项卡中的【媒体：插件】按钮 插件，也可以在文档中插入 MP3 音乐

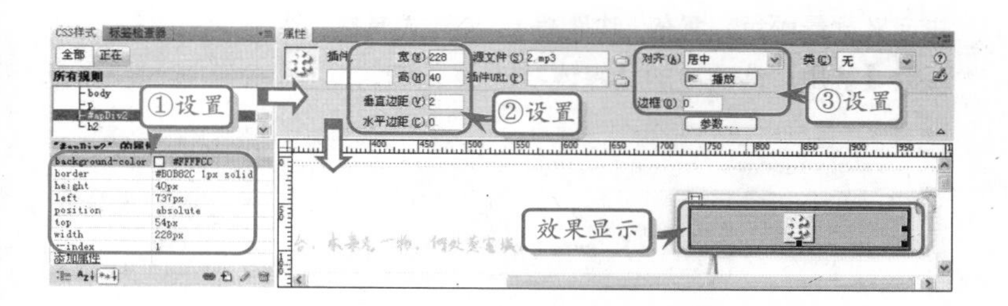

9.10 练习：制作视频网页

随着网络带宽技术的发展，人们已能通过网页浏览各种视频，各种在线电影网站逐渐风行。使用 Dreamweaver CS5 的插入累进式下载的 FLV 视频技术，可以方便地为页面插入 Flash 视频文档，制作在线电影的网页。

练习要点

- 创建 Div 层
- 插入 FLV
- 插入图像

提示

页面布局代码如下所示。

```
<div id="header">
  <div id="logo">
  </div>
  <div id="search">
  </div>
</div>
  <div id="nav">
  <div id=
  "navLeft">
</div>
  <div id=
  "navRight">
  </div>
</div>
  <div id=
  "content">
  <div id=
  "leftmain">
  </div>
  <div id=
  "rightmain">
  </div>
</div>
  <div id=
  "footer"></div>
```

操作步骤

STEP|01 打开素材页面“index.html”，将光标置于 ID 为 leftmain 的 Div 层中，单击【插入 Div 标签】按钮，创建 ID 为 daohang 的 Div 层，并设置 CSS 样式属性，及输入文本。

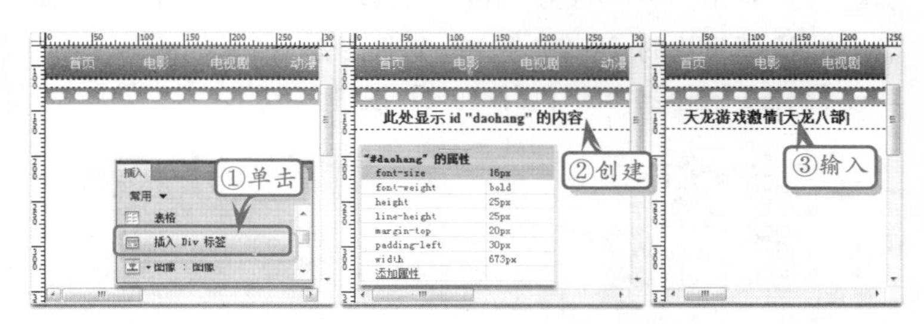

STEP|02 单击【插入 Div 标签】按钮，创建 ID 为 player 的 Div 层，

提示

ID 为 leftmain 的 Div 层中的布局代码。

```
<div id=
"daohang"></div>
<div id=
"player"></div>
<div id=
"pinglun"></div>
```

并定义背景颜色、填充、边距等 CSS 样式属性。然后，单击【插入】面板【常用】选项中的【媒体：Flv】按钮。

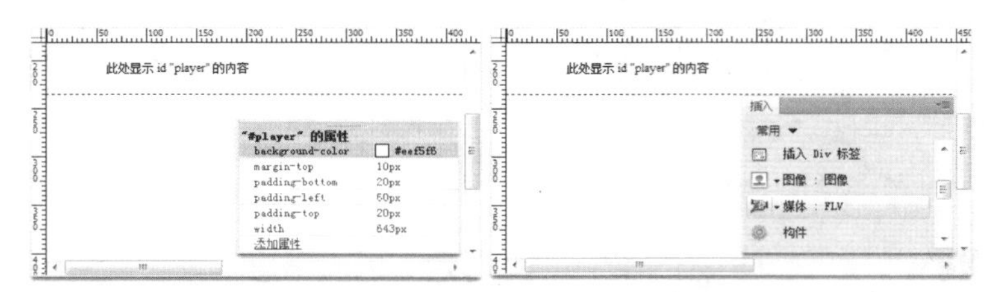

STEP|03 在弹出的【插入 FLV】对话框中，单击 URL 文本框右侧的【浏览】按钮，弹出【选择 FLV】对话框，选择文档“天龙八部_1.flv”。设置【宽】为 583；【高】为 400；自动播放；自动重新播放。

提示

插入 FLV 有两种方法：一是在工具栏执行【插入】|【媒体】|FLV 命令；二是单击【插入】面板【常用】选项中的【媒体】按钮中的下三角按钮，在弹出的下拉列表中选择 FLV 选项。

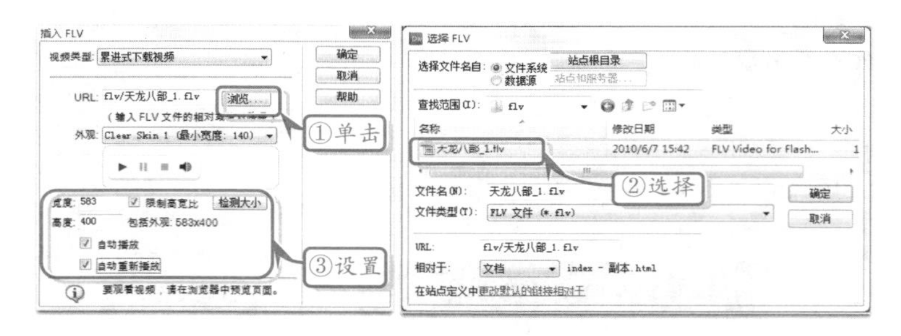

STEP|04 单击【确定】按钮后，页面显示 FLV 插件，然后单击【插入 Div 标签】按钮，创建 ID 为 pinglun 的 Div 层，并定义宽、高、左边距、上边距的 CSS 样式属性。

提示

修改外观、【宽度】、【高度】、【播放】类型，可以在文档页面中的【属性】检查器中进行修改。

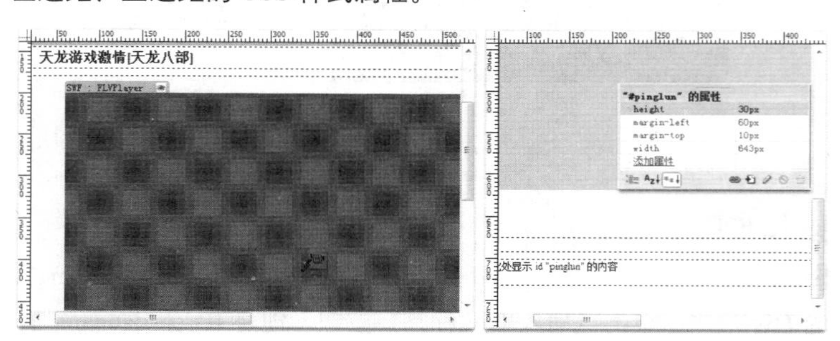

STEP|05 将光标置于 ID 为“评论”的 Div 层中，单击【插入】面板【常用】选项中的【图像】按钮，选择图像“03_15.png”。然后，单击【属性】检查器中的【项目列表】按钮。

提示

灵活运用项目列表将图像垂直排列。通过设置 CSS 样式使图像水平排列。

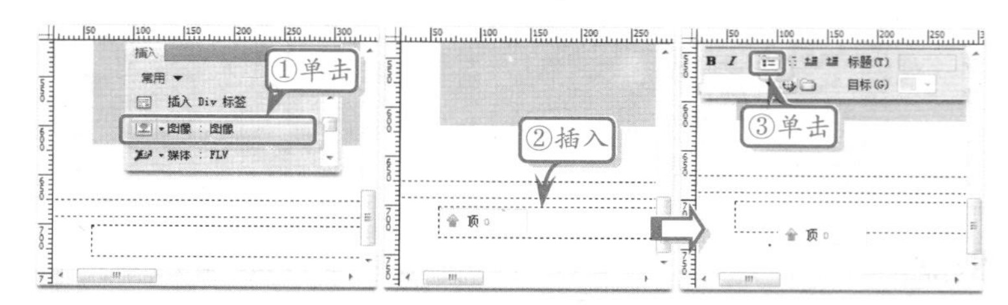

STEP|06 按 Enter 键出现下一个项目列表符号，然后在项目列表符号后插入图像。在标签栏选择 ul 标签，定义边距、填充等 CSS 样式。然后，在标签栏选择 li 标签，并定义其属性，完成导航条的制作。

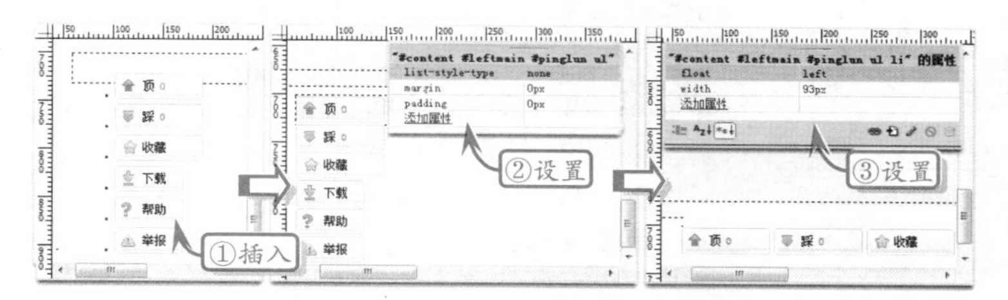

9.11 高手答疑

Q&A

问题 1：如何为网页文档添加背景音乐？

解答：使用 Dreamweaver CS5，用户可以通过两种方法为网页中插入背景音乐。

第一种方法为可视化的操作。在文档中，单击【插入】面板中的【媒体：插件】按钮 媒体：插件，在弹出的【选择文件】对话框中选择音频文件，此时文档中出现带有插件图标的灰色方框。

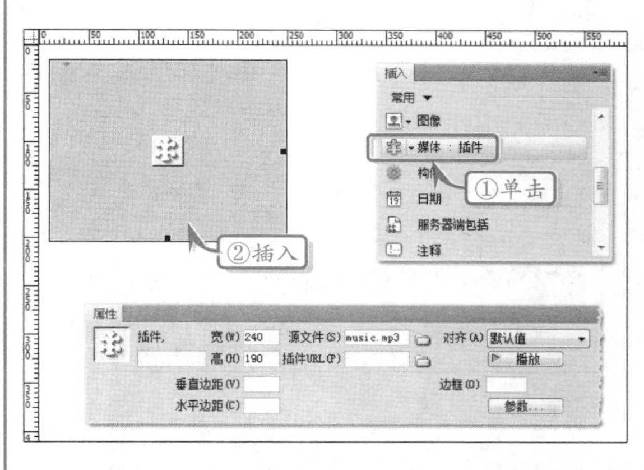

单击【属性】面板中的【参数】按钮 参数...，在弹出的【参数】对话框中添加 loop、autostart、mastersound 和 hidden 参数，并为每一个参数设置相应的值。

除了通过可视化的方式外，用户还可以为网页编写代码，同样可实现背景音乐的播放。

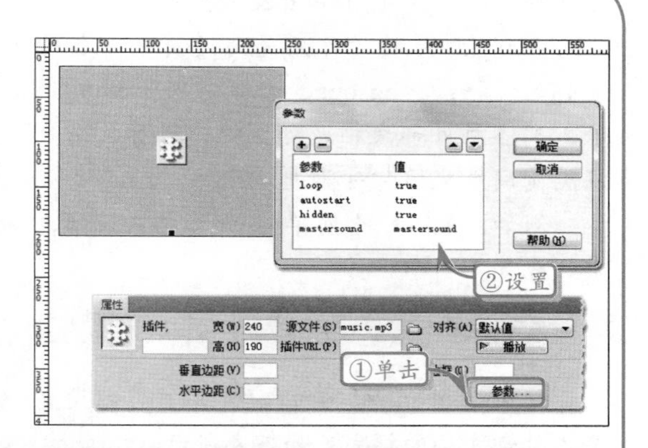

提示

hidden 参数指定插件是否隐藏；autostart 参数指定是否自动播放音频文件；LOOP 参数指定是否循环播放音频文件；mastersound 参数指定背景音乐的播放优先级。

将<bgsound>标签添加到网页文档的<head></head>标签之间，然后设置 src、autostart、loop 等属性即可，如下所示。

```
<head>
  <bgsound src="music.mp3" loop=
  "-1" />
</head>
```

<bgsound>标签的作用就是为网页添加

一个隐含的背景音乐模块。用户可以通过 5 种属性设置背景音乐。

属性	作　用
id	背景音乐标签的 ID，用于提供脚本的引用
src	定义背景音乐文件的路径
balance	定义背景音乐播放时的左右声道偏移
loop	定义背景音乐是否循环和循环次数
volume	定义背景音乐的音量

其中，balance 属性的值为–10000～10000 之间，表示从左声道到右声道的转换；loop 的值可以是所有正整数或–1 和单词 infinity，分别表示循环播放的次数或无限循环播放；volume 属性的最大值为 0，最小值为–10000。

提示

<bgsound>标签嵌入的背景音乐在网页中是不可见的，用户在浏览网页时是不能控制背景音乐播放的。

Q&A

问题 2：如何以代码的方式为网页文档插入视频?

解答：用户可以使用代码的方式插入各种视频文件，其需要使用<embed>标签。

<embed>标签的作用是为网页嵌入各种外部的文档，与<bgsound>标签不同，<embed>嵌入的各种外部文档是可见的，也可让用户在浏览网页文档时对其进行控制。

例如，嵌入一个简单的 wmv 格式视频，其代码如下所示。

```
<embed src="movie.wmv"></embed>
```

使用<embed>标签的属性，用户可以设置嵌入外部文档的样式，如下表所示。

属　性	作　用
autostart	定义文档自动播放
height	定义文档的高度
hidden	定义文档自动隐藏
src	定义文档的 URL 地址
width	定义文档的宽度

其中，autostart 属性的值为 true 或 false，表示文档自动播放或用户手动控制播放；height 和 width 属性的值为整数，单位为像素；hidden 属性的值也为 true 或 false，表示隐藏或显示嵌入的文档。在设置了视频的高度和宽度后，可发现其结果与使用可视化的插入插件方式，插入的结果相同。

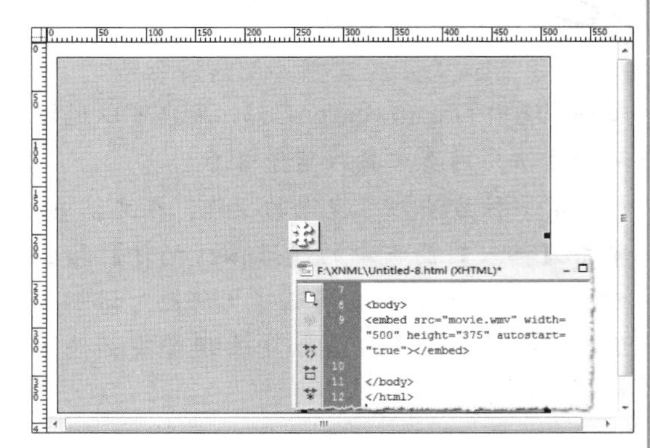

保存网页文档后，即可通过网页浏览器浏览网页，查看视频播放的效果。

Q&A

问题 3：如何以代码的方式隐藏 Windows Media Player 播放插件的播放进度条等工具条？

解答：在默认情况下，将 WMV、WMA 以及 AVI 和 MPEG 等格式的视频、音频文档插入到网页中时，会自动调用 Windows Media Player 播放插件进行播放。此时，将在音频或视频的控件下方显示出 Windows Media Player 播放器的播放进度条等工具条。

用户可以将一些与 Windows Media Player 接口相关的参数应用到<embed>标签上，以控制这些工具条的显示和隐藏。

常用的与工具条相关的 Windows Media Player 参数主要包括以下几种。

参　数	作　用
ShowControls	定义所有工具条的显示/隐藏
ShowAudioControls	定义音量控制的显示/隐藏
ShowDisplay	定义播放列表的显示/隐藏
ShowTracker	定义进度条的显示/隐藏
ShowPositionControls	定义快进等按钮的显示/隐藏
ShowStatusBar	定义状态栏的显示/隐藏

为参数赋予 true 或 false 的值即可控制该工具条的显示和隐藏。例如，定义隐藏所有工具条的播放代码如下。

```
<embed src="movie.wmv" width=
"500" height="300" ShowControls=
"false"></embed>
```

保存网页文档后，即可通过网页浏览器浏览该文档，查看视频播放的效果。

Q&A

问题 4：如何将网页中的文本或图像链接到音频文件？

解答：链接到音频文件是将声音添加到网页的一种简单而有效的方法。这种集成声音文件的方法可以使访问者选择是否要收听该文件，并且使文件可用于最广范围的听众。

在文档中，选择用作指向音频文件的文本或图像，然后在【属性】面板中，单击【链接】文本框右侧的【浏览文件】按钮选择音频文件，或者在文本框中直接输入音频文件的路径和名称。

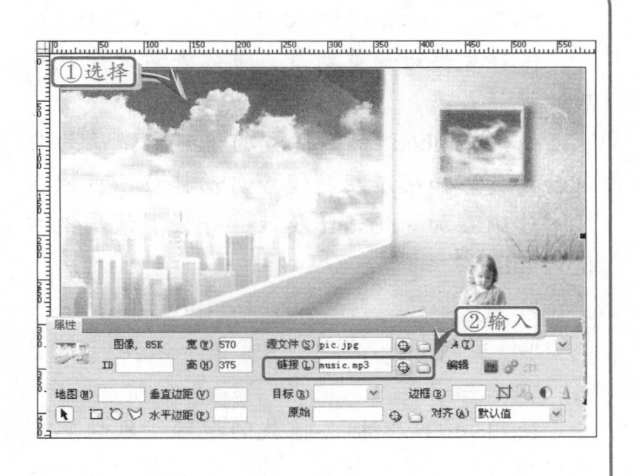

Q&A

问题5：如何通过代码在文档中插入视频文件？

解答： <embed>标签可以用来播放影音文件，通常使用它播放 Windows Media Player 支持的格式，如 WMA、WMV、ASF、MPG、AVI 等，但也可以播放一些其他格式。

<embed scr=文件地址>是<embed>标签最简单的写法，只要这样写便可以播放影音文件。

```
<embed src="movie.wmv"></embed>
```

预览网页时，文档中会自动呈现一条完整的播放控制条。如果播放的是视频文件，除了播放控制条，还会以视频的原始尺寸播放出画面，画面大小会自动调整。

如果想要设置视频画面的尺寸，或者改变播放控制条的的大小，可以在<embed>标签中添加 width 和 height 属性。width 表示视频画面的宽度；height 表示包含播放控制条的视频高度。

```
<embed src="movie.wmv" width=
"425" height="380">
```

保存文档后预览网页，可以查看改变尺寸后的视频效果。

使用<embed>标签播放的视频，默认为会自动播放。如果不想将视频自动播放，可以在该标签中添加 autostart 属性，并设置该属性的值为 false。

```
<embed src="movie.wmv" width=
"425" height="380" autostart=
"false">
```

使用<embed>标签播放的视频，默认不会循环播放的，且只播放一次。如果想要循环播放，可以在<embed>标签中添加 loop 属性，并设置该属性的值为 ture。

```
<embed src="movie.wmv" width=
"425" height="380" autostart=
"false" loop="true">
```

保存文档后预览网页，可以发现视频文件并没有自动播放，当用户单击【播放】按钮后才开始播放。

另外，还可以设置一些参数来隐藏播放器的进度条(ShowTracker="false")、快进、后退、下一个以及上一个按钮(ShowPositionControls="false")、控制音量条和静音按钮(ShowAudio-Control="false")。

在<embed>标签中设置 ShowStatusBar 属性的值为 true，可以在播放控制条的下面呈现一行资讯视窗，该视窗可以显示很多有用的资讯，如下载进度、播放进度、曲名、艺人名称等。

提示

如果 Windows Media Player 版本不同，视频播放器的外观也可能不同。

设计数据表格

在网页设计过程中，为了将网页元素按照一定的序列或位置进行排列，首先需要对页面进行布局，而最简单的布局方式就是使用表格。表格是由行和列组成的，而每一行或每一列又包含有一个或多个单元格，网页元素可以放置在任意一个单元格中。

在本章节中，主要介绍表格的创建和操作方法，以及如何编辑表格中的单元格，使读者在Dreamweaver中能够进行简单的页面布局。

10.1 创建表格

表格用于在HTML页面上显示表格式数据，以及对文本和图像进行布局的强有力的工具。通过表格可以将网页元素放置在指定的位置。

1. 插入表格

在插入表格之前，首先将鼠标光标置于要插入表格的位置。在新建的空白网页中，默认在文档的左上角。

在【插入】面板中，单击【常用】选项卡中的【表格】按钮 表格，或者单击【布局】选项卡中的【表格】按钮 表格，在弹出的【表格】对话框中设置相应的参数，即可在文档中插入一个表格。

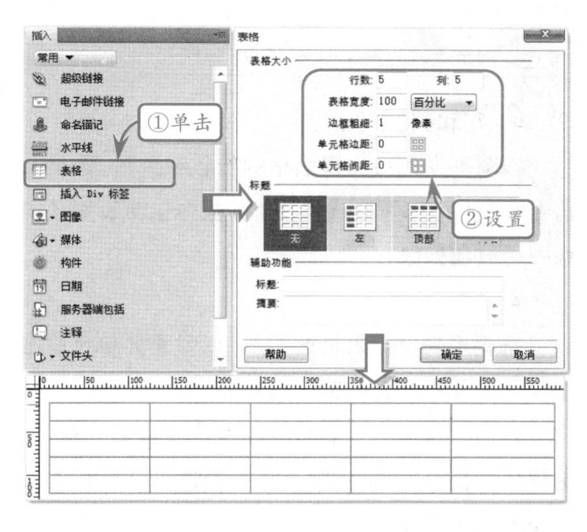

在【表格】对话框中，各个选项的作用详细介绍如下所示。

> **提示**
>
> 在【插入】面板中默认显示为【常用】选项卡。如果想要切换到其他选项卡，可以单击【插入】面板左上角的选项按钮，在弹出的菜单中执行相应的命令，即切换至指定的选项卡。

选择		作用
行数		指定表格行的数目
列数		指定表格列的数目
表格宽度		以像素或百分比为单位指定表格的宽度
边框粗细		以像素为单位指定表格边框的宽度
单元格边距		指定单元格边框与单元格内容之间的像素值
单元格间距		指定相邻单元格之间的像素值
标题	无	对表格不启用行或列标题
	左	可以将表格的第一列作为标题列，以便可为表格中的每一行输入一个标题
	顶部	可以将表格的第一行作为标题行，以便可为表格中的每一列输入一个标题
	两者	可以在表格中输入列标题和行标题
标题		提供一个显示在表格外的表格标题
摘要		用于输入表格的说明

提示

当表格宽度的单位为百分比时，表格宽度会随着浏览器窗口的改变而变化；当表格宽度的单位设置为像素时，表格宽度是固定的，不会随着浏览器窗口的改变而变化。

2. 插入嵌套表格

嵌套表格是在另一个表格单元格中插入的表格，其设置属性的方法与任何其他表格相同。

将光标置于表格中的任意一个单元格，单击【插入】面板中的【表格】按钮 表格，在弹出的【表格】对话框中设置相应的参数，即可在该表格中插入一个嵌套表格。

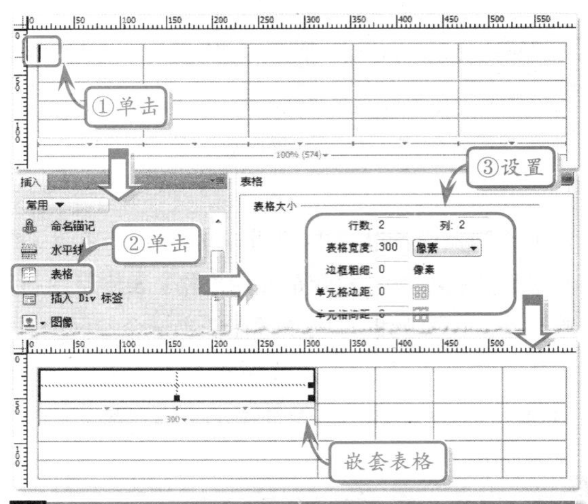

注意

父表格的宽度通常使用像素值。为了使嵌套表格的宽度不与父表格发生冲突，嵌套表格通常使用百分比设置宽度。

10.2 设置表格属性

对于文档中已创建的表格，用户可以通过设置【属性】面板，来更改表格的结构、大小和样式等。

单击表格的任意一个边框，可以选择该表格。此时，【属性】面板中将显示该表格的基本属性。

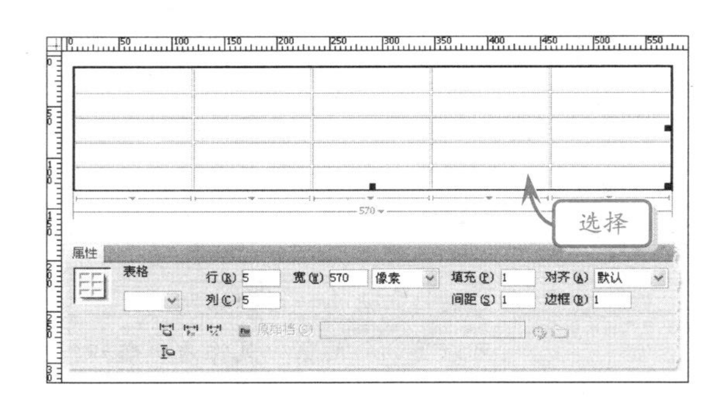

表格【属性】面板中的各个选项及作用介绍如下所示。

● **表格 ID**

表格 ID 是用来设置表格的标识名称，也就是表格的 ID。选择表格，在 ID 文本框中直接输入即可设置。

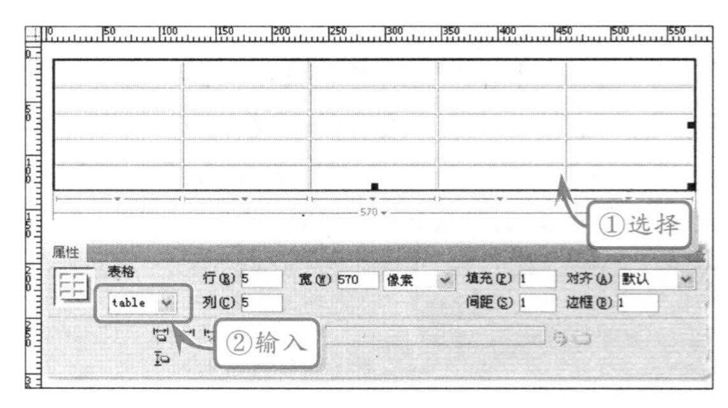

● **行和列**

行和列是用来设置表格的行数和列数。选择文档中的表格，即可在【属性】面板中重新设置该表格的行数和列数。

● **宽**

宽是用来设置表格的宽度，以像素为单位或者按照所占浏览器窗口宽度的百分比进行计算。

在通常情况下，表格的宽度是以像素为单位，这样可以防止网页中的元素随着浏览器窗口的变化而发生错位或变形。

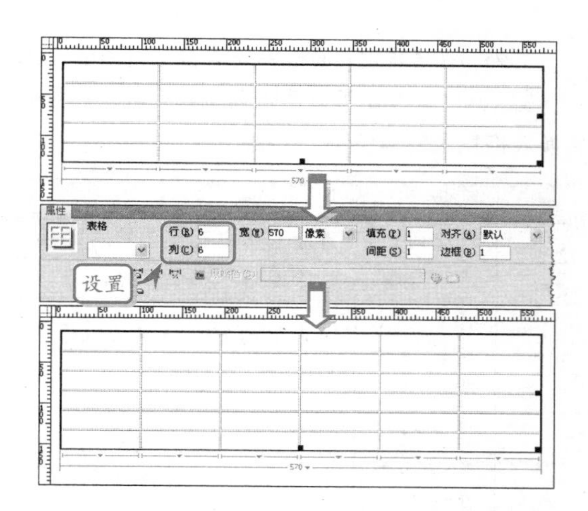

注意

表格的高度是不可以设置的，但是可以设置行和单元格的高度。

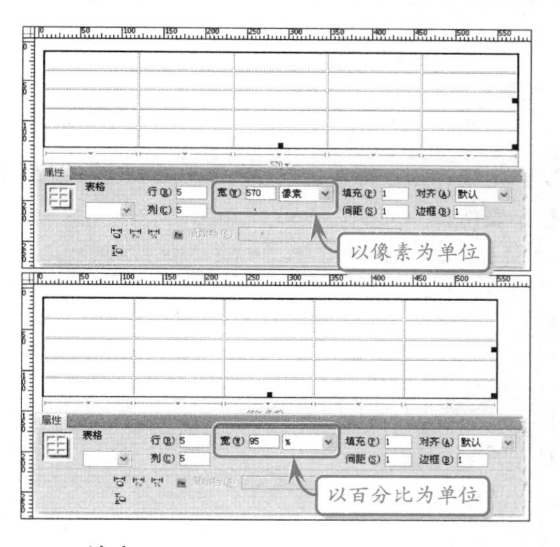

● 填充

填充是用来设置表格中单元格内容与单元格边框之间的距离，以像素为单位。

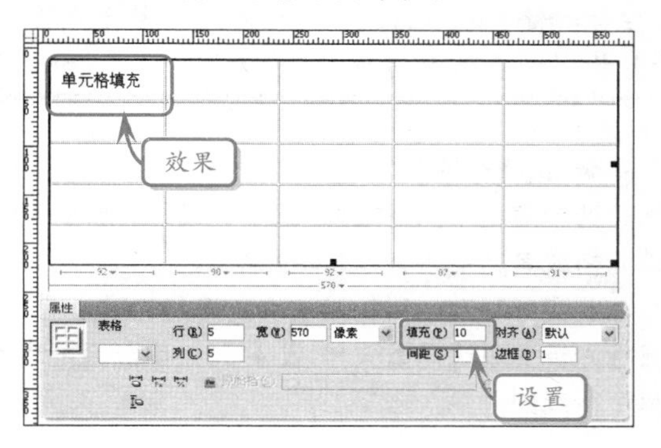

● 间距

间距是用于设置表格中相邻单元格之间的距离，以像素为单位。

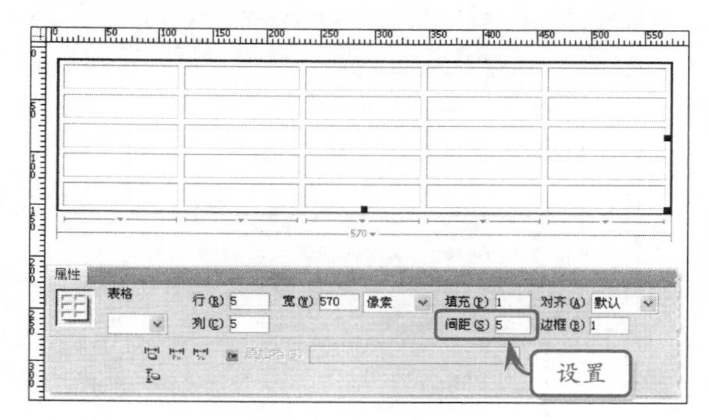

● 边框

边框是用来设置表格四周边框的宽度，以像素为单位。

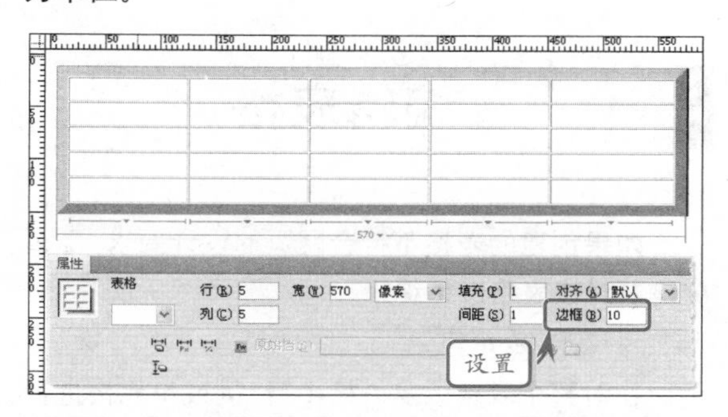

注意

如果没有明确指定【填充】、【间距】和【边框】的值，则大多数的浏览器按【边框】和【填充】均设置为 1 且【间距】设置为 2 显示表格。

● 对齐

对齐是用于指定表格相对于同一段落中的其他元素（例如文本或图像）的显示位置。在【对齐】下拉列表中可以设置表格为“左对齐”、“右对齐”或“居中对齐”。

提示

当将【对齐】方式设置为“默认”时，其他的内容不显示在表格的旁边。如果想要让其他内容显示在表格的旁边，可以使用“左对齐”或“右对齐”。

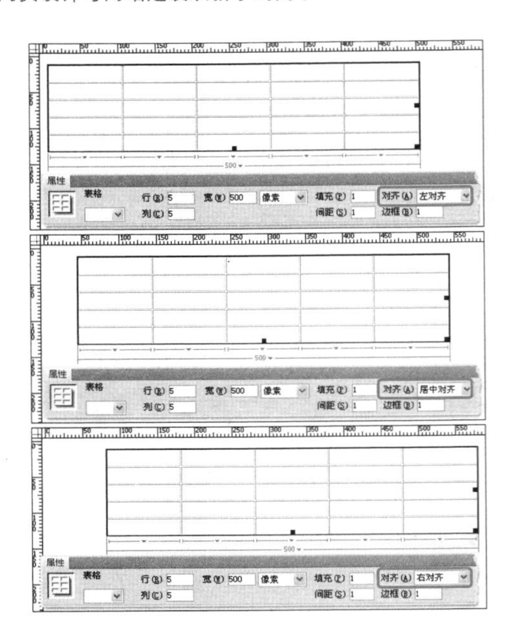

另外，在【属性】面板中还有直接设置表格的4个按钮，这些按钮可以清除列宽和行高，还可以转换表格宽度的单位。

图标	名　称	功　能
	清除列宽	清除表格中已设置的列宽
	清除行高	清除表格中已设置的行高
	将表格宽度转换为像素	将表格的宽度转换为以像素为单位
	将表格宽度转换为百分比	将表格的宽度转换为以表格占文档窗口的百分比为单位

10.3 编辑表格

如果创建的表格不符合网页的设计要求，那么就需要对该表格进行编辑。

1．选择表格元素

在对整个表格以及表格中行、列或单元格进行编辑时，首先需要选择指定的对象。可以一次选择整个表格、行或列，也可以选择一个或多个单独的单元格。

- **选择整个表格**

将鼠标移动到表格的左上角、上边框或者下边框的任意位置，或者行和列的边框，当鼠标光标变成表格网格图标时（行和列的边框除外），单击即可选择整个表格。

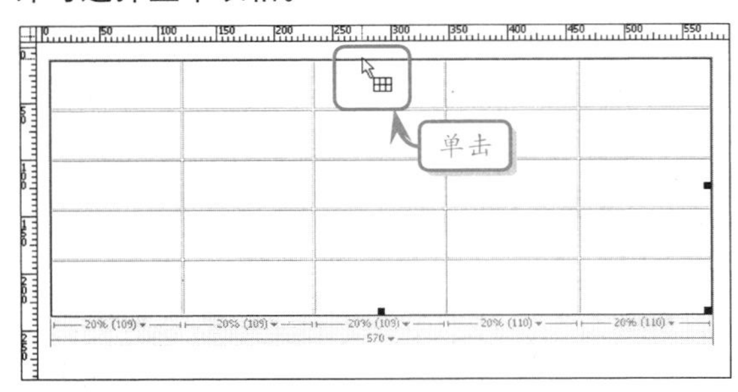

将光标置于表格中的任意一个单元格中，单击状态栏中标签选择器上的<table>标签，也可以选择整个表格。

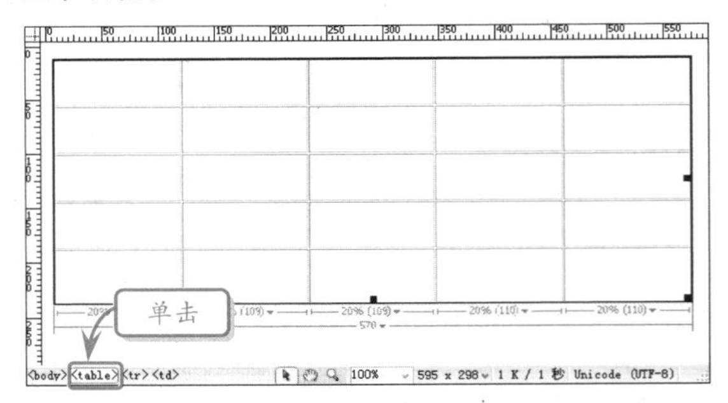

提示

如果将鼠标光标定位到表格边框上，然后按住 Ctrl 键，则将高亮显示该表格的整个表格结构（即表格中的所有单元格）。

- **选择行或列**

选择表格中的行或列，就是选择行中所有连续单元格或者列中所有连续单元格。

将光标移动到行的最左端或者列的最上端，当鼠标光标变成选择箭头➜或⬇时，单击即可选择单个行或列。

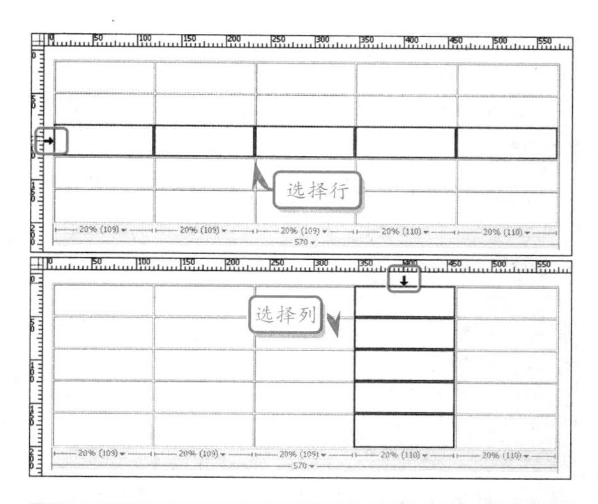

提示

选择单个行或列后，如果按住鼠标左键不放并拖动，则可以选择多个连续的行或列。

● **选择单元格**

将鼠标光标置于表格中的某个单元格，即可选择该单元格。如果想要选择多个连续的单元格，将光标置于单元格中，沿任意方向拖动即可选择。

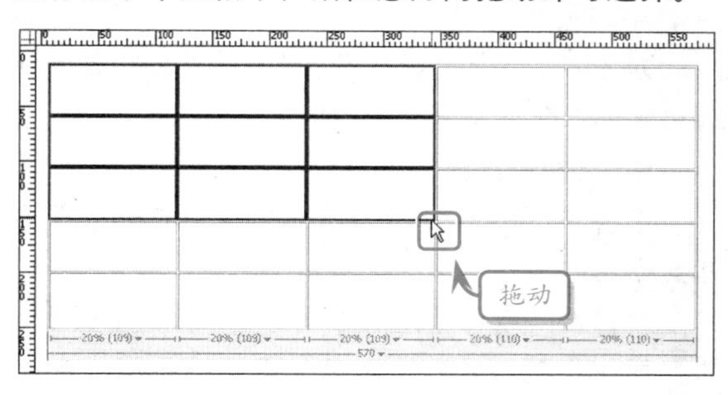

将鼠标光标置于任意单元格中，按住 Ctrl 键并同时单击其他单元格，即可以选择多个不连续的单元格。

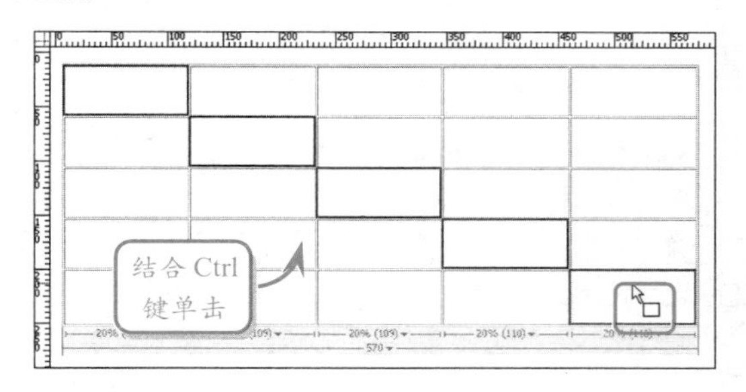

2．调整表格的大小

当选择整个表格后，在表格的右边框、下边框和右下角会出现 3 个控制点。通过鼠标拖动这 3 个控制点，可以使表格横向、纵向或者整体放大或者缩小。

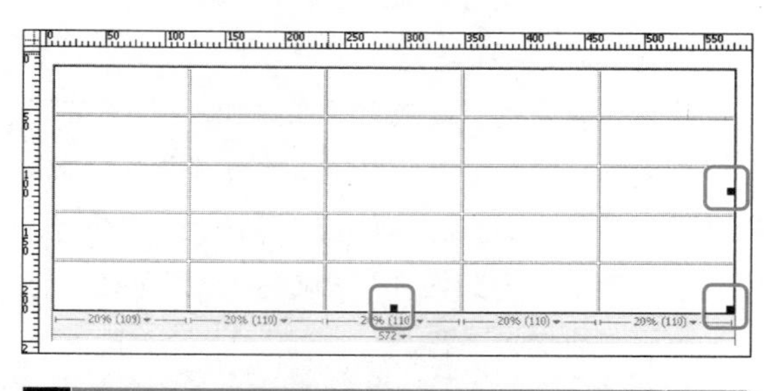

提示

当调整整个表格的大小时，表格中的所有单元格按比例更改大小。如果表格的单元格指定了明确的宽度或高度，则调整表格大小将更改【文档】窗口中单元格的可视大小，但不更改这些单元格的指定宽度和高度。

除了可以在【属性】面板中调整行或列的大小外，还可以通过拖动方式来调整其大小。

将鼠标移动到单元格的边框上，当光标变成左右箭头 ↔ 或者上下箭头 ↕ 时，单击并横向或纵向拖动鼠标即可改变行或列的大小。

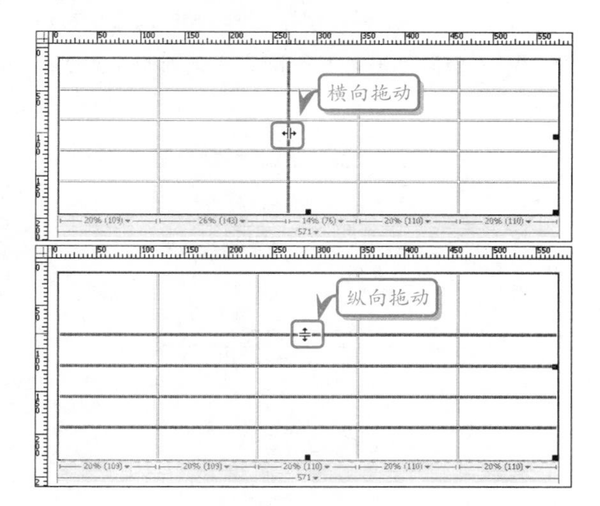

技巧

如果想要在不改变其他单元格宽度的情况下，改变光标所在单元格的宽度，那么可以按住 Shift 键单击并拖动鼠标来实现。

3. 添加或删除表格行与列

为了使表格根据数据的多少改变为适当的结构，通常需要对表格添加或删除行或者列。

● 添加行与列

想要在某行的上面或者下面添加一行，首先将光标置于该行的某个单元格中，单击【插入】面板【布局】选项卡中的【在上面插入行】按钮 在上面插入行 或【在下面插入行】按钮 在下面插入行，即可在该行的上面或下面插入一行。

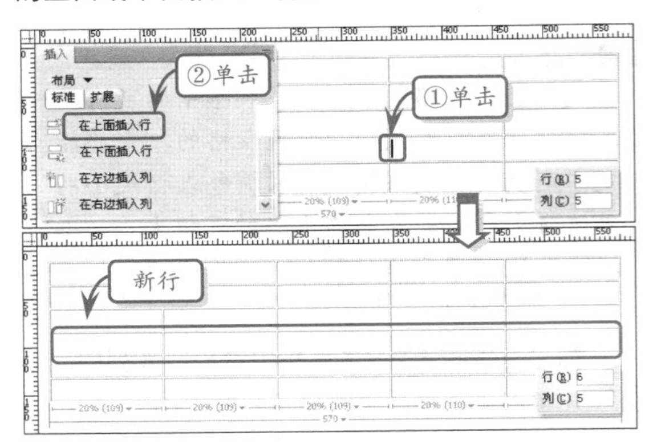

想要在某列的左侧或右侧添加一列，首先将光标置于该列的某个单元格中，单击【布局】选项卡中的【在左边插入列】按钮 在左边插入列 或【在右边插入列】按钮 在右边插入列，即可在该列的左侧或右侧插入一列。

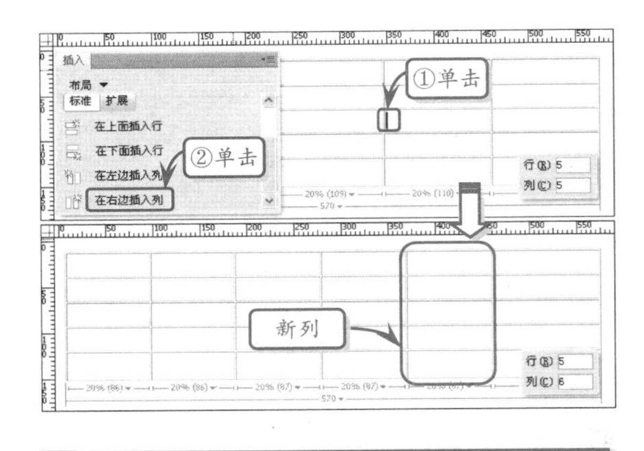

提示

右击某行或列的单元格，在弹出的快捷菜单中执行【修改】|【表格】|【插入行】或【插入列】命令，也可以为表格添加行或列。

● 删除行与列

如果想要删除表格中的某行，而不影响其他行中的单元格，可以将光标置于该行的某个单元格中，然后执行【修改】|【表格】|【删除行】命令即可。

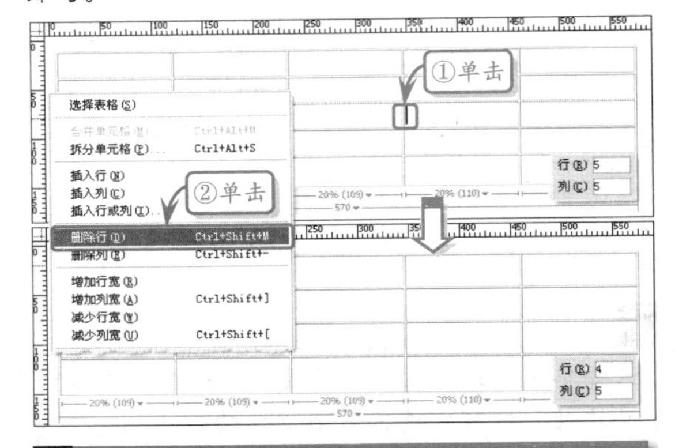

提示

将光标置于列的某个单元格中，执行【修改】|【表格】|【删除列】命令可以删除光标所在的列。

4. 合并及拆分单元格

对于不规则的数据排列，可以通过合并或拆分表格中的单元格来满足不同的需求。

● 合并单元格

合并单元格可以将同行或同列中的多个连续单元格合并为一个单元格。

选择两个或两个以上连续的单元格，单击【属性】面板中的【合并所选单元格】按钮，即可将所选的多个单元格合并为一个单元格。

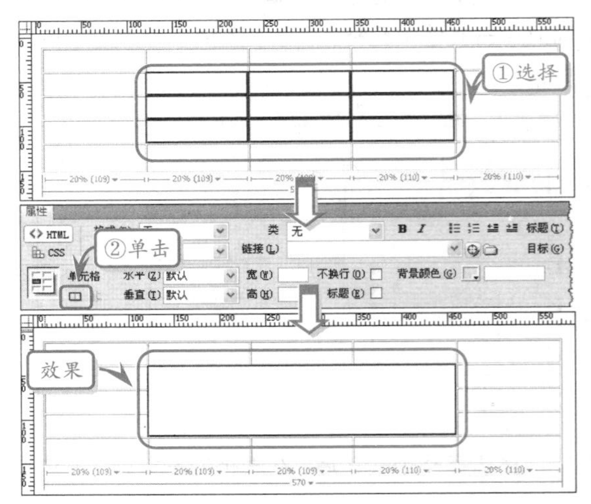

● **拆分单元格**

拆分单元格可以将一个单元格以行或列的形式拆分为多个单元格。

将光标置于要拆分的单元格中，单击【属性】面板中【拆分单元格为行或列】按钮，在弹出的对话框中启用【行】或【列】选项，并设置行数或列数。

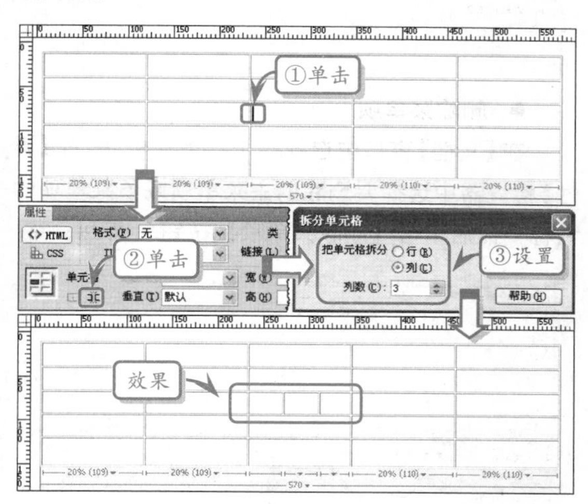

5．复制及粘贴单元格

与网页中的元素相同，表格中的单元格也可以复制与粘贴，并且可以在保留单元格设置的情况下，复制及粘贴多个单元格。

选择要复制的一个或多个单元格，执行【编辑】|【拷贝】命令（或按 Ctrl+C 键），即可复制所选的单元格及其内容。

选择要粘贴单元格的位置，执行【编辑】|【粘贴】命令（或按 Ctrl+V 键），即可将源单元格的设置及内容粘贴到所选的位置。

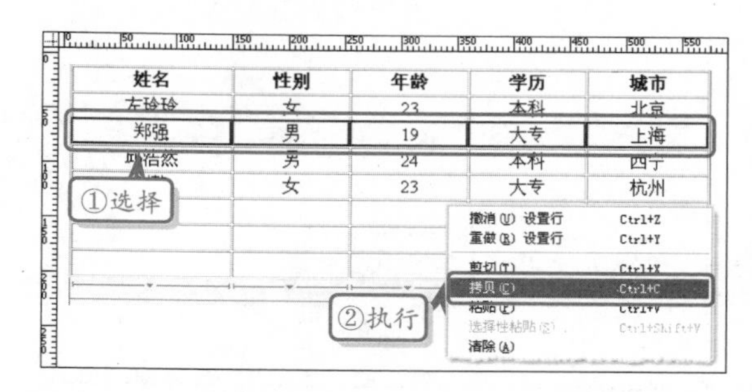

提示

用户可以在插入点粘贴选择的单元格或通过粘贴替换现有表格中的所选部分。如果要粘贴多个表格单元格，剪贴板的内容必须和表格的结构或表格中将粘贴这些单元格的所选部分兼容。

10.4 Spry 框架

Spry 框架支持一组用标准 HTML、CSS 和 JavaScript 编写的可重用构件。Spry 构件是一个页面元素，通过启用用户交互来提供更丰富的用户体验。

1．Spry 菜单栏

菜单栏构件是一组可导航的菜单按钮，当站点访问者将光标悬停在其中的某个按钮上时，将显示相应的子菜单。Dreamweaver 提供两种菜单栏构件，即垂直构件和水平构件。

● **插入菜单栏构件**

在文档中，单击【插入】面板中的【Spry 菜单栏】按钮，在弹出的对话框中启用【水平】或【垂直】单选按钮，即可创建水平或垂直菜单构件。

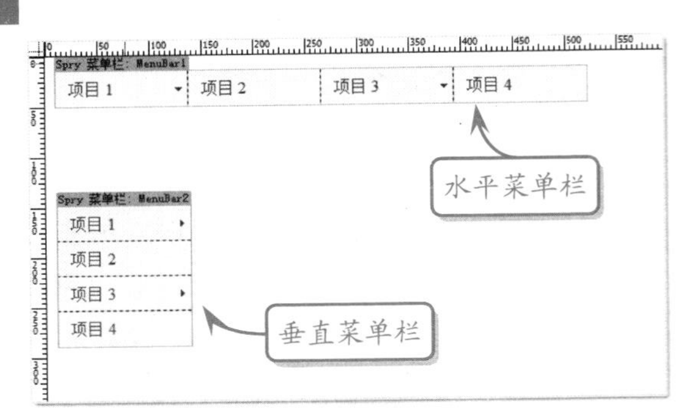

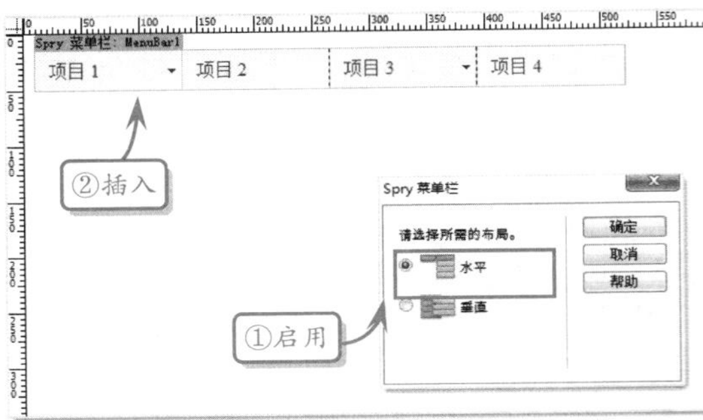

● 添加菜单项

在【文档】窗口中选择一个菜单栏构件，在【属性】检查器中单击第1列上方的【添加菜单项】按钮，即可添加一个新的菜单项。然后，在右侧的【文本】文本框中可以重命名该菜单项。

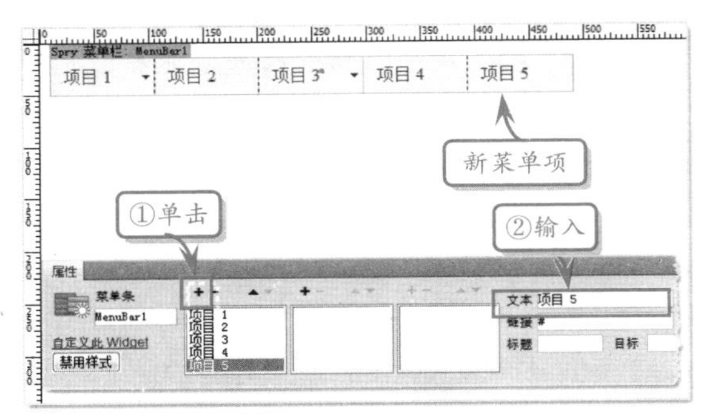

在【文档】窗口中选择菜单栏构件，在【属性】检查器中选择任意主菜单项的名称。单击第2列上方的【添加菜单项】按钮，即可向该主菜单项中添加一个子菜单项。在右侧的【文本】文本框中可以重命名该子菜单项。

要向子菜单中添加子菜单，首先选择要向其中添加另一个子菜单项的子菜单项名称，然后在【属性】检查器中单击第3列上方的【添加菜单项】按钮。

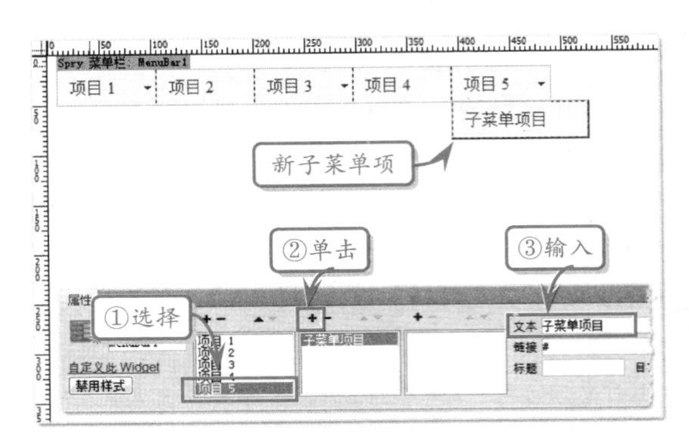

● 删除菜单项

在【文档】窗口中选择一个菜单栏构件，在【属性】检查器中选择要删除的主菜单项或子菜单项的名称，然后单击【删除菜单项】按钮即可。

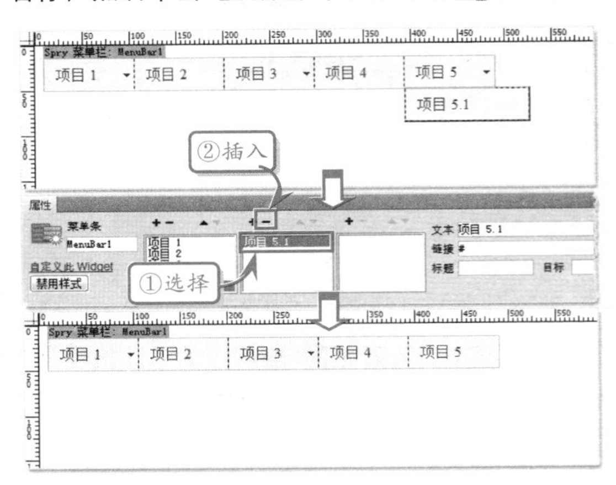

2. Spry 选项卡式面板

Spry 选项卡式面板构件是一组面板，用户可通过单击面板上的选项卡来隐藏或显示存储在选项卡式面板中的内容。当访问者单击不同的选项卡时，构件的面板会相应地打开。

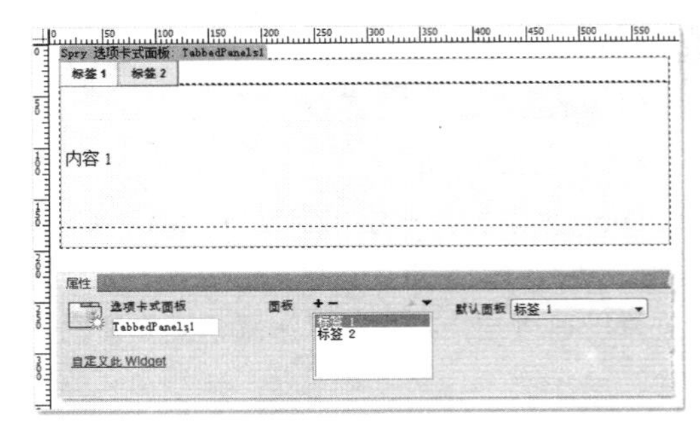

● 插入选项卡式面板

将光标置于要插入选项卡式面板构件的位置，

单击【插入】面板中的【Spry 选项卡式面板】按钮 Spry 选项卡式面板，即可在该位置插入一个 Spry 选项卡式面板。

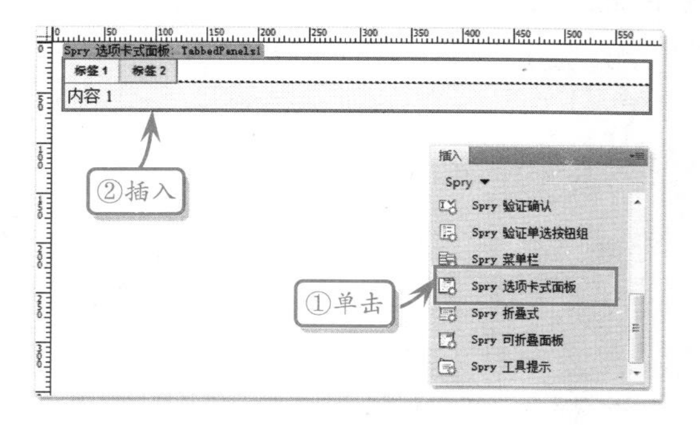

● **添加选项卡式面板**

选择文档中的选项卡式面板，在【属性】检查器中单击列表上面的【添加面板】按钮 +，即可添加一个新的选项卡式面板。然后，在文档中可以直接修改该选项卡式面板的名称。

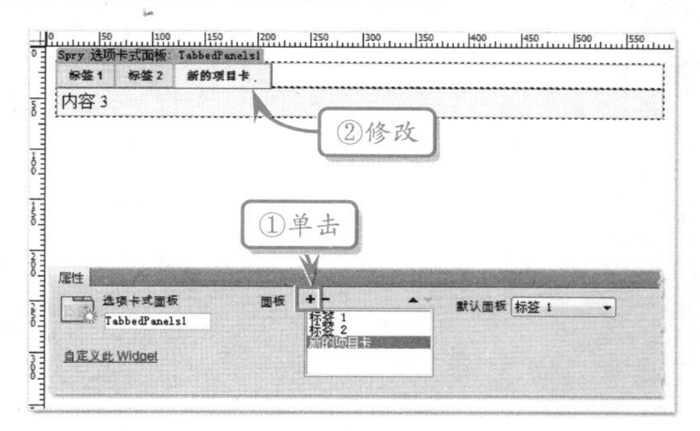

● **删除选项卡式面板**

选择文档中的选项卡式面板构件，在【属性】检查器的列表中选择要删除的选项卡式面板名称，然后单击列表上面的【删除面板】按钮 −，即可将该选项卡式面板删除。

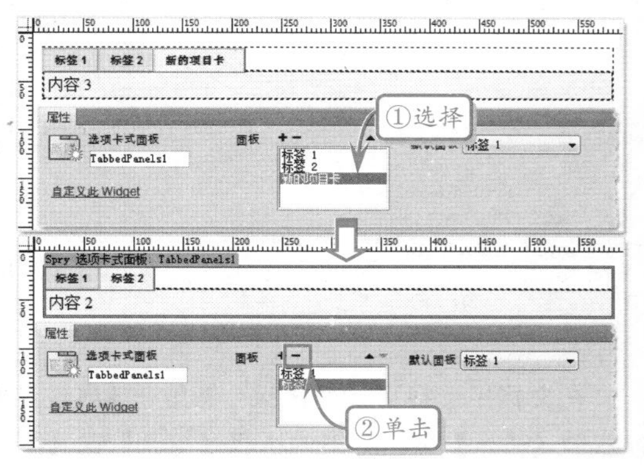

3. Spry 折叠式

Spry 折叠式面板是一组可折叠的面板，用户可通过单击面板上的选项卡来隐藏或显示存储在折叠构件中的内容。当单击不同的选项卡时，可折叠面板会相应地展开或收缩。在折叠构件中，每次只能有一个内容面板处于打开且可见的状态。

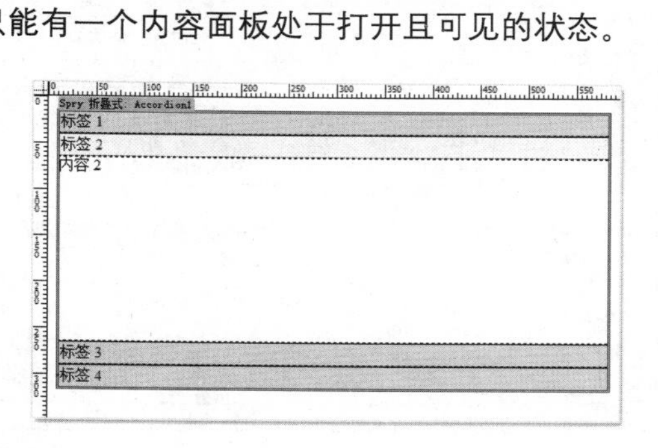

● **插入折叠式面板**

将光标置于要插入折叠式面板的位置，单击【插入】面板中的【Spry 折叠式】按钮 Spry 折叠式，即可在该位置插入一个 Spry 折叠式面板。

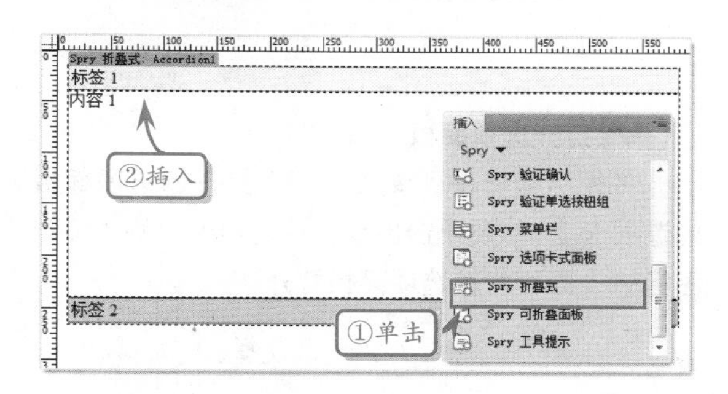

● **添加选项面板**

在文档中选择折叠式面板构件，单击【属性】检查器中列表上面的【添加面板】按钮 +，即可添加一个新的选项面板。

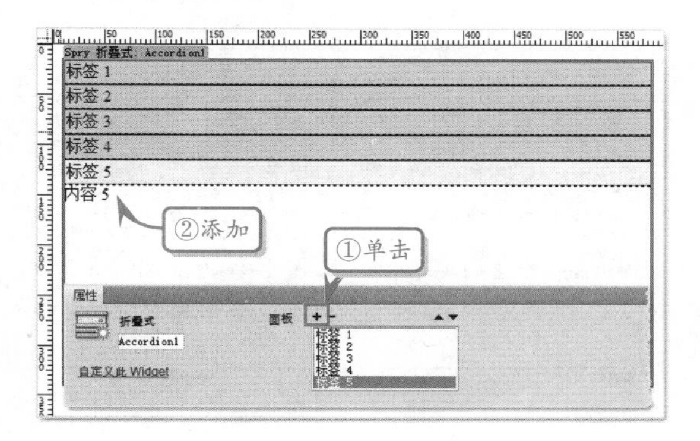

● **删除选项面板**

在文档中选择折叠式面板，在【属性】检查器的列表中选择要删除的选项面板的名称，然后单击上面的【删除面板】按钮 — 即可。

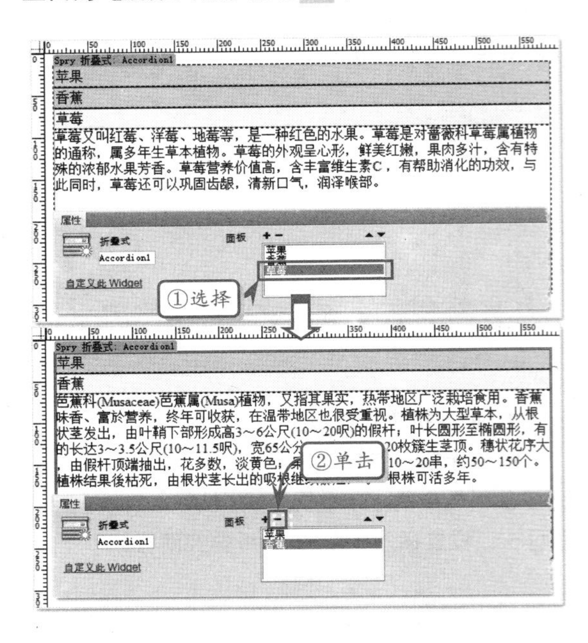

● **打开选项面板**

将光标指针移到要在文档中打开的选项面板的选项卡上，然后单击出现在该选项卡右侧的眼睛图标，即可将该选项面板打开。

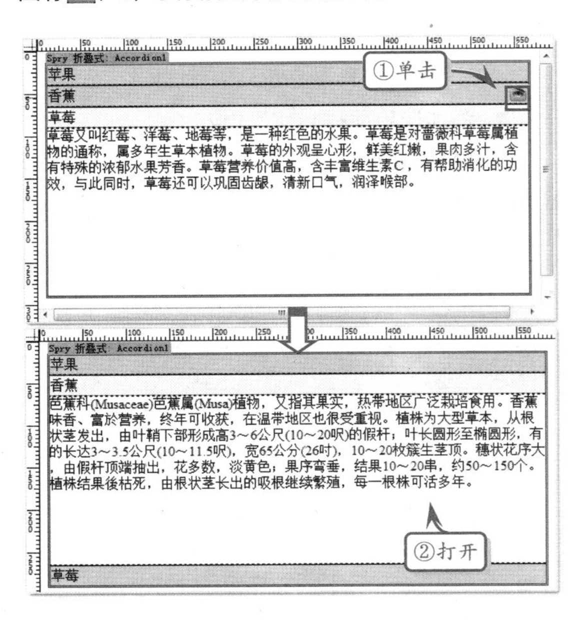

4．Spry 可折叠面板

用户单击可折叠面板的选项卡即可隐藏或显示存储在可折叠面板中的内容。

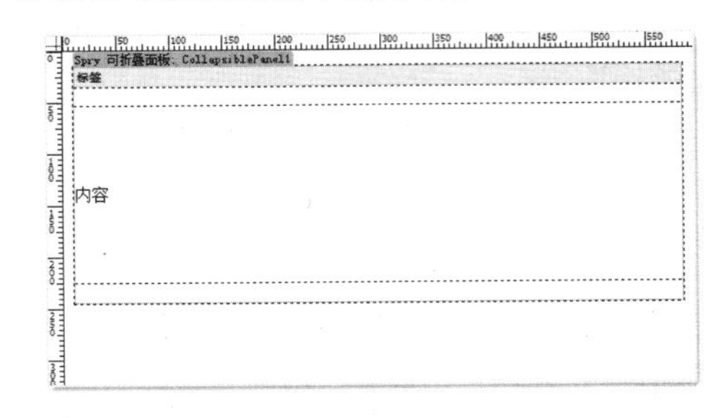

● **插入可折叠面板**

将光标置于要插入折叠式面板的位置，单击【插入】面板中的【Spry 可折叠面板】按钮，即可在该位置插入一个 Spry 可折叠式面板。

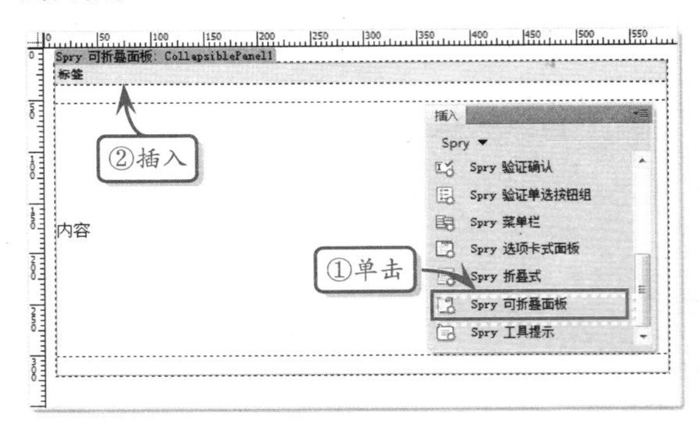

● **打开或关闭可折叠面板**

在文档中，将光标指针移到可折叠面板的选项卡上，然后单击出现在该选项卡右侧中的眼睛图标，即可打开或关闭可折叠面板。

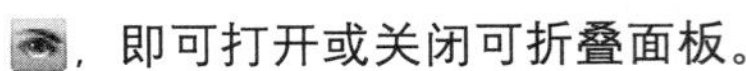

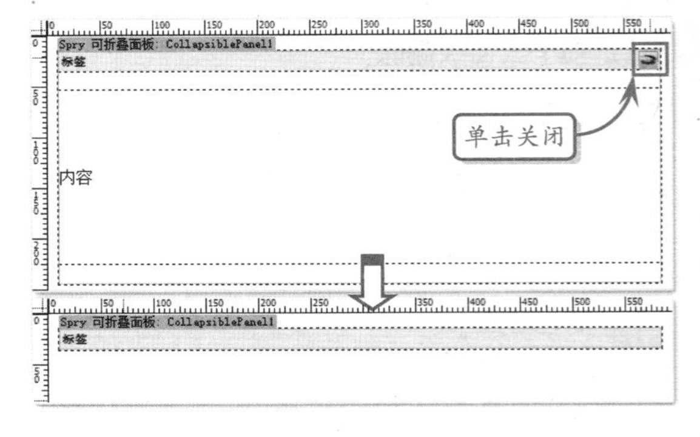

在文档中选择可折叠面板，然后在【属性】检查器的【显示】下拉列表中选择【打开】或【已关

闭】选项，也可打开或关闭可折叠面板。

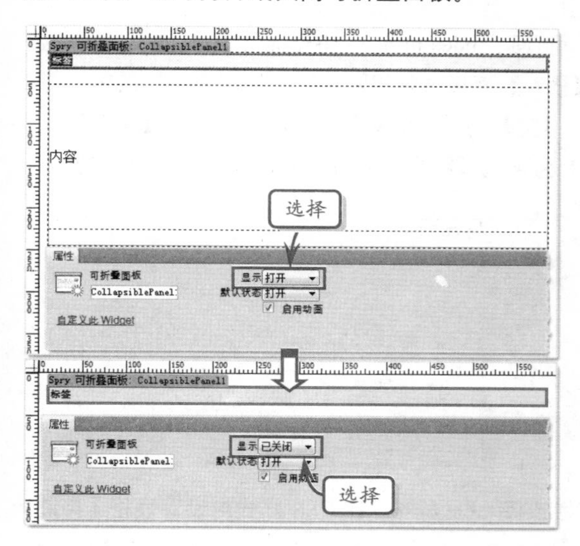

5. Spry 工具提示

当用户将光标移动至网页的特定元素上时，Spry 工具提示会显示预设的提示信息。

选择要添加提示的元素，单击【Spry】选项卡中的【Spry 工具提示】按钮 Spry 工具提示，即可创建一个 Spry 工具提示，此时可以在面板中更改提示信息内容。

在【属性】面板中，可以设置 Spry 工具提示与鼠标指针的相对位置、显示和隐藏工具提示的延迟时间，以及显示和隐藏工具提示时的过渡效果。

10.5 练习：制作购物车页

在网络商城购物时，当选择某一商品后，该商品将会自动放在购物车中，然后用户可以继续购物。当选择完所有所需的商品后，网站将会通过一个表格将这些商品以表格的形式逐个列举出来。本练习将使用表格制作购物车页面。

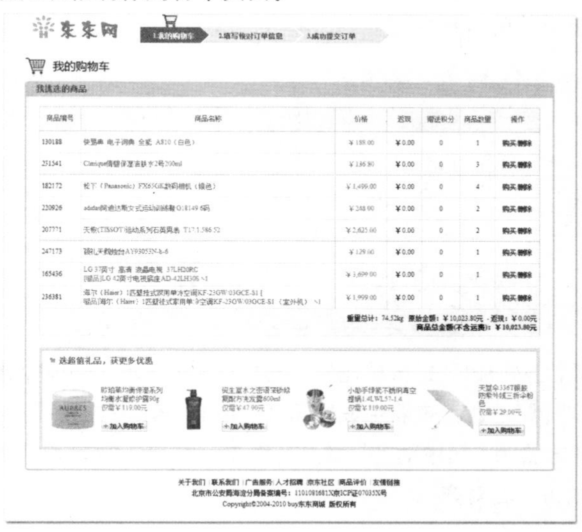

练习要点

- 插入表格
- 设置表格属性
- 设置单元格属性
- 嵌套表格
- 设置文本属性

提示

表格的单位分为“像素”和“百分比”。可以对整个选定表格的列宽度值从百分比转换为像素。

操作步骤

STEP|01 打开素材页面"index.html"，将光标置于 ID 为 carList 的 Div 层中，单击【插入】面板【常用】选项中的【表格】按钮，创建一个 10 行×7 列【宽】为"880 像素"的表格，并在【属性】检查器中设置【填充】为 4；【间距】为 1；【对齐】方式为"居中对齐"。

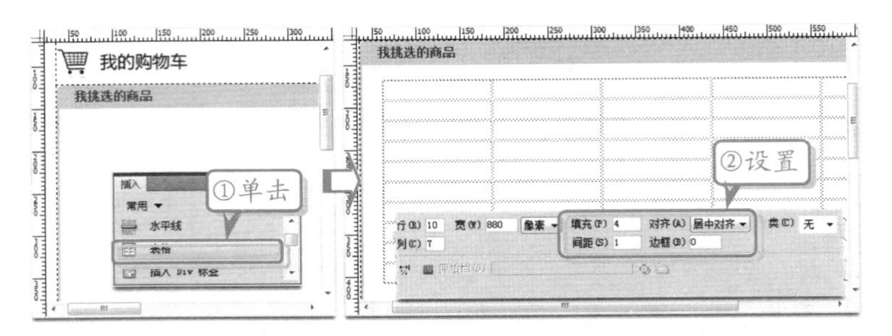

> **提示**
>
> 插入【表格】有两种方法：一是在工具栏执行【插入】|【表格】命令；二是单击【插入】面板【常用】选项中的【表格】按钮。

STEP|02 在标签栏选择 table 标签，在 CSS 样式中设置表格【背景颜色】为"蓝色"（#AACDED）；然后选择所有单元格，在【属性】检查器中设置【背景颜色】为"白色"（#FFFFFF）。

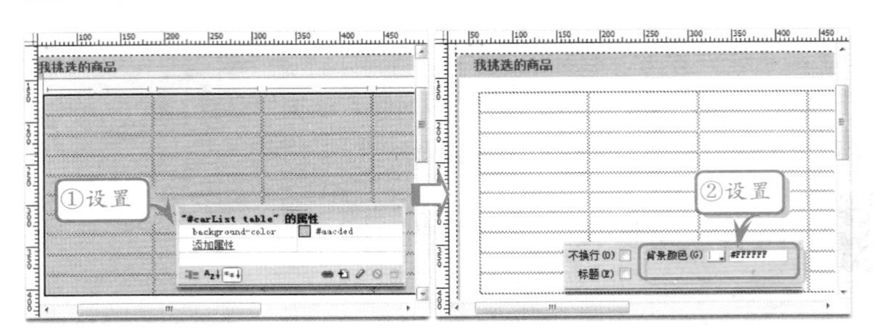

> **提示**
>
> 表格的【背景颜色】在界面操作的过程中不能直接添加，只能通过 CSS 样式属性添加。而单元格的【背景颜色】可以直接在【属性】检查器中进行设置。

STEP|03 选择第 1 行和最后 1 行所有单元格，在【属性】检查器中设置【背景颜色】为"蓝色"（#EBF4FB）；第 1 行单元格的【高】为 35；最后 1 行的【高】为 40，并在第 1 行输入文本设置【水平】对齐方式为"居中对齐"。

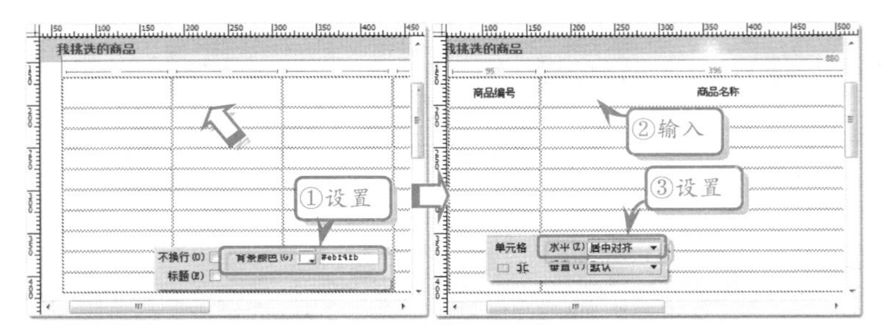

> **提示**
>
> 细线表格的制作方法：就是先设置表格的【背景颜色】，然后在设置单元格的【背景颜色】，最后设置【边距】为 1。其中，确保表格的背景颜色与单元格的背景颜色不同才能看得出来。

STEP|04 合并最后 1 行单元格，然后分别在单元格中输入相应的文本，在【属性】检查器中设置第 2～9 行的第 3～7 列单元格【水平】对齐方式为"居中对齐"；【高】为 30；最后 1 行单元格【水平】对齐方式为"右对齐"。

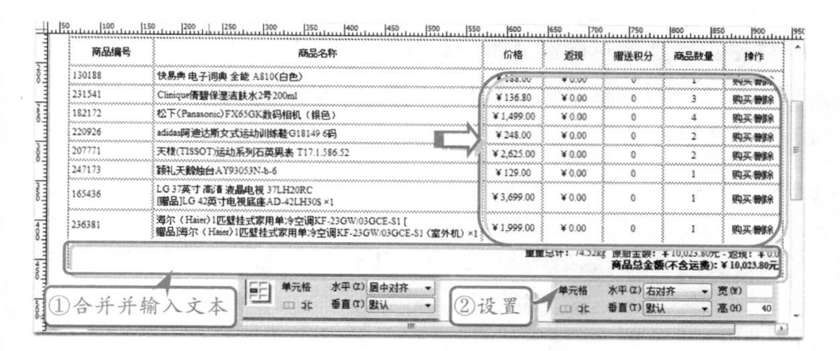

STEP|05 在CSS样式属性中，分别创建类名称为font3、font4、font5的文本样式。然后选择第1行所有单元格在【属性】检查器中设置【类】为font3，选择第2～9行的第2列设置【类】为font5；第3列设置【类】为font4。

STEP|06 将光标置于表格外部，单击【插入】面板中的【表格】按钮，创建一个2行×1列【宽】为“870像素”的表格。然后在【属性】检查器中设置表格【水平】对齐方式为“居中对齐”；【填充】为4；【间距】为1；单元格的【背景颜色】为“白色”（#FFFFFF）及第1行单元格【高】为30。

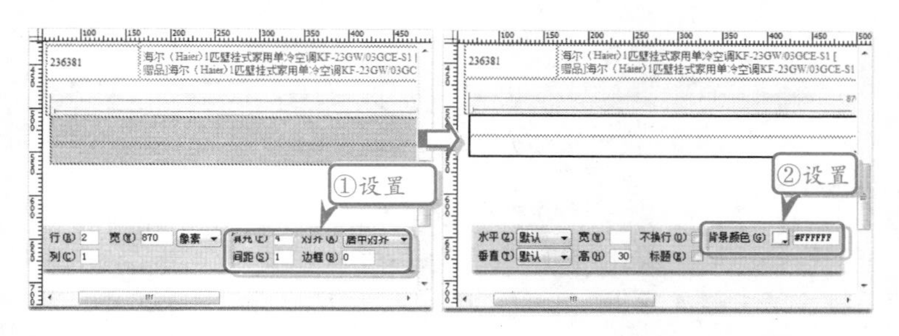

STEP|07 在CSS样式属性中设置ID为table2样式，选择表格在【属性】检查器中设置【类】为table2。然后，在第一行插入图像并输入文本，在CSS样式属性中设置类名称为font6的样式，并选择文本添加。

STEP|08 将光标置于第2行单元格中，单击【插入】面板中【表格】按钮，创建一个1行×8列【宽】为“860像素”的表格，并

提示

在最后一行单元格输入的文本中设置相应的文本为“粗体”，并根据设计按Shift+Ctrl+Space键加入空格、按Shift+Enter键换行。

提示

在CSS样式属性中设置的类名称为font4的样式代码如下所示。

```
.font4{color:#ff0000;}
```

类名称为font5的样式代码如下所示。

```
.font5{color:#005ea7;}
```

提示

在ID为carList的Div层中分别嵌套3个表格。布局代码如下所示。

```
<table></table>
<table>
  <tr><td></td>
  </tr>
  <tr><td>
    <table></table>
  </td><//tr>
</table>
```

提示

添加样式时有两种方法：一是在标签栏选择标签，右击执行【设置类】|【设置 ID】命令；二是在【属性】检查器中，直接在【类】|ID 的下拉列表中选择。

提示

在输入的文本中设置文本颜色在【属性】检查器中分别添加相应的【类】的样式。如产品名称介绍使用 font5 样式；价格使用 font4 样式。

在【属性】检查器中设置【水平】对齐方式为“居中对齐”；并设置每个单元格的【背景颜色】为“白色”。然后在单元格中插入图像，并输入文本。

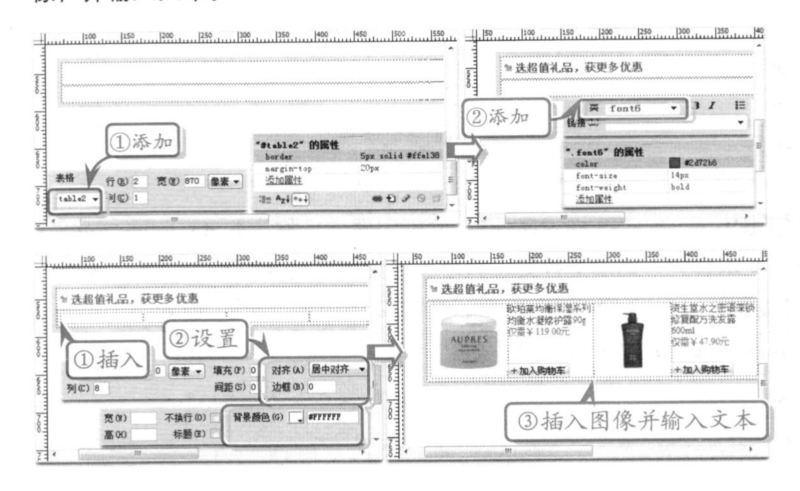

Project 10.6 练习：制作产品展示页

练习要点

- 插入 Spry 折叠式
- 设置 Spry 折叠式
- 设置 Spry 折叠式的 CSS 样式

产品展示页为了尽可能地展示较多的产品，通常会将其设计得较长，这样就导致用户浏览起来非常不方便。如果在网页中使用 Spry 折叠式面板，则可以解决这个问题，既节约空间，又可以展示大量的产品。本练习将运用 Spry 折叠式来制作产品展示页面。

提示

页面布局代码如下所示。

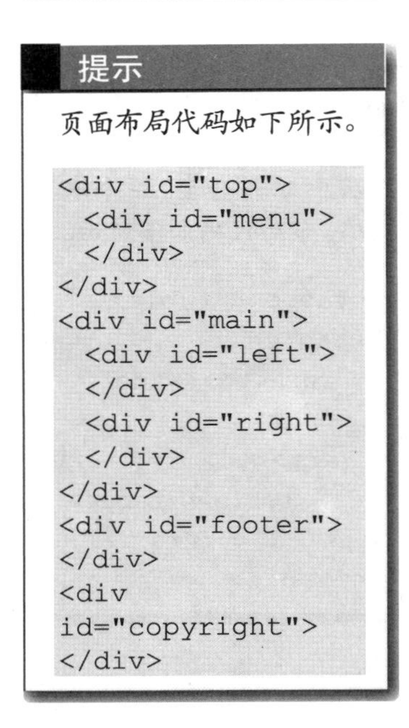

```
<div id="top">
  <div id="menu">
  </div>
</div>
<div id="main">
  <div id="left">
  </div>
  <div id="right">
  </div>
</div>
<div id="footer">
</div>
<div
id="copyright">
</div>
```

操作步骤

STEP|01 新建文档，在标题栏输入“户外度假网”。单击【属性】检查器中的【页面属性】按钮，在弹出的【页面属性】对话框中设

置参数。然后，单击【插入】面板中的【插入 Div 标签】按钮，创建 ID 为 top 的 Div 层，并设置其 CSS 样式属性。

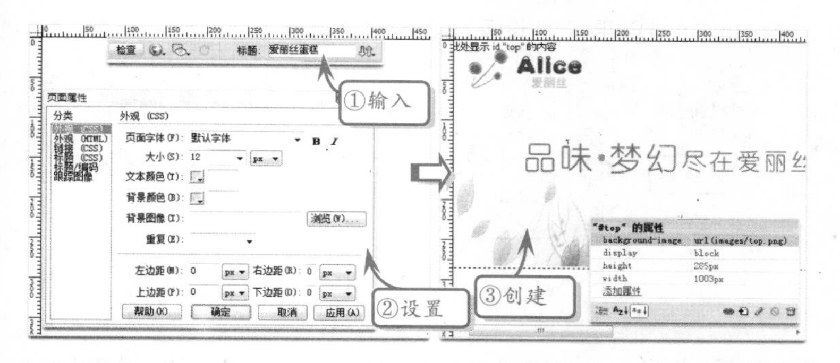

STEP|02 将光标置于 ID 为 top 的 Div 层的下方，单击【插入 Div 标签】按钮，分别创建 ID 为 main、footer、copyright 的 Div 层，并设置其 CSS 样式属性。

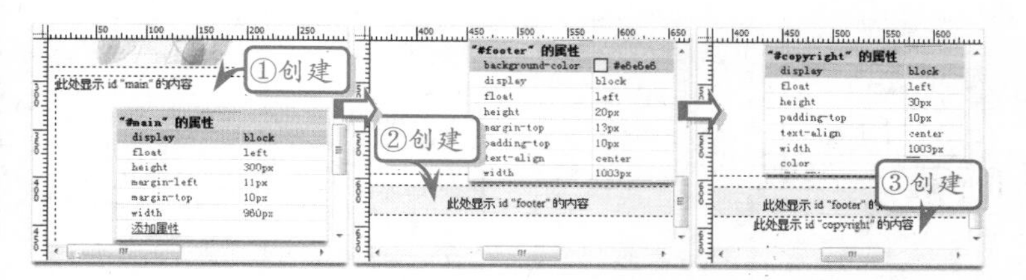

STEP|03 将光标置于 ID 为 top 的 Div 层中，单击【插入 Div 标签】按钮，创建 ID 为 menu 的 Div 层，并设置其 CSS 样式。然后，将光标置于该层中并输入文本。选择文本并在【属性】检查器中设置【链接】为“#”。

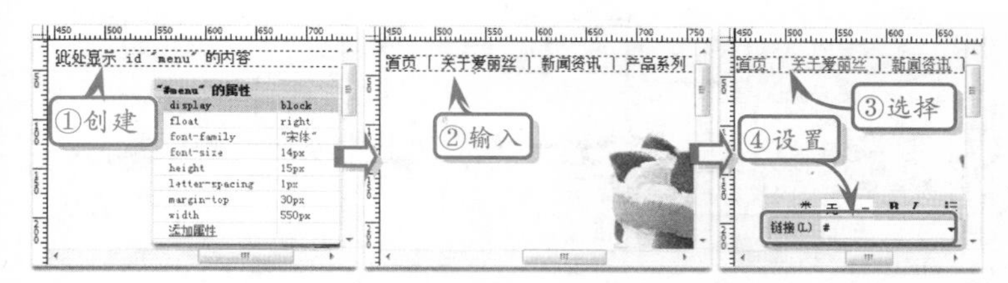

STEP|04 将光标置于 ID 为 main 的 Div 层中，分别创建 ID 为 left、right 的 Div 层，并设置其 CSS 样式。然后，将光标置于 ID 为 left 的 Div 层中，嵌套 ID 为 leftcolumn 的 Div 层，并设置其 CSS 样式属性。

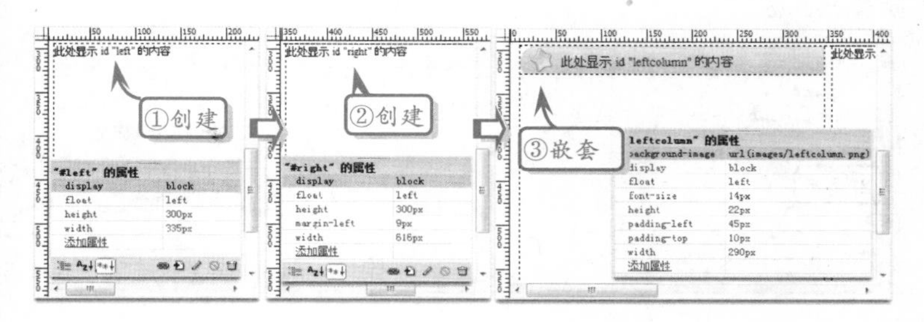

提示

执行插入【Spry 折叠式】有两种方法：一是单击【插入】面板【布局】选项中的【Spry 折叠式】；二是在工具栏执行【插入】|【布局对象】|【Spry 折叠式】命令。

提示

插入的【Spry 折叠式】必须放在表格、Div 层等设置一定宽度、高度的容器中。

提示

在 ID 为 main 的 Div 层中的布局代码如下所示。

```
<div id="main">
  <div id="left">
    <div id="left-
    column"></div>
    <div id="news">
   </div>
  </div>
  <div id="right">
    <div id=
    "rightcolumn">
    </div>
    <div id="righ-
    tlist"></div>
  </div>
</div>
```

STEP|05 将光标置于 ID 为 leftcolumn 的 Div 层中并输入文本，然后选择文本，在【属性】检查器中设置文本链接。在该层下方嵌套 ID 为 news 的 Div 层，并设置其 CSS 样式属性。

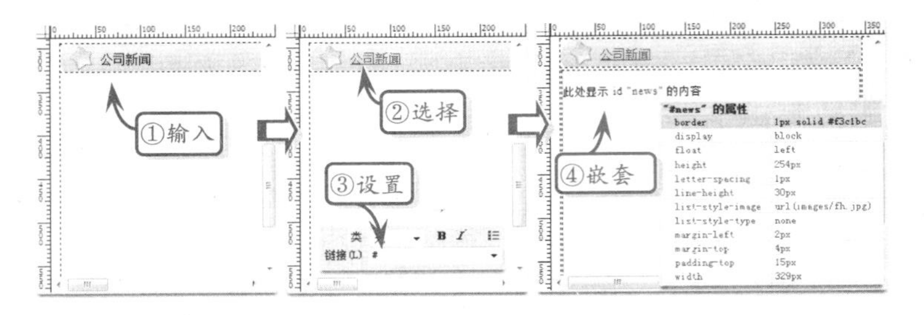

STEP|06 将光标置于 ID 为 news 的 Div 层中，输入文本。单击【属性】检查器中的【项目列表】按钮，然后按 Enter 键，在项目列表符号后输入文本，依此类推。

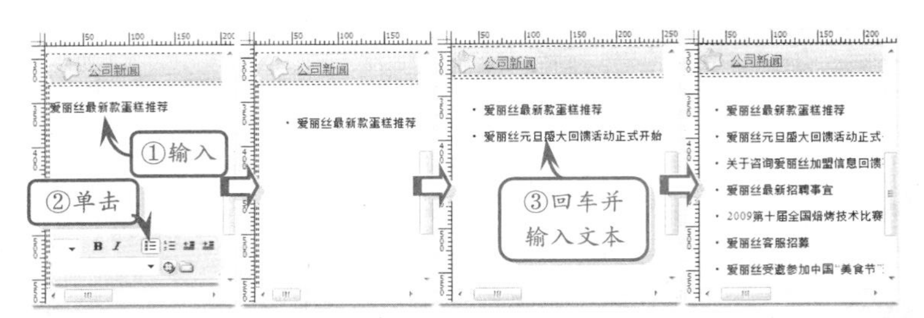

STEP|07 选择 ID 为 news 中的文本，依次设置文本链接。然后，将光标置于 ID 为 right 的 Div 层中，分别嵌套 ID 为 rightcolumn、rightlist 的 Div 层，并设置其 CSS 样式属性。

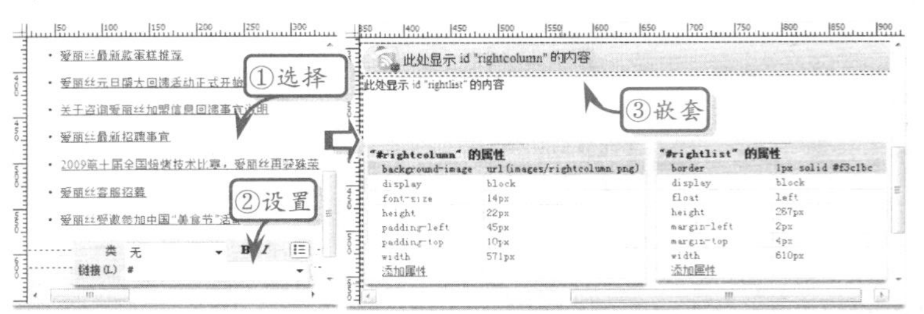

STEP|08 在 ID 为 rightcolumn 的 Div 层中输入文本，并在【属性】检查器中设置文本链接。将光标置于 ID 为 rightlist 的 Div 层中，单击【插入】面板【布局】选项中的【Spry 折叠式】按钮，插入 Spry 折叠式面板。

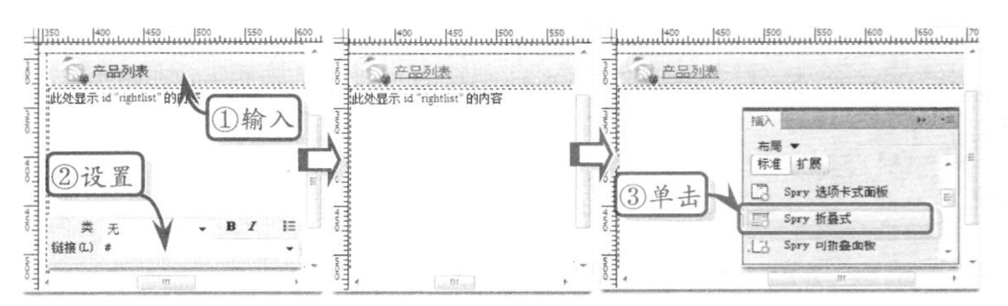

提示

在 CSS 样式中设置 ID 为 news 的 Div 层，其中，letter-spacing: 1px 表示字体与字体之间距离为 1px ；list-style-image: url(images/fh.jpg) 表示项目列表之前的项目符号为图像。

提示

插入【Spry 折叠式】，标签和内容都是由一个个的 Div 组合成的。

提示

在执行插入【Spry 折叠式】命令中，应先保存当前页面，否则将弹出【Dreamweaver】提示对话框。

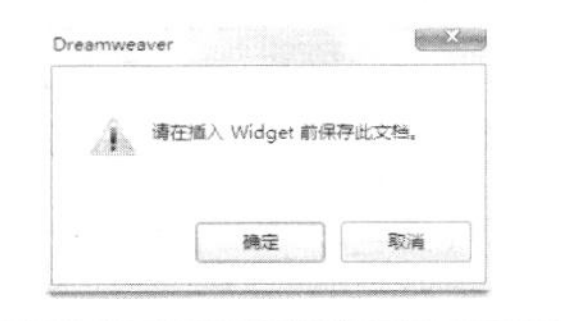

STEP|09 单击【Spry 折叠式】蓝色区域，在【属性】检查器中单击【添加面板】按钮。然后，依次选择标签进行修改。

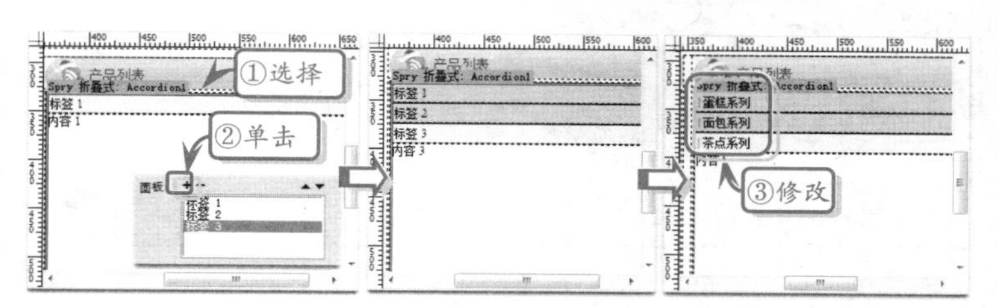

STEP|10 单击“蛋糕系列”的折叠式面板右侧的【显示面板内容】按钮，将光标置于内容 1 中，插入一个 2 行×4 列且【宽】为“100 像素”的表格。然后，在第 1 行单元格中插入图像，在第 2 行单元格中输入相应的文本并设置链接。

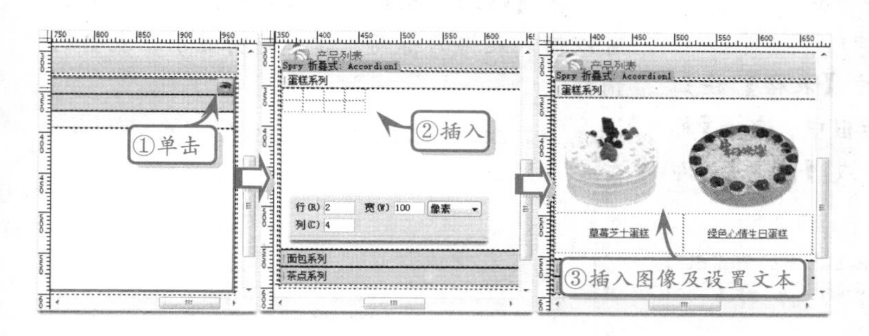

STEP|11 按照相同的方法，设置面板“面包系列”、“茶点系列”内容。打开【CSS 样式】面板，设置 SpryAccordion.css 中的样式。

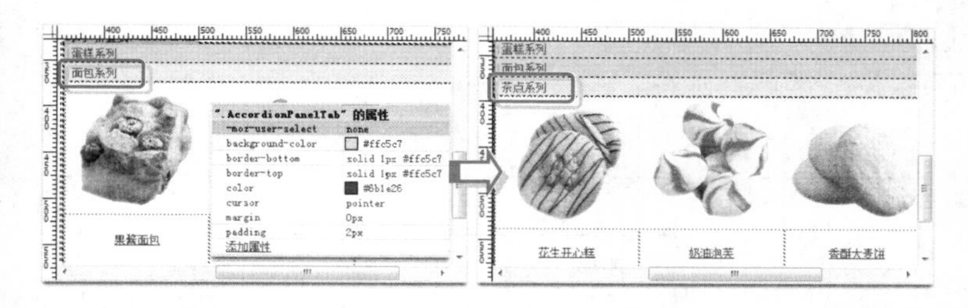

STEP|12 将光标置于 ID 为 footer 的 Div 层中，输入文本并设置文本链接。然后，将光标置于 ID 为 copyright 的 Div 层中，输入文本。

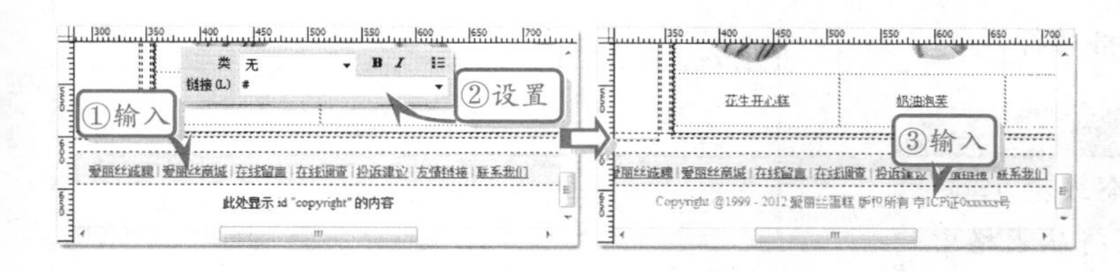

STEP|13 在 CSS 样式中定义 a 标签的文本颜色、去掉下划线及 a:hover 的复合标签文本颜色、添加下划线属性。

提示

设置【Spry 折叠式】的属性，在【属性】检查器中只有面板，对面板进行的操作有添加面板、删除面板、在列表中向上移动面板、在列表中向下移动面板。

提示

设置【Spry 折叠式】样式时，打开【CSS】面板，在 SpryAccordion.css 样式中设置。

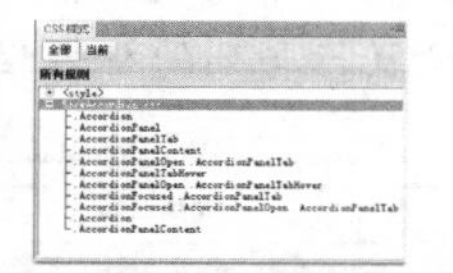

提示

在 CSS 样式项中还应进行如下设置。

```
AccordionFocused
.AccordionPanelTab {
  background-color:#fdb6bf;
}
.AccordionFocused
 .AccordionPanelOpen  .AccordionPanelTab {
  background-color:#ffc5c7;
}
```

提示

设置文本链接 a 标签的 CSS 样式，那么，文档中所有的 a 标签将全部套用该样式。

Project 10.7 高手答疑

Q&A

问题 1：在创建表格时，如何设置表格的标题以及行与列的标题名称?

解答： 单击【插入】面板中的【表格】按钮 表格，在弹出的【表格】对话框中，选择【标题】选项中的【左】、【顶部】或【两者】，即可设置行与列的标题栏格式。

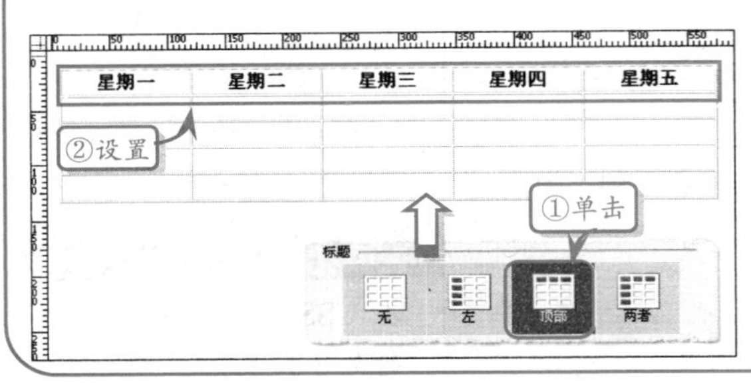

在【辅助功能】中的【标题】文本框中，可以输入表格的标题，该标题将显示在表格的顶部。

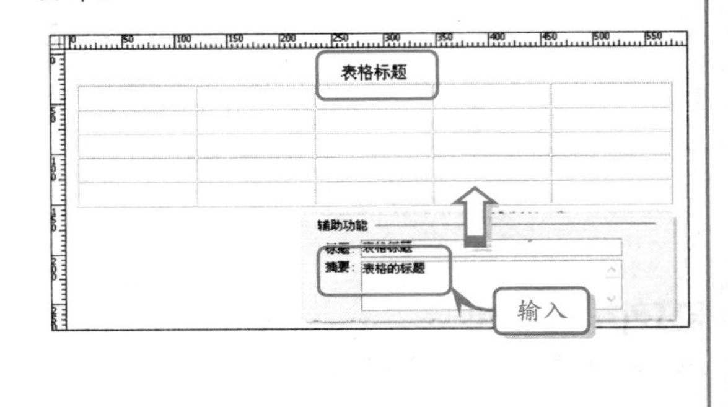

Q&A

问题 2：如何删除单元格中的内容，但使单元格的样式保持不变?

解答： 选择一个或多个单元格，但确保所选部分不是由完整的行或列组成的。然后，执行【编辑】|【清除】命令或按 Delete 键，即可删除单元格中的内容，并不改变单元格的样式。

提示

如果在执行【编辑】|【清除】命令或按 Delete 键时选择了完整的行或列，则将从表格中删除整个行或列，而不仅仅是它们的内容。

用户名	性别	年龄	城市	电子邮箱
RedGemini	男	26	上海	redgemini@qq.com
Mr.Ma	男	25		
CoolSun	女	20		
Lily	女	23		
HappyGirl	女	25		
DongDong	男	22		

①选择

撤消(U) 键入 Ctrl+Z
重做(R) 键入 Ctrl+Y
剪切(T) Ctrl+X
拷贝(C) Ctrl+C
粘贴(P) Ctrl+V
选择性粘贴(S)... Ctrl+Shift+V
清除(A)

②执行

用户名	性别	年龄	城市	电子邮箱
RedGemini				
Mr.Ma	男	25	北京	MrMa@163.com
CoolSun	女	20	杭州	coolsun123@tom.com
Lily	女	23	苏州	lily99@gmail.com
HappyGirl	女	25	广州	happygirl@sina.com
DongDong	男	22	深圳	dongdong@yahoo.com.cn

Q&A

问题 3：在网页文档中插入 Spry 选项卡式面板后，如果打开指定的选项卡，并进行编辑？

解答：将光标指针移到要在文档中打开的面板选项卡上，然后单击出现在该选项卡右侧中的眼睛图标，即可打开该选项卡面板。

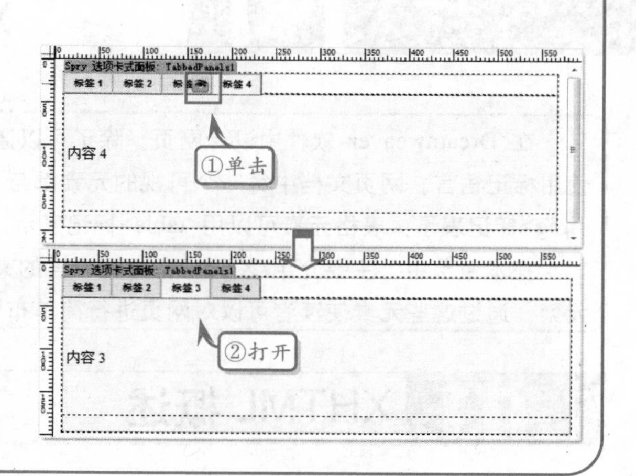

技巧

在文档中选择一个选项卡式面板构件，然后单击【属性】检查器列表中的选项卡式面板的名称，也可以打开该选项卡式面板。

XHTML 标记语言

在 Dreamweaver 软件中设计网页，除了可以通过可视化的界面操作，还可以在【代码】视图中使用标记语言。网页文档中每一个可视的元素都与 XHTML 中的标记相对应，例如图像元素可以用<img>标记表示；表格元素可以用<table>标记表示。

在本章节中，主要介绍 XHTML 标记语言的文档结构、语法规范、元素分类，以及一些常用的元素，通过这些元素使读者可以对网页进行简单布局。

11.1 XHTML 概述

XHTML（The Extensible HyperText Markup Language），即可扩展的超文本标记语言，是由 HTML（Hyper Text Markup Language，超文本标记语言）发展而来的一种网页编写语言，也是目前网络中最常见的网页编写语言。

XHTML 用标记来表示网页文档中的文本及图像等元素，并规定浏览器如何显示这些元素，以及如何响应用户的行为。

例如，<img>标记表示网页中的一个图像元素，也就是说，除了执行【插入】|【图像】命令，或者单击【插入】面板中的【图像】按钮可以在网页中插入图像外，还可以直接在【代码】视图中要显示图像的位置输入<img>标记。

在 Dreamweaver 中，用户通常是使用【属性】面板来设置网页元素的尺寸、样式等属性，而在标记中同样可以设置网页元素的属性。

例如设置图像的大小，通常的做法是在【属性】面板的【宽度】和【高度】文本框中输入像素值；而在<img>标记中只需加入 width 和 height 属性，并指定相应的值即可，如“<img width = "300px" height = "200px">”。

与其他的标记语言 HTML 和 XML 相比，XHTML 兼顾了两者的实际需要，具有如下特点。

- 用户可以扩展元素，从而可以扩展功能，但目前用户只能够使用固定的预定义元素，这些元素基本上与 HTML 的元素相同，但删除了描述性元素的使用。
- 能够与 HTML 很好的沟通，可以兼容当前不同的网页浏览器，实现正确浏览 XHTML 网页。

总之，XHTML 是一种标准化的语言，不仅拥有强大的可扩展性，还可以向下兼容各种仅支持 HTML 的浏览器，已经成为当今主流的网页设计语言。

11.2 XHTML 基本语法

相比传统的 HTML 4.0 语言，XHTML 语言的语法更加严谨和规范，更易于各种程序解析和判读。

1．XHTML 文档结构

作为一种有序的结构性文档，XHTML 文档需要遵循指定的文档结构。一个 XHTML 文档应包含两个部分，即文档类型声明和 XHTML 根元素部分。

在根元素<html>中，还应包含 XHTML 的头部元素<head>与主体元素<body>。在 XHTML 文档中，内容主要分为 3 级，即标签、属性和属性值。

- **标签**

标签是 XHTML 文档中的元素，其作用是为文档添加指定的各种内容。例如，输入一个文本段落，可使用段落标签<p>等。XHTML 文档的根元素<html>、头部元素<head>和主体元素<body>等都是特殊的标签。

- **属性**

属性是标签的定义，其可以为标签添加某个功能。几乎所有的标签都可添加各种属性。例如，为某个标签添加 CSS 样式，可为标签添加 style 属性。

- **属性值**

属性值是属性的表述，用于为标签的定义设置具体的数值或内容程度。例如，为图像标签<img>设置图像的 URL 地址，就可以将 URL 地址作为属性值，添加到 src 属性中。

2. XHTML 文档类型声明

文档类型声明是 XHTML 语言的基本声明，其作用是说明当前文档的类型以及文档标签、属性等的使用范本。

文档类型声明的代码应放置在 XHTML 文档的最前端，XHTML 语言的文档类型声明主要包括 3 种，即过渡型、严格型和框架型。

- **过渡型声明**

过渡型的 XHTML 文档在语法规则上最为宽松，允许用户使用部分描述性的标签和属性。其声明的代码如下所示。

```
<!DOCTYPE html PUBLIC "-//W3C//DTD
XHTML 1.0 Transitional//EN" "http:
//www.w3.org/TR/xhtml1/DTD/xhtml
1-transitional.dtd">
```

提示

由于过渡型的 XHTML 文档允许使用描述性的标签和属性，因此其语法更接近于 HTML 4.0 文档，目前互联网中绝大多数的网页都采用这一声明方式。

- **严格型声明**

严格型的 XHTML 文档在语法规则上最为严格，其不允许用户使用任何描述性的标签和属性。其声明的代码如下所示。

```
<!DOCTYPE html PUBLIC "-//W3C//DTD
XHTML 1.0 Strict//EN" "http://
www.w3.org/TR/xhtml1/DTD/xhtml1-
strict.dtd">
```

- **框架型声明**

框架的功能是将多个 XHTML 文档嵌入到一个 XHTML 文档中，并根据超链接确定文档打开的框架位置。框架型的 XHTML 文档具有独特的文档类型声明，如下所示。

```
<!DOCTYPE html PUBLIC "-//W3C//DTD
XHTML 1.0 Frameset//EN" "http://
www.w3.org/TR/xhtml1/DTD/xhtml1-
frameset.dtd">
```

3. XHTML 语法规范

XHTML 是根据 XML 语法简化而成的，因此它遵循 XML 的文档规范。虽然某些浏览器（例如 Internet Explorer 浏览器）可以正常解析一些错误的代码，但仍然推荐使用规范的语法编写 XHTML 文档。因此，在编写 XHTML 文档时应该遵循以下几点。

- **声明命名空间**

在 XHTML 文档的根元素<html>中应该定义命名空间，即设置其 xmlns 属性，将 XHTML 各种标签的规范文档 URL 地址作为 xmlns 属性的值。

- **闭合所有标签**

在 HTML 中，通常习惯使用一些独立的标签，例如<p>、<li>等，而不会使用相对应的</p>和</li>标签对其进行闭合。在 XHTML 文档中，这样做是不符合语法规范的。

如果是单独不成对的标签，应该在标签的最后加一个“/”对其进行闭合，例如
、<img />。

- **所有元素和属性必须小写**

与 HTML 不同，XHTML 对大小写十分敏感，所有的元素和属性必须是小写的英文字母。例如，

<html>和<HTML>表示不同的标签。

- **所有属性必须用引号括起来**

在 HTML 中，可以不需要为属性值加引号，但是在 XHTML 中则必须加引号，例如“<table width = "120"></table>”。

另外，在某些特殊情况下（例如，引号的嵌套），可以在属性值中使用双引号“"”或单引号“'”。

- **合理嵌套标签**

XHTML 要求具有严谨的文档结构，因此所有的嵌套标签都应该按顺序。也就是说，元素是严格按照对称的原则一层一层地嵌套在一起。

错误嵌套：

```
<div><span></div></span>
```

正确嵌套：

```
<div><span></span></div>
```

在 XHTML 的语法规范中，还有一些严格的嵌套要求。例如，某些标签中严禁嵌套一些类型的标签，如下表所示。

标签名	禁止嵌套的标签
a	a
pre	object、big、img、small、sub、sup
button	input、textarea、label、select、button、form、iframe、fieldset、isindex
label	label
form	form

- **所有属性都必须被赋值**

在 HTML 中，允许没有属性值的属性存在，例如<td nowrop>。但在 XHTML 中，这种情况是不允许的。如果属性没有值，则需要使用自身来赋值。

```
<td nowrop = "nowrop">
```

- **所有特殊符号用编码表示**

在 XHTML 中，必须使用编码来表示特殊符号。例如，小于号“<”不是元素的一部分，必须被编码为“<”；大于号“>”也不是元素的一部分，必须被编码为“>”。

不要在注释内容中使用“--”。“--”只能出现在 XHTML 注释的开头和结束，也就是说，在内容中它们不再有效。

错误写法：

```
<!--注释-------------------注释-->
```

正确写法：

```
<!--注释————————————注释-->
```

- **使用 id 属性作为统一的名称**

XHTML 规范废除了 name 属性，而使用 id 属性作为统一的名称。在 IE 4.0 及以下版本中应该保留 name 属性，使用时可以同时使用 name 和 id 属性。

4．XHTML 标准属性

标准属性是绝大多数 XHTML 标签可使用的属性。在 XHTML 的语法规范中，有 3 类标准属性，即核心属性、语言属性和键盘属性。

- **核心属性**

核心属性的作用是为 XHTML 标签提供样式或提示的信息。其主要包括以下 4 种。

属性名	作　用
class	为 XHTML 标签添加类，供脚本或 CSS 样式引用
id	为 XHTML 标签添加编号名，供脚本或 CSS 样式引用
style	为 XHTML 标签编写内联的 CSS 样式表代码
title	为 XHTML 标签提供工具提示信息文本

在上面的 4 种属性中，class 属性的值为以字母和下划线开头的字母、下划线与数字的集合；id 属性的值与 class 属性类似，但其在同一 XHTML 文档中是唯一的，不允许发生重复；syle 属性的值为 CSS 代码。

提示

核心属性与 JavaScript 脚本、CSS 样式结合相当紧密。关于核心属性的使用，请参考之后相关的章节。

- **语言属性**

XHTML 语言的语言属性主要包括两种，即 dir

属性和 lang 属性。

> **注意**
>
> 以下几种 XHTML 标签无法使用核心属性：base、head、html、meta、param、script、style、noscript 以及 title。

dir 属性的作用是设置标签中文本的方向，其属性值主要包括 ltr（自左至右）和 rtl（自右至左）两种。

lang 属性的作用是设置标签所使用的自然语言，其属性值包括 en-us（美国英语）、zh-cn（标准中文）和 zh-tw（繁体中文）等多种。

● **键盘属性**

XHTML 语言的键盘属性主要用于为 XHTML 标签定义响应键盘按键的各种参数。其同样包括两种，即 accesskey 和 tabindex。

> **注意**
>
> 以下几种 XHTML 标签无法使用语言属性：base、br、frame、frameset、hr、iframe、param、noscript 以及 script。

其中，accesskey 属性的作用是设置访问 XHTML 标签所使用的快捷键，tabindex 属性则是用户在访问 XHTML 文档时使用 Tab 键 Tab 的顺序。

> **注意**
>
> 键盘属性同样有使用范围的限制，通常只有在浏览器中可见的网页标签可以使用键盘属性。

11.3 XHTML 元素分类

在传统布局中，网页设计者通常使用布局三元素：<table>、<tr>和<td>。而在标准网页下，还需要使用更多的元素。根据这些元素的显示状况，XHTML 元素被分为 3 种类型。

1．块状元素（block element）

块状元素在网页中是以块的形式显示，所谓块状也就是元素显示为矩形区域。常见的块状元素包括 div、h1～h6、p、table 和 ul 等。

在默认情况下，块状元素都会占据一行，也就是说，相邻的两个块状元素不会并列显示，它们会按照从上至下的顺序进行排列。但是，用 CSS 可以改变这种分布方式，并且可以定义它们的宽度和高度。

块状元素一般都作为其他元素的容器，它可以容纳内联元素和其他块状元素，这样可以方便为网页布局。

2．内联元素

内联元素一般都是基于语义级（Semantic）的基本元素。任何不是块状元素的可见元素都可以称为内联元素。

内联元素的表现特性就是行内布局的形式，也就是说其表现形式始终以行内逐个进行显示。

例如，设置一个内联元素为多行显示，则每一行的下面都会有一条空白。如果是块状元素，那么所显示的空白只会在块的最下方出现。

内联元素较为灵活，可以随行移动、嵌入行内，不会排斥同行其他元素，也没有自己的形状，它会随包含内容的形状变化而变化。常用的内联元素包括 span、a、img 等。

> **提示**
>
> 块状元素和内联元素是两种最基本的元素，但是可以使用 CSS 改变各个元素的默认显示状态。

3．可变元素

可变元素是根据上下文关系来确定元素是以块状元素显示，还是以内联元素显示。不过可变元素仍然属于上述两种元素类型，一旦上下文关系确定了它的类别，它就会遵循块状元素或者内联元素的规则限制。

常见的可变元素包括 applet（Java Applet）、button（按钮）、del（删除文本）、iframe（内嵌框架）、ins（插入文本）、map（图像映射）、object（Object 对象）、script（客户端脚本）。

11.4 XHTML 常用元素

XHTML 网页是由块状元素、内联元素和可变元素组合在一起的。在设计网页之前，首先需要了解这些常用元素。

1．常用的块状元素

块状标签顾名思义，就是以块的方式（即矩形的方式）显示的标签。在默认情况下，块状标签占据一行的位置。相邻的两个块状标签无法显示于同一行中。

块状标签在 XHTML 文档中主要用途是作为网页各种内容的容器标签，为这些内容规范位置和尺寸。基于块状标签的用途，人们又将块状标签称作容器标签或布局标签，常见的块状标签主要包括以下几种。

- **div**

div 作为通用块状元素，在标准网页布局中是最常用的结构化元素。

div 元素表示文档结构块，它可以把文档划分为多个有意义的区域或模块。因此，使用 div 可以实现网页的总体布局，并且是网页总体布局的首选元素。

例如，用 3 个 div 元素划分了三大块区域，这些区域分别属于版头、主体和版尾。然后，在版头和主体区域分别又用了多个 div 元素再次细分更小的单元区域，这样便可以把一个网页划分为多个功能模块。

```
<div><!--[版头区域]-->
<div><!--[Logo]--></div>
    <div><!--[导航]--></div>
    ...
</div>
<div><!--[主体区域]-->
<div><!--[模块 1]--></div>
    <div><!--[模块 2]--></div>
    ...
</div>
<div>
<!--[版尾区域]-->
</div>
```

- **ul、ol 和 li**

ul、ol 和 li 元素用来实现普通的项目列表，它们分别表示无顺序列表、有顺序列表和列表中的项目。但在通常情况下，结合使用 ul 和 li 定义无序列表；结合使用 ol 和 li 定义有序列表。

列表元素全是块状元素，其中的 li 元素显示为列表项，即 display：list-item，这种显示样式也是块状元素的一种特殊形式。

列表元素能够实现网页结构化列表，对于常常需要排列显示的导航菜单、新闻信息、标题列表等，使用它们具有较为明显的优势。

无序列表：

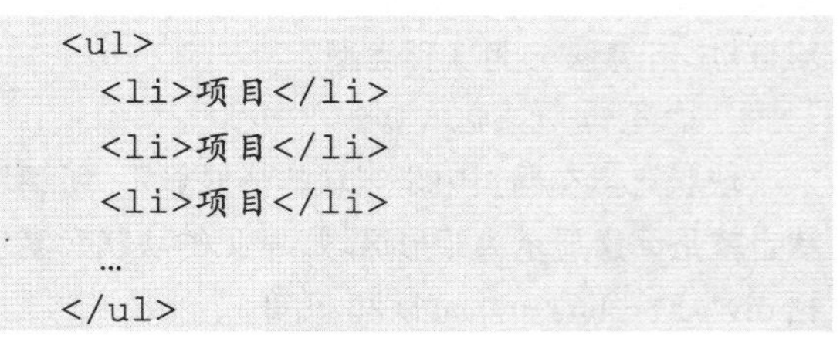

```
<ul>
  <li>项目</li>
  <li>项目</li>
  <li>项目</li>
  ...
</ul>
```

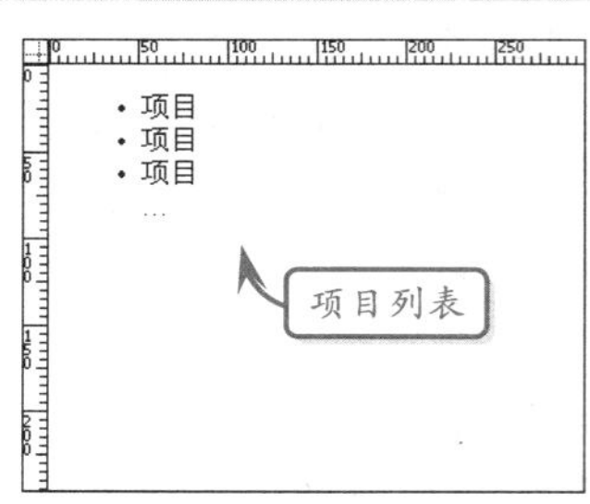

有序列表：

```
<ol>
  <li>项目</li>
  <li>项目</li>
  <li>项目</li>
```

```
  ...
</ol>
```

1. 项目
2. 项目
3. 项目
...

编号列表

提示

列表元素一般不单独使用，因为单独的元素不能表示完整的语义，同时在样式呈现上会出现很多问题，所以不建议拆开列表项目单独使用。

- **dl、dt 和 dd**

dl、dt 和 dd 元素用来实现定义项目列表。定义项目列表原本是为了呈现术语解释而专门定义的一组元素，术语顶格显示，术语的解释缩进显示，这样多个术语排列时，显得规整有序，但后来被扩展应用到网页的结构布局中。

dl 表示定义列表；dt 表示定义术语，即定义列表的标题；dd 表示对术语的解释，即定义列表中的项目。

定义列表：

```
<dl>
  <dt>标题列表项</dt>
  <dd>标题说明</dd>
  <dt>标题列表项</dt>
  <dd>标题说明</dd>
  ...
</dl>
```

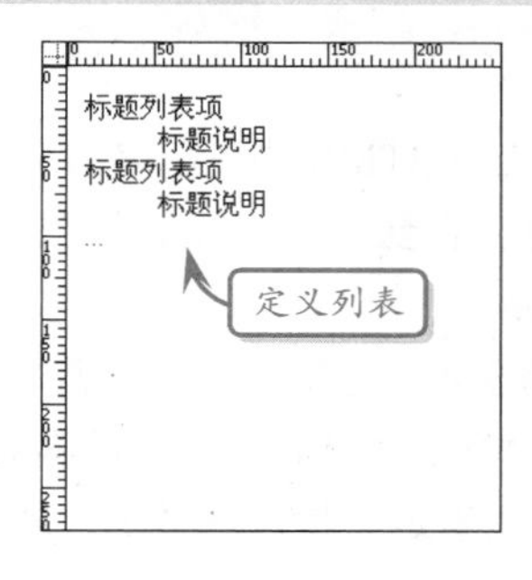

- **p**

网页中的文本，绝大多数都是以段落的方式显示的。在为网页添加段落文本时，即可使用段落文本标签<p>，如下所示。

```
<p>关于“香港”地名的由来，有两种流传较广的说法。</p>
<p>说法一：香港的得名与香料有关。……，被人们称为“香港”。</p>
<p>说法二：……，也就开始被称为“香港”。</p>
```

效果如下所示。

关于“香港”地名的由来，有两种流传较广的说法。

说法一：香港的得名与香料有关。从明朝开始，香港岛南部的一个小港湾，为转运南粤香料的集散港，因转运产在广东东莞的香料而出名，被人们称为“香港”。

说法二：香港是一个天然的港湾，附近有溪水甘香可口，海上往来的水手经常到这里来取水饮用，久而久之，甘香的溪水出了名，这条小溪也就被称为“香江”，而香江入海冲积成的小港湾，也就开始被称为“香港”。

段落文本标签<p>除了显示段落文本外，也可以实现类似<div>标签的功能。

- **h1、h2、h3、h4、h5、h6**

<h1>到<h6>等 6 个标签的作用是作为网页中的标题内容，着重显示这些文本。在绝大多数网页浏览器中，都预置了这 6 个标签的样式，包括字号以及字体加粗等。使用 CSS 样式表，用户可以方便地对这些样式进行重定义。

例如，使用<h2>标题定义一首古诗，如下所示。

```
<div align="center">
  <h2>静夜思 </h2>
  <p>床 前 明 月 光,
    疑 是 地 上 霜。</p>
  <p> 举 头 望 明 月,
    低 头 思 故 乡。</p>
</div>
```

效果如下所示。

- **table、tr 和 td**

table、tr 和 td 元素被用来实现表格化数据显示，它们都是块状元素。

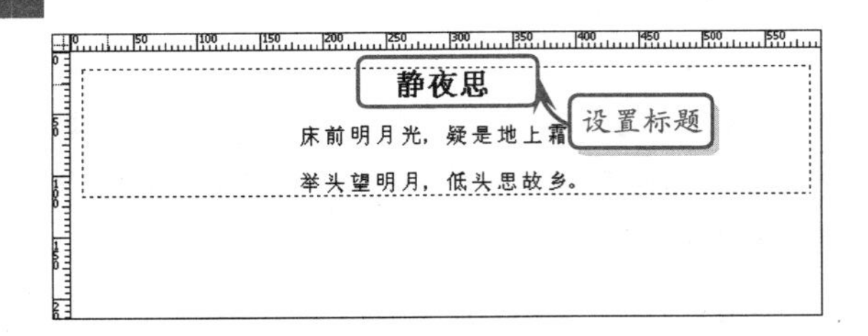

table 表示表格，它主要用来定义数据表格的包含框。如果要定义数据表整体样式应该选择该元素来实现，而数据表中数据的显示样式则应通过 td 元素来实现。

tr 表示表格中的一行，由于它的内部还需要包含单元格，所以在定义数据表格样式上，该元素的作用并不太明显。

td 表示表格中的一个方格。该元素作为表格中最小的容器元素，可以放置任何数据和元素。但在标准布局中不再建议用 td 放置其他来实现嵌套布局，而仅作为数据最小单元格来使用。

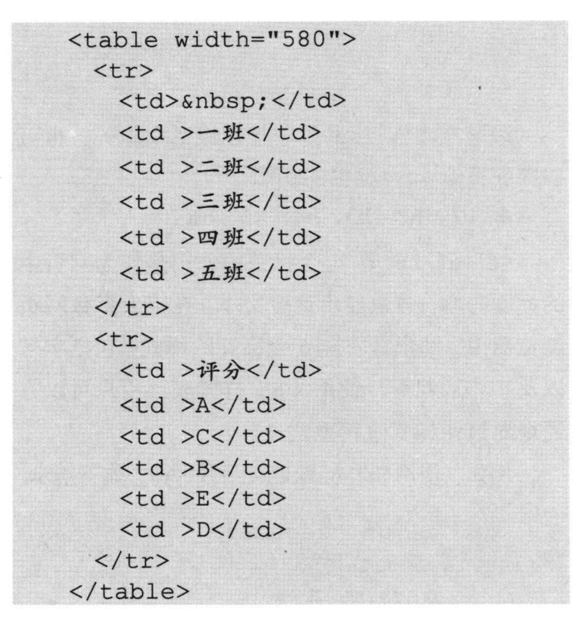

```
<table width="580">
  <tr>
    <td> </td>
    <td >一班</td>
    <td >二班</td>
    <td >三班</td>
    <td >四班</td>
    <td >五班</td>
  </tr>
  <tr>
    <td >评分</td>
    <td >A</td>
    <td >C</td>
    <td >B</td>
    <td >E</td>
    <td >D</td>
  </tr>
</table>
```

效果如下所示。

	一班	二班	三班	四班	五班
评分	A	C	B	E	D

创建表格

2．常见的内联元素

内联标签通常用于定义“语义级”的网页内容，其特性表现为没有固定的形状，没有预置的宽度和高度等。

内联标签通常处于行内布局的形式，相邻的多个内联标签可显示于同一行内。常用的内联标签主要包括以下几种。

- **a**

<a>标签的作用是为网页的文本、图像等媒体内容添加超级链接。作为一种典型的内联标签，<a>标签没有固定的形状，也没有固定的大小。在行内，<a>标签根据内容扩展尺寸。

- **br**

标签的作用是为网页的内容添加一个换行元素，扩展到下一行。

- **img**

img 元素用于表示在网页中的图像元素。与 br 元素相同，在 HTML 中，img 元素可以单独使用。但在 XHTML 中，img 元素必须在结尾处关闭。

```
<img alt="图像元素" src="image.jpg" />
```

效果图如下所示。

另外，在 XHTML 中，所有的 img 元素必须添加 alt 属性，也就是图像元素的提示信息文本。

- **span**

span 用于表示范围，是一个通用内联元素。该元素可以作为文本或内联元素的容器，通常为文本或者内联元素定义特殊的样式、辅助并完善排版、修饰特定内容或局部区域等。

```
<div>
  <span><!--设置字体大小-->
  <span title="标题">带标题的文本
  </span>
  <span><strong>加粗显示</strong>
  </span>
  <span><em>斜体显示</em></span>
  </span>
</div>
```

效果如下所示。

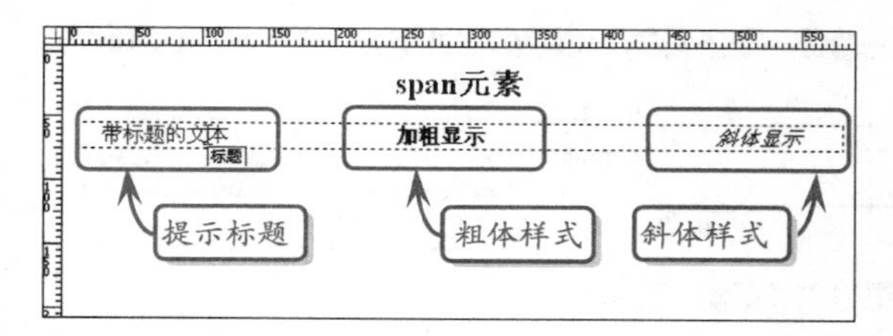

3．常见的可变元素

可变元素是一种特殊的元素，在某些情况下可以是块状元素，也可以是内联元素。常见的可变元素有以下几种。

- **button**

在网页中，button 元素主要用于定义按钮。该元素可以作为容器，允许在其中放置文本或图像。制作文本按钮和图像按钮的方法如下所示。

文本按钮：

```
<button name="btn" type="submit">
提交</button>
```

图像按钮：

```
<button name="btn" type="submit">
<img src="image.jpg" /></button>
```

效果如下所示。

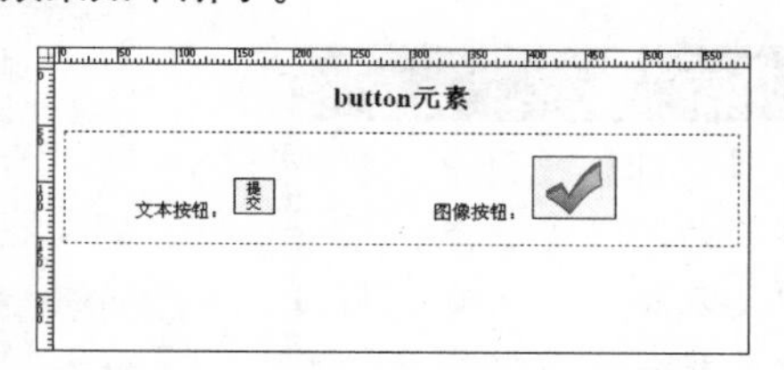

- **iframe**

iframe 元素在网页中用于创建包含另外一个网页文档的内联框架。使用 iframe 标签嵌入必应搜索引擎，代码如下所示。

```
<iframe width="550" height="300" src
="http://www.bing.com"></iframe>
```

11.5　练习：制作小说阅读页面

在 Dreamweaver 软件中，不仅可以通过视图界面操作，还可以通过编写代码制作出精美的网页。编写代码使用 XHTML 标记语言，该标记语言具有严格的语法规则。本练习通过编写代码制作一个小说阅读页面。

练习要点

- 使用<table>、<tr>和<td>标签布局
- 添加<table>和<td>标签的属性并赋值
- 段落标签<p>的应用
- 标题标签<h3>和<h4>的应用
- 超链接标签<a>的应用

操作步骤

STEP|01 新建空白文档，在【属性】面板中单击【页面属性】按钮 页面属性... ，在弹出的对话框中，设置页面字体大小、文本颜色、背景颜色和标题等参数。

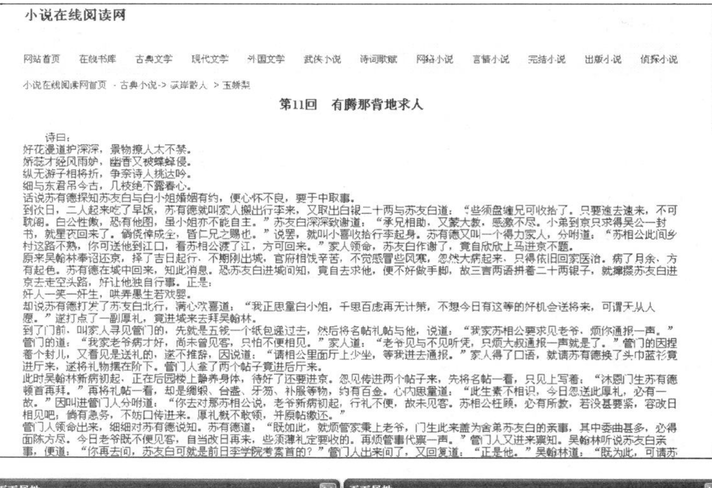

提示

在【链接（CSS）】选项卡中设置的链接样式，即是本文档中所有超链接默认的样式。

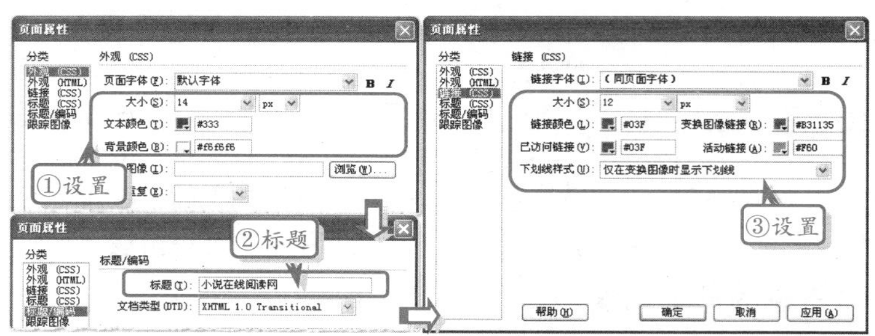

提示

在【设计】视图中，表格将为不可见状态，原因是表格定义了宽，而单元格没有定义高度。所以【设计】视图中表格不显示。表格的高度是各个单元格高度之和。

提示

标题的字体大小和颜色样式可以在【页面属性】对话框【标题（CSS）】选项卡中自定义 h1～h6 标题的样式。

STEP|02 切换至【代码】视图，将光标放置在<body></body>之间，通过插入<table>、<tr>和<td>标签创建一个 7 行×1 列的表格。然后，在<table>标签中添加 width、align、cellpadding 和 cellspacing 属性并设置相应的值。

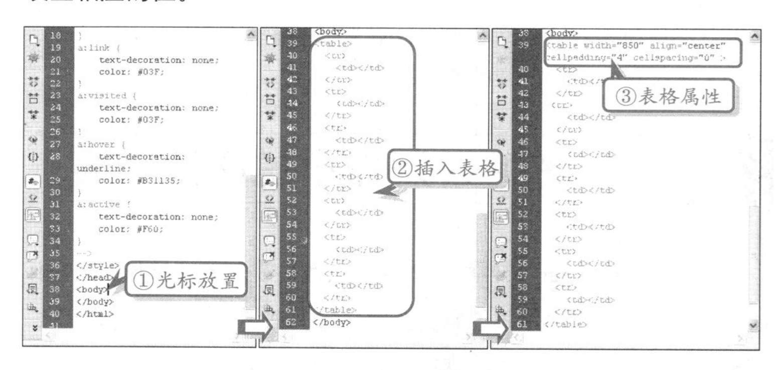

提示

在网站首页文本前不需要插入空格符“ ”。

STEP|03 将光标放置在第 1 行单元格<td></td>之间，输入“在线小说阅读网”文字并使用<h3></h3>标题标签。然后，将光标放置在第 2 行单元格<td>标签中，添加 height 和 bgcolor 属性并设置相应的值，以设置该单元格的高度和背景颜色。

STEP|04 将光标放置在第 3 行单元格<td></td>之间，输入导航栏目文本，为每个文本的前后插入超链接代码“<a href="#"></a>”。然后，在每个文本前插入 6 个空格符“ ”，使各个栏目之间有空格。

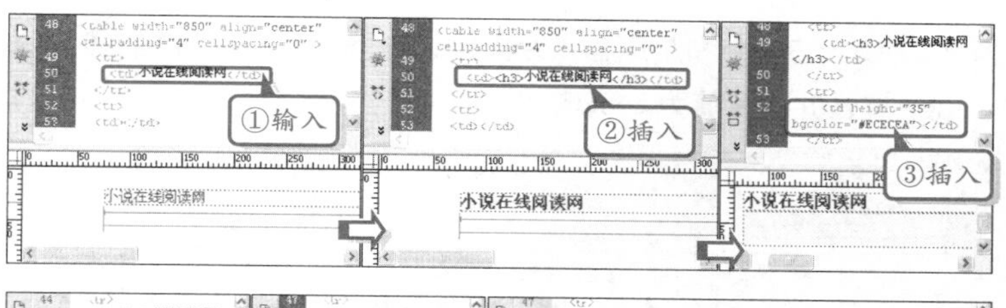

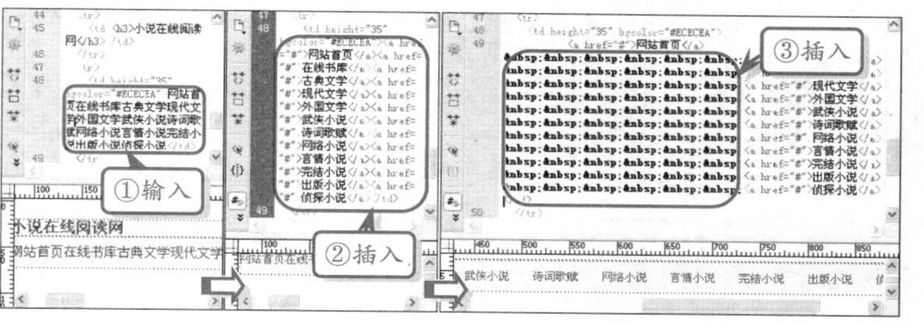

STEP|05 使用同样的方法，在第 3 行单元格中输入文本，并为每个文本的前后插入超链接代码。将光标放置在第 4 行单元格<td></td>之间，输入标题“第 11 回 有腾那背地求人”并使用<h3></h3>标题标签。

> **提示**
>
> 在做网页时会插入一些符号，而直接使用会出错，这时就要用到转义字符了。“>”就是“>”大于号或显示标。

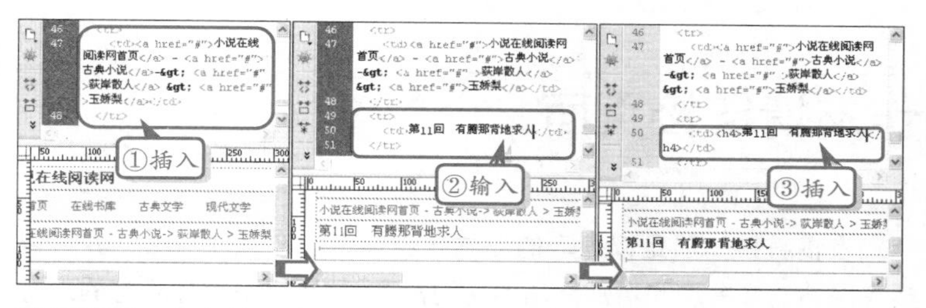

STEP|06 在该单元格<td>标签中添加“align="center"”，以设置该单元格【水平】为“居中对齐”。然后，将光标放置在第 5 行单元格<td></td>之间，切换至【设计】视图，粘贴文本。

> **提示**
>
> 在【设计】视图中粘贴的文本，其段与段之间会自动生成强制性换行标签
。

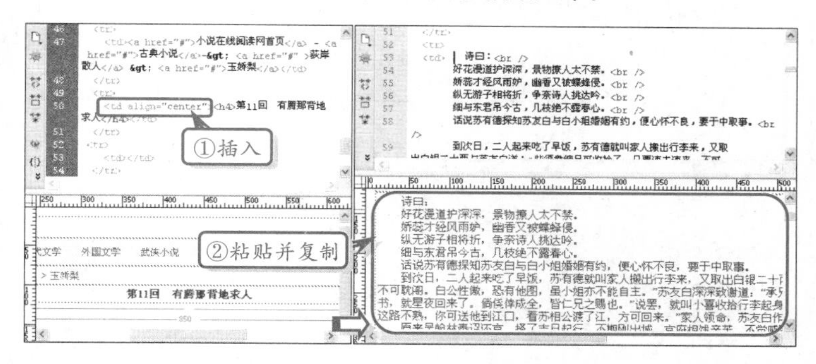

STEP|07 切换至【代码】视图，将光标放置在第 6 行单元格<td></td>标签之间，输入文本“(快捷键←) 上一页回目录 (快捷键 Enter) 下一页 (快捷键→)”，并分别为每个文本插入超链接代码。然后，将光标放置在该单元格<td>标签中添加 align 属性并设置值为 center。

STEP|08 将光标放置在第 7 行单元格<td></td>标签之间，插入标签</hr>，在该单元格插入了一条分割线。然后，输入版权信息。在段

落开头插入标签<p>和结尾插入段落结束标签</p>，在<td>标签中添加 align 属性并设置值为 center。

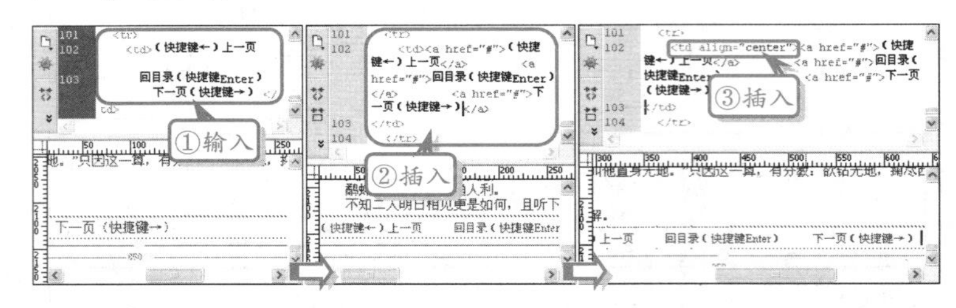

提示

切换至【设计】视图，在中文输入法为全角状态下，按 1 次 Space 键即可输入一个空格。以这种方法，在文本之间输入空格。

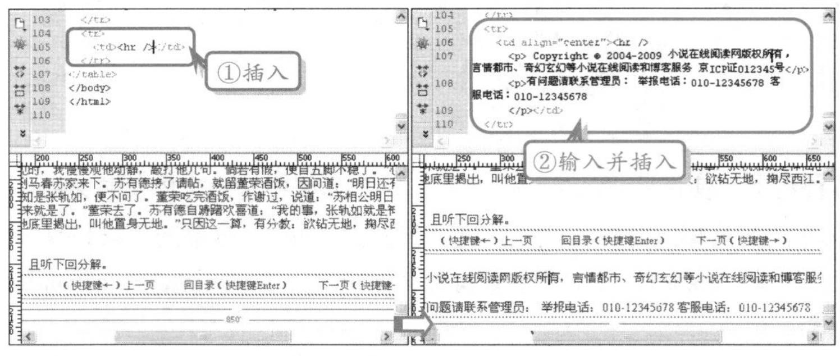

Project 11.6 练习：制作友情链接页面

友情链接一般是以列表的形式直观地展现在互联网上，其可以提高网站的知名度和增加网站的访问量。有的列表前有序号有的没有序号。本练习将使用 Dreamweaver 软件制作一个有序列表的友情链接页面。

练习要点

- 添加 <table> 和 <td> 标签的属性并赋值
- 段落标签<p>的应用
- <ol><li>标签定义有序列表
- <ul><li>标签定义无序列表
- <img>标签的使用
- <a>标签定义超链接

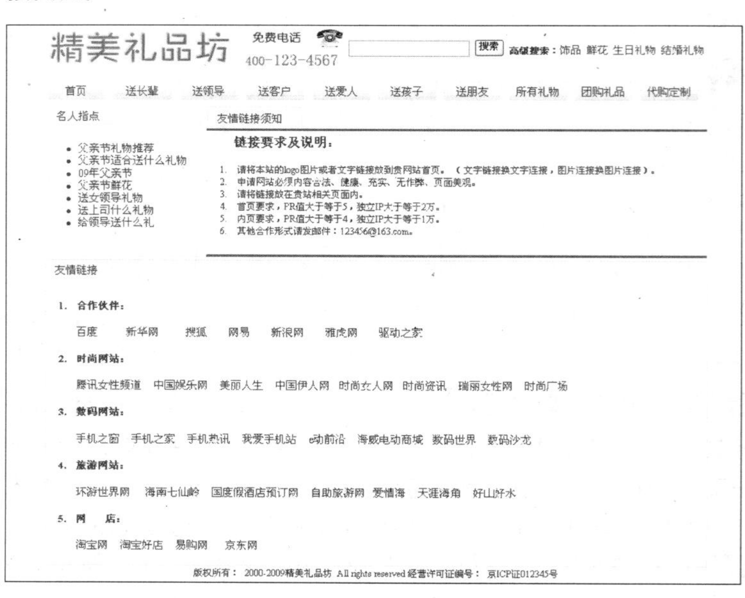

操作步骤

STEP|01 新建空白文档，在【属性】面板中单击【页面属性】按钮 页面属性...，在弹出的对话框中，设置页面字体大小、文本颜色、超链接的样式和标题。

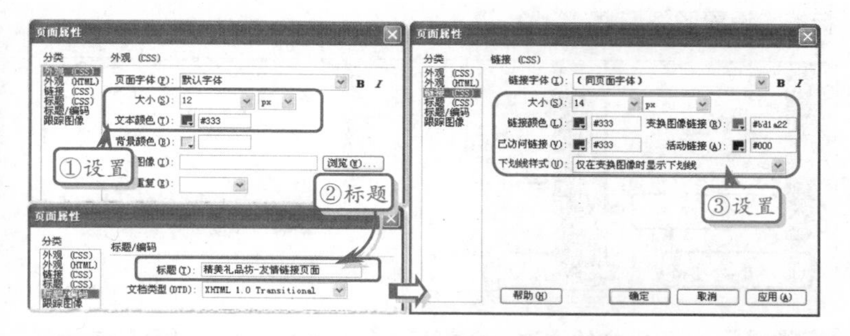

STEP|02 切换至【代码】视图，将光标放置在<body></body>之间，通过插入<table>、<tr>和<td>标签创建一个 5 行×2 列的表格。然后，在<table>标签中添加 width、align、cellpadding 和 cellspacing 属性并设置相应的值。

```
<table width="850" cellspacing=
"2" cellpadding="0" align=
"center">
<!-- cellspacing="2"定义表格中各个
单元格之间的间距为 2。cellpadding="0"
定义单元格的内间距。align="center"
定义表格水平对齐方式为居中。-->
  <tr>
    <td></td><!---->
    <td></td>
  </tr>
  <tr>
    <td></td>
    <td></td>
```

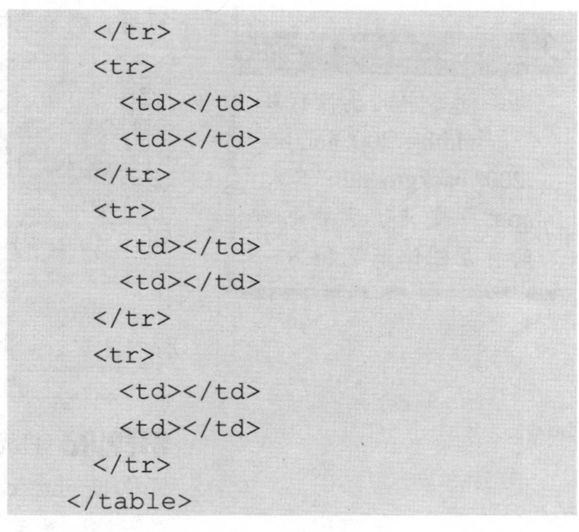

```
  </tr>
  <tr>
    <td></td>
    <td></td>
  </tr>
  <tr>
    <td></td>
    <td></td>
  </tr>
  <tr>
    <td></td>
    <td></td>
  </tr>
</table>
```

STEP|03 将光标放置在第 1 行第 1 列单元格<td></td>标签之间，分别插入 2 个<img>标签并设置图像的高和宽。在第 1 行第 2 列单元格<td>标签中添加 width 属性及值，在<td></td>标签之间插入<input>和<button>标签并在标签中添加属性及值。然后，输入文本并为每个文本的前后插入超链接代码“<a href="#"></a>”。

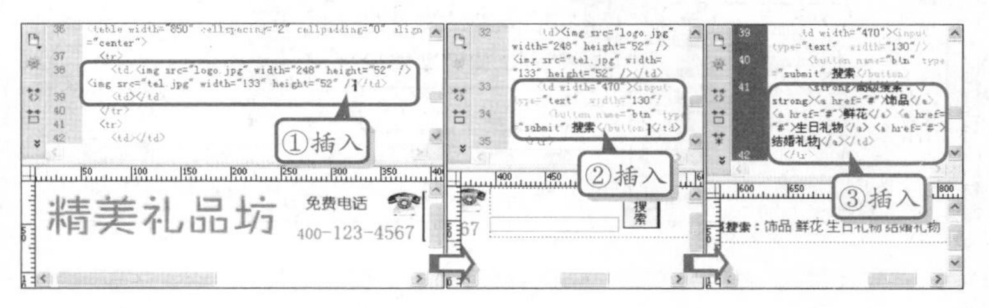

提示

插入<input>标签可实现按钮搜索功能。在【设计】视图中查看两种按钮的效果。

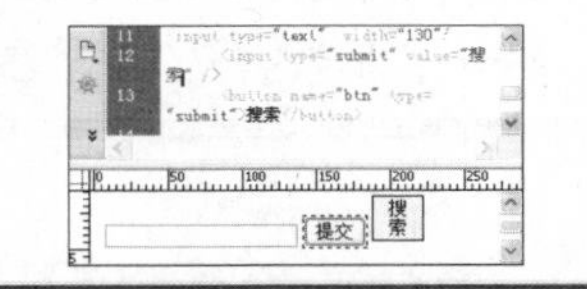

提示

代码中<strong></strong>标签是定义字体加粗。"colspan="2""是定义第1行单元格跨越了2列。合并单元格。为图像添加超链接代码<a></a>需要在<img>标签中添加属性。"border="0""定义图像的边框的大小为0。

STEP|04 将光标放置在第 2 行第 1 列单元格<td>标签中，添加 colspan 属性及值，并删除第 2 行第 2 列<td></td>标签，以及合并第 3 行单元格。然后，在<td></td>标签之间，通过插入<table>、<tr>和<td>标签创建一个 1 行×10 列的表格，在每个单元格中插入<img>标签，设置图像属性。

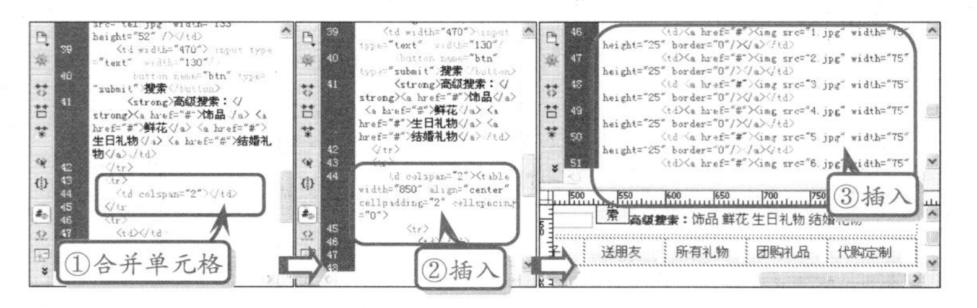

STEP|05 使用同样的方法，合并第 3 行单元格，在合并后的单元格中插入标签创建一个 2 行×2 列的表格。在第 1 行第 1 列单元格<td>标签中，添加 width、height 和 background 的属性及相应的值，并通过插入<ul>和<li>标签创建一个无序列表。使用同样的方法，在第 1 行第 2 列单元格通过插入<ol>和<li>标签创建一个有序列表。

提示

<td>标签中的属性代码" width="200"height="200" background="名人.jpg""定义了该单元格的背景图像及宽和高。

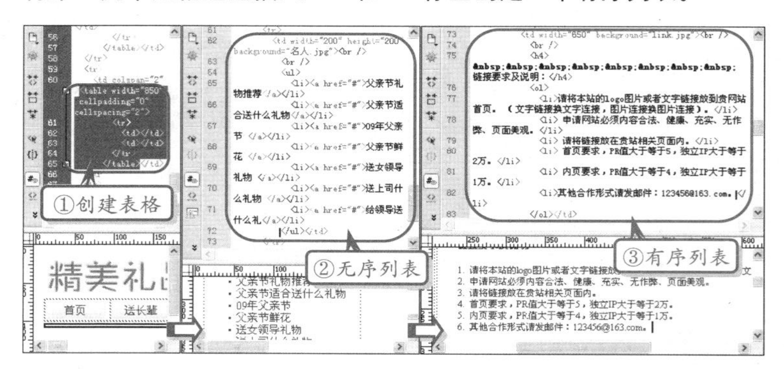

STEP|06 将光标放置在第 4 行第 1 列单元格<td>标签中，添加该单元格 height、colspan 和 background 属性及值，并删除第 4 行第 2 列单元格。然后，在<td></td>标签之间，插入一个有序列表，输入友情链接文本并为每个文本的前后插入超链接代码"<a href="#"></a>"。

提示

<ul>和<li>标签创建的无序列表默认的显示是项目前有小黑点。
<ol>和<li>标签创建的有序列表默认的显示是以数字开头。

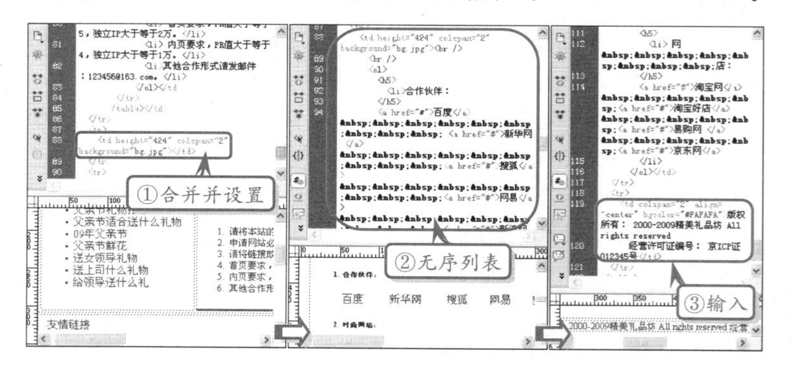

Project 11.7 练习：制作全景图像欣赏页

在 Dreamweaver 软件中，使用<marquee>标签可以实现元素（图像和文字等）在网页中移动的效果，以达到动感十足的视觉效果。通过添加<marquee>标签，并设置其属性可以实现移动效果。本练习通过使用<marquee>标签制作一个 360° 风景欣赏页面。

练习要点

- <marquee>标签的应用
- <marquee>标签的系列属性
- <div></div>标签布局

操作步骤

STEP|01 新建空白文档，在【属性】面板中单击【页面属性】按钮 页面属性... ，在弹出的对话框中，设置页面字体大小、文本颜色、超链接的样式和标题。

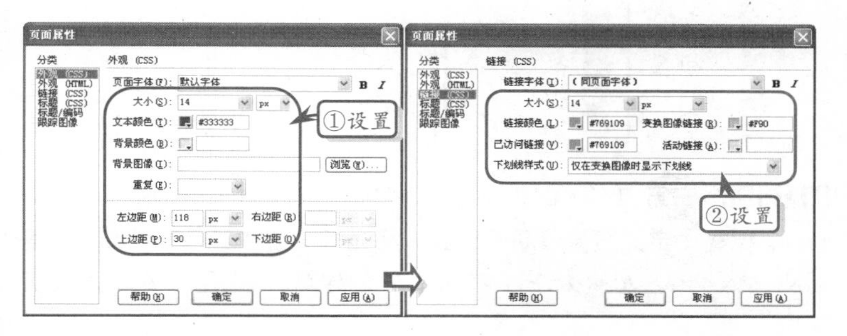

STEP|02 切换至【代码】视图，将光标放置在<body></body>之间，然后，插入<div></div>标签，在页面中创建一个层。在<div></div>标签之间插入<img>标签并设置图像的高和宽。

STEP|03 将光标放置在</div>标签后，插入<div></div>标签，在页面中创建第 2 个层。在<div></div>标签之间，插入<img>图像标签并设置图像的边框、高和宽。然后为各个图像插入超链接代码。

提示

本练习没有定义【活动链接（A）】的颜色，该颜色为默认颜色灰色(#333333)。

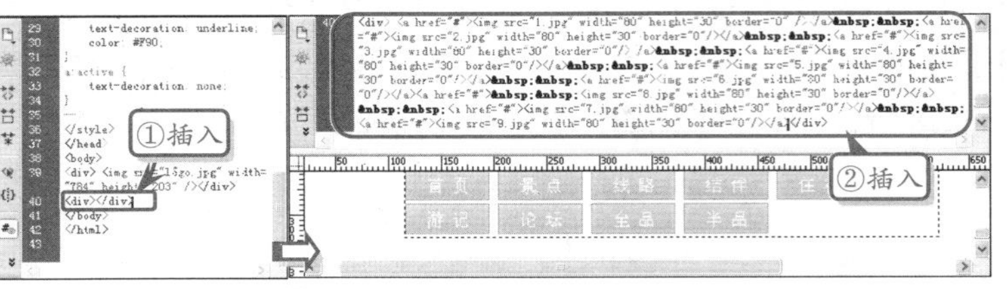

提示

切换至【设计】视图，选择该文本，在【属性】面板中也可设置其链接。

STEP|04 将光标放置在第 2 个</div>标签后，插入<div></div>标签，在页面中创建第 3 个层。在该层中输入文本，并为每个文本插入超链接代码。

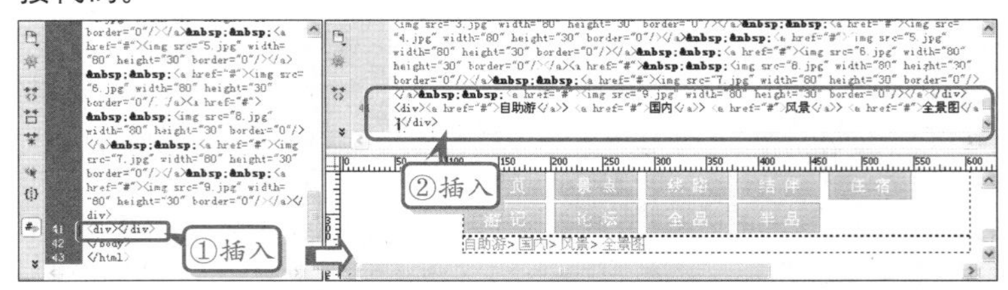

STEP|05 使用相同的方法，在页面中创建第4个层。并在<div></div>标签中创建一个 1 行×2 列的表格。然后，在第 1 行第 1 列单元格中插入<img>标签及设置该标签的属性，为该单元格插入图像。

提示

<marquee> </marquee>标签定义图像滚动。ALIGN 用于指定滚动的方向。BEHAVIOR 可以在页面上一旦出现文本时让浏览器按照设定的方法来处理文本。

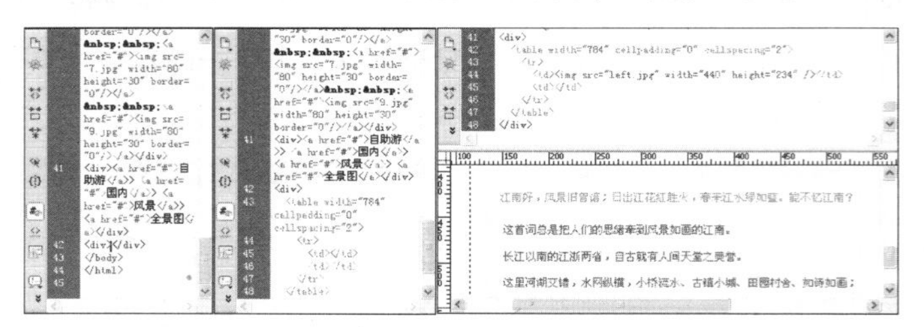

STEP|06 在第 1 行第 2 列单元格中插入<marquee> </marquee> <img>标签，定义图像滚动的样式。将光标放置在第 4 个</div>标签后，插入<div></div>标签，在页面中创建第 5 个层，并输入版权文本。

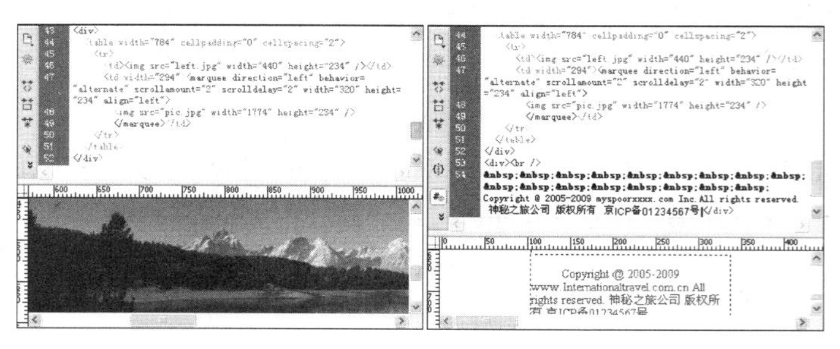

Project 11.8 高手答疑

Q&A

问题 1：如何使用 Dreamweaver 视图？

解答：Dreamweaver CS5 提供了 4 种主要的视图供用户选择，分别是【代码】视图、【设计】视图、【拆分代码】视图和【代码和设计】视图。

在使用 Dreamweaver 的可视化工具时，可使用【设计】视图以随时查看可视化操作的结果。在使用 Dreamweaver 编写网页代码时，则可使用【代码】视图。

如果用户需要根据另一个文档的代码编写新的代码，可以使用【拆分代码】视图，实现两个文档的代码比较。【代码和设计】视图的作用是同时显示代码以及预览效果，便于用户根据即时的预览效果编写代码。

在 Dreamweaver 中，用户可以执行【查看】|【代码】命令，切换到【代码】视图。同理，也可执行【查看】|【设计】命令，切换到【设计】视图。如果需要切换到【拆分代码】视图或【代码和设计】视图，可分别执行【查看】|【拆分代码】或【查看】|【代码和设计】等命令。

在使用【拆分代码】或【代码和设计】视图时，用户还可以更改视图拆分的拆分方式。例如，在默认情况下，【拆分代码】或【代码和设计】等两个视图都采用了左右分栏的方式显示。用户可执行【查看】|【垂直拆分】命令，取消【垂直拆分】状态。此时，Dreamweaver CS5 将以水平拆分的方式显示这两种视图。

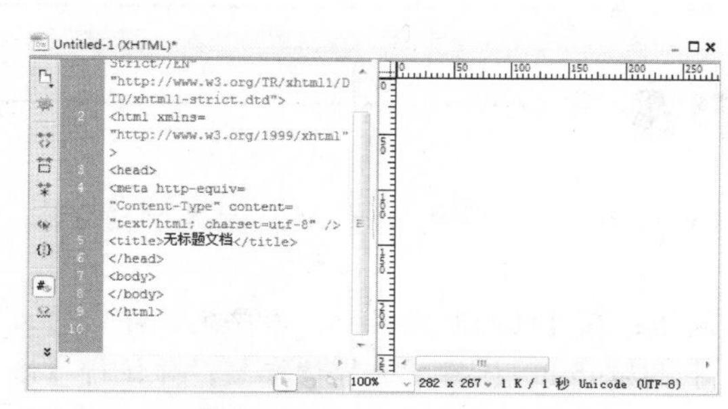

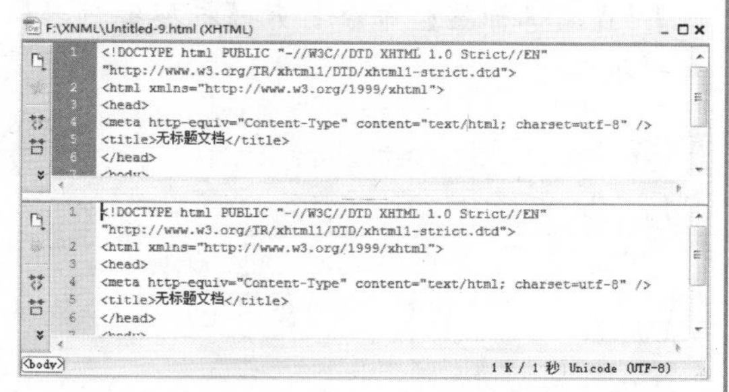

Q&A

问题 2：Dreamweaver CS5 允许使用可视化的方式为网页文档插入标签么？

解答：Dreamweaver CS5 提供了标签选择器和标签编辑器等功能，允许用户使用可视化的列表插入 XHTML 标签。

在 Dreamweaver 的代码视图中，将鼠标光标置于插入代码的位置，然后即可执行【插入】|【标签】命令，在弹出的【标签选择器】对话框中单击左侧的【HTML 标签】树形列表，在更新的树形列表目录中选择标签的分类，然后在右侧选择相关的标签，单击【插入】按钮。

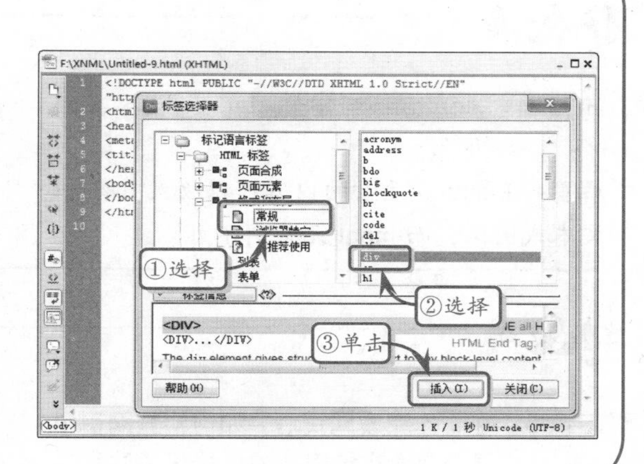

在单击【插入】按钮之后，将弹出【标签编辑器】对话框，帮助用户定义标签的各种属性。

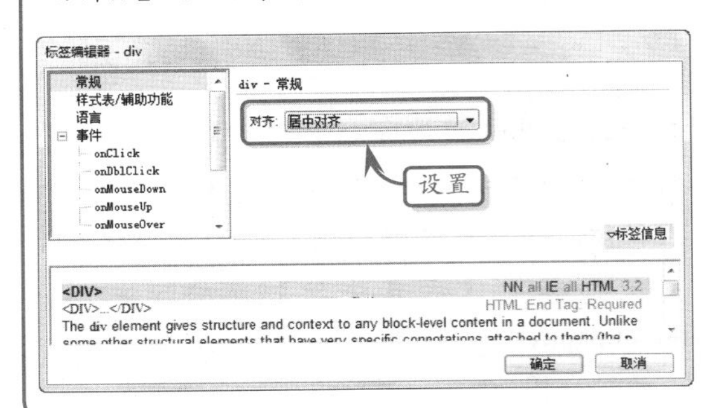

在完成标签的属性设置之后，用户即可单击【确定】按钮，关闭【标签编辑器】和【标签选择器】对话框，将相应的标签插入到网页代码中。

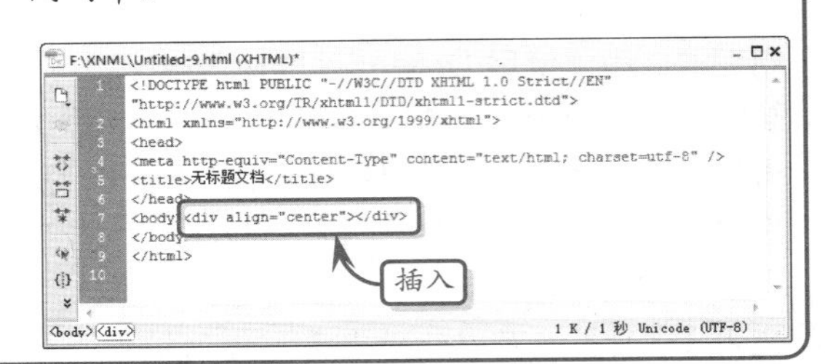

Q&A

问题 3：如何使用 XHTML 标签定义文本样式？

解答：在【代码】视图中，为要定义样式的文字添加<font>标签。选择该标签，并执行【修改】|【编辑标签】命令打开【标签编辑器】对话框。

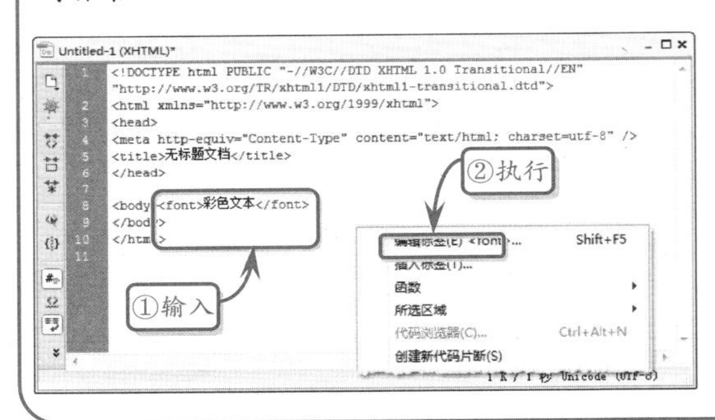

在该对话框中，可以设置文字的字体、大小和颜色。设置完成后，单击【确定】按钮后即会在<font>标签中添加相应的属性和属性值。

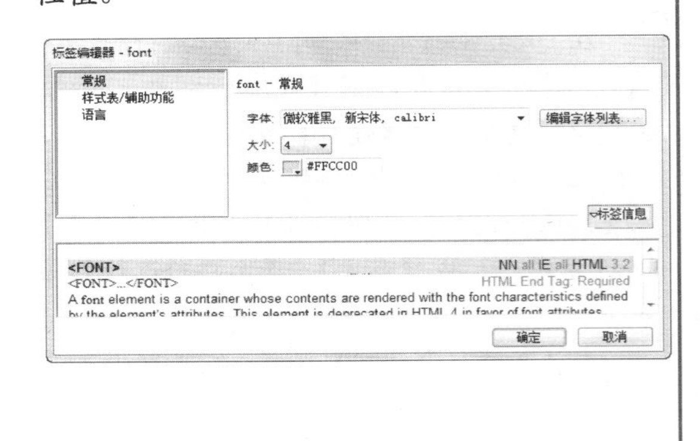

Q&A

问题 4：<button>标签和<input>标签有何区别？

解答：在 button 元素的内容可以放置内容，如文本或图像，而 input 元素则不可以。

<button>与<input type = "button">相比，提供了更强大的功能和更丰富的内容。<button>与</button>标签之间的所有内容都是按钮的内容，其中包括任何可接受的正文内容，比如文本或多媒体内容。

Q&A

问题 5：在制作完成网页后，如何检查网页中是否包含有错误标签或错误语法？

解答：打开要检查标签的网页文档，执行【文件】|【验证】|【标记】命令，Dreamweaver

将会自动检查网页中的所有标签。检查完毕后，即会将结果输出到【验证】面板中。

除了上面的方法外，还可以单击【文档】栏中的【验证标记】按钮，在弹出的列表中执行【验证当前文档】命令，来对文档中的标签进行检查。

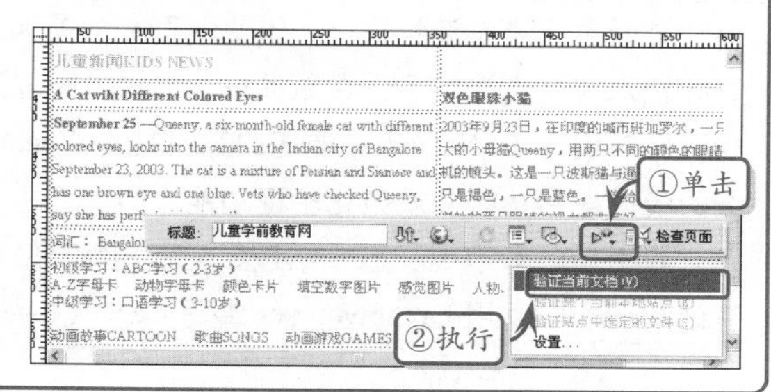

Q&A

问题 6：如何在标签中为网页文档设置背景颜色或背景图像？

解答：在【代码】视图中，为网页文档的<body>标签添加 bgcolor 和 background 属性，可以设置文档的背景颜色和背景图像。

bgcolor 属性的值为一个十六进制的颜色值，以“#”符号开头；background 属性的值为外部图像的 URL 地址。

```
<body bgcolor = "#CCCCCC"
background = "bg.jpg">
```

提示

在过渡型 XHTML 文档中，bgcolor 和 background 属性是允许使用的，但在严格型 XHTML 文档中则是不允许的。

Q&A

问题 7：如何使用 XHTML 标签定义文字的字体、大小和颜色？

解答：在【代码】视图中，为要定义样式的文字添加<font>标签。选择该标签，并执行【修改】|【编辑标签】命令打开【标签编辑器】对话框。

在该对话框中，可以设置文字的字体、大小和颜色。设置完成后，单击【确定】按钮后即会在<font>标签中添加相应的属性和属性值。

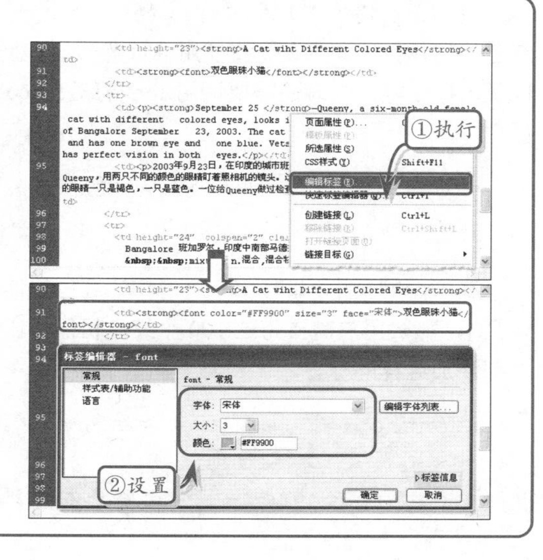

设计网页元素样式

为网页元素设计样式，可以使网页更加美观。在设计网页元素样式时，就需要使用到 CSS 技术。CSS 技术为网页提供了一种新的设计方式，通过简洁、标准化和规范性的代码，提供了丰富的表现形式。目前编写 CSS 代码最便捷的工具就是 Dreamweaver。其提供了大量可视化的编辑工具，以及详细的代码提示功能和规范化验证功能。

在之前的章节中，已介绍过如何使用 XHTML 编写简单的网页。在本章中，将介绍 CSS 技术的基础知识，以及用 Dreamweaver 编写 CSS 代码的技巧。

12.1 CSS 概述

CSS（Cascading Style Sheets，层叠样式表）是一种标准化的网页语言，其作用是为 HTML、XHTML 以及 XML 等标记语言提供样式描述。

当网页浏览器读取 HTML、XHTML 或 XML 文档并加载这些文档的 CSS 时，可以将描述的样式显示出来。

CSS 不需要编译，可直接通过网页浏览器执行。由 CSS 文件控制样式的网页，仅仅需要修改 CSS 文件即可改变网页的样式。

使用 CSS 定义网页的样式，可以大为降低网页设计者的工作量，提高网页设计的效率。

例如，在传统 HTML 网页文档中，制作一个红色的粗体斜体文本，需要使用 font 标签、b 标签以及 i 标签等，同时还需要调用 font 标签的 color 属性。

```
<font color=red><b><i>红色粗体斜体文本</i></b></font>
```

在某个网页中，如有 100 个这样的红色粗体斜体文本，那么用户需要为这 100 个红色粗体斜体文本都添加这样的标签。

```
<font color=red><b><i>红色粗体斜体文本</i></b></font>
<font color=red><b><i>红色粗体斜体文本</i></b></font>
<!--…………-->
<font color=red><b><i>红色粗体斜体文本</i></b></font>
```

如果用户需要修改这 100 个红色粗体斜体文本为蓝色，则需要再修改这个标签 100 次，效率十分低下。

在标准化的 XHTML 文档中，可以通过 span 标签将文本放在一个虚拟的容器中，然后使用 CSS 技术设计一个统一的样式，并通过 span 标签的 class 属性将样式应用到 span 标签所囊括的文本中。

```
<style type="text/css">
<!--
.styles{
  color:#f00;
  font-weight:bold;
  font-style:italic;
}
-->
</style>
<span class="styles">红色粗体斜体文本</span>
```

虽然使用 CSS+XHTML 需要比 HTML 多写许多代码。但是假如网页中有 100 个这样的文本，那么每个这样的文本都只需要通过 class 属性即可应用该样式。

如果用户需要修改这 100 个红色粗体斜体的文本，则只需要修改 style 标签中的 CSS 样式即可。无须再去修改 XHTML 中的语句。这就是结构与表现分离的优点。

12.2 CSS 样式分类

CSS 代码在网页中主要有 3 种存在的方式，即外部 CSS、内部 CSS 和内联 CSS。

1. 外部 CSS

外部 CSS 是一种独立的 CSS 样式。其一般将 CSS 代码存放在一个独立的文本文件中，扩展名为.css。

这种外部的 CSS 文件与网页文档并没有什么直接的关系。如果需要通过这些文件控制网页文档，则需要在网页文档中使用 link 标签导入。

例如，使用 CSS 文档来定义一个网页的大小和边距。

```
@charset "gb2312";
/* CSS Document */
body{
  width:1003px;
  margin:0px;
  padding:0px;
}
```

将 CSS 代码保存为文件后，即可通过 link 标签将其导入到网页文档中。例如，CSS 代码的文件名为"main.css"。

```
<!DOCTYPE html PUBLIC "-//W3C//DTD
XHTML 1.0 Transitional//EN" "http:
//www.w3.org/TR/xhtml1/DTD/xhtml
1-transitional.dtd">
<html xmlns="http://www.w3.org/
1999/xhtml">
<head>
<meta http-equiv="Content-Type"
content="text/html; charset=
gb2312" />
<title>导入 CSS 文档</title>
<link href="main.css" rel=
"stylesheet" type="text/css" />
<!--导入名为 main.css 的 CSS 文档-->
</head>
<body>
</body>
</html>
```

2. 内部 CSS

内部 CSS 是位于 XHTML 文档内部的 CSS。使用内部 CSS 的好处在于可以将整个页面中所有的 CSS 样式集中管理，以选择器为接口供网页浏览器调用。例如，使用内部 CSS 定义网页的宽度以及超链接的下划线等。

```
<!DOCTYPE html PUBLIC "-//W3C//DTD
XHTML 1.0 Transitional//EN" "http:
//www.w3.org/TR/xhtml1/DTD/xhtml
1-transitional.dtd">
<html xmlns="http://www.w3.org/
1999/xhtml">
<head>
<meta http-equiv="Content-Type"
content="text/html; charset=
gb2312" />
<title>测试网页文档</title>
<!--开始定义 CSS 文档-->
<style type="text/css">
<!--
body {
  width:1003px;
}
a {
  text-decoration:none;
}
-->
</style>
<!--内部 CSS 完成-->
```

```
</head>
<!--··············-->
```

提示

在使用内部 CSS 时应注意，style 标签只能放置于 XHTML 文档的 head 标签内。为内部 CSS 使用 XHTML 注释的作用是防止一些不支持 CSS 的网页浏览器直接将 CSS 代码显示出来。

3．内联 CSS

内联 CSS 是利用 XHTML 标签的 style 属性设置的 CSS 样式，又称嵌入式样式。

内联式 CSS 与 HTML 的描述性标签一样，只能定义某一个网页元素的样式，是一种过渡型的 CSS 使用方法，在 XHTML 中并不推荐使用。内部样式不需要使用选择器。

例如，使用内联式 CSS 设置一个表格的宽度，如下所示。

```
<table style="width:100px;">
  <tr>
    <td>宽度为 100px 的表格</td>
  </tr>
</table>
```

12.3 CSS 基本语法

作为一种网页的标准化语言，CSS 有着严格的书写规范和格式。

1．基本构成

一条完整的CSS样式语句包括以下几个部分。

```
selector{
 property:value
}
```

在上面的代码中，各关键词的含义如下所示。

- **selector（选择器）** 其作用是网页中的标签提供一个标识，以供其调用。
- **property（属性）** 其作用是定义网页标签样式的具体类型。
- **value（属性值）** 属性值是属性所接受的具体参数。

在任意一条 CSS 代码中，通常都需要包括选择器、属性以及属性值这 3 个关键词（内联式 CSS 除外）。

2．书写规范

虽然杂乱的代码同样可被浏览器判读，但是书写简洁、规范的 CSS 代码可以给修改和编辑网页带来很大的便利。

在书写 CSS 代码时，需要注意以下几点。

- **单位的使用**

在 CSS 中，如果属性值是一个数字，那么用户必须为这个数字安排一个具体的单位。除非该数字是由百分比组成的比例，或者数字为 0。

例如，分别定义两个层，其中第 1 个层为父容器，以数字属性值为宽度，而第 2 个层为子容器，以百分比为宽度。

```
#parentContainer{
 width:1003px
}
#childrenContainer{
 width:50%
}
```

- **引号的使用**

多数 CSS 的属性值都是数字值或预先定义好的关键字。然而，有一些属性值则是含有特殊意义的字符串。这时，引用这样的属性值就需要为其添加引号。

典型的字符串属性值就是各种字体的名称。

```
span{
 font-family:"微软雅黑"
}
```

● 多重属性

如果在这条 CSS 代码中，有多个属性并存，则每个属性之间需要以分号“;”隔开。

```
.content{
  color:#999999;
  font-family:"新宋体";
  font-size:14px;
}
```

提示

有时，为了防止因添加或减少 CSS 属性，而造成不必要的错误，很多人都会在每一个 CSS 属性值后面加分号“;”。这是一个良好的习惯。

● 大小写敏感和空格

CSS 与 VBScript 不同，对大小写十分敏感。mainText 和 MainText 在 CSS 中，是两个完全不同的选择器。

除了一些字符串式的属性值（例如，英文字体 MS Serf 等）以外，CSS 中的属性和属性值必须小写。

为了便于判读和纠错，建议在编写 CSS 代码时，在每个属性值之前添加一个空格。这样，如某条 CSS 属性有多个属性值，则阅读代码的用户可方便地将其区分开。

3．注释

与多数编程语言类似，用户也可以为 CSS 代码进行注释，但与同样用于网页的 XHTML 语言注释方式有所区别。

在 CSS 中，注释以斜杠“/”和星号“*”开头，以星号“*”和斜杠“/”结尾。

```
.text{
  font-family:"微软雅黑";
  font-size:12px;
  /*color:#ffcc00;*/
}
```

CSS 的注释不仅可用于单行，也可用于多行。

4．文档的声明

在外部 CSS 文件中，通常需要在文件的头部创建 CSS 的文档声明，以定义 CSS 文档的一些基本属性。常用的文档声明包括 6 种。

声明类型	作　用
@import	导入外部 CSS 文件
@charset	定义当前 CSS 文件的字符集
@font-face	定义嵌入 XHTML 文档的字体
@fontdef	定义嵌入的字体定义文件
@page	定义页面的版式
@media	定义设备类型

在多数 CSS 文档中，都会使用“@charset”声明文档所使用的字符集。除“@charset”声明以外，其他的声明多数可使用 CSS 样式来替代。

12.4 CSS 选择器

选择器是 CSS 代码的对外接口。网页浏览器就是根据 CSS 代码的选择器，以实现和 XHTML 代码的匹配。然后读取 CSS 代码的属性、属性值，将其应用到网页文档中。

CSS 的选择器名称只允许包括字母、数字以及下划线，其中，不允许将数字放在选择器的第 1 位，也不允许选择器使用与 XHTML 标签重复，以免出现混乱。

在 CSS 的语法规则中，主要包括 5 种选择器，即标签选择器、类选择器、ID 选择器、伪类选择器、伪对象选择器。

1．标签选择器

在 XHTML 1.0 中，共包括 94 种基本标签。CSS 提供了标签选择器，允许用户直接定义多数 XHTML 标签的样式。

例如，定义网页中所有无序列表的符号为空，可直接使用项目列表的标签选择器 ol。

```
ol{
  list-style:none;
}
```

注意

使用标签选择器定义某个标签的样式后，在整个网页文档中，所用该类型的标签都会自动应用这一样式。CSS 在原则上不允许对同一标签的同一个属性进行重复定义。不过在实际操作中，将以最后一次定义的属性值为准。

2. 类选择器

在使用 CSS 定义网页样式时，经常需要对某一些不同的标签进行定义，使之呈现相同的样式。在实现这种功能时，就需要使用类选择器。

类选择器可以把不同类型的网页标签归为一类，为其定义相同的样式，简化 CSS 代码。

在使用类选择器时，需要在类选择器的名称前加类符号"."。而在调用类的样式时，则需要为 XHTML 标签添加 class 属性，并将类选择器的名称作为 class 属性的值。

注意

在通过 class 属性调用类选择器时，不需要在属性值中添加类符号"."，直接输入类选择器的名称即可。

例如，网页文档中有 3 个不同的标签，一个是层（div），一个是段落（p），还有一个是无序列表（ul）。

如果使用标签选择器为这 3 个标签定义样式，使其中的文本变为红色，需要编写 3 条 CSS 代码。

```
div{/*定义网页文档中所有层的样式*/
  color: #ff0000;
}
p{/*定义网页文档中所有段落的样式*/
  color: #ff0000;
}
ul{/*定义网页文档中所有无序列表的样
式*/
  color: #ff0000;
}
```

使用类选择器，则可将以上 3 条 CSS 代码合并为一条。

```
.redText{
  color: #ff0000;
}
```

然后，即可为 div、p 和 ul 等标签添加 class 属性，应用类选择器的样式。

```
<div class="redText">红色文本
</div>
<p class="redText">红色文本</div>
<ul class="redText">
  <li>红色文本</li>
</ul>
```

一个类选择器可以对应于文档中的多种标签或多个标签，体现了 CSS 代码的可重用性。其与标签选择器都有其各自的用途。

提示

与标签选择器相比，类选择器有更大的灵活性。使用类选择器，用户可指定某一个范围内的标签应用样式。

与类选择器相比，标签选择器操作简单，定义也更加方便。在使用标签选择器时，用户不需要为网页文档中的标签添加任何属性即可应用样式。

3. ID 选择器

ID 选择器也是一种 CSS 的选择器。之前介绍的标签选择器和类选择器都是一种范围性的选择器，可设定多个标签的 CSS 样式。而 ID 选择器则是只针对某一个标签的，唯一性的选择器。

在 XHTML 文档中，允许用户为任意一个标签设定 ID，并通过该 ID 定义 CSS 样式。但是，不允许两个标签使用相同的 ID。使用 ID 选择器，用户可更加精密的控制网页文档的样式。

在创建 ID 选择器时，需要为选择器名称使用 ID 符号"#"。在为 XHTML 标签调用 ID 选择器时，需要使用其 id 属性。

注意

与调用类选择器的方式类似，在通过 id 属性调用 ID 选择器时，不需要在属性值中添加 ID 符号“#”，直接输入 ID 选择器的名称即可。

例如，通过 ID 选择器，分别定义某个无序列表中 3 个列表项的样式。

```
#listLeft{
  float:left;
}
#listMiddle{
  float: inherit;
}
#listRight{
  float:right;
}
```

然后，即可使用标签的 id 属性，应用 3 个列表项的样式。

```
<ul>
  <li id="listLeft">左侧列表</li>
  <li id="listMiddle">中部列表
  </li>
  <li id="listRight">右侧列表</li>
</ul>
```

技巧

在编写 XHTML 文档的 CSS 样式时，通常在布局标签所使用的样式（这些样式通常不会重复）中使用 ID 选择器，而在内容标签所使用的样式（这些样式通常会多次重复）中使用类选择器。

4．伪类选择器

之前介绍的 3 种选择器都是直接应用于网页标签的选择器。除了这些选择器外，CSS 还有另一类选择器，即伪选择器。

与普通的选择器不同，伪选择器通常不能应用于某个可见的标签，只能应用于一些特殊标签的状态。其中，最常见的伪选择器就是伪类选择器。

在定义伪类选择器之前，必须首先声明定义的是哪一类网页元素，将这类网页元素的选择器写在伪类选择器之前，中间用冒号"："隔开。

```
selector:pseudo-class  {property:
value}
/*选择器：伪类 {属性：属性值；}*/
```

CSS2.1 标准中，共包括 7 种伪类选择器。在 IE 浏览器中，可使用其中的 4 种。

伪类选择器	作　用
:link	未被访问过的超链接
:hover	鼠标滑过超链接
:active	被激活的超链接
:visited	已被访问过的超链接

例如，要去除网页中所有超链接在默认状态下的下划线，就需要使用到伪类选择器。

```
a:link {
/*定义超链接文本的样式*/
text-decoration: none;
/*去除文本下划线*/
}
```

注意

在 6.0 版本及之前的 IE 浏览器中，只允许为超链接定义伪类选择器。而在 7.0 及之后版本的 IE 浏览器中，则开始允许用户为一些块状标签添加伪类选择器。

与其他类型的选择器不同，伪类选择器对大小写不敏感。在网页设计中，经常为将伪类选择器与其他选择器区分而将伪类选择器大写。

5．伪对象选择器

伪对象选择器也是一种伪选择器。其主要作用是为某些特定的选择器添加效果。

在 CSS 2.1 标准中，共包括 4 种伪对象选择器，在 IE 5.0 及之后的版本中，支持其中的两种。

伪对象选择器	作　用
:first-letter	定义选择器所控制的文本第一个字或字母
:first-line	定义选择器所控制的文本第一行

伪对象选择器的使用方式与伪类选择器类似，都需要先声明定义的是哪一类网页元素，将这类网页元素的选择器写在伪类选择器之前，中间用冒号“：”隔开。

例如，定义某一个段落文本中第 1 个字为 2em，即可使用伪对象选择器。

```
p{
  font-size: 12px;
}
p:first-letter{
  font-size: 2em;
}
```

12.5 CSS 选择方法

选择方法是使用选择器的方法。通过选择方法，用户可以对各种网页标签进行复杂的选择操作，提高 CSS 代码的效率。在 CSS 语法中，允许用户使用的选择方法有 10 多种。其中常用的主要包括 3 种，即包含选择、分组选择和通用选择。

1. 包含选择

包含选择是一种被广泛应用于 Web 标准化网页中的选择方法。其通常应用于定义各种多层嵌套网页元素标签的样式，可根据网页元素标签的嵌套关系，帮助浏览器精确地查找该元素的位置。

在使用包含选择方法时，需要将具有包含选择关系的各种标签按照指定的顺序写在选择器中，同时，以空格将这些选择器分开。例如，在网页中，有 3 个标签的嵌套关系如下所示。

```
<tagName1>
  <tagName2>
    <tagName3>innerText.</tagName3>
  </tagName2>
</tagName1>
<tagName3>outerText</tagName3>
```

在上面的代码中，tagName1、tagName2 以及 tagName3 表示 3 种各不相同网页标签。其中，tagName3 标签在网页中出现了 3 次。如果直接通过 tagName3 的标签选择器定义 innerText 文本的样式，则势必会影响外部 outerText 文本的样式。

因此，用户如果需要定义 innerText 的样式且不影响 tagName3 以外的文本样式，就可以通过包含选择方法进行定义，代码如下所示。

```
tagName1 tagName2 tagName3
{Property: value ; }
```

在上面的代码中，以包含选择的方式，定义了包含在 tagName1 和 tagName2 标签中的 tagName3 标签的 CSS 样式。同时，不影响 tagName1 标签外的 tagName3 标签的样式。

包含选择方法不仅可以将多个标签选择器组合起来使用，同时也适用于 id 选择器、类选择器等多种选择器。例如，在本节实例及之前章节的实例中，就使用了大量的包含选择方法，如下所示。

```
#mainFrame #copyright
#copyrightText{
  line-height:40px;
  color:#444652;
  text-align:center;
}
```

包含选择方法在各种 Web 标准化的网页中都得到了广泛的应用。使用包含选择方法，可以使 CSS 代码的结构更加清晰，同时使 CSS 代码的可维护性更强。在更改 CSS 代码时，用户只需要根据包含选择的各种标签，按照包含选择的顺序进行查找，即可方便地找到相关语义的代码进行修改。

2. 分组选择

分组选择是一种用于同时定义多个相同 CSS 样式的标签时，使用的一种选择方法。其可以通过一个选择器组，将组中包含的选择器定义为同样的样式。在定义这些选择器时，需要将这些选择器以逗号“，”的方式隔开，如下所示。

```
selector1 , selector2 { Property:
value ; }
```

在上面的代码中，selector1 和 selector2 分别表示应用相同样式的两个选择器，而 Property 表示 CSS 样式属性，value 表示 CSS 样式属性的值。

在一个 CSS 的分组选择方式中，允许用户定义任意数量的选择器，例如，在定义网页中 body 标签以及所有的段落、列表的行高均为 18px，其代码如下所示。

```
body , p , ul , li , ol {
  line-height : 18px ;
}
```

在许多网页中，分组选择符通常用于定义一些语意特殊的标签或伪选择器。例如，在本节实例中，定义超链接的样式时，就将超链接在普通状态下以及已访问状态下时的样式通过之前介绍过的包含选择，以及分组选择等两种方法，定义在同一条 CSS 规则中，如下所示。

```
#mainFrame #newsBlock .blocks .
newsList .newsListBlock ul li
a:link , #mainFrame #newsBlock .
blocks .newsList .newsListBlock ul
li a:visited {
  font-size:12px;
  color:#444652;
  text-decoration:none;
}
```

在编写网页的 CSS 样式时，使用分组选择方法可以方便地定义多个 XHTML 元素标签的相同样式，提高代码的重用性。但是，分组选择方法不宜使用过滥，否则将降低代码的可读性和结构性，使代码的判读相对困难。

3．通用选择

通用选择方法的作用是通过通配符“*”，对网页标签进行选择操作。

使用通用选择方法，用户可以方便地定义网页中所有元素的样式，代码如下所示。

```
* { property: value ; }
```

在上面的代码中，通配符星号“*”可以将网页中所有的元素标签替代。因此，设置星号“*”的样式属性，就是设置网页中所有标签的属性。

例如，定义网页中所有标签的内联文本字体大小为 12px，其代码如下所示。

```
* { font-size : 12 px ;}
```

同理，通配符也可以结合选择方法，定义某一个网页标签中嵌套的所有标签样式。例如，定义 id 为 testDiv 的层中，所有文本的行高为 30px，其代码如下所示。

```
#testDiv * { line-height : 30 px ; }
```

注意

在使用通用选择方法时需要慎重，因为通用选择方法会影响所有的元素，尤其会改变浏览器预置的各种默认值，因此不慎使用的话，会影响整个网页的布局。通用选择方法的优先级是最低的，因此在为各种网页元素设置专有的样式后，即可取消通用选择方法的定义。

12.6 使用 CSS 样式表

使用 Dreamweaver CS5，用户可以方便地为网页添加 CSS 样式表，并对 CSS 样式表进行编辑。

1．链接外部 CSS

使用外部 CSS 的优点是用户可以为多个 XHTML 文档使用同一个 CSS 文件，通过一个文件控制这些 XHTML 文档的样式。

在 Dreamweaver 中打开网页文档，，然后执行【窗口】|【CSS 样式】命令，打开【CSS 样式】面

板。在该面板中单击【附加样式表】按钮，即可打开【链接外部样式表】对话框。

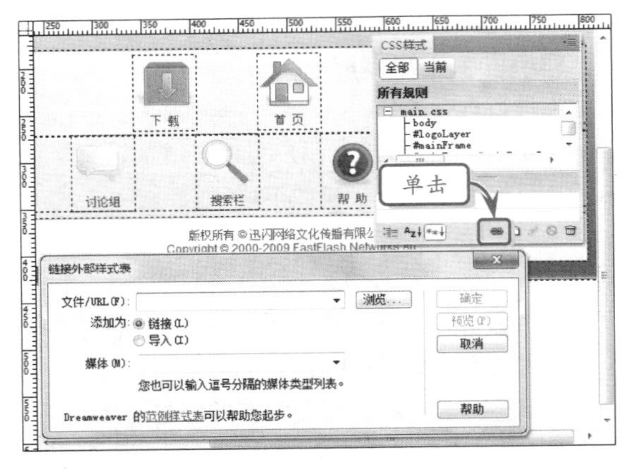

在对话框中，用户可设置 CSS 文件的 URL 地址，以及添加的方式和 CSS 文件的媒体类型。

其中，【添加为】选项包括两个单选按钮。当选择【链接】时，Dreamweaver 会将外部的 CSS 文档以 link 标签导入到网页中。而当选择【导入】时，Dreamweaver 则会将外部 CSS 文档中所有的内容复制到网页中，作为内部 CSS。

【媒体】选项的作用是根据打开网页的设备类型，判断使用哪一个 CSS 文档。在 Dreamweaver 中，提供了 9 种媒体类型。

媒体类型	说　明
all	用于所有设备类型
aural	用于语音和音乐合成器
braille	用于触觉反馈设备
handheld	用于小型或手提设备
print	用于打印机
projection	用于投影图像，如幻灯片
screen	用于计算机显示器
tty	用于使用固定间距字符格的设备，如电传打字机和终端
tv	用于电视类设备

用户可以通过【链接外部样式表】，为同一网页导入多个 CSS 样式规则文档，然后指定不同的媒体。这样，当用户以不同的设备访问网页时，将呈现各自不同的样式效果。

2. 创建 CSS 规则

在 Dreamweaver 中，允许用户为任何网页标签、类或 ID 等创建 CSS 规则。在【CSS 样式】面板中单击【新建 CSS 规则】按钮，即可打开【新建 CSS 规则】对话框。

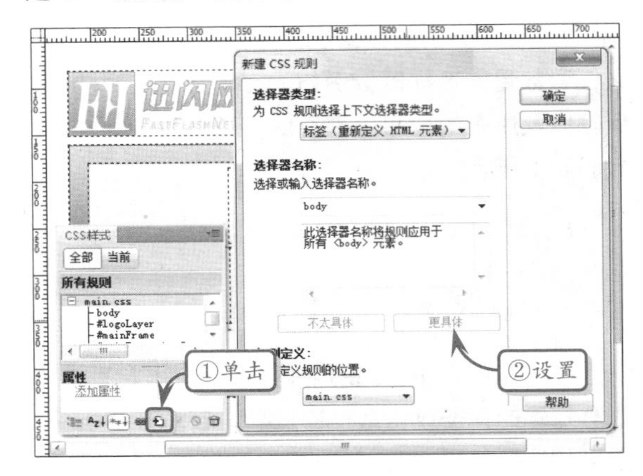

在【新建 CSS 规则】对话框中，主要包含了 3 种属性设置，如下所示。

- **选择器类型**

【选择器类型】的设置主要用于为创建的 CSS 规则定义选择器的类型，其主要包括以下几种选项。

选项名	说　明
类	定义创建的选择器为类选择器
ID	定义创建的选择器为 ID 选择器
标签	定义创建的选择器为标签选择器
复合内容	定义创建的选择器为带选择方法的选择器或伪类选择器

- **选择器名称**

【选择器名称】选项的作用是设置 CSS 规则中选择器的名称。其与【选择器类型】选项相关联。

当用户选择的【选择器类型】为“类”或 ID 时，用户可在【选择器名称】的输入文本框中输入类选择器或 ID 选择器的名称。

注意

在输入类选择器或 ID 选择器的名称时，不需要输入之前的类符号“.”或 ID 符号“#”。Dreamweaver 会自动为相应的选择器添加这些符号。

当选择“标签”时，在【选择器名称】中将出现 XHTML 标签的列表。而如果选择“复合内容”，在【选择器名称】中将出现 4 种伪类选择器。

提示

如用户需要通过【新建 CSS 规则】对话框创建复杂的选择器，例如使用复合的选择方法，则可直接选择“复合内容”，然后输入详细的选择器名称。

- **规则定义**

【规则定义】项的作用是帮助用户选择创建的 CSS 规则属于内部 CSS 还是外部 CSS 的。

如果网页文档中没有链接外部 CSS，则该项中将包含两个选项，即“仅限该文档”和“新建样式表文件”。

如用户选择“仅限该文档”，那么创建的 CSS 规则将是内部 CSS。而如用户选择“新建样式表文件”，那么创建的 CSS 规则将是外部 CSS。

12.7 编辑 CSS 规则

Dreamweaver 提供了可视化的方式，帮助用户定义各种 CSS 规则。

在 CSS 面板中，选择已定义的 CSS 规则，即可在其下方的【属性】列表中单击其属性，在右侧的文本框中编辑 CSS 规则中已有的各种属性。

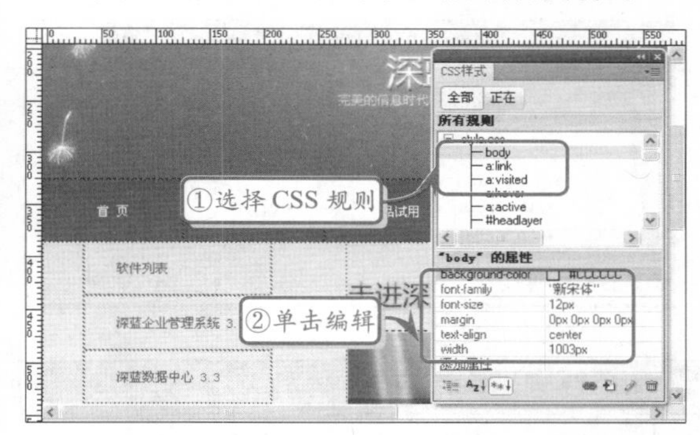

如果用户需要为 CSS 规则添加新的属性，则可以单击【属性】列表最下方的【添加属性】文本，在弹出的下拉列表中选择相应的属性，将其添加到 CSS 规则中。

除此之外，用户还可以单击【CSS 样式】面板中的【编辑样式】按钮，打开 CSS 规则定义对话框，为 CSS 规则添加、编辑和删除属性。

【CSS 规则定义】对话框的列表菜单中，包括 8 种 CSS 的分类。单击分类，即可打开相应的属性。

1. 类型规则

【类型】规则的作用是定义文档中所有文本的各种属性。在 CSS 规则定义对话框中选择【分类】列表中的“类型”，即可打开【类型】规则。

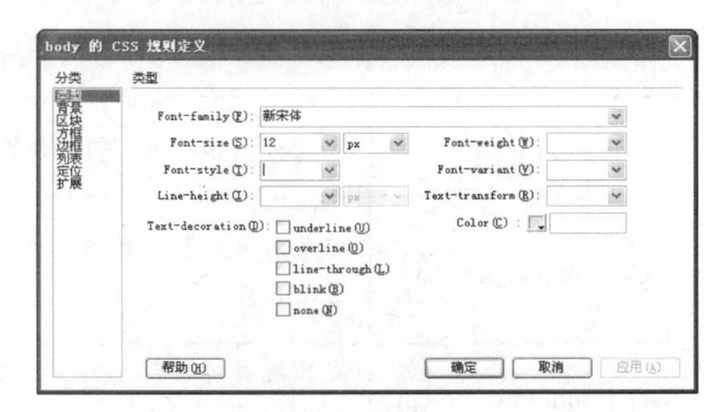

在【类型】规则中，共包含 9 种属性。

属性名	作用	典型属性值及解释
Font-family	定义文本的字体类型	“微软雅黑”，“宋体”等字体的名称
Font-size	定义文本的字体大小	可使用 pt（点）、px（像素）、em（大写 M 高度）和 ex（小写 x 高度）等单位

续表

属 性 名	作 用	典型属性值及解释
Font-style	定义文本的字体样式	normal（正常）、italic（斜体）、oblique（模拟斜体）
Line-height	定义段落文本的行高	可使用 pt（点）、px（像素）、em（大写 M 高度）和 ex（小写 x 高度）等单位，默认与字体的大小相等，可使用百分比
Text-decoration	定义文本的描述方式	none（默认值）、underline（下划线）、line-through（删除线）、overline（上穿线）
Font-weight	定义文本的粗细程度	normal、bold、bolder、lighter 以及自 100 到 900 之间的数字。当填写数字值时，数字越大则字体越粗。其中 400 相当于 normal，相当于 800，bolder 相当于 900
Font-variant	定义文本中所有小写字母为小型大写字母	normal（默认值，正常显示）、small-caps（所有小写字母变为 1/2 大小的大写字母）
Font-transform	转换文本中的字母大小写状态	normal（默认值，无转换）、capitalize（将每个单词首字母转换为大写）、uppercase（将所有字母转换为大写）、lowercase（将所有字母转换为小写）
Color	定义文本的颜色	以十六进制数字为基础的颜色值。可通过颜色拾取器进行选择

2．背景规则

【背景】规则的作用是设置网页中各种容器对象的背景属性。

在该规则所在的列表对话框中，用户可设置网页容器对象的背景颜色、图像以及其重复的方式和位置等，其共包含 6 种基本属性。

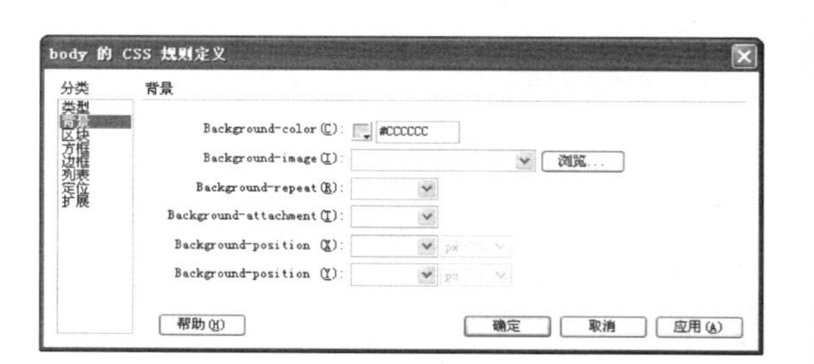

属 性 名	作 用	典型属性值及解释
Background-color	定义网页容器对象的背景颜色	以十六进制数字为基础的颜色值。可通过颜色拾取器进行选择
Background-image	定义网页容器对象的背景图像	以 URL 地址为属性值，扩展名为 jpeg、gif 或 png
Background-repeat	定义网页容器对象的背景图像重复方式	no-repeat（不重复）、repeat（默认值，重复）、repeat-x（水平方向重复）、repeat-y（垂直方向重复）等
Background-attachment	定义网页容器对象的背景图像滚动方式	scroll（默认值，定义背景图像随对象内容滚动）、fixed（背景图像固定）
Background-position(X)	定义网页容器对象的背景图像水平坐标位置	长度值（默认为 0）或 left（居左）、center（居中）和 right（居右）
Background-position(Y)	定义网页容器对象的背景图像垂直坐标位置	长度值（默认为 0）或 top（顶对齐）、center（中线对齐）和 bottom（底部对齐）

3．区块规则

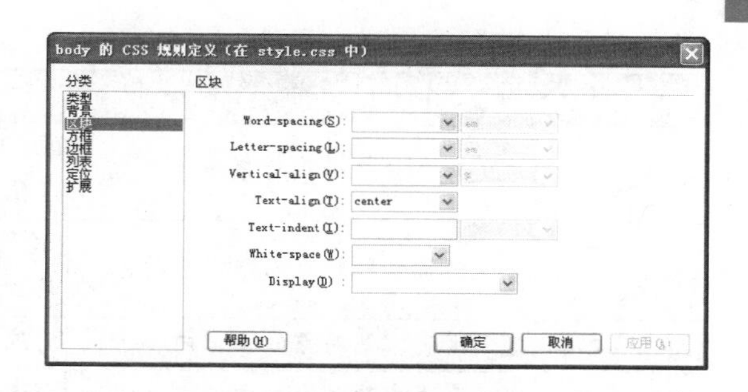

【区块】规则是一种重要的规则，其作用是定义文本段落及网页容器对象的各种属性。

在【区块】规则中，用户可设置单词、字母之间插入的间隔宽度、垂直或水平对齐方式、段首缩进值以及空格字符的处理方式和网页容器对象的显示方式等。

属　性　名	作　　用	典型属性值或解释
Word-spacing	定义段落中各单词之间插入的间隔	由浮点数字和单位组成的长度值，允许为负值
Letter-spacing	定义段落中各字母之间插入的间隔	由浮点数字和单位组成的长度值，允许为负值
Vertical-align	定义段落的垂直对齐方式	baseline（基线对齐）、sub（对齐文本的下标）、super（对齐文本的上标）、top（顶部对齐）、text-top（文本顶部对齐）、middle（居中对齐）、bottom（底部对齐）、text-bottom（文本底部对齐）
Text-align	定义段落的水平对齐方式	left（文本左对齐）、right（文本右对齐）、center（文本居中对齐）、justify（两端对齐）
Text-indent	定义段落首行的文本缩进距离	由浮点数字和单位组成的长度值，允许为负值，默认值为 0
White-space	定义段落内空格字符的处理方式	normal（XHTML 标准处理方式，默认值，文本自动换行）、pre（换行或其他空白字符都受到保护）、nowrap（强制在同一行内显示所有文本，直到 BR 标签之前）
Display	定义网页容器对象的显示方式	display 属性共有 18 种属性，IE 浏览器支持其中的 7 种，即 block（显示为块状推向）、none（隐藏对象）、inline（显示为内联对象）、inline-block（显示为内联对象，但对其内容做块状显示）、list-item（将对象指定为列表项目，并为其添加项目符号）、table-header-group（将对象指定为表格的标题组显示）以及 table-footer-group（将对象指定为表格的脚注组显示）等

4．方框规则

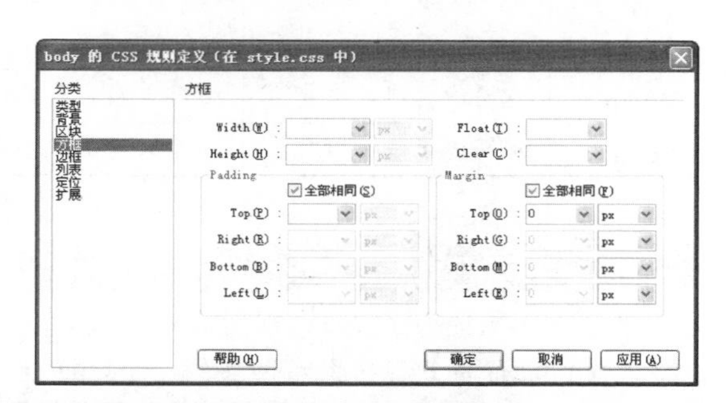

【方框】规则的作用是定义网页中各种容器对象的属性和显示方式。

在【方框】规则中，用户可设置网页容器对象的宽度、高度、浮动方式、禁止浮动方式，以及网页容器内部和外部的补丁等。根据这些属性，用户可方便地定制网页容器对象的位置。

属　性　名	作　　用	典型属性值或解释
Width	定义网页容器对象的宽度	由浮点数字和单位组成的长度值，默认值可执行【编辑】|【首选参数】|【AP 元素】命令来定义
Height	定义网页容器对象的高度	由浮点数字和单位组成的长度值，默认值可执行【编辑】|【首选参数】|【AP 元素】命令来定义

续表

属 性 名	作 用	典型属性值或解释
Float	定义网页容器对象的浮动方式	left（左侧浮动）、right（右侧浮动）、none（不浮动，默认值）
Clear	定义网页容器对象的禁止浮动方式	left（禁止左侧浮动）、right（禁止右侧浮动）、both（禁止两侧浮动）、none（不禁止浮动，默认值）
Padding|Top	定义网页容器对象的顶部内补丁	由浮点数字和单位组成的长度值，允许为负值，默认值为 0
Right	定义网页容器对象的右侧内补丁	由浮点数字和单位组成的长度值，允许为负值，默认值为 0
Bottom	定义网页容器对象的底部内补丁	由浮点数字和单位组成的长度值，允许为负值，默认值为 0
Left	定义网页容器对象的左侧内补丁	由浮点数字和单位组成的长度值，允许为负值，默认值为 0
Margin|Top	定义网页容器对象的顶部外补丁	由浮点数字和单位组成的长度值，允许为负值，默认值为 20
Right	定义网页容器对象的右侧外补丁	由浮点数字和单位组成的长度值，允许为负值，默认值为 15
Bottom	定义网页容器对象的底部外补丁	由浮点数字和单位组成的长度值，允许为负值，默认值为 0
Left	定义网页容器对象的左侧外补丁	由浮点数字和单位组成的长度值，允许为负值，默认值为 0

5. 边框规则

【边框】规则的作用是定义网页容器对象的 4 条边框线样式。在【边框】规则中，Top 代表顶部的边框线，Right 代表右侧的边框线，Bottom 代表底部的边框线而 Left 代表左侧的边框线。如用户选择【全部相同】，则 4 条边框线将被设置为相同的属性值。

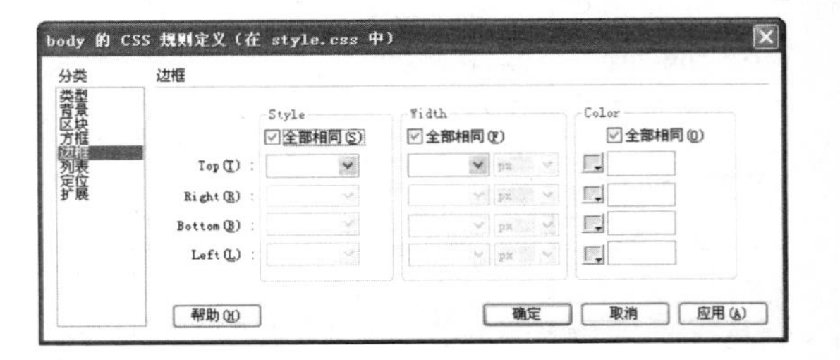

属性名	作 用	典型属性值及解释
Style	定义边框线的样式	none（默认值，无边框线）、dotted（点划线）、dashed（虚线）、solid（实线）、double（双实线）、groove（3D 凹槽）、ridge（3D 凸槽）、inset（3D 凹边）、outset（3D 凸边）
Width	定义边框线的宽度	由浮点数字和单位组成的长度值，默认值为 0
Color	定义边框线的颜色	以十六进制数字为基础的颜色值。可通过颜色拾取器进行选择

提示

如边框线的宽度小于 2px，则所有边框线的样式（none 除外）都将显示为实线。如边框线的宽度小于 3px，则 groove、ridge、inset 以及 outset 等属性将被显示为实线

6. 列表规则

【列表】规则的作用是定义网页中列表对象的各种相关属性，包括列表的项目符号类型、项目符号图像以及列表项目的定位方式等。

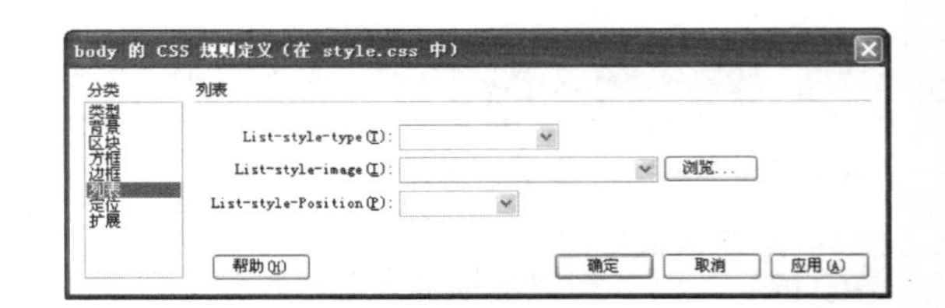

属 性 名	作　用	典型属性值及解释
List-style-type	定义列表的项目符号类型	disc（实心圆项目符号，默认值）、circle（空心圆项目符号）、square（矩形项目符号）、decimal（阿拉伯数字）、lower-roman（小写罗马数字）、upper-roman（大写罗马数字）、lower-alpha（小写英文字母）、upper-alpha（大写英文字母）以及 none（无项目列表符号）
List-style-image	自定义列表的项目符号图像	none（默认值，不指定图像作为项目列表符号），url(file)（指定路径和文件名的图像地址）
List-style-position	定义列表的项目符号所在位置	outside（将列表项目符号放在列表之外，且环绕文本，不与符号对齐，默认值）、inside（将列表项目符号放在列表之内，且环绕文本根据标记对齐）

提示

如项目列表的左侧外补丁被设置为 0，则不会显示任何项目列表的符号。只有左侧外补丁被设置为 30 以上，才可显示项目列表的符号。

7．定位规则

【定位】规则多用于 CSS 布局的网页，可设置各种 AP 元素、层的布局属性。

在【定位】规则中，Width 和 Height 等两个属性与【方框】规则中的同名属性完全相同，Placement 属性用于设置 AP 元素的定位方式，Clip 属性用于设置 AP 元素的剪切方式。

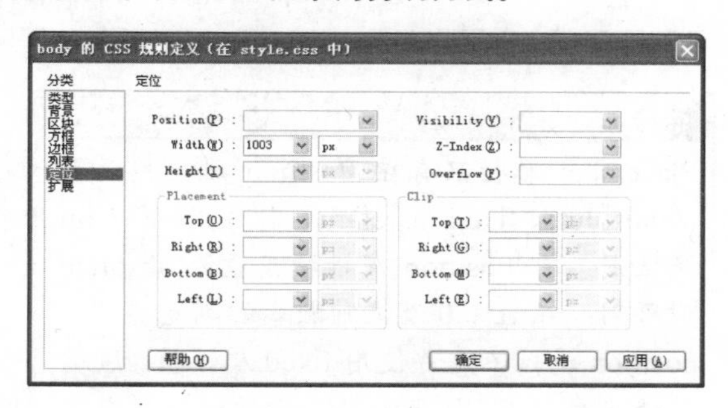

属 性 名		作　用	典型属性值及解释
Position		定义网页容器对象的定位方式	absolute（绝对定位方式，以 Placement 属性的值定义网页容器对象的位置）、fixed（IE 7 以上版本支持，遵从绝对定位方式，但需要遵守一些规则）、relative（遵从绝对定位方式，但对象不可层叠）、static（默认值，无特殊定位，遵从 XHTML 定位规则）
Visibility		定义网页容器对象的显示方式	inherite（默认值，继承父容器的可见性）、visible（对象可视）、hidden（对象隐藏）
Z-Index		定义网页容器对象的层叠顺序	auto（默认值，根据容器在网页中的排列顺序指定层叠顺序）以及整型数值（可为负值，数值越大则层叠优先级越高）
Overflow		定义网页容器对象的溢出设置	visible（默认值，溢出部分可见）、hidden（溢出部分隐藏）、scroll（总是滚动条的方式显示溢出部分）、auto（在必要时自动裁切对象或像是滚动条）
Placement	Top	定义网页容器对象与父容器的顶部距离	auto（默认值，无特殊定位）以及由浮点数字和单位组成的长度值，可为负数
	Right	定义网页容器对象与父容器的右侧距离	auto（默认值，无特殊定位）以及由浮点数字和单位组成的长度值，可为负数
	Bottom	定义网页容器对象与父容器的左侧距离	auto（默认值，无特殊定位）以及由浮点数字和单位组成的长度值，可为负数

续表

属性名		作用	典型属性值及解释
Placement	Left	定义网页容器对象与父容器的底部距离	auto（默认值，无特殊定位）以及由浮点数字和单位组成的长度值，可为负数
Clip	Top	定义网页容器对象顶部剪切的高度	auto（默认值，无特殊定位）以及由浮点数字和单位组成的长度值，可为负数
	Right	定义网页容器对象右侧剪切的宽度	auto（默认值，无特殊定位）以及由浮点数字和单位组成的长度值，可为负数
	Bottom	定义网页容器对象底部剪切的高度	auto（默认值，无特殊定位）以及由浮点数字和单位组成的长度值，可为负数
	Left	定义网页容器对象左侧剪切的宽度	auto（默认值，无特殊定位）以及由浮点数字和单位组成的长度值，可为负数

提示

Placement 属性只有在 Position 属性被设置为 absolute、fixed 或 relative 时可用；而 Clip 属性则只有 Position 属性被设置为 absolute 时可用。在 IE 6.0 及之前版本的浏览器中，position 属性不允许使用 fixed 属性值。该属性值只允许在 IE 7.0 及之后的浏览器中使用。另外，IE 浏览器还支持两个属性 overflow-x 和 overflow-y，分别用于定义水平溢出设置和垂直溢出设置，但不被 Firefox 和 Opera 等浏览器支持，也不被 W3C 的标准认可，应尽量避免使用。

8．扩展规则

【扩展】规则的作用是设置一些不常见的 CSS 规则属性，例如打印时的分页设置以及 CSS 的滤镜等。

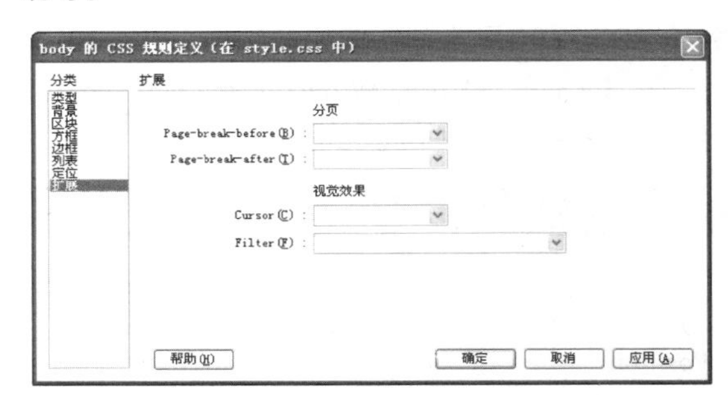

12.8 练习：制作企业介绍页面

练习要点

- 使用 CSS+DIV 布局
- ID 选择器的应用
- 类选择器的应用
- 派生选择器的应用
- 4 种 CSS 伪类选择器的应用
- CSS 中 padding 和 margin 属性

随着互联网的普及和不断发展，很多企业都意识到网络营销的必要性和重要性，纷纷建立企业网站和网络营销体系。企业网站在设计风格上给人感觉简洁，突出重点。本练习将使用 CSS 技术制作一个索丽雅豪华宾馆的介绍页

操作步骤

STEP|01 新建空白文档，在【页面属性】对话框中设置大小、文本颜色、左边距和标题等参数值。

STEP|02 单击【布局】选项卡中的【插入 Div 标签】按钮，在弹出的【Div 标签】对话框中设置 ID 为 container。然后，执行【窗口】|【CSS 样式】命令，打开 CSS 面板。

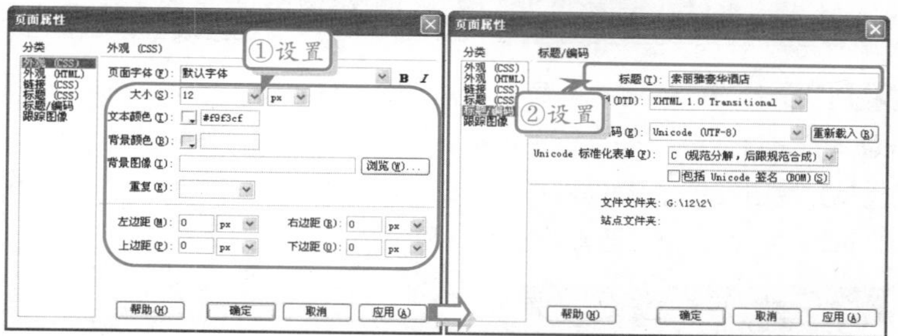

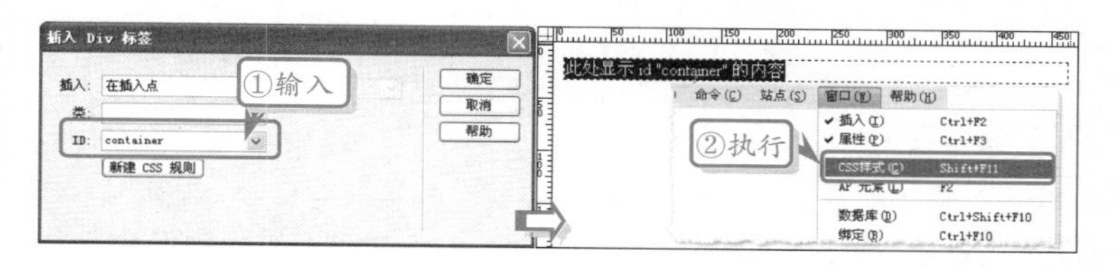

提示

在弹出的【插入 Div 标签】对话框中，单击【新建 CSS 规则】按钮 新建 CSS 规则 ，打开【#container 的 CSS 规则定义】对话框。为该层定义 CSS 样式。

提示

在【CSS 样式】面板中，单击【新建 CSS 规则】按钮 打开【新建 CSS 规则】对话框。

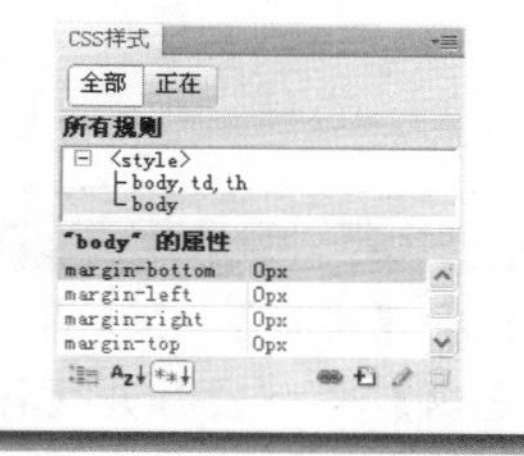

STEP|03 在【CSS 样式】面板中，单击【新建 CSS 规则】按钮，在弹出的【新建 CSS 规则】对话框中设置【选择器名称】为"#countainer"，单击【确定】按钮后，打开【#container 的 CSS 规则定义】对话框，设置参数。

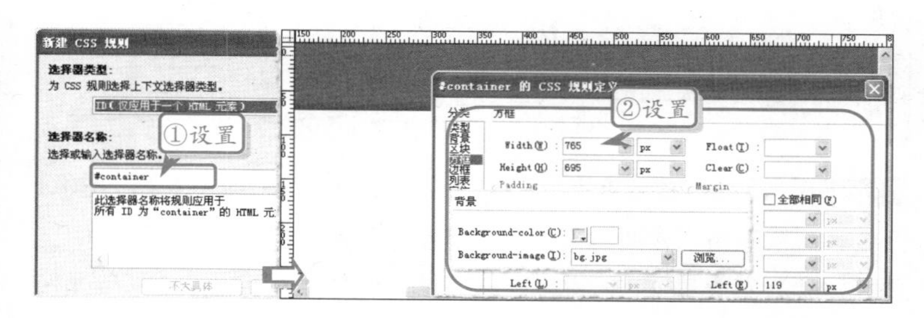

提示

在工具选项栏中单击【代码】，切换至【代码】视图。

STEP|04 使用相同的方法，在 ID 为 container 的层中插入一个 ID 为 top 的层并定义其 CSS 样式。并在该层中输入文本。然后，切换至【代码】视图，将光标放置在"订单管理"前，插入<span></span>标签。

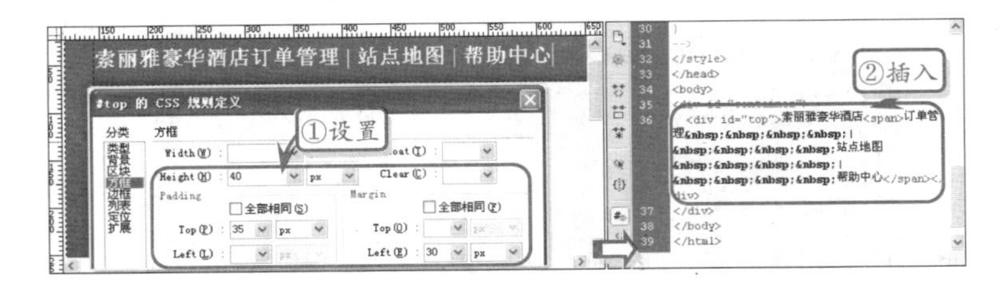

提示

在<a>标签中，title 是 href 的属性，定义当光标停在链接时显示浮动提示。

STEP|05 切换至【设计】视图，打开【#top span 的 CSS 规则定义】对话框，设置。然后，分别为各个文本创建链接。

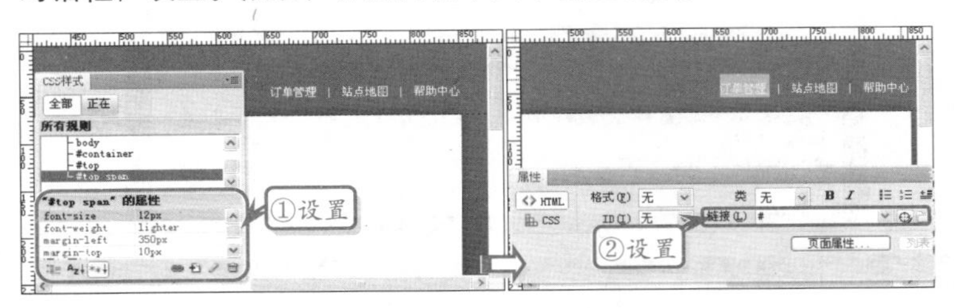

提示

插入表格后，在【属性】面板中，设置参数。

填充(P)	0	对齐(A)	居中对齐
间距(S)	0	边框(B)	0

STEP|06 在【CSS 样式】面板中，分别新建“#top span a:link，#top span a:visited”和“#top span a:hover”CSS 规则并设置参数。切换至【代码】视图，将光标放置在<a>标签中，添加代码“<a title="订单管理" href="#">”，为超链接添加 title 属性。

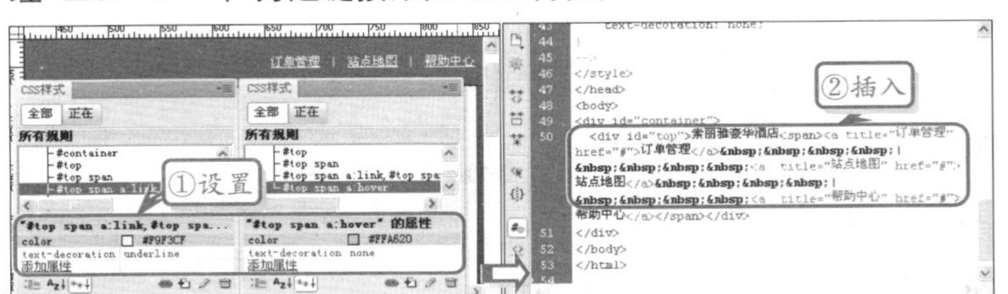

STEP|07 在 ID 为 container 的层中插入一个 ID 为 main 的层并定义其 CSS 样式。将光标放置在 ID 为 main 的层中，插入一个 ID 为 header 的层。然后，在 ID 为 header 的层中插入一个 2 行×3 列的表格。

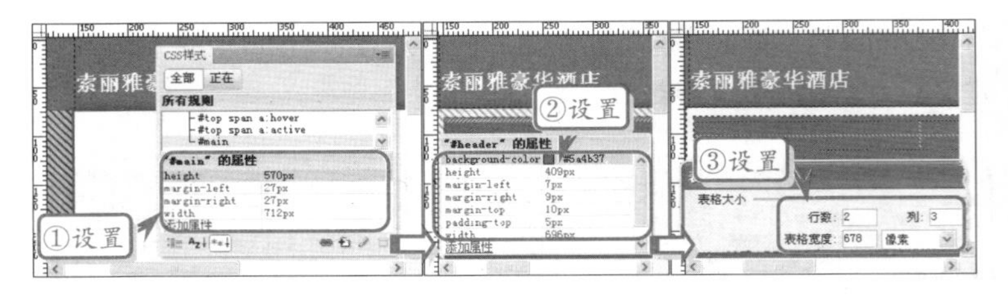

提示

执行【窗口】|【标签检查器】命令，打开【标签检查器】面板，在【常规】选项卡中设置 src 的值。为单元格插入图像。

STEP|08 将光标放置在第 1 行第 1 列单元格，执行【插入】|【图像】命令，为单元格插入图像。并在【属性】面板中，设置该单元格的宽度和对齐方式等属性。使用相同的方法，分别为第 1 行第 2 列单元格和第 1 行第 3 列单元格插入图像。

STEP|09 选择第 2 行单元格，在【属性】面板中，合并第 2 行单元格。然后，插入图像。并在【属性】面板中设置【链接】为“#”和【边框】为 0，为该图像创建链接。使用相同的方法，插入并为其他

导航图像创建链接。

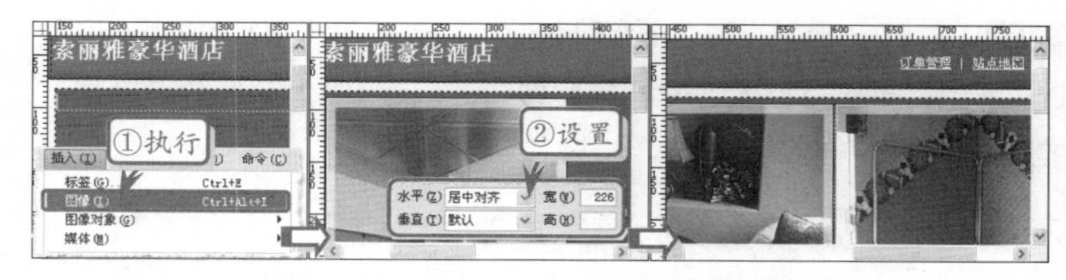

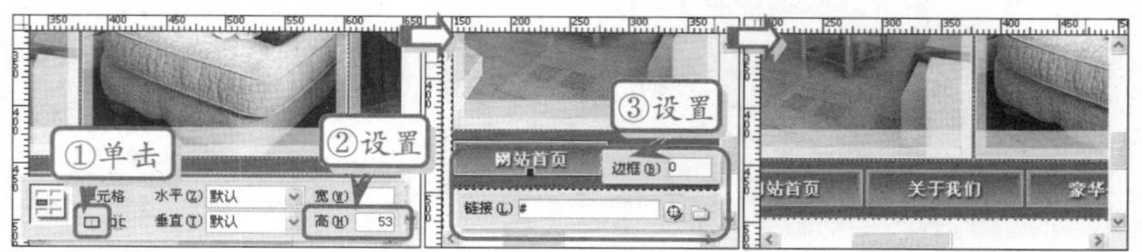

> **提示**
>
> 在【属性】面板中，单击【合并所选单元格，使用跨度】按钮，合并第 2 行单元格。然后设置单元格【高】为 53。

STEP|10 在 ID 为 main 的层中插入一个 ID 为 mainb 的层并定义其 CSS 样式。然后，输入文本并将光标放置在"索丽雅"前并按 Enter 键，文本自动换行。定义段落标签<p>的 CSS 样式。

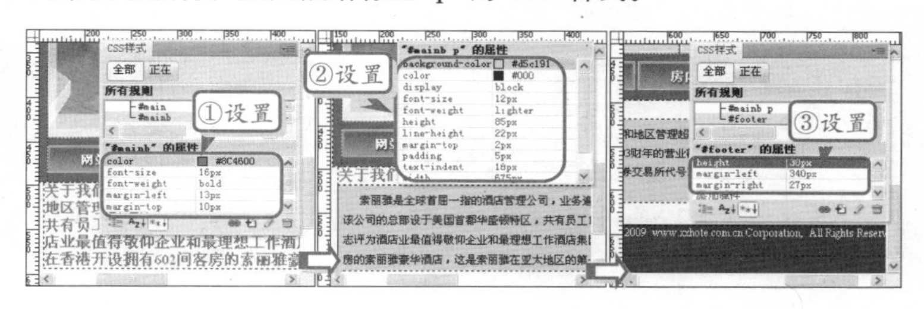

> **提示**
>
> Margin 和 Padding 是内边距和外边距。

Project 12.9 练习：制作多彩时尚网

在网页中文本属性不可能是一成不变的，需要改变文本属性来使网页看的更美观，本练习通过定义文本属性、文本显示方式来制作多彩时尚网页页面。

> **练习要点**
>
> - 定义文本属性
> - 定义文本显示方式

> **提示**
>
> 页面布局代码如下所示。

```
<div id="header">
</div>
<div id="nav">
</div>
<div id="banner">
</div>
<div id="content">
</div>
<div id="footer">
</div>
```

操作步骤

STEP|01 打开素材页面“index.html”，将光标置于 ID 为 leftmain 的 Div 层中，单击【插入 Div 标签】按钮，创建 ID 为 title 的 Div 层，并设置其 CSS 样式属性。

> **提示**
>
> 在 ID 为 leftmain 的 Div 层中的布局代码如下所示。
>
> ```
> 
>   
>   
>   <div class="rows"
>   >
>     <div class=
>     "pic">
>     <div class=
>     "detail">
> 
> ```

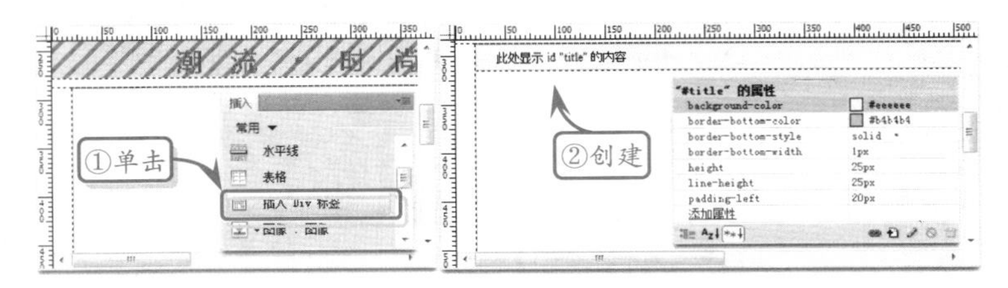

STEP|02 在 ID 为 title 的 Div 层中输入文本，然后再单击【插入 Div 标签】按钮，创建类名称为 rows 的 Div 层，并设置其 CSS 样式属性。然后将光标置于类名称为 rows 的 Div 层中，创建类名称为 pic 的 Div 层，并设置其 CSS 样式属性。

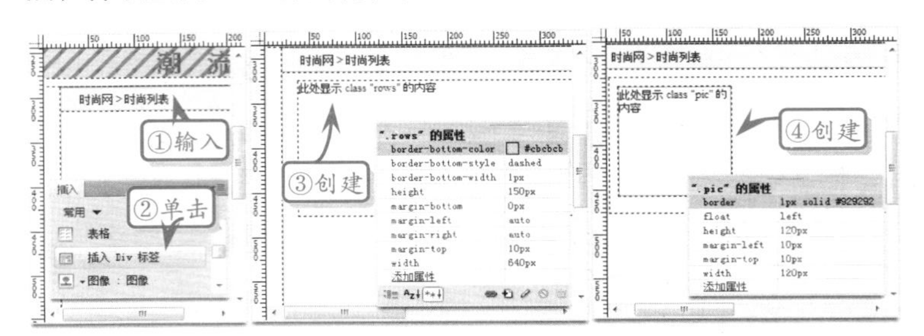

> **提示**
>
> 在 CSS 样式中设置类名称为 rows 的 Div 层的底部边框，可以很好的区分每个版块，从页面效果看起来很整齐。

STEP|03 按照相同的方法，单击【插入 Div 标签】按钮，创建类名称为 detail 的 Div 层，并设置其 CSS 样式属性。然后将光标置于类名称为 pic 的 Div 层中，插入图像“pic1.jpg”。

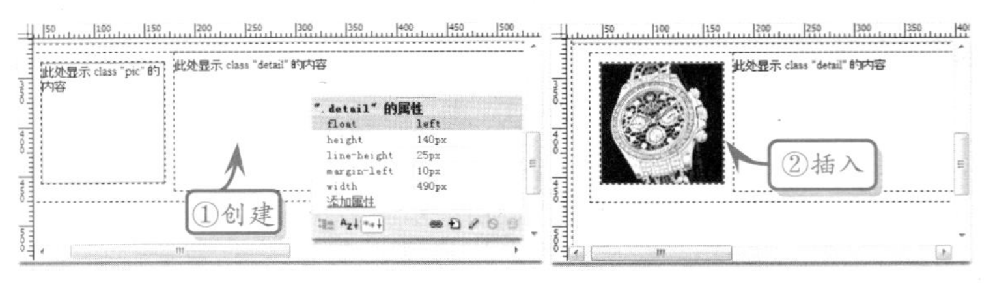

STEP|04 将光标置于类名称为 detail 的 Div 层中，输入文本，然后在【属性】检查器中设置【格式】为“标题 2”。在标签栏选择 h2 标签，然后在 CSS 样式属性中设置文本颜色为“蓝色”（#1092F1）。

> **提示**
>
> 在标签栏选择 h2 标签后，只要是在“#leftmain.rows.detail”层中的 h2 标签都会变为蓝色（#1092F1）。所以只要将选择的文本设置为“标题 2”即可。

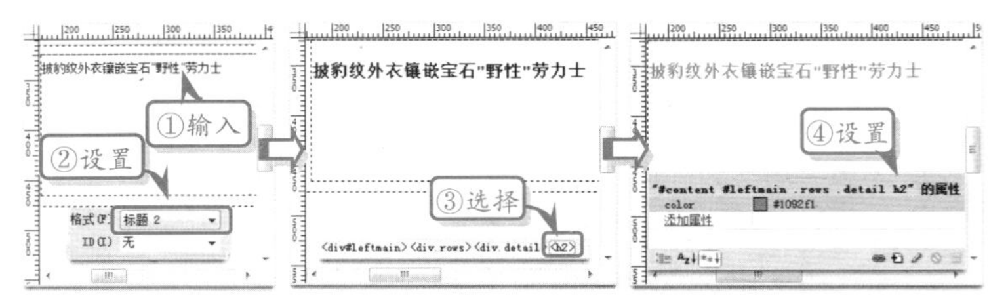

STEP|05 按 Enter 键，然后输入文本。在 CSS 样式属性中分别创建类名称为 font2、font3、font4 样式，然后选择文本，在【属性】检查器中，设置【类】。其中，文本"关键字"设置为 font2；文本"劳力士 经典 金表 宝石"设置为 font3；其他文本设置为 font4。

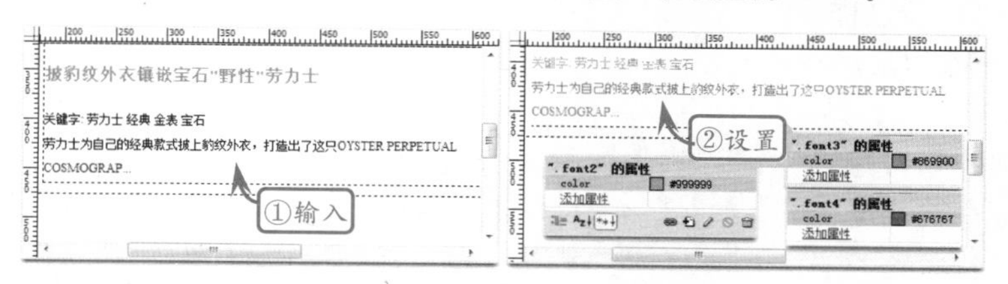

提示

设置文本属性，在这里只是设置文本颜色 color；其中常见的文本属性有文本大小（font-size）、文本粗体：（font-weight）、文本（font-family）、文本样式（font-style）等。

STEP|06 单击【插入 Div 标签】按钮，在弹出的【插入 Div 标签】对话框中，选择【类】的下拉列表中的 rows，单击【确定】按钮。将光标置于该层中，按照相同的方法分别创建类名称为 pic、detail 的 Div 层，然后在 pic 层中插入图像，在 detail 层中输入文本。

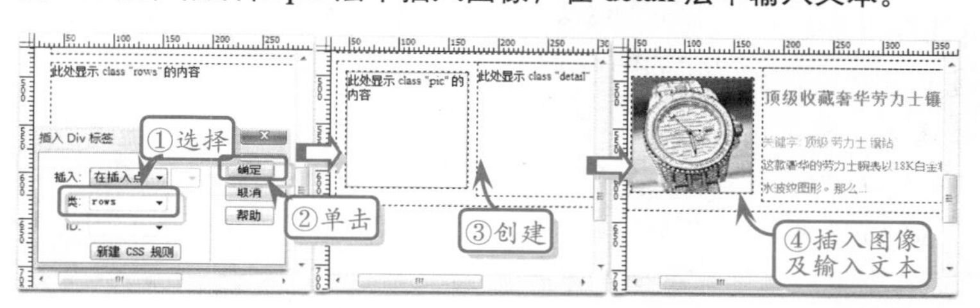

提示

在创建类名称为 pic、detail 的 Div 层时，也是在弹出的【插入 Div 标签】对话框中，选择【类】下拉列表中的 pic、detail。

STEP|07 分别选择"标题 2"的文本，在【属性】检查器中设置【链接】为"javascript:void(null);"，然后在标签栏选择 a 标签，在 CSS 样式属性中设置其 CSS 样式属性。

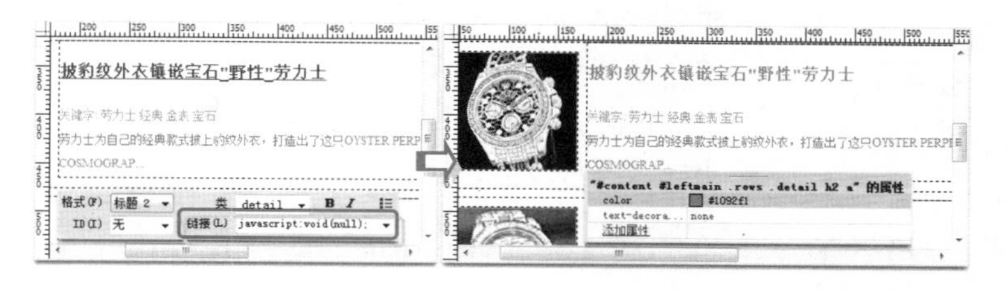

Project 12.10 高手答疑

Q&A

问题 1：如何用最简便的方式制作 1 像素边框的表格？

解答：使用 XHTML 制作 1px 边框表格的方式很多，例如定义高度和宽度，然后在表格中嵌套一个高度和宽度比原表格小 2px 的表格等。

使用 CSS 则可以使问题更加简单。例如，设置整个网页中所有表格均为 1 像素黑色实线边框，可通过 CSS 直接定义边框的样式。

```
table{
  border:1px solid #000;
}
```

Q&A

问题 2：在为网页中超链接设置光标滑过样式后，当链接被单击过一次以后就不再起作用了，如何解决？

解答：原则上，CSS 不允许为网页中的对象重复定义样式。但事实上在 IE 6.0 以下的浏览器中，CSS 代码会被浏览器逐行解析。

当一个网页对象被重复定义时，会自动以最新也就是所在行数较大的代码为准。

在 IE 浏览器中，当解析完成“:visited”伪类选择器的代码后，会将“:visited”代码看作是最新的针对超链接的定义。因此会出现超链接被单击过后无法显示光标滑过的效果。

解决这个问题，最简单的办法就是改变 4 种伪类选择器的排列顺序，将多数人习惯的“:link”、“:hover”、“:visited”和“:active”顺序更改为“:link”、“:visited”、“:hover”和“:active”。

```
a:link{
  color:#fc0;
  text-decoration:none;
}a:visited{
  color:#faa;
  text-decoration:none;
}a:hover{
  color:#f96;
  text-decoration:underline;
}a:active{
  color:#fc0;
  text-decoration:underline;
}
```

Q&A

问题 3：如何定义所有的拉丁字母以小型的大写字母方式显示？

解答：使用 CSS 样式表，用户可以方便地将拉丁字母转换为小型的大写字母，其需要使用到 CSS 的 font-variant 属性。

font-variant 属性的属性值只有两种，即 normal 和 small-caps。其中，normal 属性为默认值，即拉丁字母以普通的模式显示；而 small-caps 属性则可将所有的拉丁字母以小型的大写字母方式显示。

例如，设置某个段落中所有的拉丁字母以小型大写的方式显示，代码如下所示。

```
p { font-variant : small-caps ; }
```

Q&A

问题 4：如何转换文本对象中拉丁字母的大小写？

解答：使用 CSS 的 text-transform 属性，可以方便地转换文本对象中拉丁字母的大小写。

text-transform 属性的属性值主要包括以下几种。

属性值	作　用
none	默认值，不对拉丁字母进行转换
capitalize	将每个单词的第一个字母转换为大写
uppercase	将所有字母转换为大写
lowercase	将所有字母转换为小写

例如，在处理各种英文标题时，可以设置

每一个单词的首字母大写，代码如下所示。

```
h2 { text-transform:capitalize ; }
```

如果需要对标题的文本进行特别强调，则可以将所有的字母转换为大写，代码如下所示。

```
h1 { text-transform : uppercase ; }
```

Q&A

问题 5：如何通过一个图像为超链接按钮添加两种背景？

解答：在很多网站中，超链接按钮的背景图像通常会将光标滑过的背景图像和普通背景图像合并起来。这样，就可以减少用户在打开网页时下载的图片数量。

例如，超链接按钮高度为 22px，宽度为 100px。首先应制作一个合成的背景图像，高度为 44px，宽度为 100px。将普通状态的超链接按钮和光标滑过状态的按钮背景分别放在图像中。然后，即可通过伪类选择器控制 background-position-x 和 background-position-y 属性，修改按钮的背景定位。

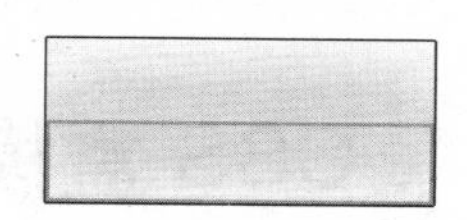

```
a{
background-image:url(1.gif);
}a:hover{
  background-position-y:-22px;}
```

13 Web 2.0布局方式

在标准化的 Web 页设计中，将 XHTML 中所有块状标签和部分可变标签视为网页内容的容器。使用 CSS 样式表，用户可以方便地控制这些容器性标签，为网页的内容布局，定义这些内容的位置、尺寸等布局属性。

在本章节中，主要介绍 CSS 盒模型的结构，以及 CSS 中网页元素布局的 3 种方式，可以使读者能够通过 XHTML 和 CSS 进行简单地网页标准化布局。

13.1 CSS 盒模型

CSS 盒模型是 CSS 布局的基础，它规定了网页元素的显示方式以及元素间的相互关系。

1. CSS 盒模型结构

在 CSS 中，所有网页元素都被看作一个矩形框，或者称为元素框。CSS 盒模型正是描述了这些元素在网页布局中所占的空间和位置。

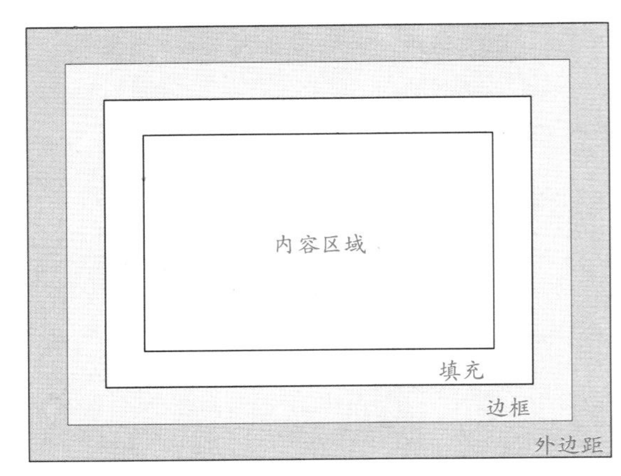

所有网页元素都可以包括 4 个区域：内容区、填充区、边框区和边界区。在 CSS 中，可以增加填充、边框和边界的区域大小，这些不会影响内容区域，即元素的宽度和高度，但会增加元素框的总尺寸。

```
/*定义盒模型*/
#box{
    height:300px;  /*定义元素的高度*/
    width:450px;  /*定义元素的宽度*/
    margin:20px;  /*定义元素的边界*/
    padding:20px;  /*定义元素的填充*/
    border:solid 20px #C60;
                    /*定义元素的边框*/
    background-color:# F0F0F0;
    /*定义元素的背景颜色*/
}
```

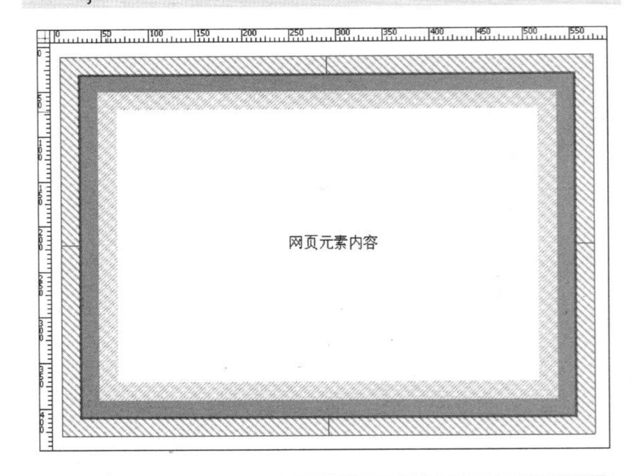

提示

在默认布局下，当元素包含内容后，width 和 height 会自动调整为内容的高度和宽度。

根据 CSS 盒模型规则，可以给出一个简单的盒模型尺寸计算公式。

```
元素的总宽度 = 左边界 + 左边框 + 左填
```

```
充 + 宽 + 右填充 + 右边框 + 右边界
元素的总高度 = 上边界 + 上边框 + 上填
充 + 高 + 下填充 + 下边框 + 下边界
```

2. 边界

在 CSS 中，边界又被称作外补丁，用来定义网页元素的边界。适当地设置边界可以使网页布局条理有序，整体看起来优美得体。

设置网页元素边界的最简单方法是使用 margin 属性，它可以接受任何长度单位（如像素、磅、英寸、厘米、em）、百分比甚至负值。

```
#box{
    margin:1px;   /*定义元素四边边界为 1px*/
    margin:1px 2px;
    /*定义元素上下边界为 1px，左右边界为 2px*/
    margin:1px 2px 3px;
    /*定义元素上边界为 1px，左右边界为 2px，下边界为 3px*/
    margin:1px 2px 3px 4px;
    /*定义元素上边界为 1px，右边界为 2px，下边界为 3px，左边界为 4px*/
}
```

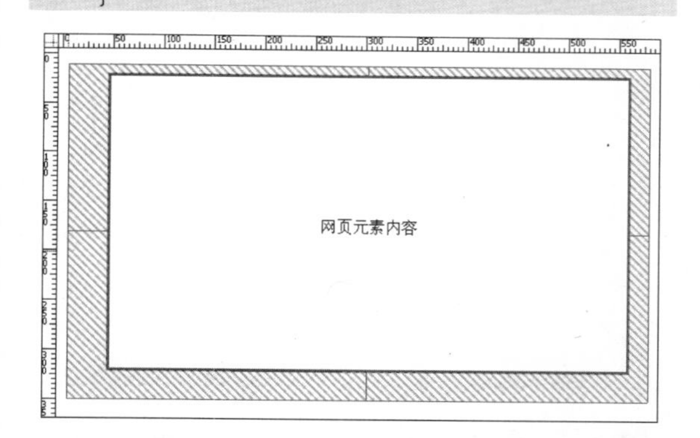

注意

在 IE 5.5 之后的版本，可以将该属性应用于内联元素。但设置该属性后的内联元素高度不包括边界值。

百比分的取值是相对于父元素的宽度来计算的。使用百分比的好处是能够使页面自适应窗口的大小，并能够及时调整边界宽度。

```
#box{
margin:10%;   /*边界为 body 宽度的 10%*/
}
```

提示

margin 的默认值为 0，所以如果没有为 margin 定义一个值，就不会出现边界。

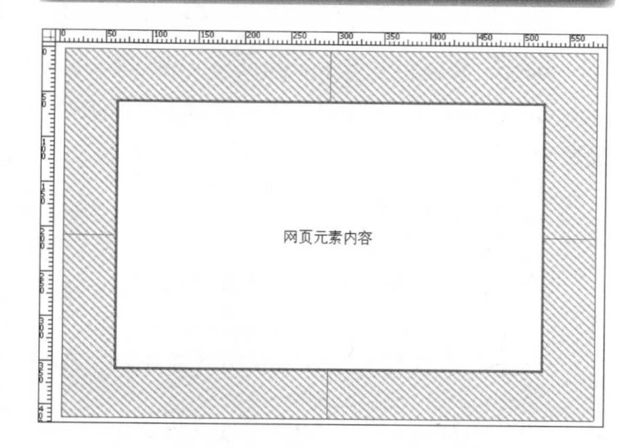

margin 属性的值还可以设置为 auto，表示一个自动计算的值，这个值通常为 0，也可以设置为其他值，这个主要由具体浏览器来确定。

```
#box{
margin:auto;
}
```

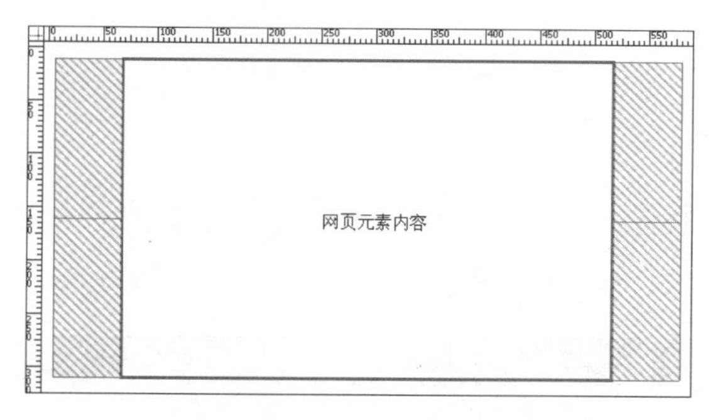

auto 还有一个重要作用就是用来实现网页元素居中对齐。

```
#box{
    margin:10px auto;
        /*网页元素水平居中对齐*/
}
```

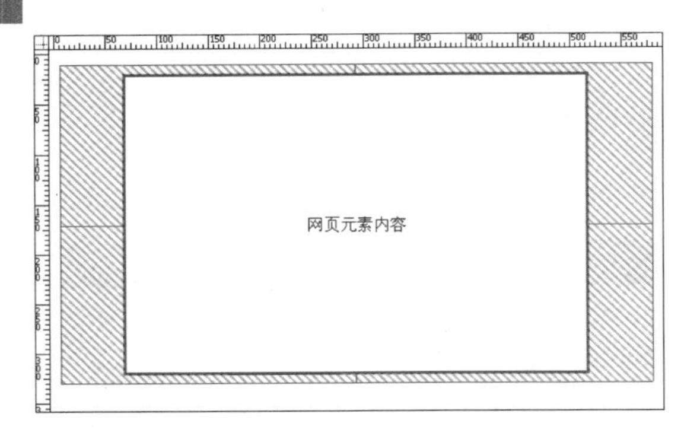

margin 属性包含有 margin-top、margin-right、margin-bottom 和 margin-left 4 个子属性，用来单独设置网页元素上、右、下和左边界的大小。

```
#box{
    margin-top:5px;
    /*定义元素的上边界为 5px*/
    margin-right:5em;
    /*定义元素的右边界为元素字体的 5 倍*/
    margin-bottom:5%;
    /*定义元素的下边界为父元素宽度的 5%*/
    margin-left:auto;
    /*定义元素的左边界为自动*/
}
```

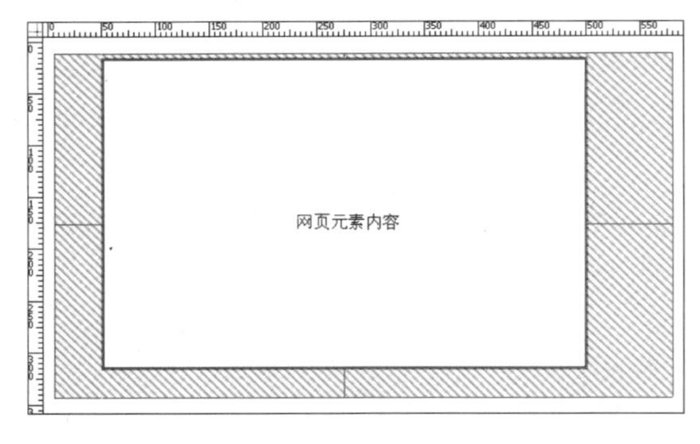

以上 4 个子属性的详细介绍如下表所示。

属性	说明
margin-top	定义网页元素顶部的边界(外补丁)，其属性值可以为 auto（默认值，取浏览器默认值）或由浮点数字和单位组成的长度值以及百分比
margin-left	定义网页元素左侧的边界(外补丁)，其属性值可以为 auto（默认值，取浏览器默认值）或由浮点数字和单位组成的长度值以及百分比
margin-right	定义网页元素右侧的边界(外补丁)，其属性值可以为 auto（默认值，取浏览器默认值）或由浮点数字和单位组成的长度值以及百分比
margin-bottom	定义网页元素底部的边界(外补丁)，其属性值可以为 auto（默认值，取浏览器默认值）或由浮点数字和单位组成的长度值以及百分比

3．边框

网页元素的外边界内就是元素的边框，它就是围绕元素内容和填充的一条或多条线。网页中很多修饰性线条都是由边框来实现的。

设置网页元素边框最简单的方法就是使用 border 属性，该属性允许用户定义网页元素所有边框的样式、宽度和颜色。

```
#box{
    border:solid 30px #F00;
    /*定义边框样式为实线、2px 宽、红色*/
}
```

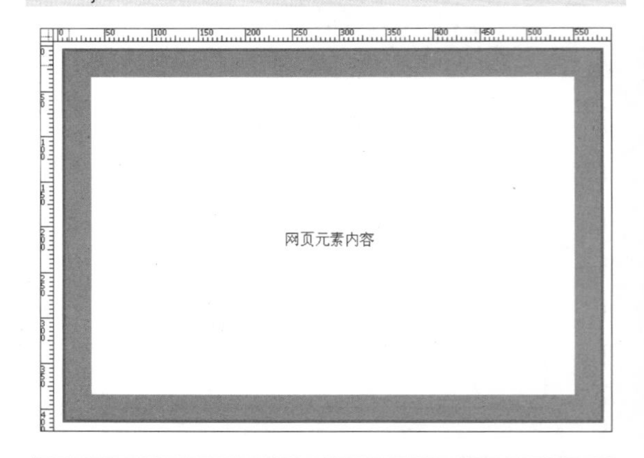

> **提示**
> border 属性同时可以定义边框样式、宽度和颜色，且属性值顺序可以任意排列。

每个网页元素都包含有 4 个方向上的边框：border-top（顶边）、border-right（右边）、border-bottom（底边）和 border-left（左边），可以单独定义以上每一个属性。

```
#box{
    border-top:double 20px #F90;
    /*定义元素上边框的样式、宽度和颜色*/
    border-right:solid 30px #F00;
    /*定义元素右边框的样式、宽度和颜色*/
    border-bottom:double 20px #06F;
    /*定义元素下边框的样式、宽度和颜色*/
    border-left:solid 30px #F00;
    /*定义元素左边框的样式、宽度和颜色*/
}
```

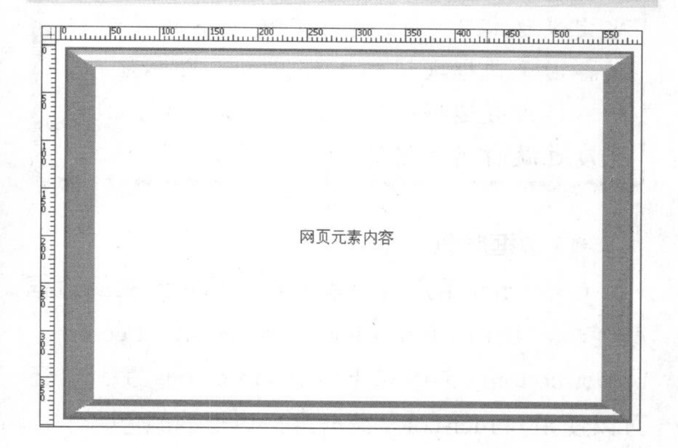

- **边框样式**

CSS 允许用户可以单独定义网页元素的边框样式：border-top-style、border-right-style、border-bottom-style 和 border-left-style。另外，还可以使用 border-style 统一定义边框的样式。

```
#box{
    border-top-style:solid;
    /*定义元素的上边框样式为实线*/
    border-right-style:double;
    /*定义元素的右边框样式为双线*/
    border-bottom-style:solid;
    /*定义元素的下边框样式为实线*/
    border-left-style:double;
    /*定义元素的左边框样式为双线*/
}
或者
#box{border-style:solid double;}
```

提示

为了方便用户观察网页元素的边框样式，将该元素的边框宽度 border-width 设置为 50px。

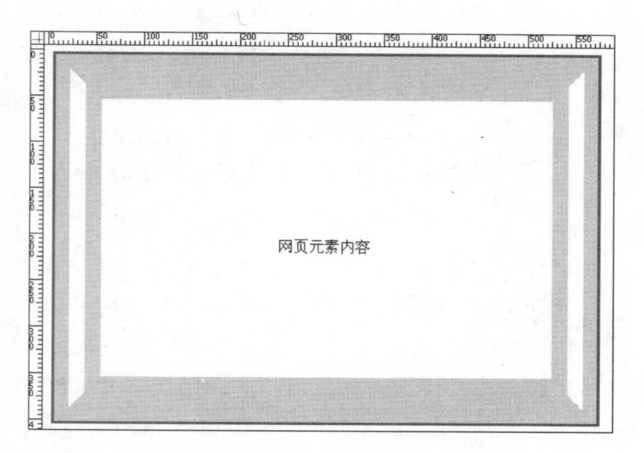

边框样式是边框显示的基础，CSS2 提供了以下几种边框样式。

样式	说　明
none	默认值，无边框，不受任何指定的 border-width 值影响
hidden	隐藏边框，IE 不支持
dotted	定义边框为点线
dashed	定义边框为虚线
solid	定义边框为实线
double	定义边框为双线边框，两条线及其间隔宽度之和等于指定的 border-width 的值
groove	根据边框颜色定义 3D 凹槽
ridge	根据边框颜色定义 3D 凸槽
inset	根据边框颜色定义 3D 凹边
outset	根据边框颜色定义 3D 凸边

提示

要养成先定义边框的样式，然后再定义边框的宽度和颜色的习惯，这可避免因疏忽漏掉样式的设置，而使边框定义失效。

- **边框宽度**

CSS 允许用户可以单独定义网页元素的边框宽度：border-top-width、border-right-width、border-bottom-width 和 border-left-wdith。另外，还可以使用 boder-width 统一定义边框的宽度。

```
#box{
    border-top-width:30px;
    /*定义元素的上边框宽度为30px*/
    border-right-width:50px;
```

```
    /*定义元素的右边框宽度为50px*/
    border-bottom-width:30px;
    /*定义元素的下边框宽度为30px*/
    border-left-width:50px;
    /*定义元素的左边框宽度为50px*/
}
或者
#box{border-width:30px 50px 30px
50px;}
```

除了可以为元素的边框指定具体的宽度值外，还可以使用 thin、medium 和 thick 关键字。这几个关键字没有固定的宽度，它们之间的关系是：thick 比 medium 宽，而 medium 比 thin 宽。

在默认状态下，边框的宽度为 medium（中），这是一个相对宽度，通常为 2~3px。

```
#box{
    border-style:solid;
    /*定义元素边框的样式*/
    border-top-width:thin;
    border-right-width:medium;
    border-bottom-width:thick;
    border-left-width:medium;
}
或者
#box{
    border-style:solid;
    border-width:thin medium thick
    medium;
}
```

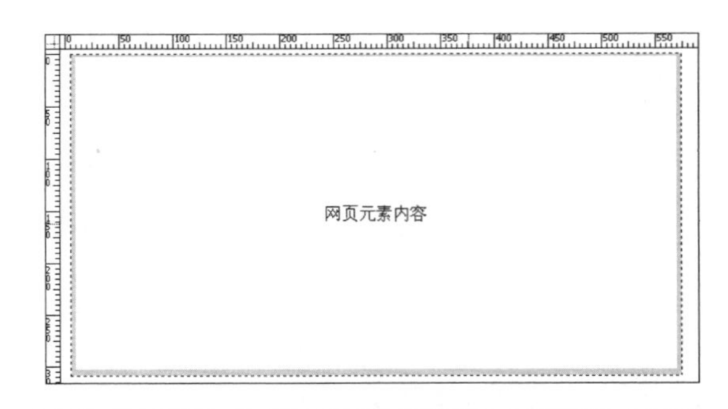

提示

当定义边框时，必须要定义边框的显示样式。由于边框默认样式为 none，即不显示，所以仅设置边框的宽度，而定义样式，边框宽度也就自动被清除为 0。

- **边框颜色**

CSS 允许用户可以单独定义网页元素的边框颜色：border-top-color、border-right-color、border-bottom-color 和 border-left-color。另外，还可以使用 border-color 统一定义边框的颜色。

```
#box{
    border-style:solid;
    border-width:50px;
    /*定义元素边框的样式和宽度*/
    border-top-color:#FF9;
    /*定义元素上边框的颜色为#FF9*/
    border-right-color:#F60;
    /*定义元素右边框的颜色为#F60*/
    border-bottom-color:#C30;
    /*定义元素下边框的颜色为#C30*/
    border-left-color:#336;
    /*定义元素左边框的颜色为#336*/
}
或者
#box{
    border-style:solid;
    border-width:50px;
    border-color:#FF9 #F60 #C30
    #336;
}
```

在定义边框的颜色时，除了可以使用十六进制颜色值外，还可以使用颜色名和 RGB 颜色值。

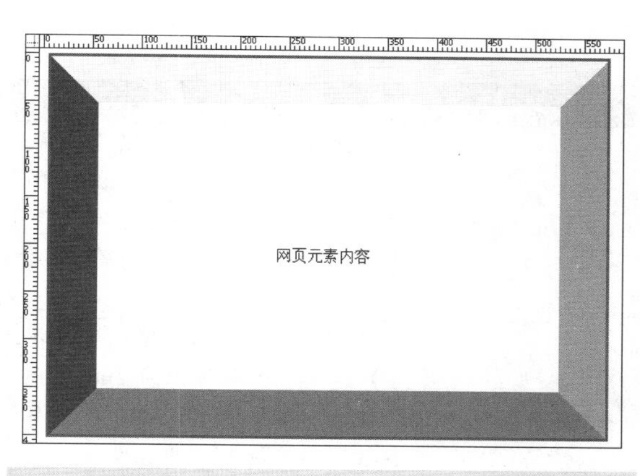


```
#box{
    border-style:solid;
    border-width:50px;
    border-top-color:rgb(255,240,245);
    /*使用 RGB 颜色值定义元素边框颜色*/
    border-right-color:Pink;
    /*使用颜色名定义元素边框颜色*/
    border-bottom-color:rgb(255,105,180);
    /*使用 RGB 颜色值定义元素边框颜色*/
    border-left-color:DeepPink;
    /*使用颜色名定义元素边框颜色*/
}
```

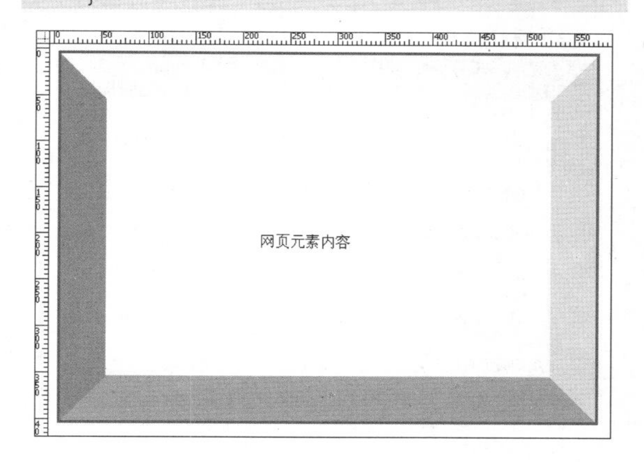

4. 填充

在 CSS 中，填充又被称作内补丁，位于元素边框与内容之间。设置网页元素填充的最简单方法是使用 padding 属性。

```
#box{
    padding:10px;
    /*定义元素四周填充为 10px*/
    padding:10px 20px;
    /*定义元素上下填充为 10px，左右填充为 20px*/
    padding:10px 20px 30px;
    /*定义元素上填充为 10px，左右填充为 20px，下填充为 30px*/
    padding:10px 20px 30px 40px;
    /*定义元素上填充为 10px，右填充为 20px，下填充为 30px，左填充为 40px*/
}
```

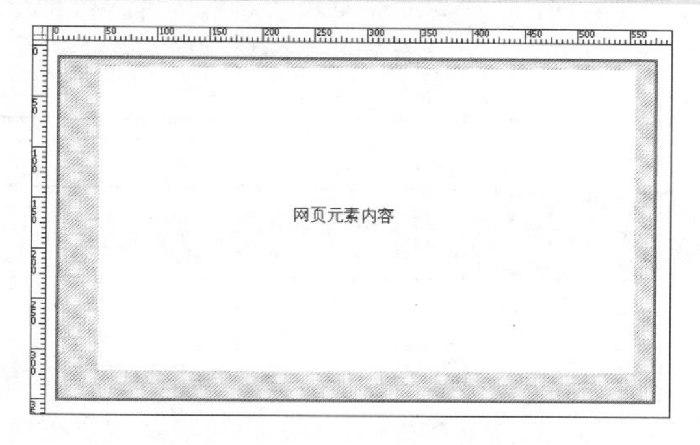

padding 属性包含有 padding-top、padding-right、padding-bottom 和 padding-left 4 个子属性，用来单独设置网页元素上、右、下和左填充的大小。

```
#box{
    padding-top:5px;
    /*定义元素上填充为 5px*/
    padding-right:5em;
    /*定义元素右填充为字体的 5 倍*/
    padding-bottom:5%;
    /*定义元素下填充为父元素宽度的 5%*/
    padding-left:auto;
    /*定义元素左填充为自动*/
}
```

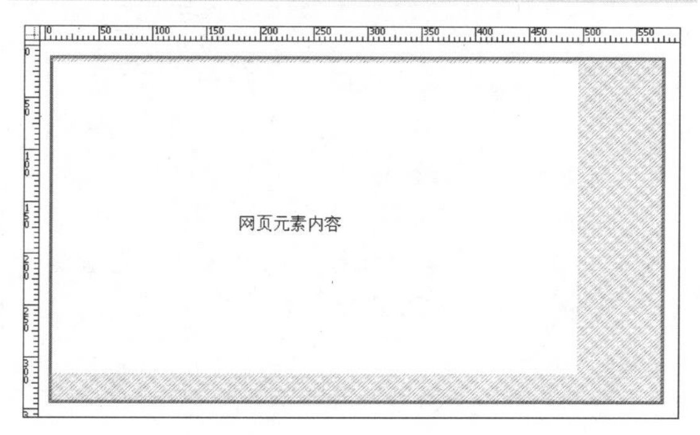

以上4个子属性的详细介绍如下表所示。

属　性	说　明
padding-top	定义网页元素顶部的填充（内补丁），其属性值可以为 auto（默认值，取浏览器默认值）或由浮点数字和单位组成的长度值以及百分比
padding-left	定义网页元素左侧的填充（内补丁），其属性值可以为 auto（默认值，取浏览器默认值）或由浮点数字和单位组成的长度值以及百分比

续表

属　性	说　明
padding-right	定义网页元素右侧的填充（内补丁），其属性值可以为 auto（默认值，取浏览器默认值）或由浮点数字和单位组成的长度值以及百分比
padding-bottom	定义网页元素底部的填充（内补丁），其属性值可以为 auto（默认值，取浏览器默认值）或由浮点数字和单位组成的长度值以及百分比

13.2 流动定位方式

在 Web 标准化布局中，通常包括 3 种基本的布局方式，即流动布局、浮动布局和绝对定位布局。其中，最简单的布局方式就是流动布局。其特点是将网页中各种布局元素按照其在 XHTML 代码中的顺序，以类似水从上到下的流动一样依次显示。

在流动布局的网页中，用户无需设置网页各种布局元素的补白属性，例如，一个典型的 XHTML 网页，其 body 标签中通常头部、导航条、主题内容和版尾等 4 个部分，使用 div 标签建立这 4 个部分所在的层后，代码如下所示。

```
<div id="header"></div>
<!--网页头部的标签。这部分主要包含网页的 logo 和 banner 等内容-->
<div id="navigator"></div>
<!--网页导航的标签。这部分主要包含网页的导航条-->
<div id="content"></div>
<!--网页主题部分的标签。这部分主要包含网页的各种版块栏目-->
<div id="footer"></div>
<!--网页版尾的标签。这部分主要包含尾部导航条和版权信息等内容-->
```

在上面的 XHTML 网页中，用户只需要定义 body 标签的宽度、外补丁，然后即可根据网页的设计，定义各种布局元素的高度，即可实现各种上下布局或上中下布局。例如，定义网页的头部高度为 100px，导航条高度为 30px，主题部分高度为 500px，版尾部分高度为 50px，代码如下所示。

```
body {
  width : 1003px ;
  margin : 0px ;
}//定义网页的 body 标签宽度和补白属性
#header { height : 100px ; }
//定义网页头部的高度
#navigator{ height : 30px; }
//定义网页导航条的高度
#content{ height : 500px; }
//定义网页主题内容部分的高度
#footer{ height : 50px; }
//定义网页版尾部分的高度
```

流动布局的方式特点是结构简单，兼容性好，所有的网页浏览器对流动布局方式的支持都是相同的，不需要用户单独为某个浏览器编写样式。然而，其无法实现左右分栏的样式，因此只能制作上下布局或上中下布局，具有一定的应用局限性。

13.3 绝对定位方式

绝对定位布局的原理是为每一个网页标签进行定义，精确地设置标签在页面中的具体位置和层叠次序。

1. 设置精确位置

设置网页标签的精确位置，可使用 CSS 样式表的 position 属性先定义标签的性质。

position 属性的作用是定义网页标签的定位方式，其属性值为 4 种关键字，如下表所示。

属性值	作　用
static	默认值，无特殊定位，遵循网页布局标签原本的定位方式
absolute	绝对定位方式，定义网页布局标签按照 left、top、bottom 和 right 等 4 种属性定位
relative	定义网页布局标签按照 left、top、bottom 和 right 等 4 种属性定位，但不允许发生层叠，即忽视 z-index 属性设置
fixed	修改的绝对定位方式，其定位方式与 absolute 类似，但需要遵循一些规范，例如，position 属性的定位是相对于 body 标签的，fixed 属性的定位则是相对于 html 标签的

将网页布局标签的 position 属性值设置为 relative 后，可以通过设置左侧、顶部、底部和右侧等 4 种 CSS 属性，定义网页布局标签在网页中的偏移方式。其结果与通过 margin 属性定义网页布局标签的补白类似，都可以实现网页布局的相对定位。

将网页布局标签的 position 属性定义为 absolute 之后，会将其从网页当前的流动布局或浮动布局中脱离出来。此时，用户必须最少通过定义其左侧、上方、右侧和下方等 4 种针对 body 标签的距离属性中的一种，来实现其定位。否则 position 的属性值将不起作用。（通常需要定义顶部和左侧等两种。）例如，定义网页布局标签距离网页顶部为 100px，左侧为 30px，代码如下所示。

```
position : absolute ;
top : 100ox ;
left : 30px ;
```

position 属性的 fixed 属性值是一种特殊的属性值。在通常网页设计过程中，绝大多数的网页布局标签定位（包括绝对定位）都是针对网页中的 body 标签的。而 fixed 属性值所定义的网页布局标签则是针对 html 标签的，因此可以设置网页标签在页面中漂浮。

> **注意**
>
> 在绝大多数主流浏览器中，都支持 position、left、top、right、bottom 和 z-index 等 6 种属性。但是在 Internet Explorer 6.0 及其以下版本的 Internet Explorer 浏览器中，不支持 position 属性的 fixed 属性值。

2. 设置层叠次序

使用 CSS 样式表，除了可以精确地设置网页标签的位置外，还可以设置网页标签的层叠顺序。其需要先通过 CSS 样式表的 position 属性定义网页标签的绝对定位，然后再使用 CSS 样式表的 z-index 属性。

在重叠后，将按照用户定义的 z-index 属性决定层叠位置，或自动按照其代码在网页中出现的顺序依次层叠显示。z-index 属性的值为 0 或任意正整数，无单位。z-index 的值越大，则网页布局标签的层叠顺序越高。例如，两个 id 分别为 div1 和 div2 的层，其中 div1 覆盖在 div2 上方，则代码如下所示。

```
#div1 {
  position : absolute ;
  z-index : 2 ;
}
#div2 {
  position : absolute ;
  z-index : 1 ;
}
```

3．布局可视化

布局可视化是指通过 CSS 样式表，定义各种布局标签在网页中的显示情况。在 CSS 样式表中，允许用户使用 visibility 属性，定义网页布局标签的可视化性能。该属性有 4 种关键字属性值可用，如下表所示。

属性值	作　用
visible	默认值，定义网页布局标签可见
hidden	定义网页布局标签隐藏
collapse	定义表格的行或列隐藏，但可被脚本程序调用
inherit	从父网页布局标签中继承可视化方式

在 visibility 属性中，用户可以方便地通过 visible 和 hidden 等两种属性值切换网页布局标签的可视化性能，使其显示或隐藏。

visibility 属性与 display 属性中的设置有一定的区别。在设置 display 属性的值为 none 之后，被隐藏的网页布局标签往往不会在网页中再占据相应的空间。而通过 visibility 属性定义 hidden 的网页布局标签则通常会保留其占据的空间，除非将其设置为绝对定位。

注意

在绝大多数主流浏览器中，都支持 visibility 属性。然而，所有版本的 Internet Explorer 浏览器都不支持其 collapse 属性和 inherit 属性。在 FireFox 等非 Internet Explorer 浏览器中，visibility 属性的默认属性值是 inherit。

4．布局剪切

在 CSS 样式表中，还提供了一种可剪切绝对定位布局标签的工具，可以将用户定义的矩形作为布局标签的显示区域，将所有位于显示区域外的部分都将被剪切掉，使其无法在网页中显示。

在剪切绝对定位的布局标签时，需要使用到 CSS 样式表的 clip 属性，其属性值包括 3 种，即矩形、关键字 auto 以及关键字 inherit。

auto 属性值是 clip 属性的默认关键字属性，其作用为不对网页布局标签进行任何剪切操作，或剪切的矩形与网页布局标签的大小和位置相同。

矩形属性值与颜色、URL 类似，都是一种特殊的属性值对象。

在定义矩形属性值时，需要为其使用 rect()方法，同时将矩形与网页的四条边之间的距离作为参数，填写到 rect()方法中。例如，定义一个距离网页左侧 20px，顶部 45px，右侧 30px，底部 26px 的矩形，代码如下所示。

```
rect(20px 45px 30px 26px)
```

用户可以方便地将上面代码的矩形应用到 clip 属性中，以对绝对定位的网页布局标签进行剪切操作，代码如下所示。

```
position : absolute ;
clip : rect(20px 45px 30px 26px) ;
```

注意

clip 属性只能应用于绝对定位的网页布局元素中。所有主流的网页浏览器都支持 clip 属性。但是任何版本的 Internet Explorer 浏览器均不支持其 inherit 属性值。

13.4 浮动定位方式

任何元素在默认情况下是不能够浮动的，但都可以用 CSS 定义为浮动，如 div、list、p、table 以及 img 等元素。

通过 CSS 的 float 属性可以定义元素向左、向右浮动或取消浮动，其值可以为 inherit、left（左浮动）、right（右浮动）和 none（取消浮动）。

```
div{
    float:left;  /*定义元素向左浮动*/
    float:right;  /*定义元素向右浮动*/
```

```
        float:none;   /*取消元素浮动*/
    }
```

任何定义为 float 的元素都会自动被设置为一个块状元素显示，相当于被定义了 display:block; 声明。这样就可以为浮动元素定义 width 和 height 属性，即使是内联显示元素。

```
span{
    width:400px;
    height:150px;
    border:solid 2px #C60;
    /*定义 span 元素的宽度、高度和边框样式*/
}
#float{
    float:right;
    /*定义第 2 个内联元素 span 浮动显示*/
}
```

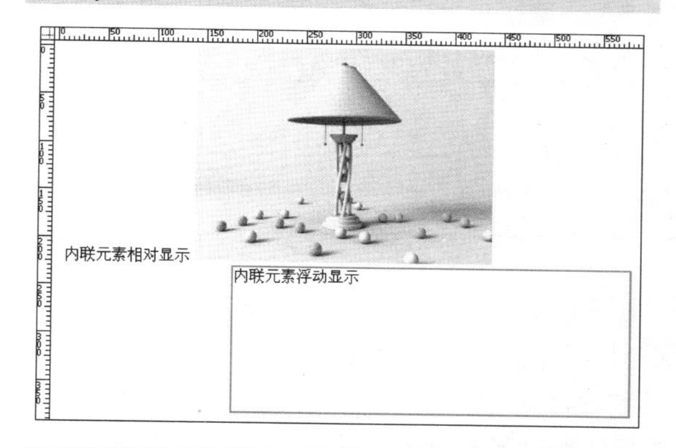

> **提示**
>
> 当第 2 个 span 元素被定义为浮动之后，该元素自动以块状显示，因此为 span 元素定义的高度属性值有效。而第 1 个元素由于是内联元素且没有浮动显示，所以定义的宽和高无效。

与普通元素一样，浮动元素始终位于包含元素内，不会游离于外，或破坏元素包含关系。例如，在上面示例的基础上再添加一个包含元素 div，这样第 2 个 span 元素将会靠近包含元素 div 的右边框浮动，而不再是 body 元素的右边框。

```
CSS 样式代码:
#contain{
    width:520px;
    height:380px;
    padding:20px;
        /*定义元素的填充为 20px*/
    border:double 4px #999;
}
XHTML 结构代码:
<div id="contain">
    <span id="inline">内联元素相对显示
        <img src="bg.jpg" alt="流动的图像" />
    </span>
    <span id="float">内联元素浮动显示</span>
</div>
```

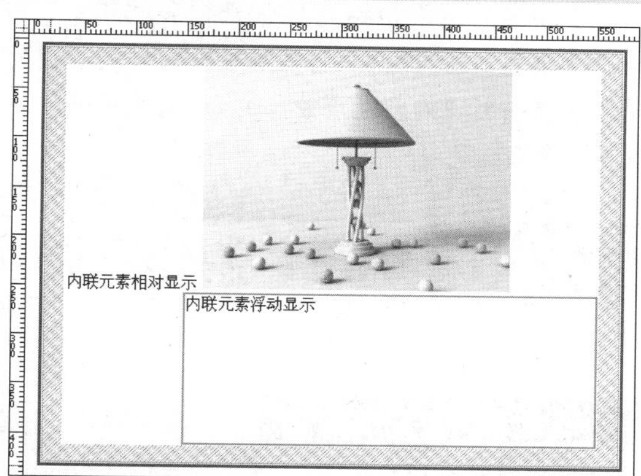

虽然浮动元素能够随文档流动，但浮动定位与相对定位依然存在本质区别。浮动元素后面的块状元素与内联元素都能够以流的形式环绕浮动元素左右，甚至与上面的文本流连成一体。

```
CSS 样式代码:
span {
    width:500px;
    height:150px;
    border:solid 2px #C60;
}
#float {
    float:left;
        /*定义元素向左浮动显示*/
    background-color:#6C9
```

```
}
XHTML 结构代码:
浮动元素不会强迫前面的文本流或内联元素环绕其周围流动。
<span id="inline">内联元素相对显示
    <img src="bg.jpg" alt="流动的图像" />
</span>
<span id="float">内联元素浮动显示
</span>
<span id="inline2">内联元素相对显示
    <img src="bg.jpg" alt="流动的图像" />
</span>
浮动元素不会强迫前面的文本流或内联元素环绕其周围流动。
```

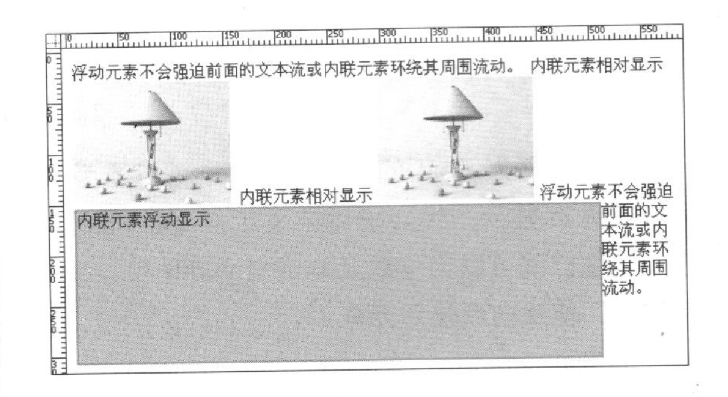

浮动的自由性也给布局带来很多问题，CSS 为此增加了 clear 属性，它能够在一定程度上控制浮动布局中出现的混乱现象。clear 属性可设置为以下 4 个值。

值	说　明
left	清除左边的浮动对象，如果左边存在浮动对象，则当前元素会在浮动对象底下显示
right	清除右边的浮动对象，如果右边存在浮动对象，则当前元素会在浮动对象底下显示
both	清除左右两边的浮动对象，不管哪边存在浮动对象，当前元素都会在浮动对象底下显示
none	默认值，允许两边都可以有浮动对象，当前浮动元素不会换行显示

13.5 练习：制作家居网页

练习要点

- CSS 浮动定位
- CSS 绝对定位
- 无序列表 ul li 标签的应用
- CSS float 属性的应用

网页的色调与布局是决定网站美观的主要因素。在互联网上，家居网站一般都以暖色调为主色调布局网页，在视觉上给人温暖、舒适和自然的感觉。本练习将使用绝对和浮动定位一个以棕黄色为主色调的家居网页。

操作步骤

STEP|01 新建空白文档，在【属性】面板中打开【页面属性】对话框，在各个选项卡中设置字体大小、文本颜色、背景颜色和标题等参数。

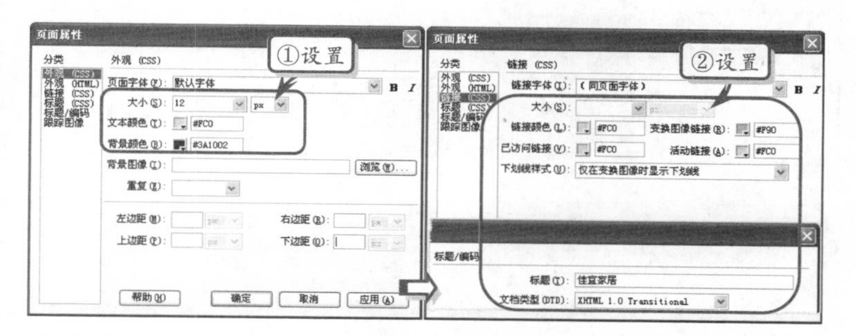

> **提示**
>
> 在【CSS 样式】面板中，单击【新建 CSS 规则】按钮，弹出【新建 CSS】对话框，单击【确定】按钮后，打开【#container 的 CSS 规则定义】对话框。

STEP|02 单击【布局】选项卡中的【插入 Div 标签】按钮，在弹出的【Div 标签】对话框中，设置 ID 为 container。然后，在【CSS 样式】面板中，打开【#container 的 CSS 规则定义】对话框，并设置边框和定位参数。

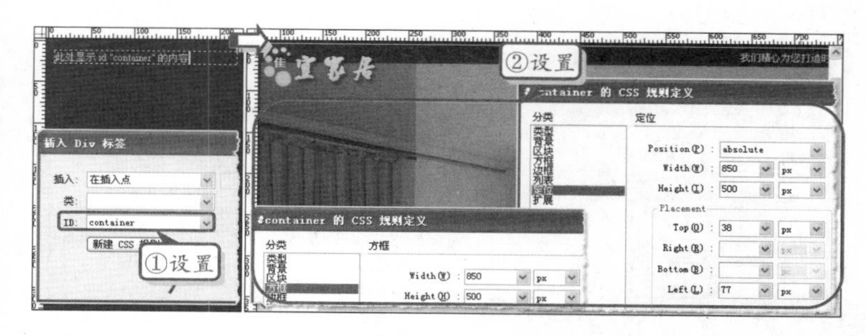

> **提示**
>
> 在【背景】选项卡中设置背景图像。
>
> 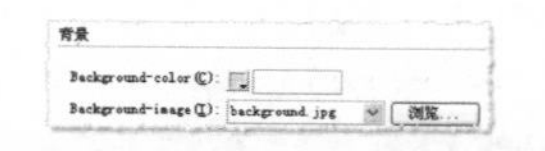

STEP|03 在 ID 为 container 的层中，执行【插入】|【布局对象】|AP Div 命令，在【属性】面板中更改其【CSS-P 元素】为 nav 并编辑其 CSS 规则。然后，在【属性】面板中，单击【项目列表】按钮，在 ID 为 nav 的层中插入一个项目列表，并设置其列表的 CSS 样式。

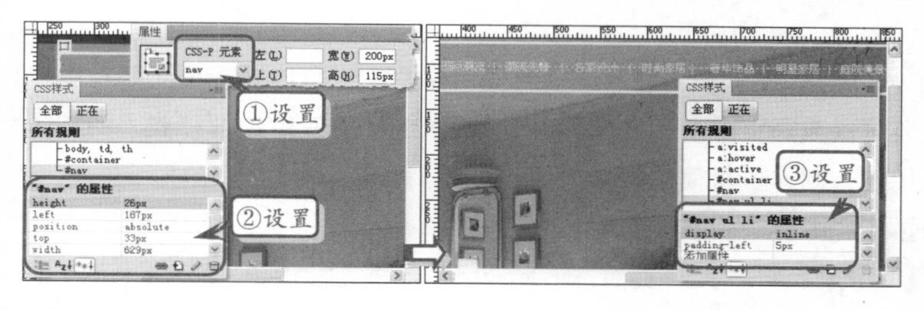

> **提示**
>
> 编辑 nav 层 CSS 规则的具体操作为打开【CSS 样式】面板，单击使“#nav”处于被选中状态。并在“#nav”的属性中设置参数。

STEP|04 使用相同的方法，在 ID 为 container 的层中插入一个 AP Div，修改 ID 为 main 并定义其 CSS 样式。然后，在该层中插入一个项目列表并定义其 CSS 样式。

STEP|05 使用相同的方法，分别在 ID 为 container 的层中插入一个 AP Div，修改 ID 为 mrtit 并定义其 CSS 样式。再插入一个 AP Div，

> **提示**
>
> 将光标放置在“风格分类”前，在【属性】面板中选择【格式】为“标题 5”。

修改 ID 为 mianright 并定义其 CSS 样式。然后，单击【属性】面板中的【项目列表】按钮，在该层插入一个图像的列表。

提示

在【CSS 样式】面板中，选择“#mrtit”，然后单击【编辑样式】按钮，打开【#mrtit 的 CSS 规则定义】对话框，编辑属性。

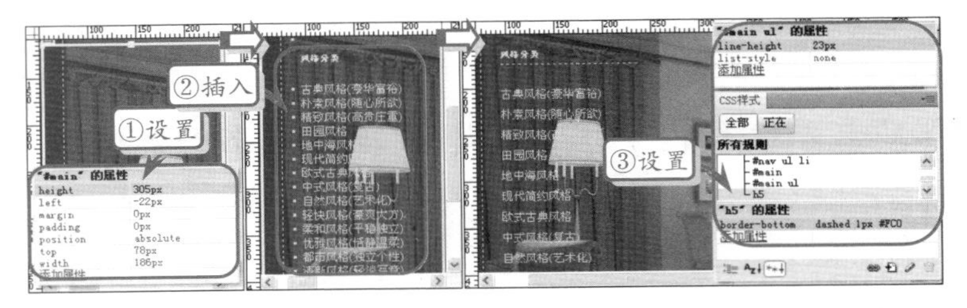

提示

在【CSS 样式】面板中，“#footer”的属性中position 为 absolute，ID 为 footer 的层布局方式为绝对定位。

STEP|06 分别新建“#mainright ul”和“#mainright ul”规则，定义项目列表的 CSS 样式。然后，在 ID 为 container 的层中继续插入一个 AP Div，修改 ID 为 footer，定义其 CSS 样式并输入文本。

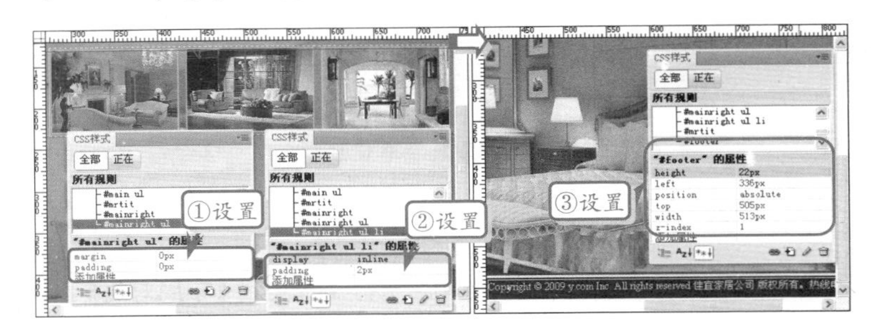

Project 13.6 练习：制作商品列表

练习要点

- 定义容器大小和位置
- 定义容器边框样式
- 定义列表样式

使用 CSS 样式表的浮动布局，用户不仅可以实现页面的布局，还可以为网页中各种块状标签定位。本例就将使用 CSS 样式表的 float 标签，制作一个简单的页面显示各种商品。

操作步骤

STEP|01 打开素材页面“index.html”，将光标置于 ID 为 content 的 Div 层中，单击【插入】面板【常用】选项中的【插入 Div 标签】按钮，分别创建 ID 为 leftmain、rightmain 的 Div 层，并设置其 CSS 样式属性。

STEP|02 将光标置于 ID 为 leftmain 的 Div 层中，单击【插入 Div 标签】按钮，分别创建 ID 为 menutTitle、menu 的 Div 层，并设置其

CSS 样式属性。然后将光标置于 ID 为 menu 的 Div 层中，输入文本“礼品袋”。

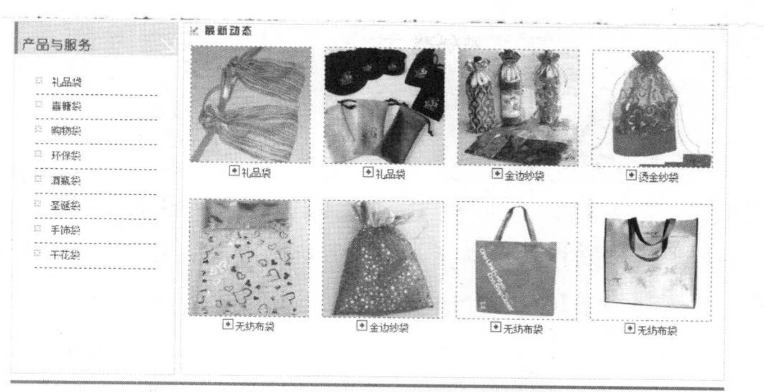

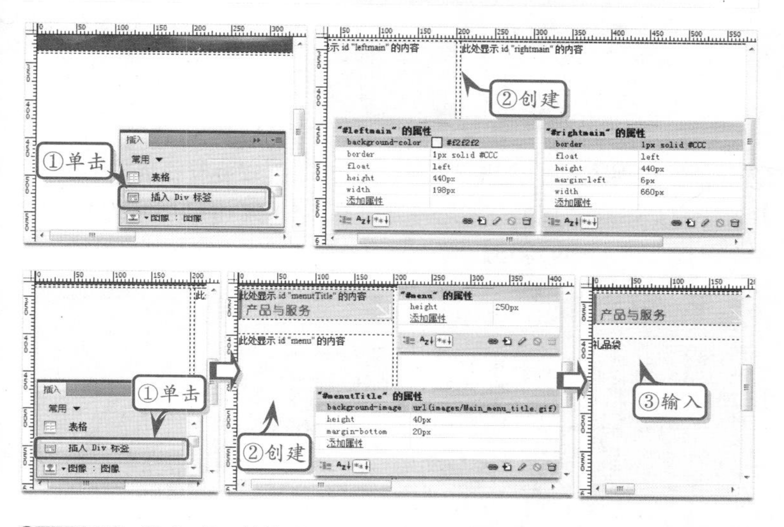

STEP|03 单击【属性】检查器中【项目列表】按钮，出现项目列表符号，按 Enter 键，出现下一个项目列表符号，在项目列表符号后再输入文本，依次类推。

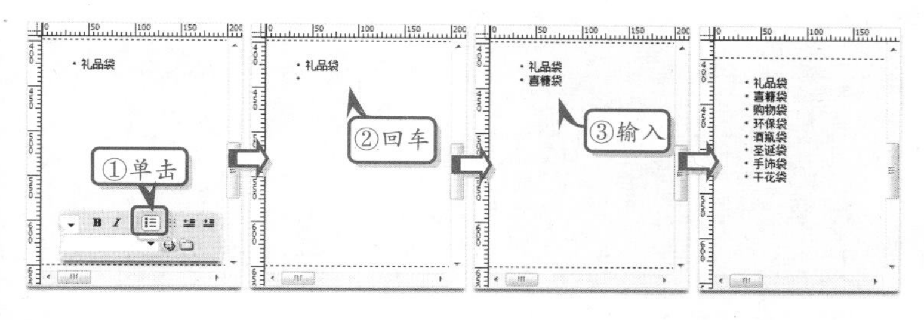

STEP|04 在标签栏选择 ul 标签，并设置其 CSS 样式属性，然后按照相同的方法在标签栏再选择 li 标签，并设置其 CSS 样式，然后，将光标置于文本“礼品袋”之前。

提示

页面代码布局如下所示。

```
<div id="header">
</div>
<div id="nav">
</div>
<div id="banner">
</div>
<div id="content">
</div>
<div id="footer">
</div>
```

提示

在 ID 为 content 的 Div 层中的布局代码如下所示。

```
<div id="leftmain">
  <div id="menut-
  Title"></div>
  <div id="menu">
  </div>
</div>
<div id="rightmain">
  <div id="news-
  Title"></div>
  <div class="rows">
    <div class=
    "pic"></div>
    <div class=
    "picText"></div>
  </div>
</div>
```

提示

在创建的 ID 为 leftmain、rightmain 的 Div 层的 CSS 样式中分别定义了容器的大小和位置及边框样式。

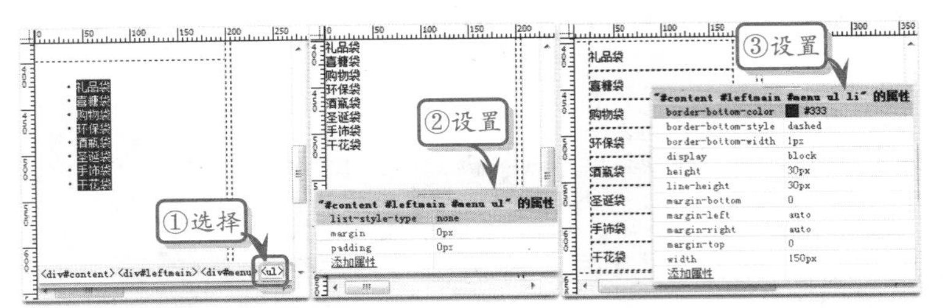

提示

在 ID 为 menuTitle 的 Div 层中，既可以将图像设置为背景图像，也可以将图像作为插入图像。作为背景图像那么将该层中上的文本删除。

STEP|05 单击【插入】面板【图像】按钮，插入图像“ico.gif”；按照相同的方法依次在文本前插入图像，然后选择文本，在【属性】检查器中设置【链接】为“javascript:void(null);”。

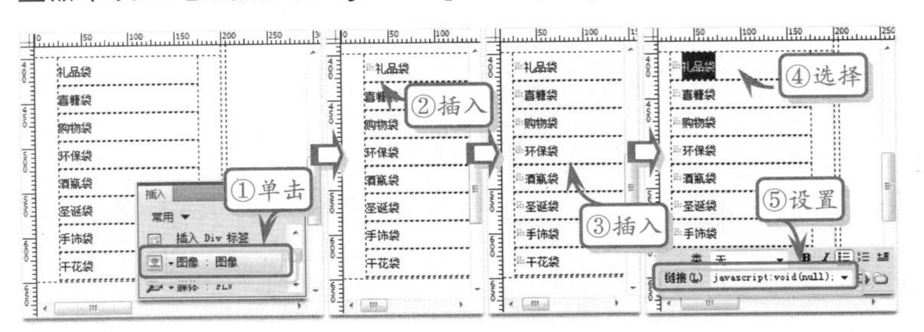

提示

在 CSS 样式中定义了 li 标签的位置和大小及边框样式。其中，只设置了底部边框样式代码如下所示。

```
border-bottom-width: 1px;
border-bottom-style: dashed;
border-bottom-color: #333;
```

STEP|06 按照相同的方法设置其他文本链接；在标签栏选择 a 标签，并设置其 CSS 样式属性。然后将光标置于 ID 为 rightmain 的 Div 层中，单击【插入 Div 标签】按钮。

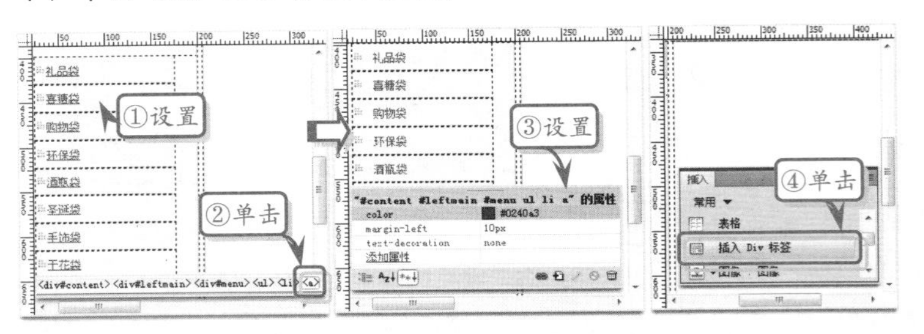

提示

在 ID 为 menu 的 Div 层中，可以先插图像，后输入文本。只要将图像和文本同时放在一个 li 标签之间即可。

STEP|07 创建 ID 为 newsTitle 的 Div 层，并设置其 CSS 样式，将光标置于该层中，插入图像“Main_news_top.gif”。在该层下方，创建类名称为 rows 的 Div，并设置其 CSS 样式属性。

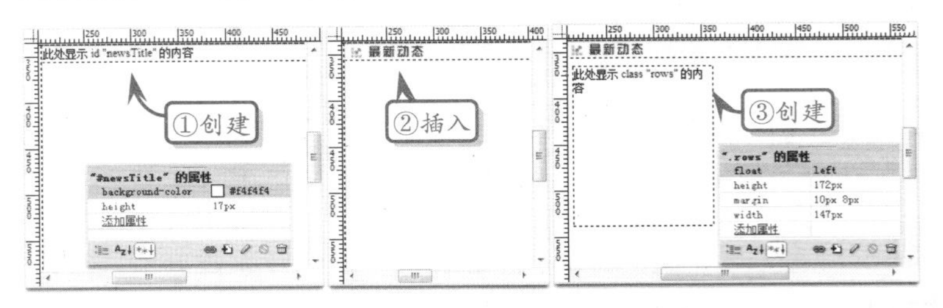

提示

在 CSS 样式中设置 a 标签的左边距为了使图像和文本之间有空格。代码如下所示。

```
margin-left: 10px;
```

STEP|08 将光标置于类名称为 rows 的 Div 层中，分别创建类名称为 pic、picText 的 Div 层，并设置其 CSS 样式属性，将光标置于 pic 层中，插入图像“pic1.jpg”；在层为 picText 的 Div 层中插入图像及输入文本。

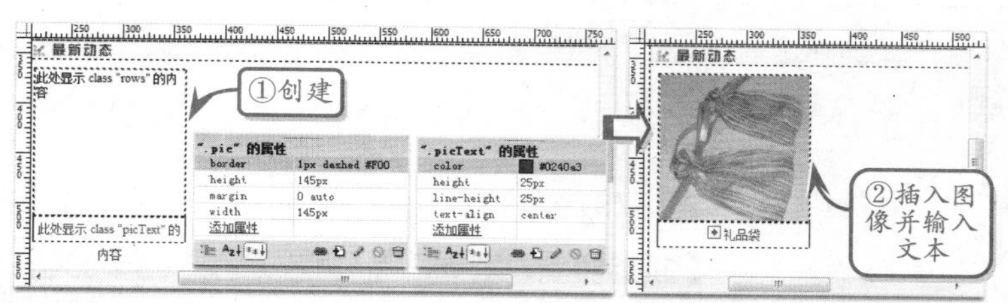

STEP|09 单击【插入 Div 标签】按钮，在弹出的【插入 Div 标签】对话框中选择【类】为 rows 的 Div 层，按照相同的方法在层中嵌套类名称为 pic、picText 的 Div 层，在相应的 Div 层中插入图像及输入文本。

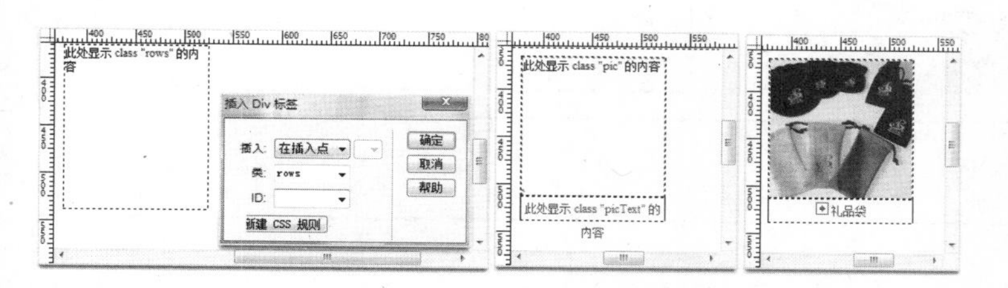

STEP|10 按照相同的方法创建其他 Div 层，然后，在相应的 Div 层中插入图像及输入文本，即可完成商品列表的制作。

> **提示**
>
> 在 CSS 样式中设置类名称为 rows 的 Div 层上边距和下边距为 10px；左边距和右边距为 8px 简写代码如下所示。
>
> ```
> margin:10px 8px;
> ```
>
> 定义类名称为 pic 的 Div 层的边框样式代码如下所示。
>
> ```
> border:1px dashed #F00;
> ```

> **提示**
>
> 在 ID 为 rightmain 的 Div 层中一共创建类名称为 rows 的 Div 层有 8 个，基本设置是一样的，只需更换图像和文本即可。

13.7 高手答疑

Q&A

问题 1：在 Internet Explorer 6.0 浏览器预览浮动元素时，浮向一边的边界实际显示为指定边界的 2 倍，应该如何解决这个问题？

解答：Internet Explorer 6.0 浏览器会自动为浮动的、块状显示的网页标签增加一倍的左侧补白。

为了解决 Internet Explorer 6.0 的边界显示错误，可以设置浮动元素的 display 属性值为 inline，将其转换为内联元素，这样就能够避免补白加倍显示的问题，代码如下所示。

CSS 样式表代码：

```
#contain {
  width : 570px ;
```

```
    height : 300px ;
    border : solid 2px #FF3300 ;
  }
  #sub {
    width : 200px ;
    height : 200px ;
    border : solid 20px #669900 ;
    float : left ;
    margin-left : 20px ;
    display:inline ;
    /*将浮动元素转换为内联元素*/
  }
```

XHTML 标签代码：

```
<div id="contain">
  <div id="sub">子元素</div>
</div>
```

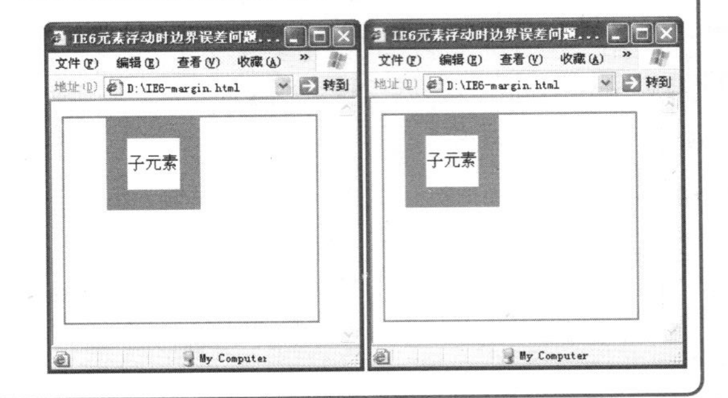

Q&A

问题 2：目前常见的网页浏览器代码解析引擎，除了 Trident 以外还包括哪些种类？

解答：除了 Internet Explorer 系列浏览器使用的 Trident 引擎外，常见的网页浏览器还包括以下几种代码解析引擎。

- **Gecko 引擎**

Gecko 引擎是由原网景公司开发，并有 Mozilla 基金会维护的开源排版引擎，可在 Windows、Mac 和 Linux 等多种操作系统中运行。使用 Gecko 的网页浏览器主要是 NetScape 以及 Mozilla Firefox 等。

- **WebKit 引擎**

WebKit 是 Mac OS X v10.3 所包含的排版引擎，主要由苹果公司开发，并由其进行维护的一个开源网页浏览器排版引擎。使用 WebKit 的网页浏览器包括苹果的 Safari 以及 Google 的 Chrome 等。除此之外，在 Symbian 和 iPhone OS 等手机操作系统上，大多数浏览器也在使用 WebKit 引擎。

- **Presto 引擎**

Presto 引擎是欧洲出品的 Opera 浏览器所采用的引擎。该引擎除了应用于 Opera 浏览器之外，还应用于一些采用 Opera 浏览器的手机操作系统，以及一些掌上设备，包括游戏机等。除此之外，通常使用的 Adobe 公司系列设计软件（包括 Dreamweaver CS3 等）所采用的排版引擎也是 Presto 引擎。

Q&A

问题 3：如何制作随页面滚动条移动的广告栏？

解答：将网页元素的 position 属性设置为 fixed，可以将该元素固定在某一位置，不会随浏览器滚动条的滚动而发生位移。

fiexed 表示固定定位，与 absolute 定位类型相似，但它的包含块是视图(屏幕内的网页窗口)本身。由于视图本身是固定的，它不会随浏览器窗口的滚动条滚动而变化，除非在屏幕中移动浏览器窗口的屏幕位置，或改变浏览器窗口的显示大小，如下所示。

CSS 样式表代码：

```
body {
  margin : 0px ;
```

```
    background-image : url(bg.gif) ;
  }
  span {
    position : fixed ;
    margin : 20px ;
  }
```

XHTML 标签代码：

```
<body>
  <span>
    <img src="icon.png" />
  </span>
</body>
```

Q&A

问题 4：如何将无序列表<ul>进行横排，以实现网站的水平导航条？

解答：在默认情况下，<ul>和<li>标签组合使用可以用来制作竖排的无序列表。如果想要改变其默认状态，使其呈现横向排列，可以在 CSS 中将 li 元素设置为浮动布局；如果想要隐藏列表前的项目符号，可以将 li 元素设置为内联显示。

```
CSS 样式代码：
ul{
    margin:0px;
    padding:0px;
    /*定义 ul 元素的边界和填充*/
}
ul li{
    float:left;
                /*定义 li 元素向左浮动*/
    display:inline; /*定义 li 元素显示为内联元素，以隐藏其前面的项目符号*/
    background-color:#CCCCCC;
    /*定义列表项目背景颜色*/
    margin-right:10px;
    /*定义列表项目之间的距离为 10px*/
}
XHTML 结构代码：
<ul>
    <li>网页技术</li>
    <li>平面设计</li>
    <li>机械制图</li>
    <li>软件开发</li>
    <li>电脑基础</li>
</ul>
```

- 网页技术
- 平面设计
- 机械制图
- 软件开发
- 电脑基础

网页技术　平面设计　机械制图　软件开发　电脑基础

Q&A

问题 5：在绝对布局方式下，如何更改各个网页元素的层叠顺序？

解答：在默认情况下，创建的第一个网页元素位于层叠顺序的最底层，而创建的最后一个网页元素位于层叠顺序的最顶层。而在实际操作中，往往需要更改它们的层叠顺序，这时就可以使用 CSS 中的 z-index 属性。

z-index 属性的值为一个数字，其值越大，层叠顺序的等级也就越高。如果两个绝对定位元素的 z-index 具有相同的值，那么将依据它们在 HTML 文档中声明的顺序层叠。

CSS 样式代码：

```
div{
    width:300px;
    height:150px;
    position:absolute;
        /*定义 div 元素绝对定位*/
```

```
}
#div1{
    background-color:#F30;
    left:20px;
    z-index:3;  /*定义div1元素的层叠顺序为3*/
}
#div2{
    background-color:#FF6;
    left:120px;
    z-index:2;  /*定义div2元素的层叠顺序为2*/
}
#div3{
    background-color:#06C;
    left:220px;
    z-index:1;  /*定义div3元素的层叠顺序为1*/
}
```

XHTML 结构代码：

```
<div id="div1">div1</div>
<div id="div2">div2</div>
<div id="div3">div3</div>
```

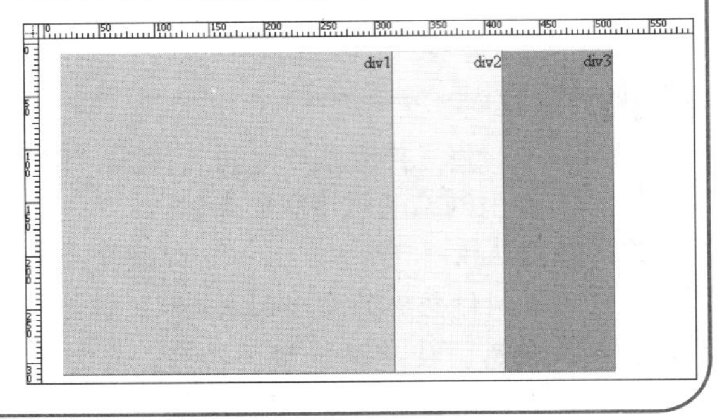

网页交互应用

为了使网页具有较强的吸引力，设计者在制作网页时通常会添加各种特效。网页中的特效一般是由 JavaScript 脚本代码完成的，对于没有任何编程基础的设计者而言，可以使用 Dreamweaver 中内置的行为。行为丰富了网页的交互功能，它允许访问者通过与页面之间的交互行为来改变网页内容，或者让网页执行某个动作。

在本章节中，主要介绍 Dreamweaver 中几种常用行为的使用方法，使读者能够在网页中添加各种行为以实现与访问者的交互功能。

14.1 网页行为概述

行为是用来动态响应用户操作、改变当前页面效果或者是执行特定任务的一种方法，可以使访问者与网页之间产生一种交互。

行为是由某个事件和该事件所触发的动作组合的。任何一个动作都需要一个事件激活，两者相辅相成。

事件是触发动态效果的条件。例如，当访问者将鼠标指针移动到某个链接上时，浏览器将为该链接生成一个 onMouseOver 事件。

提示

不同的网页元素定义了不同的事件。例如，在大多数浏览器中，onMouseOver 和 onClick 是与链接关联的事件，而 onLoad 是与图像和文档的 body 部分关联的事件。

动作是一段预先编写的 JavaScript 代码，可用于执行以下的任务：打开浏览器窗口、显示或隐藏 AP 元素、交换图像、弹出信息等。Dreamweaver 所提供的动作提供了最大程度的跨浏览器兼容性。

行为可以被添加到各种网页元素上，如图像、文字、多媒体文件等，也可以被添加到 HTML 标签中。

当行为添加到某个网页元素后，每当该元素的某个事件发生时，行为即会调用与这一事件关联的动作（JavaScript 代码）。

例如，将“弹出消息”动作附加到一个链接上，并指定它将由 onMouseOver 事件触发，则只要将指针放在该链接上，就会弹出消息。

在 Dreamweaver 中，用户在【行为】面板中首先指定一个动作，然后再指定触发该动作的事件，即可将行为添加到网页文档中。

14.2 交换图像

交换图像行为是通过更改<img>标签的 src 属性将一个图像和另一个图像进行交换，或者交换多个图像。

如果要添加【交换图像】行为，首先在文档中插入一个图像。然后选择该图像，单击【行为】面板中的【添加行为】按钮+，执行【交换图像】命令，在弹出的对话框中选择另外一张要换入的图像。

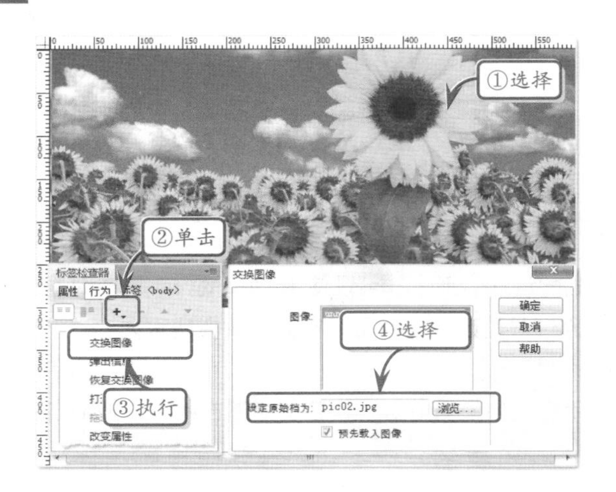

在【交换图像】对话框中，复选框选项介绍如下所示。

- 启用【预先载入图像】复选框，可以在加载页面时对新图像进行缓存，这样可以防止当图像应该出现时由于下载而导致延迟。
- 启用【鼠标滑开时恢复图像】复选框，可以在鼠标指针离开图像时，恢复到以前的图像源，即打开浏览器时的初始化图像。

提示

每次将【交换图像】行为添加到某个对象时都会自动添加【恢复交换图像】行为，该行为可以将最后一组交换的图像恢复为它们以前的源图像。

设置完成后预览页面，可以发现当光标指针经过浏览器中的源图像时，该图像即会转换为另外一张图像；当光标指针离开图像时，则又恢复到源图像。

注意

因为只有 src 属性受此行为的影响，所以应该换入一个与原图像具有相同尺寸（高度和宽度）的图像。否则，换入的图像显示时会被压缩或扩展，以使其适应原图像的尺寸。

14.3 弹出信息

弹出信息行为是用于弹出一个显示预设信息的 JavaScript 警告框。由于该警告框只有一个【确定】按钮，所以使用此行为可以为用户提供信息，但不能提供选择操作。

选择文档中的某一对象，单击【行为】面板中的【添加行为】按钮+，执行【弹出信息】命令。然后在弹出的对话框中输入文字信息。

设置完成后预览页面，当鼠标单击浏览器中的图像时，即会弹出一个包含有预设信息的 JavaScript 警告框。

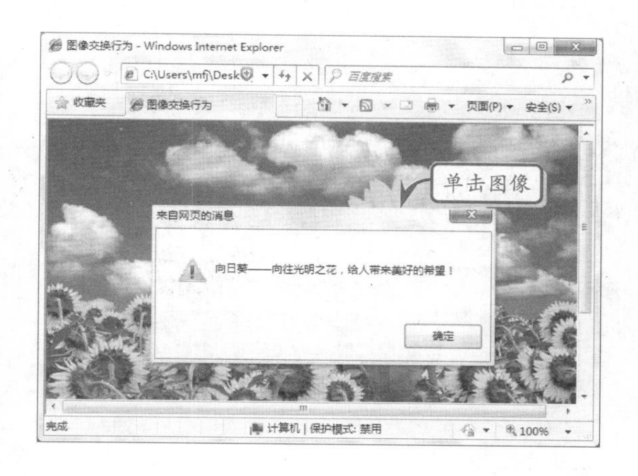

提示

可以在文本中嵌入任何有效的 JavaScript 函数调用、属性、全局变量或其他表达式。如果要嵌入一个 JavaScript 表达式，请将其放置在大括号“{}”中。如果要显示大括号，需要在它前面加一个反斜杠“\{”。

14.4 打开浏览器窗口

使用【打开浏览器窗口】行为可以在一个新的窗口中打开页面。同时，还可以指定该新窗口的属性、特性和名称。

选择文档中的某一对象，在【行为】面板中的【添加行为】菜单中执行【打开浏览器窗口】命令。然后，在弹出的对话框中选择或输入要打开的 URL，并设置新窗口的属性。

提示

如果不指定新窗口的任何属性，在打开时其大小和属性与打开它的窗口相同。指定窗口的任何属性都将自动关闭所有其他未明确打开的属性。

在【打开浏览器窗口】对话框中，包括有 5 个选项，其名称及功能介绍如下表所示。

选项名称		功　能
要显示的 URL		设置弹出浏览器窗口的 URL 地址，可以是相对地址，也可以是绝对地址
窗口宽度		以像素为单位设置弹出浏览器窗口的宽度
窗口高度		以像素为单位设置弹出浏览器窗口的高度
属性	导航工具栏	指定弹出浏览器窗口是否显示前进、后退等导航工具栏
	菜单条	指定弹出浏览器窗口是否显示文件、编辑、查看等菜单条
	地址工具栏	指定弹出浏览器窗口是否显示地址工具栏
	需要时使用滚动条	指定弹出浏览器窗口是否使用滚动条
	状态栏	指定弹出浏览器窗口是否显示状态栏
	调整大小手柄	指定弹出浏览器窗口是否允许调整大小
窗口名称		设置弹出浏览器窗口的标题名称

设置完成后预览页面，当单击图像后，即会在一个新的浏览器窗口中打开指定的网页“image2.html”。

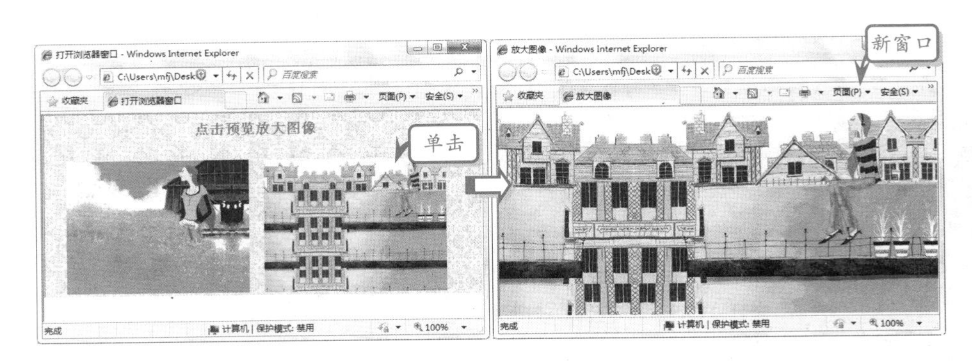

14.5 拖动 AP 元素

拖动AP元素行为可以让访问者拖动绝对定位的 AP 元素。通过该行为可以创建拼图游戏、滑块控件和其他可移动的界面元素。

在添加【拖动 AP 元素】行为之前，首先要在文档中插入 AP 元素。然后，使用鼠标单击文档中的任意位置，使焦点离开 AP 元素，这样【行为】面板中的【拖动 AP 元素】命令才可使用。

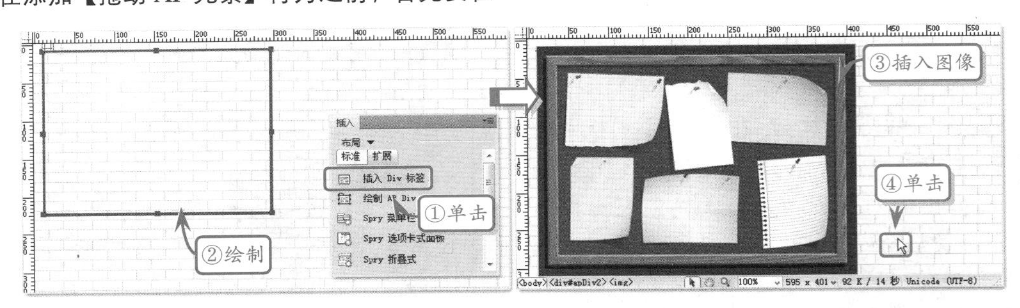

在【行为】面板的【添加行为】菜单中执行【拖动 AP 元素】命令，即可打开【拖动 AP 元素】对话框。该对话框默认显示为【基本】面板，可以设置 AP 元素、是否限制拖动范围，以及靠齐距离等；如果想要具体设置拖动控制点，可以单击对话框上面的【高级】选项卡切换至【高级】面板。

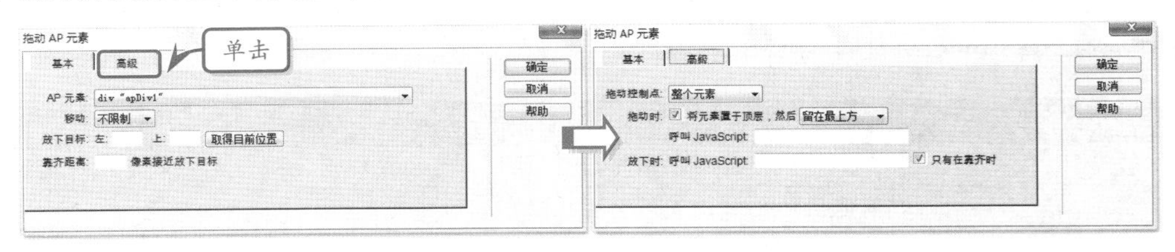

在【基本】面板中各个选项名称及功能介绍如下表所示。

选项名称		功　　能
AP 元素		在下拉列表中选择要拖动的 AP 元素
移动	不限制	选择该选项，则 AP 元素不会被限制在一定范围内，通常用于拼图或拖动、放下的游戏内容
	限制	将 AP 元素限制在一定的范围之内，通常用于滑块控制或可移动的各种布景
放下目标		在文本框中输入数值，是相对于浏览器左上角的距离，用于确定该 AP 元素的目的点坐标
靠齐距离		输入一个数值，当 AP 元素被拖动到与目的点距离小于此数值时，AP 元素才会被认为移动到了目的点并自动拖放到指定目的点上

在【高级】面板中各个选项名称及功能介绍如下表所示。

选项名称	功　能
拖动控制点	该选项用于设置 AP 元素中可被用于拖动的区域。当选择“整个元素”则拖动的控制点可以是整个 AP 元素；当选择“元素内的区域”并在其后设置坐标，则拖动的控制点仅是 AP 元素指定范围内的部分
拖动时	选择【将元素置于顶层】命令则在拖动时，AP 元素在网页所有 AP 元素的顶层
然后	选择“留在最上方”则拖动后的 AP 元素保持其顶层位置，如选择“恢复 Z 轴”，则该元素恢复回原层叠位置。该下拉列表仅在【拖动时】被设置为【将元素置于顶层】时有效
呼叫 JavaScript	在访问者拖动 AP 元素时执行一段 JavaScript 代码
放下时：呼叫 JavaScript	在访问者完成拖动 AP 元素后执行一段 JavaScript 代码
只有在靠齐时	选择该选项，则只有在访问者拖动完成 AP 元素并将其靠齐后才会执行 JavaScript 代码

设置完成后预览页面，单击并拖动 AP 元素中的图像，可以发现该图像能够被移动到任意位置。当释放鼠标，该图像将停留在新位置上。

提示

拖动 AP 元素行为可以指定用户向哪个方向拖动 AP 元素（水平、垂直或任意方向）、访问者应将 AP 元素拖动到的目标、当 AP 元素距离目标在一定数目的像素范围内时是否将 AP 元素靠齐到目标、以及当 AP 元素命中目标时应执行的操作等。

14.6 改变属性

【改变属性】行为用来动态地更改对象某个属性的值。一般来说，这个行为能够改变的属性决定于附加动作的对象和浏览器的类型。

选择文档中的某一对象（如 AP 元素），在【行为】面板的【添加行为】菜单中执行【改变属性】命令，打开【改变属性】对话框。在该对话框中可以选择要更改属性的元素、更改属性的名称以及属性的新值。

在【改变属性】对话框中，各个选项名称及功能介绍如下表所示。

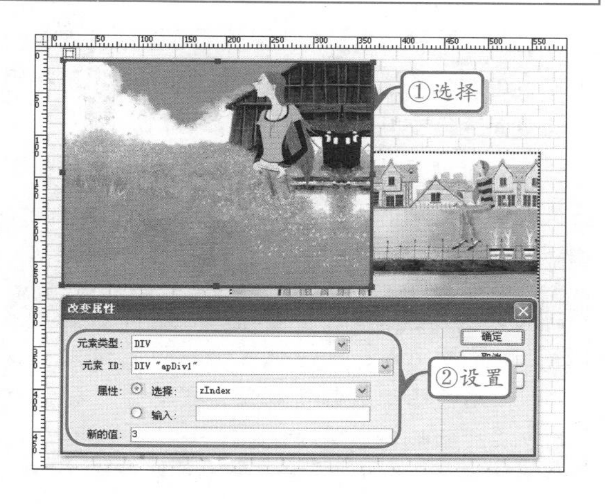

选项名称		功能
元素类型		用于定义要更改属性的网页元素类型，允许用户从下拉列表中选择当前网页中存在的各种网页元素
元素 ID		用于定义要更改属性的网页元素，允许用户从下拉列表中选择已确定类型的网页元素 ID
属性	选择	允许用户从下拉列表中选择需要更改属性的网页元素的属性名称
	输入	允许用户自行输入需要更改属性的网页元素的属性名称
新的值		为选择的属性设置新的属性值

在【改变属性】对话框中，选择【元素类型】为 DIV，即要更改属性的元素类型为 Div；选择【元素 ID】为“div "apDiv1"”，即要更改属性的 div 元素 ID 为“apDiv1”；在【属性】选项中的【选择】下拉列表中选择 zIndex，即更改元素的属性为层叠顺序；在【新的值】文本框中输入 3，即设置元素的层叠顺序为 3。设置完成后预览效果，当焦点位于“apDiv1”元素上时（如单击该 AP 元素），将执行动作改变其层叠顺序，使其显示在另一元素的上面。

注意

如果想要使用这个行为改变元素的属性，最好对 HTML 以及 JavaScript 有比较深的了解。

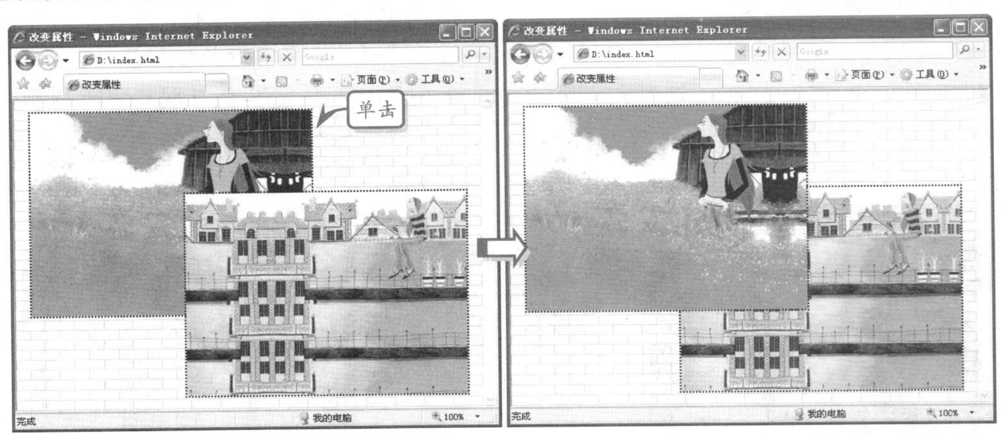

14.7 显示-隐藏元素

【显示-隐藏元素】行为可显示、隐藏或恢复一个或多个网页元素的默认可见性。此行为用于在用户与页面进行交互时显示信息。

在添加【显示-隐藏元素】行为之前，首先要在文档中创建 AP 元素。该 AP 元素的位置即是元素显示时的位置。

提示

【显示-隐藏元素】行为仅显示或隐藏相关元素，在元素已隐藏的情况下，它不会从页面流中实际上删除此元素。

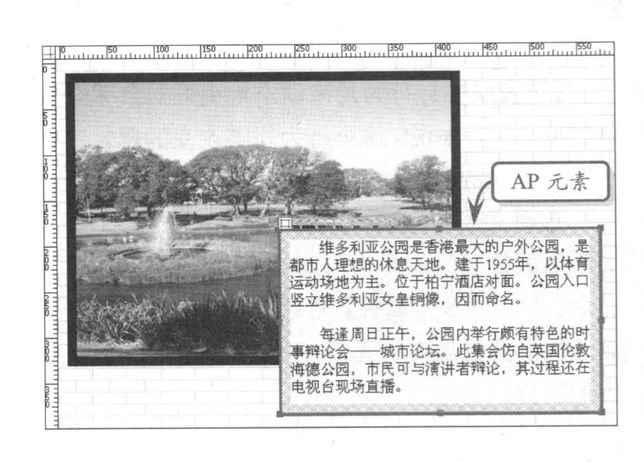

如果想要在打开页面时默认隐藏该 AP 元素，

可以将鼠标单击文档的任意位置，在【行为】面板的【添加行为】菜单中执行【显示-隐藏元素】命令。然后，在弹出的对话框中选择“div "apDiv1"”选项，并单击【隐藏】按钮 隐藏 ，这样可以使其在页面加载时（即 onLoad 事件）隐藏。

提示

如果【显示-隐藏元素】不可用，则可能已经选择了一个 AP 元素。

为了使光标经过图像时可以显示文字介绍，可以在图像上添加 onMouseOver 事件，来执行显示 AP 元素的动作。

选择文档中的图像，在【显示-隐藏元素】对话框中选择“div "apDiv1"”选项，并单击【显示】按钮 显示 。然后，在【行为】面板中将 onClick 事件更改为 onMouseOver 事件，使光标经过图像时执行显示 AP 元素动作。

设置完成后预览效果，可以发现 AP 元素及其中的文字介绍默认为不显示，但如果将光标指针移动到图像上时，AP 元素及其内容则自动显示出来。

14.8 设置文本

【设置文本】行为中有 4 种选项，分别为【设置容器的文本】、【设置文本域文字】、【设置框架文本】和【设置状态栏文本】。除了【设置状态栏文本】选项之外，其他的 3 个选项都有一个共同的特点：在输入的文本内容中可以嵌入任何有效的JavaScript函数调用、属性、全局变量或其他的表达式。

1．设置容器的文本

【设置容器的文本】行为将页面上的现有容器（可以包含文本或其他元素的任何元素）的内容和格式替换为指定的内容。

选择文档中的一个容器（如div元素），在【行为】面板的【添加行为】菜单中执行【设置容器的文本】命令。然后，在弹出的对话框中选择目标容器，并在【新建HTML】文本框中输入文本内容。

提示

该文本内容可以包括任何有效的HTML标签。

设置完成后预览效果，当焦点位于文档中的容器时（如单击该div元素），则容器中的图像替换为预设的文字内容，并且应用了HTML标签样式。

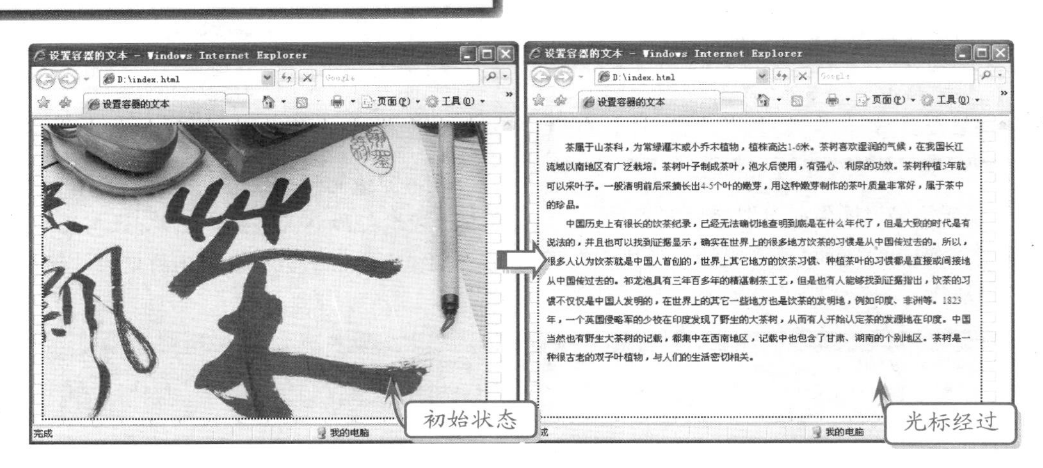

2．设置文本域文字

【设置文本域文字】行为可以将指定的内容替换表单文本域的内容。在表单的文本域中可以为文本域指定初始值，初始值也可以为空。

在使用【设置文本域文字】行为之前，首先要在文档中插入文本字段或文本区域。单击【插入】面板【布局】选项卡中的【文本字段】或【文本区域】按钮，在弹出的对话框中设置ID。

使用鼠标单击文档的任意位置，在【行为】面板的【添加行为】菜单中执行【设置文本域文字】命令。然后，在弹出的对话框中选择目标文本域，并在【新建文本】文本框中输入所要显示的文本内容。

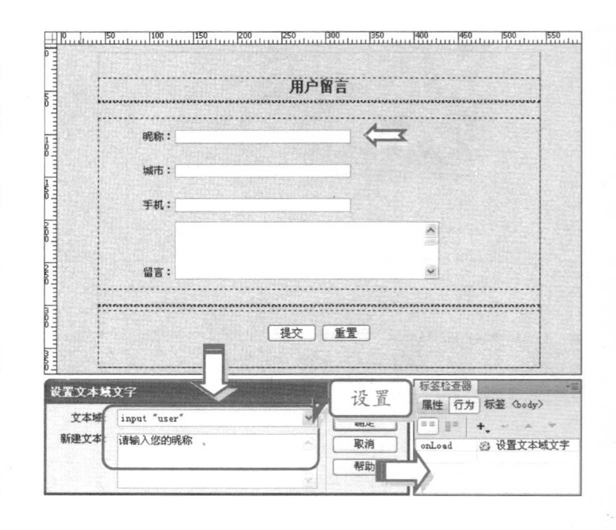

提示

为文本域输入一个 ID 名称，确保该名称在文档中是唯一的（不要对同一文档上的多个元素使用相同的名称，即使它们在不同的表单上也应如此）。

设置完成后预览效果，当页面加载时（即触发 Load 事件），页面中文本字段和文本域将显示预设的文本内容。

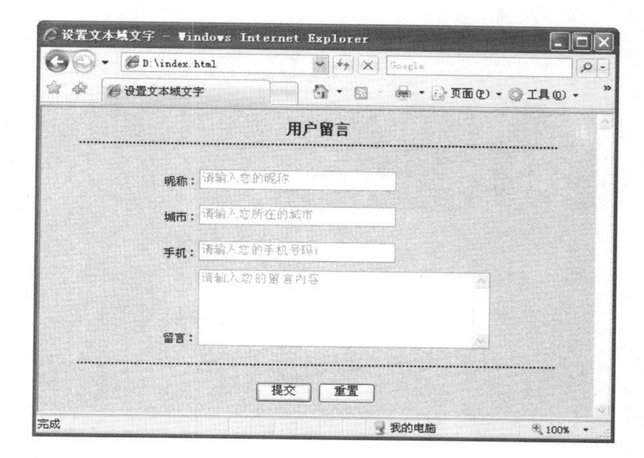

3. 设置框架文本

【设置框架文本】行为允许动态设置框架的文本，可以用指定的内容替换框架的内容和格式设置。该内容可以包含任何有效的 HTML 代码。

在使用【设置框架文本】行为之前，首先要创建框架页面，或者直接在文档中插入框架。单击【布局】选项卡中的【框架：顶部框架】按钮 ▭▾框架：顶部框架，在文档中插入上下结构的框架。

将光标置于 mainFrame 框架中，在【行为】面板的【添加行为】菜单中执行【设置框架文本】命令。然后，在弹出的对话框中选择【框架】名称，并在【新建 HTML】文本框中输入 HTML 代码或文本。

提示

虽然【设置框架文本】行为会替换框架的格式设置，但用户可以启用【保留背景色】复选框来保留页面背景和文本的颜色属性。

设置完成后预览效果，当光标指针经过 mainFrame 框架时，其所包含的页面内容将替换为指定的图像。

14.9 练习：制作拼图游戏

拼图游戏是将图像放置在 apDiv 层中，通过为该层添加拖动 AP 元素行为，并设置鼠标拖动时所移动的范围区域等属性，来制作拼图游戏。本练习通过运用拖动 AP 元素来实现该效果。

练习要点

- 创建 AP Div 层
- 设置 AP Div 层属性
- 打开行为面板
- 执行拖动 AP 元素
- 设置拖动 AP 元素属性

操作步骤

STEP|01 打开素材页面"index.html"，将光标置于 ID 为 rightmain 的 Div 层中，单击【插入】面板【常用】选项中的【插入 Div 标签】

按钮，创建 ID 为 title 的 Div 层，并设置其 CSS 样式属性。将光标置于该层中插入图像及输入文本。

提示

页面布局代码：

```
<div id="header">
  <div id="logo">
  </div>
  <div id="nav">
  </div>
</div>
<div id="daohang">
</div>
<div id="main">
</div>
  <div id="lef-
  tmain"></div>
  <div id="righ-
  tmain">
    <div id=
    "title"></div>
  </div>
</div>
```

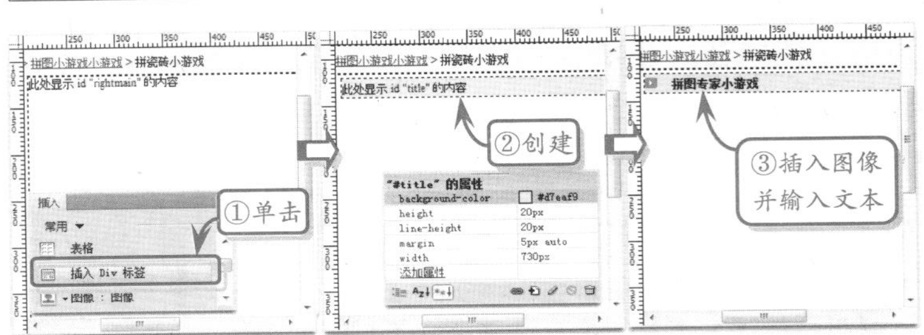

STEP|02 单击【插入】面板【布局】选项中的【绘制 AP Div】按钮，在 ID 为 title 的 Div 层下方绘制 ap Div1 层，选择该层，在【属性】检查器中设置左对齐、上对齐、宽、高等属性，并将光标置于该层中插入图像“fl_05.png”。

提示

两种方法打开行为面板一是单击菜单栏中的【窗口】按钮，在下拉列表中执行【行为】命令，打开行为面板；二是按 Shift+F4 键快速打开行为面板。

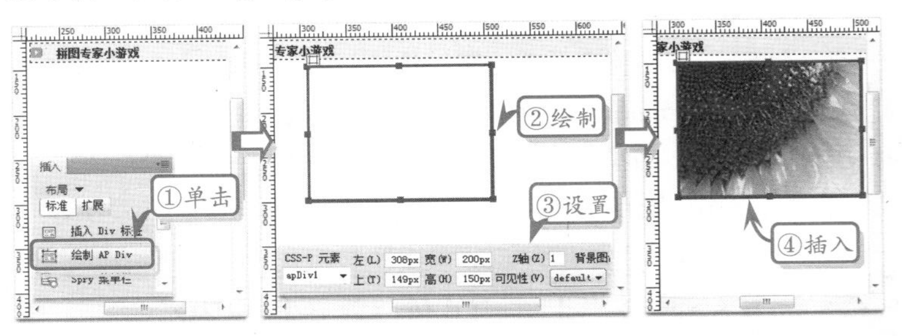

STEP|03 单击【绘制 AP Div】按钮，绘制 apDiv2 图层，选择该层，在【属性】检查器中依次设置左对齐、上对齐、宽、高等属性，并将光标置于该层中插入图像“fl_02.png”。

STEP|04 按照相同的方法，依次再绘制 7 个 apDiv 层，排列顺序是一致的，每一行放置 3 个 apDiv 层，一共放置 3 行，并在【属性】检查器中依次设置每一行放置的 apDiv 层的左对齐、上对齐、宽、高等属性。然后，在每一个层中插入相应的图像。

提示

选择 apDiv 层，在【属性】检查器中设置的左边距、上边距是相对于屏幕而言的。宽和高才是 apDiv 层的真实大小。

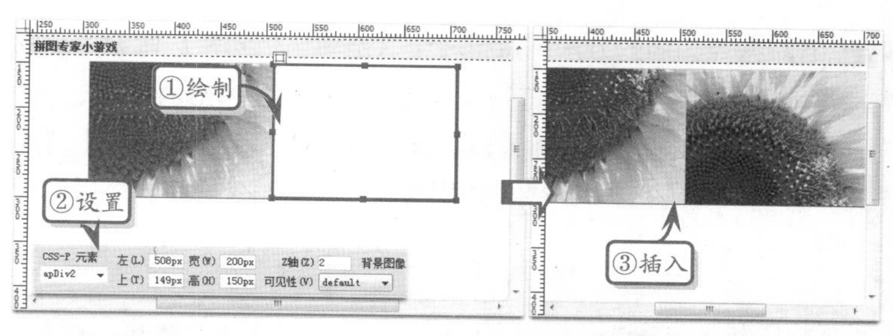

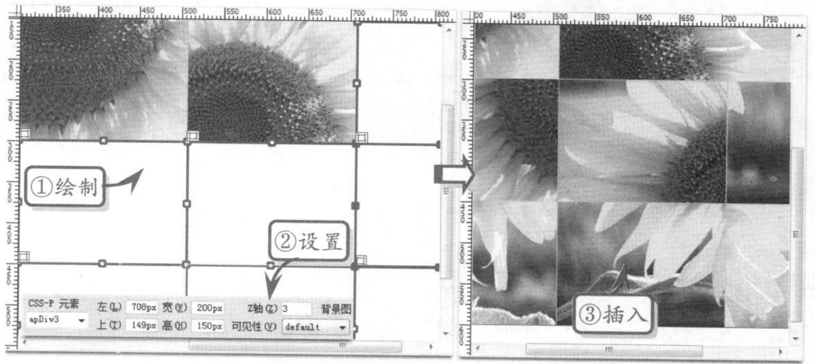

提示

依次在【属性】检查器中设置 apDiv3~apDiv9 层的属性。其中，宽均为 200px；高度均为 150px。

	左边距	上边距
apDiv3	708px	149 px
apDiv4	308 px	299 px
apDiv5	508 px	299 px
apDiv6	708 px	299 px
apDiv7	308 px	499 px
apDiv8	508 px	499 px
apDiv9	708 px	499 px

STEP|05 在标签栏选择 body 标签，按 Shift+F4 键打开【行为】面板，单击【添加行为】按钮 +，在下拉列表中执行【拖动 AP 元素】命令，将弹出【拖动 AP 元素】对话框。然后，在弹出的【拖动 AP 元素】对话框中，设置【基本】选项卡中的【AP 元素】、【移动】、【放下目标】、【靠齐距离】的参数。

提示

在【基本】选项卡中先选择【AP 元素】；然后选择【移动】为"限制"；再单击【取得目前位置】；然后根据图像所在的位置设置限制的范围。

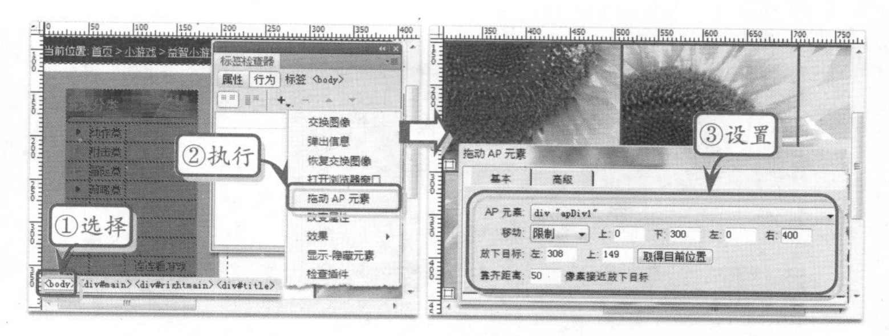

STEP|06 在标签栏选择 body 标签，按 Shift+F4 键打开【行为】面板，单击【添加行为】按钮 +，在下拉列表中执行【拖动 AP 元素】命令，将弹出【拖动 AP 元素】对话框。然后，在【拖动 AP 元素】对话框中设置【基本】选项卡中的【AP 元素】、【移动】、【放下目标】、【靠齐距离】的参数。

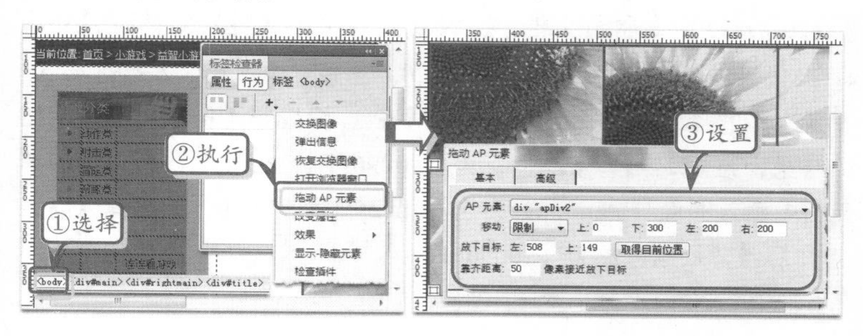

提示

在【基本】选项卡中，设置的 apDiv3 的限制范围参数如下所示。

上：0；下：300；左：400 右：0；

设置的 apDiv4 的限制范围参数如下所示。

上：150；下：150；左：0 右：400；

设置的 apDiv5 的限制范围参数如下所示。

上：150；下：150；左：200 右：200；

设置的 apDiv6 的限制范围参数如下所示。

上：150；下：150；左：400 右：0；

提示

设置的 apDiv7 的限制范围参数如下所示。

上：300；下：0；左：0 右：400；

设置的 apDiv8 的限制范围参数如下所示。

上：300；下：0；左：200 右：200；

设置的 apDiv9 的限制范围参数如下所示。

上：300；下： 0；左：400 右：0；

STEP|07 按照相同的方法每执行一个【拖动 AP 元素】命令，都应先选择 body 标签，然后再打开【行为】面板，在弹出的【拖动 AP 元素】对话框中，设置【基本】选项卡中的【AP 元素】、【移动】、【放下目标】、【靠齐距离】的参数。每添加一次行为，【行为】面板中就会增加一个。

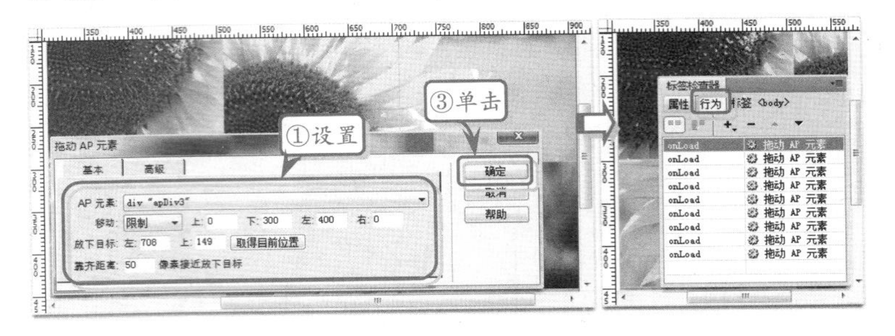

STEP|08 设置完成后，打开 IE 浏览器预览效果。然后用鼠标移动图像，将图像拼成一个完整的向日葵花图像。

14.10 练习：制作企业首页

本例将通过制作包含的动态图像导航条的企业首页，来介绍【显示-隐藏元素】行为的使用方法。

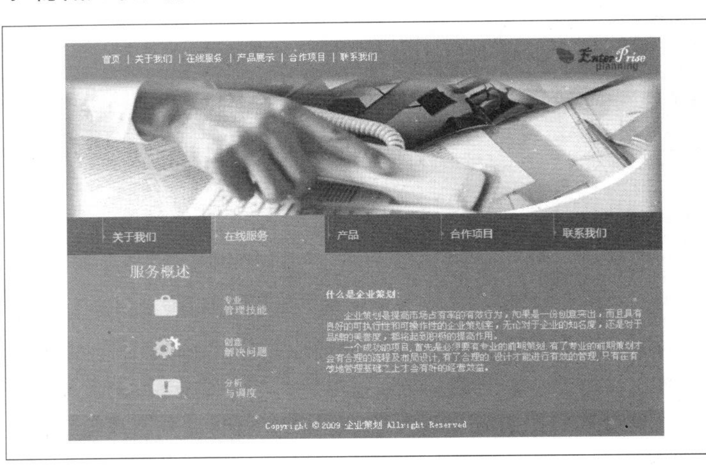

练习要点

- 插入 AP Div
- 执行【显示-隐藏元素】行为命令
- 添加 AP Div
- 设置 AP Div 位置和宽高
- 设置 AP Div 背景图片
- 添加【显示-隐藏元素】行为
- 修改行为触发事件

STEP|01 在空白网页文档中，设置其【页面属性】对话框【外观(HTML)】选项中的【上边距】为 20。创建一个 2 行×2 列的表格，设置表格的【对齐方式】为“居中对齐”，设置第 1 行第 1 列单元格的【宽】为 622；【背景颜色】为“#0096FF”。在第 1 行第 2 列的单元格中插入图像“brand.jpg”。合并第 2 行的单元格，设置其【高】为 185；【背景颜色】为“#0096FF”。

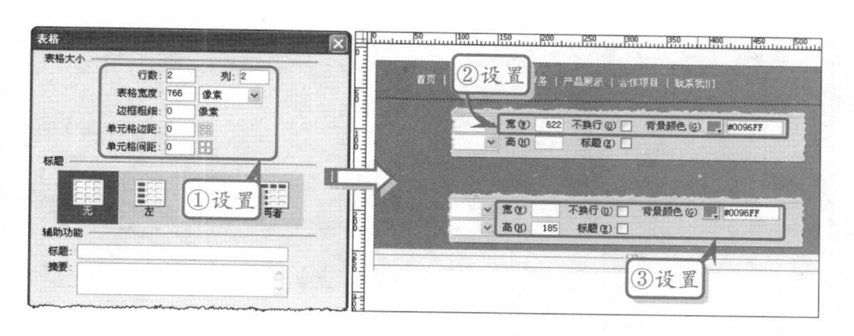

STEP|02 将光标置于第 2 行的单元格，执行【插入】|【布局对象】|AP Div 命令，双击【CSS 样式】面板中 AP Div 的规则名，在弹出的【CSS 规则定义】对话框中，选择“背景”选项，单击【浏览】按钮选择图像。

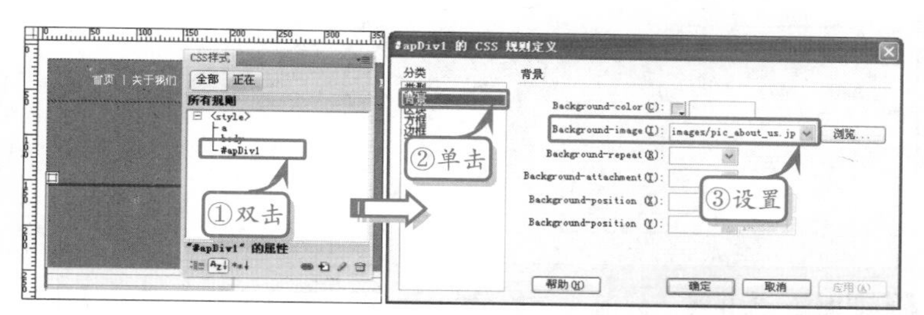

STEP|03 选择【分类】列表中的“方框”选项，不启用 Margin 选项中的【全部相同】复选框，设置 Top 为 0；Right 为 auto；Bottom 为 0；Left 为 auto。单击【分类】列表中的【定位】选项，设置 Width 为 766；Height 为 185；Z-index 为 6，Placement 选项中的 Top 为 67，即可完成 AP Div 规则的设置。另添加 4 个 AP Div 并分别设置其大小、背景等属性。

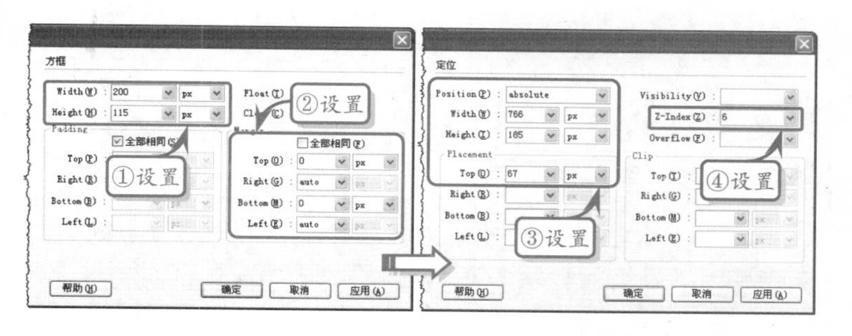

STEP|04 创建一个 1 行×6 列的表格，设置表格的宽度和对齐方式等。在第 1 列插入图像“left.jpg”，在后 5 个单元格分别插入图像“about_us.jpg”、“service.jpg”、“product.jpg”、“project.jpg”、“contact_us.jpg”。

STEP|05 创建一个 5 行×2 列的表格，设置表格的宽度和对齐方式等。在第 1 行第 1 列插入图像“content_title.jpg”，在该单元格下面的 3 个单元格中分别插入图像“content_1.jpg”、“content_2.jpg”、“content_3.jpg”。

提示

添加内容和设置链接后在 <head> 和 </head> 之间插入如下 CSS 代码以控制页面文字样式。

```
a {
 font-size: 12px;
 color: #FFF;
 text-decoration:
none;
}
body {
 font-size: 12px;
 color: #FFF;
}
```

技巧

按住 Ctrl 键拖动 AP Div 可以连续绘制多个 AP Div。

技巧

在【CSS 样式】面板“当前选择模式”视图中可直接在列表中更改样式的属性。

提示

设置【Margin】的 Right 和 Left 为 Aut0 可以使 AP Div 水平居中。

提示

Z-Index 为 AP Div 的层属性，值越大越靠前，这里设为 6 可以让该层排在后面添加的 4 个层前面。

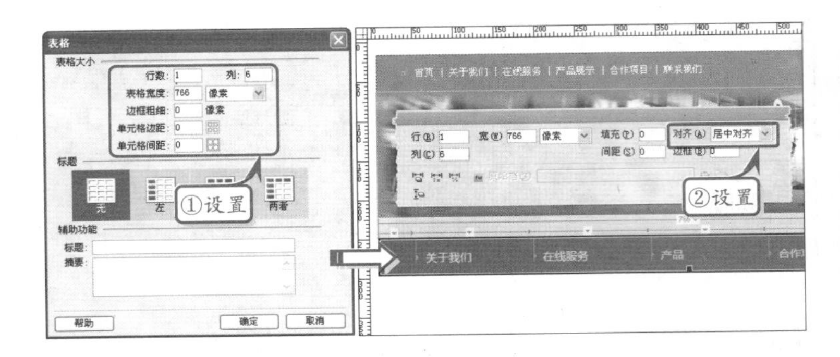

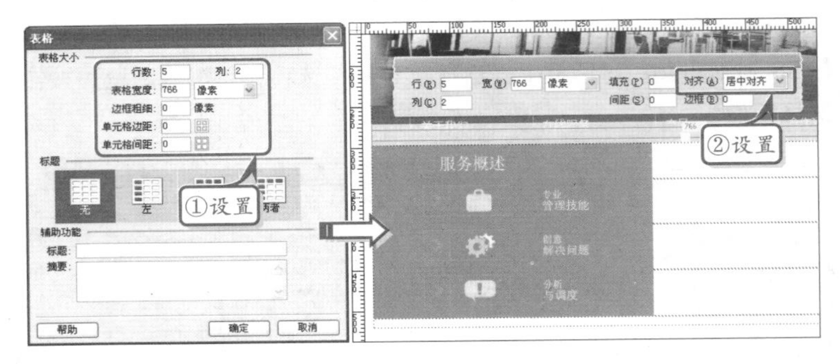

技巧

当表格被选定或者表格中有插入点时，Dreamweaver 会显示表格和每个表格列的宽度，箭头的旁边是表格或表格列的宽度和快捷菜单，使用这些菜单可以快速的访问与表格相关的常用命令。可以启用或禁用宽度菜单。

STEP|06 合并第 2 列前 4 行的单元格，设置其【宽】为 434；【背景颜色】为“#7B8688”。将光标置于该单元格，执行【插入】|【布局对象】|【Div 标签】命令，在弹出的【插入 Div 标签】中设置【类】为“content”。合并第 5 行的单元格，设置其高、背景颜色和水平对齐方式等属性。

提示

添加 Div 前需要先创建类名为 content 的 CSS 样式，在 <head> 和 </head>之间插入如下 CSS 代码。

```
.content {
 font-size: 12px;
 color: #FAE808;
width: 95%;
}
```

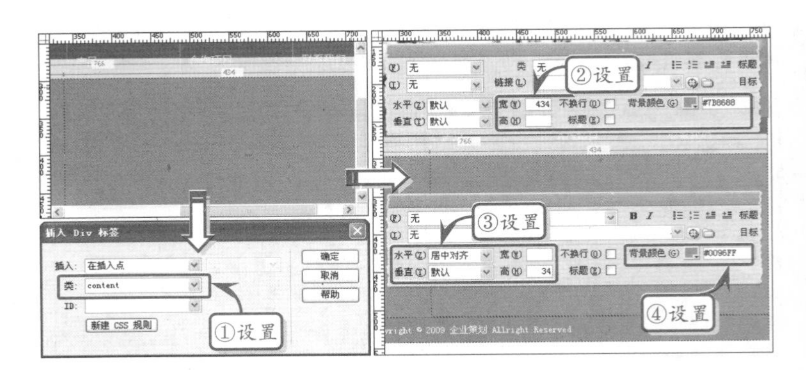

STEP|07 单击导航菜单中的“关于我们”图像，设置其 ID 为“about_us”。执行【窗口】|【行为】命令，单击【行为】面板中的【添加行为】按钮，执行【显示-隐藏元素】命令，在弹出的【显示-隐藏元素】对话框中，选择【元素】列表框中的元素，单击【显示】、【隐藏】或【默认】按钮，即可将元素设为显示、隐藏或恢复默认可见性。

STEP|08 单击【行为】面板中的 onClick 事件名，在弹出的下拉列表中选择 onMouseOver 事件，再为该图像添加一个【交换图像】行

提示

Dreamweaver 默认为【显示-隐藏元素】行为设置的触发事件为 onClick，即鼠标单击事件。

为。分别为导航菜单中其他按钮设置ID，添加【显示-隐藏元素】行为和【交换图像】行为，设置其需要显示或隐藏的元素等并修改触发行为的事件类型。

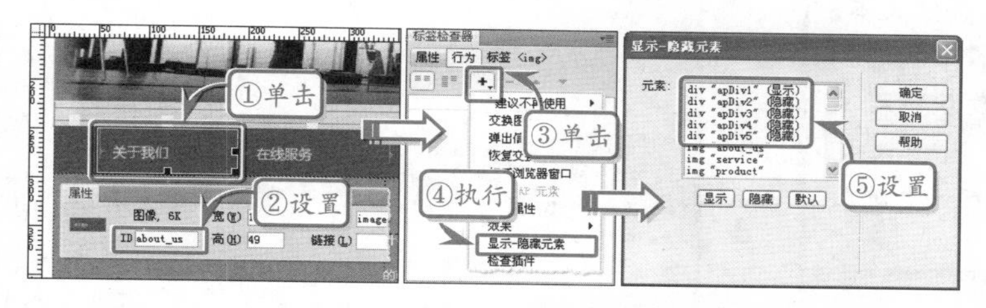

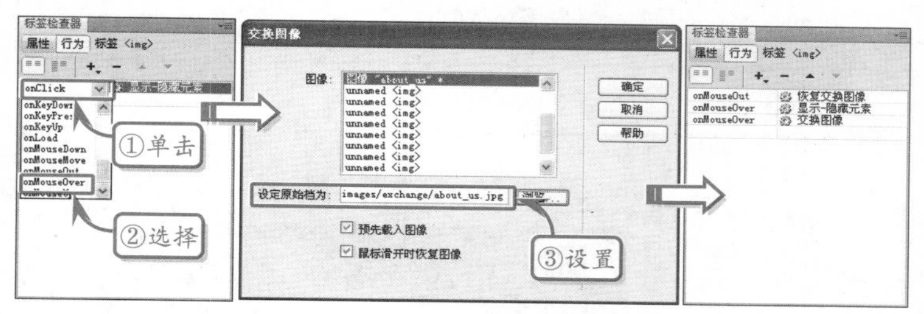

提示

【显示-隐藏元素】行为在隐藏元素时不是从页面中删除元素，而是更改元素的visible属性。

提示

onMouseOver，即鼠标划过事件。

14.11 高手答疑

Q&A

问题 1：如何将浏览器窗口底部的状态栏文字更改为自定义的文本内容？

解答：使用【设置状态栏文本】行为可以在浏览器窗口左下角处的状态栏中显示自定义的文本内容。

将光标置于文档中，在【行为】面板的【添加行为】菜单中执行【设置状态栏文本】命令，在弹出的对话框中输入要显示的文本内容。

在【行为】面板中，将onMouseOver事件更改为onLoad事件，使页面加载时浏览器窗口的状态栏显示预设的文字内容。

设置完成后预览效果，可以发现浏览器窗口左下角处的状态栏已经显示为预设的文字内容。

注意

在 Dreamweaver 中使用【设置状态栏文本】行为，将不能保证会更改浏览器中状态栏的文本，因为一些浏览器在更改状态栏文本时需要进行特殊调整。例如，Firefox 需要更改【高级】选项以让 JavaScript 更改状态栏文本。

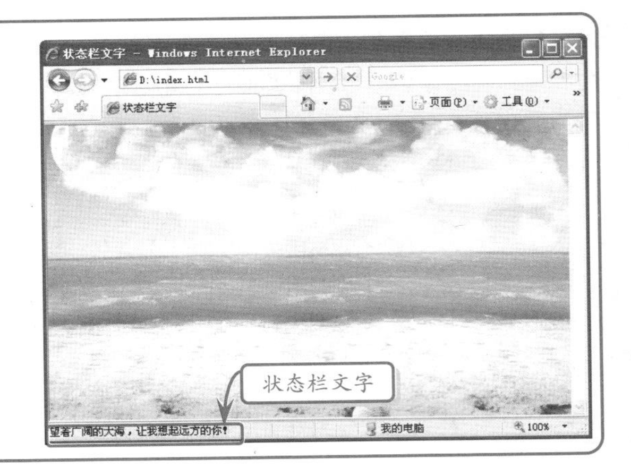

Q&A

问题 2：在网页中如果需要添加一些图像效果，通过什么简单的方法可以实现？

解答：使用【行为】面板中的【效果】行为，可以为图像实现多种动态效果，如增大/收缩、挤压、显示/渐隐、遮帘等。

选择文档中的图像，在【行为】面板的【添加行为】菜单中执行【效果】|【增大/收缩】命令。然后，在弹出的对话框中选择【效果】类型，并设置其他参数及启用【切换效果】复选框，可以实现图像的增大/收缩效果。

设置完成后预览效果，当鼠标单击网页中的图像时，该图像将显示由小变大的动态效果。

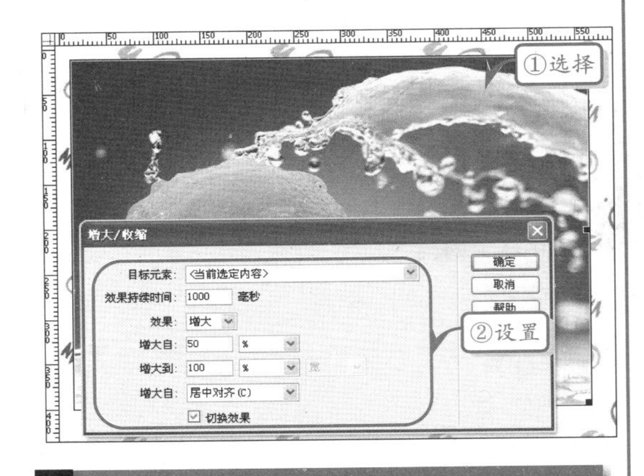

提示

在【增大/收缩】对话框中，选择【效果】为“收缩”，并设置相应的参数，可以实现图像由大变小的收缩效果。

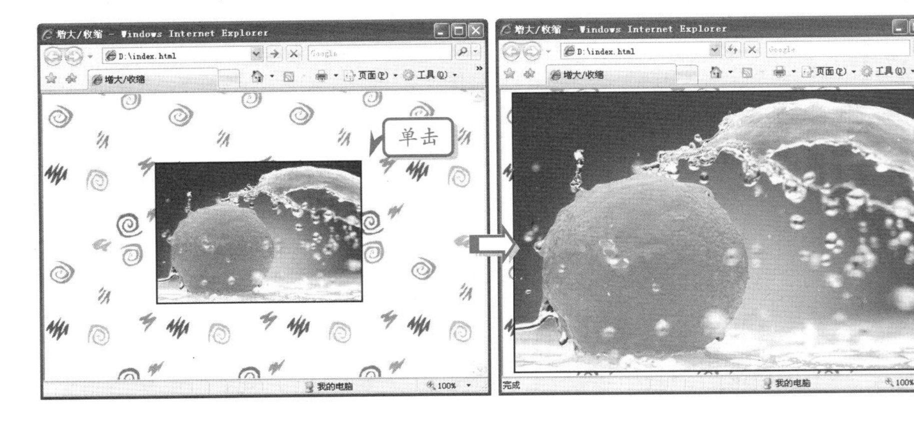

如果想要使用【遮帘】行为，首先要使图像被包含在一个 div 元素中。然后，执行【效

果】|【遮帘】命令，在弹出的对话框中选择【目标元素】，并设置【效果】类型及其参数。

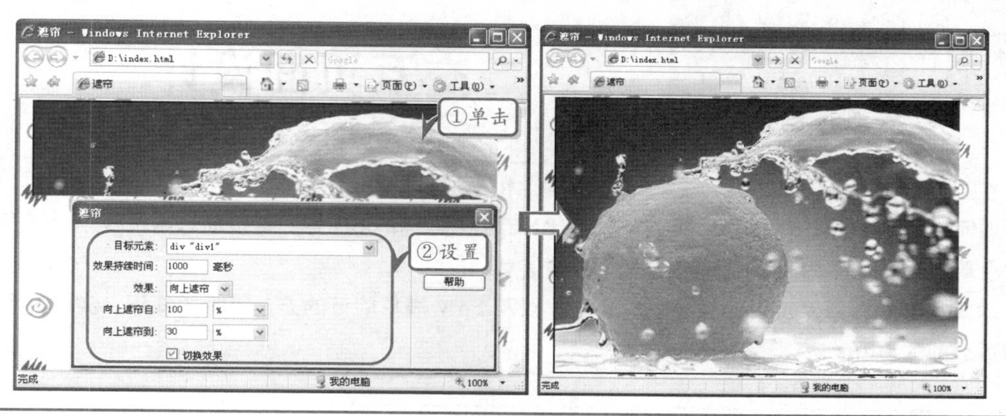

Q&A

问题 3：如果检测访问者浏览器中是否安装有指定的插件，并可以根据不同的结果跳转到相应的页面？

解答：使用【检查插件】行为可以检查访问者的浏览器是否安装了指定的插件，并根据检查结果跳转到不同的网页。

例如，想让安装有 Shockwave 插件的浏览者跳转到 index.html 页面，而让未安装该插件的浏览者跳转到 error.html 页面。

在【行为】面板的【添加行为】菜单中执行【检查插件】命令，在弹出的对话框中选择或输入插件名称，然后设置不同的检查结果所跳转的 URL 地址即可。

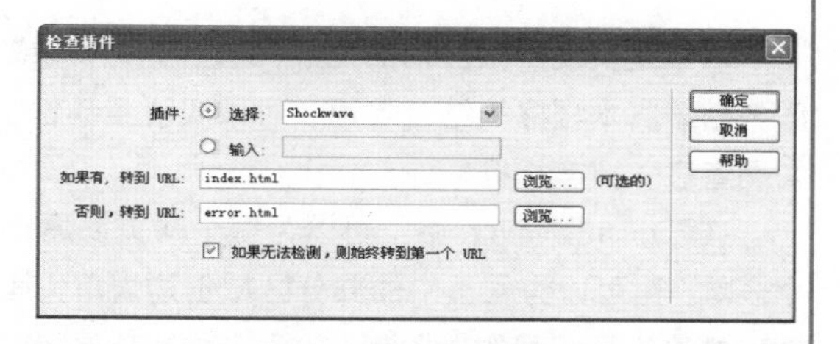

提示

不能使用 JavaScript 在 Internet Explorer 中检测特定的插件。但是，选择 Flash 或 Director 后会将相应的 VBScript 代码添加到网页上，以便在 Windows 的 Internet Explorer 中检测这些插件。Mac OS 上的 Internet Explorer 中不能实现插件检测。

15 交互页面设计

在互联网中，多数网站都会使用动态网页技术，通过读取数据库中的内容，自动更新网页。常见的动态网页技术的种类繁多，包括 ASP、ASP.NET、PHP 和 JSP 等。这些动态网页技术，很多都会通过表单实现与用户的交互，获取或显示各种信息。

本章将详细介绍网页中的各种表单元素，以及 Spry 表单验证的方法等相关知识，实现简单的人与网页之间的交互。

15.1 插入表单

表单是实现网页互动的元素，通过与客户端或服务器端脚本程序的结合使用，可以实现互动性，如调查表、留言板等。

在 Dreamweaver 中，可以为整个网页创建一个表单，也可以为网页中的部分区域创建表单，其创建方法都是相同的。

将光标置于文档中，单击【表单】选项卡中的【表单】按钮 表单，即可插入一个红色的表单。

在选择表单区域后，用户可以在【属性】检查器中设置表单的各项属性，其属性名称及说明如下表所示。

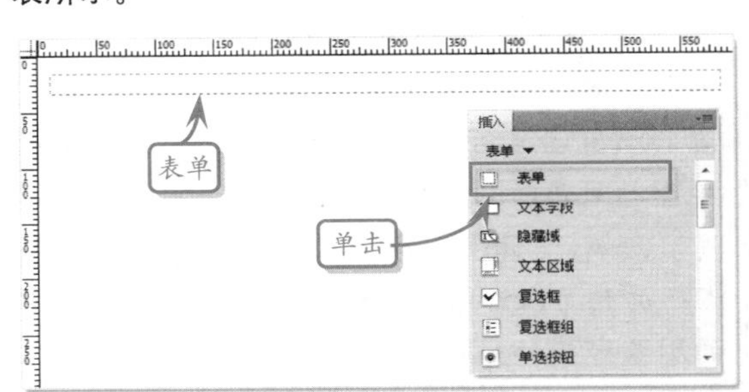

属性		作用
表单 ID		表单在网页中唯一的识别标志，是 XHTML 标准化的标识，只可在【属性】检查器中设置
动作		将表单数据进行发送，其值采用 URL 方式。在大多数情况下，该属性值是一个 HTTP 类型的 URL，指向位于服务器上的用于处理表单数据的脚本程序文件或 CGI 程序文件
方法	默认	使用浏览器默认的方式来处理表单数据
	POST	表示将表单内容作为消息正文数据发送给服务器
	GET	把表单值添加给 URL，并向服务器发送 GET 请求。因为 URL 被限定在 8192 个字符之内，所以不要对长表单使用 GET 方法
目标	_blank	定义在未命名的新窗口中打开处理结果
	_parent	定义在父框架的窗口中打开处理结果
	_self	定义在当前窗口中打开处理结果
	_top	定义将处理结果加载到整个浏览器窗口中，清除所有框架
编码类型	enctype	设置发送表单到服务器的媒体类型，它只在发送方法为 POST 时才有效。其默认值为 application/x-www-form-urlemoded；如果要创建文件上传域，应选择 multipart/form-data
类		定义表单及其中各种表单对象的样式

用户也可通过编写代码插入表单。在 Dreamweaver 中打开网页文档，单击【代码视图】按钮 代码，在【代码视图】窗口中检索指定的位置，然后通过 form 标签为网页文档插入表单。

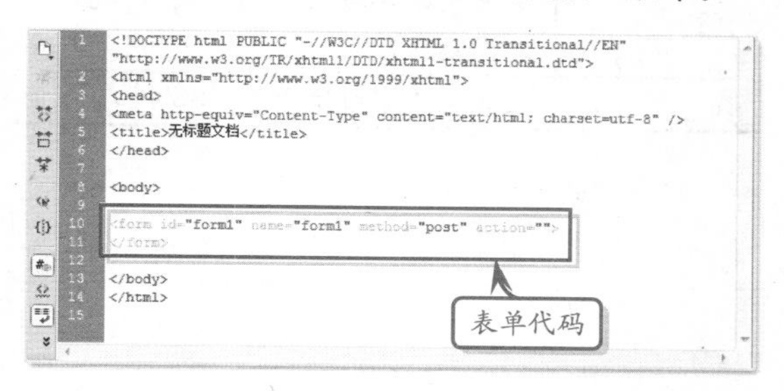

提示

在网页中，有多种表单对象。表单标签是所有表单对象的基础。在设计交互网页时，只有在表单中的表单对象才是可用的。

15.2 插入文本字段

文本字段，又被称作文本域，是一种最常用的表单组件，其作用是为用户提供一个可输入的网页容器。

在【插入】面板中单击【文本字段】按钮 文本字段，打开【输入标签辅助功能属性】对话框，为插入文本字段进行一些简单的设置。

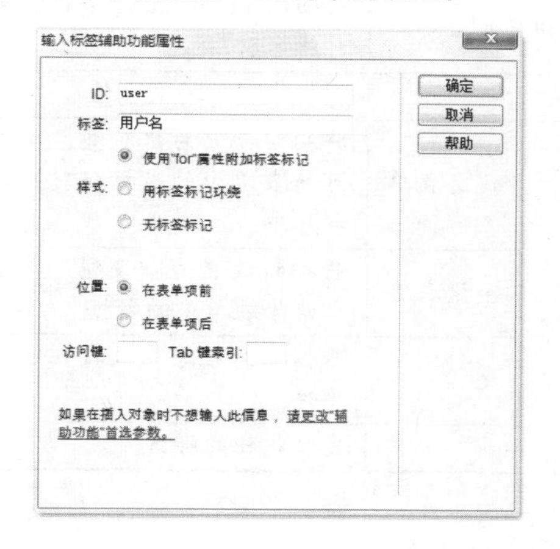

在【输入标签辅助功能属性】对话框中，包括 6 种基本属性，其名称及作用如下表所示。

名　称	作　用
ID	文本字段的 ID 属性，用于提供脚本的引用
标签	文本字段的提示文本

续表

名　称	作　用
样式	提示文本显示的方式
位置	提示文本的位置
访问键	访问该文本字段的快捷键
Tab 键索引	在当前网页中的 Tab 键访问顺序

在设置输入标签辅助功能属性后，即可在【属性】检查器中设置文本字段的属性。

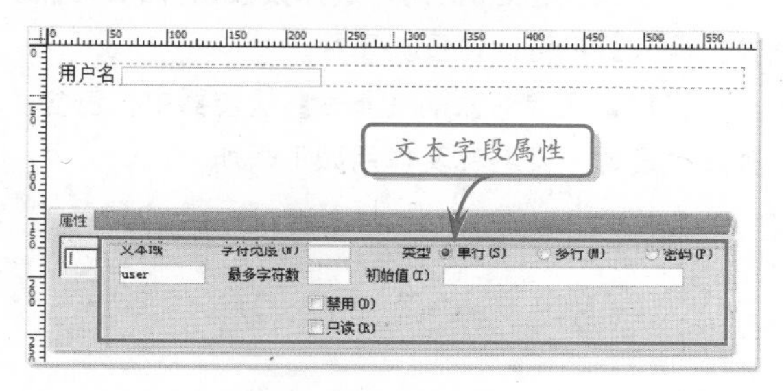

在文本字段的【属性】检查器中，各个属性的名称及作用如下表所示。

名　称	作　用
文本域	文本字段的 id 和 name 属性，用于提供对脚本的引用
字符宽度	文本字段的宽度（以字符大小为单位）
最多字符数	文本字段中允许最多的字符数量

续表

名称		作用
类型	单行	定义文本字段中的文本不换行
	多行	定义文本字段中的文本可换行
	密码	定义文本字段中的文本以密码的方式显示
初始值		定义文本字段中初始的字符

续表

名称	作用
禁用	定义文本字段禁止用户输入（显示为灰色）
只读	定义文本字段禁止用户输入（显示方式不变）
类	定义文本字段使用的 CSS 样式

15.3 插入按钮

按钮既可以触发提交表单的动作，也可以在用户需要修改表单时将表单恢复到初始状态。

将鼠标光标移动到文档中的指定位置，单击【插入】面板中的【按钮】按钮，即可插入一个按钮。

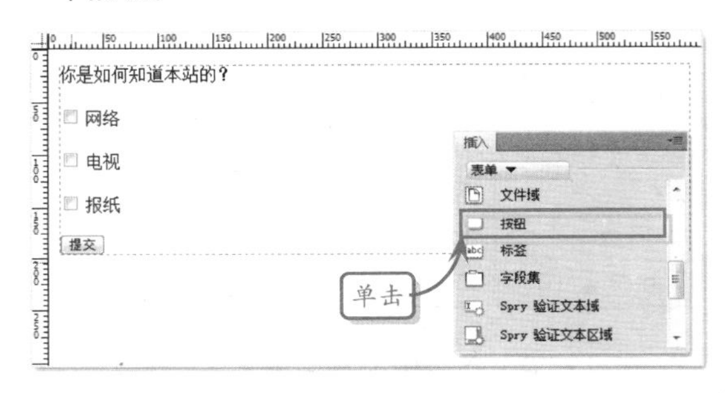

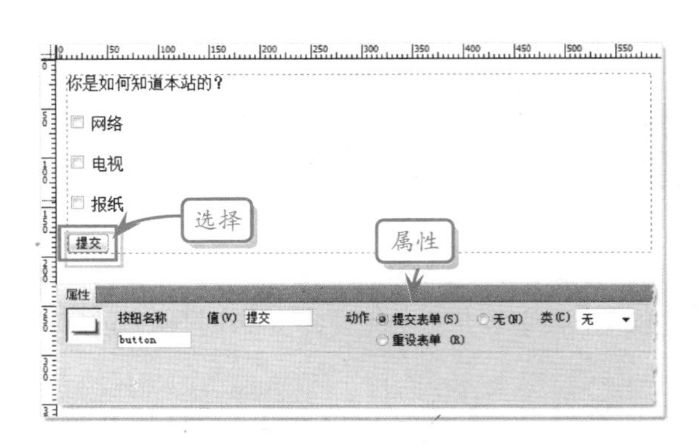

在插入按钮之后，用户选择该按钮，然后在【属性】检查器中可以设置其属性。

在按钮表单对象的【属性】检查器中，包含 4 种属性设置，其名称及作用如下表所示。

名称		作用
按钮名称		按钮的 id 和 name 属性，供各种脚本引用
值		按钮中显示的文本值
动作	提交表单	将按钮设置为提交型，单击即可将表单中的数据提交到动态程序中
	重设表单	将按钮设置为重设型，单击即可清除表单中的数据
	无	根据动态程序定义按钮触发的事件
类		定义按钮的样式

15.4 插入列表/菜单

列表菜单是一种选择性的表单，其允许设置多个选项，并为每个选项设定一个值，供用户进行选择。

单击【表单】选项卡中的【选择(列表/菜单)】按钮，在弹出的【输入标签辅助功能属性】对话框中输入【标签文字】，然后单击【确定】按钮，即可插入一个列表菜单。

插入后，菜单中并无选项内容。此时，需要单击【属性】检查器中的【列表值】按钮，在弹出的对话框添加选项。

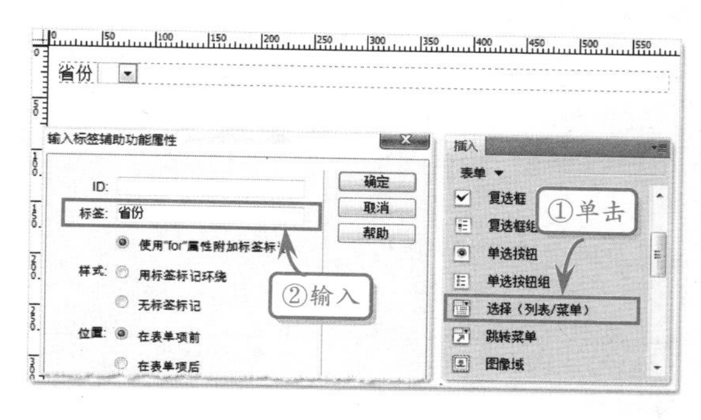

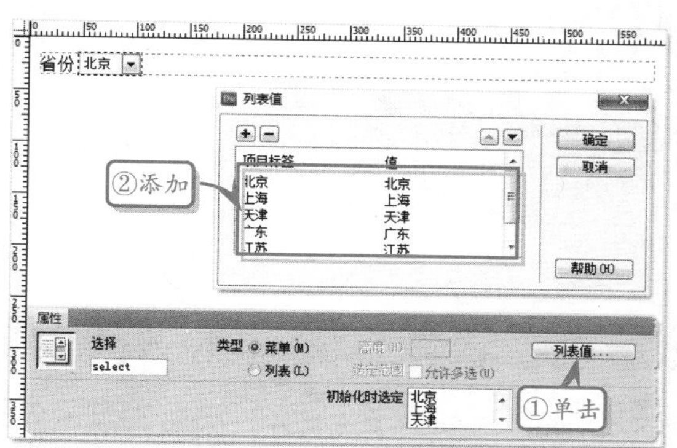

在列表菜单的【属性】查检器中，包含有 8 种基本属性，其名称及作用如下表所示。

名　称		作　用
选择		定义列表/菜单的 id 和 name 属性
类型	菜单	将列表/菜单设置为菜单
	列表	将列表/菜单设置为列表
高度		定义列表/菜单的高度
选定范围		定义列表/菜单是否允许多项选择
初始化时选定		定义列表/菜单在初始化时被选定的值
列表值		单击该按钮可制订列表/菜单的选项
类		定义列表/菜单的样式

15.5 插入单选按钮

单选按钮组是一种单项选择类型的表单。其提供一种或多种选项供用户选择，同时限制用户只能选择其中一项选项。

在网页文档中，单击【插入】面板中的【单选按钮】按钮 单选按钮，打开【输入标签辅助功能属性】对话框，在其中设置单选按钮的一些基本属性。

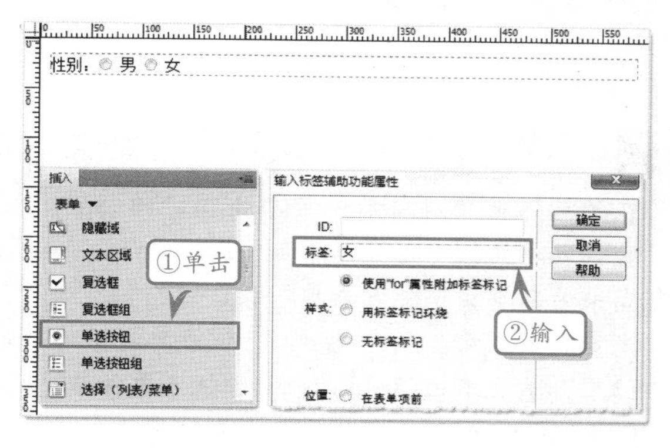

在插入单选按钮后，用户可以通过选择该单选按钮，在【属性】检查器中设置其属性。

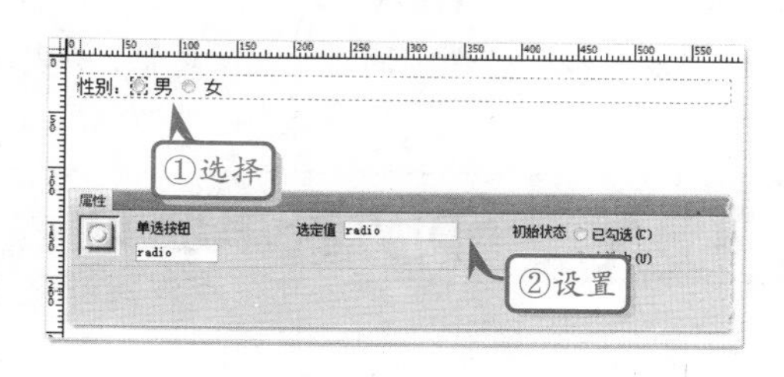

除此之外，用户还可以通过单击【插入】面板中的【单选按钮组】按钮，在打开的【单选按钮组】对话框中添加选项，直接插入一组单选按钮。

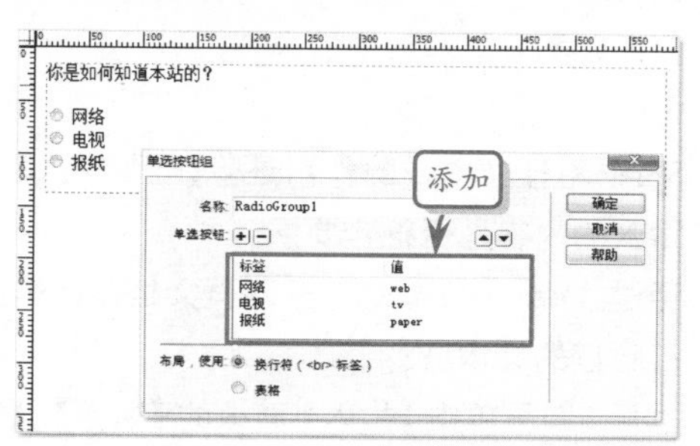

15.6 插入复选框

复选框是一种允许用户多项选择的表单对象。其与单选按钮最大的区别在于，允许用户选择其中的多个选项。

在【插入】面板中单击【复选框】按钮 复选框，然后在弹出的【输入标签辅助功能属性】对话框中设置复选框的标签等属性。

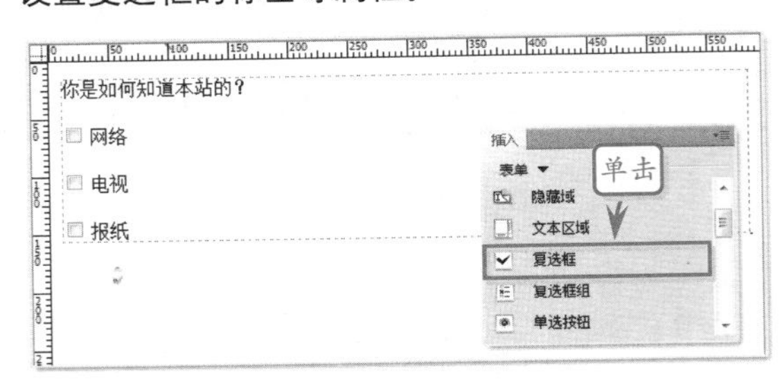

在插入复选框后，用户可以启用复选框，在【属性】查检器中设置其各种属性。

在【属性】检查器中，主要包含 3 种属性设置，其名称及作用如下表所示。

除此之外，单击【插入】面板中的【复选框组】按钮，可以直接在文档中插入一组复选框，其方法与插入单选按钮组相同。

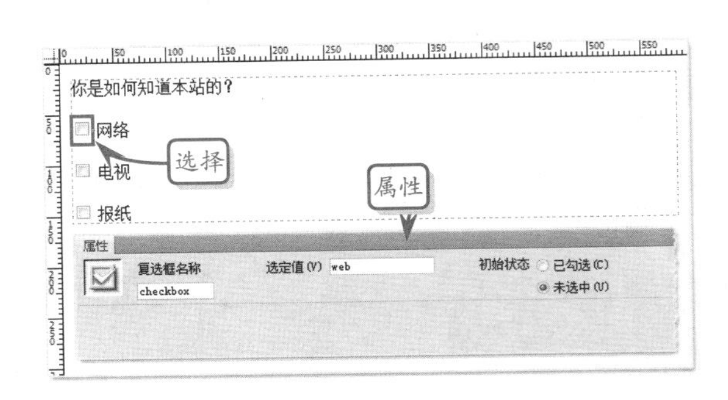

名　称		作　用
复选框名称		定义复选框的 id 和 name 属性，供脚本调用
选定值		如该项被选定，则传递给脚本代码的值
初始状态	已勾选	定义复选框初始化时处于被选中的状态
	未选中	定义复选框初始化时处于未选中的状态

15.7 Spry 表单验证

Spry 表单验证是一种 Dreamweaver 内建的用户交互元素。其类似 Dreamweaver 的行为，可以根据用户对表单进行的操作执行相应的指令。

Dreamweaver 共包含 6 种 Spry 表单验证元素，以验证 6 大类表单对象中的内容。

1．Spry 验证文本域

Spry 验证文本域的作用是验证用户在文本字段中输入的内容是否符合要求。

通过 Dreamweaver 打开网页文档，并选中需要进行验证的文本域。

然后，即可单击【插入】面板的【表单】|【Spry 验证文本域】按钮 Spry 验证文本域，为文本域添加 Spry 验证。

> **提示**
>
> 在已插入表单对象后，可单击相应的 Spry 验证表单按钮，为表单添加 Spry 验证。如尚未为网页文档插入表单对象，则可直接将光标放置在需要插入 Spry 验证表单对象的位置，然后单击相应的 Spry 验证表单按钮，Dreamweaver 会先插入表单，然后再为表单添加 Spry 验证。

在插入 Spry 验证文本域或为文本域添加 Spry 验证后，即可单击蓝色的 Spry 文本域边框，然后在【属性】面板中设置 Spry 验证文本域的属性。

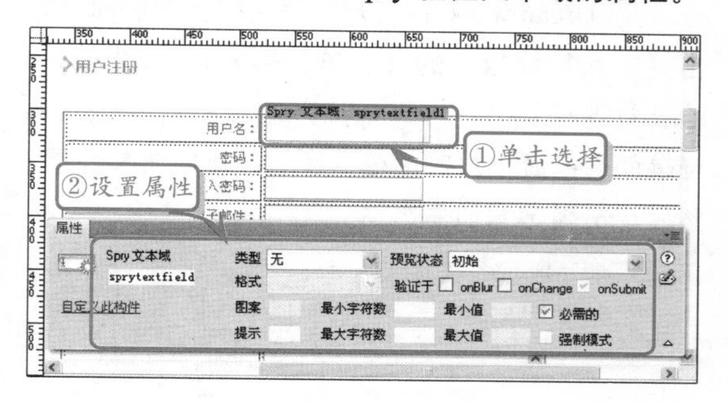

Spry 验证文本域有多种属性可以设置。包括设置其状态、验证的事件等。

属性名		作用
Spry 文本域		定义 Spry 验证文本域的 id 和 name 等属性，以供脚本引用
类型		定义 Spry 验证文本域所属的内置文本格式类型
预览状态	初始	定义网页文档被加载或用户重置表单时 Spry 验证的状态
	有效	定义用户输入的表单内容有效时的状态
验证于	onBlur	选中该项目，则 Spry 验证将发生于表单获取焦点时
	onChange	选中该项目，则 Spry 验证将发生于表单内容被改变时
	onSubmit	选中该项目，则 Spry 验证将发生于表单被提交时
最小字符数		设置表单中最少允许输入多少字符
最大字符数		设置表单中最多允许输入多少字符
最小值		设置表单中允许输入的最小值
最大值		设置表单中允许输入的最大值

续表

属性名		作用
必需的		定义表单为必需输入的项目
强制模式		定义禁止用户在表单中输入无效字符
图案		根据用户输入的内容，显示图像
提示		根据用户输入的内容，显示文本

在【属性】面板中，定义任意一个 Spry 属性，在【预览状态】的下拉列表中都会增加相应的状态类型。

选中【预览状态】下拉列表中相应的类型后，用户即可设置该类型状态时网页显示的内容和样式。

例如，定义【最小字符数】为 8，则【预览状态】的下拉列表中将新增【未达到最小字符数】的状态，选中该状态后，即可在【设计视图】中修改该状态。

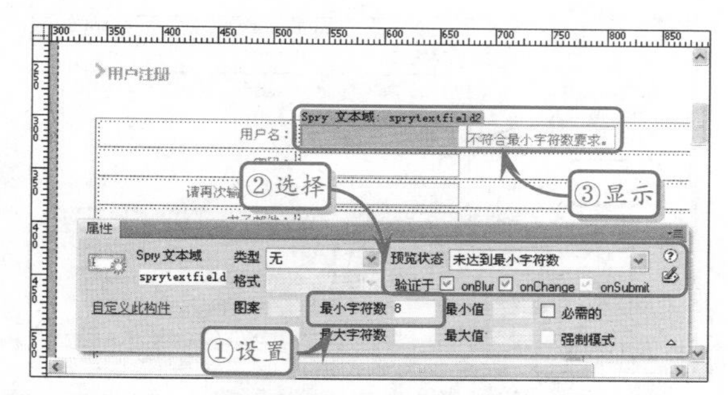

提示

在设计视图中，“不符合最小字符数要求”的文本是 Dreamweaver 自动生成的，用户可将光标移动到该处，对这些文本的内容和样式进行修改。

用户如需要改变其他状态的样式，也可单击【预览状态】下拉列表框，切换到其他的状态，然后再通过设计视图修改。

2. Spry 验证文本区域

Spry 验证文本区域也是一种 Spry 验证内容，其主要用于验证文本区域内容，以及读取一些简单的属性。

在 Dreamweaver 中，用户可直接单击【插入】

面板中的【表单】列表框中的【Spry 验证文本区域】按钮 Spry 验证文本区域，创建 Spry 验证文本区域。

如网页文档中已插入了文本区域，则用户可选中已创建的普通文本区域，用同样的方法为表单对象添加 Spry 验证方式。

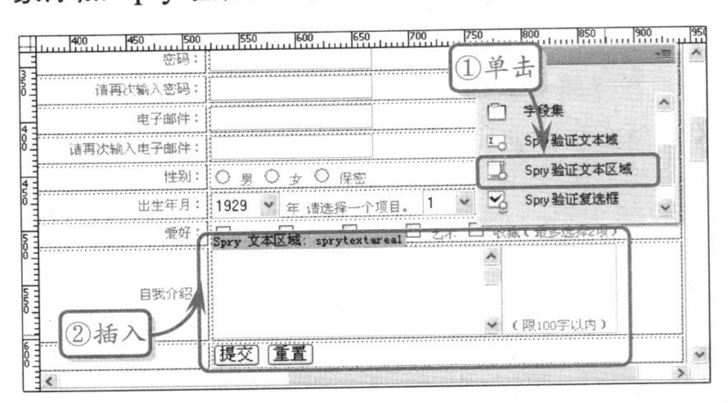

在【设计视图】中选择蓝色的 Spry 文本区域后，即可在【属性】面板中定义 Spry 验证文本区域的内容。

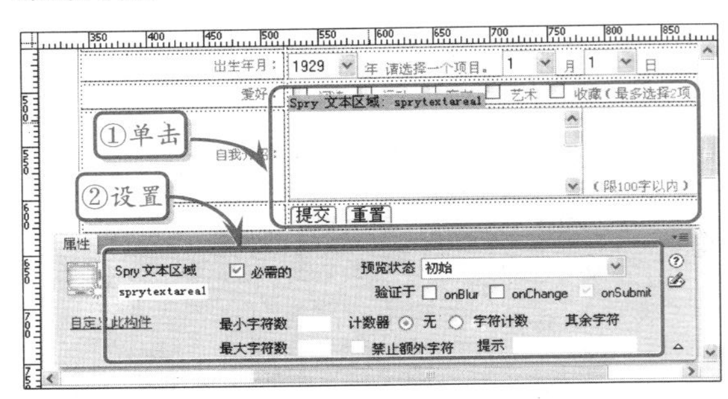

在 Spry 验证文本区域的【属性】面板中，比 Spry 验证文本域增加了两个选项。

● 计数器

计数器是一个单选按钮组，提供了 3 种选项供用户选择。当用户选择“无”时，将不在 Spry 验证结果的区域显示任何内容。

如用户选择“字符计数”，则 Dreamweaver 会为 Spry 验证区域添加一个字符技术的脚本，显示文本区域中已输入的字符数。

当用户设置了最大字符数之后，Dreamweaver 将允许用户选择“其余字符”选项，以显示文本区域中还允许输入多少字符。

● 禁止额外字符

如用户已设置最大字符数，则可启用“禁止额外字符”复选框。其作用是防止用户在文本区域中输入的文本超过最大字符数。

当启用该复选框后，如用户输入的文本超过最大字符数，则无法再向文本区域中输入新的字符。

3. Spry 验证复选框

Spry 验证复选框的作用是在用户启用复选框时显示选择的状态。与之前几种 Spry 验证表单不同，Dreamweaver 不允许用户为已添加的复选框添加 Spry 验证。只允许用户直接添加 Spry 复选框。

用 Dreamweaver 打开网页文档，然后即可单击【插入】面板中的【表单】列表框中的【Spry 验证复选框】按钮 Spry 验证复选框，打开【输入标签辅助功能属性】对话框，在对话框中简单设置，然后单击确定添加复选框。

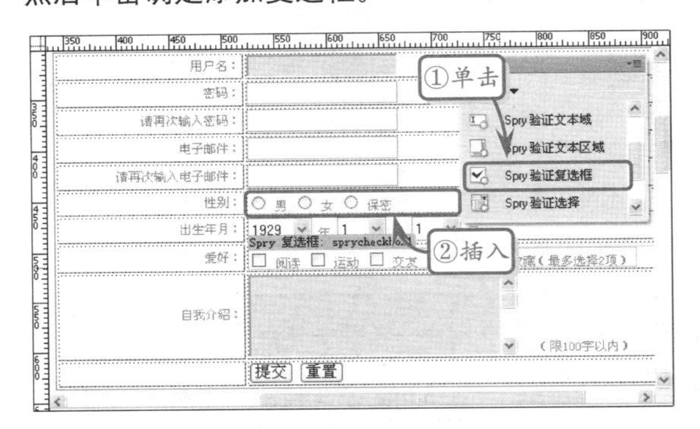

用户可单击复选框上方的蓝色【Spry 复选框】标记，然后在【属性】面板中定义 Spry 验证复选框的属性。

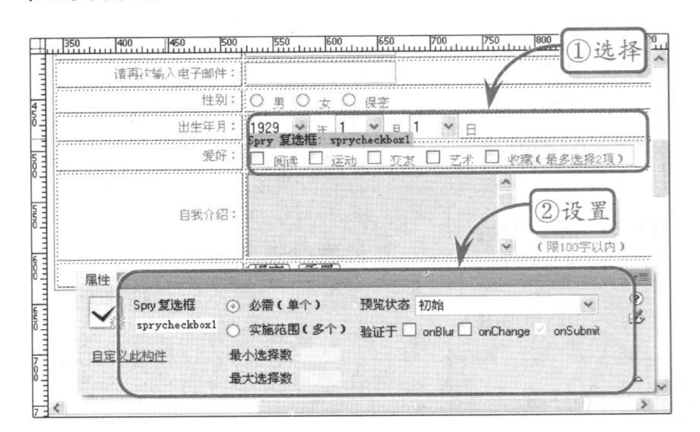

Spry 复选框有两种设置方式。一种是作为单个复选框而应用的“必需”选项，另一种则是作为多个复选框（复选框组）而应用的“实施范围”选项。

在用户选择“实施范围”选项后，将可定义 Spry 验证复选框的【最小选择数】和【最大选择数】等属性。

在设置了【最小选择数】和最大选择数后，【预览状态】的列表中，会增加【未达到最小选择数】和【已超过最大选择数】等项目。选择相应的项目，即可对 Spry 复选框的返回信息进行修改。

4. Spry 验证选择

Spry 验证选择的作用是验证列表/菜单和跳转菜单的值，并根据值显示指定的文本或图像内容。

在 Dreamweaver 中，单击【插入】面板中的【表单】列表框中的【Spry 验证选择】按钮 Spry 验证选择，即可为网页文档插入 Spry 验证选择。

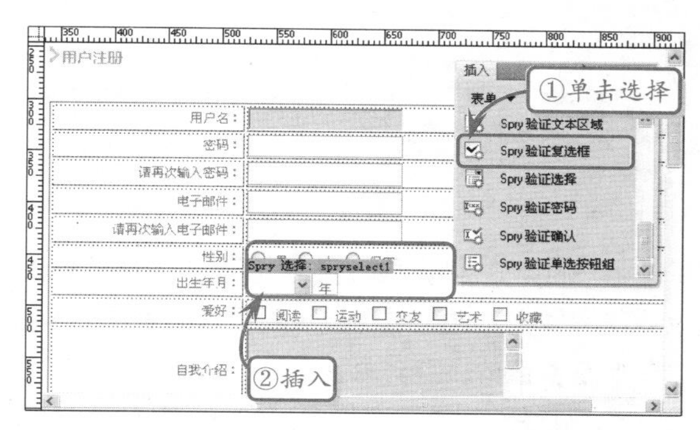

选中 Spry 选择的标记，即可在【属性】面板中编辑 Spry 验证选择的属性。

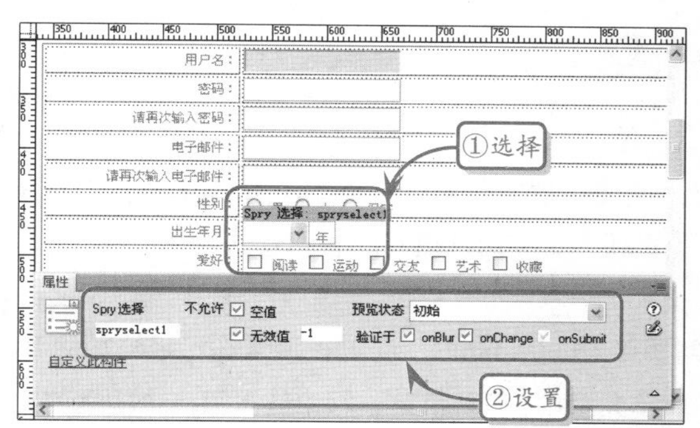

在 Spry 验证选择的【属性】面板中，允许用户设置 Spry 验证选择中不允许出现的选择项以及验证选择的事件类型等属性。

5. Spry 验证密码

Spry 验证密码的作用是验证用户输入的密码是否符合服务器的安全要求。

在 Dreamweaver 中，单击【插入】面板中的【表单】列表框中的【Spry 验证密码】按钮 Spry 验证密码，即可为密码文本域添加 Spry 验证。

如尚未为网页文档插入密码文本域，则可直接单击【插入】面板中的【表单】列表框中的【Spry 验证密码】按钮 Spry 验证密码，Dreamweaver 将自动为网页文档插入一个密码文本域，然后添加 Spry 验证。

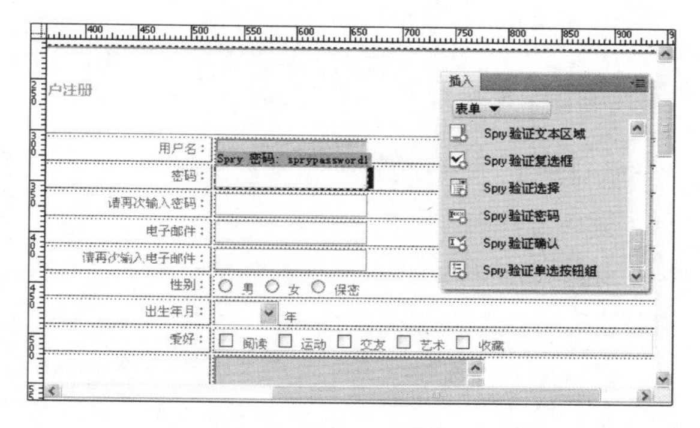

单击 Spry 密码的蓝色标签，即可在【属性】面板中设置验证密码的方式。

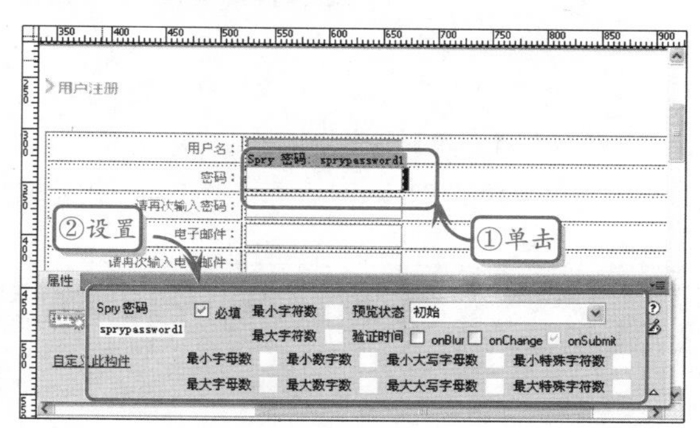

在 Spry 验证密码的【属性】面板中，包含 10 种验证属性。

验证属性名	作　用
最小字符数	定义用户输入的密码最小位数
最大字符数	定义用户输入的密码最大位数
最小字母数	定义用户输入的密码中最少出现多少小写字母
最大字母数	定义用户输入的密码中最多出现多少小写字母
最小数字数	定义用户输入的密码中最少出现多少数字

续表

验证属性名	作　用
最大数字数	定义用户输入的密码中最多出现多少数字
最小大写字母数	定义用户输入的密码中最少出现多少大写字母
最大大写字母数	定义用户输入的密码中最多出现多少大写字母
最小特殊字符数	定义用户输入的密码中最少出现多少特殊字符（标点符号、中文等）
最大特殊字符数	定义用户输入的密码中最多出现多少特殊字符（标点符号、中文等）

6. Spry 验证确认

Spry 验证确认的作用是验证某个表单中的内容是否与另一个表单内容相同。

在 Dreamweaver 中，用户可选择网页文档中的文本字段或文本域，然后单击【插入】面板中的【表单】列表框中【Spry 验证确认】按钮 Spry验证确认，为文本字段或文本域添加 Spry 验证确认。

用户也可以直接在网页文档的空白处单击【插入】面板中的【表单】列表框中的【Spry 验证确认】按钮 Spry验证确认，Dreamweaver 将自动先插入文本字段，然后为文本字段添加 Spry 验证确认。

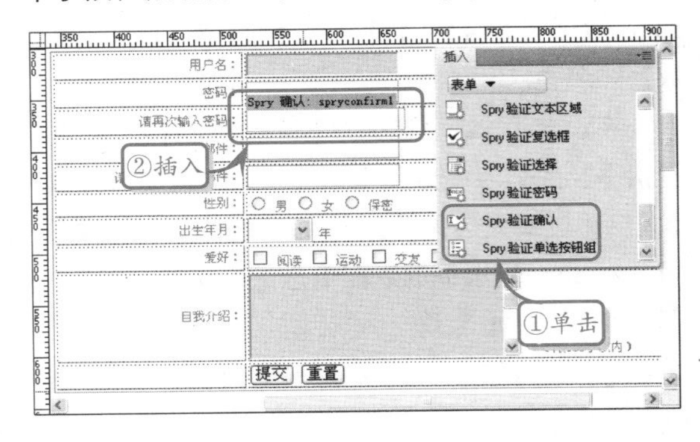

选中 Spry 确认的蓝色标记，然后即可在【属性】面板中设置其属性。

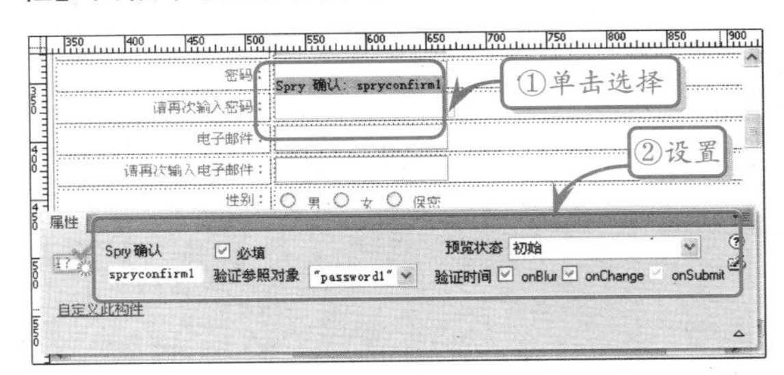

在 Spry 确认的【属性】面板中，用户可将该文本字段或文本域设置为必填项或非必填项，也可选择验证参照的表单对象。

除此之外，用户还可以定义触发验证的事件类型等。

15.8 练习：制作问卷调查表

在设计问卷调查页时，除使用了之前介绍过的文本区域、按钮、列表/菜单等表单元素外，还是用了单选按钮组和多选按钮组等，以为用户提供客观性的选项，提高用户填写问卷调查的效率。

练习要点

- 插入列表菜单
- 单选按钮组
- 复选框组
- 文本字段
- 按钮

操作步骤

STEP|01 打开素材页面“index.html”，将光标放置在已经添加的 ID 为 questionnaire 的表单元素中，在表单第一行中输入第一个问题的文本，然后在【属性】检查器中设置【格式】为“段落”。

STEP|02 在第一个问题的文本右侧按 Enter 键换行，将自动创建段落标签。单击【插入】面板【表单】选项中的【列表/菜单】按钮，在弹出的【输入标签辅助功能属性】对话框中设置 ID 为 list，插入列表菜单。选择列表菜单所在的行，在【属性】检查器中设置【类】为 labels。

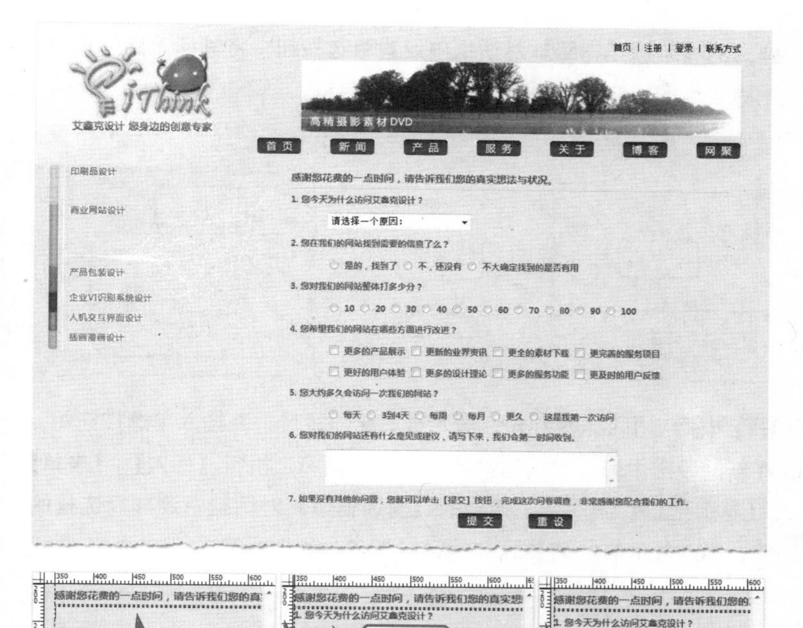

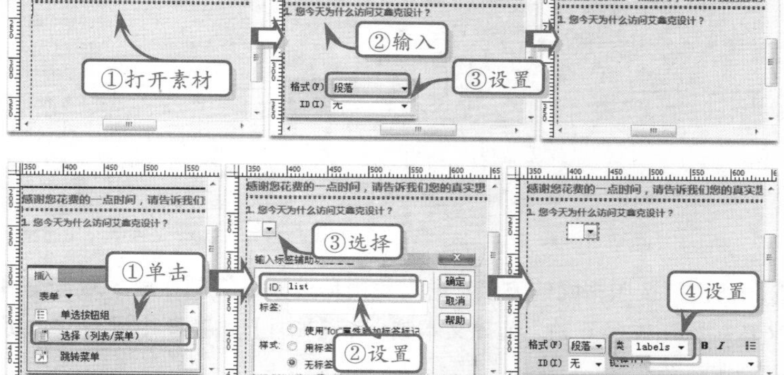

STEP|03 选中列表菜单，在【属性】检查器中单击【列表值】按钮，在弹出的【列表值】对话框中设置列表/菜单类表单中的列表内容，即可完成列表项目制作。在列表/菜单表单的右侧按 Enter 键换行插入段落，在【属性】检查器中设置【类】为“无”，即可输入第二个问题的文本。

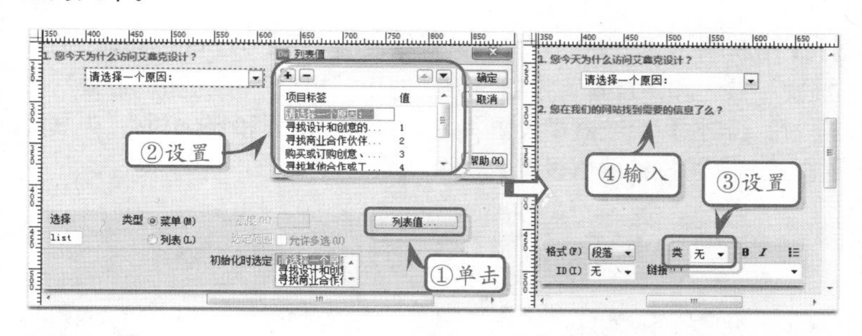

STEP|04 在第二个问题的文本右侧按 Enter 键换行，将自动创建段落标签。单击【插入】面板【表单】选项中的【单选按钮组】按钮，在

提示

页面布局代码如下所示。

```
<div id="topFrame"></div>
<div id="midFrame"></div>
<div id="bottomFrame"></div>
```

提示

在 ID 为 midFrame 的 Div 层中的代码布局如下所示。

```
<div id="midFrame">
<div id="leftNavigator"></div>
<div id="webSubstance">
<div id="webQuestionnaireTitle">
</div>
<div id="webQuestionnaireLine">
</div>
<div id="webQuestionnaire"> </div>
</div>
</div>
```

提示

在 CSS 样式中，已经给出预设的样式，根据提示在 CSS 样式中仔细查找，并在页面中添加样式。

网页设计与网站建设从新手到高手

弹出的【单选按钮组】对话框中设置单选按钮，将其插入到网页中，删除单选按钮右侧的换行，并为其设置类。

> **提示**
>
> 在页面中列表菜单的大小是根据输入文本多少决定的；也可以通过CSS样式设置列表菜单的大小。

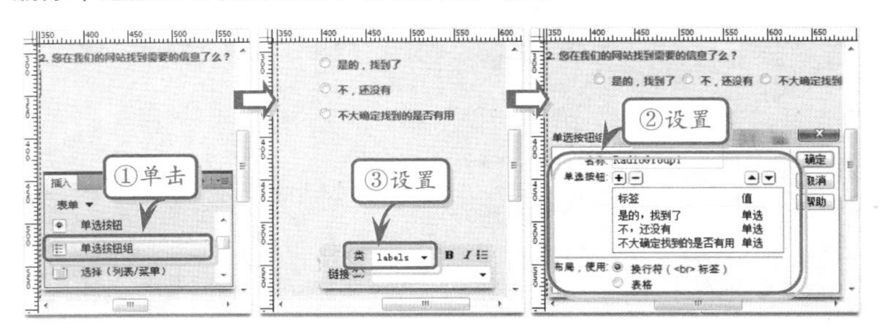

STEP|05 用同样的方式，输入第三题的题目，并插入单选按钮组。在新的段落中输入第四题的题目，然后换行。执行【插入】|【表单】|【复选框组】命令，在弹出的【复选框组】对话框中添加复选框的值，插入复选框。为删除复选框组中多余的换行符。

> **提示**
>
> 在页面中插入的【单选按钮组】、【复选框组】默认情况下是有
换行标签的，需要切换到代码视图中删除换行标签。可以看出删除换行标签后将水平排列。

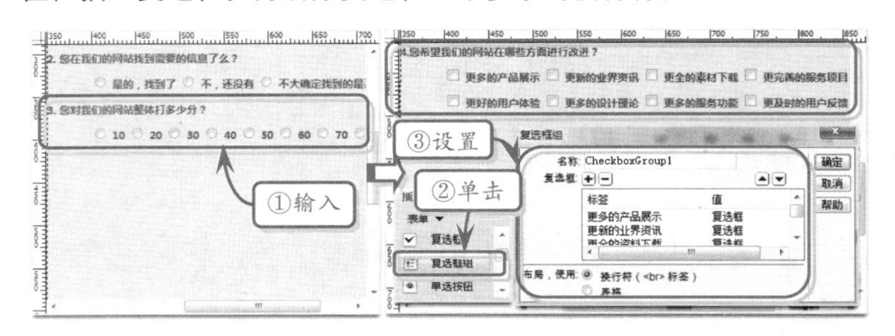

STEP|06 按照相同的方法，通过使用单选按钮组制作第5题；使用文本字段制作第6题。选择文本域，在【属性】检查器中设置文本域类型为“多行”。

> **提示**
>
> 如果在【单选按钮组】、【复选框组】对话框中设置【布局，使用】为“表格”，那么，同样是垂直排列的，只是将一个个的按钮放入了表格中。

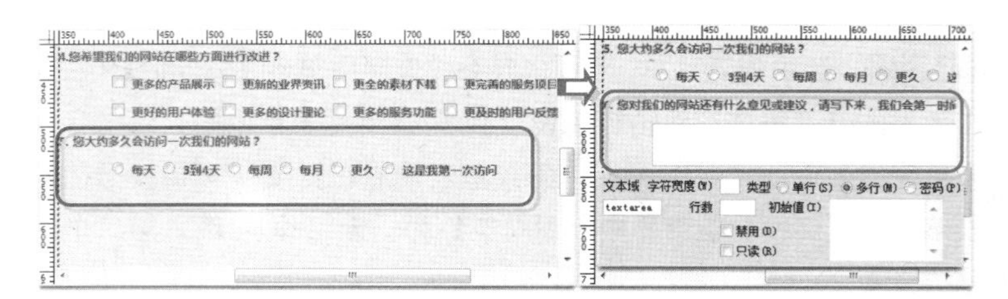

STEP|07 输入第七题的题目，设置段落的【类】为 buttonsSet，插入“提交”按钮和“重置”按钮。分别选中“提交”按钮和“重置”按钮，在【属性】检查器中设置其 ID 为 acceptBtn 和 resetBtn，为其应用样式，再将按钮的值设置为一个空格。

> **提示**
>
> 在默认情况下，按钮的值就是按钮上的文本。如果需要使按钮显示空值，则可以将其值设置为空格。

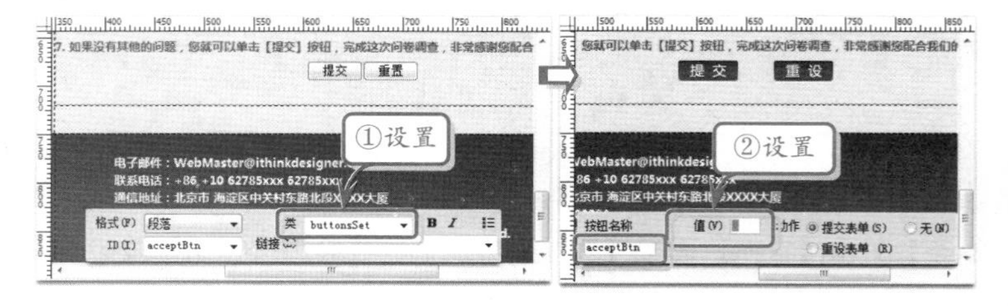

15.9 练习：制作会员注册页面

互联网对于企业的生存发展已不可或缺。许多网站采用会员制服务方式。可以实行收费会员制，向会员提供多方位有偿服务。会员制服务需要用户通过注册提交表单成为该网站的会员。本例将使用表单控件和 Spry 控件制作一个儿童乐园网站的会员注册。

练习要点

- 插入表单控件
- 表单控件的属性
- 文本域、单选按钮组、复选框组、按钮和文段集的应用
- Spry 验证控件
- Spry 验证控件的属性

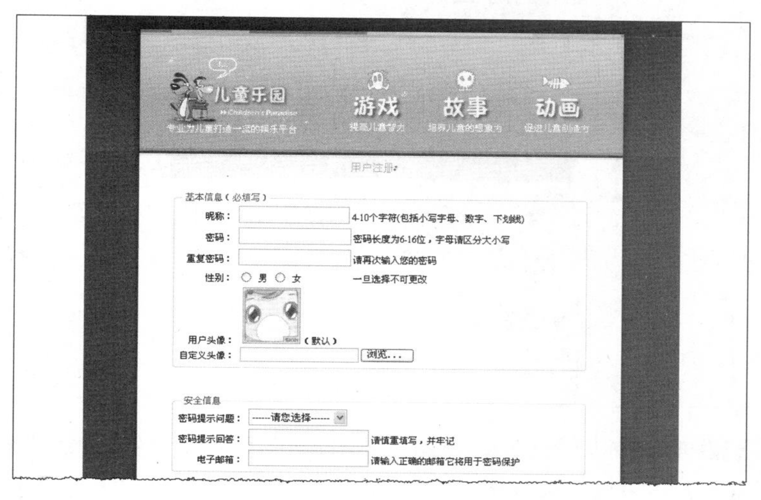

操作步骤

STEP|01 新建空白文档，在【属性】面板中打开【页面属性】对话框，设置页面字体大小、文本颜色和标题等参数。然后，双击【CSS 样式】面板中 body 规则，在弹开的【body 的 CSS 规则定义】对话框【背景】选项卡中设置参数。

提示

打开【页面属性】对话框，在【外观】选项卡中，设置背景图像和图像纵向重复平铺。

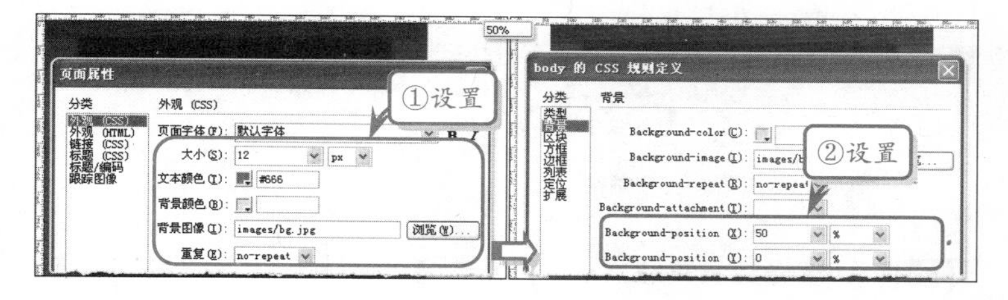

提示

background-position 属性是用来定义背景图像显示的位置。在【body 的 CSS 规则定义】对话框【背景】选项卡中，第一个值 50%是定义图像水平方向的位置，第二个值 0%是定义图像垂直方向的位置。

STEP|02 在页面中插入一个 ID 为 container 的层并设置其 CSS 样式。并在该层中插入一个 ID 为 nav 的层，定义其 CSS 样式。在 ID 为 nav 的层中插入一个 2 行×5 列的表格。选中并合并表格中第 1 行第 1 列至第 1 行第 5 列的单元格，在各个单元格中插入导航图像并为图像创建链接。

STEP|03 在 ID 为 nav 的层下面插入一个 ID 为 main 的层，并定义该层的 CSS 样式。然后，在该层中输入“用户注册”标题文字，在

提示

执行【窗口】|【标签检查器】命令，打开【标签检查器】对话框，在【常规】选项卡中设置单元格背景图像的参数。

【属性】面板中设置【格式】为“h6”，并在【CSS 样式】面板中为该标签定义样式。

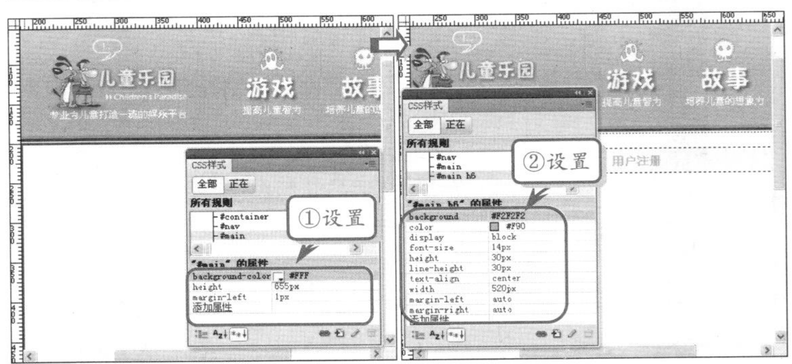

提示

单击【表单】按钮后，在弹出的【标签编译器-from】对话框中设置【操作】为#。

STEP|04 在 ID 为 mian 的层中插入一个 ID 为 login 的层，并定义该层的 CSS 样式。单击【表单】选项卡中【表单】按钮 表单，在该层中插入一个表单。然后，继续单击【字段集】按钮 字段集，并在弹出的对话框中输入“基本信息（必填写）”。

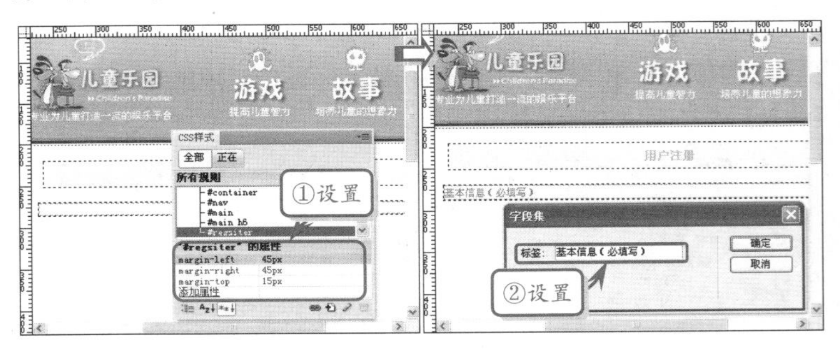

STEP|05 将光标放置在文本“基本信息（必填写）”后，按 Enter 键，文本换行并在【CSS 样式】面板中为段落标签定义样式。然后，单击【表单】选项卡中【Spry 验证文本域】按钮 Spry 验证文本域，在该字段集中插入一个 Spry 验证文本域控件并在【属性】面板中设置【最小字符数】为 4 和【最大字符数】为 10。

STEP|06 在“昵称”下面插入一个 Spry 验证密码控件并在【属性】面板中设置该控件的属性。使用相同的方法，在该 Spry 验证密码控件下面插入一个 Spry 验证确认控件并在【属性】面板中设置参数。

提示

单击【Spry 验证文本域】按钮 Spry 验证文本域，在弹出的对话框中设置【标签】为“昵称:”。

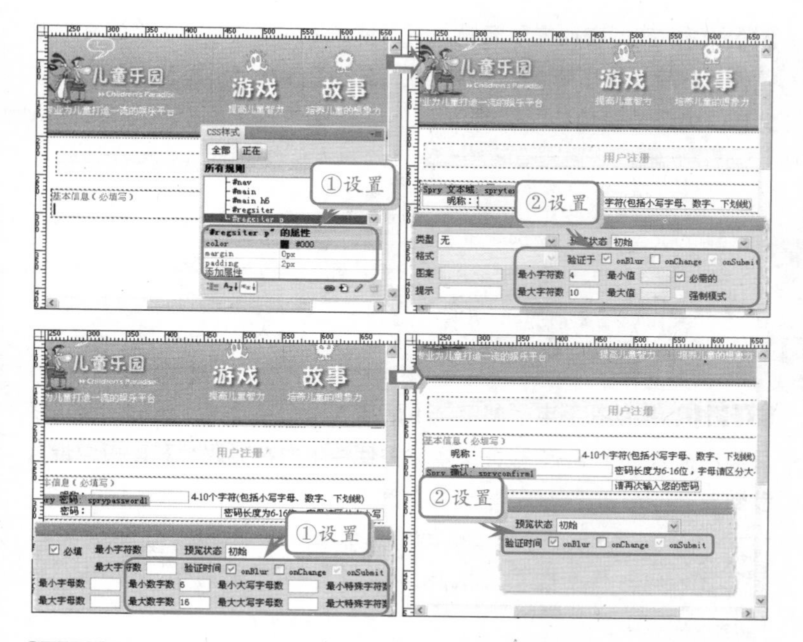

提示

在【属性】面板中，在【验证时间】选项中启用 onBlur 复选框。默认的是启用 onSub 复选框。

STEP|07 在"重复密码"下面插入一个 Spry 单选按钮组控件并在【属性】面板中设置该控件的属性。然后，在"性别"下面输入文本并插入头像。按 Enter 键后，单击【表单】选项卡中【文件域】按钮 文件域，在表单中插入一个文件域。

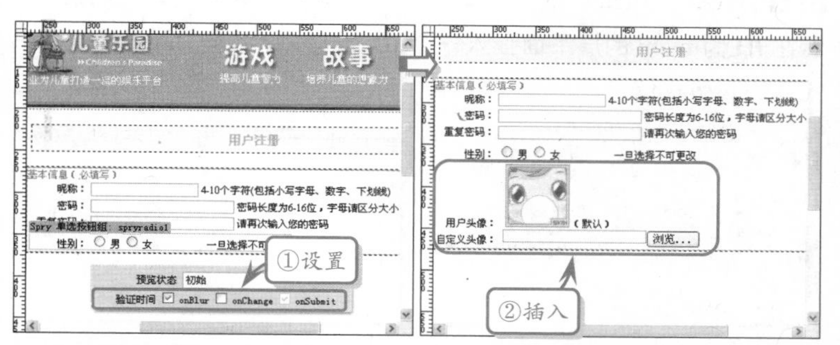

提示

文件域在可以实现文件的上传功能。一般应用于后台管理页面图片上传、文件上传等。网站用户注册页面上传头像等。

STEP|08 使用相同的方法，在"自定义头像"下面插入一个字段集。然后，在该字段集中插入一个 Spry 验证选择控件并在【属性】面板中启用【验证于】选项中的 onBlur 复选框。然后，选择【列表/菜单】之后，在【属性】面板中打开【列表值】对话框，并设置参数。

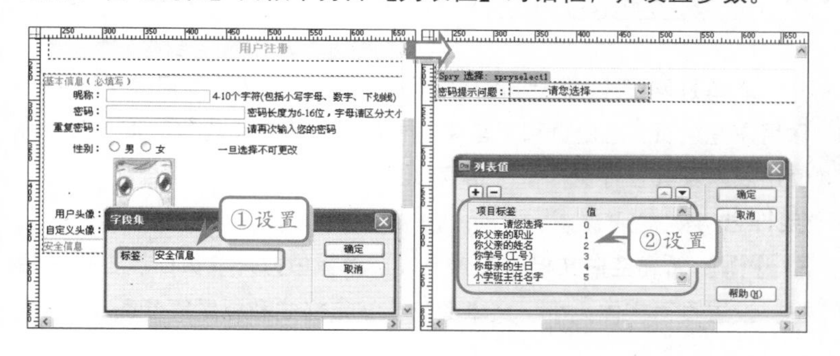

提示

在【列表值】对话框中不仅设置【项目标签】还要设置【值】。

STEP|09 在“密码提示问题”下面依次插入 2 个 Spry 验证文本域控件。然后，选择第 2 个控件，在【属性】面板【类型】下拉列表中选择“电子邮箱地址”选项。

> **提示**
>
> 在【属性】面板中设置【最小字符数】为 2 和【最大字符数】为 4。一个汉字是 2 个字符。

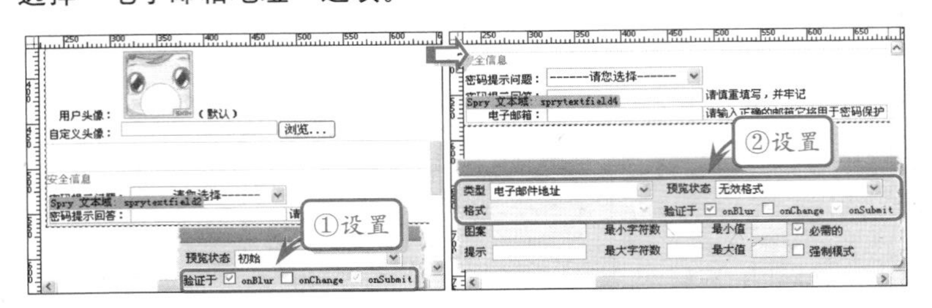

STEP|10 继续在“电子邮箱”下面插入 1 个字段集。然后，在该字段集中插入 2 个 Spry 验证文本域控件并依次在【属性】面板中设置参数。

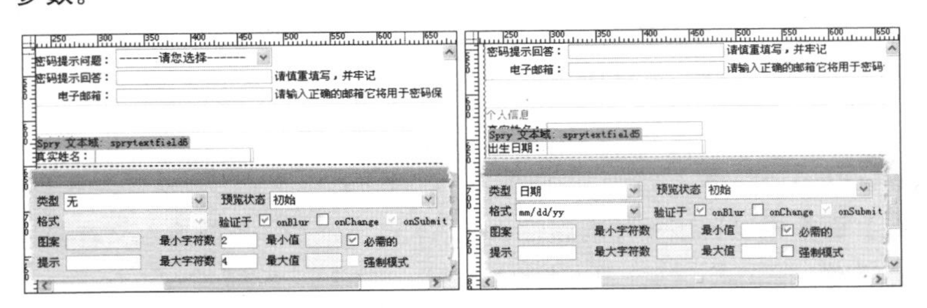

> **提示**
>
> 在【CSS 样式】面板中不仅“#footer”的属性定义了版权层的背景图像、高度、内边距等属性。

STEP|11 在“出生日期”下面分别插入 2 个文本域和 2 个按钮。然后在 ID 为 main 的层下面插入一个 ID 为 footer 的层，定义其 CSS 样式并输入版权信息。

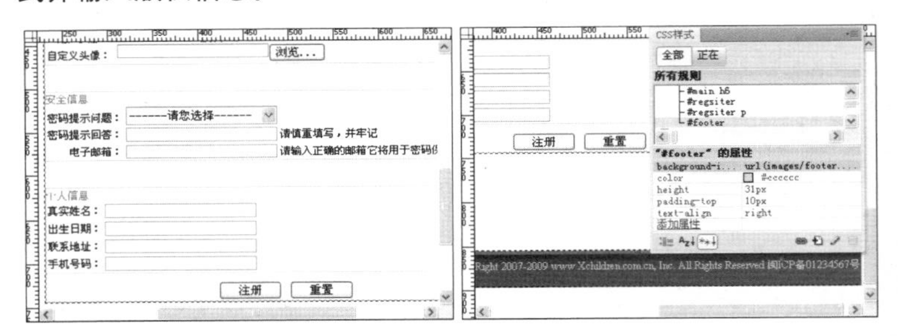

15.10 练习：制作留言板

表单是网页中的一种常用控件。在互联网中，使用表单可以制作用户登录页、注册页和留言簿等页面，创建交互式的网页。本例将使用表单及其控件制作一个留言板页面。

操作步骤

STEP|01 新建空白文档，在【属性】面板中打开【页面属性】对话框，设置页面字体大小、文本颜色、链接样式和标题等参数。

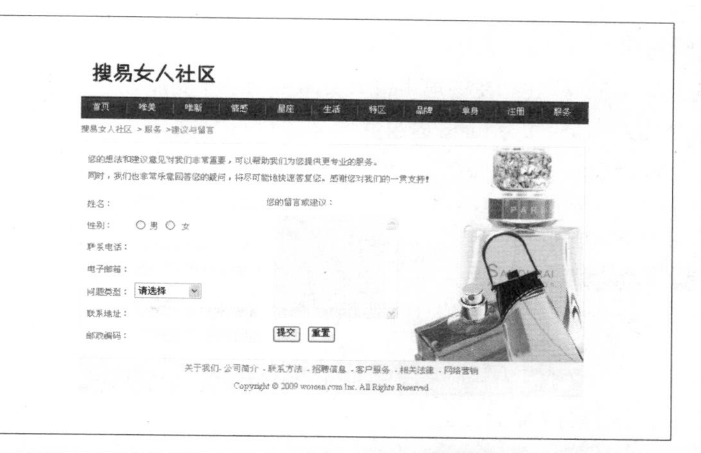

练习要点

- 插入表单控件
- 表单控件的属性
- 文本域、单选按钮、列表/菜单和按钮的应用

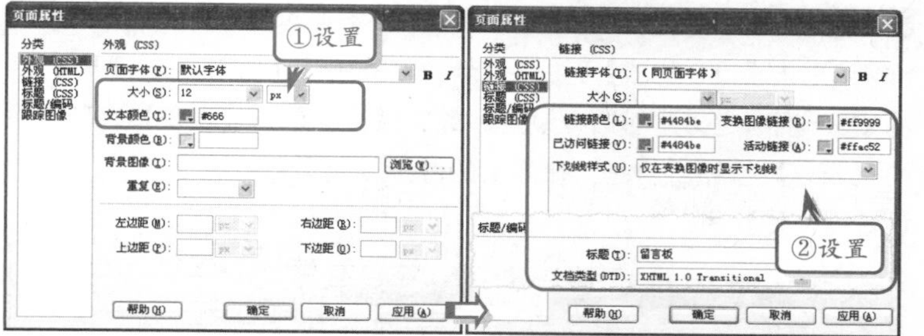

提示

设置标题的另一种方式，执行【查看】|【工具栏】|【文档】命令，打开文档栏。设置【标题】为留言板。

标题：留言板

STEP|02 在页面中插入一个ID为container的层并定义其CSS样式。然后，在ID为container的层中插入一个层，并单击【常用】选项卡中的【图像】按钮 图像：图像 ，在该层中插入Logo图像。

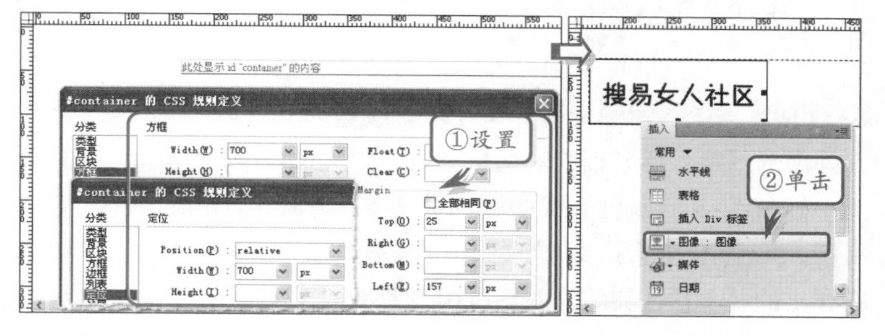

提示

在【链接（CSS）】选项卡中，选择【下划线样式】为“仅在变换图像时显示下划线”。默认的是“始终有下划线”。

STEP|03 使用相同的方法，在ID为container的层中插入一个ID为nav的层并定义其CSS样式。然后在该层中插入一个项目列表并定义其样式。并为每个文本创建链接及定义链接的CSS样式。

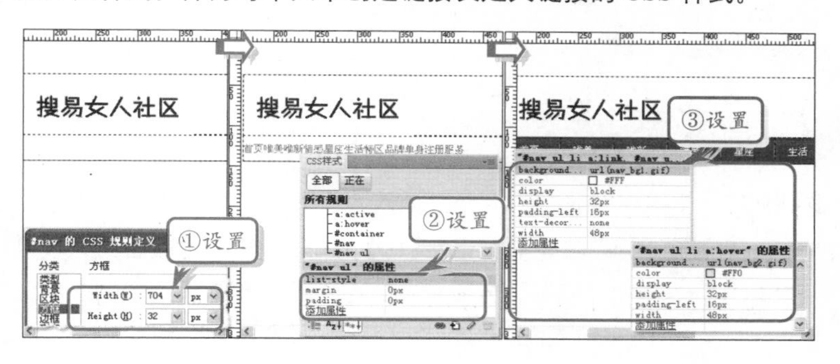

提示

在【定位】选项卡中，设置Position为relative，定义ID为container的层为相对定位。

提示

执行【插入】|【布局】|【Div 标签】命令，在弹出的【Div 标签】对话框中。选择【插入】为【在结束标签之前】<body> 设置【ID】为 nav。

STEP|04 继续在 ID 为 container 的层中插入一个 ID 为 header 的层，定义其 CSS 样式。在该层中输入文本并为各个文本创建链接。然后继续插入一个 ID 为 main 的层并定义其 CSS 样式。

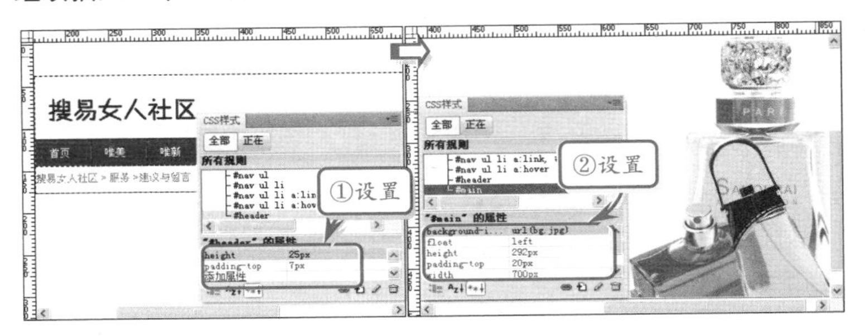

提示

定义ID为nav的层中列表下各个导航文本的CSS样式属性为文本在左侧浮动和字体行高为32px。

STEP|05 在 ID 为 main 的层中输入文本并定义<p>段落标签的 CSS 样式。单击【CSS 样式】面板中【新建 CSS 规则】按钮，打开【.test 的 CSS 规则定义】对话框设置参数。然后，单击【表单】选项卡中的【表单】按钮 表单，在弹出的【标签编译器-from】对话框中，设置【操作】为“#”。

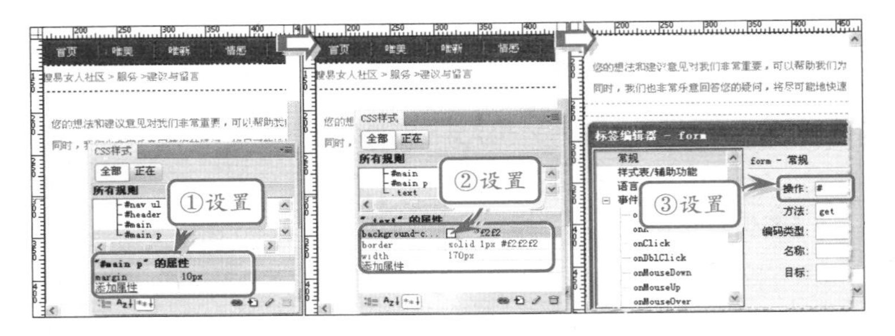

STEP|06 继续单击【表单】选项卡中的【文本字段】按钮 文本字段，在弹出的【输入标签辅助功能】对话框中，设置 ID 为 name 和标签为“姓名：”在【属性】面板中设置【类】为.text，并按 Enter 键文本换行。然后，单击【表单】选项卡中的【单选按钮组】按钮 单选按钮组，在弹出的【单选按钮组】对话框中设置参数。

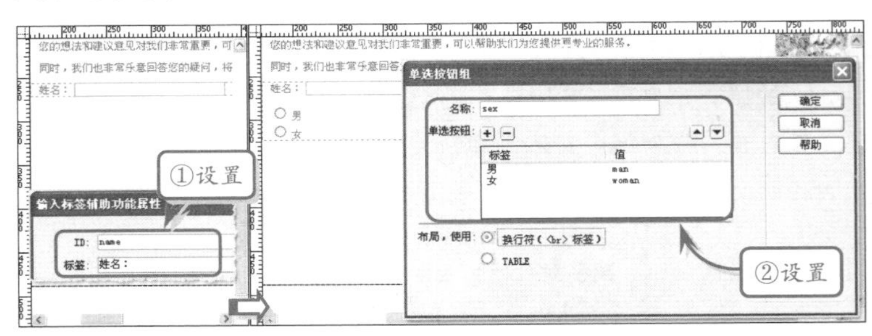

提示

新建的选择器名称为“.test”的CSS规则是定义表单中文本字段和文本域的CSS样式。

STEP|07 使用相同的方法，分别插入 4 个文本字段并依次在弹出的对话框中设置参数。将光标放置在【ID】为 email 的文本域后，按 Enter 键文本换行。单击【表单】选项卡中的【列表/菜单】按钮 列表/菜单，

在弹出的对话框中设置参数。然后，单击【属性】面板中的【列表值】按钮 列表值...，在弹出的【列表值】对话框中设置参数。

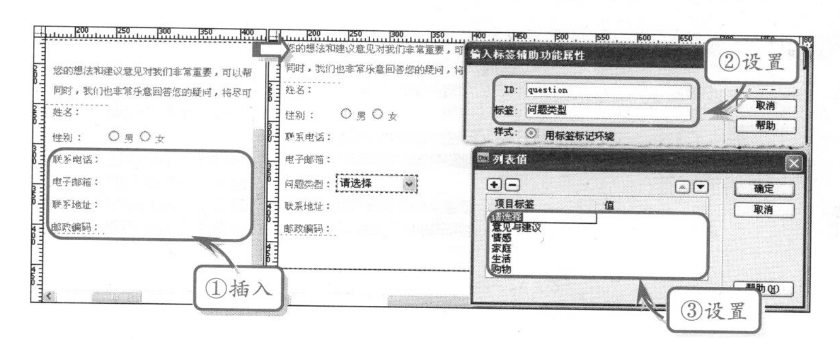

提示

应用<p>段落标签的具体操作是，按 Enter 键文本换行，车代码中插入<p>段落标签。

STEP|08 执行【插入】|【标签】命令，打开【标签选择器】对话框，在【HTML 标签】选项卡中选择 span，在弹出的对话框中单击【确定】按钮并定义 span 的 CSS 样式。然后，单击【表单】选项卡中的【文本区域】按钮 文本区域，在弹出的对话框中设置参数。并在【属性】面板中，设置【类型】为“多行”和【行数】为 9。

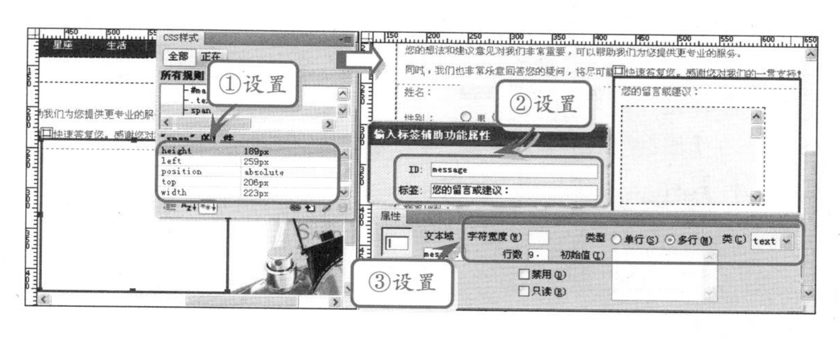

提示

切换至【代码】视图，将
标签删除，单选按钮将并排排列。

STEP|09 将光标放置在 ID 为 message 的文本域后，按 Enter 键，文本换行。然后，单击【表单】选项卡中的【按钮】按钮 按钮，在弹出的对话框中设置 ID 为 submit。使用相同的方法，插入一个 ID 为 reset 的按钮，并在【属性】面板中设置【动作】为“重设表单”。

提示

在【CSS 样式】面板中，span 的属性 position 为 absolute 是定义 span 为绝对定位。

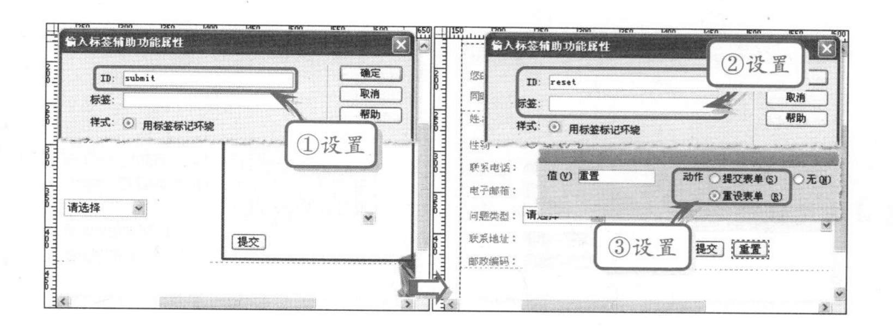

提示

在【属性】面板中，【动作】有 3 个选项，如果选择为“无”。创建的按钮为普通按钮。

STEP|10 在 ID 为 container 的层中插入一个 ID 为 footer 的层并定义其 CSS 样式。然后，输入文本并为文本创建链接。定义<p>段落标签的 CSS 样式。

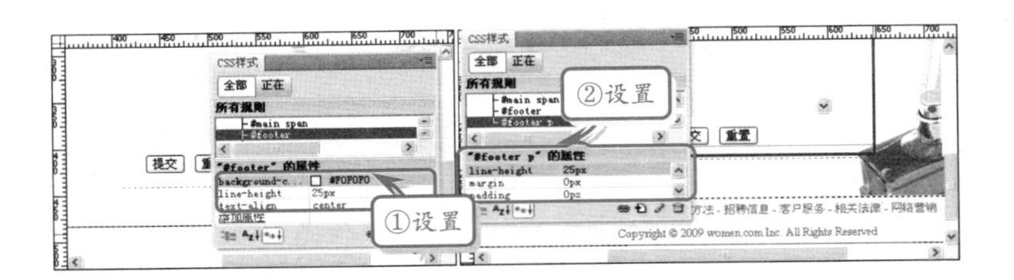

15.11 高手答疑

Q&A

问题 1：在许多网页中都可以看到这样的情况，某个按钮并不是系统自带的按钮，可以插入图像按钮，那么在Dreamweaver 中是如何实现这个功能的？

解答：在表单中插入一个图像域，使用图像域可生成图形化按钮。

插入图像域的方法很简单，在文档中将光标置于指定位置，单击【插入】面板中的【图像域】按钮，在弹出的【选择图像源文件】对话框中选择图像，然后在打开【输入标签辅助功能属性】对话框设置 ID。

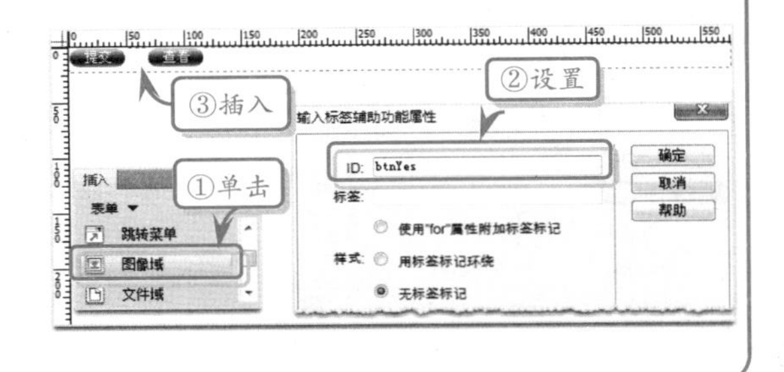

Q&A

问题 2：如何通过网页中的表单按钮实现浏览器中的前进和后退功能？

解答：浏览器的前进和后退等功能可以通过表单按钮触发的简单事件来实现。例如，在表单中添加 onclick 事件，然后再将 JavaScript 代码添加到事件中。

```
<input type="button" name=
"turnBack" id="turnBack" value="
后退" onclick="JavaScript:window.
history.go(-1);" />
```

Q&A

问题 3：如何实现单击复选框或单选按钮的标签文本即可选中？

解答：在网页文档中，通常只能通过单击复选框或单选按钮本身，来实现选择。

如需要实现单击这些选择按钮的标签文本，则需要为标签文本添加鼠标单击事件，通过 JavaScript 脚本实现选择的控制。

例如，创建一个复选框，并输入标签文本，然后通过标签文本实现控制。

```
<label>
  <input type="checkbox" name=
  "accepte" id="accept" />
  <span onclick="JavaScript:
  window.document.getElementByID
```

```
('accept').checked=! window.
document.getElementByID
('accept').checked">同意协议
</span>
</label003E
```

Q&A

问题 4：文本字段和文本区域之间有什么区别？

解答：文本区域是一种基本的表单对象，事实上也是文本字段的另一种表现形式。

文本区域的属性与文本字段非常类似。区别在于，文本区域中的【类型】属性默认选择“多行”，并且文本区域不需要设置【最多字符数】属性，只需要设置【行数】属性。

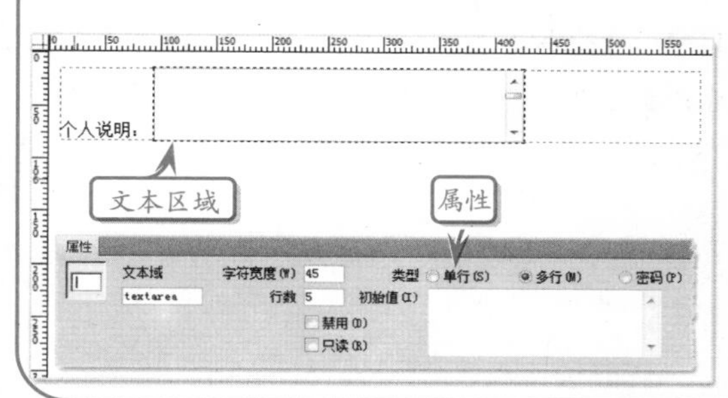

文本区域和文本字段是可以相互转换的。选择文本区域后，在【类型】选项中选择“单行”或“密码”选项，即可将文本区域转换为文本字段。

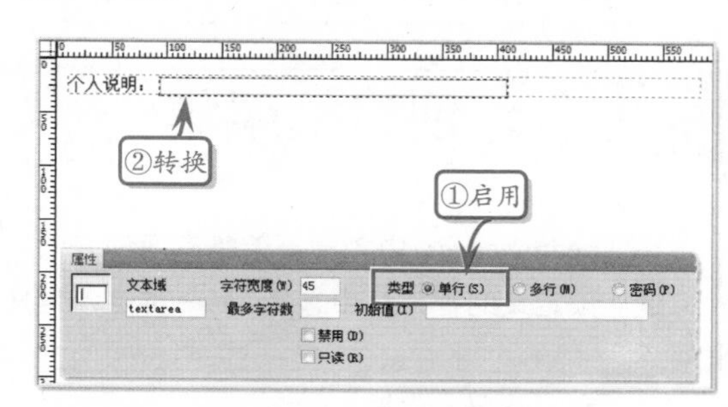

提示

选择文本字段后，在【类型】选项中选择“多行”选项，也可将文本字段转换为文本区域。

16 网页框架应用

框架是网页设计中经常使用的方式之一。通过框架可以在一个浏览器窗口下将网页划分为多个区域，而每一个区域显示单独的网页，这样就实现了在一个浏览器窗口中显示多个页面。使用框架可以非常方便的完成导航工作，让网站的结构更加清晰，而且各个框架之间互不影响。

在本章节中，主要介绍各种类型的框架，以及框架和框架集的创建和使用方法，使读者能够在网页中灵活运用框架或框架集。

16.1 创建框架集

在 Dreamweaver 中创建框架集有两种方法：一种是从预定义的框架集中选择；另一种是自定义框架集。

1. 创建预定义框架集

选择预定义的框架集能够为页面布局创建所需的框架和框架集，它是快速创建框架布局页面最简单的方法。

打开 Dreamweaver，执行【文件】|【新建】命令，在弹出的【新建文档】对话框中单击【示例中的页】选项卡，在【示例文件夹】列表中选择【框架页】选项，然后在【示例页】列表中选择一种布局框架。

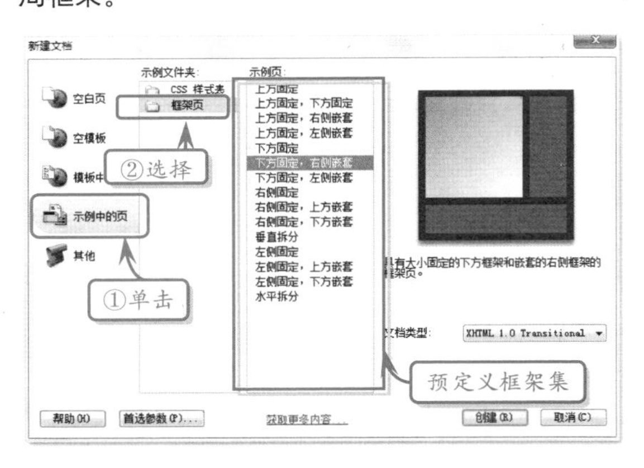

除了可以直接创建基于框架布局的网页文档外，还可以在现有文档中插入预定义框架集。

将光标置于文档中的任意位置，执行【插入】|HTML|【框架】命令，或者单击【插入】面板【布局】选项卡中【框架】按钮右侧的下三角按钮图标，在弹出的列表中选择所需的预定义框架集。

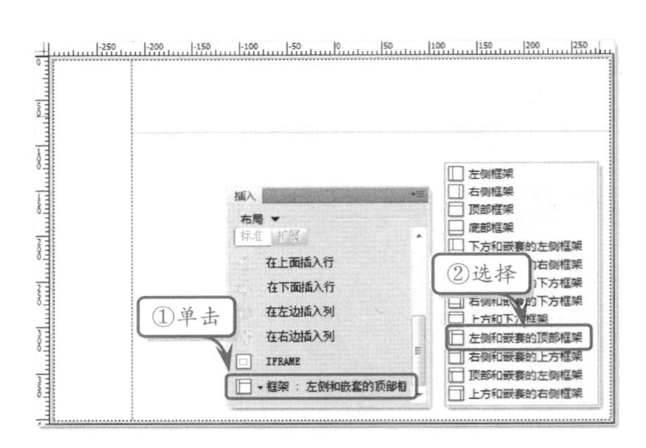

> **提示**
>
> 框架集图标提供应用于当前文档的每个框架集的可视化表示形式。框架集图标的蓝色区域表示当前文档，而白色区域表示将显示其他文档的框架。

在默认情况下，当选择预定义的框架集后会弹出【框架标签辅助功能属性】对话框，在该对话框中可以为框架集中的每一个框架（Frame）设置标题名称。

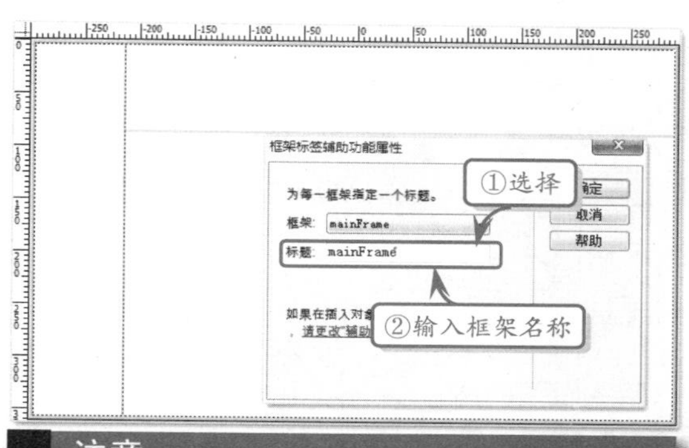

注意

如果在没有输入新名称的情况下单击【确定】按钮，则 Dreamweaver 会为此框架指定一个与其在框架集中的位置（左框架、右框架等等）相对应的名称。

2. 创建自定义框架集

如果所有预定义的框架集并不能满足设计的需求，则还可以创建自定义的框架集。

将光标置于文档中，执行【修改】|【框架集】命令，在弹出的菜单中选择相应的【拆分项】子命令，如【拆分上框架】、【拆分左框架】等。可以重复执行这些命令，直至达到所需的框架集。

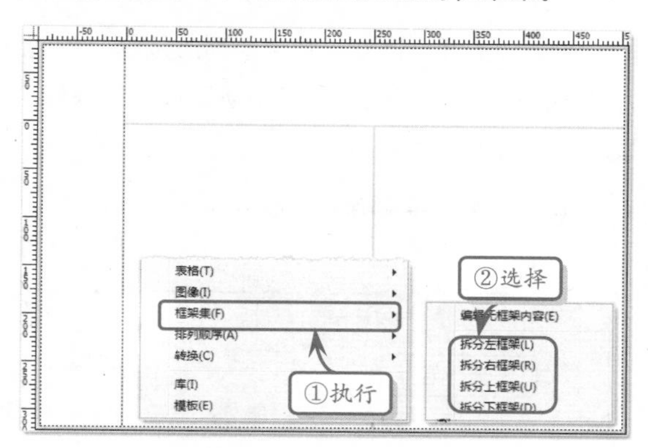

16.2 选择框架和框架集

在更改框架或框架集的属性之前，首先要选择该框架或框架集。用户可以在【文档】窗口中选择框架或框架集，也可以通过【框架】面板进行选择。

1. 在【框架】面板中选择

【框架】面板提供框架集内各个框架的可视化表示形式，它能够显示框架集的层次结构，而这种层次结构在【文档】窗口中的显示可能不够直观。

在文档中执行【窗口】|【框架】命令，打开【框架】面板。通过该面板中可以选择整个框架集或者其所包含的各个框架。如果要选择整个框架集，可以单击环绕框架集的边框。

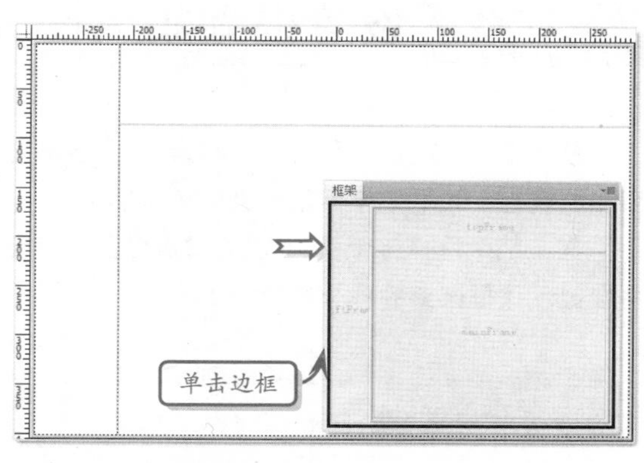

如果要选择框架集中的某个框架，则直接单击【框架】面板中所对应的框架区域即可。当选择后，框架的周围会显示一个选择轮廓。

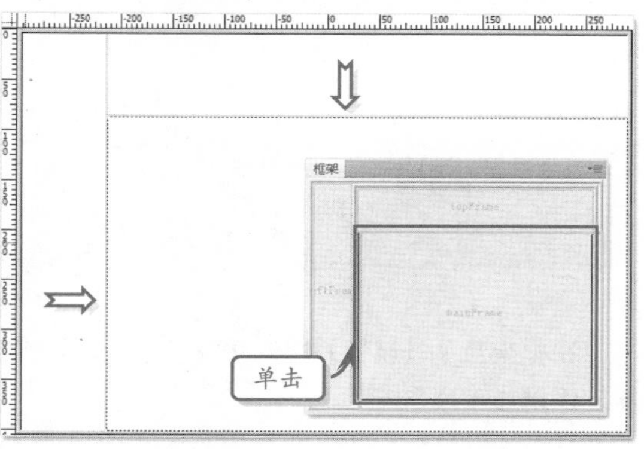

提示

在【框架】面板中，环绕每个框架集的边框非常粗；而环绕每个框架的是较细的灰线，并且每个框架由框架名称标识。

2. 在【文档】窗口中选择

在【文档】窗口的【设计】视图中，当选择一个框架后，其边框被虚线环绕；当选择一个框架集后，该框架集内各个框架的所有边框都被淡颜色的虚线环绕。

在文档的【设计】视图中，同时按住 Shift 和 Alt 键不放，然后单击框架集中所要选择的框架区域，即可选择该框架。

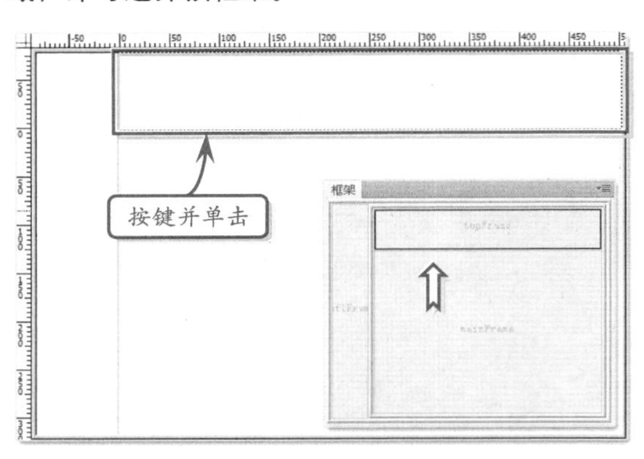

如果要选择整个框架集，可以在【设计】视图中单击框架集的内部框架边框，也可以单击框架集四周的边框。

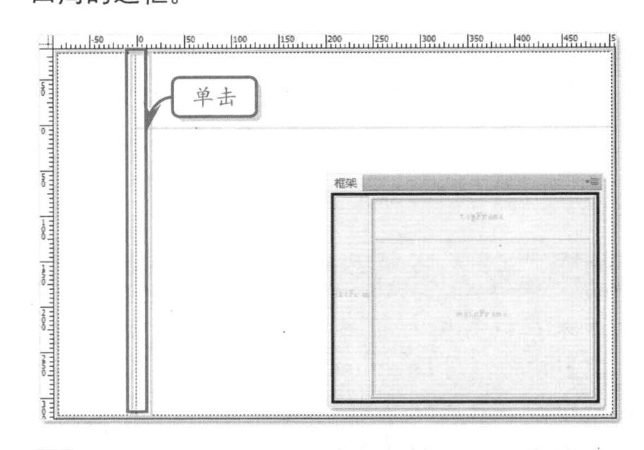

提示

如果看不到框架边框，则可以执行【查看】|【可视化助理】|【框架边框】命令，以使框架边框可见。在【框架】面板中选择框架集通常比在【文档】窗口中选择框架集容易。

16.3 设置框架集属性

使用【属性】检查器可以查看和设置大多数框架集的属性，如框架集标题、边框和框架大小等。

在文档中选择整个框架集后，【属性】检查器将会显示该框架集的各个选项。

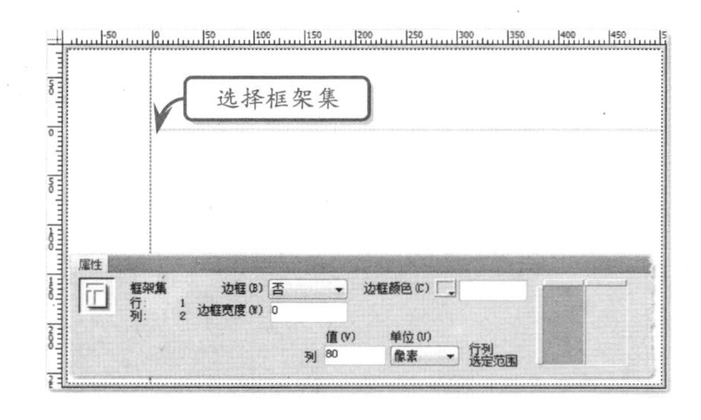

在框架集的【属性】检查器中，各个选项的名称及作用如下表所示。

选项名称	说　　明
边框	指定在浏览器中查看文档时是否显示框架周围的边框
边框宽度	指定框架集中所有边框的宽度。数字0表示无边框
边框颜色	设置边框的颜色。使用【颜色选择器】选择一种颜色，或者输入颜色的十六进制值
行列选定范围	单击【行列选定范围】区域中的选项卡，可以选择文档中相应的框架
行/列	设置行高或者列宽，单位可以选择像素、百分比和相对
像素	将选择的列或行的大小设置为一个绝对值。对于应始终保持相同大小的框架来说，该选项是最佳选择
百分比	指定选择列或行就为相当于其框架集的总宽度或总高度的一个百分比
相对	指定在为像素和百分比框架分配空间后，为选择列或行分配其余可用空间。剩余空间在大小设置为“相对”的框架之间按比例划分

在【属性】检查器中，单击【行列选定范围】区域的【行】或【列】选项卡，可以在【值】文本框中输入数值，以设置选择行或列的大小。

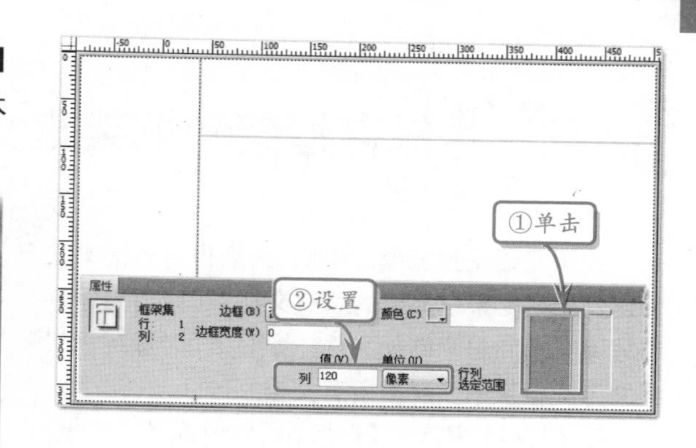

注意

如果所有宽度都是以像素为单位指定的，而指定的宽度对于访问者查看框架集所使用的浏览器而言太宽或太窄，则框架将按比例伸缩以填充可用空间。这同样适用于以像素为单位指定的高度。

16.4 设置框架属性

使用【属性】检查器可以查看和设置大多数框架属性，包括边框、边距以及是否在框架中显示滚动条。

选择框架集中的某一个框架，【属性】检查器将会显示该框架的各个选项。

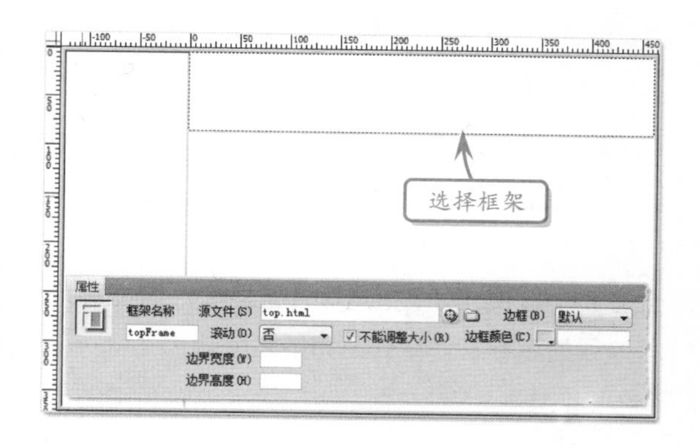

在框架的【属性】检查器中，各个选项的名称及说明如下表所示。

选项名称	说　　明
框架名称	链接的 target 属性或脚本在引用框架时所使用的名称。框架名称必须是一个以字母开头的单词，允许使用下划线“_”，但不允许使用连字符“-”，句点“.”或空格。框架名称区分大小写

续表

选项名称	说　　明
源文件	指定在框架中显示的源文件。可以直接输入源文件的路径或单击文件夹图标浏览并选择一个文件
滚动	指定在框架中是否显示滚动条。将该选项设置为“默认”将不设置相应属性的值，从而使各个浏览器使用其默认值。大多数浏览器默认为“自动”，表示只有在浏览器窗口中没有足够空间来显示当前框架的完整内容时才显示滚动条
不能调整大小	启用该复选框，可以防止用户通过拖动框架边框在浏览器中调整框架大小
边框	指定在浏览框架时显示或隐藏当前框架的边框。大多数浏览器默认为显示边框，除非父框架集已将【边框】选项设置为“否”。为框架选择【边框】选项将覆盖框架集的边框设置
边框颜色	指定所有框架边框的颜色。该颜色应用于和框架接触的所有边框，并且重写框架集的指定边框颜色
边距宽度	以像素为单位设置左边距和右边距的宽度（框架边框与内容之间的距离）
边距高度	以像素为单位设置上边距和下边距的高度（框架边框与内容之间的距离）

16.5 保存框架和框架集文件

在浏览器中预览框架集前，必须保存框架集文件以及要在框架中显示的所有文档。可以单独保存框架集文档和每个框架文件，也可以同时保存框架集文档和框架中出现的所有文档。

在【文档】窗口或【框架】面板中选择框架集，执行【文件】|【保存框架页】命令，即可保存框架集文件。

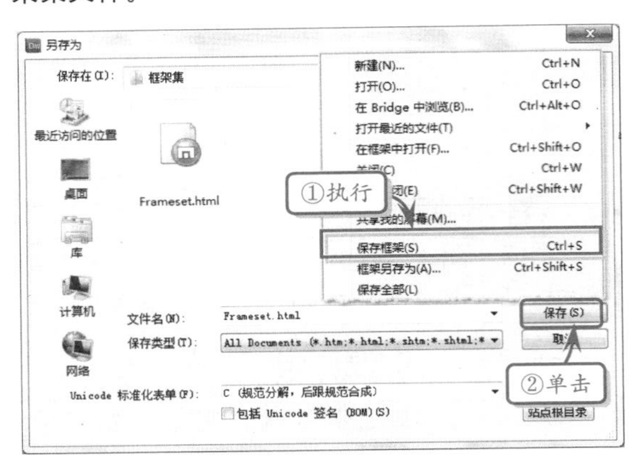

如果要保存单个框架文档，首先在【文档】窗口中单击该框架区域的任意位置，然后执行【文件】|【保存框架页】命令，即可保存该框架中所包含的文档。

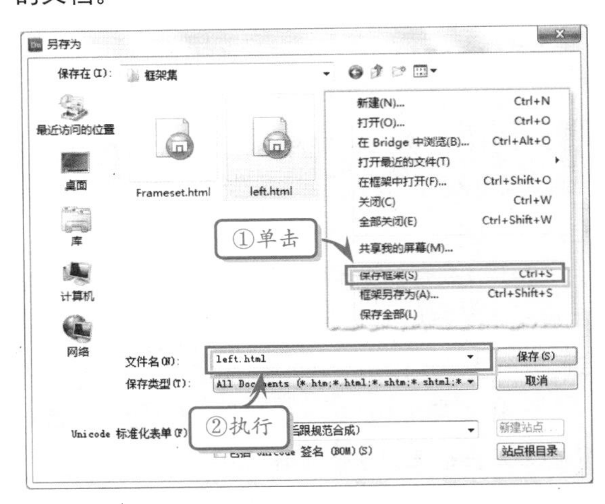

16.6 设置框架链接

如果要使用链接在其他框架中打开网页文档，必须设置链接目标。链接的【目标】属性指定打开所链接内容的框架或窗口。

例如，网页的导航条位于左框架，如果想要单击链接后在右侧的框架中显示链接文件，这时就需要将右侧框架的名称指定为每个导航条链接的目标。

选择左侧框架中的导航文字，在【属性】检查器中的【链接】文本框中输入链接文件的路径，然后，在【目标】下拉列表中选择要显示链接文件的框架或窗口（如 mainFrame）。

在【属性】检查器中，【目标】下拉列表中包含有 4 个选项，用于指定打开链接文件的位置，这些选项的名称及作用介绍如下表所示。

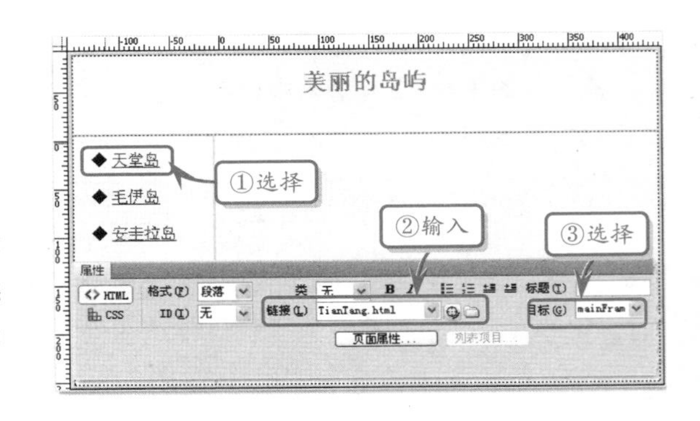

选项名称	作　用
_blank	在新的浏览器窗口中打开链接的文件，同时保持当前窗口不变
_parent	在显示链接的框架的父框架集中打开链接的文件，同时替换整个框架集
_self	在当前框架中打开链接的文件，同时替换该框架中的内容
_top	在当前浏览器窗口中打开链接的文件，同时替换所有框架

设置完成后预览效果，当单击左侧框架中的导航链接时，即会在主要内容框架中显示链接文件“TianTang.html”的内容。

注意

仅当在框架集内编辑文档时才显示框架名称。当在文档自身的【文档】窗口中编辑该文档时，框架名称将不显示在【目标】下拉列表中。

16.7 框架标签

创建框架集后，在【代码】视图中可以发现，选择单个框架和选择框架集的代码是不同的，这是因为页面所有框架标签都需要放置一个 HTML 文档。

1．frameset 标签

frameset 为框架集的标签，它被用来组织多个框架，每个框架存有独立的文档。在其最简单的应用中，frameset 标签仅仅会使用 rows 或 cols 属性指定在框架集中存在多少行或多少列。

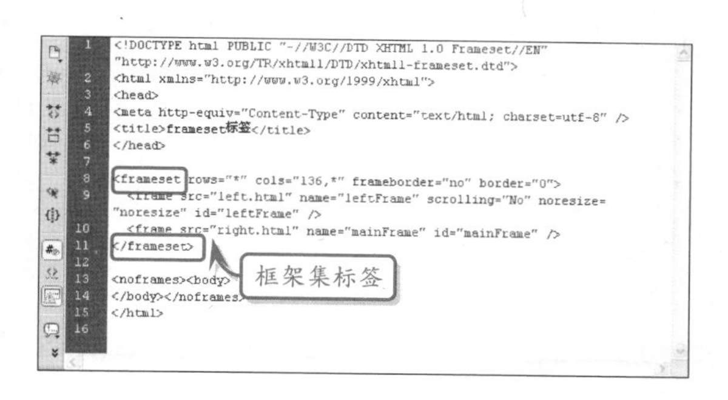

注意

不能与<frameset></frameset>标签一起使用<body></body>标签。

frameset 标签中的各个属性名称和作用介绍如下表所示。

属性名称	作　用
rows	水平划分框架集结构，接受整数值、百分比，“*”符号表示占用剩余的空间。数值的个数表示分成的窗口数目并以逗号分隔
cols	垂直划分框架集结构，接受整数值、百分比，“*”符号表示占用剩余的空间。数值的个数表示分成的窗口数目并以逗号分隔
framespacing	指定框架与框架之间保留的空白距离
frameborder	指定是否显示框架周围的边框，0 表示不显示，1 表示显示
border	以像素为单位指定框架的边框宽度
bordercolor	指定框架边框的颜色

提示

frameset 标签中的各个属性参数与【属性】面板中各个选项相对应，所以既可以在【属性】面板中设置，也可以在【代码】视图中设置。

2. frame 标签

frame 标签为单个框架标签，用来表示一个框架。frame 标签包含在 frameset 标签中，并且该标签为空标签。

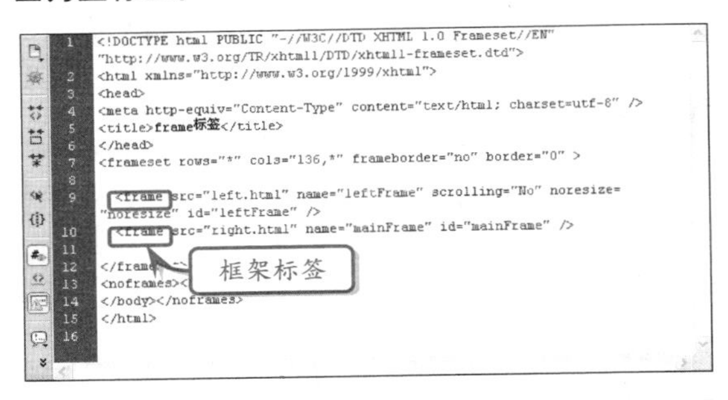

```
<!DOCTYPE html PUBLIC "-//W3C//DTD XHTML 1.0 Frameset//EN"
"http://www.w3.org/TR/xhtml1/DTD/xhtml1-frameset.dtd">
<html xmlns="http://www.w3.org/1999/xhtml">
<head>
<meta http-equiv="Content-Type" content="text/html; charset=utf-8" />
<title>frame标签</title>
</head>
<frameset rows="*" cols="136,*" frameborder="no" border="0" >

  <frame src="left.html" name="leftFrame" scrolling="No" noresize=
"noresize" id="leftFrame" />
  <frame src="right.html" name="mainFrame" id="mainFrame" />

</frame
<noframes><
</body></noframes>
</html>
```


提示

在 HTML 中，<frame>标签没有结束标签；在 XHTML 中，<frame>标签必须被正确地关闭。

frame 标签中的各个属性名称和作用介绍如下所示。

属性名称	作 用
frameborder	指定是否显示框架周围的边框，0 表示不显示，1 表示显示
longdesc	定义获取描述框架的网页的 URL，可为那些不支持框架的浏览器使用此属性
marginheight	指定框架中的顶部和底部边距，其值为整数与像素组成的长度值
marginwidth	指定框架中的左侧和右侧边距，其值为整数与像素组成的长度值
name	指定框架的唯一名称。通过设置名称，可以用 JavaScript 或 VBScript 等脚本语言来使用该框架对象
noresize	当设置为 noresize 时，用户无法对框架调整尺寸
scrolling	指定框架的滚动条显示方式，其属性值包括：auto、no 和 yes。auto 表示由浏览器窗口决定是否显示滚动条；no 表示禁止框架出现滚动条；yes 表示允许框架出现滚动条
src	指定显示在框架中的文件的 URL，该地址可以是绝对路径，也可以是相对路径

16.8 练习：制作天讯内容管理系统页面

所谓框架网页，是将浏览器窗口分割成若干个小窗口，每个小窗口都可以单独显示不同的 HTML 文件。本练习将通过创建框架集和框架来制作天讯内容管理系统页面。

练习要点

- 创建框架集
- 选择框架和框架集
- 设置框架和框架集属性
- 保存框架和框架集文件

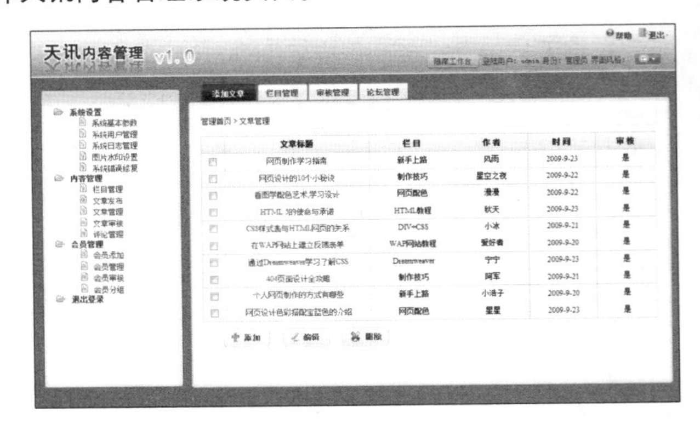

操作步骤

STEP|01 执行【文件】|【新建】命令，在弹出的【新建文档】对话框中，选择【示例中的页】选项。然后，选择【示例文件夹】列表中的“框架页”及【示例页】列表中的“上方固定，左侧嵌套”选项。在文档中，将框架集保存为“index.html”；上方的页面保存为“top.html”；左侧的页面保存为“left.html”；右侧的页面保存为“main.html”。

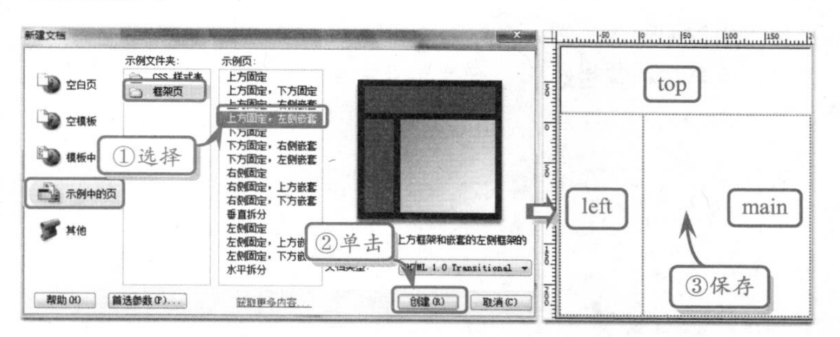

STEP|02 将光标置于“top.html”页面中，在标题栏输入文本“天讯内容管理系统 v1.0”。单击【属性】检查器中【页面属性】按钮，在弹出的【页面属性】对话框中设置参数。然后单击【插入 Div 标签】按钮，创建 ID 为 top 的 Div 层，并设置其 CSS 样式。

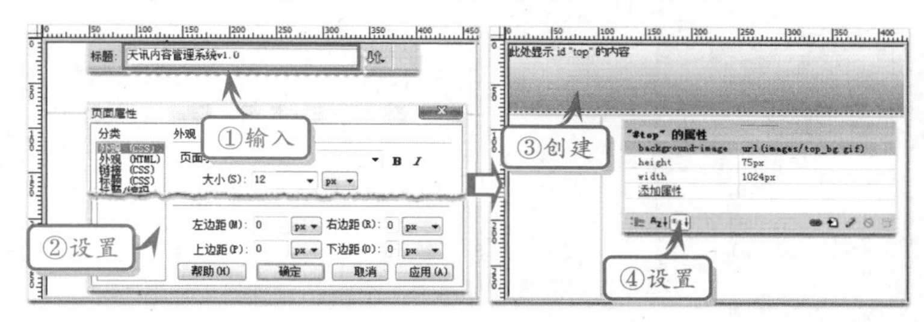

STEP|03 将光标置于 ID 为 top 的 Div 层中，单击【插入 Div 标签】按钮，分别创建 ID 为 logo、topRight 的 Div 层并设置其 CSS 样式。然后将光标置于 ID 为 logo 的 Div 层中，插入图像“logo.png”。

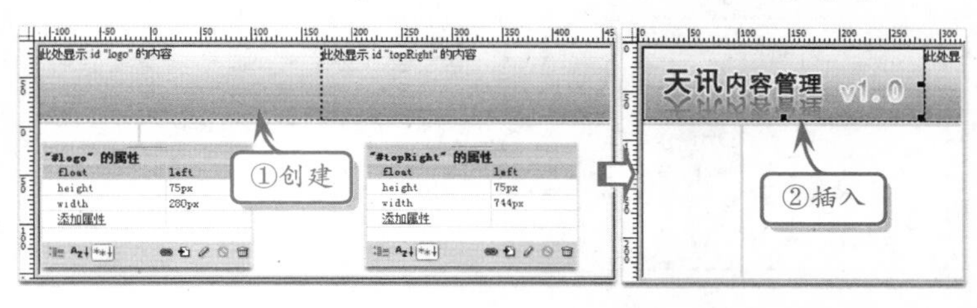

STEP|04 将光标置于 ID 为 topRight 的 Div 层，单击【插入 Div 标签】按钮，分别创建 ID 为 exit、login 的 Div 层并设置其 CSS 样式，然后将光标置于 ID 为 exit 的 Div 层中，插入图像并输入文本。单击【属性】检查器中【项目列表】按钮。

提示

设置框架属性时，执行【窗口】|【框架】命令；根据选择的框架在【属性】检查器中进行修改。

其中，设置第 1 行为“75px”，第 1 列为“230 px”。

提示

第 2 种创建框架集的方法是在【插入】面板【布局】选项中单击【框架】按钮中的下三角按钮，在下拉列表中选择顶部和嵌套的左侧框架。

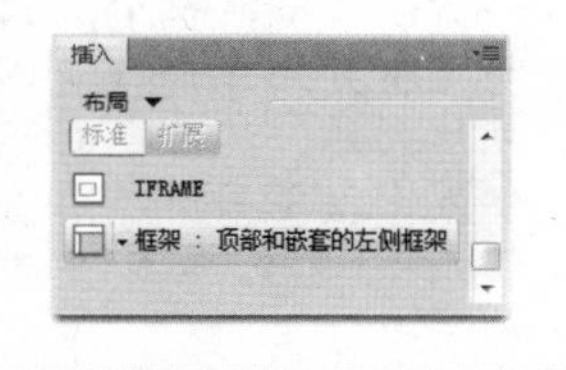

提示

在“top.html”页面中，布局代码如下所示。

```
<div id="top">
 <div id="logo">
 </div>
 <div id="topRight">
  <div id="exit">
  </div>
  <div id="login">
  </div>
 </div>
</div>
```

> **提示**
>
> 通过使用项目列表，可以将图像文本一块连接使用。

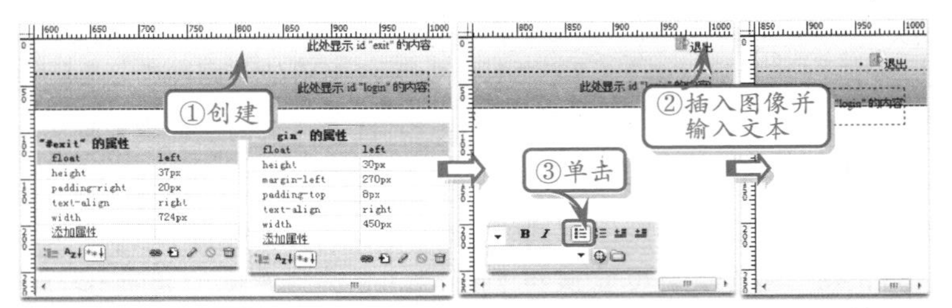

STEP|05 按 Enter 键，出现下一个项目列表符号，在项目列表符号后再插入图像和输入文本。在标签栏选择 ul 标签并设置其 CSS 样式属性，然后再在标签栏选择 li 标签并设置其 CSS 样式。

> **提示**
>
> 在 CSS 样式中设置 li 向右浮动，那么图像文本一块发生改变，所以在插入图像和文本时，要倒序排列。

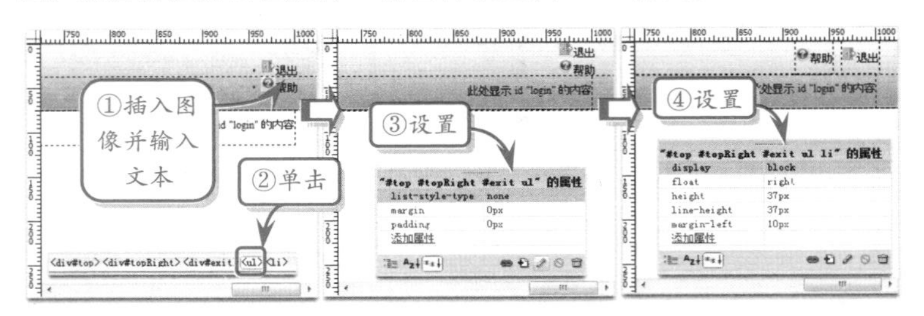

STEP|06 将光标置于 ID 为 login 的 Div 层中，插入图像，单击【属性】检查器中的【项目列表】按钮。然后，按 Enter 键，出现下一个项目列表符号，在项目列表符号后再输入文本，依次类推。

> **提示**
>
> 在 ID 为 login 的 Div 层中，排列顺序同样是倒序排列的，然后在 CSS 样式中设置 li 标签右浮动时，就变成正序排列了。

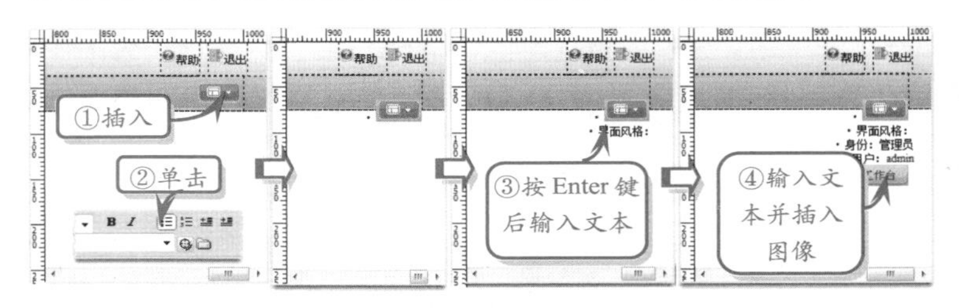

STEP|07 在标签栏选择 ul 标签并定义其边距、填充、项目列表样式的 CSS 样式。然后，在标签栏选择 li 标签并定义其浮动、行高、左边距、高等 CSS 样式，完成“top.html”页面。

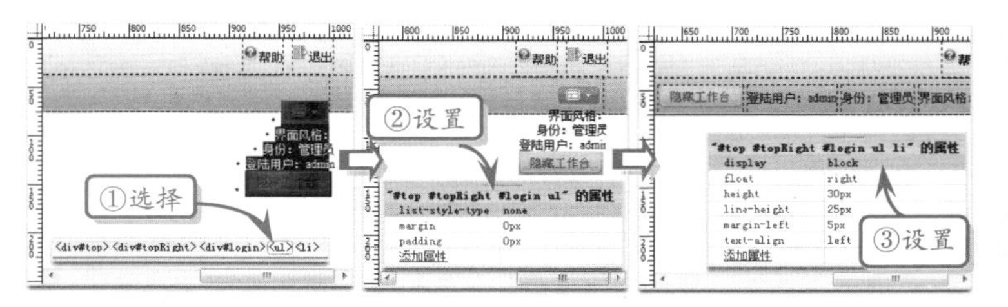

> **提示**
>
> 设置 ID 为 exit 的 Div 层中的文本“帮助”、“退出”为粗体。

STEP|08 打开“left.html”页面，单击【插入 Div 标签】按钮，创建 ID 为 leftmain 的 Div 层并设置其 CSS 样式。然后将光标置于该层中，分别嵌套 ID 为 topBg、centerBg、buttomBg 的 div 层并设置其 CSS 样式属性。

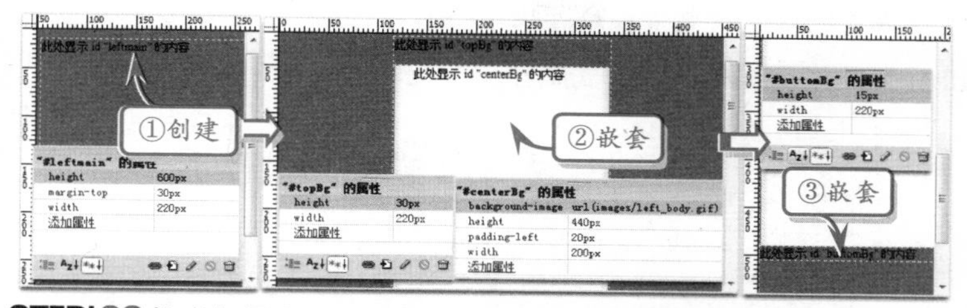

STEP|09 将光标置于 ID 为 topBg 的 Div 层中，插入图像“left_top.gif”。将光标置于 ID 为 buttomBg 的 div 层中，插入图像“left_bottom.gif”。然后，将光标置于 ID 为 centerBg 的 Div 层中，插入图像并输入文本。

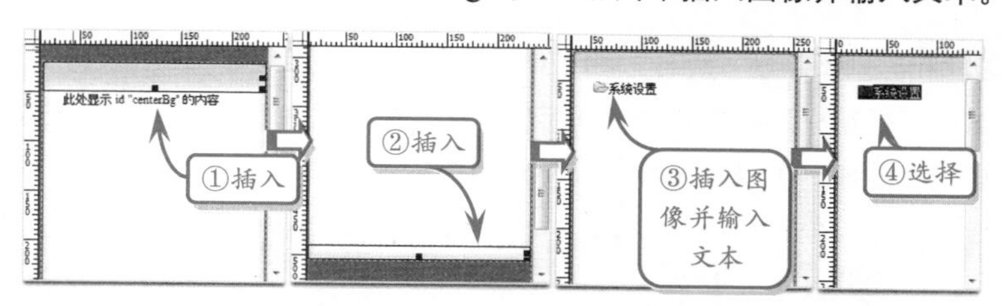

STEP|10 右击执行【列表】|【自定义列表】命令，按 Enter 键，并插入图像及输入文本。将光标置于文本“系统设置”后，按 Enter 键并插入图像及输入文本。依此类推分别在文本“系统设置”后，按 Enter 键。

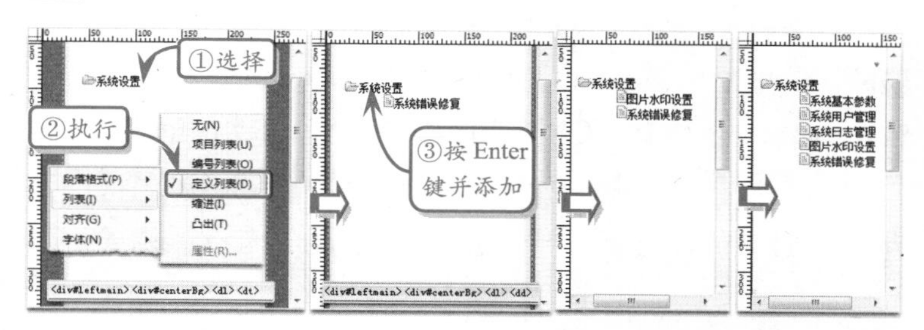

STEP|11 将光标置于文本“系统错误修复”后，按 Enter 键，插入图像并输入文本。将光标置于文本“内容管理”后，再按 Enter 键插入图像及输入文本。使用相同的方法，创建“内容管理”选项下面的子选项列表。

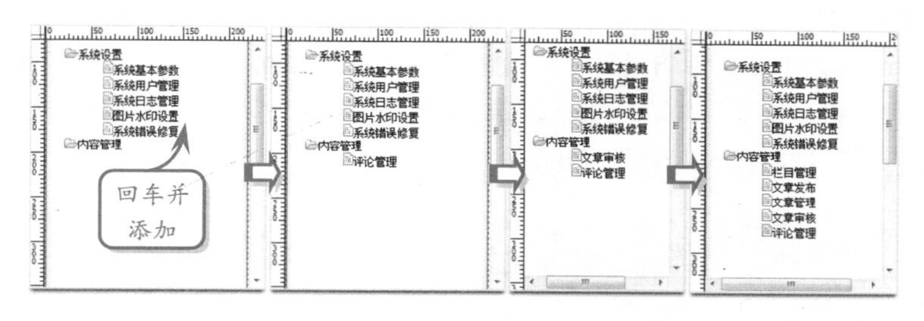

STEP|12 按照相同的方法设置会员管理、退出登录版块，选择图像“folder.gif”后的文本，在【属性】检查器中单击【粗体】按钮。依

提示

打开“left.html”页面。在页面属性中设置与“top.html”页面相同的参数，但是设置【背景颜色】为“蓝色”(#2286C2)。

注意

选择文本，右击执行【列表】|【定义列表】命令后，在界面也许看不出很大的变化，但可以通过标签栏可以看到标签 dl、dt。在 dt 标签之间输入文本是标题。在标题后按回车键可以在标签栏看到 dd 标签，在 dd 标签之间输入的文本是内容。

提示

要想输入标题时，那么就在最底部的 dd 标签后按 Enter 键；要想输入内容时，就在所输入的标题 dt 标签后按 Enter 键。在页面可以看出文本“系统设置”、“内容管理”、“会员管理”、“退出登录”等是标题。在每个标题版块后按 Enter 键就可以输入该版块内容了。

提示

在设置链接时，一定要在标签栏选择是标题的 dt 标签中的 a 标签，还是内容的 dd 标签中的 a 标签。这两种不同需要设置两次。

次选择文本，在【属性】检查器中设置链接为“#”。在标签栏选择 dl 标签，并设置其 CSS 样式属性。

> **提示**
>
> 打开“mian.html”页面。在页面属性中设置与 top.html 页面相同的参数，但是设置【背景颜色】为“蓝色”(#2286C2)。

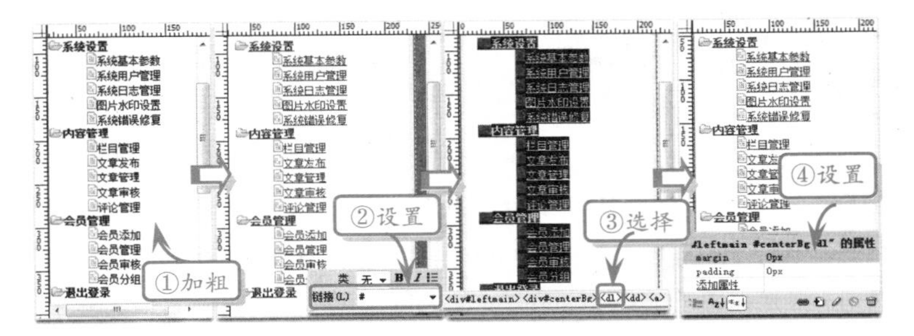

STEP|13 在标签栏选择标题中的 a 标签，并设置其 CSS 样式属性，然后在标签栏选择内容中的 a 标签，并设置其 CSS 样式属性。在 CSS 样式中添加一个复合属性，光标滑过内容时，文本颜色发生变化。

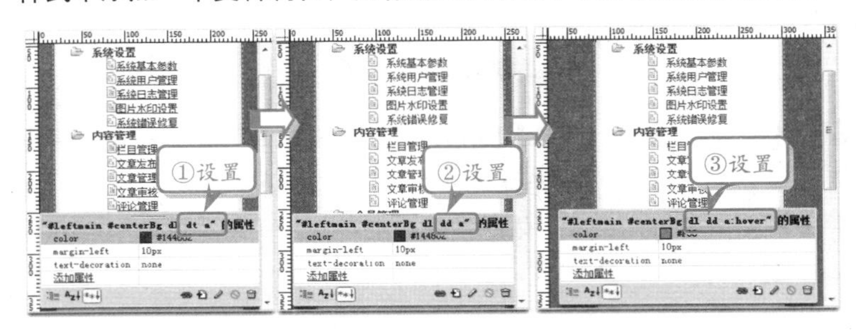

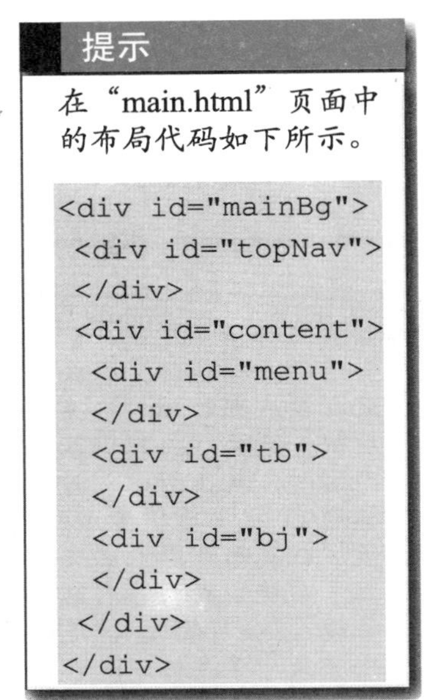

> **提示**
>
> 在“main.html”页面中的布局代码如下所示。

```
<div id="mainBg">
 <div id="topNav">
 </div>
 <div id="content">
  <div id="menu">
  </div>
  <div id="tb">
  </div>
  <div id="bj">
  </div>
 </div>
</div>
```

STEP|14 打开“main.html”页面，单击【插入 Div 标签】按钮，创建 ID 为 mainBg 的 Div 层并设置其 CSS 样式。然后将光标置于该层中，分别嵌套 ID 为 topNav、content 的 div 层并设置其 CSS 样式属性。

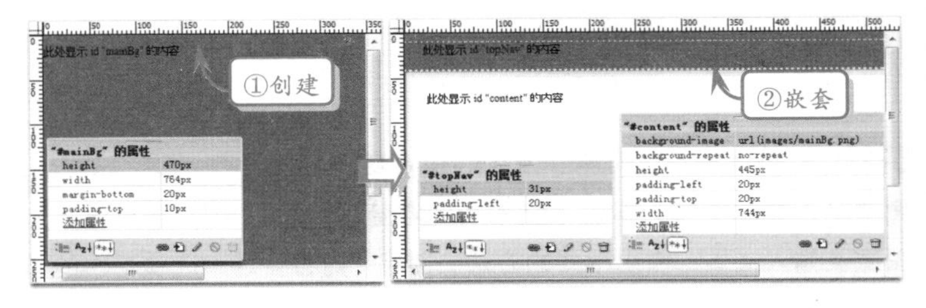

STEP|15 将光标置于 ID 为 topNav 的 Div 层中，插入图像“nav_10.png”，单击【属性】检查器中【项目列表】按钮，出现项目列表符号。然后将光标置于图像后按 Enter 键，出现下一个项目列表符号，然后插入图像，依此类推。

> **提示**
>
> 设置图像链接时，图像会自动带有蓝色的边框，所以应设置其边框为 0。

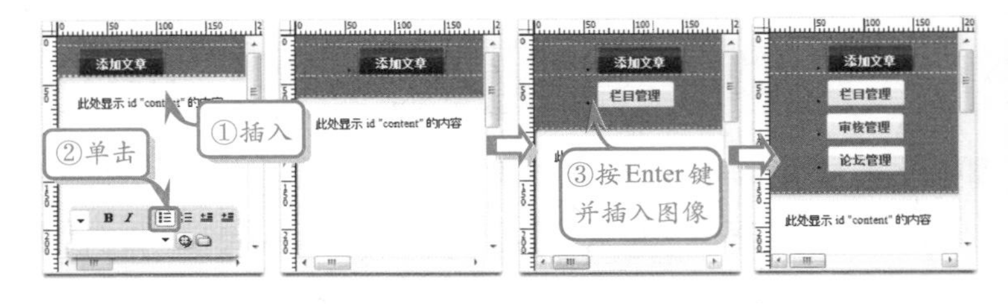

STEP|16 在标签栏选择 ul 标签，并设置其 CSS 样式属性，按照相同的方法，在标签栏选择 li 标签，并设置其 CSS 样式属性。选择图像，在【属性】检查器中设置链接为“#”；边框为 0，然后依次设置其他图像链接。

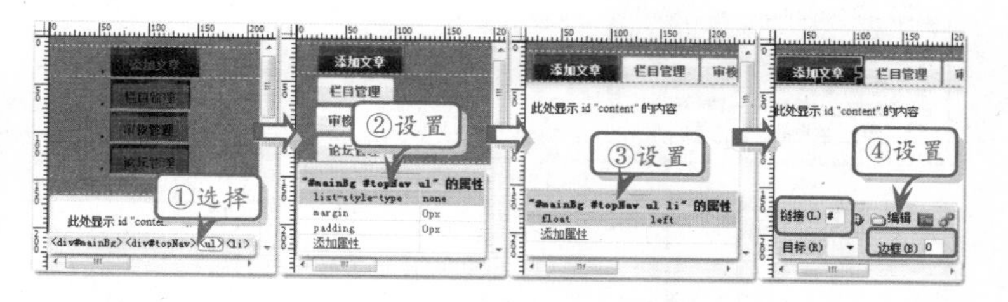

STEP|17 将光标置于 ID 为 content 的 Div 层中，分别创建 ID 为 menu、tb、bj 的 Div 层，并设置其 CSS 样式属性。然后，将光标置于 ID 为 menu 的 Div 层中，并输入文本。

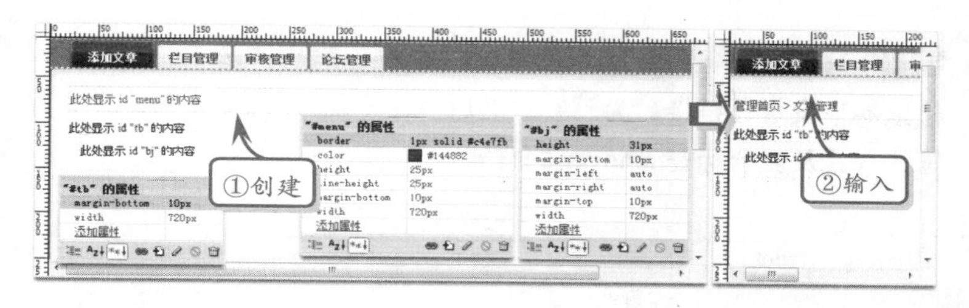

STEP|18 将光标置于 ID 为 tb 的 Div 层中，插入一个 11 行×6 列且【宽】为“720 像素”的表格。选择表格，在【属性】检查器中设置【间距】为 1，在 CSS 样式中设置表格的【背景颜色】为“蓝色”(#BBD3EB)。然后选择所有单元格，在【属性】检查器中设置【背景颜色】为“白色”(#FFFFFF)。

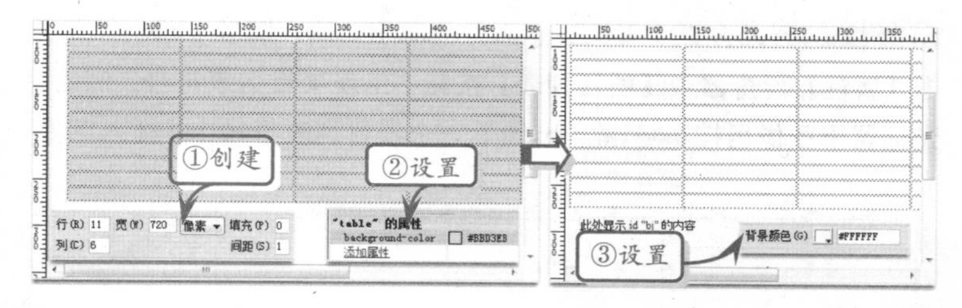

STEP|19 在 CSS 样式中创建一个类名称为 tdBg 的样式。将光标置于第 1 行第 1 列单元格中，在【属性】检查器中设置【高】为 27；【类】为 tdBg；【水平】对齐方式为“居中对齐”。然后，依次设置第 1 行后 5 列单元格的【类】为 tdBg；【水平】对齐方式为“居中对齐”，并输入文本。

STEP|20 将光标分别置于第 2 行～第 11 行的第 1 列单元格中，单击【插入】面板【表单】选项中的【复选框】按钮，在【属性】检查器中设置【水平】对齐方式为“居中对齐”。在后 5 列单元格中输入

提示

在 ID 为 tb、bj 的 Div 层中，如果不设置高度，那么，高度将由填充的内容来决定，内容越多，高度越高。

提示

分别置于第 2 行~第 11 行的第 1 列单元格的【高】为 26。

提示

执行插入【表单】两种方法：一是单击【插入】面板【表单】选项中的【复选框】按钮；二是在工具栏执行【插入】|【表单】|【复选框】命令。

提示

执行【插入】|【表单】|【复选框】命令时，在弹出的【输入标签功能辅助属性】对话框中，一般情况下只设置 ID 即可。然后，在弹出的 Deamweaver 对话框中提示是否添加表单标签，单击【否】按钮即可。

相应的文本，并设置【水平】对齐方式为“居中对齐”。

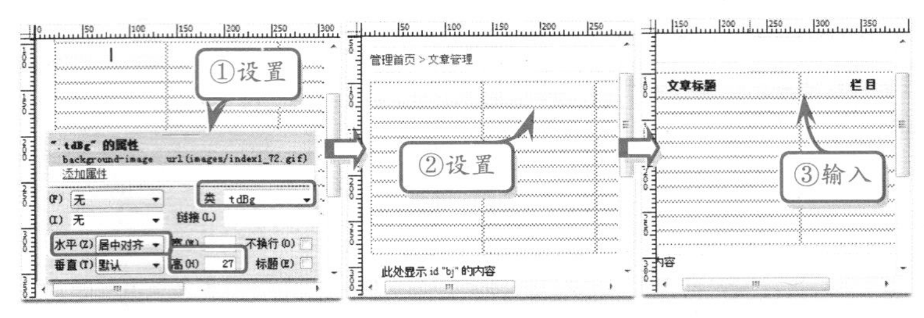

提示

在CSS样式中设置a标签和a:hover复合标签，只要是在页面中出现的a标签，都能应用到该样式。

STEP|21 选择第2行~第11行的第2列单元格中的文本，在【属性】检查器中设置【链接】为“#”。然后，在CSS样式中分别设置a标签的样式及复合标签a:hover的样式。

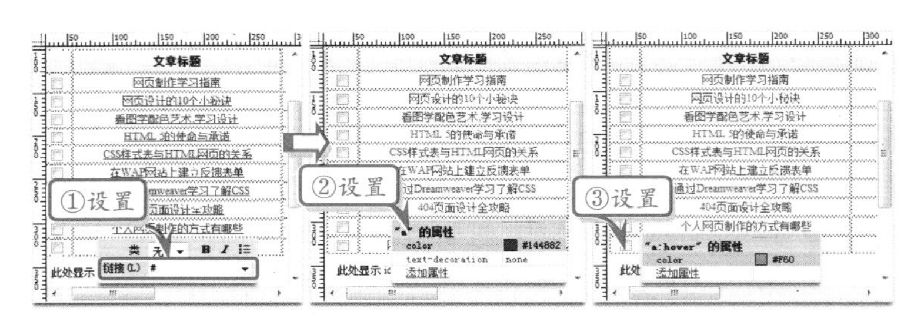

提示

在设置链接时，在文本框中输入的“#”与“javascript:void(null);”效果是一样的，都属于空链接。

STEP|22 将光标置于ID为bj的Div层中，插入图像“add.gif”，单击【属性】检查器中【项目列表】按钮，出现项目列表符号。然后将光标置于图像后按 Enter 键，出现下一个项目列表符号，并插入图像。

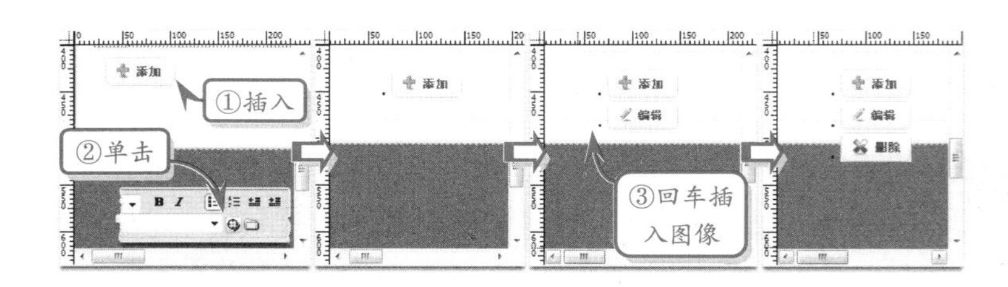

STEP|23 在标签栏选择ul标签，设置其CSS样式属性。按照相同的方法，在标签栏选择li标签，并设置其CSS样式属性。选择图像，在【属性】检查器中设置链接为“#”；边框为0，依次设置其他图像链接。

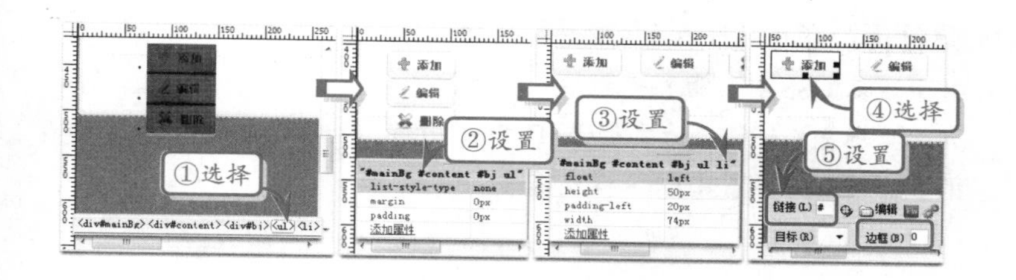

16.9 练习：制作儿童动画页面

在网页制作过程中，有时需要在某个固定有限的区域中显示较多的信息，此时就可以使用浮动框架页面来实现。浮动框架既可以在网页中插入，也可以在表格中插入，本练习将通过创建浮动框架制作儿童动画页面。

练习要点

- 插入 Div 层
- 插入图像
- 输入文字
- 创建浮动框架

提示

页面代码布局如下所示。

```
<div id="header">
</div>
<div id="content">
 <div id="leftmain">
 </div>
 <div id="centerm-
 ian">
 <div id="mainh-
 ome"></div>
 <div id="footer">
 </div>
 </div>
 <div id="rightma-
 in"></div>
</div>
```

操作步骤

STEP|01 新建文档，在标题栏输入“儿童动画剧场”。单击【属性】检查器中【页面属性】按钮，在弹出的页面属性对话框中设置文字大小和页面边距。然后，单击【插入】面板【插入 Div 标签】按钮，创建 ID 为 header 的 Div 层，并设置其 CSS 样式属性。

提示

在素材中，直接给出两个页面“main.html”、“flash.html”，是为了在文档中方便链接。

STEP|02 单击【插入 Div 标签】按钮，创建 ID 为 content 的 Div 层并设置其 CSS 样式属性，然后，将光标置于该 Div 层中，单击【插入 Div 标签】按钮，分别创建 ID 为 leftmain、centermian、rightmain 的 Div 层，并设置其 CSS 样式属性。

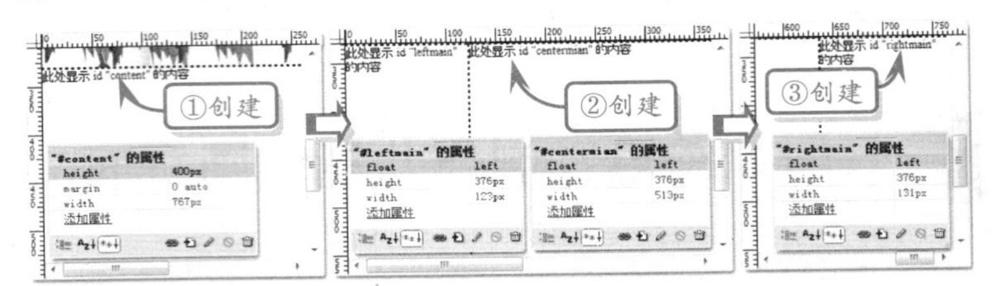

提示

每次在绘制热点工具地图时，都会弹出 Dreamweaver 提示对话框，单击【确定】按钮。

STEP|03 将光标置于 ID 为 centermian 的 Div 层中，单击【插入 Div 标签】按钮，分别嵌套 ID 为 mainhome、footer 的 Div 层，并设置其 CSS 样式属性。将光标置于 ID 为 footer 的 Div 层中，输入文本。

提示

绘制地图有 4 种工具：一是矩形热点工具；二是圆形热点工具；三是多边形热点工具；四是指针热点工具。

STEP|04 将光标置于ID为leftmain的Div层中，插入图像“dog_Nav_01.png”，然后将光标置于 ID 为 rightmain 的 Div 层中，插入图像“dog_Nav_02.png”。选择图像，单击【属性】检查器中【矩形热点工具】按钮，在图像文本“儿童动画”上绘制一个矩形。

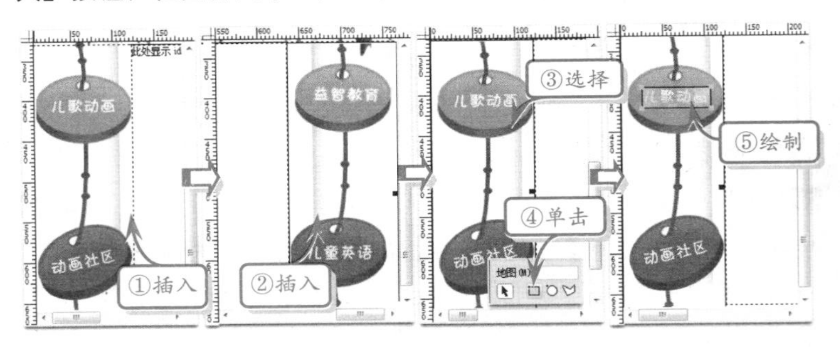

提示

在【属性】检查器中，设置的【目标】为 fd，与插入的 iframe 的 name 属性设置是相同的。

STEP|05 按照相同的方法在图像文本“动画社区”、“益智教育”、“儿童英语”上绘制矩形热点工具。然后设置“动画社区”文本的链接和目标属性。

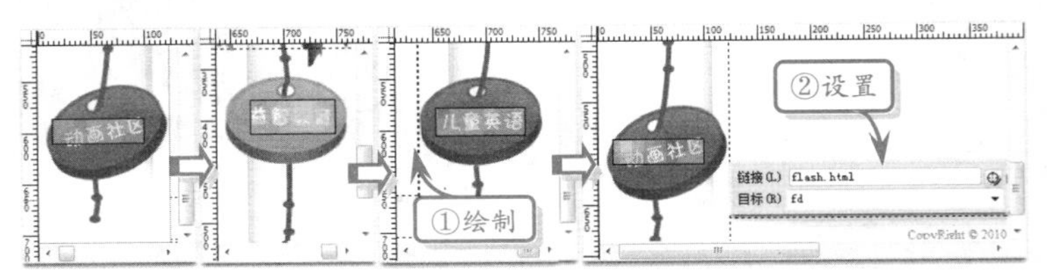

STEP|06 将光标置于 ID 为 mainhome 的 Div 层中，单击【插入】面板【布局】选项中的【IFRAME】按钮，切换到【拆分视图】，在代码模式中给 iframe 元素，代码如下所示。

```
<iframe width="510" height="320" name="fd" src=
"main.html" frameborder="0"></iframe></div>
```

提示

在【代码】模式中给 iframe 元素添加 src、width、height 等属性，设置浮动框架。

16.10 高手答疑

Q&A

问题 1：如何在网页文档的某个区域显示另一个网页文档中的内容？

解答： 如果想要在网页文档的某个区域中显示另外一个网页文档的内容，就需要使用浮动框架。浮动框架可以在空白页面中创建，也可以在网页元素中创建。

将光标置于要插入浮动框架的位置，单击【插入】面板【布局】选项卡中的 IFRAME 按钮 IFRAME，此时【文档】窗口将切换至【拆分】视图，并在代码区域中插入 <iframe></iframe>标签，同时文档中显示一个灰色的方框（即浮动框架）。

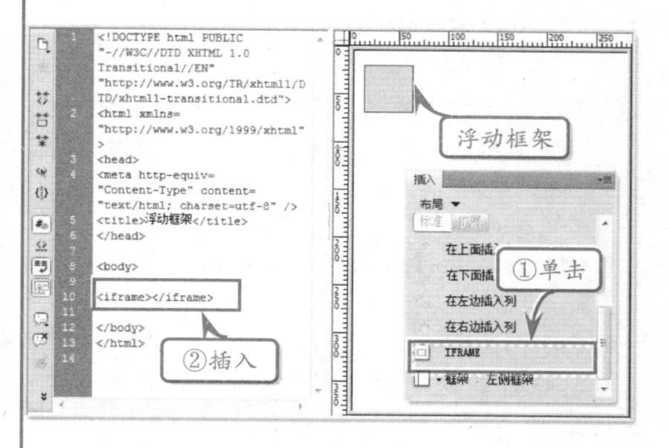

在【设计】视图中选择浮动框架，可以发现【属性】检查器中并没有显示该框架的各个属性。此时就需要执行【窗口】|【标签检查器】命令，在【标签检查器】面板中设置浮动框架的各个属性。

在【标签检查器】面板中，浮动框架（IFRAME）的常用属性名称及说明如下所示。

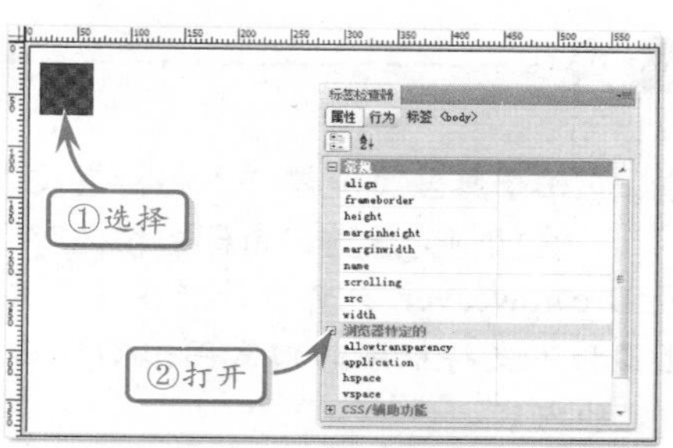

选项名称	说　明
align	指定浮动框架在其父元素中的对齐方式，其属性值包括 5 种：top（顶部对齐）、middle（居中对齐）、left（左侧对齐）、right（右侧对齐）、bottom（底部对齐）
frameborder	指定是否显示框架的边框。其属性值为 0 或者 1，0 表示不显示，1 表示显示
height	指定浮动框架的高度，其属性值可以为一个数值或百分比
longdesc	定义获取描述浮动框架的网页的 URL。通过该属性可以用网页作为浮动框架的描述
marginheight	指定浮动框架与父元素顶部和底部的边距，其值为整数与像素组成的长度值
marginwidth	指定浮动框架与父元素左侧和右侧的边距，其值为整数与像素组成的长度值
name	指定浮动框架的唯一名称。通过设置名称，可以用 JavaScript 或 VBScript 等脚本语言来使用浮动框架对象

续表

选项名称	说　明
scrolling	指定浮动框架的滚动条显示方式，其属性值包括：auto、no 和 yes。auto 表示由浏览器窗口决定是否显示滚动条；no 表示禁止浮动框架出现滚动条；yes 表示允许浮动框架出现滚动条

续表

选项名称	说　明
src	指定浮动框架中显示的文件的 URL 地址，该地址可以是绝对路径，也可以是相对路径
width	指定浮动框架的宽度，其属性值可以为一个数值或百分比

通过定义浮动框架的 src、width 和 height 等属性，可以指定显示的另一个网页文档及其区域大小。

Q&A

问题 2：由于某些浏览器并不支持框架，那么如何为这些浏览器提供内容？

解答：Dreamweaver 允许设计者在基于文本的浏览器和不支持框架的旧式图形浏览器中显示指定的内容。

在包含有框架的文档中，执行【修改】|【框架集】|【编辑无框架内容】命令，Dreamweaver 将会清除【文档】窗口中的内容，并在其顶部显示“无框架内容”的字样，此时可在文档中创建为不支持框架的浏览器提供的内容。

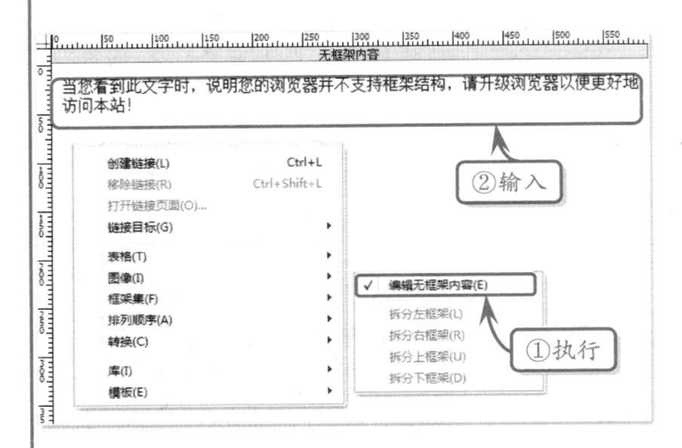

此内容存储在框架集文件中，被 noframes 标签所包含。当不支持框架的浏览器加载该文档时，浏览器只显示包含在 noframes 标签中的内容。

```
<frameset rows="80,*" cols="*"
framespacing="3" frameborder=
"yes" border="3">
  <frame src="top.html" name=
  "topFrame" scrolling="No"
  noresize="noresize" id=
  "topFrame" />
  <frameset rows="*" cols=
  "143,*" framespacing="0"
  frameborder="no" border="0">
    <frame src="left.html" name=
    "leftFrame" scrolling="No"
    noresize="noresize" id=
    "leftFrame" />
    <frame src="main.html" name=
   "mainFrame" id="mainFrame" />
  </frameset>
</frameset>
<!—为不支持框架的浏览器提供的内容
-->
<noframes><body>
当您看到此文字时，说明您的浏览器并不支持框架结构，请升级浏览器以便更好地访问本站！
</body></noframes>
```

提示

再次执行【修改】|【框架集】|【编辑无框架内容】命令，可以返回到框架集文档的【设计】视图。

Q&A

问题 3：在包含有框架的网页文档中，如何允许访问者可自行调整框架的宽度或高度？

解答：在默认情况下，网页中的框架是不允许访问者通过拖动边框的方式调整其大小的，但在某些特殊情况下还是需要访问者来自行调整的。

在设置可调整框架的大小之前，首先要将框架的边框显示出来。选择文档中的框架集，在【属性】检查器的【边框】下拉列表选择“是”选项，并设置边框的宽度和颜色。

选择框架集中的框架，在【属性】检查器中不启用【不能调整大小】复选框。使用同样的方法，不启用该框架集中所有框架的相同选项。这样在预览网页时，用户可以通过拖动框架的边框来改变框架显示区域的大小。

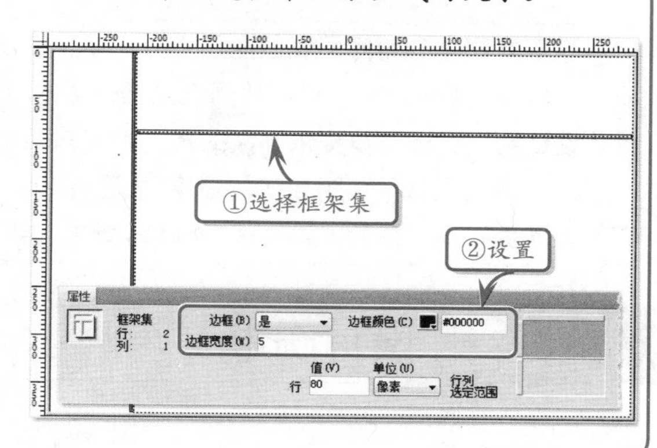

综合实例：设计新闻网页

在互联网中，新闻网页的应用十分广泛。在设计新闻网页时，通过合理使用 CSS 的浮动布局以及 JavaScript 脚本语言，可以使网页具备更强的交互性和观赏性。Dreamweaver 不仅可以通过可视化操作设计网页，还可以提供强大的代码编写辅助功能。

本章将遵循从平面到代码的顺序，先通过 Photoshop CS5 设计页面版式，然后再使用 Dreamweaver CS5 为网页布局，最后，编写 JavaScript 脚本，实现网页的各种交互。

17.1 设计分析

本章将通过 Photoshop 和 Dreamweaver，设计并制作一个新闻网站首页的前台页面。

本节将对整个页面的构图方式、色彩进行分析，介绍如何实现上中下式及混合式布局的网页。同时，还将介绍网站中的图像设计和交互设计等理念，完善前台页面。

1．页面构图

在设计新闻网页之前，首先应分析整个新闻网页的结构，根据网页的结构确定采用的布局方式。

通常新闻网页都会包括网站的 Logo、导航条、搜索引擎、图像新闻展示栏目、头条新闻栏目、子新闻栏目以及版尾等部分。一个页面中会包含多个子新闻栏目。

按照多数网站设计师的习惯做法，应将 Logo 和导航条、搜索引擎等重要的栏目放置在网站的顶端，最醒目的位置，为网站的用户提供方便。

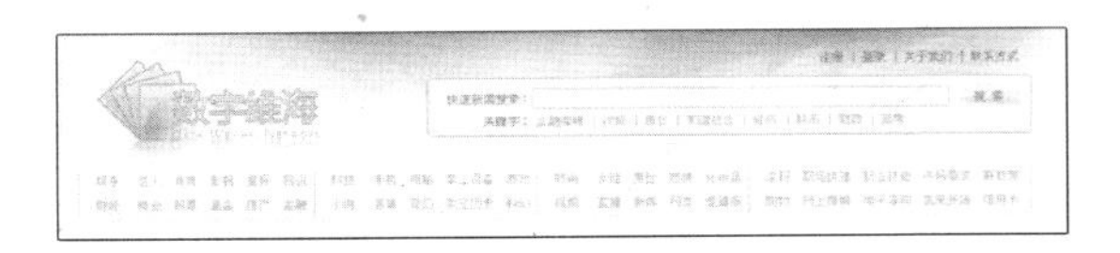

多数新闻网站都会提供图像新闻展示栏目和头条新闻栏目。

这些栏目将是吸引用户阅读网站内容的焦点，因此也应放置在显著的位置。例如在网站的导航条下方等。

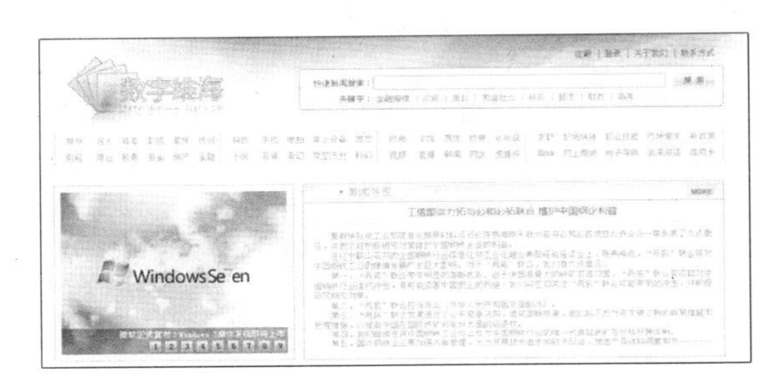

对于网站中并列的新闻子栏目，则可将其受关注的程度作为排列的顺序，分别排放在头条栏目和图像新闻展示栏目的下方。

在选择新闻栏目排列方式时应因地制宜。如果网站中新闻标题较长，则可使用双栏排列，并可增加一个侧栏以弥补空缺。如果网站中新闻标题较短，则可实行 3 栏并排方式。

例如，本例就将使用 3 栏并排的方式显示新闻的栏目。

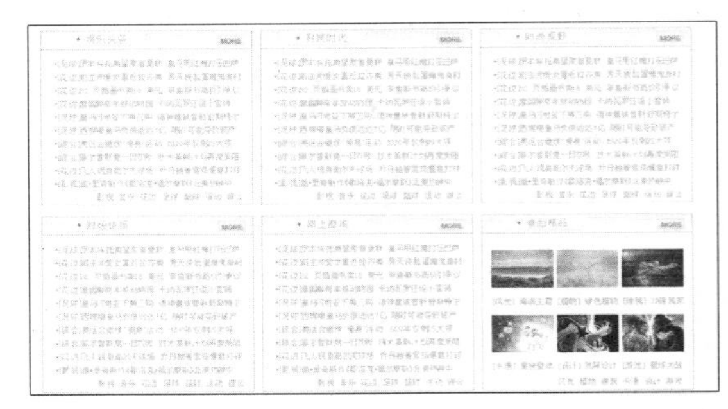

网页的版尾设计需要与网页的头部各栏目相

呼应。在本例中，使用的是较高的网页头部栏目，因此相应地，版尾的高度也不能过低。

网页头部栏目中，左侧为 Logo，右侧为搜索引擎栏，因此在网页的版尾中，既可以将 Logo 放在右侧，版权信息内容等放在左侧，追求别致的效果。也可以将 Logo 放在左侧，版权信息内容等放在右侧，追求网页头部与版尾的一致性。

2．色彩分析

新闻类网页通常需要设计得朴素、大方，因此在配色方面较少追求一些花巧、鲜艳的颜色，以防止这些颜色过于明显，分散用户对网页中文本的吸引力。

常见的新闻类网站以灰色、浅蓝色和深蓝色等主色调居多，例如，新华网、人民网等。灰色、浅蓝色和深蓝色等色调可以使浏览者感到理智与平静。

少数新闻网站会使用黑白红等搭配，也可凸显庄重、肃穆等风格。除此之外，还有些新闻网站采用黑白搭配，给人以严肃，刻板的感觉。

本例将选择浅蓝色和蓝灰色作为网站的主体色调，并点缀以桔黄色，既显大气，又不失别致。

3．图像设计

对于以展示栏目文字信息的网站而言，图像设计的工作量并不大。在本例中，设计到图像设计的主要是网页头部和版尾的蓝色极光背景、网页的 Logo，以及栏目的标题栏背景等。

对于网页的导航栏、搜索栏以及版权信息等部分，则主要使用了白色到灰色的渐变色以及蓝灰色边框的圆角矩形，使整个网页显得整齐有序。

4．交互设计

在本例中，涉及到前台网页和用户交互的用途主要为两个部分，即搜索框下方的关键字和图像新闻展示栏目。

在搜索栏目中，本例将通过 JavaScript 编写一段简单的代码，监听用户单击关键字，并将关键字填入到搜索框中。

而在图像新闻展示栏目，则通过 JavaScript 控制图像每 4 秒切换 1 次。同时，通过循环语句动态生成按钮，当用户单击按钮时自动切换到相应的图片。

17.2 设计新闻网页界面

新闻网页的特点就是包含大量的文本内容，例如，段落，列表等。同时，新闻网页中各栏目的内容应保持一致的风格。在设计新闻网页的界面时，可先设计网页的 Logo、导航条等版块，然后再设计统一的栏目界面，并通过复制组和内容实现统一风格的栏目。

在设计本例的过程中，对文字的处理使用到了【文字】工具、【字符】面板以及【段落】面板。对按钮、界面等图像的处理使用了【样式】面板和图层蒙版等技术。除此之外，本例还使用了各种导入的图像和智能对象。

操作步骤

1．设计网页头部

STEP|01 打开 Photoshop，执行【文件】|【新建】命令，打开【新建】对话框，并设置文档的【宽度】和【高度】分别为 1003px 和 1234px，然后设置【分辨率】为“72 像素/英寸”，【颜色模式】为 RGB 颜色。然后，单击【确定】按钮创建文档。

STEP|02 执行【文件】|【打开】命令，打开“aura.psd”素材文档，复制素材中的极光背景图像，粘贴到创建的文档中。

STEP|03 复制极光图层，执行【编辑】|【变换】|【垂直翻转】命令，翻转素材并移动到文档的底部。创建一个新组，并命名为 smallNavigator。在【工具栏】中选择【横排文字】工具 T，创建小导航条的文本，并在【字符】面板中设置文字属性。

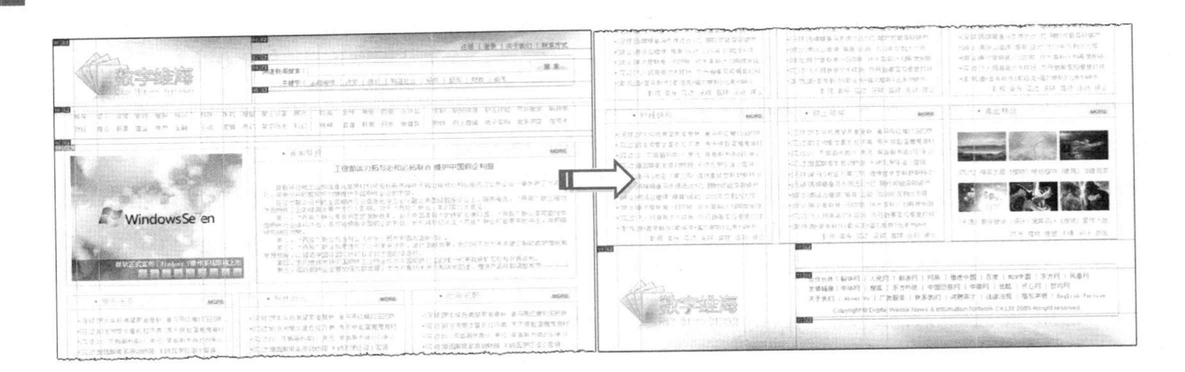

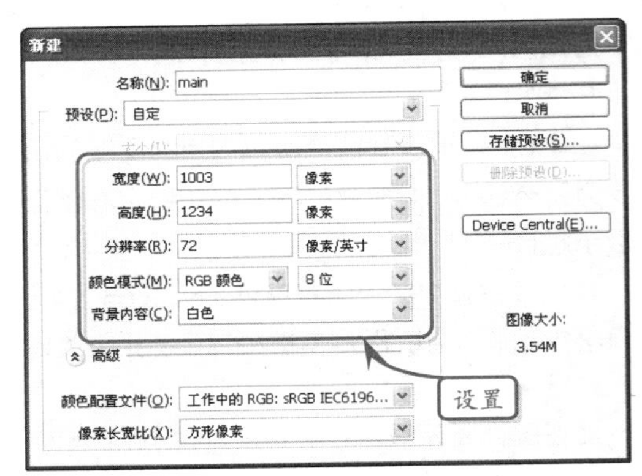

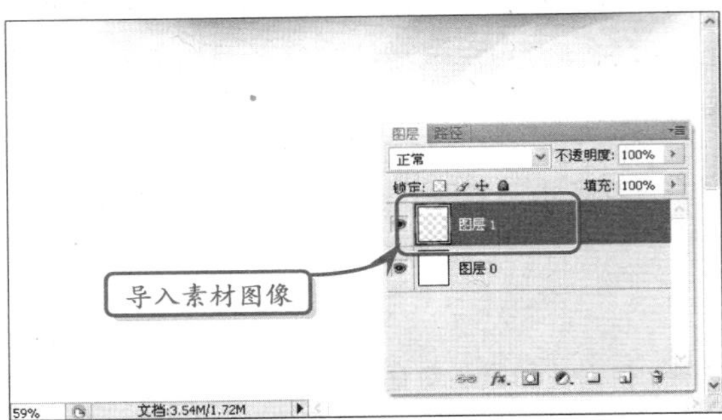

提示

其中，文字的【颜色】为“灰色”(#666666)，【字体】为“新宋体”，【大小】为12px，【消除锯齿】方式为“无”。输入的文本内容为“注册 | 登录 | 关于我们 | 联系方式”。

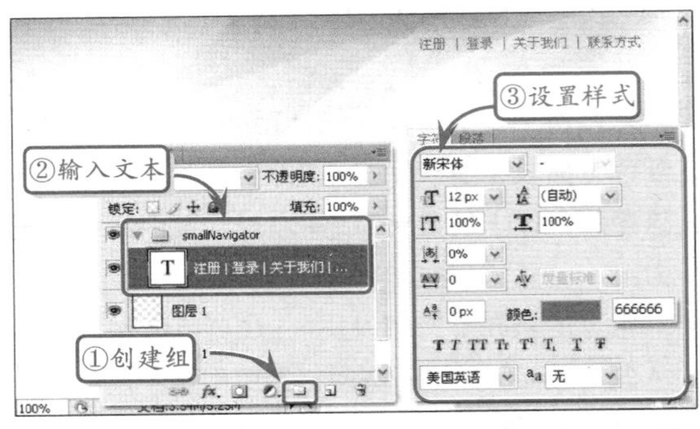

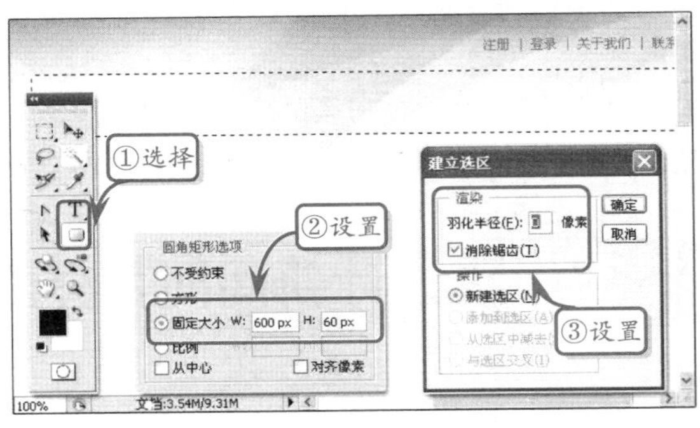

STEP|04 新建searchbar组，并新建searchBarBG图层，使用【圆角矩形】工具绘制一个600px×60px的圆角矩形。右击执行【建立选区】命令，在弹出的【建立选区】对话框中设置羽化半径为0，然后单击【确定】按钮。

STEP|05 单击【工具栏】中的【矩形选框】工具，右击圆角矩形选区，执行【填充】命令，在弹出的【填充】对话框中设置【使用】为“白色”，然后单击【确定】填充颜色。

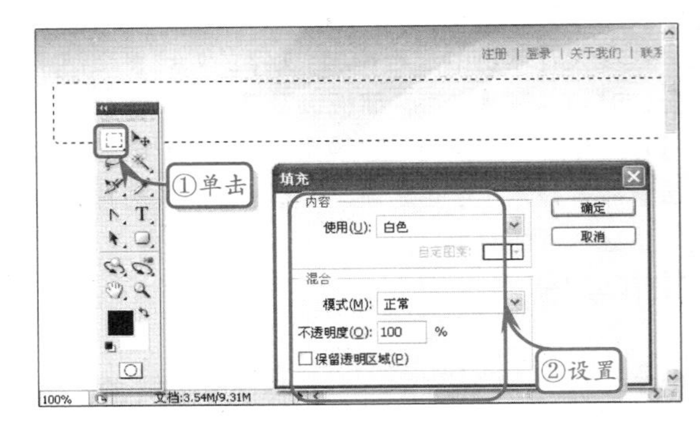

STEP|06 在【图层】面板中右击图层名称，执行【混合选项】命令，在弹出的【图层样式】面板中启用【渐变叠加】复选框，并设置渐变叠加的样式属性。

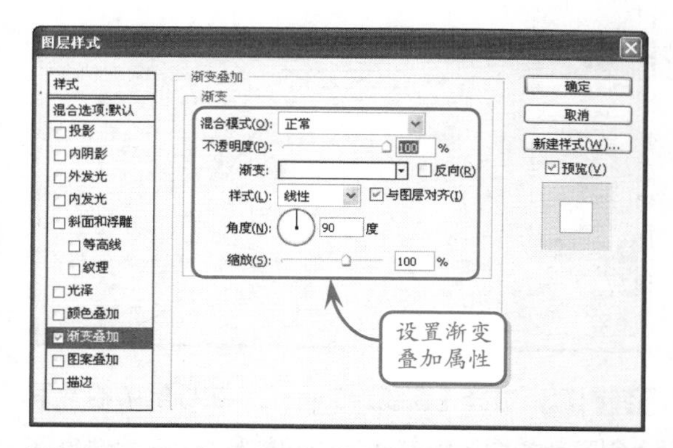

提示

渐变叠加的左侧颜色为灰色（#DEDEDE），右侧颜色为白色（#FFFFFF）。

STEP|07 单击【描边】复选框，为填充色添加 1px 的蓝灰色（#7F9DB9）边框，完成搜索栏背景制作。

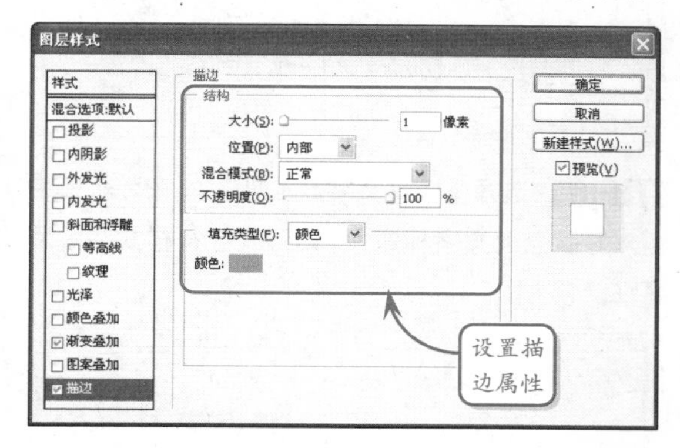

STEP|08 使用【横排文字】工具在搜索栏背景上添加表单的标题，并绘制一个白色矩形填充，为矩形添加 1 像素的蓝灰色（#7F9DB9）边框线，作为输入文本域。然后再使用【横排文字】工具 T 输入关键字。

提示

其中，“快速新闻搜索”和“关键字”等文本使用灰色（#666666），“金融海啸”等关键字使用蓝灰色（7F9DB9）。

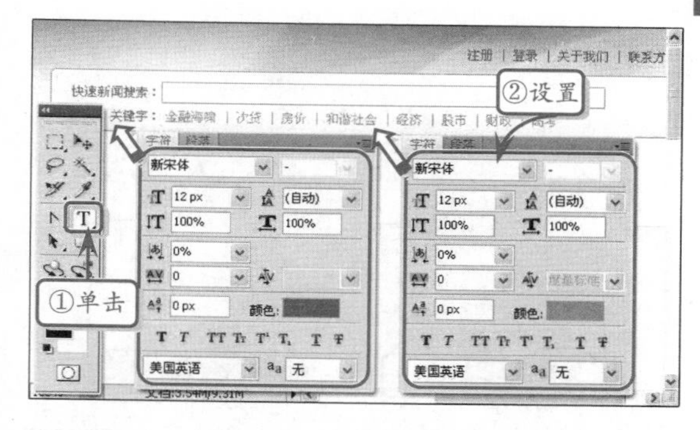

STEP|09 在输入文本框右侧绘制一个高为 60px、宽为 21px 的矩形，为其填充白色，然后应用渐变叠加样式。然后，单击再为其添加蓝灰色（#7F9DB9）的 1 像素描边，制作搜索按钮。

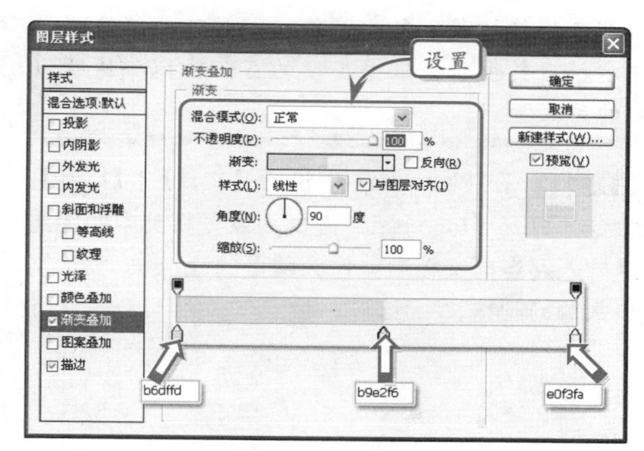

STEP|10 选中【横排文字】工具 T，在搜索按钮上方输入“搜索”文本，然后设置文本的属性。其中，文本颜色为灰色（#666666）。

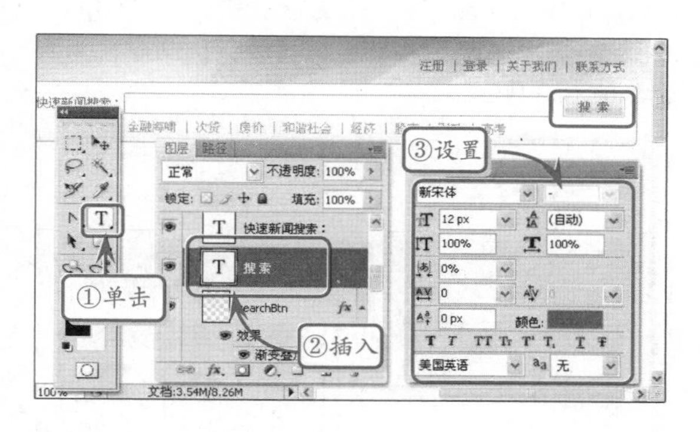

STEP|11 复制搜索栏的背景图层，在其下方使用图层蒙版制作渐变透明的搜索栏倒影特效。

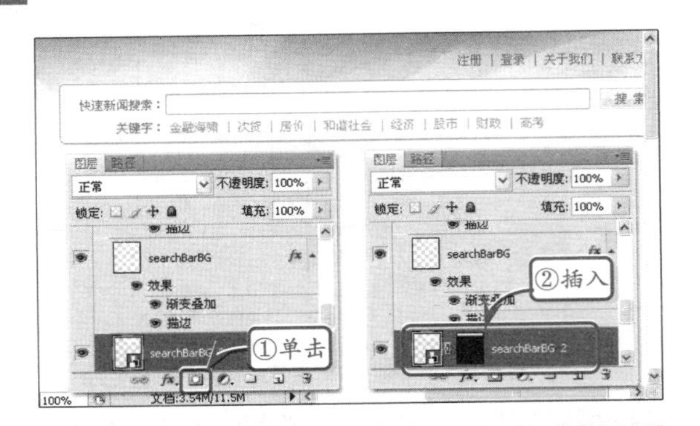

提示

插入蒙版制作倒影，首先应为复制的图层添加空白蒙版，然后即可全选图层，在蒙版中绘制黑色和白色的渐变色。黑色遮罩的图层部分将被隐藏，白色遮罩的图层部分将会显示。而灰色则会根据灰度的百分比以半透明的方式显示。

STEP|12 在 Photoshop 中执行【文件】|【打开】命令，打开“logo.psd”素材图像，将其中的图层组导入到当前文档中，作为网页的 Logo，完成网页头部的制作。

2．设计导航条与图像新闻

STEP|01 新建名为 navigator 的组，在组中新建 navigatorBG 图层。并在图层中绘制一个 1003px × 63px 的矩形选区，右击执行【填充】命令，为导航条填充背景。

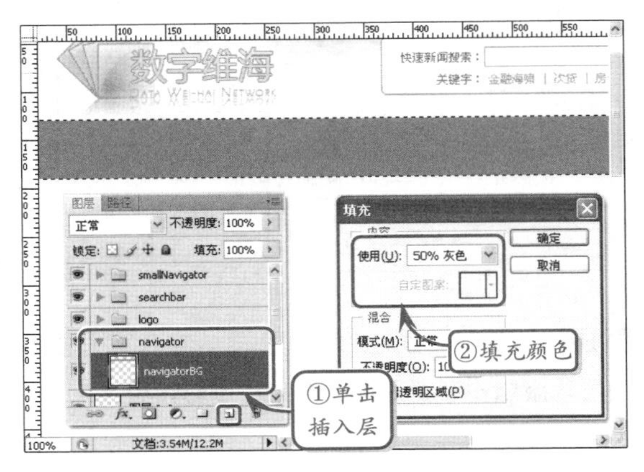

STEP|02 选中 navigatorBG 图层，在图层名称上右击执行【混合选项】命令，添加渐变叠加。

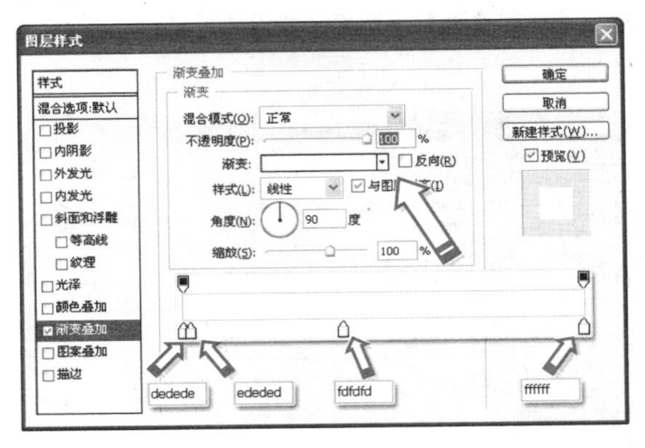

STEP|03 选择【直线】工具 ，在导航条的背景上创建新的图层绘制水平线和垂直线，并分别将这些线条转换为智能对象。

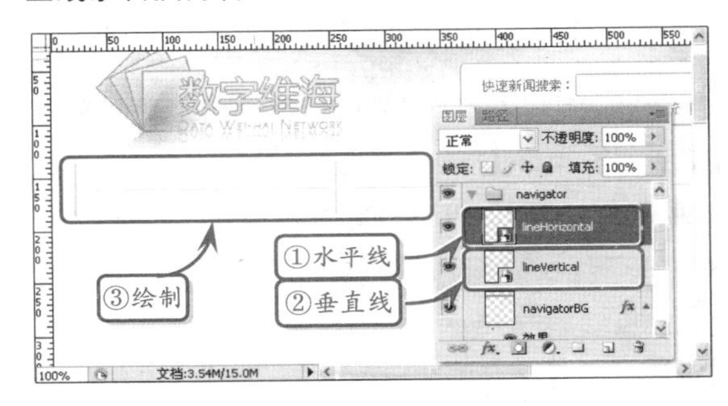

STEP|04 选择【横排文字】工具 T，在导航条中输入导航条的文字标题，并设置其字符样式和段落属性。

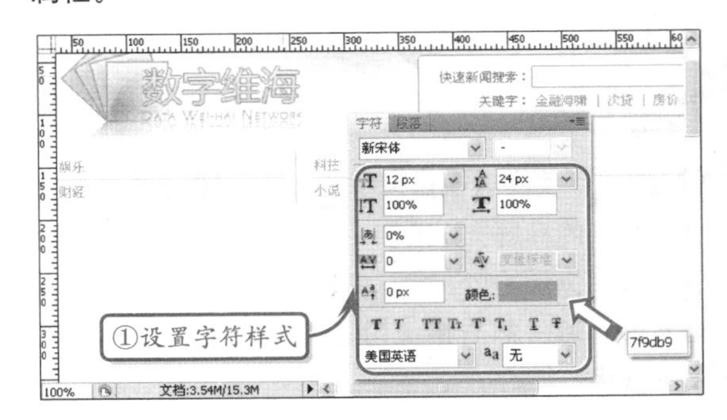

STEP|05 再次选择【横排文字】工具 T，在导航条中输入导航条的文字内容，并设置字符样式和段落属性。

STEP|06 新建 picsFocus 组，并新建 picsFocusBG 图层，绘制一个 338px × 258px 的矩形选框，并为

其添加 1px 的蓝灰色（#7F9DB9）描边。导入 images01 素材图像，作为图像新闻的预览图。

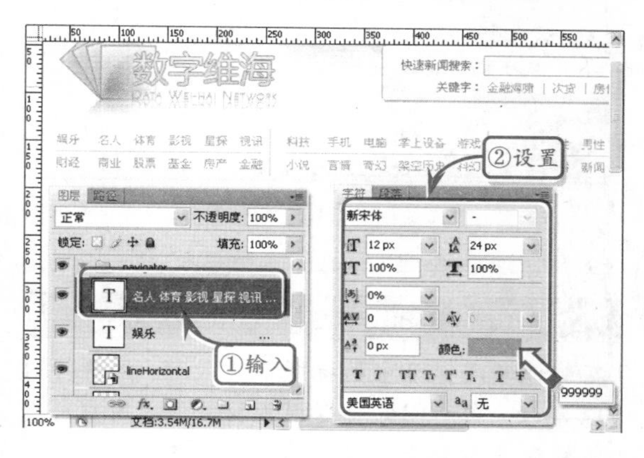

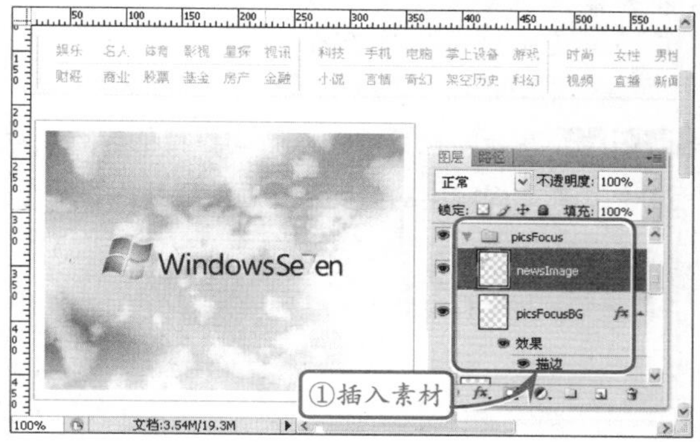

STEP|07 在素材图像的上方新建 coverTextBG 图层，在素材图像底部绘制一个 320px×40px 的矩形，填充黑色（#000000）。然后在图层面板中设置图层的不透明度为 40%。

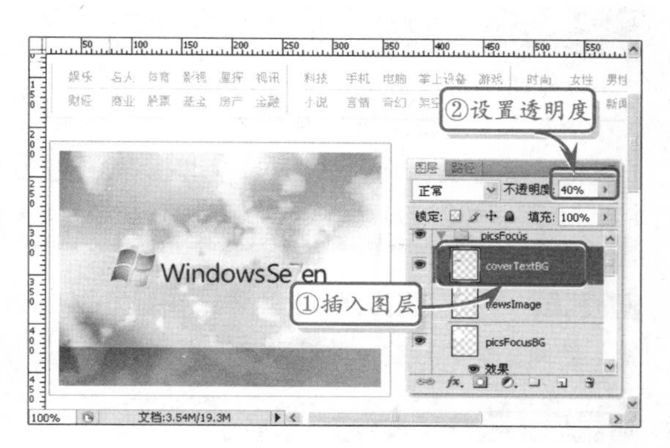

STEP|08 新建 code 图层，在图层中绘制 9 个 16px×16px 的正方形，为正方形添加样式，并插入文本，完成图像新闻的制作。

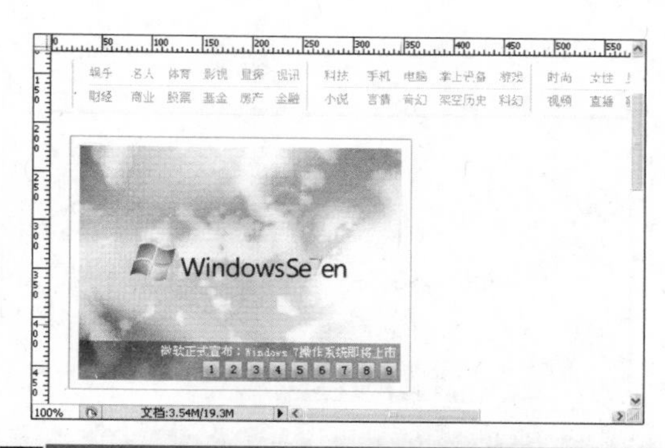

提示

其中，正方形按钮使用了渐变叠加、内发光和描边等样式。新闻图像的说明文本为白色 12px 宋体，按钮上的编号文本为黑色 12px 宋体。

3．设计头条新闻和新闻栏目

STEP|01 新建 mainNewsFrame 组，在组中创建 mainNewsFrameBG 图层，绘制一个 594px×258px 的矩形，并为其添加 1px 的蓝灰色（#7F9DB9）描边。

STEP|02 在 mainNewsFrameBG 图层上方新建 title 组，导入“mainTitleBG.psd”素材图像。然后在图像下方绘制一条与图像长度相等的 1px 蓝灰色水平线。

STEP|03 选择【横排文字】工具 T，输入“新闻导视”文本，然后导入“moreBtn.psd”素材图像，作为头条栏目标题栏的按钮。

提示

“新闻导视”文本为 14px 的新宋体文本，颜色为灰色(#999999)，消除锯齿方式为“无”。

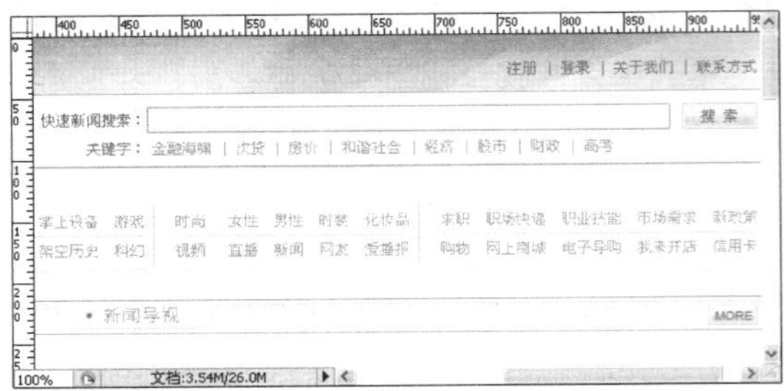

STEP|04 在 mainNewsFrameBG 图层上方新建 content 组，并在组中输入头条新闻的标题、内容。然后，输入一行小数点，作为标题和内容的分界线。

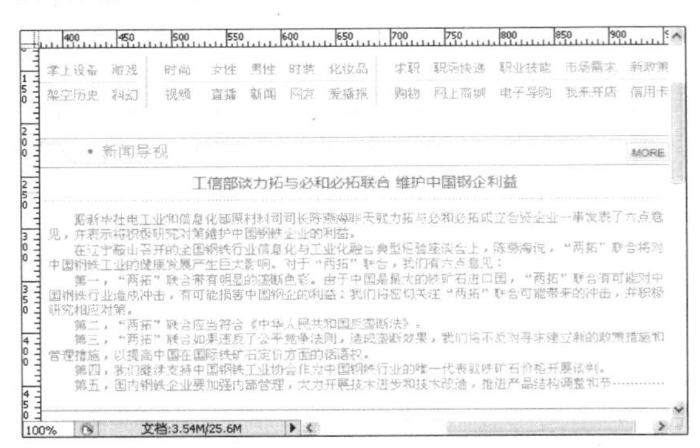

提示

标题为蓝灰色（#7F9DB9）14px 微软雅黑字体，消除锯齿方式为锐利。分界线的小数点为 12px 的 Arial 字体，颜色为灰色（#999999）。内容文本为 12px 的新宋体，颜色为灰色（#999999），段落的行首缩进为 24px。

STEP|05 用同样的方式，制作新闻栏目的标题。其中，新闻栏目的背景宽度为 306px，高度为 260px。

提示

在制作新闻栏目中的标题栏背景时，同样可以导入头条新闻的标题栏素材背景。用户可以将该素材背景中过长的部分删除，也可以用图层蒙版遮罩住过长的部分。

STEP|06 在新闻栏目中输入新闻栏目的内容，然后分别为新闻内容中的分类和标题设置颜色等属性。

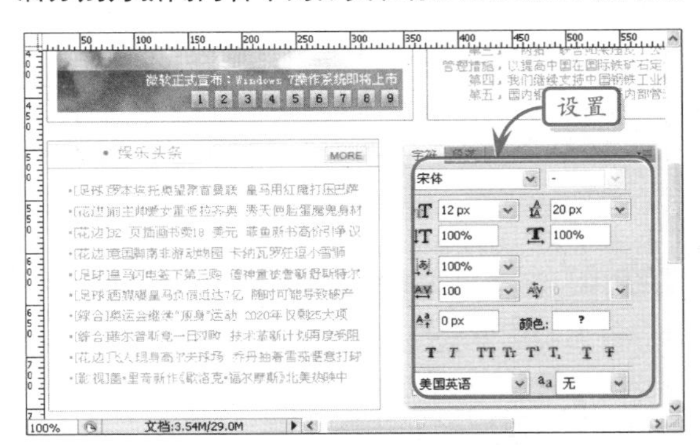

提示

每条新闻都由项目列表符号、中括号中的新闻分类，以及新闻的标题组成。其中，新闻分类使用蓝灰色（#7F9DB9），其他部分使用灰色（#999999）。

STEP|07 使用【横排文本】工具，在新闻的下方输入新闻分类的导航，并设置其样式。

提示

新闻分类导航的文本颜色为蓝灰色（#7F9DB9）。在输入新闻分类时，可在每两个分类名之间插入一个空格。

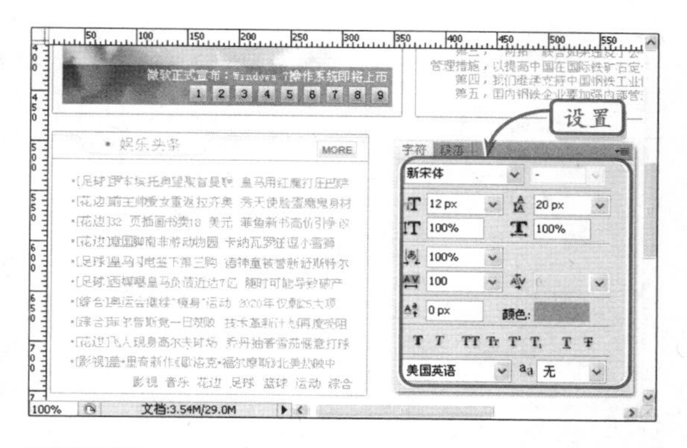

STEP|08 在完成 1 个新闻栏目后，可选择该新闻栏目的组，右击执行【复制组】命令，将其粘贴 5 次，然后移动各组的位置，将其分别放置在第 1 个新闻栏目的右侧和下方。

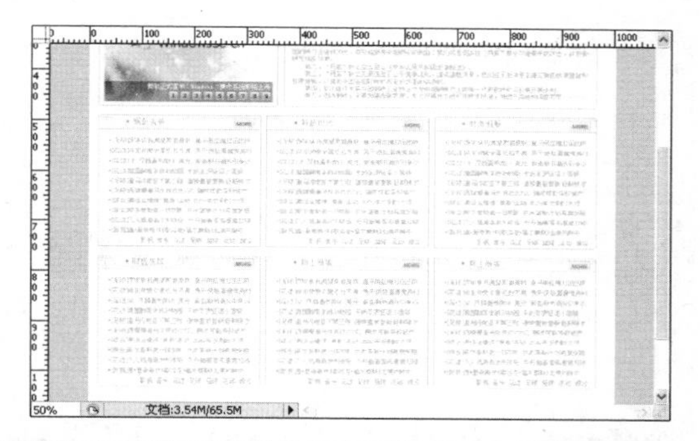

> **提示**
>
> 在复制并移动各组织后，即可更改各新闻栏目的名称，依次为“科技时代”、“时尚视野”、“财经快报”、“网上商城”和“桌面精品”等。

STEP|09 选中“桌面精品”所在的组，删除新闻列表的文本内容，然后即可插入图像及图像的标题、分类等。最后，修改图像的分类，完成新闻栏目制作。

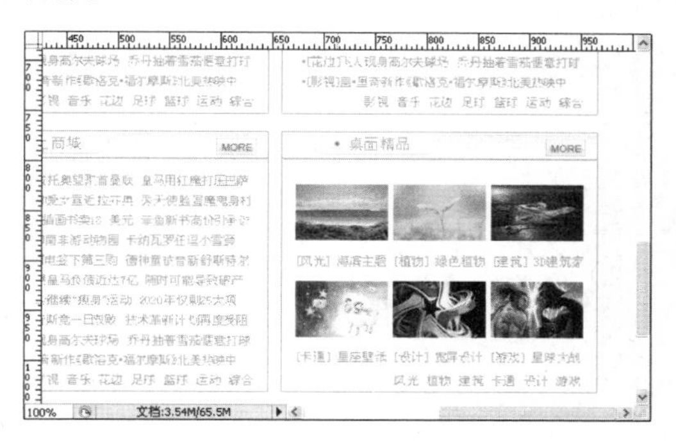

4．设计网页版尾

STEP|01 选中网页 Logo 所在的组，右击执行【复制组】命令，复制 Logo，将其移动到文档的底部，重命名组为 logoBottom。

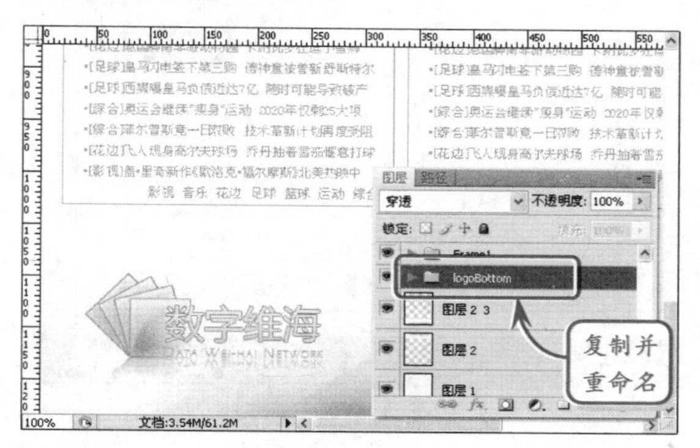

STEP|02 新建 footer 组，然后在组中新建 footerBG 图层，选中【圆角矩形】工具，绘制一个 600px × 100px 的圆角矩形，将其转换为选区，然后填充为白色。

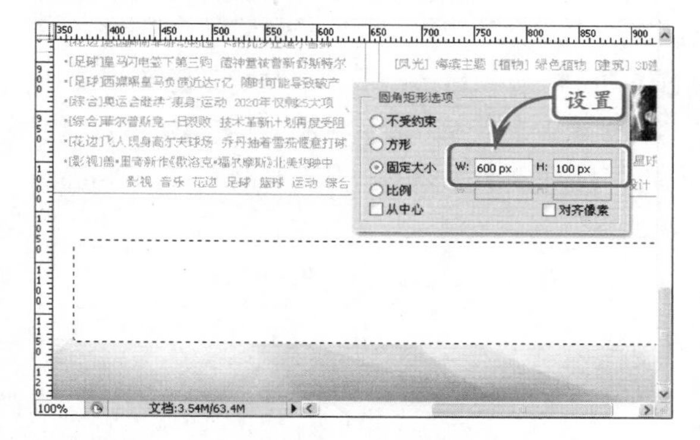

STEP|03 选中之前制作的搜索框背景图层，右击图层名称，执行【复制图层样式】命令。然后，选中 footerBG 图层，右击图层名称，执行【粘贴图层样式】命令，为图层应用样式。

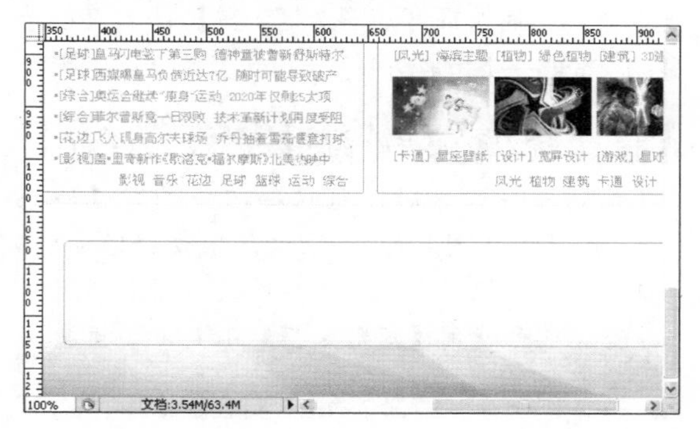

STEP|04 选择【横排文字工具】T，即可在圆角矩形背景上输入网站的合作伙伴、友情链接、关于我们以及版权声明等内容，并设置这些文本的属性。

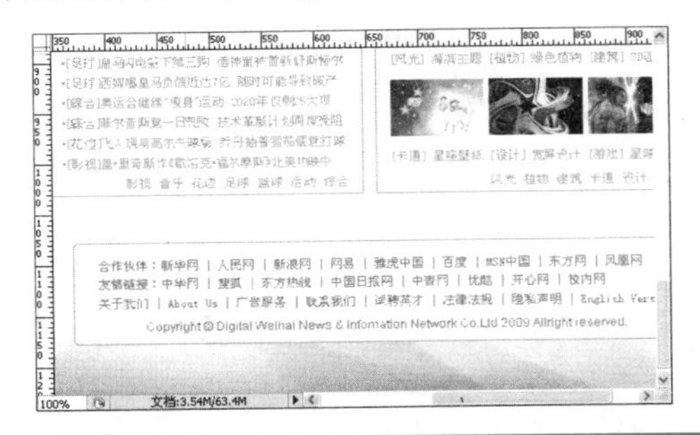

提示

版尾的中文文本字体为宋体，大小为12px，行高为18px，颜色为灰色（#666666），消除锯齿方式为"无"。

英文字体为Arial，样式为Regular（非斜体），大小为12px，行高为自动，颜色为灰色（#666666），消除锯齿方式为无。

STEP|05 选中footer组，右击执行【复制组】命令，创建一个副本。选中副本，执行【编辑】|【变换】|【垂直翻转】命令，然后将副本移动到footer组的下方。

STEP|06 保持对副本的选中状态，在【图层】面板中单击【添加图层蒙版】按钮，为组添加图层蒙版。然后选择【矩形选框工具】，在图层蒙版上绘制一个矩形选框，大小和副本的背景相同。

提示

在绘制矩形选区时，可选择组中的背景图层，然后右击图层的预览，执行【选择像素】命令，创建矩形选区，然后再选择蒙版进行操作。也可使用【矩形选框】工具，直接在蒙版上绘制。

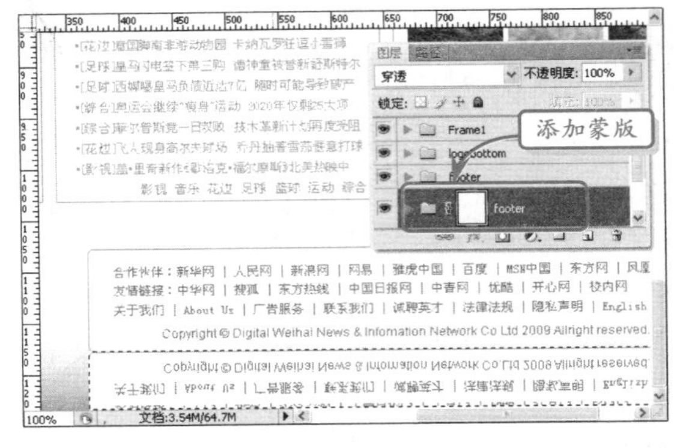

STEP|07 选择【渐变】工具，在【工具选项栏】中设置渐变色为自黑到白，然后即可在footer组蒙版的选区中绘制渐变色，制作版尾倒影。最后，右击选区，执行【取消选择】命令，完成设计。

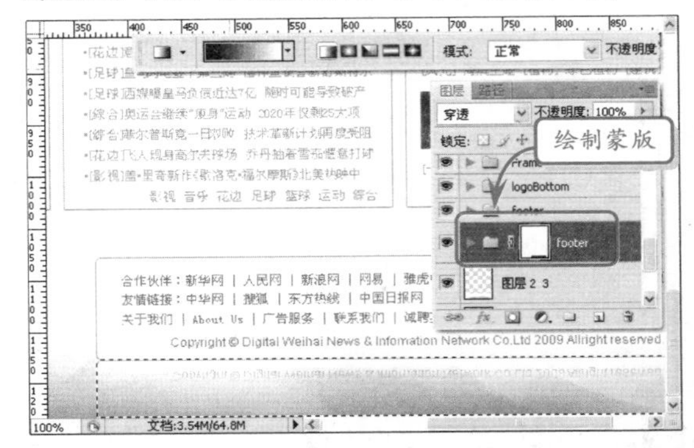

提示

制作镜面倒影的方式有多种。使用蒙版是最简单的一种。在本例中，倒影内包含了版权信息的文本。因此，在输出网页时，应将这些文本输出为背景图像的一部分，以防止出现倒影与内容不符的现象。

STEP|08 使用【切片工具】为文档制作切片，然后即可隐藏所有文本部分，将PSD文档导出为网页。

> **提示**
>
> 在绘制网页切片时，可先根据文档中各图层的内容绘制参考线，然后再选择【切片工具】，单击【工具选项栏】中的【基于参考线的切片】按钮，根据参考线生成自动切片。最后，根据网页内容，将自动生成的切片合并，即可完成切片制作。

> **提示**
>
> 在制作完成切片之后，即可执行【文件】|【存储为 Web 和设备所用格式】命令，在弹出的【存储为 Web 和设备所用格式】对话框中设置切片输出的图像格式等属性，将 PSD 文档输出为网页。

17.3 制作新闻网页页面

制作完成 PSD 文档的切片网页后，即可根据切片网页的图像，用 CSS+XHTML 等技术为网页进行布局，编写网页中各种对象的样式，制作新闻网页的页面。在编写新闻网页页面时，可以 Div 标签为网页最基础的结构，在 Div 标签内部，则使用列表存储各种内容数据。

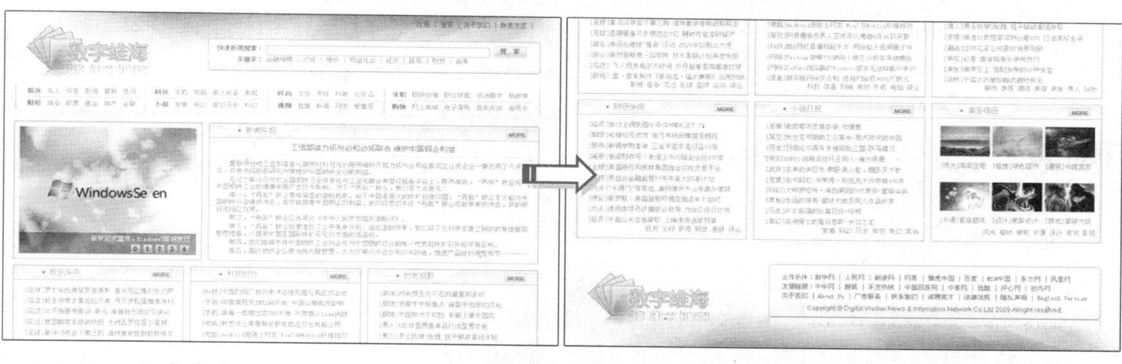

操作步骤

1．创建页面布局并制作 Logo 和搜索

STEP|01 在站点根目录下创建 pages、images、styles 等目录，将切片网页中的图像保存至 images 子目录下。用 Dreamweaver 创建网页文档，并将网页文档保存至 pages 子目录下。然后再创建"main.css"文档，将其保存至 styles 子目录下。

STEP|02 修改网页 head 标签中 title 标签里的内容，然后在 title 标签之后添加 link 标签，为网页导入外部的 CSS 文件。

```
<title>数字维海新闻站</title>
<link href="../styles/main.css"
el="stylesheet" type="text/css"
edia="screen" />
```

STEP|03 在"main.css"文档中，定义网页的 body 标签以及各种容器类标签的样式属性。

```
body {
  width:1003px; margin:0px;
  adding:0px;
  font-family:"宋体";font-size:
  12px;
}div, span, ul, li {
  display:block; margin:0px;
  padding:0px;
  float:left;width:auto;}
```

STEP|04 在 body 标签中使用 div 标签创建网页的基本结构，并为各版块添加 id。

```
<div id="top"></div>
<!--网页的 Logo 版块与搜索栏版块-->
```

```
<div id="navigator"></div>
<!--网页的导航条版块-->
<div id="navigator_bottomBar">
</div>
<!--网页的导航条底部的渐变分隔线-->
<div id="content"></div>
<!--网页的主题版块-->
<div id="footer"></div>
<!--网页的版尾版块-->
```

STEP|05 在 id 为 top 的 div 容器中，插入一个 id 为 top_logo 的 div 容器，并在“main.css”文档中定义这两个容器的样式，制作网页的 Logo 版块。

```
#top {
  height:129px; width:1003px;
}#top #top_logo {
  width:368px; height:129px;
  background-image:url(../
  images/top_logo.png);}
```

STEP|06 在 id 为 top 的 div 容器中再插入一个 id 为 top_smallNavigator 的 div 容器，并在容器中添加网页的小导航条，为小导航条添加链接。

```
<div id="top_smallNavigator">
  <a href="javascript:void(null);
  ">注册</a> |
  <a href="javascript:void(null);
  ">登录</a> |
  <a href="javascript:void(null);
  ">关于我们</a>|
  <a href="javascript:void(null);
  ">联系方式</a>|
</div>
```

STEP|07 在“main.css”文档中为小导航条的容器及超链接添加 CSS 样式代码。

```
#top #top_smallNavigator {
  width:587px; height:24px; float:
  right;
  background-image:url(../
  images/top_smallNavigator.png);
 padding-top:10px; padding-right:
  48px;
  color:#666; text-align:right;}
#top #top_smallNavigator a {
  color:#666; text-decoration:
  none;}
```

STEP|08 在 id 为 top_smallNavigator 的 div 容器下方分别添加 id 为 top_searchTopBar、top_searchBar 和 top_searchBottomBar 的 div 容器，作为搜索栏的背景。然后在“main.css”文档中定义这 3 个容器及子容器的 CSS 样式。

```
#top #top_searchTopBar {
  height:20px; width:635px; float:
  right;
  background-image:url(..
  /images/top_searchTopBar.
  png);}#top #top_searchBar {
  height:43px; width:635px; float:
  right;
  background-image:url(../
  images/top_searchBar.png);
}#top #top_searchBottomBar {
  width:635px; height:32px;
  background-image:url(..
  /images/top_searchBottomBar.
  png); float:right;}
```

STEP|09 在 id 为 top_searchBar 的 div 容器中插入表单，制作搜索栏，并添加关键字等文本，为文本插入超链接。

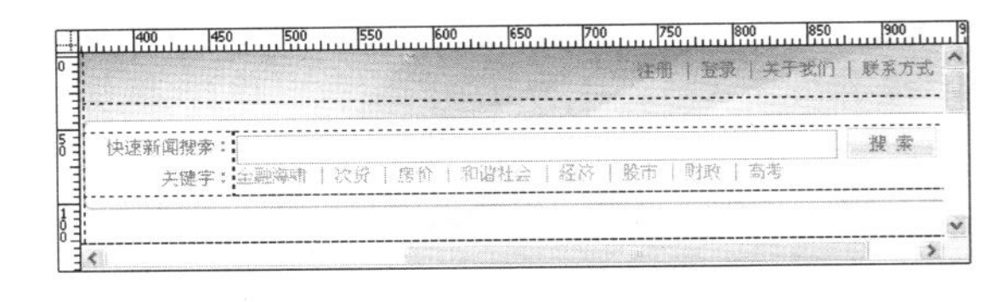

2．制作导航条栏目和分隔线

STEP|01 在 id 为 navigator 的 div 容器中，创建 id 为 mainNavList 的无序列表，并在列表中创建 4 个列表项，分别为列表项添加 id 为 left1、left2、left3 和 left4，作为导航条中的列。

```
<ul id="mainNavList">
  <li id="left1"></li>
  <li id="left2"></li>
```

```
    <li id="left3"></li>
    <li id="left4"></li>
  </ul>
```

STEP|02 在 id 为 left1 的列表项中嵌套 1 个列表，并在新的列表中将导航条的第 1 列内容作为列表项输入。然后，为导航条分类所在的项目前添加 navLabel 类。

```
<ul>
  <li class="navLabel"> <a href=
  "javascript:void(null);">娱乐
  </a> </li>
  <li> <a href="javascript:void
  (null);">名人</a> </li>
  <li> <a href="javascript:void
  (null);">体育</a> </li>
  <li> <a href="javascript:void
  (null);">影视</a> </li>
  <li> <a href="javascript:void
  (null);">星探</a> </li>
  <li> <a href="javascript:void
  (null);">视讯</a> </li>
  <li class="navLabel"> <a href=
  "javasc-ript:void(null);">财经
  </a> </li>
  <li> <a href="javascript:void
  (null);">商业</a> </li>
  <li> <a href="javascript:void
  (null);">股票</a> </li>
  <li> <a href="javascript:void
  (null);">基金</a> </li>
  <li> <a href="javascript:void
  (null);">房产</a> </li>
  <li> <a href="javascript:void
  (null);">金融</a> </li>
</ul>
```

STEP|03 用同样的方式为 id 为 left2、left3 以及 left4 的列表项添加列表内容。然后，即可在“main.css”文档中定义这些列表内容的样式属性。

```
#navigator {
  display:block; height:63px;
  width:1003px;
    background-image:url(..
    /images/navigatorBG.png);
    overflow:hidden;}
  #navigator #mainNavList {
    margin-left:20px; margin-top:
    15px;
    margin-bottom:15px; height:
    16px;
  }#navigator #mainNavList a {
    color:#999; text-decoration:
    none;
  }#navigator #mainNavList.
  navLabel {
    font-weight:bold;
  }#navigator #mainNavList.navLabel a {
    color:#7f9db9; text-decoration:
    none;
  }#navigator #mainNavList a:hover {
    color:#900; text-decoration:
    none;
  }#navigator #mainNavList ul li {
    margin:0px; padding:0px; display:
    block;
    float:left; overflow:hidden;
    height:24px;
    padding-right:10px; width:auto;
  }#navigator #mainNavList #left1 {
    margin-left:22px; width:210px;
  }#navigator #mainNavList #left2 {
    margin-left:20px; width:204px;
  }#navigator #mainNavList #left3 {
    margin-left:18px; width:192px;
  }#navigator #mainNavList #left4 {
    margin-left:15px; width:262px;}
```

STEP|04 为 id 为 navigator_bottomBar 的分隔线 div 容器定义 CSS 样式属性，为其添加背景，即可完成导航条和分隔线的制作。

```
#navigator_bottomBar {
  display:block; line-height:0px;
  font-size:0px;
  height:10px; width:1003px;
  background-image:url(../images/
  navigatorBottomBar.png);}
```

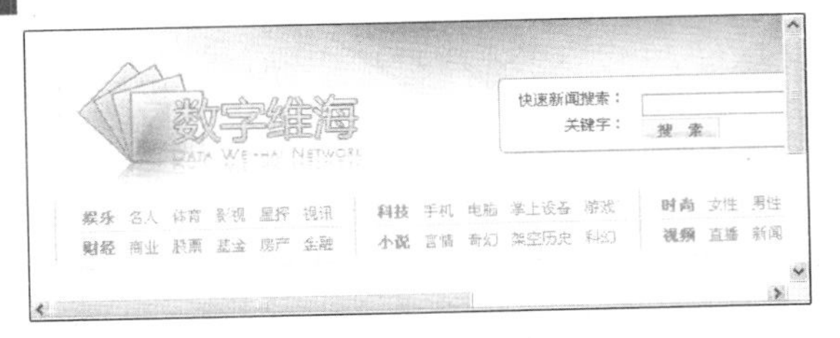

3．制作图像轮换和新闻导视栏目

STEP|01 在 id 为 content 的 div 容器中添加 id 为 advQuote 的 div 容器，并在“main.css”文档中定义这两个容器的 CSS 样式属性。

```
#content {
  width:984px; padding-left:13px;
}#content #advQuote {
  border:1px solid #7f9db9;
  padding:9px;
  width:320px; height:240px;
  overflow:hidden; margin:6px;
  text-align:right;}
```

STEP|02 在 id 为 advQuote 的 div 容器后面添加 id 为 headLine 的 div 容器，并在其中嵌套 id 为 headLineTitle 和 headLineContent 的两个容器。

```
<div id="headLine">
  <div id="headLineTitle"></div>
  <div id="headLineContent">
  </div>
</div>
```

STEP|03 在 id 为 headLineTitle 的 div 容器中插入 span 容器，并输入“新闻导视”文本。然后在 span 容器之后插入类为 moreBtn 的 div 容器，作为标题栏中的按钮。

```
<span>新闻导视</span>
<div class="moreBtn">
<a href="javascript:void
(null);"><img src="../images/
moreBtn.png" width="39" height=
"17" alt="更多新闻"/></a>
</div>
```

STEP|04 在“main.css”文档中定义标题栏中各种容器的 css 样式属性。

```
#content #headLine {
  width:594px; height:258px;
  border:1px solid #7f9db9; margin:
  6px;
}#content #headLine #headLine-Title {
  display:block; width:594px;
  height:26px; border-bottom:1px
  solid #7f9db9;
  background-position: 0px 3px;
  background-image:url(../images/
  headLineTitleBG.png);
}#content #headLine #headLineT-
itle span {
  display:block; float:left;
  margin-top:5px;
  margin-left:65px; font-size:
  14px;
  color:#999; width:auto;
  text-align:right;
}#content #headLine #headLine-
Title .moreBtn {
  margin-top:5px; margin-right:
  20px;
  display:block; float:right;
  width:39px; height:17px;
}#content #headLine #headLine-
Title .moreBtn img {
  border:none;}
```

STEP|05 在 id 为 headLineContent 的 div 容器中输入文本，并设置其样式，即可完成新闻导视栏目的制作。

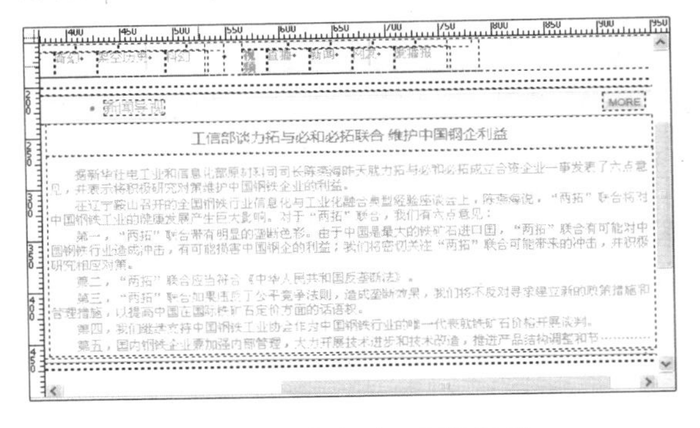

4．制作新闻栏目块和桌面栏目块

STEP|01 在 id 为 headLine 的 div 容器后面添加类

为 newsBlock 的 div 容器，然后在该容器中嵌套类为 newsBlockTitle 的 div 容器，制作新闻栏目块的标题栏。

```
<div class="newsBlock">
  <div class="newsBlockTitle">
    <span>娱乐头条</span>
    <div class="moreBtn"> <a href=
    "javascript:void(null);"><img
    src="../images/moreBtn.png"
    width="39" height="17" alt="
    更多新闻"/></a> </div>
  </div></div>
```

STEP|02 在“main.css”文档中，定义新闻栏目块以及标题栏、标题文本和按钮的 CSS 样式属性。

```
#content .newsBlock {
  display:block; width:306px;
  height:260px;
  border:1px solid #7f9db9; margin:
  6px;
}#content .newsBlock .newsBlockT
itle {
  display:block; width:100%;
  height:26px;
  background-position: 0px 3px;
  background-image:url(../images/
  headLineTitleBG.png);
  border-bottom:1px solid #7f9db9;
}#content .newsBlock .newsBlockT
itle span {
  display:block; float:left;
  margin-top:5px;
  margin-left:65px; font-size:14px;
  color:#999; width:auto;
}#content .newsBlock .newsBlockT
itle .moreBtn {
  margin-top:5px; margin-right:
  20px;
  display:block; float:right;
  width:39px; height:17px;
}#content .newsBlock .newsBlockT
itle .moreBtn img {
  border:none;
}
```

STEP|03 在类为 newsBlockTitle 的 div 容器后面插入类为 newsBlockContent 的 div 容器，并添加新闻内容列表，为其插入超链接。

```
<div class="newsBlockContent">
  <ul>
    <li>[<a href="javascript:void
    (null);" class="linkClass">足
    球</a>]<a href="javascript:void
    (null);">罗本埃托奥望聚首曼联皇马
    用红魔打压巴萨</a> </li>
    <li>[<a href="javascript:void
    (null);" class="linkClass">花
    边</a>]<a href="javascript:void
    (null);">前主帅爱女重返拉齐奥秀天
    使脸蛋魔鬼身材</a> </li>
    <!--……中间内容省略……-->
    <li>[<a href="javascript:void
    (null);" class="linkClass">影
    视</a>] <a href="javascript:void
    (null);">盖&middot;里奇新作《歇
    洛克&middot;福尔摩斯》北美热映
    </a> </li>
  </ul></div>
```

STEP|04 在“main.css”文档中，定义新闻列表内容以及其中超链接的 CSS 样式属性。

```
#content .newsBlock .newsBlockCo
ntent {
  display:block; width:100%;
  margin-left:10px;
}#content .newsBlock .newsBlockC
ontent ul {
  margin-top:10px;
}#content .newsBlock .newsBlockC
ontent ul li {
  list-style-type:disc!important;
  list-style-position:outside!
  important;
  display:list-item!important;
  float:none!important; margin-
  left:10px;
  line-height:20px; color:#999;
```

```
  width:auto;
}#content .newsBlock .newsBlockC
ontent ul li a {
  font-size:12px; color:#999;
  text-decoration:none;
}#content .newsBlock .newsBlockC
ontent ul li a:hover {
  font-size:12px; color:#900;
  text-decoration:none;
}#content .newsBlock .newsBlockC
ontent ul li .linkClass {color:
#7f9db9; }
```

STEP|05 在类为 newsBlockContent 的 div 容器后面插入一个类为 newsBlockClass 的 div 容器，并输入新闻块内容的分类导航。

```
<div class="newsBlockClass">
  <a href="javascript:void(null);
  ">影视</a>
  <a href="javascript:void(null);
  ">音乐</a>
  <!--……中间内容省略………-->
  <a href="javascript:void(null);
  ">综合</a>
</div>
```

STEP|06 在"main.css"文档中定义新闻分类导航的容器以及超链接等的 CSS 样式属性。

```
#content .newsBlock .newsBlockCl-
ass {
  display:block; width:94%;
  margin-left:10px;
  margin-right:10px; text-align:
  right;
}#content .newsBlock .newsBlockC-
lass a {
  color:#7f9db9; text-decoration:
  none; font-size:12px;
}#content .newsBlock .newsBlockC-
lass a:hover {
  color:#900; text-decoration:
  none; }
```

STEP|07 按照之前的步骤，为网页文档添加 4 个新闻块内容。然后，在新闻块内容之后插入一个类为 newsBlock 的 div 容器，并在容器中制作桌面精品的标题栏。

```
<div class="newsBlockTitle">
  <span>桌面精品</span>
  <div class="moreBtn"><a href=
  "javascript:void(null);"><img
  src="../images/moreBtn.png"
  width="39" height="17" alt="更多
  桌面"/></a></div>
</div>
```

STEP|08 在标题栏后插入类为 newsBlockContent 的 div 容器，并在该 div 容器中嵌套 6 个类为 imagesBlock 的 div 容器，在容器中插入图像，并输入图像的说明文本链接。然后，输入图像的分类导航。

```
<div class="newsBlockContent">
  <div class="imagesBlock"><img
 src="../images/desktops/image01.
  jpg" width="90" height="56"
  alt="海滨主题"/>
    <p>[<a href="javascript:void
    (null);" class="linkClass">风
    光</a>]<a href="javascript:void
    (null);">海滨主题</a></p>
  </div>
  <!--……中间内容省略………-->
  <div class="imagesBlock"><img
  src="../images/desktops/
  image06.jpg" width="90" height=
  "56" alt="星球大战" />
    <p>[<a href="javascript:void
    (null);" class="linkClass">游
    戏</a>]<a href="javascript:void
    (null);">星球大战</a></p>
  </div>
  <div class="newsBlockClass">
    <a href="javascript:void
    (null);">风光</a>
    <a href="javascript:void
    (null);">植物</a>
    <!--……中间内容省略………-->
```

```
    <a href="javascript:void
     (null);">影视</a>
   </div></div>
```

STEP|09 在“main.css”文档中定义桌面精品栏中图像、超链接等的 CSS 样式属性，完成网页内容版块的制作。

```
#content .newsBlock .newsBlockCo-
ntent .imagesBlock {
  margin-top:15px; display:block;
  float:left;
  width:90px; height:90px; margin-
  left:5px; color:#999;
}#content .newsBlock .newsBlockC-
ontent .imagesBlock p{
  margin-top:8px; margin-bottom:0px;
}#content .newsBlock .newsBlockC-
ontent .imagesBlock a {
  font-size:12px; color:#999;
  text-decoration:none;
}#content .newsBlock .newsBlockC-
ontent.imagesBlock a:hover {
  font-size:12px; color:#900;
text-decoration:none;
}#content .newsBlock .newsBlockC-
ontent .imagesBlock .linkClass
{ color:#7f9db9; }
```

5. 制作版尾版块

STEP|01 在 id 为 footer 的 div 容器中分别嵌套 id 为 bottomLogo、bottomBar、copyrightBar 以及 bottomBar2 的 4 个层。

```
  <div id="footer">
    <div id="bottomLogo"></div>
    <div id="bottomBar"></div>
    <div id="copyrightBar"></div>
    <div id="bottomBar2"></div>
  </div>
```

STEP|02 在“main.css”文档中定义 id 为 footer 的 div 容器及其中嵌套的 4 个 div 容器的 CSS 样式属性。

```
#footer {
  display:block; width:1003px;
  height:203px;
}#footer #bottomLogo {
  display:block; float:left; width:
  368px; height:203px;
  background-image:url(../images/
  footer_bottomLogo.png);
}#footer #bottomBar {
  display:block; float:right;
  width:635px; height:54px;
  background-image:url(../images/
  footer_bottomBar.png);
}#footer #copyrightBar {
  display:block; float:right;
  width:612px;
  padding-left:23px; padding-top:
  8px;height:78px;
  background-image:url(../images/
  footer_copyrightBar.png);
  color:#666;
}#footer #bottomBar2 {
  display:block; float:right;
  width:635px; height:62px;
  background-image:url(../images/
  footer_bottomBar2.png); }
```

STEP|03 在 id 为 copyrightBar 的 div 容器中插入 3 个段落，并在段落中分别输入合作伙伴、友情链接以及版尾导航条等的内容。

```
<p>合作伙伴：
  <a href="javascript:void(null);
  ">新华网</a> |
  <a href="javascript:void(null);
  ">人民网</a> |
```

```
    <!--……中间内容省略……-->
    <a href="javascript:void(null);
    ">凤凰网</a>
  </p><p>友情链接:
    <a href="javascript:void(null);
    ">中华网</a> |
    <!--……中间内容省略……-->
    <a href="javascript:void(null);
    ">校内网</a>
  </p><p>
    <a href="javascript:void(null);
    ">关于我们</a> |
    <a href="javascript:void(null);
    ">About Us</a> |
    <!--……中间内容省略……-->
    <a href="javascript:void(null);
    ">English Version</a></p>
```

STEP|04 在"main.css"文档中定义 id 为 copyrightBar 的 div 容器中各段落、超链接的样式，即可完成版尾制作。

```
#footer #copyrightBar p a {
  color:#666; text-decoration:
  none;
}#footer #copyrightBar p a:hover {
  color:#900; text-decoration:
  none;
}#footer #copyrightBar p {
  margin:0px; padding:0px; line-
  height:18px; }
```

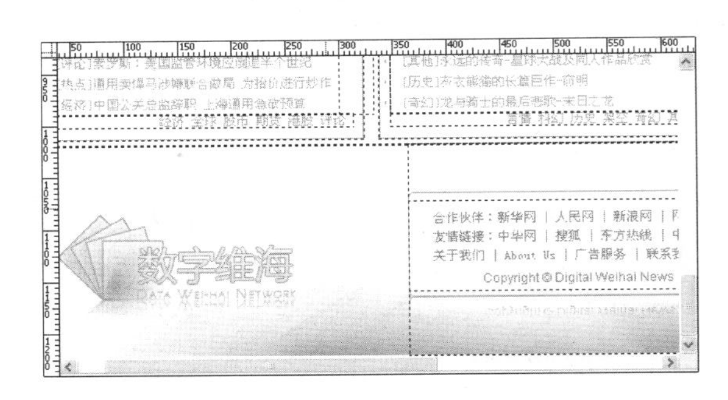

17.4 实现网页简单交互

在完成新闻网页页面的制作之后，可使用 Dreamweaver 为网页添加交互事件。在本例中，将涉及两个 JavaScript 编写的交互事件。一个是监听用户单击关键字，然后将相应的关键字输入到搜索框中，另一个则是获取新闻图像的列表，实现新闻图像的切换以及单击按钮显示指定的新闻图像。

操作步骤

1. 实现单击关键字的交互

STEP|01 在网站根目录中创建 scripts 目录，然后使用 Dreamweaver 创建"main.js"文档，将其保存到 scripts 目录中。打开网页文档，在文档的 head 标签中使用 script 标签导入外部的"main.js"文档。

```
<script src="../scripts/main.js"
type="text/javascript">
</script>
```

STEP|02 在"main.js"文档中编写 inputSearchBox()函数，获取参数并将参数值输入到搜索框中。

```
function inputSearchBox(textValue){
  document.getElementById ("search-
  Form").value=textValue;
}
```

STEP|03 将 inputSearchBox()函数作为超链接的链接内容，插入到搜索栏的关键字中，并将关键字输入为函数的参数。

```
<a href="javascript:inputSearchBox
('金融海啸');">金融海啸</a> |
<a href="javascript:inputSearchBox
('次贷');">次贷</a> |
<a href="javascript:inputSearchBox
('房价');">房价</a> |
<a href="javascript:inputSearchBox
('和谐社会');">和谐社会</a> |
<a href="javascript:inputSearchBox
('经济');">经济</a> |
<a href="javascript:inputSearchBox
('股市');">股市</a> |
<a href="javascript:inputSearchBox
('财政');">财政</a> |
<a href="javascript:inputSearchBox
('高考');">高考</a>
```

注意

在 JavaScript 语法规则中，双引号 """ 中如需要嵌套引号，应使用单引号 "'"。而单引号 "'" 中如需要嵌套引号，则可嵌套双引号 """。

2. 实现新闻图像轮换

STEP|01 在 "main.css" 文档中为新闻图像轮换的各种图像、链接定义 CSS 样式。

```
#content #advQuote #floatLayerBG{
  background-color:#000;
  width:310px; height:35px;
  position:absolute; top:418px;
  left:29px; filter:alpha
  (opacity=40);
  padding-top:5px; margin:0px;
  padding-right:10px;
}#content #advQuote #floatLayer {
  width:310px; height:35px;
  position:absolute; top:418px;
  left:29px; color:#fff;
  font-size:12px;
  text-align:right;
  padding-top:5px; margin:0px;
  padding-right:10px;
}#content #advQuote #floatLayer p{
  margin:0px; padding:0px;
}#content #advQuote #imageTrans {
  filter:progid:DXImageTransform.
  Microsoft.RevealTrans(duration
  =1);
}#content #advQuote #floatLayer.
btnClass{
  text-align:center; position:
  static;display:block;
  float:right; margin:2px; width:
  18px;
  height:14px; padding:2px 0px 2px
  0px;color:#000;
  background-image:url(../images/
  codeBtn.JPG);
  cursor:hand; }
```

STEP|02 在 "main.js" 文档中声明 2 个数组和 2 个新的变量，其中数组的作用是存储新闻图像的地址和标题。两个变量则用于存储当前显示图像的编号和图像切换动画的事件编号。

```
var imagesURLArr=new Array("../
  images/news/images01.JPG","../
  images/news/images02.JPG","../
  images/news/images03.JPG","../
  images/news/images04.JPG","../
  images/news/images05.JPG");
//存储新闻图像的 url 地址
var imagesLabelArr=new Array("微软
正式宣布：Windows 7 即将发行","黄河小
浪底水库双龙出水奇观","北京和天津等北
方城市遭受暴风雨袭击","奇妙的水下摄影
作品欣赏","在汶川地震断裂的岷江大桥正
式修复");
//存储新闻图像的标题文本内容
var currentImage=1;
//存储当前显示的图像编号
var innerImageID;
//存储图像切换动画的事件编号
```

STEP|03 自定义 focusApp ()函数，在函数中创建图像切换动画的事件，定时执行 innerImage()函数。然后向 id 为 advQuote 的 div 容器中输入 html 数据，显示图像。

```
function focusApp(){
  innerImageID=window.setInt-
  erval(innerImage,4000);
  /*计时事件函数，每 4 秒执行 inner-
  Image()函数。事件的 ID 为 inner-
  ImageID.*/
  document.getElementById
  ("advQuote").innerHTML="<img
  src='../images/news/images01.
  JPG' alt='微软正式宣布：Windows 7
  即将发行' width='320' height=
  '240' id='imageTrans' />
<div id='floatLayerBG'></div>
<div id='floatLayer'><p>微软正式宣
  布：Windows 7 即将发行</p>"
  +imageBtn()+"</div>";
  //在 div 容器中输入显示图像的代码
}
```

STEP|04 自定义 innerImage()函数，用于动态输出图像，并为图像添加滤镜。

```
function innerImage(){
  document.getElementById("imag-
  eTrans").filters[0].apply();
  //为图像应用滤镜
  document.getElementById("ima-
  geTrans").alt=imagesLabelArr
  [currentImage];
  //为图像设置工具提示内容
  document.getElementById("floa-
  tLayer").innerHTML="<p>"+
  imagesLabelArr[currentImage]+
  "</p>"+imageBtn();
  //为层添加图像标题
  document.getElementById("imag-
  eTrans").src=imagesURLArr
  [currentImage];//定义图像的 URL
  document.getElementById("imag-
  eTrans").filters[0].play();
  //使用滤镜显示图像内容
  if(currentImage!=4){
   //当图像编号不为最大（不等于 4）
   currentImage++;
   //将图像的编号递增 1
  }else{//否则
   currentImage=0;
   //将图像的编号变为 0
  }
}
```

STEP|05 自定义 imageBtn()函数，用循环语句生成图像的编号按钮。并为按钮添加鼠标单击事件，在单击后显示与按钮内容相同的图像。

```
function imageBtn(){
  var btnCode="";
  //创建空字符串存储按钮的 html 代码
  for(var i=imagesURLArr.length-1;
  i>=0;i--){
   btnCode+="<div class='btnClass'
   style='filter:alpha(opacity=
   100)!important;' onclick=
   'javascript:transImage
   ("+i+");'>"+i+"</div>";
   /*用循环生成按钮代码，然后通过加法
   赋值运算符“+=”追加。*/
  }return "<p>"+btnCode+"</p>";
  //返回 html 代码
}
```

STEP|06 自定义 transImage()函数，响应单击图像编号按钮的事件，暂停当前图像轮换的计时函数，然后切换到新的图像中。

```
function transImage(imagesID){
  window.clearInterval(inner-
  ImageID);
  //清除当前正在执行的计时函数
  currentImage=imagesID;
  //获取用户单击的按钮编号
```

```
innerImage();
//执行转换函数
currentImage++;
//将当前图像的编号递增1
innerImageID=window.setIn-
terval(innerImage,5000);
//重新调度计时函数
}
```

STEP|07 在网页文档中，为 body 标签添加 onload 加载事件，并为事件调用 JavaScript 函数 focusApp()，实现新闻轮换。

```
<body onload="javascript:
focusApp()">
```

18 综合案例：设计旅游文化网站

随着现代社会的飞速发展，文化旅游正成为一种备受青睐的旅游方式。设计一个界面美观、内容丰富的旅游文化网站，可以为旅游爱好者展示旅游景点、介绍当地的风景人物，引导用户对当地文化旅游行业的关注。

本章主要使用 Photoshop CS5 的【矩形】、【文字】等工具，并应用添加【矢量蒙版】等技巧，设计旅游文化网站的网站界面。然后，再使用 Web 标准化的规范编写旅游文化网站的网页文档，实现网站的制作。

18.1 设计旅游网页界面

旅游网页可以通过大量的图片内容，展示旅游景点的特色。因此，在设计旅游网页界面时，应注重风景图像素材的使用，将图像素材与网页的各种界面元素紧密地结合，以达到赏心悦目的效果。在设计本例的过程中，不仅使用了各种【文字】工具、【字符】面板来制作网页的各种界面元素，还使用了图层蒙版等技术对导入的风景图像进行处理，将其嵌入到网页的 Banner 元素中。

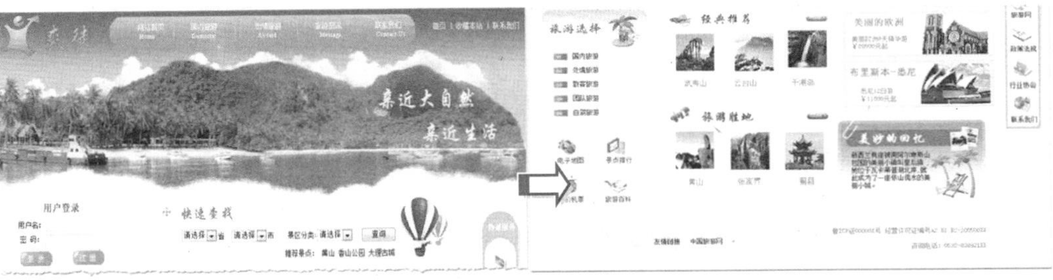

操作步骤

1．设计网页头部

STEP|01 打开 Photoshop，执行【文件】|【新建】命令，打开【新建】对话框，并设置文档的【宽度】和【高度】分别为 950px 和 900px，然后设置【分辨率】为“72 像素/英寸”，【颜色模式】为 RGB 颜色。然后，单击【确定】按钮创建文档。

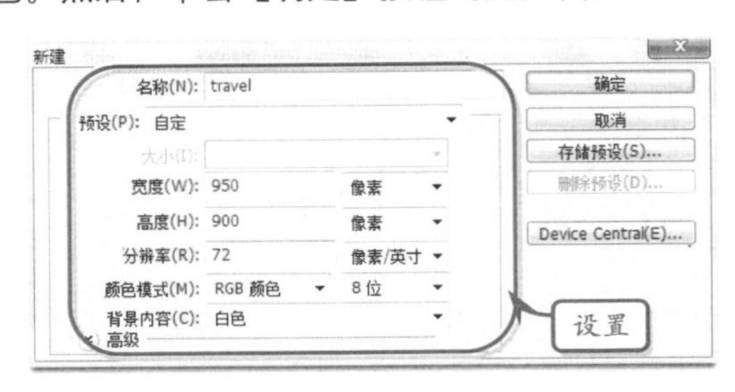

STEP|02 新建 banner 组，并新建 bannerBG 图层，使用【矩形】工具绘制一个 950px × 550px 的矩形。右击执行【填充】命令，在弹出的【填充】对话框中单击【使用】下拉列表框，选择“白色”填充选项。

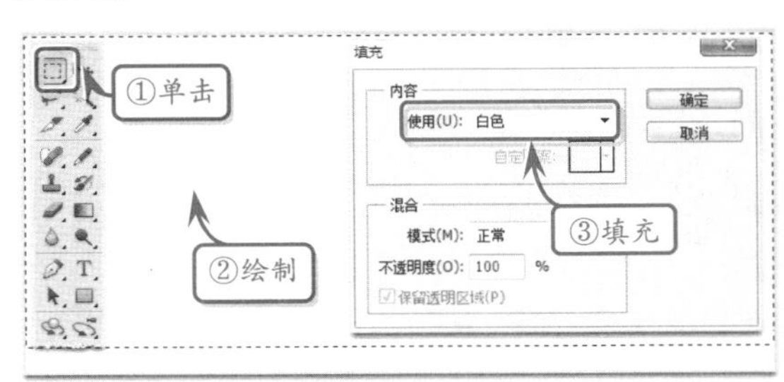

STEP|03 单击工具栏中【渐变工具】按钮，再单

击【渐变色块】区域，弹出【渐变编辑器】对话框，并设置 4 个色标。选择【线性】渐变样式，按 Shift 键，在图层中间上从上到下，拖动鼠标。

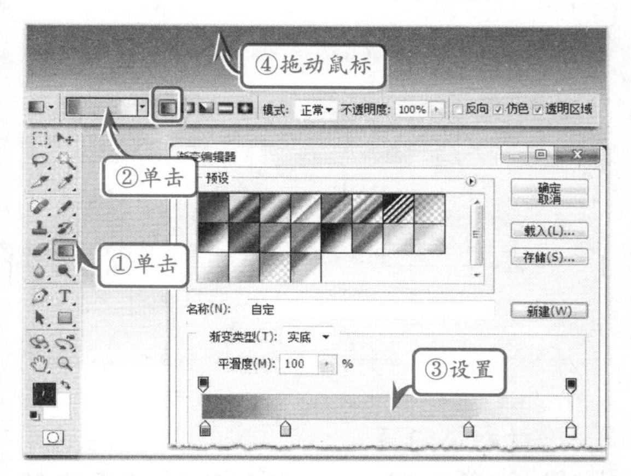

提示

4 个色标分别设置是：第 1 个值为"#027D41"、位置 0%；第 2 个值为"# BADC81"、位置 23%；第 3 个值为"#BADC81"、位置 72%；第 4 个值为"#F4F4F4"、位置 100%。

STEP|04 执行【文件】|【打开】命令，打开"tree.psd"和"cloud.psd"素材文档，然后拖到名为 banner 的组中，并调整图像位置。

STEP|05 单击【横排文字工具】按钮，然后在 tree 图层上输入文本，并打开【字符】面板，设置文本为"华文行楷"；【大小】为 36px；【行距】为 18px；【颜色】为"白色"；【消除锯齿】为"锐利"。

STEP|06 新建名为 nav 的组，并创建 navBG 图层。使用【矩形】工具，绘制 550px×50px 的矩形。然后执行【选择】|【修改】|【平滑】命令，在弹出的【平滑选区】对话框中设置【取样半径】为"13 像素"。

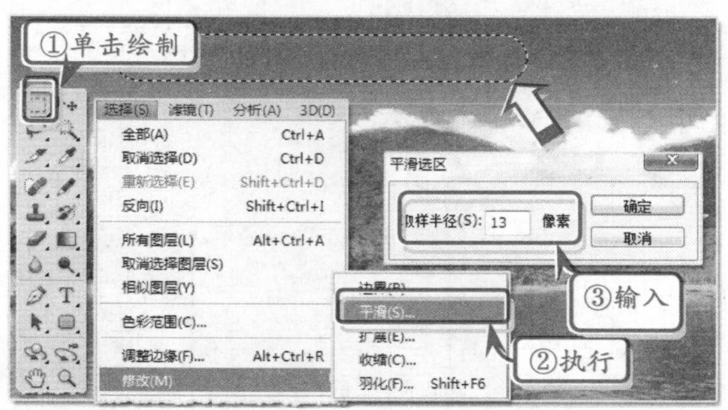

STEP|07 单击【渐变】工具，在【渐变编辑器】中，设置色标值及不透明度。然后再用鼠标在图层中间从上向下拖动。

STEP|08 单击【画笔工具】按钮，打开【画笔】面板，在【画笔预设】栏中选择一种画笔，然后设置画笔笔尖形状为"柔边圆"，【大小】为 2px；【硬度】为"15%"；【间距】为"200%"。然后，按 Shift 键并移动鼠标绘制白色虚线。

STEP|09 单击【横排文字工具】按钮 T，输入导航条文本，并打开【字符】面板，设置文本属性。其中"网站首页"等文本设置为"微软雅黑"；Home 文本设置为"Bell MT"。

STEP|10 将素材"logo.psd"图像拖入名为 nav 组中，然后单击【横排文本工具】按钮，输入文本"爽徒"，并在【字符】面板设置文本属性。

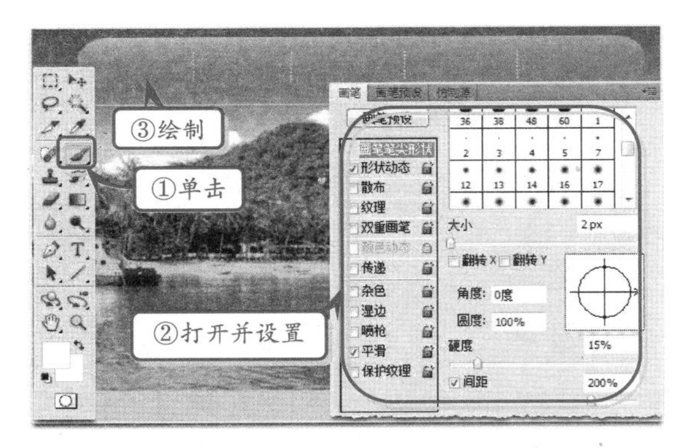

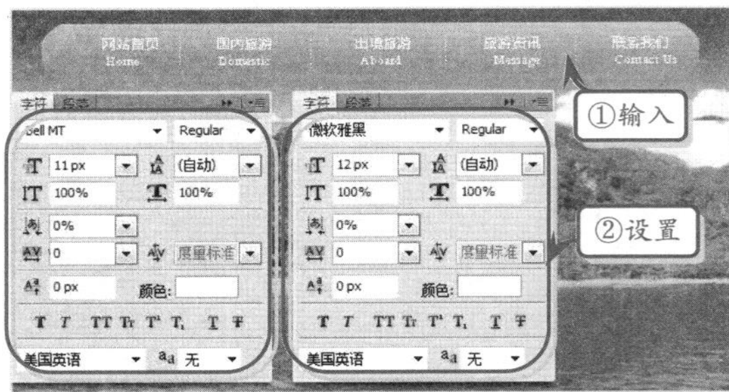

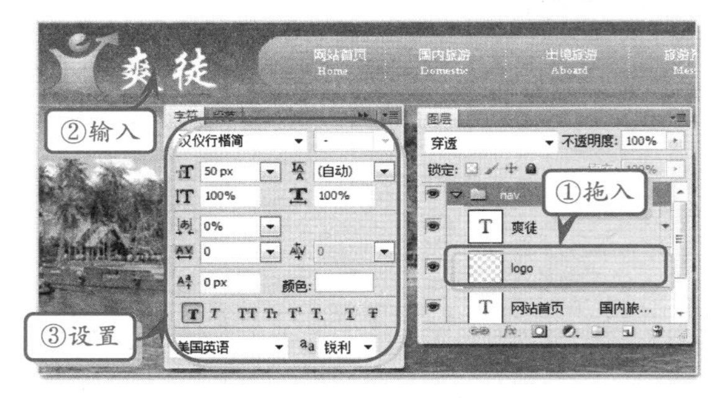

STEP|11 双击“爽徒”文本图层，弹出【样式属性】对话框，设置渐变叠加、描边样式。其中，在【渐变叠加】样式中设置左侧色标颜色为“绿色”(#7BE31D)；右侧色标颜色为“黄色”(#C9FF30)。

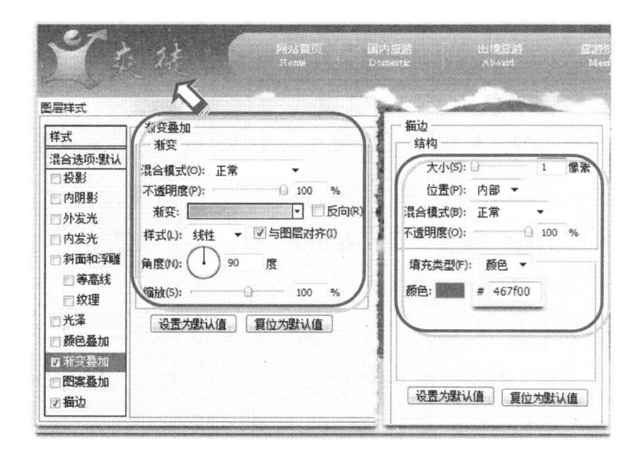

STEP|12 在【工具栏】中选择【横排文字】工具T，创建小导航条的文本，并在【字符】面板中设置文字属性。

2. 设计网页内容

STEP|01 新建名为 content 的组，将素材“contentBG.psd”和“line.psd”图像拖入组中。再创建一个名为“用户登录”的组，将图像“login.gif”、“zhuce.gif”、“textarea.gif”拖入到组中，并在相应的位置输入文本。

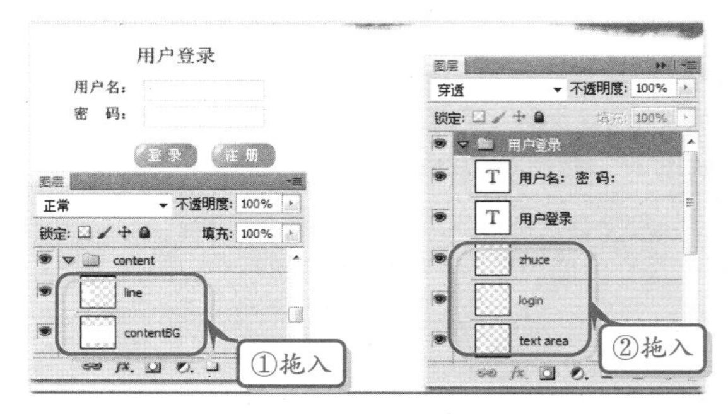

> **提示**
>
> 在名为“用户登录”的组中，对于输入的文本，其中，“用户登录”文本，设置【字体】为“宋体”，【大小】为 18px；【颜色】为“黑色”(#000000)；【消除锯齿】为“锐利”。其他文本字体【大小】为 14px；【行距】为 30px，其他设置相同。

STEP|02 新建名为“季节选择”的组，然后将素材图像拖入到组中，然后输入文本，并在【字符】面板中设置文本属性。

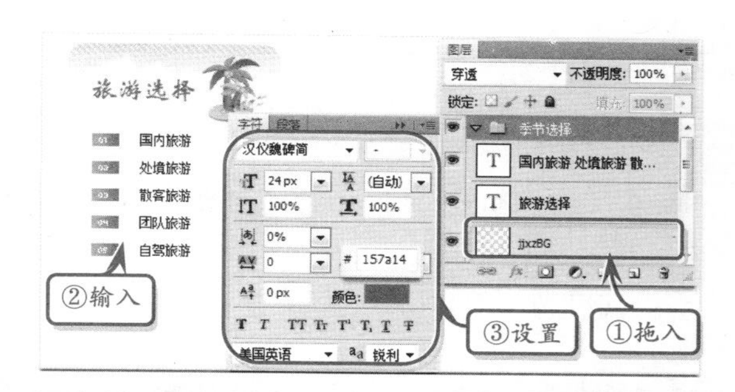

提示

在“季节选择”组中输入“国内旅游……自驾旅游”的文本属性设置。【字体】为“宋体”；【大小】为 12px；【行距】为 26px；【颜色】为“黑色”（#000000）；【消除锯齿】为“无”。

STEP|03 新建名为 leftbanner 的组，并将素材图像“pic.psd”拖入到组中，然后新建图层，单击【画笔工具】按钮，打开【画笔】面板，在【画笔预设】栏中选择一种画笔，然后设置画笔属性。再按 Shift 键并移动鼠标绘制黑色虚线。

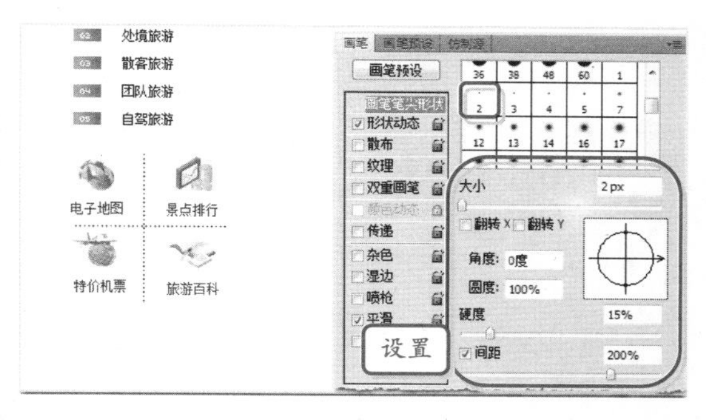

STEP|04 新建名为“快速查找”的组，将素材图像“selectBG.psd”、“ball.psd”、“selectBox.psd”、“selectBtn.psd”拖入组中。然后将图层 selectBox 复制两次，移动到相应的位置。

STEP|05 单击【横排文字工具】按钮，在图像相应位置输入文本。然后，打开【字符】面板设置文本属性。

STEP|06 新建名为“经典推荐”的组，将素材图像“jdtj.psd”、“pic_09.png”、“pic_11.png”、“pic_13.png”、“pic_23.png”、“pic_27.png”、“pic_28.png”，拖入到组中。

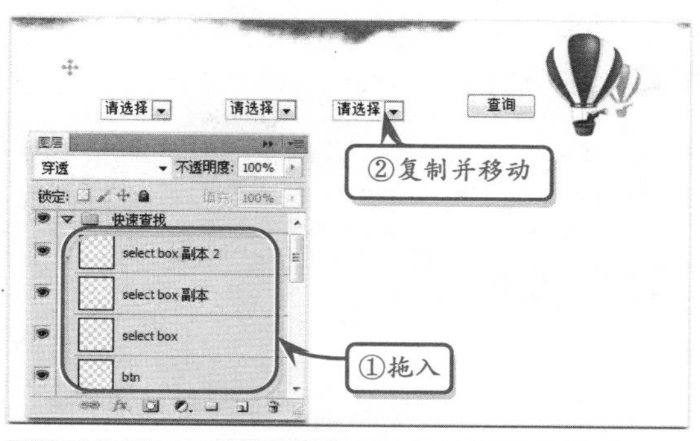

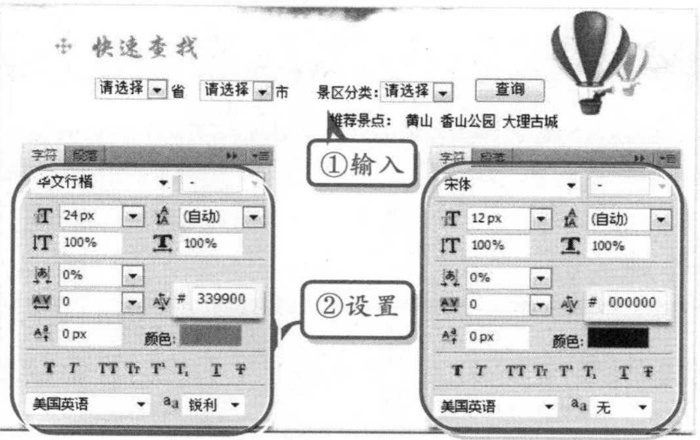

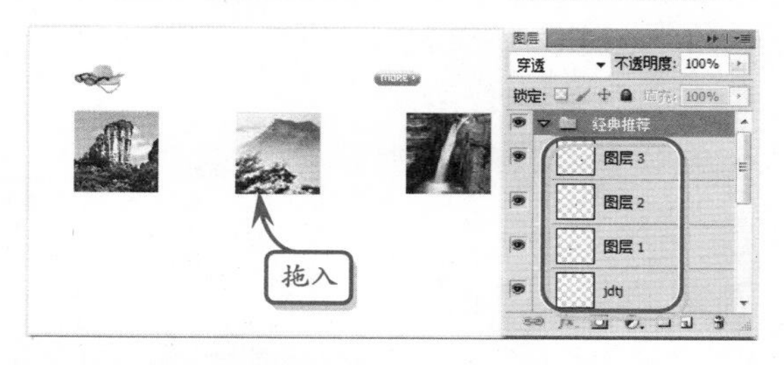

STEP|07 单击【横排文字工具】按钮，在相应的位置输入文本，然后，打开【字符】面板，设置文本属性。其中，文本“经典推荐”，【字体】为“华文行楷”；【大小】为 24px；【颜色为】“褐色”（#653C00）；【消除锯齿】为“锐利”。

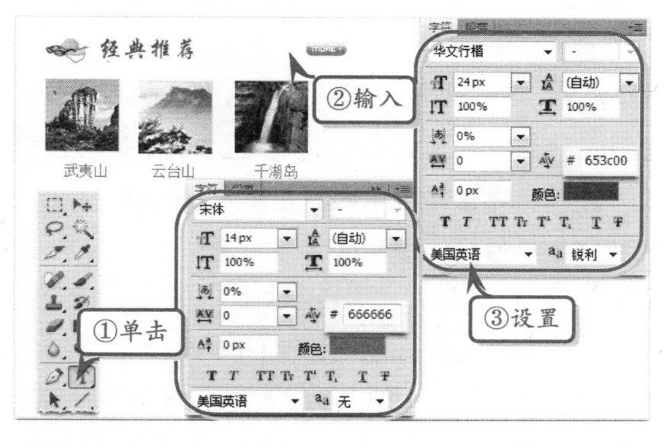

STEP|08 按照相同的方法，新建名为“旅游胜地”

的组。然后，拖入素材图像，并在相应位置输入文本，然后打开【字符】面板设置文本属性。

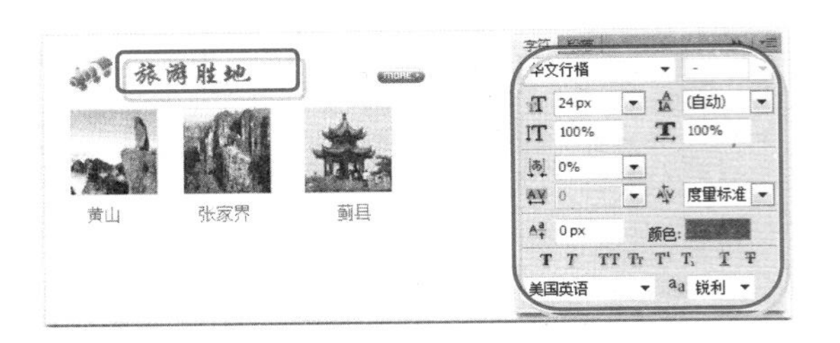

提示

“经典推荐”栏目板块和“旅游胜地”栏目板块设置基本相同，只是文本“旅游胜地”的【颜色】为“红褐色”（#89290B）；图像素材改变。

STEP|09 新建名为“出境旅游”的组，将素材图像“border.psd”、“Europe.psd”、“Sydney.psd”拖入组中。然后在“Europe”、“Sydney”图层下新建“图层 8”、“图层 9”。

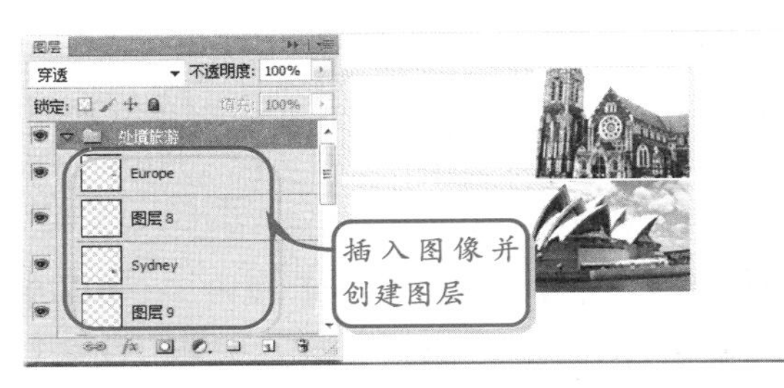

STEP|10 单击【矩形工具】按钮，分别在“图层 8”和“图层 9”上绘制一个 260px × 74px 的矩形，并填充白色。然后，分别选择图层“Europe”和“Sydney”，右击执行【创建剪切蒙版】命令。

STEP|11 单击【横排文字工具】按钮，在“出境旅游”栏目中输入文本，并打开【字符】面板设置文本属性。在该栏目中两标题文本属性设置相同，内容文本属性设置相同。

STEP|12 新建名为“美妙的回忆”的组，将素材图像“memoryBG.psd”拖入组中。然后单击【横排文字】工具按钮，输入文本，并在【字符】面板设置文本属性。

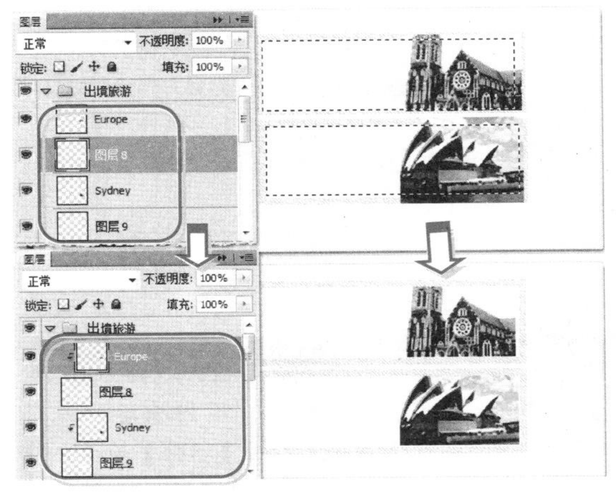

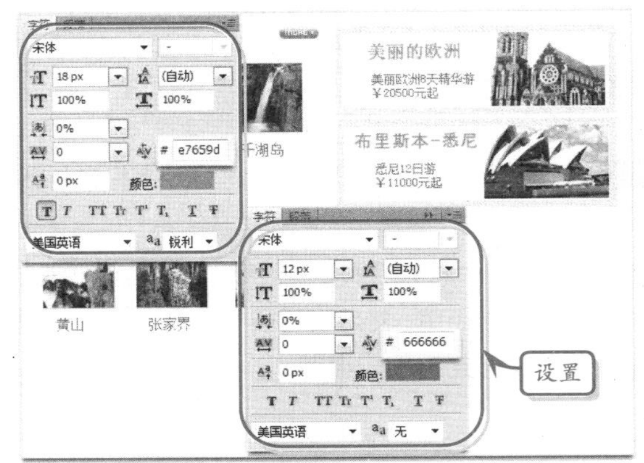

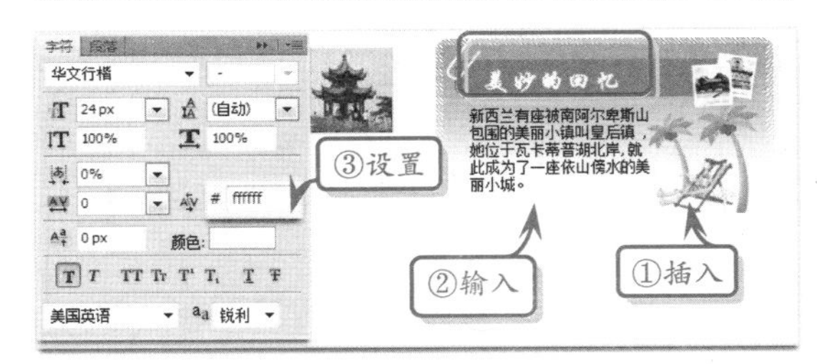

提示

其中，文本“新西兰……美丽小城”，设置的【文本】为“宋体”；【大小】为 12px；【行距】为 14px；【颜色】为“黑色”；【消除锯齿】为“无”。

STEP|13 新建名为“热诚服务”的组，将图像素材“rcfwBG.psd”、“lyw.psd”、“zcfg.psd”、“hyxh.psd”、“lxwm.psd”拖入组中，并移动到相应的位置，然后输入文本，并在【字符】面板设置文本属性。

提示

其中，文本“旅游网”、“政策法规”、“行业协会”、“联系我们”，设置的【文本】为“宋体”；【大小】为 12px；【颜色】为“黑色”；【消除锯齿】为“无”。

STEP|14 新建名为 footer 的组，并创建名为 footerBG 的图层。使用【矩形】工具绘制一个 950px × 80px 的矩形，右击执行【填充】命令，在弹出的【填充】对话框中，选择【内容】栏中【使用】为“颜色”，在弹出的【选取一种颜色】对话框中设置颜色为“灰色”（#EDEDED）。

STEP|15 新建名为 yqljBG 的图层，使用【矩形】工具，绘制一个 360px × 45px 的矩形。执行【选择】|【修改】|【平滑】命令，在弹出的【平滑选区】对话框中，设置【取样半径】为“13 像素”。

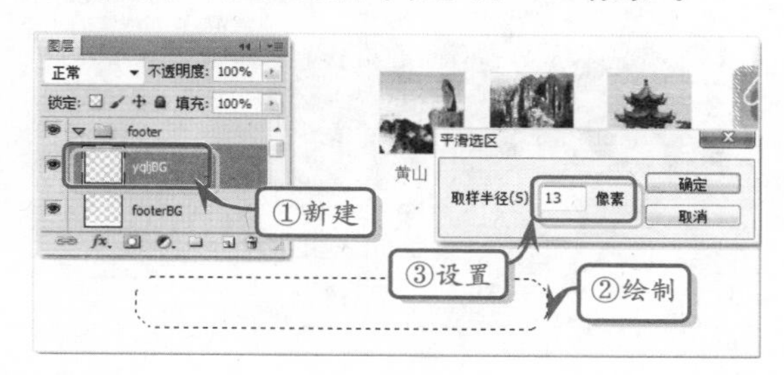

STEP|16 右击执行【填充】命令，在弹出的【填充】对话框中，选择【内容】栏中【使用】为“颜色”，在弹出的【选取一种颜色】对话框中设置颜色为“灰色”（#EDEDED）。然后，将素材图像“footerBox.psd”拖入组中。

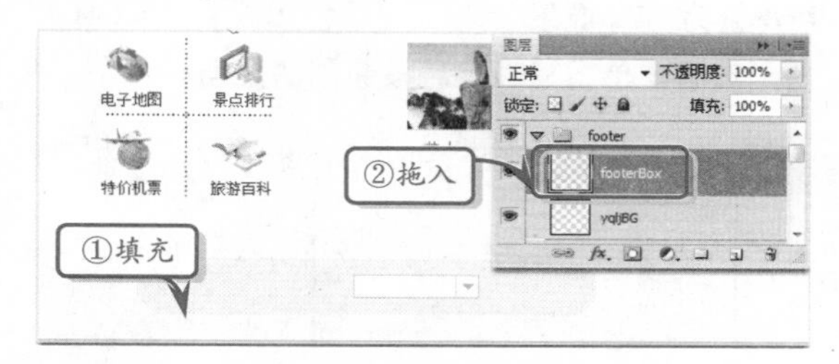

STEP|17 单击【横排文字工具】按钮，输入文本，创建“版尾”栏目，并在【字符】面板中设置文本属性。

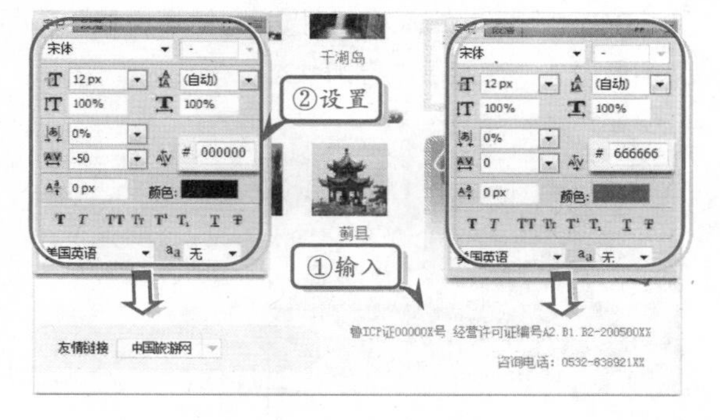

18.2 设计旅游网站内容页面

网页内容页面是旅游网页中详细介绍出境旅游页面，在设计本例的过程中，对文字的处理使用到了【文字】工具、【字符】面板。对按钮、界面等图像的处理使用了【样式】面板和栅格化文字等技术。除此之外，本例还使用了导入的图像。

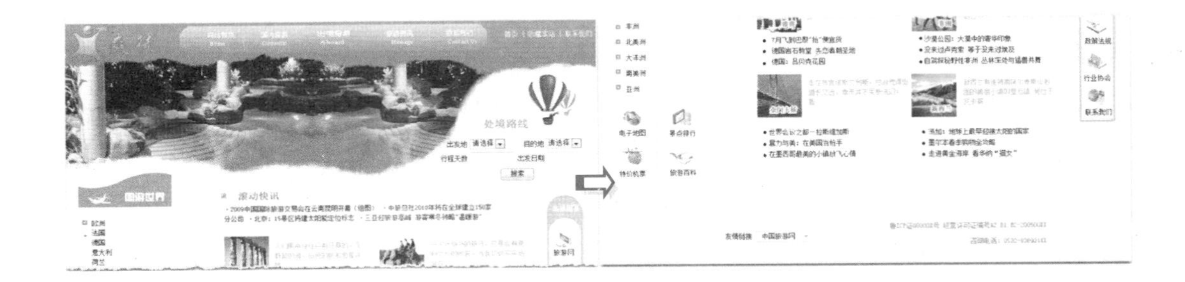

操作步骤

STEP|01 打开 Photoshop，执行【文件】|【新建】命令，打开【新建】对话框，并设置文档的【宽度】和【高度】分别为 950px 和 900px，然后设置【分辨率】为“72 像素/英寸”，【颜色模式】为 RGB 颜色。然后，单击【确定】按钮创建文档。

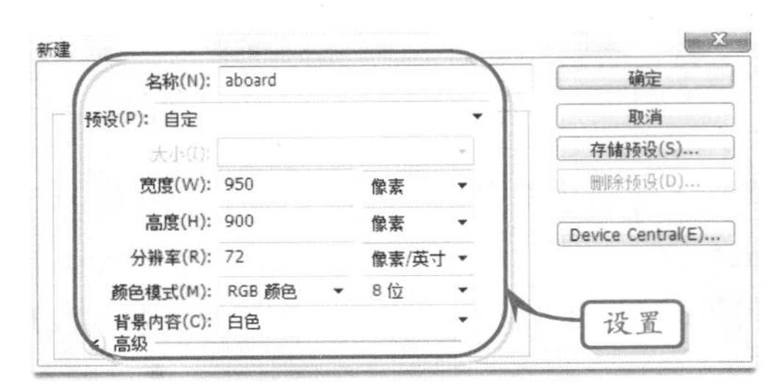

STEP|02 新建名为 banner 的组，将素材图像“navBG.psd”、“banner.psd”拖入到组中，移动到文档最顶部，两图层成叠加状态。

STEP|03 打开制作的“travel.psd”文档，将名为 nav 的组，拖入到“aboard.psd”文档中，移动到文档最顶部左右对齐。

STEP|04 新建名为的 content 的组，将素材图像“contentBG.psd”、“cjlxBG.psd”、“line.psd”拖入到该组中，调整位置。

> **提示**
>
> 分别移动 jdydBG 图层，到右侧 banner 图层上；line 图层移动到文档左边；content 图层移动到文档中间，与 banner 图层成叠加状态，并左右对齐。

STEP|05 新建名为“周游世界”的组，将图像素材“zysjBG.psd”拖入到该组中，移动到文档左边，banner 图层下方。单击【横排文字工具】按钮，输入文本，并打开【字符】面板设置文本属性。

STEP|06 按照相同的方法，单击【横排文字工具】按钮，输入文本，并打开【字符】面板，设置文本属性。

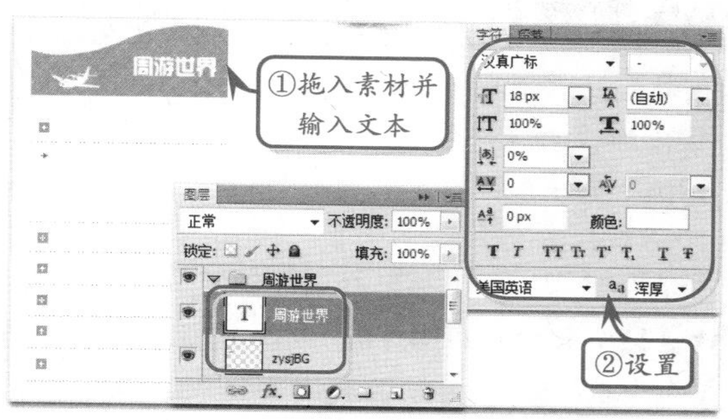

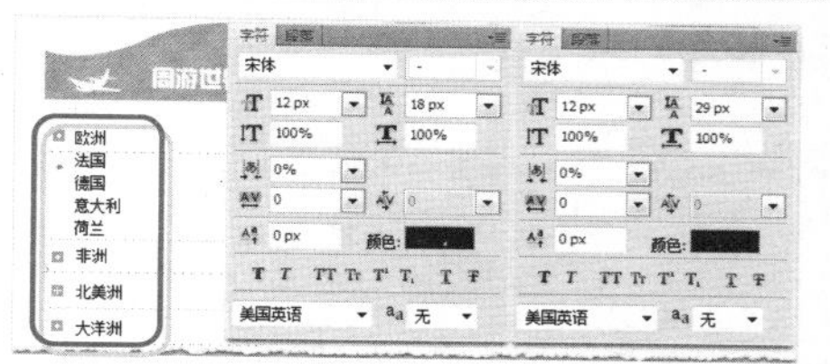

提示

在输入文本时，“欧洲……荷兰”在同一个文本图层中，其文本设置【字体】为“宋体”；【大小】为 12px；【行距】为 18px；【颜色】为“黑色”（#000000）；【消除锯齿】为“无”。“非洲……亚洲”在同一个文本图层中，其设置基本相同，只有【行距】有差别设置为 29px。

STEP|07 打开首页制作的“travel.psd”文档，将名为 leftbanner 组拖入到“aboard.psd”文档中，移动到文档左边。

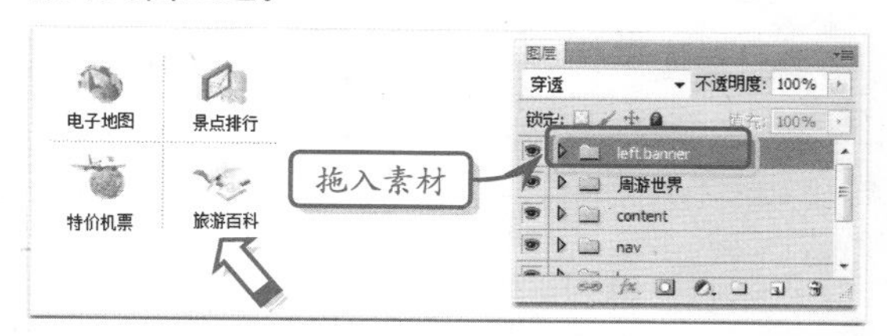

STEP|08 新建名为“滚动快讯”的组，将图像素材“ico.psd”拖入到该组中。单击【横排文字工具】按钮，输入文本，并打开【字符】面板，设置文本属性。

提示

在设置的文本中，“滚动快讯”文本，设置的【字体】为“宋体”；【大小】为 18px；【颜色】为“红色”（#D94DB6）；设置【粗体】；【消除锯齿】为“锐利”。

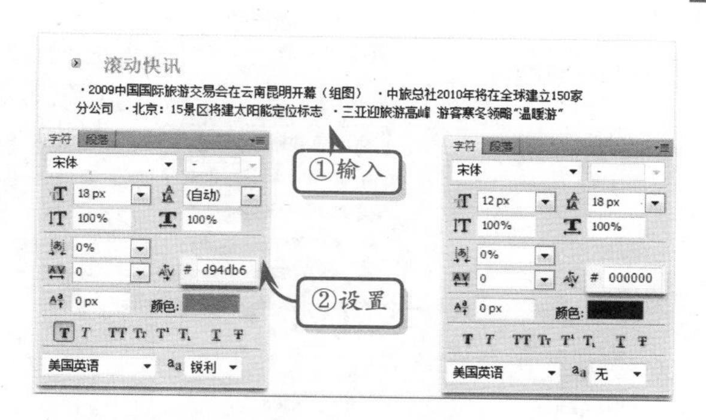

STEP|09 新建名为“景点介绍”的组，将素材图像“yd.gif”拖入到组中。单击【横排文字工具】按钮，输入文本，并打开【字符】面板，设置文本属性。

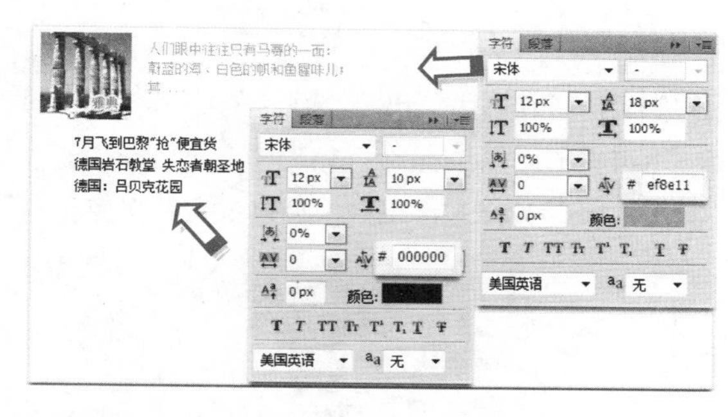

STEP|10 选择文本“7 月飞到巴黎……”，右击执行【栅格化文字】命令。文本图层转换为图像图层。

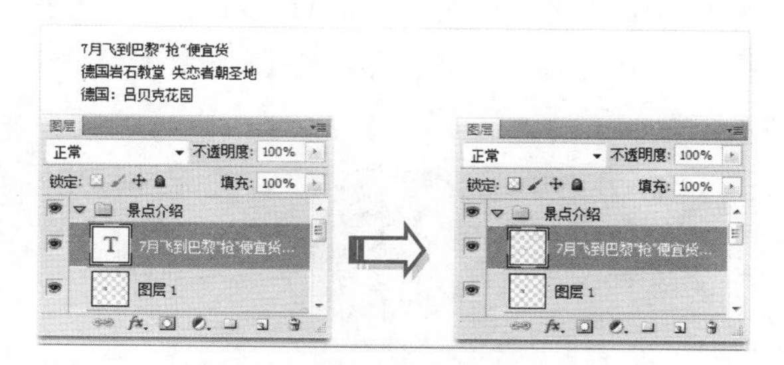

STEP|11 单击【画笔工具】按钮，打开【画笔预设】面板，选择画笔笔尖形状，并设置【大小】为 6px。然后单击鼠标，在文本之前绘制一个黑色实心圆点。

STEP|12 按照相同的方法，将图像拖入组中，输入文本并在【字符】面板中设置文本属性，然后，选择下方的文本图层，执行【栅格化文字】命令，在该图层上再绘制实心圆点。

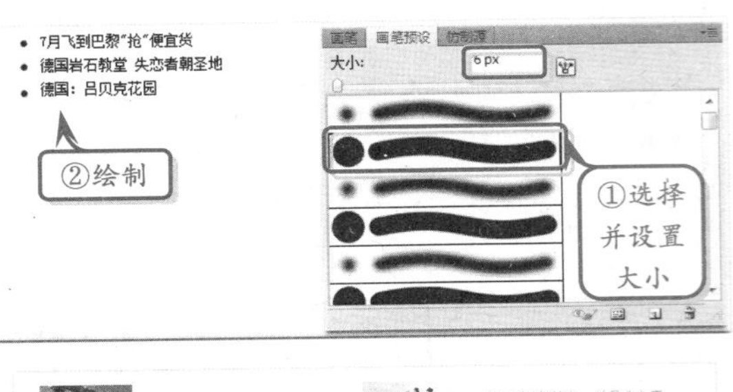

STEP|13 新建名为“出境路线”的组，将素材图像“ball.psd”、“selectBox.psd”、“searchBtn.psd”、“textbox.psd”，拖入该组中，调整位置并保存。

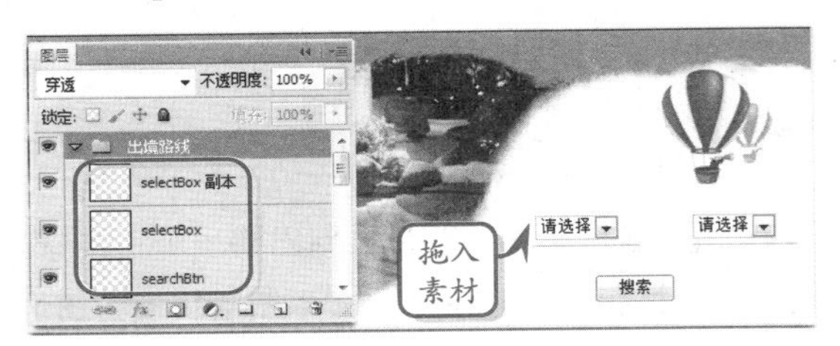

STEP|14 单击【横排文字工具】按钮，在“出境路线”组中，输入文本，并打开【字符】面板，设置文本属性。

提示

文本“出发地……出发日期”在【字符】面板中的设置【字体】为“宋体”；【大小】为12px；【颜色】为“黑色”（#000000）；【消除锯齿】为“无”。

STEP|15 打开首页制作的“travel”文档，选择名为“热诚服务”的组，将其拖入到“aboard”文档中，并移动到文档右边。

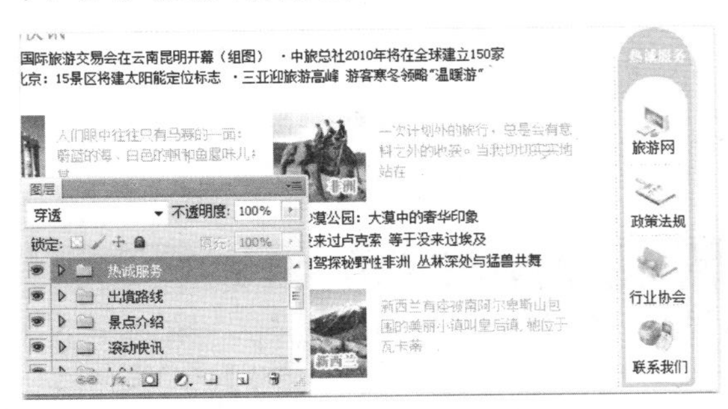

STEP|16 按照相同的方法，将 travel 文档中的名为 footer 的组，拖入到 aboard 文档中，并移动到文档最底部。

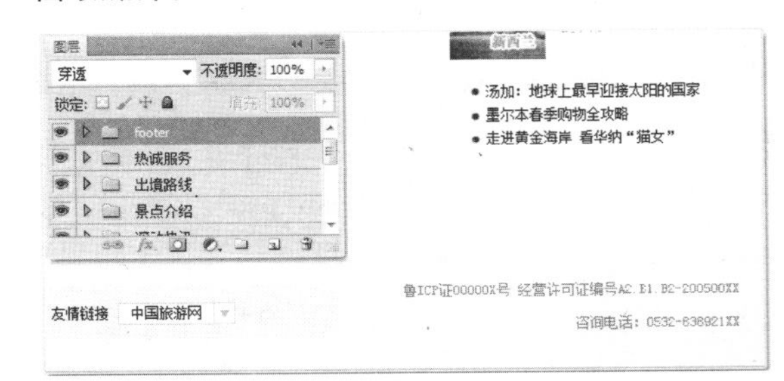

18.3 制作旅游网站子页

网页子页页面是旅游网页中详细介绍旅游资讯的页面，在设计本例的过程中，对文字的处理使用到了【文字】工具、【字符】面板。对图层、界面等图像的处理使用了【矩形】工具。除此之外，本例还使用了导入的图像。

操作步骤

STEP|01 打开 Photoshop，执行【文件】|【新建】命令，打开【新建】对话框，并设置文档的【宽度】和【高度】分别为 950px 和 900px，然后设置【分辨率】为“72 像素/英寸”，【颜色模式】为 RGB 颜色。然后，单击【确定】按钮创建文档。

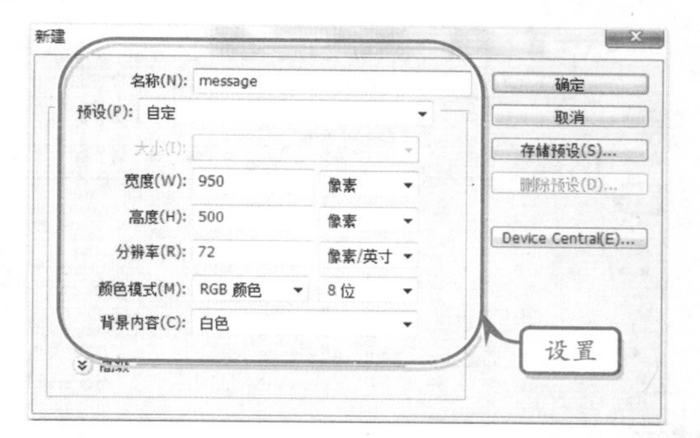

STEP|02 新建名为 banner 的组，然后，将素材图像“navBG.psd”和“bannerBG.psd”拖入到该组中。

提示

将素材图像“navBG.psd”移动到画布最顶部，左右与画布对齐，bannerBG 图层与 navBG 图层成叠加状态。

STEP|03 打开文档“travel.psd”，将名为 nav 的组中拖入到“message.psd”文档中，并移动到文档顶部 navBG 图层上。

STEP|04 新建名为 content 的组，将图像素材“jdyd.psd”、“line.psd”、“contentBG.psd”拖入到该组中。

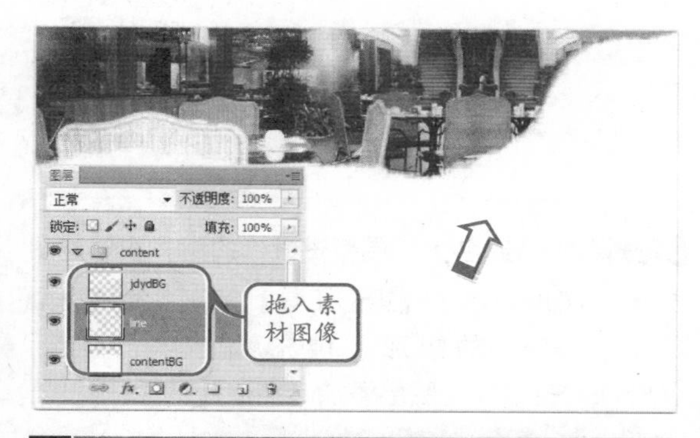

提示

分别移动 jdydBG 图层，到右侧 banner 图层上；line 图层移动到文档左边；content 图层移动到文档中间，与 banner 图层成叠加状态，并左右对齐。

STEP|05 新建名为“旅游资讯”的组，将素材图像“lyzxBG.psd”拖入到该组中，移动到文档左边，

Banner 图层下方。

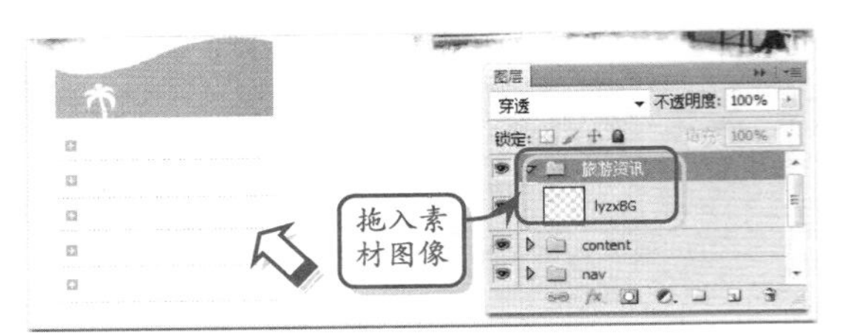

STEP|06 单击【横排文字工具】按钮，输入文本，打开【字符】面板设置文本属性。其中设置文本“旅游资讯”，【字体】为“汉真广标”；【大小】为 18px；【颜色】为“白色”（#FFFFFF）；【消除锯齿】为“浑厚”。

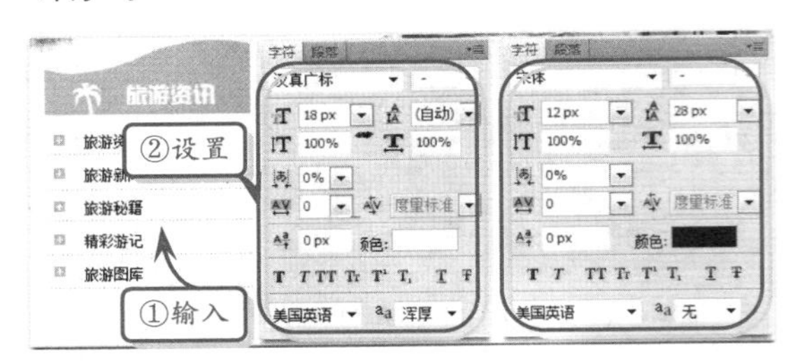

STEP|07 打开“travel.psd”文档，然后将名为 leftbanner 的组，拖入到“message.psd”文档中，移动到左侧，“旅游资讯”栏目的下方并对齐。

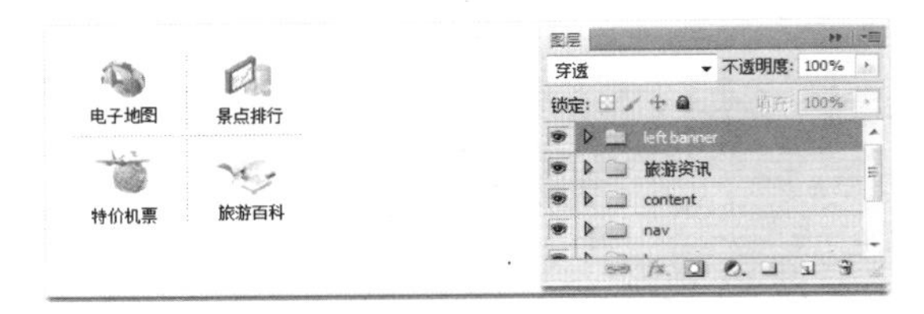

STEP|08 新建名为“最新资讯”的组，在新建图层 newsTilte，单击【矩形工具】按钮，绘制一个 590px × 37px 的矩形，填充颜色为“橙色”（#E8DFCF），双击图层添加【描边】样式。

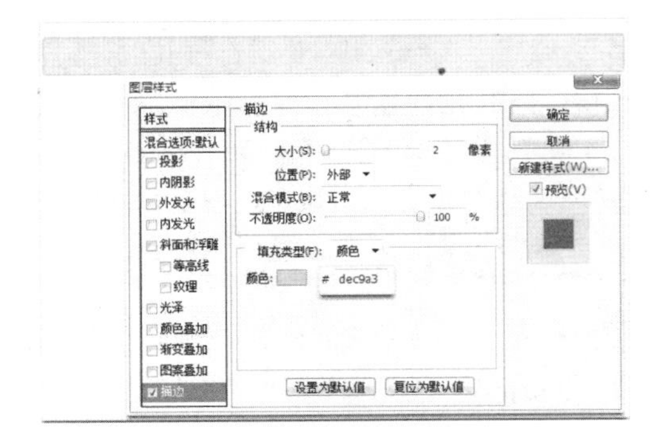

STEP|09 按照相同的方法，新建名为 whiteLine 的图层，单击【矩形工具】按钮，绘制一个 590px × 2px 的矩形，填充颜色为“白色”。

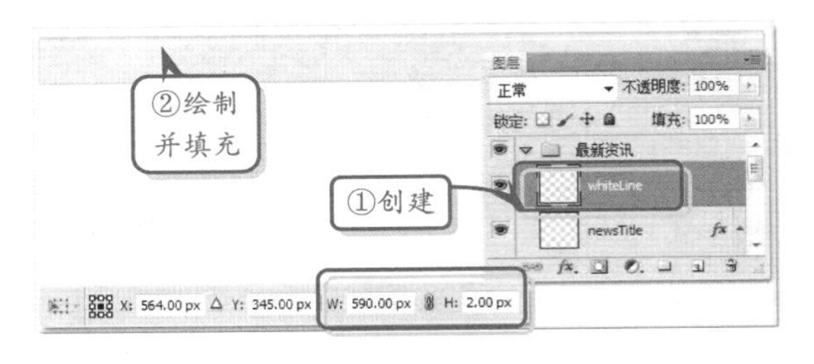

STEP|10 新建图层 dotLine，单击【画笔工具】按钮，打开【画笔】面板，选择画笔笔尖形状，调整【大小】为 2px；【间距】为“200%”；画笔颜色为“前景色”。然后按 Shift 键拖动鼠标。

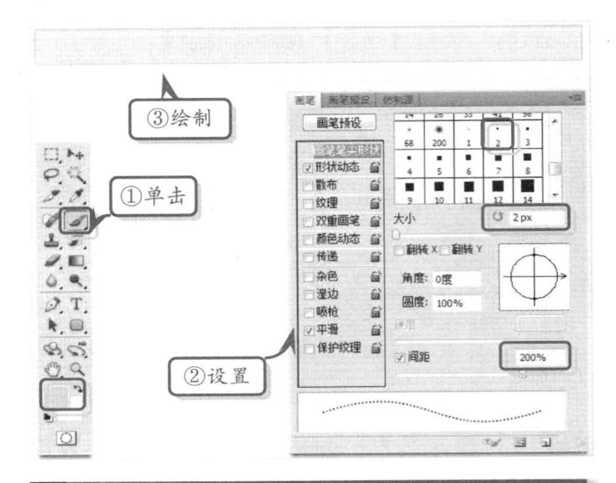

提示

绘制虚线线段时，按 Shift 键，单击起始位置和结束位置即可。

STEP|11 按照相同的方法绘制多条虚线线段，或复制该图层，为了便于管理，选择所有虚线线段图层，按 Ctrl+E 组合键合并图层。

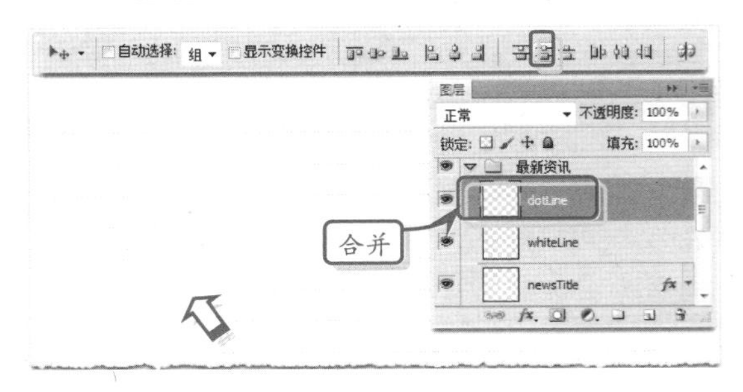

提示

每一行虚线线段的距离为 30px，在合并图层之前，选择所有虚线线段图层，然后单击工具栏【垂直居中分布】按钮，可以使线段之间的距离均等分布，然后再合并图层。

STEP|12 单击【横排文字工具】按钮，输入“最新资讯”文本，然后打开【字符】面板，设置文本属性。

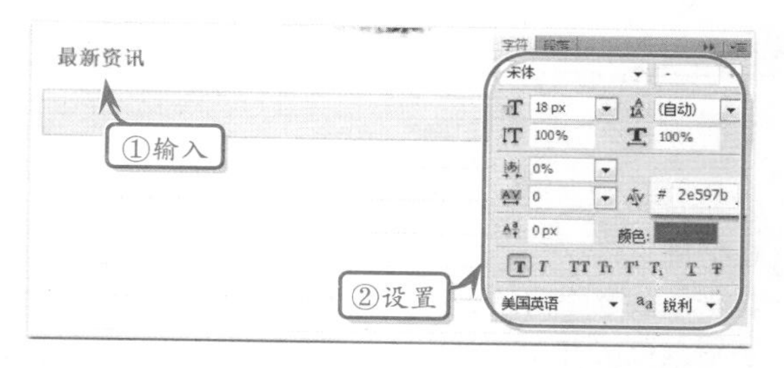

STEP|13 按照相同的方法，单击【横排文字工具】按钮，在图层 newsTitle 上输入文本，并打开【字符】面板设置文本属性。

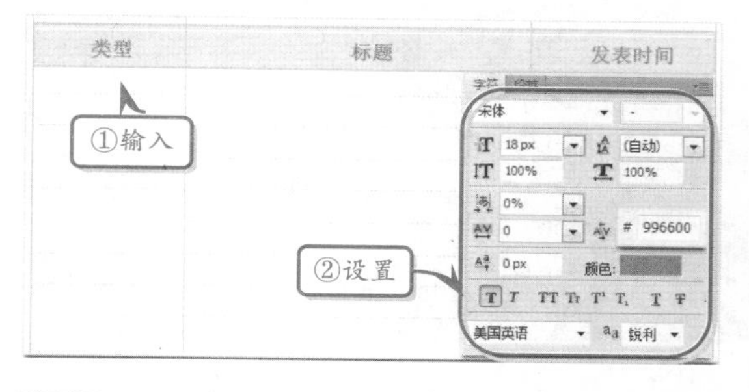

STEP|14 单击【横排文字工具】按钮，在图层 dotLine 上输入文本，并打开【字符】面板设置文本属性。

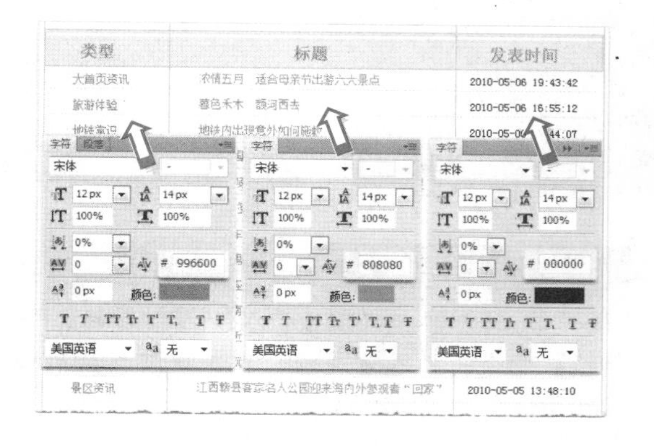

STEP|15 新建名为“酒店预订”的组，将素材图像“ball.psd”、“textbox.psd”、“searchBtn.psd”、“selectBox”拖入到组中，调整位置并保存。

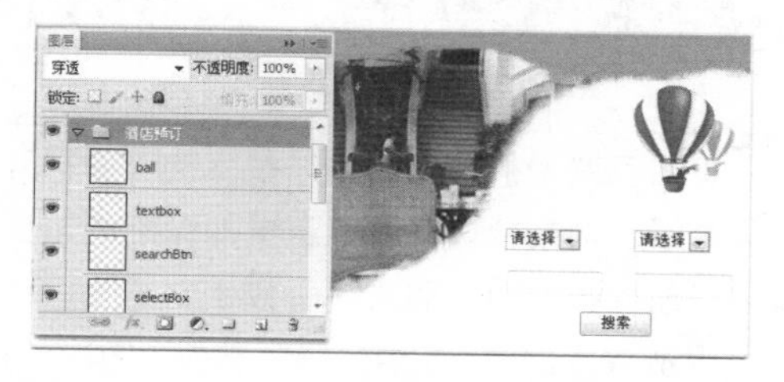

STEP|16 单击【横排文字工具】按钮，在相应的位置输入文本，并打开【字符】面板设置文本属性。

提示

文本“城市……离店时间”，在【字符】面板中的设置【字体】为“宋体”；【大小】为 12px；【颜色】为“黑色”（#000000）；【消除锯齿】为“无”。

STEP|17 打开“travel.psd”文档，将名为“热诚服务”、footer 的组，拖入到“message.psd”文档中，分别将“热诚服务”组移动到文档右边与“最新资讯”栏目对齐，footer 组移动到文档下方并左右对齐。

19 综合案例：设计宾馆 Flash 网站

随着互联网的普及和网络技术的不断提升，越来越多的设计者开始注重网站的个性化和互动性，这样可以使网站给访问者留下更加深刻的印象。而 Flash 技术正好可以满足这两点，对于创建内容丰富、互动性强的网站非常得心应手。

本章将通过 Flash 中的影片剪辑、图形元件、补间动作动画、补间形状动画等设计一个宾馆 Flash 网站，让读者可以了解到开发 Flash 动画网站的流程和方法。

19.1 设计网站开头动画

对于 Flash 动画网站，通常在开始展示网站的主题内容之前，都会设计一个开头动画，用于引导用户和吸引用户的目光。网站开头动画的好坏，直接影响到整个网站给访问者留下的印象，因此一个效果精彩的开头动画，是 Flash 网站成功的关键。本节将设计宾馆网站的开头动画。

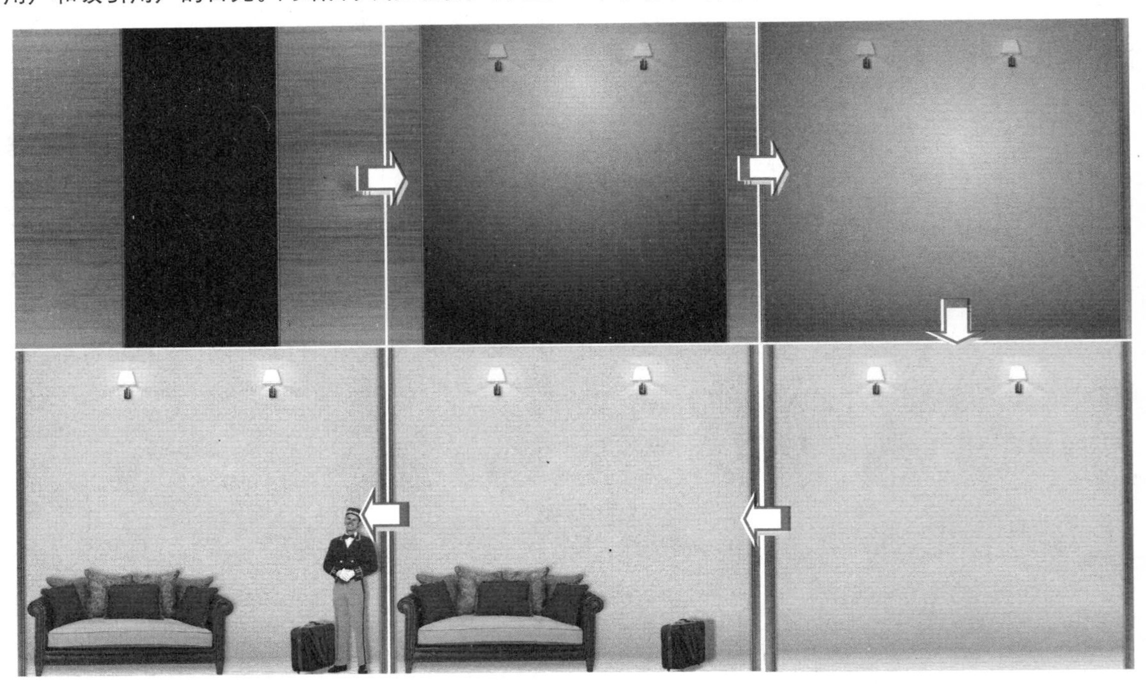

操作步骤

STEP|01 新建 766px×700px 的空白文档，执行【文件】|【导入】|【打开外部库】命令，打开“素材.fla”文件。然后，将“素材”文件夹下的“背景”图像拖入到舞台中，并设置其坐标为（0，0）。

> **提示**
>
> 选择第 260 帧，执行【插入】|【时间轴】|【帧】命令，插入普通帧，延长该图层至第 260 帧。

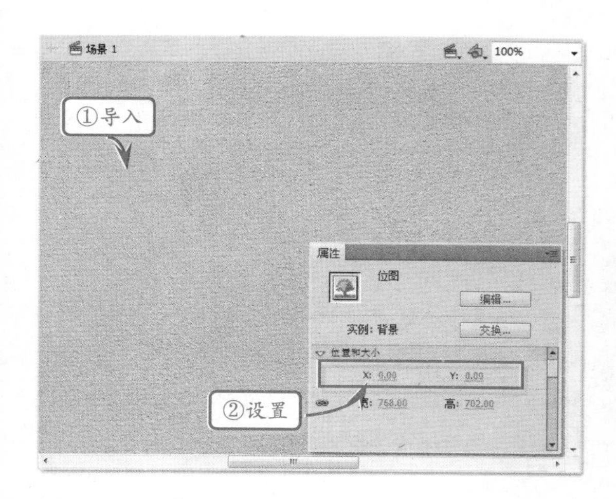

STEP|02 新建“底边”和“阴影”图层，将外部库中“素材”文件夹下的“底边”和“阴影”图像拖入到相应的图层中，并移动到舞台的底部。

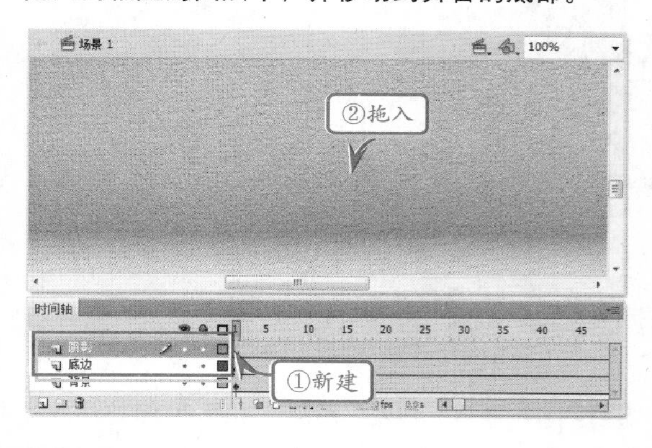

STEP|03 新建图层，将外部库中“素材”文件夹下的“灯光”和“壁灯”图像拖入到舞台中。然后，复制这两个图像并将副本放置在源图像的右侧。

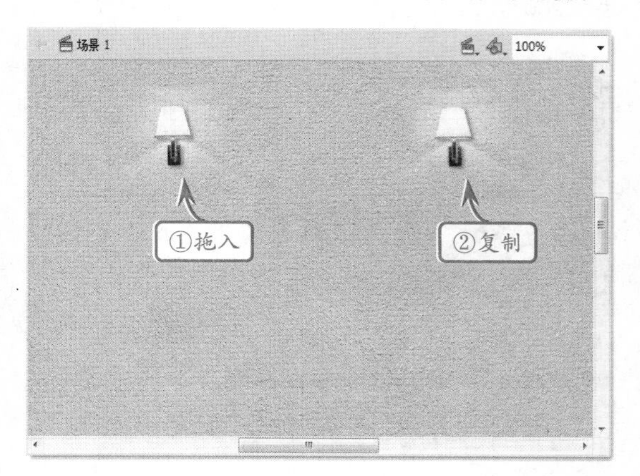

STEP|04 新建“黑幕”图层，绘制一个与舞台大小相同的黑色矩形。在第 10 帧处插入空白关键帧，打开【颜色】面板，选择【颜色类型】为“径向渐变”，并设置渐变色。然后，在舞台中绘制一个矩形。

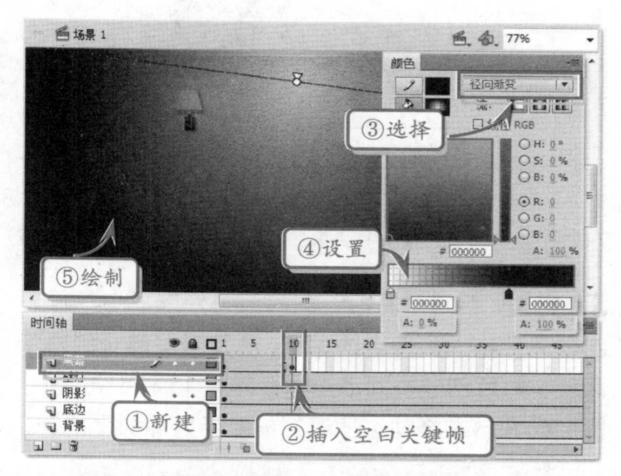

技巧

将第 10 帧后的所有普通帧删除。绘制完渐变矩形后，可以使用【渐变变形工具】调整渐变的位置和角度等。

STEP|05 在第 20 帧处插入关键帧，使用【形状变形工具】选择该矩形，并将其放大。然后右击第 10 帧，在弹出的快捷菜单中执行【创建补间形状】命令，创建补间形状动画。

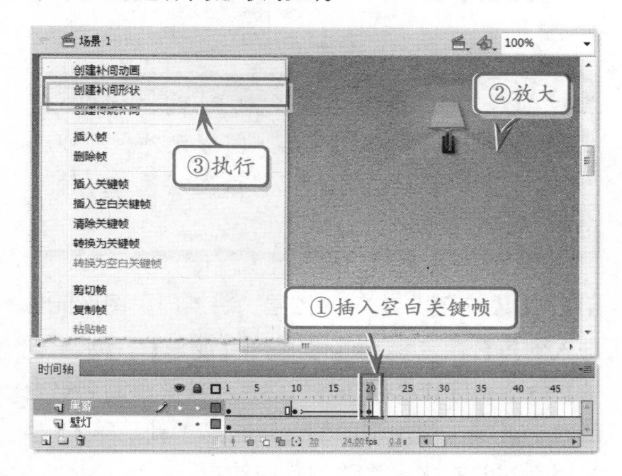

STEP|06 在第 25 帧处插入关键帧，选择该矩形，在【颜色】面板中设置其 Alpha 值为“0%”。然后右击第 20 帧，执行【创建补间形状】命令，创建补间形状动画。

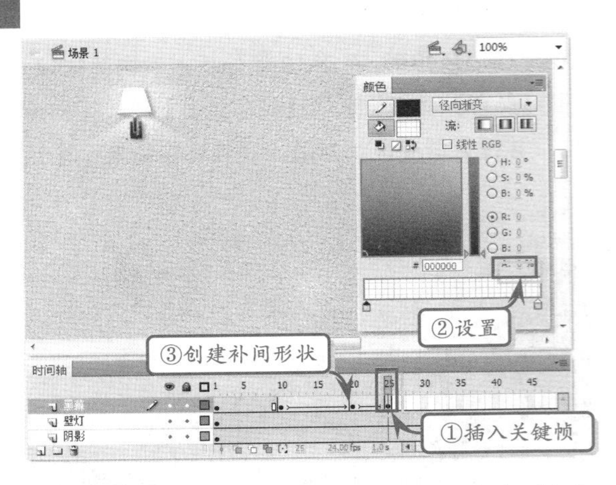

STEP|07 新建“左门”图层，将外部库中“门”图形元件拖入到舞台的左侧，使其覆盖舞台的左半区域。然后创建补间动画，选择第 15 帧，将“门”图形元件向左移动，使遮挡的左半区域显示出来。

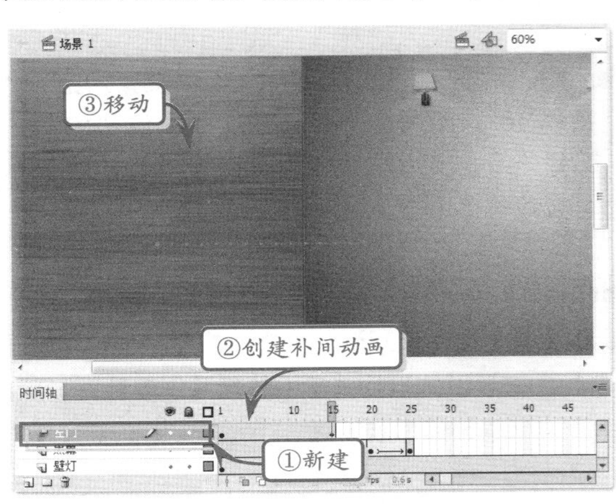

技巧

按住 Shift 键向左移动“门”图形元件，可以沿水平方向移动。另外，将该图层第 15 帧以后的所有帧删除。

STEP|08 新建“右门”图层，将“门”图形元件拖入到舞台中，执行【修改】|【变形】|【水平翻转】命令，将其水平翻转。然后，将其移动到舞台的右半区域，使用相同的方法在第 1 帧至第 15 帧之间创建向右水平移动的补间动画。

STEP|09 新建“侧边”图层，在第 16 帧处插入关键帧，将外部库中“素材”文件夹下的“侧边”图像拖入到舞台的左边缘。然后复制并水平翻转该图像，将其移动到舞台的右边缘。

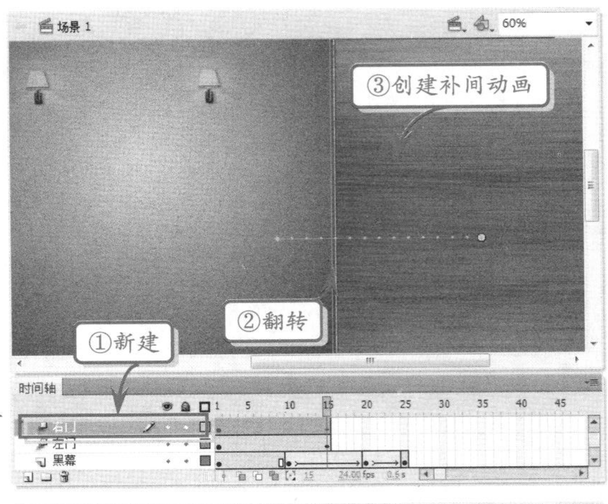

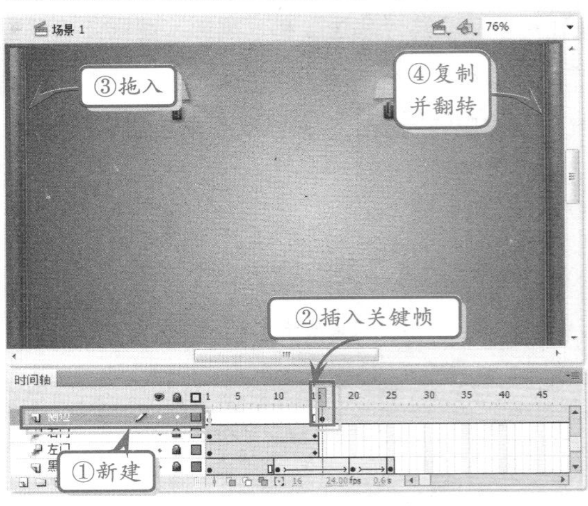

STEP|10 新建“沙发”图层，在第 30 帧处插入关键帧，将外部库中“素材”文件夹下的“沙发”图像拖入到舞台的左下角，并转换为“沙发”图形元件。然后，打开【变形】面板，设置其【缩放比例】为“200%”。

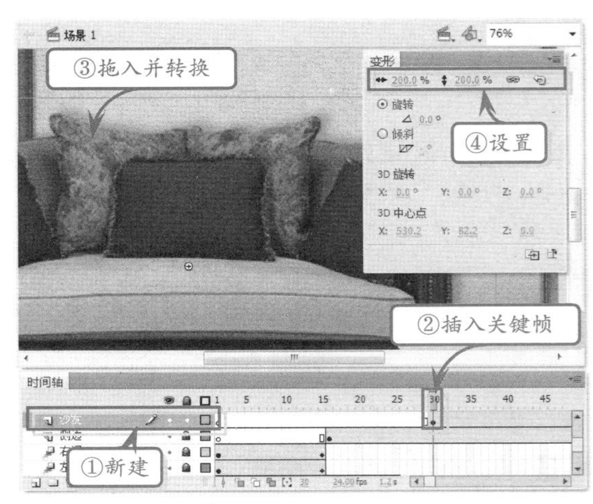

STEP|11 创建补间动画，在第 30 帧处设置“沙发”图形元件的 Alpha 值为“0%”。然后选择第 35 帧，在【变形】面板中设置其【缩放比例】为“100%”；在【属性】检查器中设置 Alpha 值为“100%”。

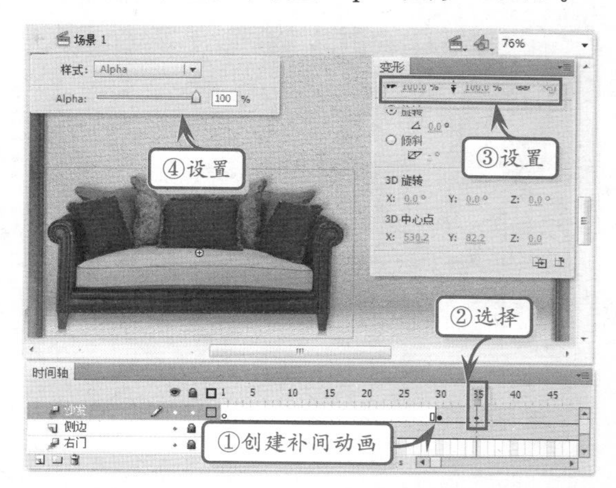

提示

无法直接对图像设置 Alpha 透明度，因此在设置之前首先将图像转换为元件。

STEP|12 新建“行李箱”图层，在第 40 帧处插入关键帧，将外部库中“素材”文件夹下“行李箱”、“行李箱阴影”和“行李箱底部阴影”图像拖入到舞台的右外侧，并将其转换为“行李箱”图形元件。

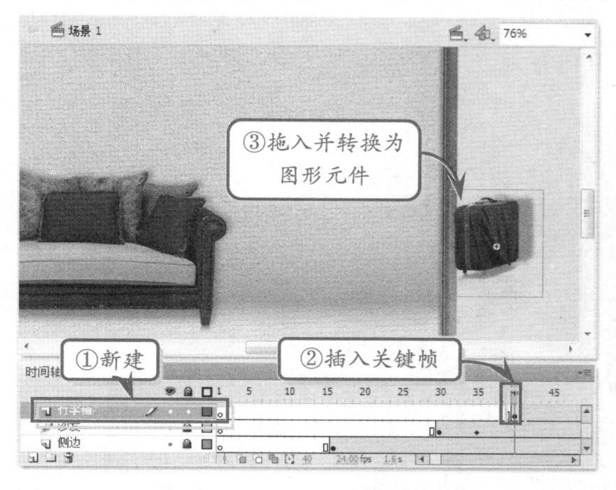

STEP|13 创建补间动画。然后选择第 45 帧，将“行李箱”图形元件移动到“沙发”图形元件的右侧。

STEP|14 创建“服务员”图层，在第 50 帧处插入关键帧，将外部库中“素材”文件夹下“服务员”和“服务员阴影”图像拖入到舞台的右外侧，并转换为“服务员”图形元件。

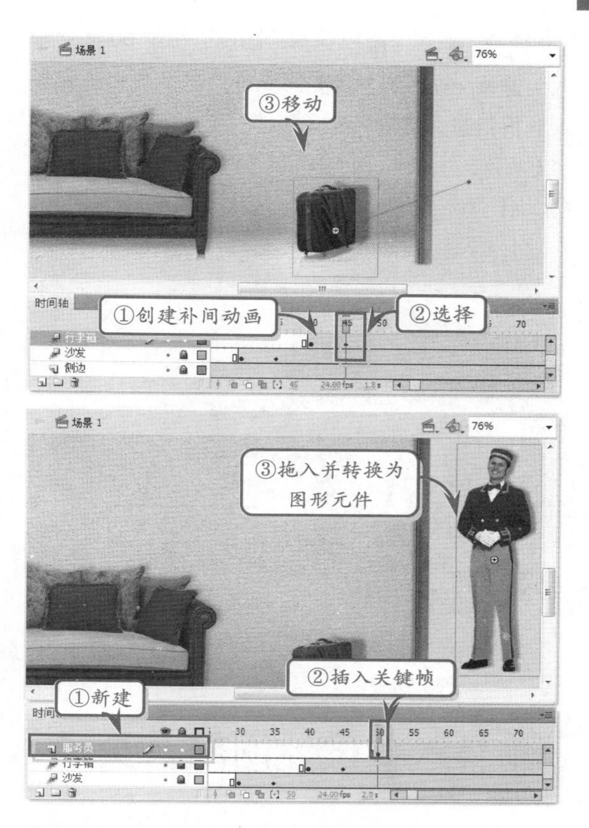

STEP|15 创建补间动画。然后选择第 55 帧，将“服务员”图形元件移动到“行李箱”图形元件的右侧。

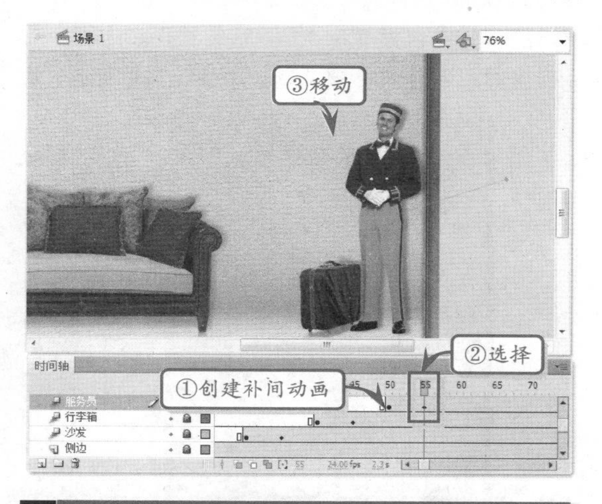

提示

在创建补间动画后，还可以通过【属性】检查器中的缓动选项为补间动画定义特殊效果。

STEP|16 新建“版权信息”图层，在第60帧处插入关键帧，在“沙发”图形元件底部的舞台外侧输入版权信息。然后，在【属性】检查器中设置文字的【系列】为Century Gothic；【样式】为Bold Italic；【大小】为“12点”等。

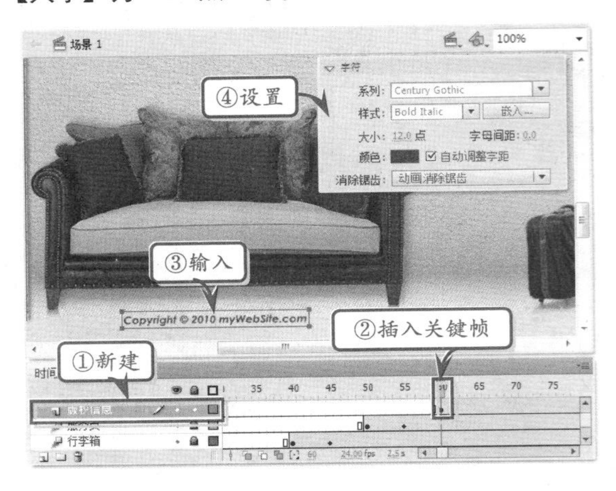

STEP|17 创建补间动画。然后选择第65帧，将版权信息文字向上移动到“沙发”图形元件的下面。

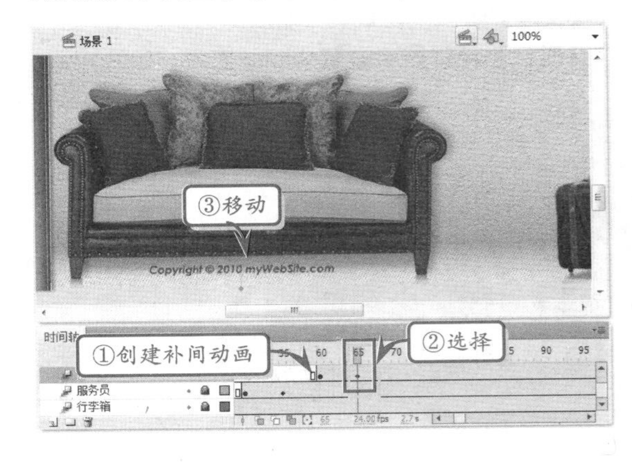

19.2 设计网站首页动画

网站的开头动画结束后，就进入了网站首页。网站首页的内容同样也是通过一系列的动画进行展示的，其中包括Logo、导航条和正文内容。首先通过缩小渐显的补间动画逐个展示导航图像，其中导航文字则是利用了模糊滤镜的变化。然后，通过调整Logo元件的Alpha透明度，使其渐渐显示。最后，使用遮罩动画以卷轴的方式来展示首页的正文内容。

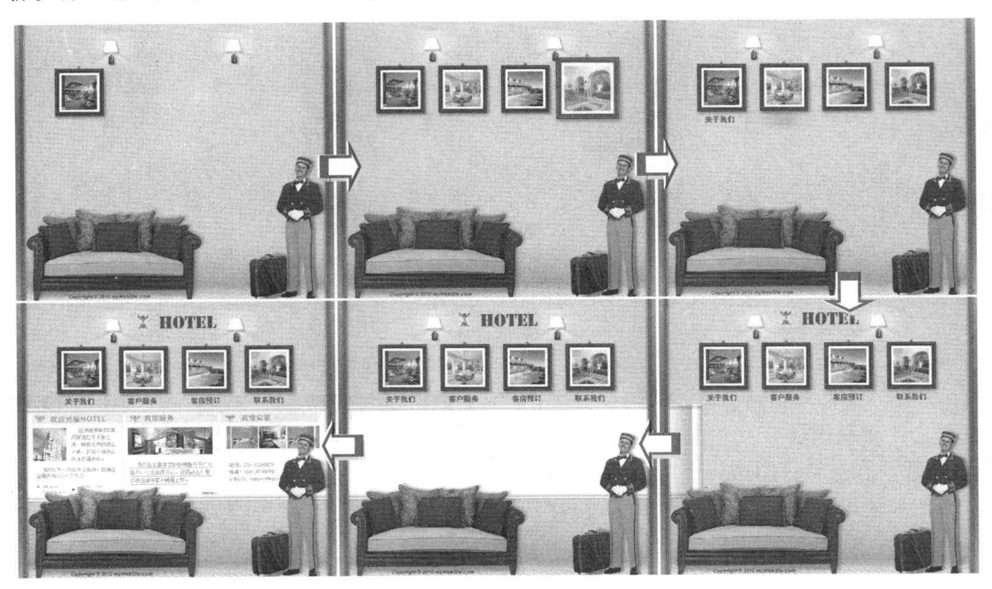

操作步骤

1. 设计导航条和 Logo 动画

STEP|01 新建“关于我们-初始”影片剪辑，将外部库中“素材”文件夹下的“相框”拖入到舞台中。然后新建图层，将“导航图片 01”图像拖入到舞台中。

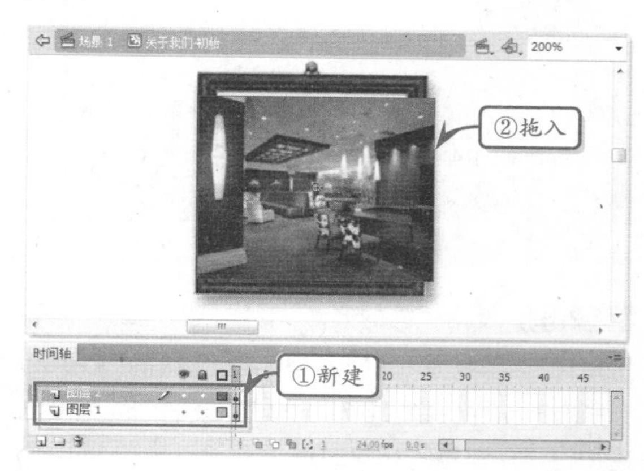

STEP|02 新建图层，使用【矩形工具】在“导航图片 01”图像的上面绘制一个矩形。然后右击该图层，在弹出的快捷菜单中执行【遮罩层】命令，将其转换为遮罩层。

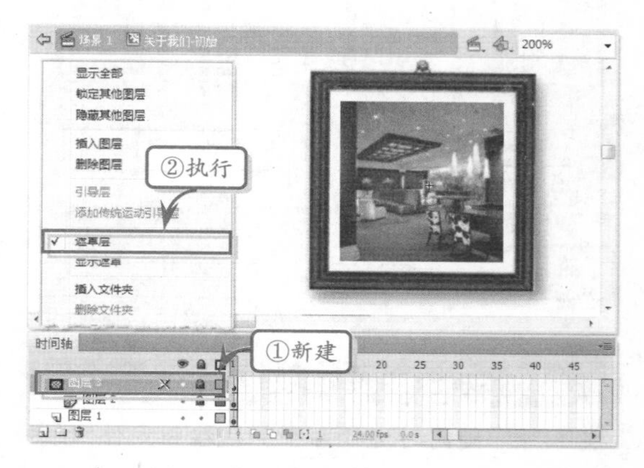

STEP|03 在【库】面板中右击“关于我们-初始”影片剪辑，在弹出的快捷菜单中执行【直接复制】命令并重命名为“关于我们-经过”。然后打开该元件，延长各个图层的帧数至 25。

> **提示**
>
> 执行完命令后，将弹出【直接复制元件】对话框。在该对话框中可以设置元件的名称、类型、文件夹等选项。

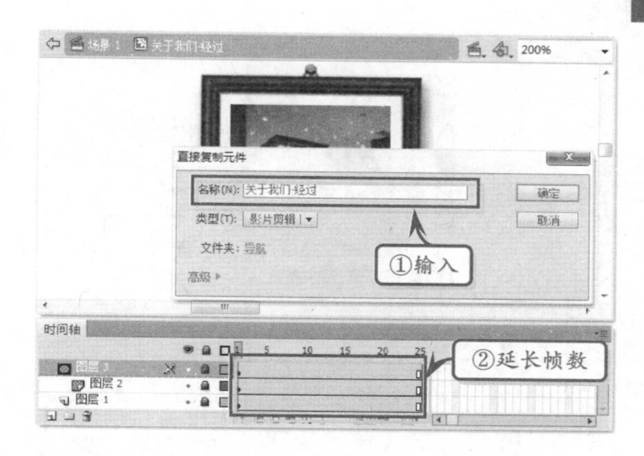

STEP|04 右击“图层 2”，在弹出的快捷菜单中执行【创建补间动画】命令。然后，分别选择第 5、10、15、20 帧处，调整图像的大小和位置。

> **注意**
>
> 第 20 帧舞台中的图像与第 1 帧的大小和位置相同。

STEP|05 新建图层，在第 25 帧处插入关键帧。右击该帧执行【动作】命令，打开【动作】面板，并输入停止播放命令“stop();”。

STEP|06 新建“关于我们”按钮元件，将“关于我们-初始”影片剪辑拖入到舞台中，并在【属性】检查器中设置其坐标为（0，0）。然后，在【指针经过】帧处插入关键帧，将“关于我们-经过”影片剪辑拖入到舞台中。

> **提示**
>
> 在【指针经过】帧处，“关于我们-经过”影片剪辑的坐标同样是（0,0）。

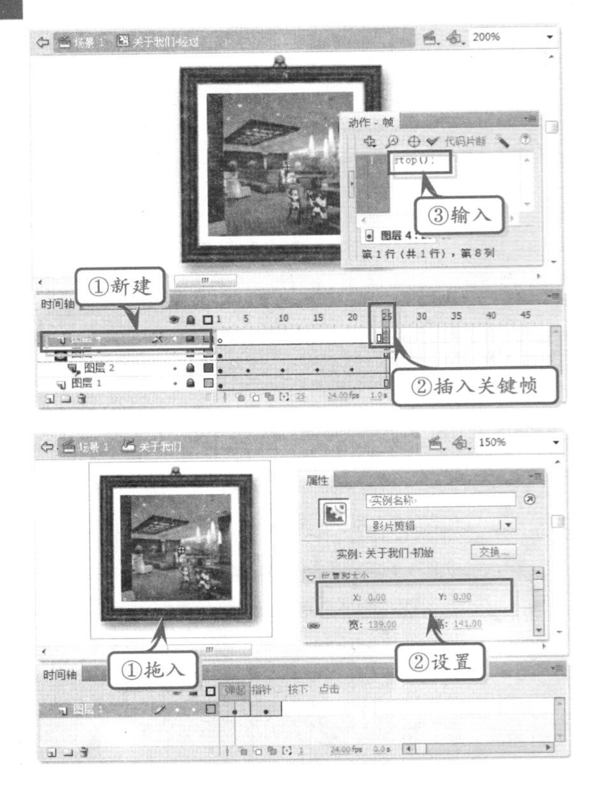

STEP|07 返回场景。新建“关于我们”图层，在第 65 帧处插入关键帧，将“关于我们”按钮元件拖入到舞台中。然后打开【变形】面板，设置按钮元件的【缩放比例】为“250%”，并在【属性】检查器中设置其 Alpha 值为“0%”

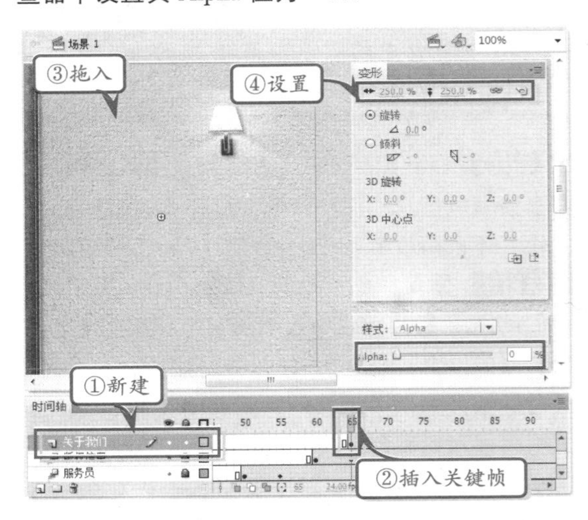

STEP|08 创建补间动画，在第 70 帧处插入关键帧，在【变形】面板中更改“关于我们”按钮元件的【缩放比例】为“100%”；在【属性】检查器中设置其 Alpha 值为“100%”。

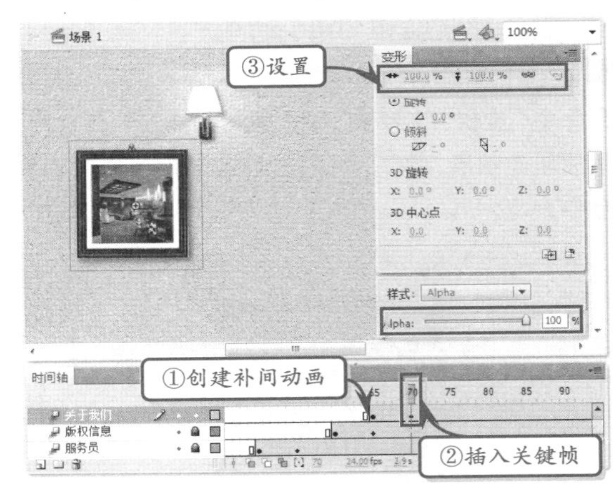

STEP|09 使用相同的方法，制作“客户服务”、“客房预订”和“联系我们”按钮元件。然后新建图层，分别在第 70~75 帧、第 75~80 帧和第 80~85 帧处创建按钮元件渐显的补间动画。

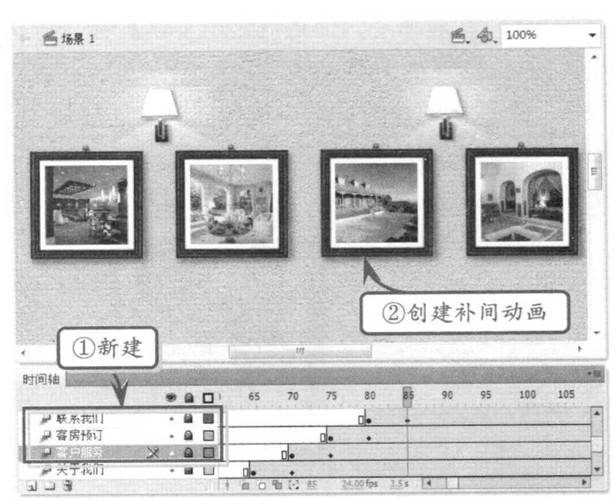

> **提示**
>
> 按住 Shift 键同时选择 4 个导航按钮元件，打开【对齐】面板，单击【垂直中齐】按钮和【水平居中对齐】按钮，使元件的间距相等，且处于同一水平线。

STEP|10 新建“导航文字”影片剪辑，使用【文本工具】在舞台中输入“关于我们”文字，在【属性】检查器中设置文字的【系列】为“汉仪大黑简”；【大小】为“18 点”；【颜色】为“棕色”（#4E2F16）等。

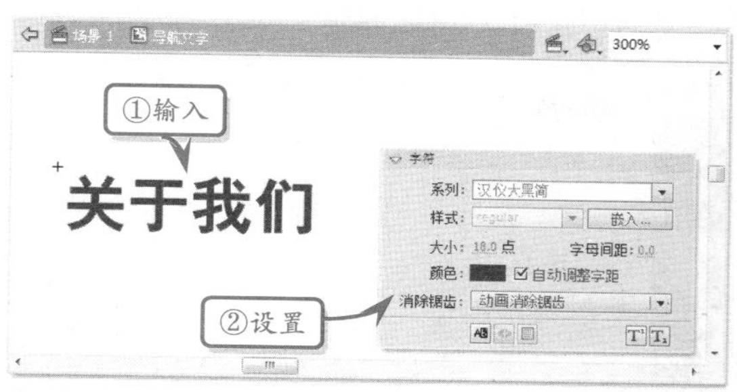

STEP|11 创建补间动画，在【属性】检查器中单击【添加滤镜】按钮为文字添加“模糊”滤镜，并设置【模糊 X】和【模糊 Y】均为“100 像素”。然后选择第 5 帧，更改文字的【模糊 X】和【模糊 Y】均为“0 像素”。

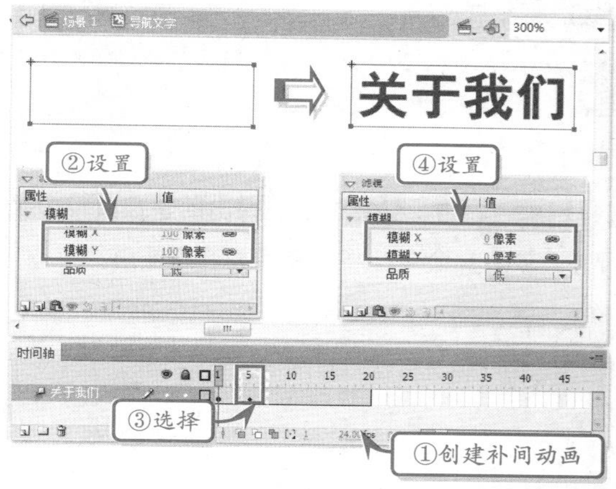

提示

将 20 帧后的所有帧删除。

STEP|12 新建 3 个图层，使用相同的方法分别在第 5~10 帧、第 10~15 帧和第 15~20 帧之间制作“客户服务”、“客房预订”和“联系我们”导航文字的渐显动画。

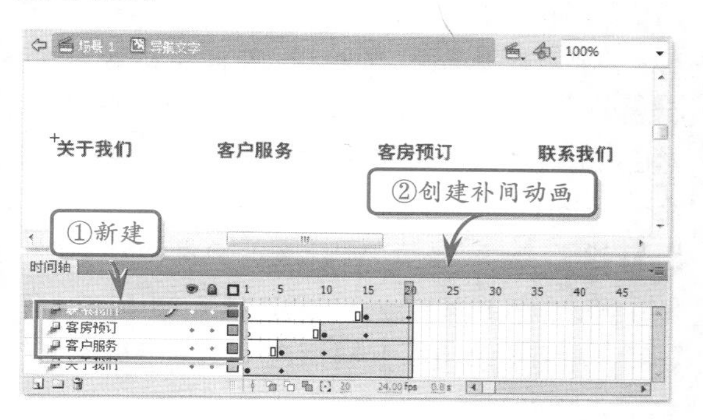

STEP|13 新建图层，在第 20 帧处插入关键帧。打开【动作】面板，在其中输入停止播放动画命令“stop();”。

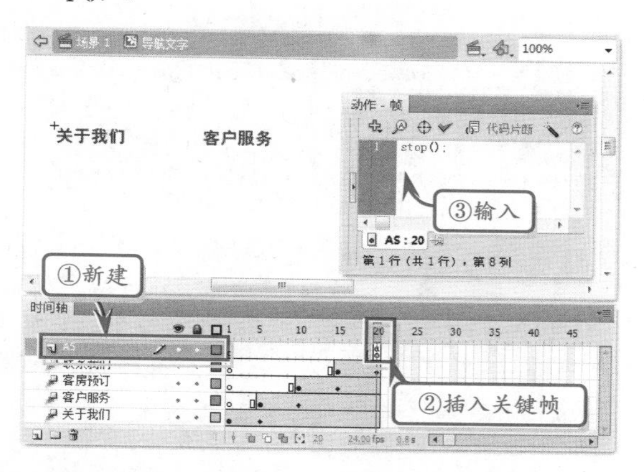

STEP|14 返回场景。新建“导航文字”图层，在第 85 帧处插入关键帧。然后，将“导航文字”影片剪辑拖入到舞台中导航图片的下面。

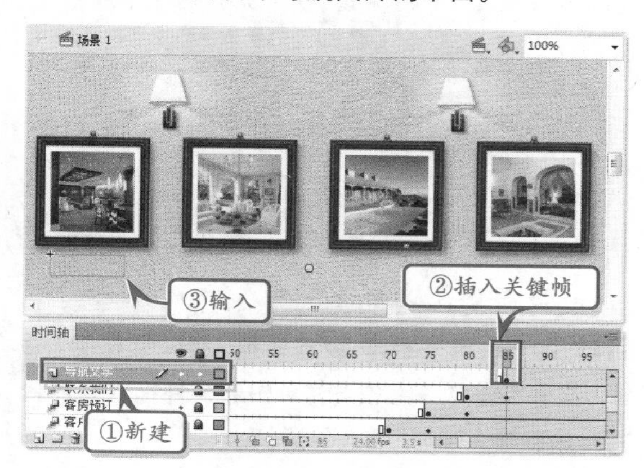

STEP|15 新建 Logo 图层，在第 105 帧处插入关键帧，将外部库“素材”文件夹下的 Logo 图像拖入到舞台的顶部。然后，在其右侧输入 HOTEL 文字，在【属性】检查器中设置其【系列】为 Stencil Std；【大小】为“40 点”；【颜色】为“棕色”(#4E2F16)。

提示

按住 Shift 键同时选择 Logo 图像和文字，然后将它们转换为 Logo 影片剪辑。

STEP|16 创建补间动画，在【属性】检查器中设置 Logo 影片剪辑的 Alpha 透明度为“0%”。然后

选择第 110 帧，更改其 Alpha 透明度为“100%”。

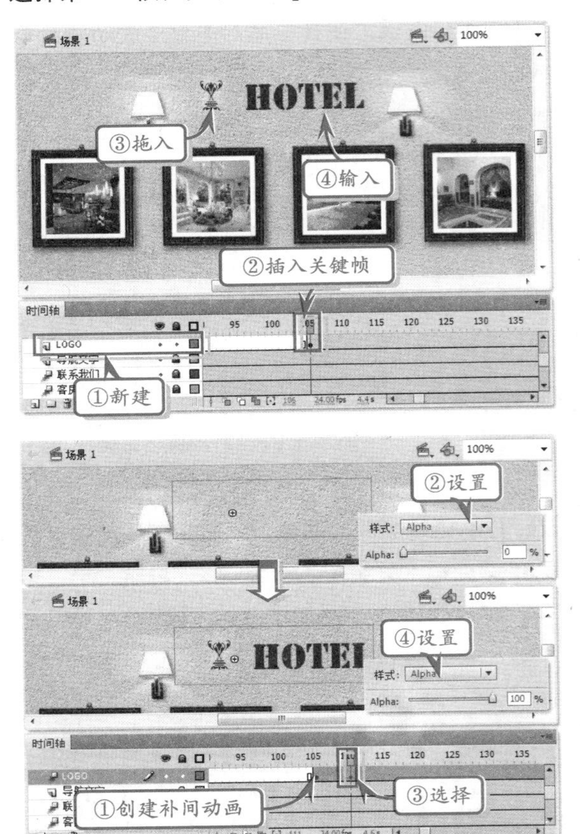

2．设计首页内容动画

STEP|01 新建“卷轴”影片剪辑，将处部库中“卷轴”文件夹下的“卷轴背景”图形元件拖入到舞台中，并在第 15 帧处插入普通帧。

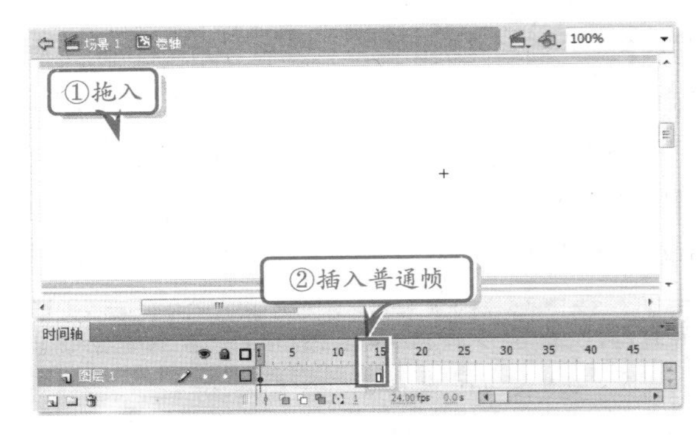

STEP|02 新建图层，在舞台的左侧绘制一个矩形。在第 15 帧处插入关键帧，使用【任意变形工具】向左拉伸矩形，使其覆盖“卷轴背景”图形元件，然后创建形状补间动画。

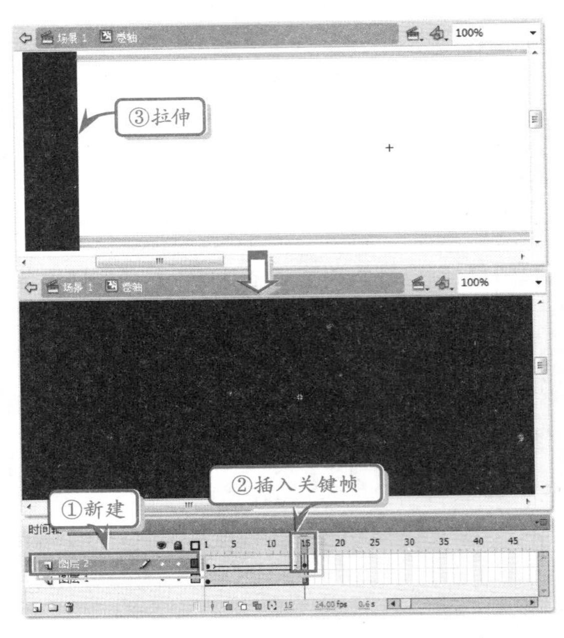

STEP|03 右击“图层 2”，在弹出的快捷菜单中执行【遮罩层】命令，将其转换为遮罩图层。

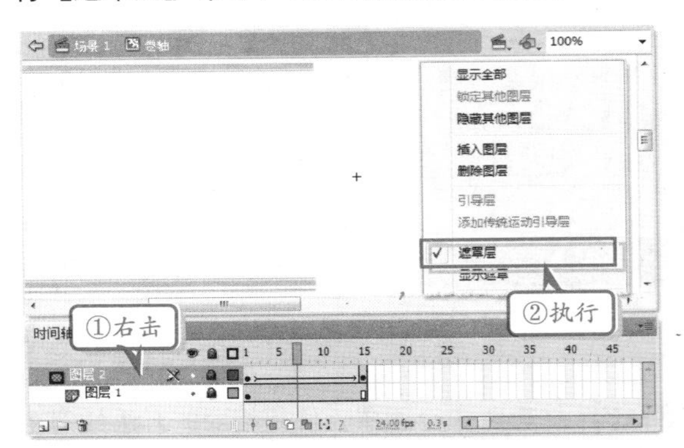

STEP|04 新建图层，将外部库中“卷轴”文件夹下的“轴”影片剪辑拖入到“卷轴背景”的左侧。然后创建补间动画，选择第 14 帧，将“轴”影片剪辑拖到“卷轴背景”的右侧，并将第 15 帧删除。

STEP|05 新建 AS 图层，在第 15 帧处插入关键帧。然后打开【动作】面板，在其中输入停止播放动画命令“stop();”。

STEP|06 新建“首页-内容”影片剪辑，将“卷轴”影片剪辑拖入到舞台中。然后选择第 30 帧，执行【插入】|【时间轴】|【帧】命令插入普通帧。

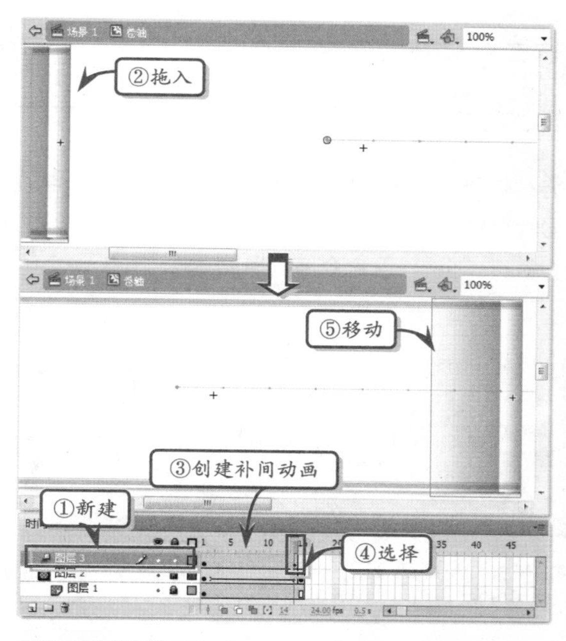

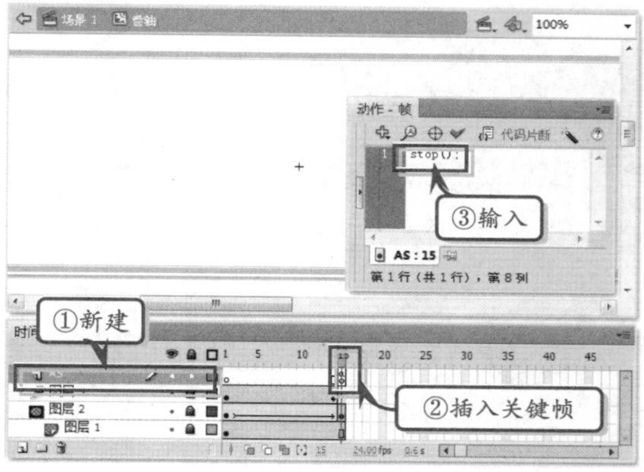

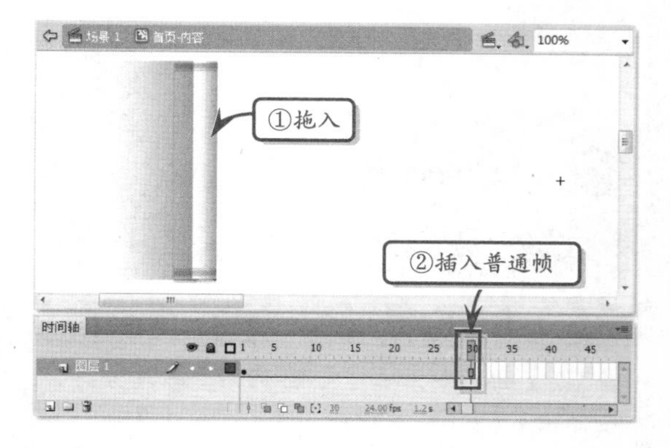

STEP|07 新建图层，在第 20 帧处插入关键帧，从外部库的“首页”文件夹下将“首页”影片剪辑拖入到舞台中。

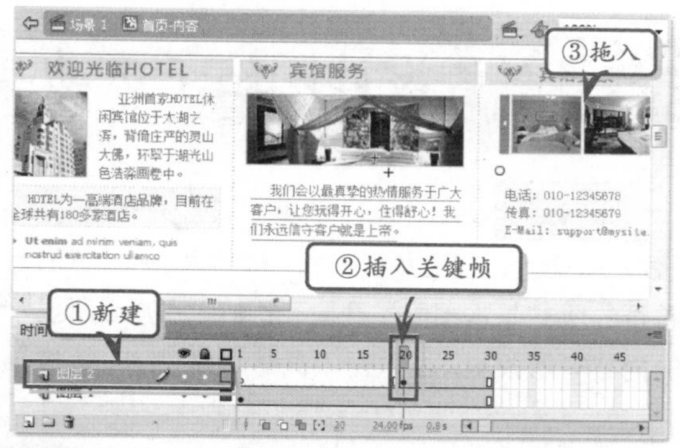

STEP|08 创建补间动画，在第 20 帧处设置“首页”影片剪辑的 Alpha 值为“0%”。然后在第 30 帧处插入关键帧，更改其 Alpha 值为“100%”。

STEP|09 返回场景。在“右门”图层的上面新建“首页-内容”图层，在第 110 帧处插入关键帧，将“首页-内容”影片剪辑拖入到舞台中，并将第 140 帧后的所有帧删除。

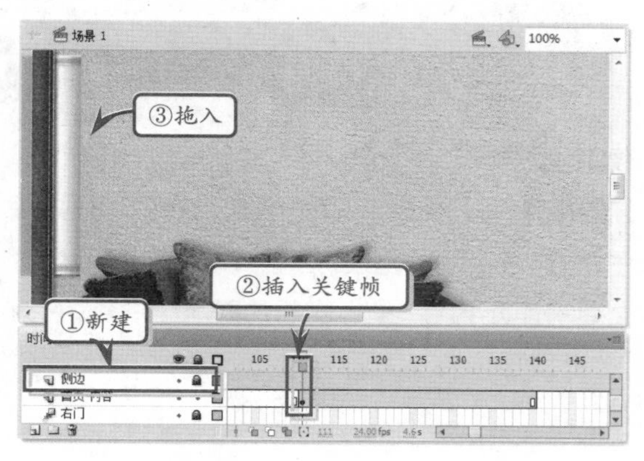

19.3 设计网站子页动画

本网站共设计了 4 个子页，即“关于我们”、“客户服务”、“客房预订”和“联系我们”。它们与首页的版式基本相同，只是“卷轴”展开后所显示的内容有所改变。当单击不同的导航按钮，播放头将跳转到相应的帧位置，并开始播放该帧所包含的影片剪辑，即显示栏目内容的动画。当播放完毕后，会执行“stop();”命令停止播放动画。

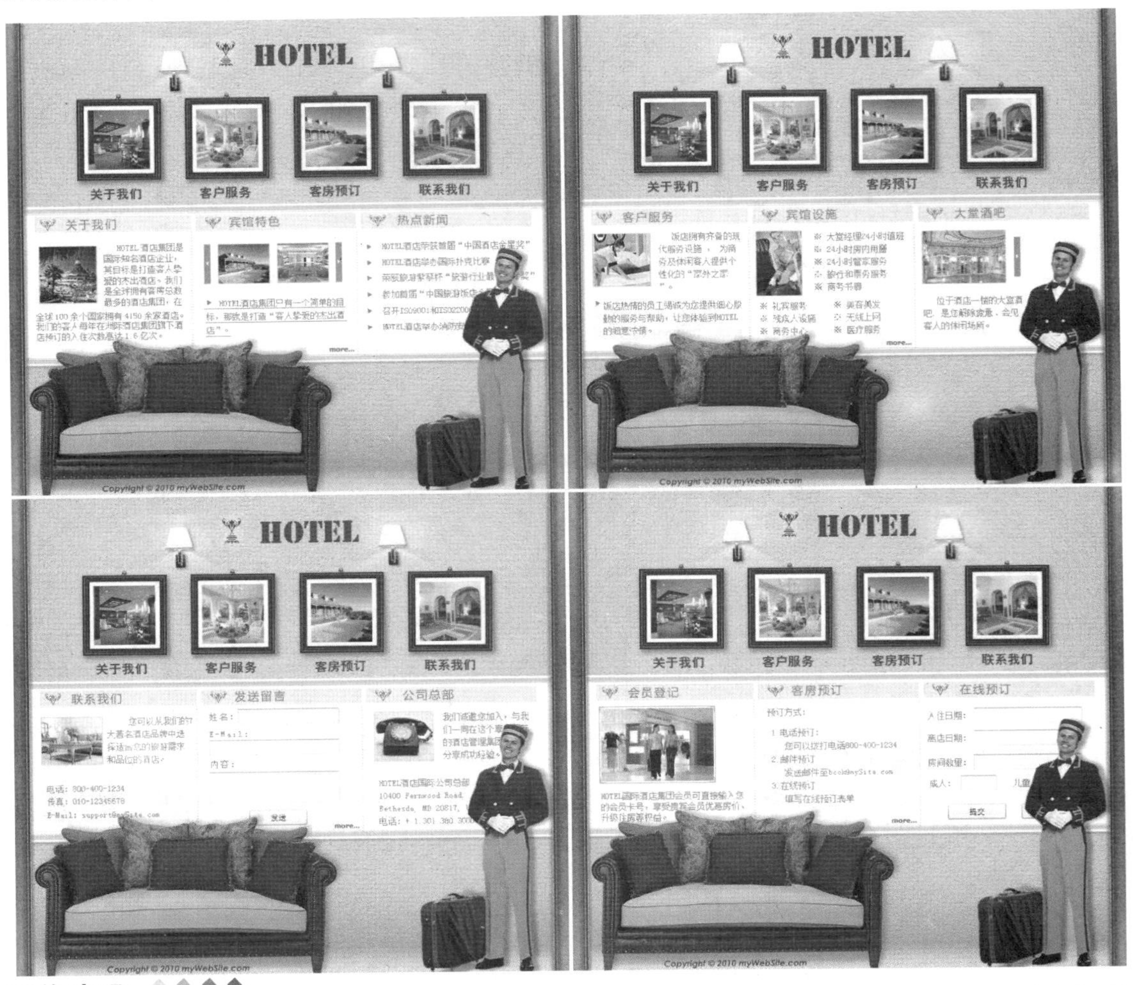

操作步骤

STEP|01 将外部库中“关于我们”文件夹下的“关于我们”影片剪辑拖入到当前【库】面板。然后，创建“首页-内容”影片剪辑的副本，并重命名为“关于我们-内容”。

> **提示**
>
> 在【库】面板中右击“首页-内容”影片剪辑，在弹出的快捷菜单中执行【直接复制】命令，并在打开的对话框中输入“关于我们-内容”，即可创建“首页-内容”影片剪辑的副本。

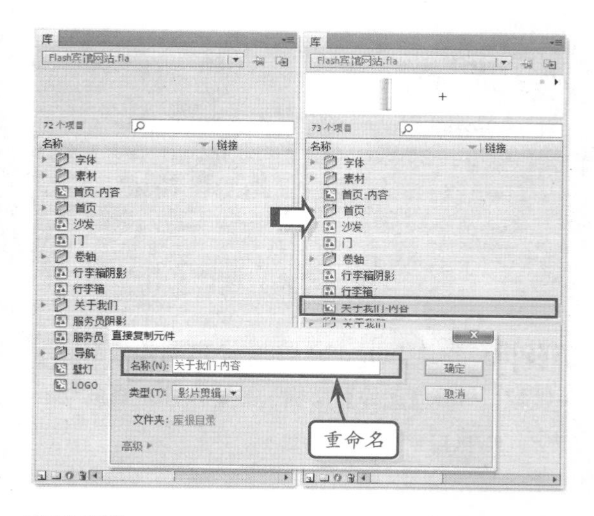

STEP|02 进入“关于我们-内容”影片剪辑的编辑环境，选择图层 2 的第 20 帧，右击舞台中的影片剪辑，在弹出的快捷菜单中执行【交换元件】命令。然后，在打开的对话框中选择“关于我们”影片剪辑，即可将“关于我们”影片剪辑替换原来的“首页”影片剪辑

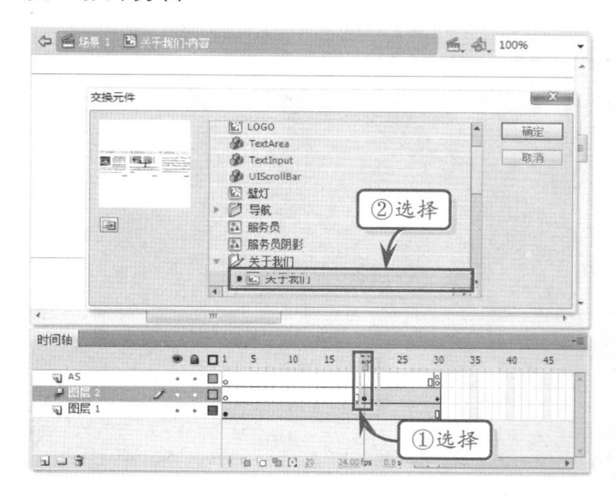

STEP|03 返回场景。在“首页-内容”图层的上面新建“关于我们-内容”图层，在第 141 帧处插入关键帧，将“关于我们-内容”影片剪辑拖入到舞台中，其位置与“首页-内容”影片剪辑相同，然后将第 170 帧后的所有帧删除。

STEP|04 使用相同的方法，制作“客户服务-内容”、“客房预订-内容”和“联系我们-内容”影片剪辑。然后新建 3 个图层，分别在第 171、201 和 231 帧处拖入相应的影片剪辑。

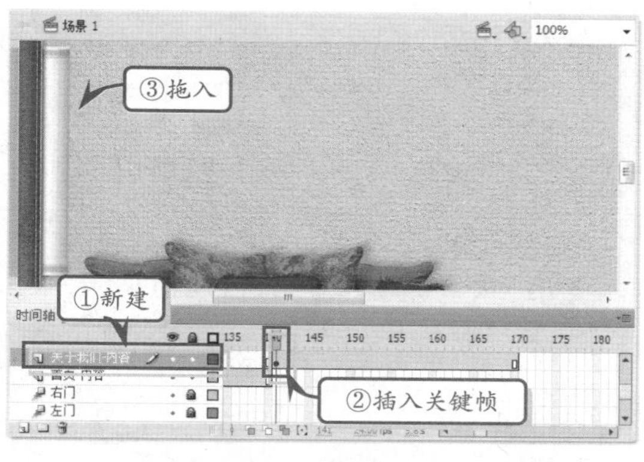

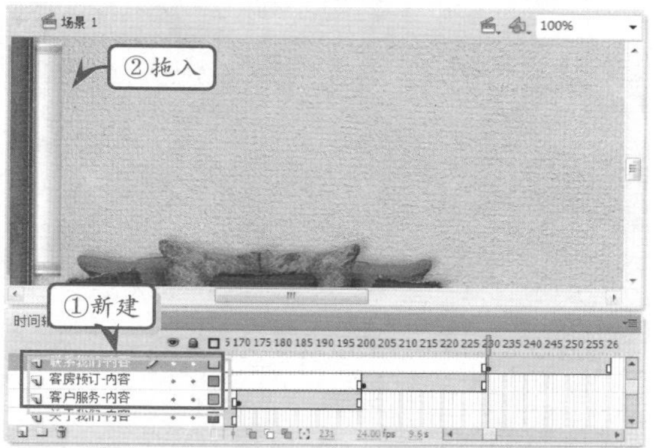

STEP|05 分别选择舞台中“关于我们”、“客户服务”、“客房预订”和“联系我们”4 个按钮元件，在【属性】检查器中设置其【实例名称】为 aboutBtn、serviceBtn、bookBtn 和 contactBtn。

STEP|06 新建 AS 图层，在第 85 帧处插入关键帧，打开【动作】面板，并输入侦听导航按钮的鼠标单击事件，当事件发生时调用相应的函数，跳转并开始播放指定的帧。

```
aboutBtn.addEventListener(MouseE
vent.CLICK,aboutus);
function aboutus(Event:Mouse-
```

```
Event):void{
    gotoAndPlay(141);
}
serviceBtn.addEventListener
(MouseEvent.CLICK,service);
function service(Event:MouseEvent)
:void{
    gotoAndPlay(171);
}
bookBtn.addEventListener(Mouse-
Event.CLICK,book);
function book(Event:MouseEvent):
void{
    gotoAndPlay(201);
}
contactBtn.addEventListener
(MouseEvent.CLICK,contactus);
function contactus(Event:Mouse-
Event):void{
    gotoAndPlay(231);
}
```

STEP|07 在第 140、170、200、230 帧处分别插入关键帧，打开【动作】面板，并输入停止播放动画命令"stop();"。

20 综合实例：设计企业网站

企业网站是互联网中最常见的一种网站，其可以帮助企业展示形象、推销产品和服务、获取用户反馈信息，以及寻求合作伙伴等。在设计企业网站时，应注意把握企业的用户群体，根据用户群体的审美观念来设计页面。同时，企业网站的界面设计还要与企业本身的形象体系相适应。例如，使用统一的 Logo 等。

在制作企业网站时，通常会需要处理大量样式相同的网页。这时，可使用 Dreamweaver 的库项目及模板等功能，快速生成网页，保持整个网站的一致性。

20.1 设计分析

企业网站通常会包括网站的首页、企业介绍页、企业产品页等。本例将针对一个软件设计企业，设计一个模板页面。然后再根据模板页面制作出多个相关的页面。

1．网站结构

在设计企业网站的首页之前，首先应分析整个企业网站的构成。

本例所制作的企业网站，主要将包括 3 类基本文件，即 JavaScript 脚本文件、CSS 样式表文件和 Dreamweaver 模板文件。

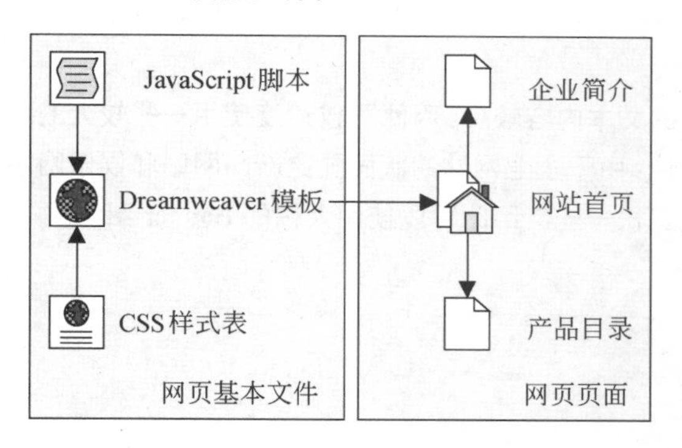

整个企业网站的多数文件，事实上都是由大量重复的元素组成的。通过 3 个基本文件，可以生成企业的网站首页、企业简介页以及产品目录页等页面。

2．页面构图

企业网站的网页与新闻、游戏等网站的网页类似，都是由 Logo、导航条、Banner、主题内容和版尾等栏目组成。

一些个性化的网站，会对网站的栏目进行增加或删减。例如，将 Logo 合并在 Banner 中，以及将导航条拆分为主导航条和小导航条、侧栏导航等。

多数大型企业为了用户搜寻产品的方便，会制作网站内容的搜索引擎。另外还会提供邮件订阅，帮助用户了解企业最新的产品情况。

另外，对于一些会员制的企业网站，还需要在首页等页面中设置用户登录的表单，以及注册、找回密码等内容。

根据这些内容，即可设计网站的结构布局。例如，使用拐角型布局设计网页，首先设置网页的小导航条，然后再设置网页的导航条、Banner，将 Logo 放在 Banner 中。

在 Banner 的左下方放置网站的主题栏目。右下方放置网站的用户登录框、搜索框以及邮件订阅框等。

网页设计与网站建设从新手到高手

最后，则是为企业网站的页面添加版尾栏目。版尾通常可以包含企业网站的友情链接图标、版尾的导航条以及版权声明等部分。

3. 色彩分析

在设计企业网站时，主要以突出企业网站的形象、文化、产品和服务，因此通常要根据企业所属的行业来确定使用的颜色。

例如，以生产食品和药品为主的企业，可使用橙色、绿色、黄色、褐色作为主色调。橙色、黄色和褐色可以体现出企业产品的美味，可口。而绿色则主要体现出健康、洁净等概念。

而以生产化妆品、美容护肤产品和时装类的企业，则可以黑色、紫色、粉红色等色调为主。黑色和紫色可以体现出高贵、典雅等特色，而粉红色则可体现出可爱、时尚等特色。

对于本章所设计的软件开发企业而言，可使用代表科技的浅蓝色以及轻松明快的翠绿色，同时点缀以严肃、正直的黑色，使网站在色彩的轻重中取得平衡。

4. 图像设计

企业网站所使用的图像，应既符合企业的整体形象（VI），又能够体现出企业的行业形象。

以本章所设计的软件开发企业为例，在图像设计上可以使用一些具备 Web 2.0 风格的图标和按钮等。

在大幅的 Banner 设计中，则可使用一些手绘风格的线条，同时配合键盘的按钮和 3D 风格化的人物。

通过浅绿色的背景，使用户体会到轻松、自然的心情，表现出使用该企业开发的软件，可以将用户从繁杂的工作中解脱出来的意境。

20.2 设计企业网站界面

企业网站的页面与新闻网站和娱乐网站相比，其表现形式较新闻网站更灵活，而较娱乐网站则刻板一些。在设计企业网站时，应着重表现出企业的大气、稳重又不失轻松。相对新闻网站，企业网站的文本内容较少，因此可以适度使用一些较大的字体；由于企业网站的版面要比新闻网站和娱乐网站宽松一些，因此可以使用大幅的 Banner 图像。

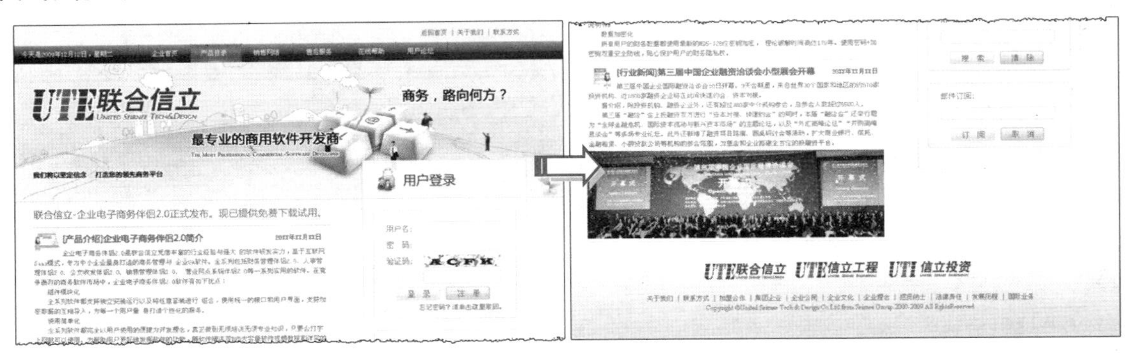

操作步骤

1．设计小导航条和主导航条

STEP|01 打开 Photoshop，执行【文件】|【新建】命令，打开【新建】对话框，并设置文档的【宽度】和【高度】分别为 1003px 和 1195px。然后，设置【分辨率】为"72 像素/英寸"，【颜色模式】为 RGB 颜色。然后，单击【确定】按钮创建文档。

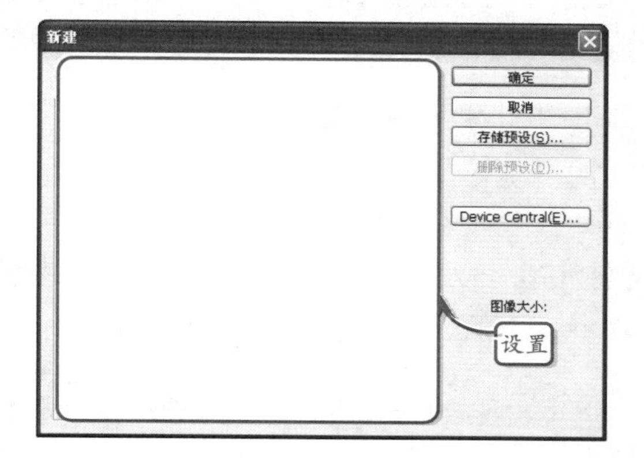

STEP|02 在【图层】面板中创建 smallNavigator 组，并在组中创建新的图层，命名为 smallNavigatorBG。然后单击【矩形选框】工具，绘制一个高度为 37px 的矩形选框。右击执行【填充】命令，为其填充浅蓝色（#eef8fe）背景。

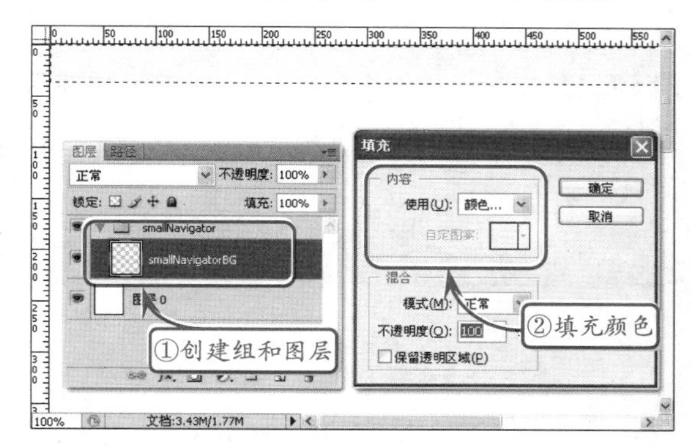

STEP|03 选择【横排文字】工具，在文档的右侧输入小导航条的文本。

STEP|04 创建 navigator 组，执行【文件】|【打开】命令，打开"navigatorBG.psd"、"navigatorBtn.psd"和"navigatorBtnHover.psd"等素材文档，将其中的导航条背景、导航按钮导入到组中。

STEP|05 选择【横排文字】工具，在【字符】面板中设置文本的属性，然后在 navigator 组中输入文本内容，完成导航条的制作。

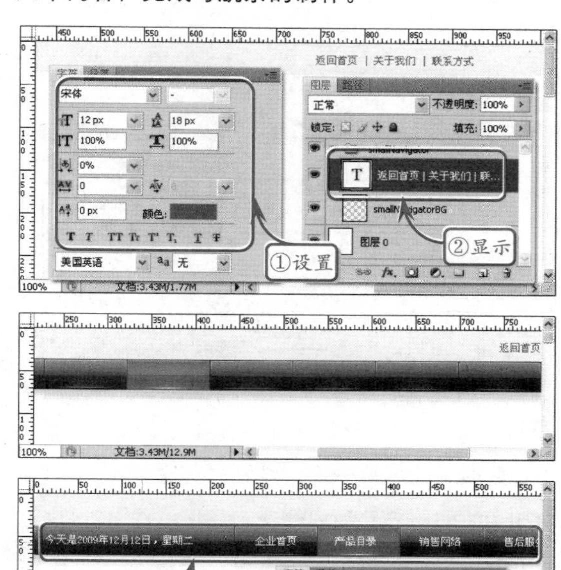

2．设计 Logo 和 Banner

STEP|01 在【图层】面板中创建 banner 组，并在组中创建 bannerBG 图层。在图层中绘制 1003px × 258px 的矩形选区，填充白色。然后，为其应用白色的内发光、1px 的灰色（#CFCFCF）外描边以及渐变叠加等样式，制作 Banner 的背景。

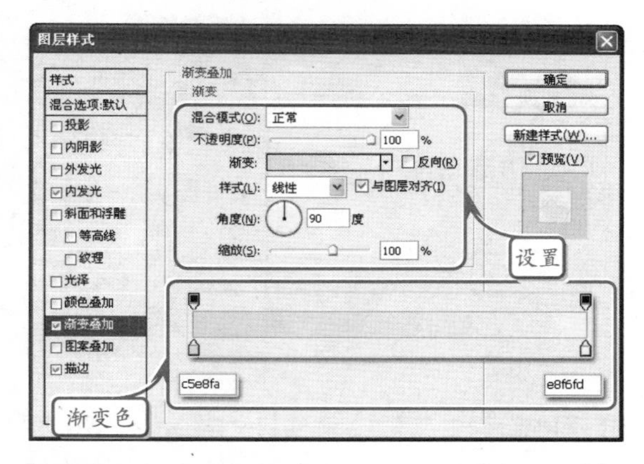

STEP|02 在 banner 组中新建 logo 组，选择【横排文字】工具，然后在【字符】面板中设置文

字的属性。在 Banner 中输入网站的中文名称并为其添加 2px 的白色外描边。

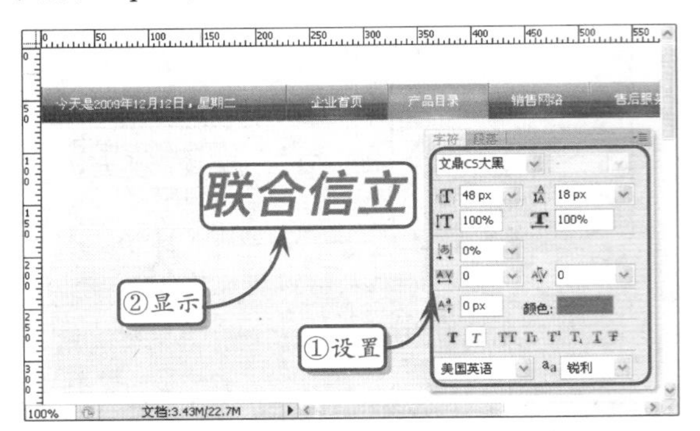

STEP|03 在【字符】面板中重新定义属性，然后在企业网站的名称下输入网站的英文名称，并为其添加 2px 的白色外描边样式。

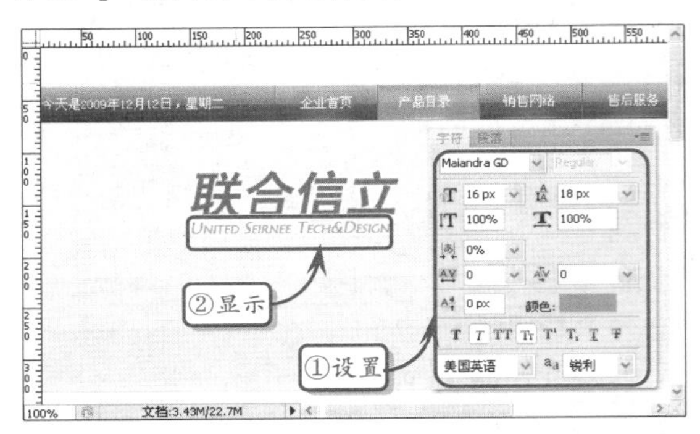

STEP|04 用同样的方法在【字符】面板中设置文字的属性，然后在企业网站的名称左侧输入网站的英文 Logo 图标文字，并为其添加 2px 的白色外描边样式。

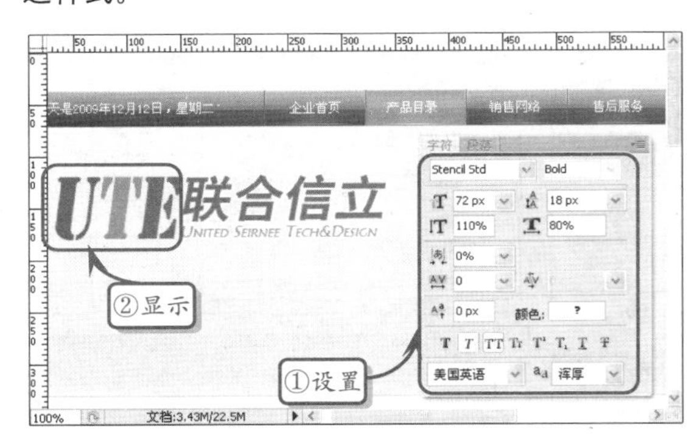

STEP|05 选中英文 Logo 图标文字，执行【图层】|【栅格化】|【文字】命令，将 UTE 等 3 个字母栅格化。然后，在栅格化后的字母上绘制高度为 1px 的 3 个矩形选区，并删除选区中的内容，制作 3 条分隔线。

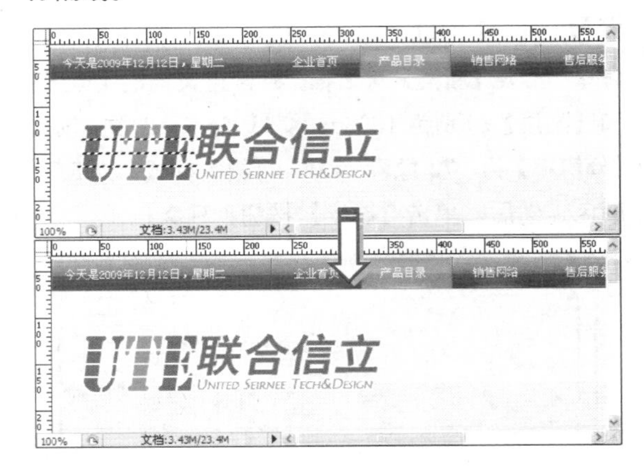

STEP|06 导入“bannerBG.psd”素材图像，并为素材绘制蒙版，防止素材超出 banner 的范围。

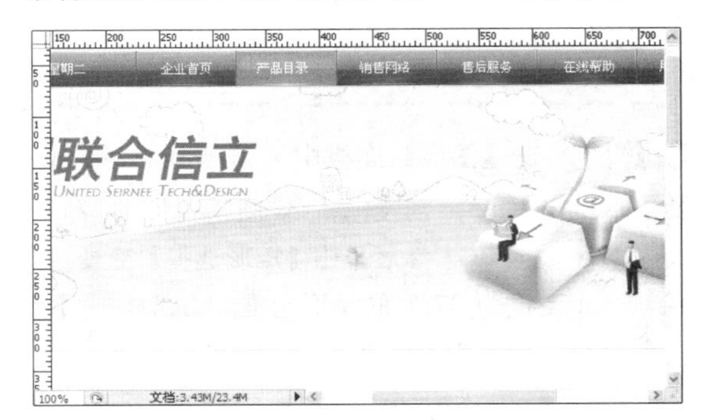

STEP|07 在 banner 组中创建 text 组，在组中使用【横排文字】工具，输入各种文本，并在【字符】面板中设置其属性。

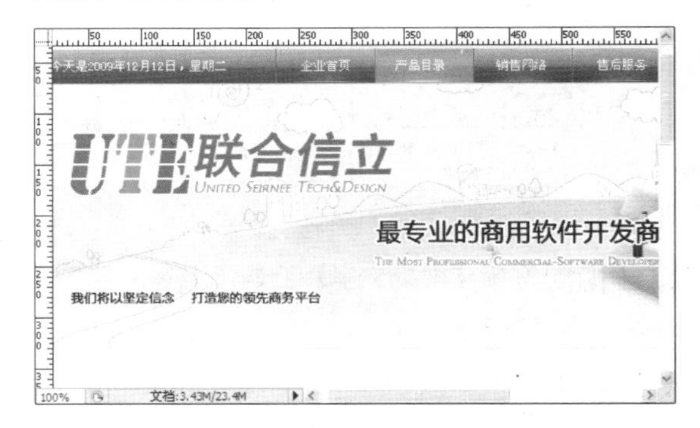

STEP|08 在 banner 组中创建 rightNavLabel 组，在组中新建 rightNavLabelBG 图层，并在图层中绘制 300px × 72px 的矩形选区。填充矩形选区，并设置样式，制作右侧导航条的标题部分。最后，在【图

层】面板中设置其【不透明度】为“90%”。

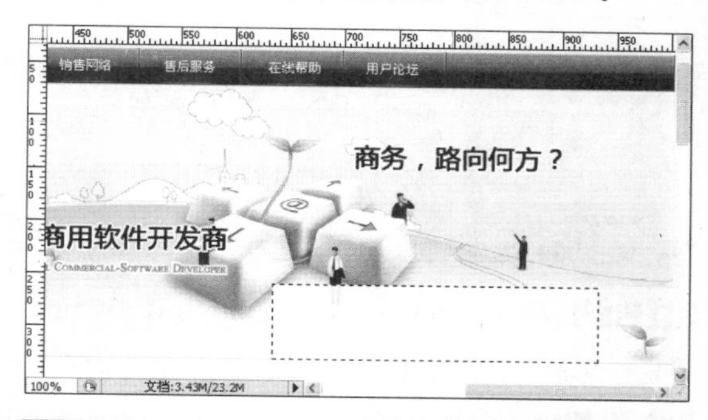

提示

其中，该图层使用了白色的内发光、灰白色（#F8F8F8）到白色（#FFFFFF）的渐变叠加以及灰色（#CFCFCF）的 1px 外部描边。

STEP|09 导入“rightNavIcon.psd”素材文件，作为右侧导航条的图标。然后，输入右侧导航条的标题，完成 Banner 的制作。

3. 设计右侧导航条

STEP|01 创建 rightNavigator 组，然后在组中创建 rightNavBG 图层。在图层中绘制一个 300px × 558px 的矩形，并填充白色，右击图层，为矩形添加样式。

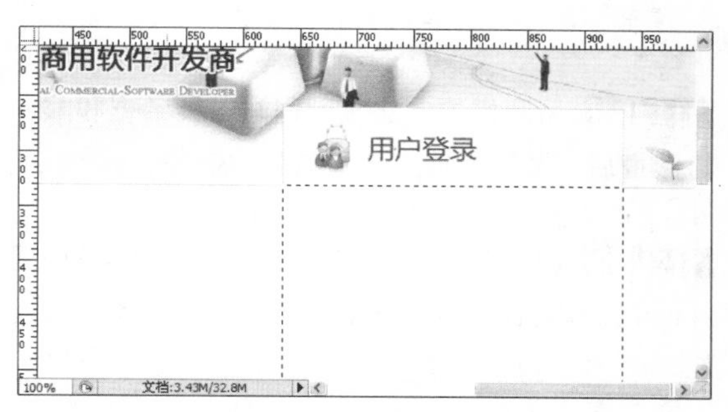

提示

rightNavBG 图层的样式与之前 rightNavLabelBG 图层的样式相同。区别在于，rightNavBG 的不透明度为 100%。

STEP|02 在 rightNavigator 组中创建 loginBox 组，在组中创建 loginBoxBG 图层。使用【圆角矩形】工具在图层上绘制一个 260px × 200px 的圆角矩形，为其填充白色。

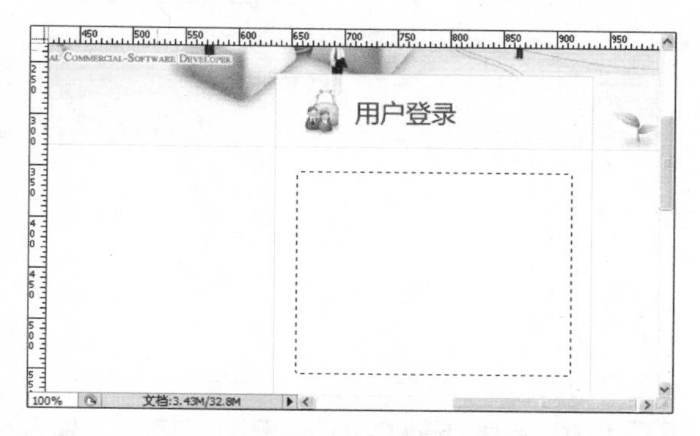

STEP|03 为 loginBoxBG 图层应用渐变叠加和 1px 的灰色（#CFCFCF）外部描边等样式，制作登录框的背景。

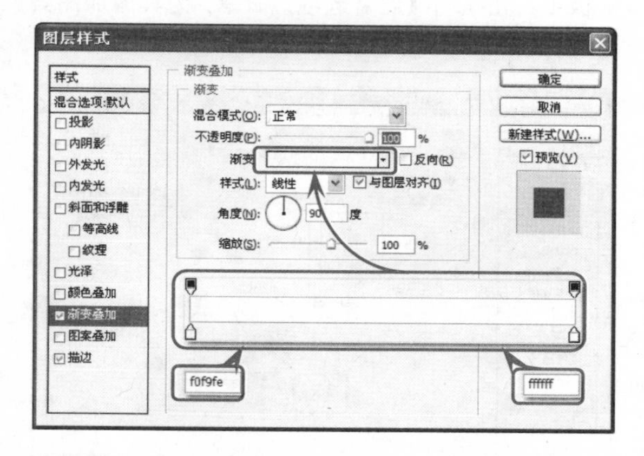

STEP|04 选择【横排文字】工具，在【字符】面板中设置文字的属性，然后在 loginBoxBG 上输入文本，制作登录框的文字。

STEP|05 新建 inputForm 图层，选择【矩形选框】工具在登录框的文字右侧绘制 4 个 140px × 22px 的矩形，右击执行【填充】命令为其填充白色。为 inputForm 添加 1px 的灰色（#D4D4D4）外描边，

作为输入文本框。

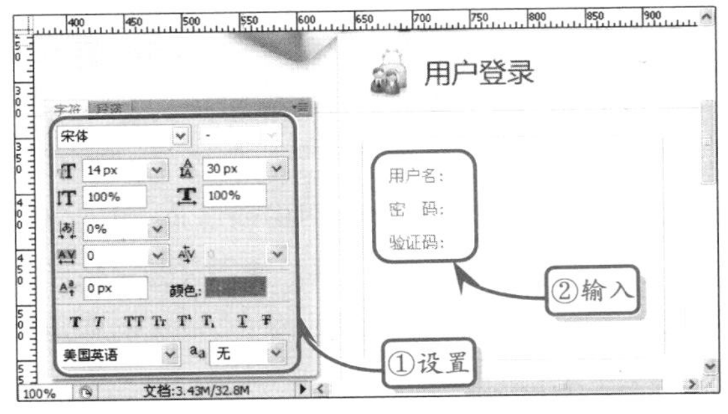

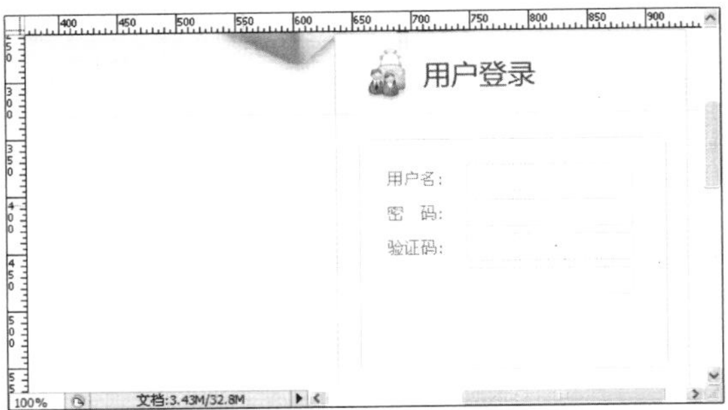

STEP|06 新建 checkCodeBG 图层，在第 3 个输入文本框上绘制一个 140px×22px 的矩形，右击执行【填充】命令，为其填充白色。然后，在【图层】面板中右击执行【混合选项】命令，为其添加图案叠加样式。

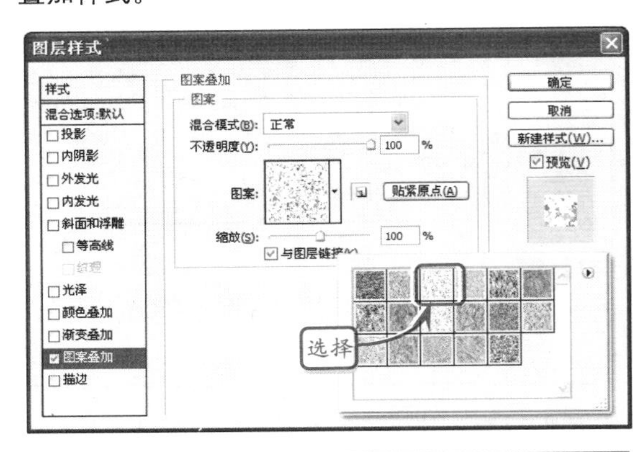

提示

为图层应用的图案叠加样式为【填充图案 2】中的【稀疏基本杂色】图案。

STEP|07 选择【横排文字】工具 T，在【字符】面板中设置字体属性，然后在 checkCodeBG 图层上输入验证码。

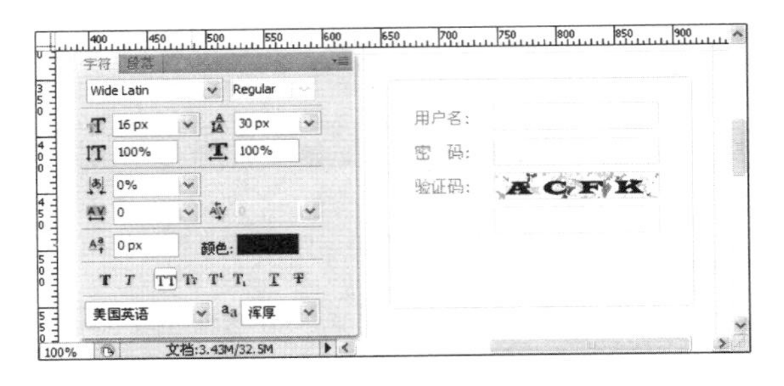

STEP|08 导入"btnBG.psd"和"btnHoverBG.psd"等素材文件，制作登录框中的按钮，然后再为按钮输入文本。

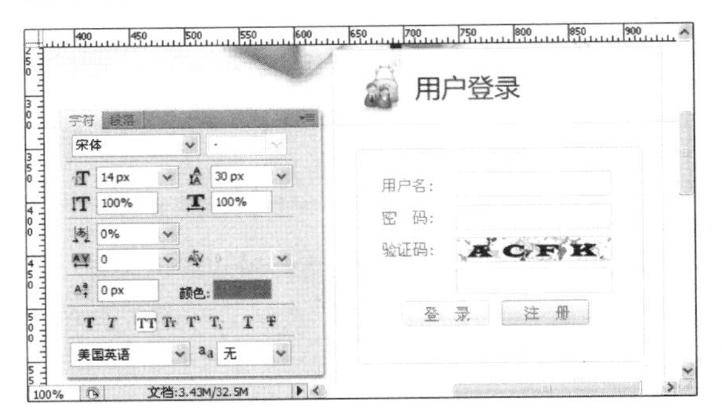

STEP|09 在登录框的按钮下方输入忘记密码的提示文本内容，即可完成登录框的制作。

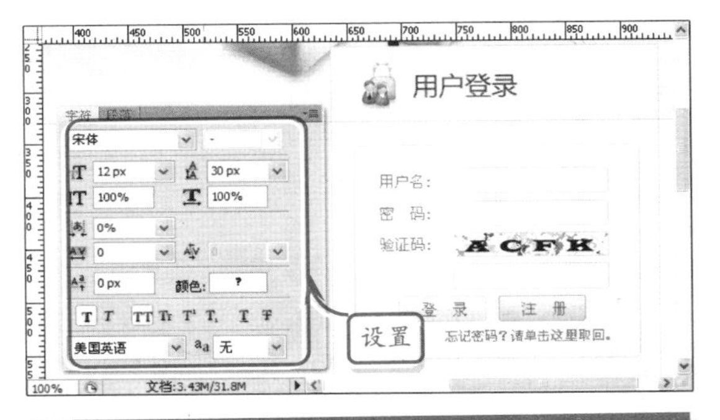

提示

忘记密码的提示文本内容为灰色(#6F6F6F)，"这里"两个字为蓝色粗体（#0099FF）。

STEP|10 用同样的方法，制作站内搜索框和邮件订阅框后，即可完成右侧导航栏的制作。

4. 设计主题内容

STEP|01 创建 content 组，在 content 组中创建 notice 组。然后，新建 noticeBG 图层，在图层中绘制一个 1003px×49px 的矩形。为矩形填充渐变色，渐变范围为蓝灰色（#EEF8FE）到白色。

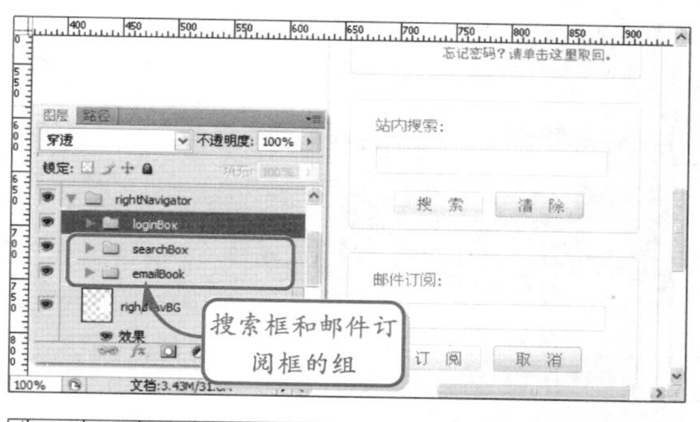

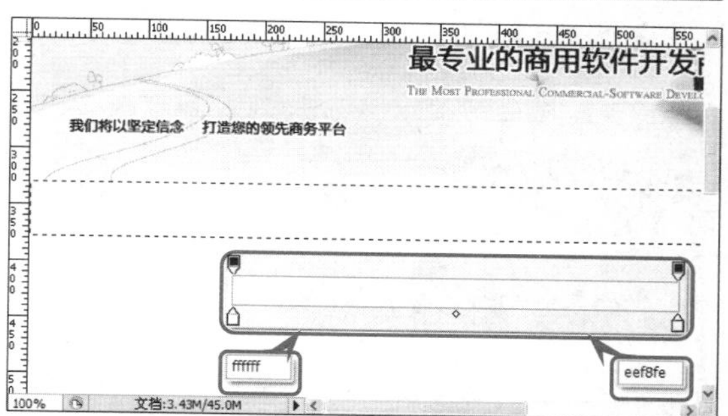

STEP|02 选择【横排文字】工具 T，在【字符股】面板上设置文字的属性。然后，在绘制的渐变色矩形上输入通知文本的内容。

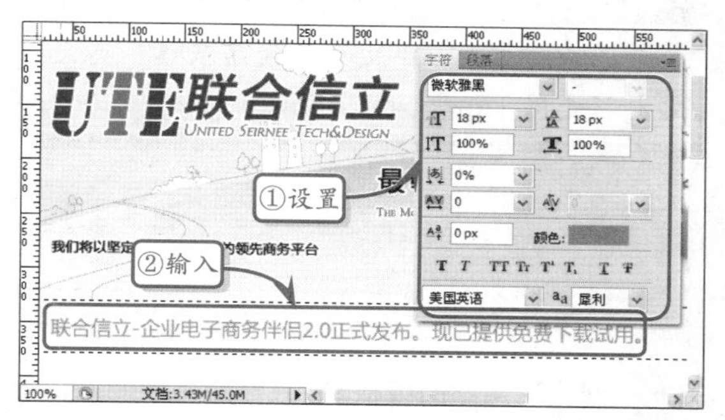

STEP|03 在 content 组中新建 content1 组，在 content1 组中创建 topLine 图层，并绘制一条灰色（#CFCFCF）的分隔线。新建 text 组，导入"introduceBG.psd"素材，制作产品介绍的图标。

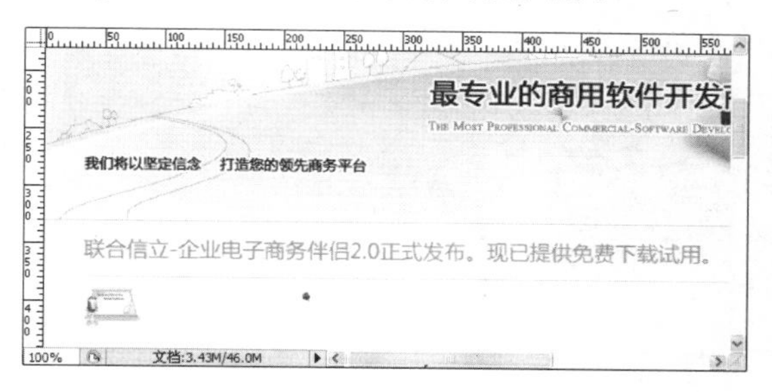

STEP|04 选择【横排文字】工具 T，在产品介绍的图标后面输入产品介绍内容的标题以及发布该产品介绍的日期。

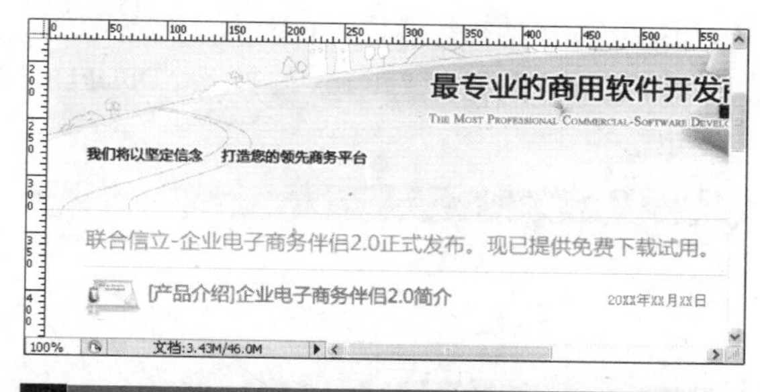

提示

产品介绍的标题字体为 16 号微软雅黑字体，颜色为红色（#FF0000），消除锯齿方式为浑厚。发布产品介绍的日期字体为 12 号红色（#FF0000）宋体，消除锯齿方式为无。

STEP|05 再次在【字符】面板中设置字符的属性，然后即可输入产品介绍的内容文本。

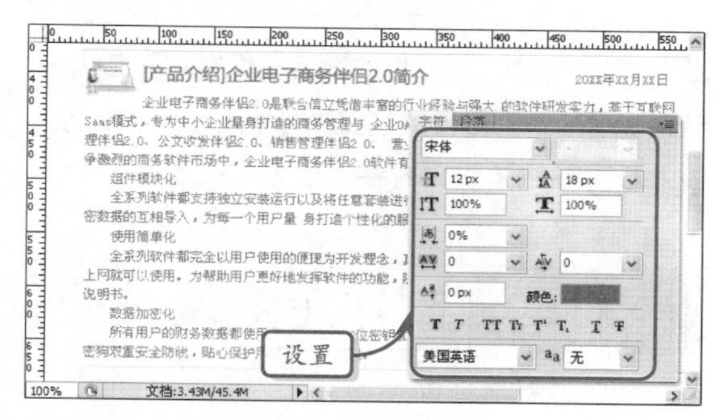

STEP|06 在 content 组中创建 content2 组，用同样的方式，在产品介绍下方设计行业新闻的内容栏目，并插入图像，完成主题内容的设计。

5. 设计版尾

STEP|01 新建 footer 组，在 footer 组中创建 footerBG 图层，然后在主题内容栏目下方绘制一个 1003px × 170px 的矩形选框，右击执行填充命令。为矩形添加渐变叠加样式和 1px 的灰色（#DFDFDF）内描边。

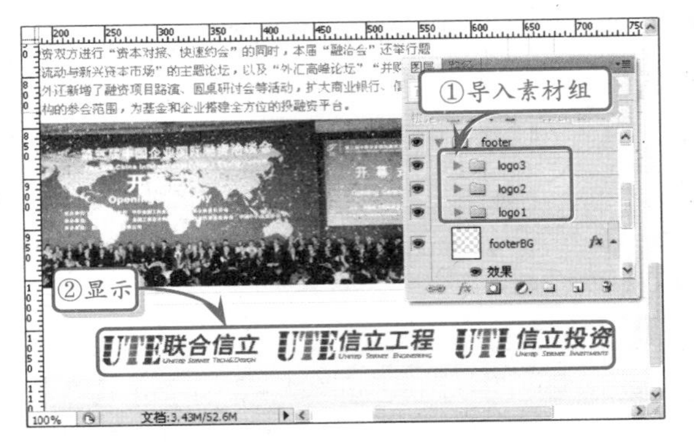

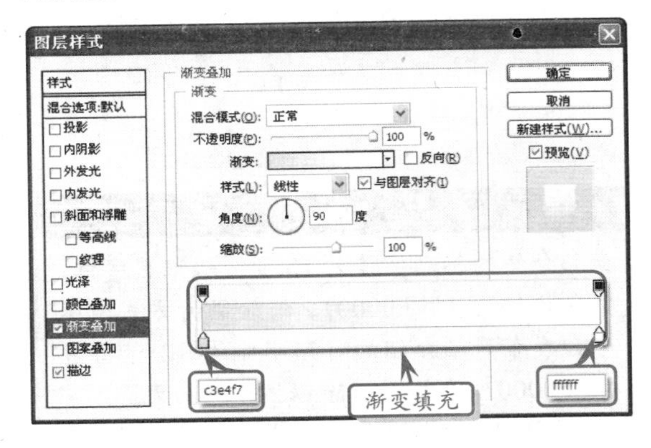

STEP|02 导入“logo1.psd”、“logo2.psd”和“logo3.psd”等 3 个素材文档，将网站的分支机构图标插入到 footer 组中。

STEP|03 新建 text 组，选择【横排文字】工具 T，然后在【字符】面板中设置文字属性，在 text 组中输入版尾导航和版权内容，即可完成版尾的设计。

提示

在版尾的文本中，中文文本使用宋体，英文文本则使用 Times New Roman。

20.3 制作企业网站模板

本例企业网站的布局结构类似于博客，其主体内容位于网页中间的左侧部分，而网站的功能小板块位于其右侧，如用户登录、站内搜索和邮件订阅。因此在制作该网站的模板时，只需要将中间左侧部分的区域定义为可编辑区域，即可通过该模板制作企业网站的其他子页。

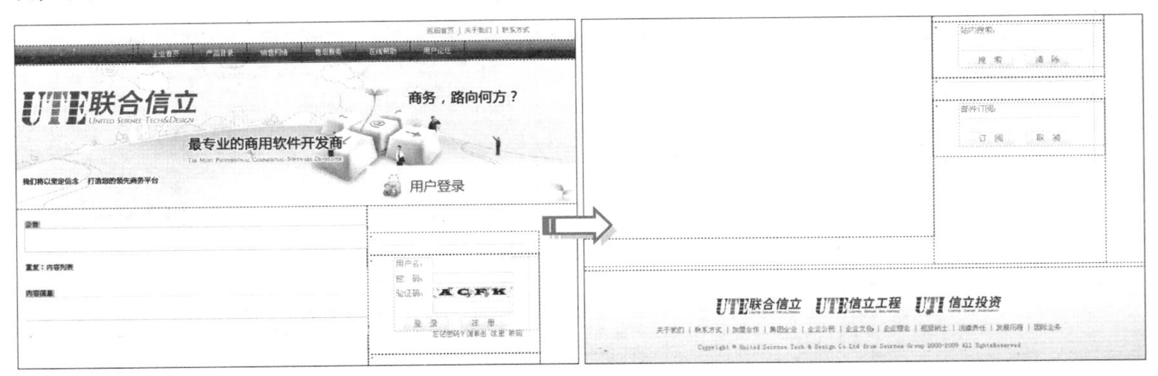

操作步骤

1．创建网页结构和制作版头

STEP|01 在站点根目录下创建 images 和 styles 目录，将网页素材图像保存至 images 子目录下。然后，在 Dreamweaver 中创建"main.css"文档，将其保存至 styles 子目录下。

STEP|02 创建一个空白 HTML 模板文档，将其保存至根目录下的 Templates 目录中。然后，修改网页标题，并添加<link>标签为模板文档导入外部的 CSS 文件。

```
<title>联合信立集团--官方网站</title>
<link rel="stylesheet" type="text/
css" href="/styles/main.css"/>
```

STEP|03 在"main.css"文档中，定义网页的 body 标签以及各种容器类标签的样式属性。

```
body {
  width:1003px;
  margin:0px;padding:0px;
  font-size:12px;color:#666;
}
div,ul,li{
  display:block;float:left;
  margin:0px;padding:0px;
  width:auto;
}
```

STEP|04 在 index.html 文档的<body></body>标签之间，使用 div 标签创建网页的基本布局结构，并定义相应的 id 名称。

```
<div id="smallNavigator"></div>
<!--网页的快速链接-->
<div id="navigator"></div>
<!--网页的导航条-->
<div id="banner"></div>
<!--网页的banner->
<div id="content"></div>
<!--网页的主体内容-->
<div id="copyright"></div>
<!--网页的版权信息-->
```

STEP|05 在 id 为 smallNavigator 的 div 容器中，输入快速链接文本，并为各个文本添加超链接。然后在"main.css"文档中定义 div 容器和超链接的相关样式属性。

```
XHTML 代码:
<div id="smallNavigator">
   <a href="javascript:void(null);"
   title="返回首页">返回首页</a> | <a
   href="javascript:void(null);"
   title="关于我们">关于我们</a> | <a
   href="javascript:void(null);"
   title="联系方式">联系方式</a>
</div>
CSS 代码:
#smallNavigator{
  width:923px;height:24px;
  text-align:right;
  background-color:#eef8fe;
  padding-top:13px;padding-right:
  80px;
}
#smallNavigator a{
  text-decoration:none;color:#666;
}
#smallNavigator a:hover{
  text-decoration:underline;
  color:#F00;
}
```

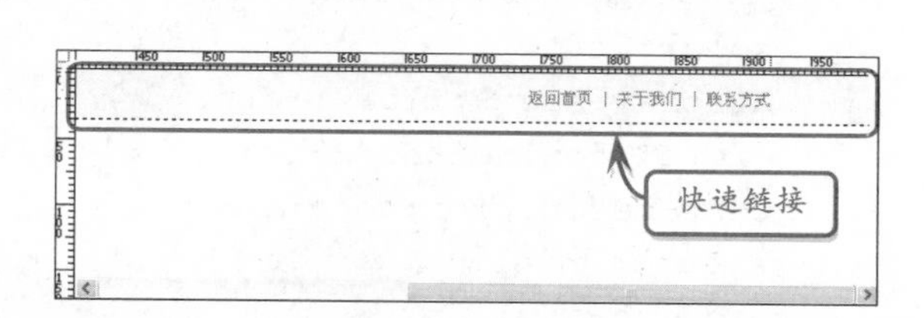

STEP|06 在 id 为 navigator 的 div 容器中，插入 id 为 calendar 和 buttons 的 div 容器，用于显示时间和导航条。然后在"main.css"文档中定义 div 容器的大小、背景图像、浮动方向等样式属性。

```
XHTML 代码:
<div id="calendar"></div>
<div id="buttons"></div>
CSS 代码:
```

```
#navigator{
  width:1003px;height:35px;
  background-image:url(../images/
  navigatorBG.png);
}
#navigator #calendar{
  width:228px;height:23px;
  float:left;padding-top:12px;
  color:#fff; text-indent:10px;
}
```

STEP|07 在id为buttons的div容器中输入导航文字，并为每个导航文字添加超链接。然后在"main.css"文档中定义超链接的相关样式属性。

```
XHTML 代码:
<a href="javascript:void(null);
" title="企业首页">企业首页</a>
<a href="javascript:void(null);
" title="产品目录">产品目录</a>
<a href="javascript:void(null);
" title="销售网络">销售网络</a>
<a href="javascript:void(null);
" title="售后服务">售后服务</a>
<a href="javascript:void(null);
" title="在线帮助">在线帮助</a>
<a href="javascript:void(null);
" title="用户论坛">用户论坛</a>
CSS 代码:
#navigator #buttons a{
  color:#fff;
  display:block;float:left;
  width:95px;height:23px;
  text-decoration:none;text-
  align:center;
  padding-top:12px;
  background-image:url(../images/
  navigatorBtn.png);
}
#navigator #buttons a:hover{
  color:#fff;
  text-decoration:none;text-
  align:center;
  display:block;float:left;
  width:95px;height:23px;
  padding-top:12px;
  background-image:url(../images/
  navigatorBtnHover.png);
}
```

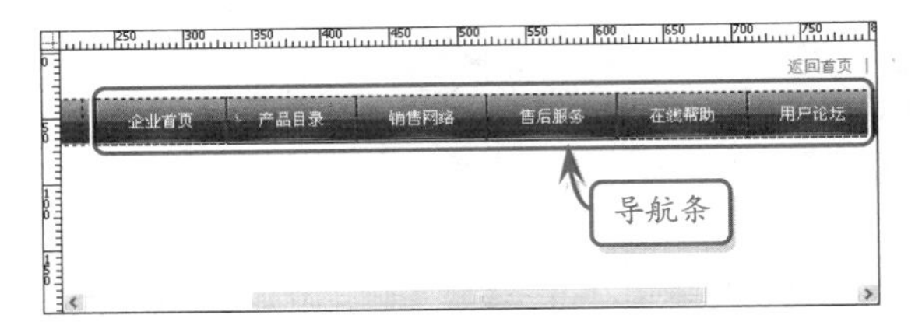

STEP|08 在"main.css"文档中，定义id为banner的div容器的大小和背景图像，用于制作网页的banner。

```
#banner{
   width:1003px;height:259px;
   background-image:url(../images/
   banner.png);
}
```

2．制作网页的主体内容

STEP|01 在id为content的div容器中，插入id为mainFrame和rightFrame的div容器，这两个div容器分别用于显示网页主体内容和功能小板块。然后在"main.css"文档中定义div容器的样式属性。

```
XHTML 代码:
<div id="content">
<div id="mainFrame"></div>
  <div id="rightFrame"></div>
</div>
CSS 样式:
#content{
  width:1003px;height:694px;
```

```
  background-image:url(../
  images/contentBG.PNG);
  background-repeat:repeat-x;
}
#content #mainFrame{
  display:block;float:left;
  width:600px;height:694px;
  padding-left:35px;
}
#content #rightFrame {
  width:300px;height:694px;
  background-image:url(../
  images/rightFrameBG.png);
  background-repeat:no-repeat;
}
```

STEP|02 在 id 为 rightFrame 的 div 容器中，使用<ul><li>标签来制作主体内容右侧的小板块。然后在“main.css”文档中定义项目列表的样式属性。

```
XHTML 代码：
<ul>
  <li id="loginBoxTop"></li>
  <li id="loginBox"></li>
  <!—用户登录板块-->
  <li id="searchBoxTop"></li>
  <li id="searchBox"></li>
  <!—站内搜索板块-->
  <li id="emailBoxTop"></li>
  <li id="emailBox"></li>
  <!—订阅邮件板块-->
</ul>
CSS 代码：
#content #rightFrame ul{
  font-size:14px;width:300px;
}
#content #rightFrame ul li{
  padding-left:45px;width:255px;
}
#loginBoxTop{height:40px;width:
255px;}
#loginBox{
height:180px;width:255px;
padding-left:45px;
}
#searchBoxTop{height:40px;width:
255px;}
#searchBox{height:100px;width:
255px;}
#emailBoxTop{height:40px;width:
255px;}
#emailBox{height:100px;width:
255px;}
```

STEP|03 在 id 为 loginBox 的 div 容器中，插入表单及文本字段、按钮等表单元素，并使用 p 标签使它们产生行距。然后，在“main.css”文档中定义文本字段和按钮的显示样式。

```
XHTML 代码：
<form name="loginForm" action="
"method="post">
  <p>用户名：<input class="input-
  Text" type="text" id="userName"
  value="" /></p>
  <p>密  码：<input class=
  "inputText" id="passWord" type=
  "password" /></p>
  <p>验证码：<input  class="input-
  Text" type="text" disabled=
  "disabled" id="showCheckCode"
  readonly="readonly" /></p>
  <p><input class="inputText" id=
  "inputCheckCode" type="text" />
  </p>
  <p class="btnContainer"><input
  id="loginBtn" class="btnClass"
  type="submit" value="登  录" />
   <input id="regBtn" class=
  "btnClass" type="button" value=
  "注  册"/></p>
</form>
CSS 代码：
#content #rightFrame ul.inputText{
   border:1px #CCC solid;
  padding-top:1px!important;
  padding-bottom:1px!important;
  height:18px;width:140px;
  font-size:12px; color:#666;
}
```

```
#content #rightFrame ul form p{
  margin:5px;padding:0px;line-
  height:22px;
}
.btnContainer {
  margin:0px;padding-left:16px!
  important;
}
.btnClass{
  border:none;padding:0px;margin:
  0px;
  background-image:url(../
  images/btnBG.PNG);
  width:80px;height:24px;
  font-size:14px;color:#666;
}
```

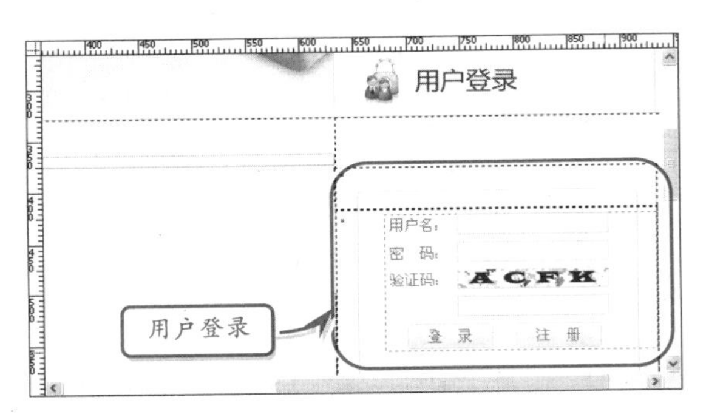

STEP|04 在表单的下面创建<p></p>标签，并在其中输入“忘记密码”等相关文字。然后，在“main.css”文档中定义文字和链接的样式属性。

```
XHTML 代码:
<p id="getPassText">忘记密码? 请单击
<a href="javascript:void(null);"
title="取回密码">这里</a> 取回</p>
CSS 代码:
#getPassText{
  margin:0px;padding-right:30px;
  font-size:12px;text-align:right;
}
#loginBox a{
  color:#09f;text-decoration:none;
  font-weight:bold;
}
```

STEP|05 在 id 为 searchBox 的 div 容器中，插入表单及文本字段和按钮，并为文本字段设置类名称为 longInputBox，该容器为“站内搜索”板块。然后，在“main.css”文档中定义文本字段的类样式。

```
XHTML 代码:
<form name="searchForm" action="
" method="post">
  <p>站内搜索: </p>
  <p><input type="text" id=
  "searchInputBox" class="long-
  Inp-utBox" value="" /></p>
  <p class="btnContainer"><input
  id="searchBtn" class="btnClass"
  type="submit" value="搜  索"/>
   <input id="clearBtn"
  class="btnClass" type="button"
  value="清  除" /></p>
</form>
CSS 代码:
.longInputBox{
  border:1px #CCC solid;
  padding-top:1px!important;
  padding-bottom:1px!important;
  width:210px;height:18px;
  font-size:12px;color:#666;
}
```

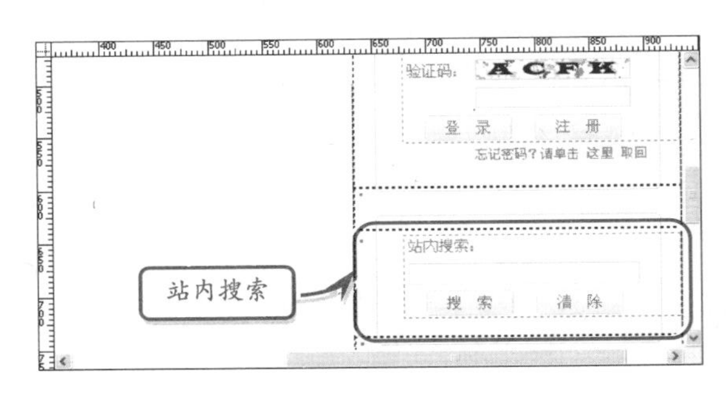

STEP|06 在 id 为 emailBox 的 div 容器中，插入表单及文字字段和按钮，用于制作“订阅邮件”板块。由于其类样式与站内搜索相同，所以无须重新定义。

```
<form name="emailForm" action=""
method="post">
  <p>邮件订阅: </p><p><input type=
  "text" id="emailBooxBox" class=
```

```
  "longInputBox" value="" /></p>
  <p class="btnContainer"><input
  id="emailBookBtn" class="btn-
  Class" type="submit" value="订阅
  "/> <input id="cancelBtn"
  class="btnClass" type="button"
  value="取　消"/></p>
</form>
```

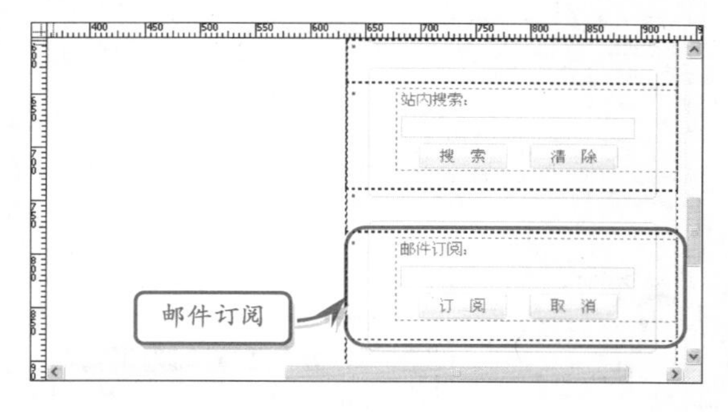

3. 制作网页版尾

STEP|01 在 id 为 copyright 的 div 容器中创建 <p></p>标签，并在其中插入 3 张不同的 Logo 图像，为每张图像添加超链接。然后在"main.css"文档中定义 p 标签、图像标签和超链接的样式属性。

```
XHTML 代码:
<p>
  <a href="javascript:void(null);
  "><img src="../images/logo1.GIF"
  alt="联合信立集团" /></a>
  <a href="javascript:void(null);
  "><img src="../images/logo2.GIF"
  alt="联合信立工程技术有限公司" />
  </a>
  <a href="javascript:void(null);
  "><img src="../images/logo3.GIF"
  alt="联合信立投资咨询有限公司"/></a>
</p>
CSS 代码:
#copyright{
  width:1003px;height:140px;
  text-align:center;
  font-family:"Times New Roman",
  "宋体";
  margin-top:8px;padding-top:
  30px;
  background-image:url(../
  images/copyrightBG.png);
}
#copyright img{
  border:none;margin:0px 10px 0px
  10px;
}
```

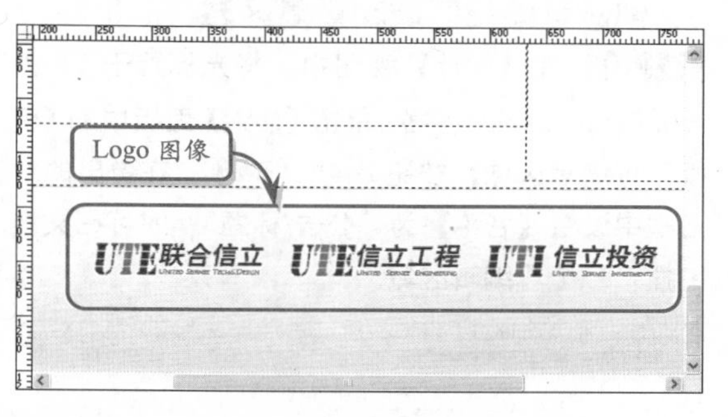

STEP|02 在 Logo 图像下面输入快速链接文字和版权信息，并为其添加超链接。然后在"main.css"文档中定义超链接的初始样式和光标经过样式。

```
XHTML 代码:
<p>
<a href="javascript:void(null);
" title="关于我们">关于我们</a> |
<a href="javascript:void(null);
" title="联系方式">联系方式</a> |
<a href="javascript:void(null);
" title="加盟合作">加盟合作</a> |
......
</p>
<p>Copyright &copy; United Seirnee
Tech &amp; Design Co.Ltd from
Seirnee Group 2000-2009 All
RghtsReserved</p>
CSS 代码:
#copyright a{
  color:#666;
  text-decoration:none;
  border:none;
}
#copyright a:hover{
  text-decoration:underline;
```

```
    color:#F00;
}
```

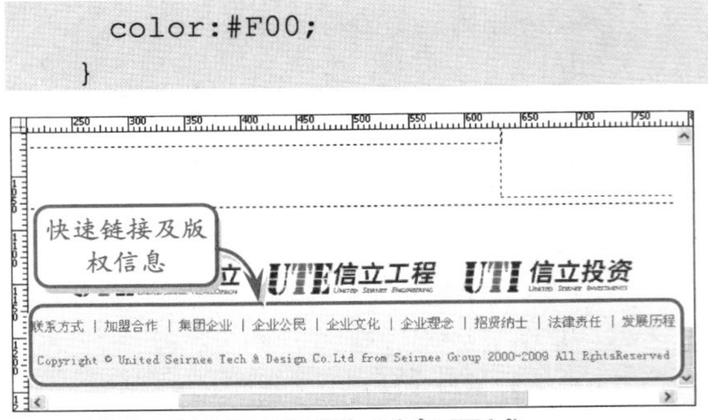

4. 创建可编辑区域和重复区域

STEP|01 在【设计】视图中，将光标置于 id 为 mainFrame 的 div 容器，单击【插入】面板中的【模板：可编辑区域】按钮，在弹出的对话框中设置【名称】为“公告/标题”，即可在文档中插入一个可编辑区域。

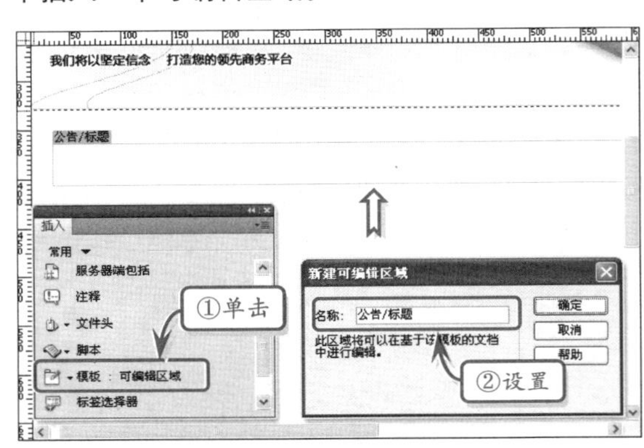

提示

在【名称】文本框中为该区域输入唯一的名称，且不能使用特殊字符。不能对特定模板中的多个可编辑区域使用相同的名称。

STEP|02 将光标置于“公告/标题”可编辑区域的下面，单击【插入】面板中的【模板：重复区域】按钮，在弹出的对话框中设置【名称】为“内容列表”，即可在文档中插入一个重复区域。

提示

使用重复区域可以在模板中重制任意次数的指定区域。重复区域不必是可编辑区域。

STEP|03 将光标置于“内容列表”重复区域中，使用相同的方法，再插入一个名称为“内容信息”的可编辑区域。

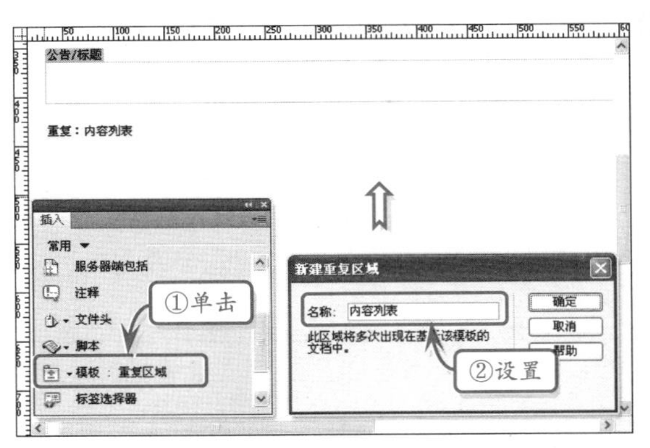

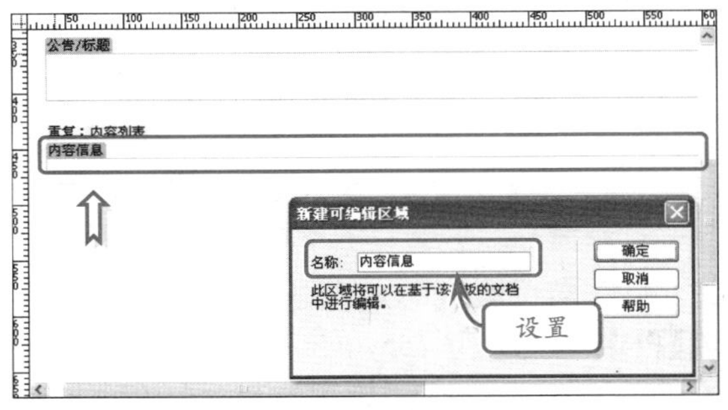

提示

要将重复区域中的内容设置为可编辑（例如，允许用户在基于模板的文档的表格单元格中输入文本），必须在重复区域中插入可编辑区域。

5. 实现动态显示时间

STEP|01 执行【文件】|【新建】命令，在弹出的【新建文档】对话框中，选择【页面类型】列表中 JavaScript 选项，创建一个名称为 main 的 JS 文档，并将其保存在站点根目录的 scripts 目录下。

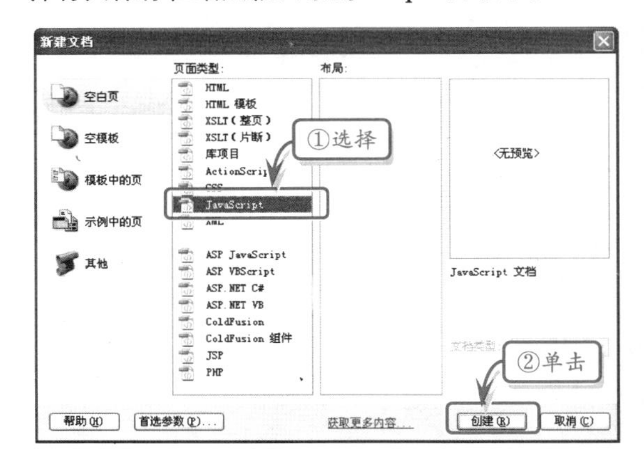

STEP|02 在“main.js”文档中，创建名称为 getDayCHS 的函数，该函数可根据传递的星期数字标识返回当前的星期日期。

```
function getDayCHS(day){
  switch (day){
    case 0:
    return "星期天";
    break;
    case 1:
    return "星期一";
    break;
    case 2:
    return "星期二";
    break;
    …
    case 6:
    return "星期六";
    break;
  }
}
```

STEP|03 创建名称为 getCurrentHour 的函数，该函数用于将 24 小时制时间转换为 12 小时制时间。

```
function getCurrentHour(hour){
  if(hour<10){
    //如果小时数小于 10
    return "0"+hour;
    //返回前面包含“0”的小时数
  }else if(hour>12){
    //如果小时数大于 12
    return hour-12;
    //返回 12 小时制的小时数
  }else{
    return hour;
  }
}
```

STEP|04 创建名称为 getCurrentMS 的函数，该函数判断分钟数是否为个位数。如果是，则在其前面添加“0”字符。

```
function getCurrentMS(time){
  if(time<10){
    return "0"+time;
  }else{
    return time;
  }
}
```

STEP|05 创建名称为 createCaLendar 的函数，该函数通过 Date 对象的 getFullYear()等方法获取当前的日期、星期和时间，然后将其显示在 id 为 calendar 的 div 容器中。

```
function createCaLendar(){
  var now=new Date();
                //创建 Date 对象
  year=now.getFullYear();
                //获取当前年份
  month=now.getMonth();
                //获取当前月份
  day=now.getDate();
                //获取当前日期
  week=getDayCHS(now.getDay());
                //获取当前星期
  hour=getCurrentHour(now.
  getHours()); //获取当前小时数
  minute=getCurrentMS(now.
  getMinutes());
  //获取当前分钟数
  second=getCurrentMS(now.
  getSeconds());
  //获取当前秒数
  document.getElementById
  ("calendar").innerHTML="今天是
  "+year+"年"+month+"月"+day+"日,
  "+week+","+hour+":"+minute+":
  "+second;
}
```

提示

getElementById("calendar")用于指定 id 为 calendar 的元素；为 innerHTML 属性指定的值将会显示在该元素的内容中，也就是说在 id 为 calendar 的 div 容器中显示当前的时间。

STEP|06 创建名称为 outputCalendar 的函数，该函数通过 window 对象的 setInterval()方法，每 1000ms（即 1s）执行一次 createCaLendar()函数，

以动态刷新显示当前的时间。

```
function outputCalendar(){
  window.setInterval(createCaLendar,
  1000);
}
```

STEP|07 返回到“main.dwt”文档中，切换至【代码】视图，在<head></head>标签之间通过<script>标签导入 scripts 目录下的 JS 文档。然后，为<body>标签添加 onLoad 事件，使页面加载时调用 outputCalendar()函数。

```
<script language="javascript"
 src="../scripts/main.js"></script>
<body onload="javascript:output-
Calendar();">
```

20.4 制作企业网站页面

在前面已经制作完成了企业网站的模板，因此，本节可以直接在 Dreamweaver 中新建基于该模板的 HTML 文档。其中，文档的版头、小板块侧栏及版尾保持不变，而模板中创建的可编辑区域则可根据不同的页面主题创建相应的内容。本节将根据模板制作企业网站的首页、“产品目录”页面和“关于我们”页面。

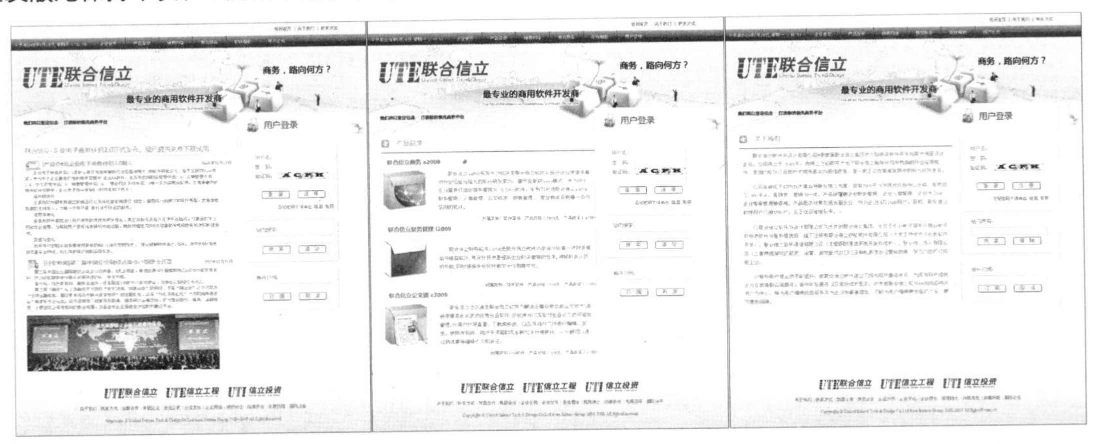

操作步骤

1．制作企业网站首页

STEP|01 执行【文件】|【新建】命令，在弹出的【新建文档】对话框中，选择【模板中的页】选项卡，并选择当前站点及站点中已创建的“main.dwt”模板。然后，将新建的 main.html 文档保存在 pages 目录下。

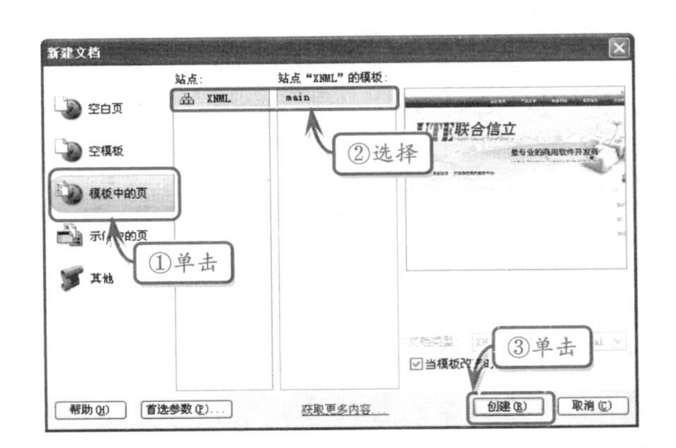

STEP|02 将光标置于“公告/标题”可编辑区域，在其中插入 id 为 notice 的 div 容器，并在其中输入公告信息。然后在“main.css”文档中定义容器的高度、上填充，以及容器中文字的样式属性。

```
XHTML 代码:
<div id="notice">联合信立-企业电子商
```

```
务伴侣 2.0 正式发布。现已提供免费下载试
用。</div>
CSS 样式:
#notice{
font-family:"微软雅黑";
color:#09F;font-size:18px;
width:600px;height:30px;
padding-top:18px; min-height:
30px;
border-bottom:1px solid #999;
}
```

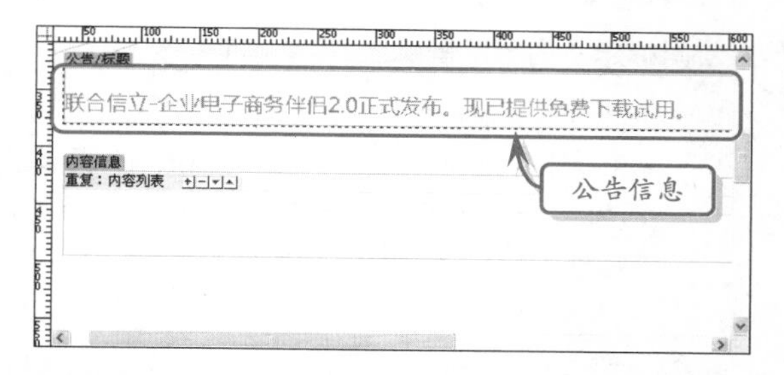

STEP|03 在“内容信息”可编辑区域，插入一个 id 为 introduce 的 div 容器，并在该容器中再插入类名分别为 listTitle 和 listContent 的 div 容器。然后在“main.css”文档中定义这些 div 容器的背景图像、大小等属性。

```
XHTML 代码:
<div id="introduce">
  <div class="listTitle"></div>
  <div class="listContent"></div>
</div>
CSS 代码:
#introduce {
  width:600px;
  min-height:100px;
  background-image:url(../images/
  introduceBG.PNG);
  background-repeat:no-repeat;
  background-position:0px 10px;
}
.listTitle{
  width:600px;height:30px;
}
.listContent{
  width:600px;height:auto;
}
```

STEP|04 在类名为 listTitle 的 div 容器中，插入类为 Label 和 time 的 div 容器，并在其中输入标题名称和时间。然后在“main.css”文档中定义容器及文字的样式属性。

```
XHTML 代码:
<div class="Label">[产品介绍]企业电
子商务伴侣 2.0 简介</div>
<div class="time">20XX 年 XX 月 XX 日
</div>
CSS 代码:
.listTitle .Label{
  color:#F00;
  display:block;float:left;
  width:400px;height:40px;
  padding-top:10px;
  font-family:"微软雅黑";font-
  size:16px;
  text-indent:50px;
}
.listTitle .time{
  display:block;float:right;
  width:100px;height:22px;
  padding-top:18px;
  font-family:"宋体";font-size:
  12px;
}
```

STEP|05 在类名为 listContent 的 div 容器中，输入新闻内容文字，并使用 p 标签进行段落设置。然后在“main.css”文档中定义段落和图像的样式属性。

```
XHTML 代码:
<p>企业电子商务伴侣 2.0 是联合信立凭借
丰富的行业经验与强大的软件研发实力，基
于互联网 Saas 模式，专为中小企业量身打造
的商务管理与企业 OA 软件。全系列包括财
务管理伴侣 2.0、人事管理伴侣 2.0、公文
收发伴侣 2.0、销售管理伴侣 2.0、 营业网
点系统伴侣 2.0 等一系列实用的软件。在竞
争激烈的商务软件市场中，企业电子商务伴
```

```
侣 2.0 软件有如下优点：</p>
<p>组件模块化</p>
……
<p>所有用户的财务数据都使用最新的 MD5-128 位密钥加密，  理论破解时间高达 170 年。使用密码+加密狗双重安全防线，贴心保护用户的财务隐私权。</p>
CSS 代码：
.listContent p{
  text-indent:24px;line-height:18px;
  margin:0px;padding:0px;
}
.listContent img {
  margin:10px 0px 10px 0px;
}
```

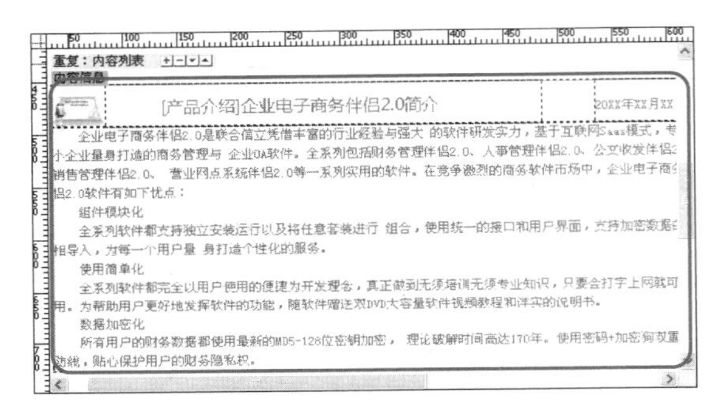

STEP|06 单击“内容列表”重复区域右侧的加号按钮，即可在“内容信息”可编辑区下面再创建一个可编辑区域。

STEP|07 将光标置于新创建的可编辑区域中，插入 id 为 news 的 div 容器，并在“main.css”文档中定义该容器的宽度和背景图像。

```
XHTML 代码：
<div id="news"></div>
CSS 代码：
#news{
  width:600px;min-height:100px;
  background-image:url(../
  images/newsBG.PNG);
  background-repeat:no-repeat;
  background-position:0px 10px;
}
```

STEP|08 在 id 为 news 的 div 容器中，插入类名为 listTitle 和 listContent 的 div 容器，并在其中输入新闻标题、内容及图像。

```
<div class="listTitle">
  <div class="Label">[行业新闻]第三届中国企业融资洽谈会展会开幕</div>
  <div class="time">20XX 年 XX 月 XX 日</div>
</div>
<div class="listContent">
  <p>第三届中国企业国际融资洽谈会 10 日开幕。3 天会期里，来自世界 30 个国家和地区的约 570 家投资机构、近 1800 家融资企业将在此间快速约会、资本对接。</p>
……
  <img src="../images/newsImage.jpg" alt="第三届中国企业国际融资洽谈会开幕式" /></div>
</div>
```

提示

由于在“main.css”文档中已经定义了类为 Label、time 和 listContent 的 div 容器样式，因此在这里直接应用而无需重新定义。

2．制作企业网站子页

STEP|01 执行【文件】|【新建】命令，新建基于“main.dwt”模板的 HTML 文档，设置其名称为 productList，并将其保存在 pages 目录下。该 HTML 文档为产品目录页面。

STEP|02 将光标置于“公告/标题”可编辑区域中，单击【常用】选项卡中的【表格】按钮 表格，插入一个 1 行×2 列的表格。然后，在表格的各个单元格中分别插入图标和标题文字。

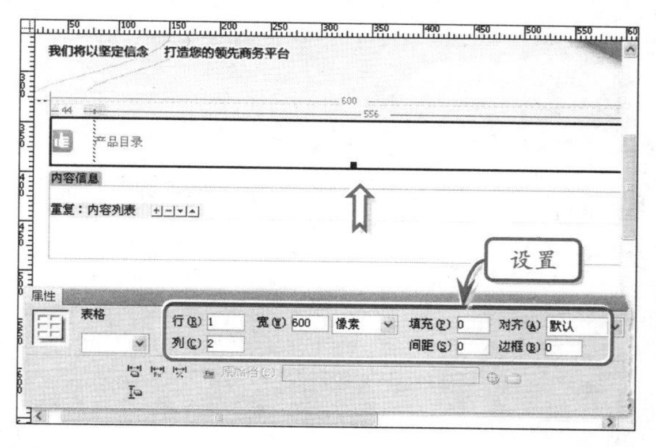

STEP|03 在“main.css”文档中创建类名为.titleFont 的 CSS 样式，并定义文字的大小、颜色和字体等属性。然后在“productList.html”文档中，为新创建的表格应用该 CSS 样式。

```
.titleFont{
  font-family:"微软雅黑";
  font-size:18px;color:#09F;
  border-bottom:1px #000 solid;
}
```

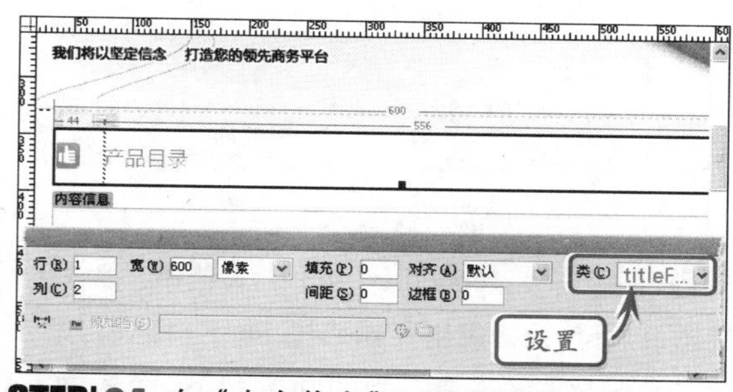

STEP|04 在“内容信息”可编辑区域中插入一个 3 行×1 列的表格，并设置该表格的【宽】为“600px”。

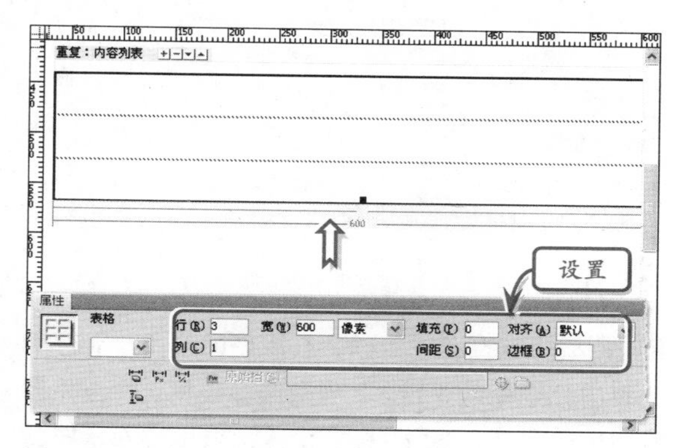

STEP|05 在第 1 行单元格中再插入一个 3 行×2 列的嵌套表格，合并该嵌套表格的第 1、3 行所有单元格。然后，在表格的各个单元格中插入相应的图像及文字。

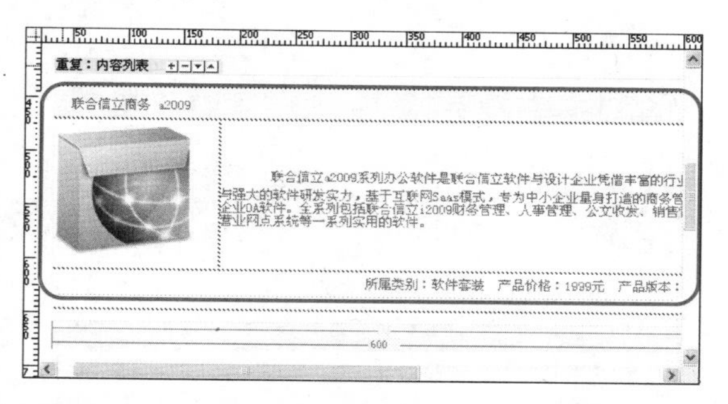

STEP|06 在“main.css”文档中，创建类名为“.proTitleFont”和“.proIntro”的 CSS 样式，并定义文字的字体、大小、颜色等属性。

```
.proTitleFont{
  color:#666;font-weight:bold;
  font-family:"微软雅黑";font-size:
  16px;
```

```
}
.proIntro{
  color:#666;font-size:14px;
  line-height:25px;padding:10px;
}
```

STEP|07 在“productList.html”文档中，为表格的第1行单元格应用“.proTitleFont”样式；第2行第2列单元格应用“.prointro”样式，使单元格中的文字更改为指定的样式。

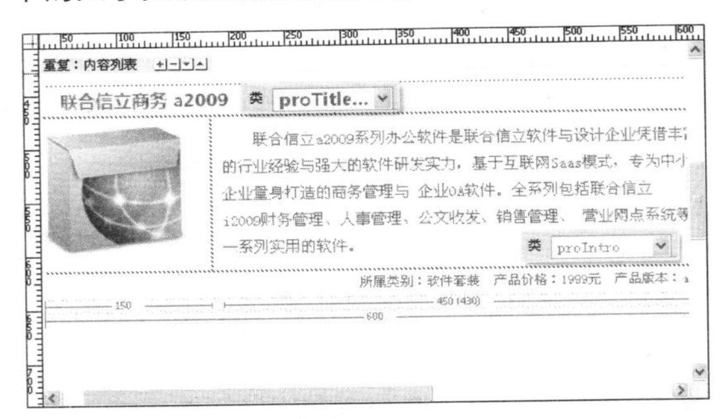

STEP|08 根据上述步骤，在表格的第2、3行单元格中分别插入3行×2列的嵌套表格，并合并相应行的单元格。然后，在各个单元格中插入软件图像及文字介绍。

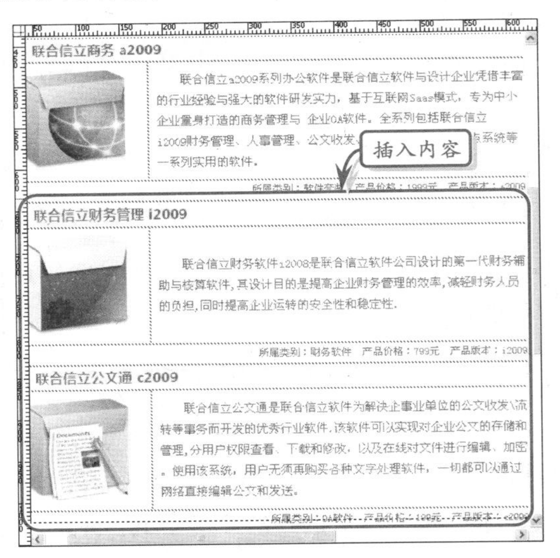

STEP|09 新建基于“main.dwt”模板的“about.html”文档，并将其保存在pages目录下。然后，在文档中的“公告/标题”可编辑区域中，插入一个1行×2列的表格，并在其中插入图标及“关于我们”标题名称。

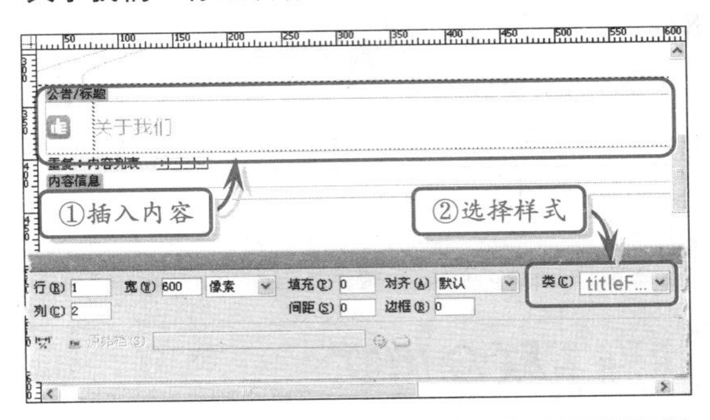

> **提示**
>
> 为保证各个子页的风格统一，为“关于我们”页面的标题名称同样“.titleFont”类样式。

STEP|10 在“内容信息”可编辑区域中，插入一个宽度为600px的1行×1列表格，然后在其中输入公司简介的文字内容。

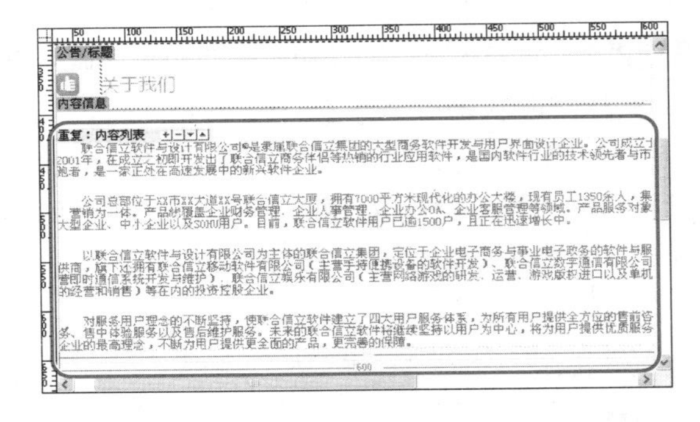

STEP|11 选择该表格，在【属性】面板中选择【类】为proIntro选项，使表格中的文字应用指定CSS样式。

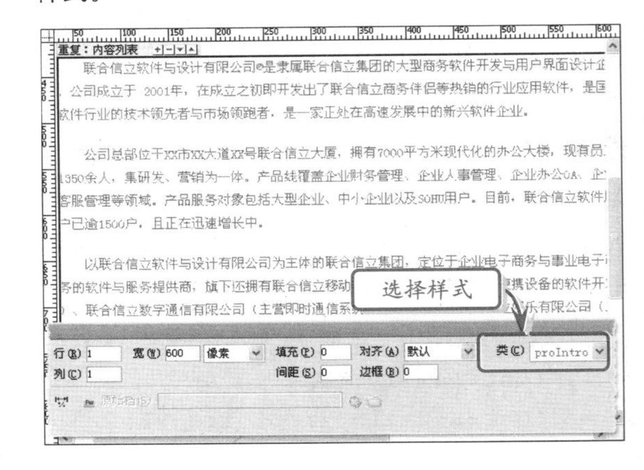